“十四五”普通高等教育本科自治区级规划教材

智能井巷工程

主　编　吴祥业　王创业　李建伟
副主编　曹　健　张玉江　卜庆为　李　季　郭晓菲
　　　　汪北方　江　松　荣河海　陈振斌

中国矿业大学出版社
·徐州·

内容提要

本教材为智能采矿工程专业核心课程规划教材，井巷工程是研究地层中井筒、巷道、硐室设计与施工的基本理论、概念、方法和技术的一门应用技术学科。本教材着重体现目前井巷工程智能化的特点，反映当下井巷工程方面的新技术、新设备、新工艺。同时，为了能更好地贴合生产实际，培养出更多的现代化采矿人才，本教材中的众多工程实例均来自正在生产的大型及特大型矿井，对在校学生以及从事矿山生产的人员具有一定的参考意义。

本教材系统地介绍了井巷工程相关的基本概念、施工技术等方面的知识，全书分为绪论、井巷围岩智能感知、巷道断面设计、巷道爆破掘进原理与技术、掘进机掘进、掘进安全及其监测、井巷支护、采区巷道施工、巷道施工组织与管理、远程集中控制系统及其应用、硐室设计与施工、井筒施工、井筒延深、特殊条件下的巷道施工等。本教材可作为矿业类院校相关专业本科生和研究生的通识课程教材，也可供从事矿山生产的人员参考。

图书在版编目(CIP)数据

智能井巷工程 / 吴祥业，王创业，李建伟主编. —
徐州：中国矿业大学出版社，2024.11
ISBN 978-7-5646-6254-7

Ⅰ. ①智… Ⅱ. ①吴… ②王… ③李… Ⅲ. ①智能技术—应用—井巷工程—高等学校—教材 Ⅳ. ①TD26-39

中国国家版本馆 CIP 数据核字(2024)第 095581 号

书　　名 智能井巷工程
主　　编 吴祥业　王创业　李建伟
责任编辑 王美柱　吴沛沛
出版发行 中国矿业大学出版社有限责任公司
(江苏省徐州市解放南路　邮编 221008)
营销热线 (0516)83885370　83884103
出版服务 (0516)83995789　83884920
网　　址 http://www.cumtp.com　**E-mail**:cumtpvip@cumtp.com
印　　刷 江苏淮阴新华印务有限公司
开　　本 787 mm×1092 mm　1/16　**印张** 24.5　**字数** 627 千字
版次印次 2024 年 11 月第 1 版　2024 年 11 月第 1 次印刷
定　　价 45.00 元

前　言

智能采矿旨在提高矿山机械自动化水平，实现采矿作业无人化或者少人化。智能采矿将极大地解决未来采矿在发展中的问题，提高作业的效率，保证矿山的安全、绿色、高效生产。为加快推进煤矿智能化建设、促进煤炭产业高质量发展，2020 年 3 月，国家发展改革委等八部委联合印发《关于加快煤矿智能化发展的指导意见》，2021 年 2 月，教育部发布《教育部关于公布 2020 年度普通高等学校本科专业备案和审批结果的通知》，并对普通高等学校本科专业目录进行更新，“智能采矿工程”专业被列入 2021 年普通高等学校本科专业目录新专业名单。“智能井巷工程”课程作为智能采矿工程专业的必修课，聚焦智能矿山企业生产实际需求，助力智能采矿人才培养，适应社会行业发展需要。

本教材由内蒙古科技大学牵头，联合中国矿业大学（北京）、太原理工大学、西安建筑科技大学、辽宁工程技术大学、西安科技大学、黑龙江工业学院和徐州工程学院等单位共同编写完成。本教材结合山西、陕西、内蒙古等地煤矿智能化建设中智能掘进方面的成功案例，提出了具体的井巷工程智能化设计方案，系统地介绍了井巷工程相关的基本概念、施工技术等方面的知识，旨在培养能在矿井自动化、信息化、智能化等智能采矿领域从事设计与施工、生产技术管理、安全监察及科学研究等相关工作的复合型专业技术人才。

全书共十四章内容，分别为绪论、井巷围岩智能感知、巷道断面设计、巷道爆破掘进原理与技术、掘进机掘进、掘进安全及其监测、井巷支护、采区巷道施工、巷道施工组织与管理、远程集中控制系统及其应用、硐室设计与施工、井筒施工、井筒延深、特殊条件下的巷道施工等。

本教材由吴祥业、王创业、李建伟担任主编，曹健、张玉江、卜庆为、李季、郭晓菲、汪北方、江松、荣河海和陈振斌担任副主编。具体分工如下：第一章、第八章由王创业编写，第二章由张玉江编写，第三章由李季编写，第四章由卜庆为编写，第五章由江松编写，第六章、第九章由李建伟编写，第七章由吴祥业和陈振斌编写，第十章、第十一章由曹健编写，第十二章由汪北方编写，第十三章由荣河海编写，第十四章由郭晓菲编写。

本教材引用了众多专家学者的文献资料，部分文献未在文后列出，在此向所有文献及资料作者表示崇高的敬意和衷心的感谢。

本教材编写过程中得到了许多老师和专家的关心与支持，以及他们提供的宝贵的建议，在此表示诚挚的感谢。感谢国家能源集团乌海能源有限责任公司王铁军、刘海青等现场专业人员的大力支持。感谢所有参与本书调研、编写和出版的研究人员和编辑对本书出版的支持。

由于编者水平所限，书中难免存在不足之处，恳请广大读者批评、指正！

编　者

2024 年 7 月

目 录

第一章　绪　论

导学思考题

1. 什么是井巷？什么叫作工程？如何理解井巷工程？
2. 在矿井智能化建设过程中，智能井巷工程的智能如何理解？如何体现？

第一节　井巷工程的基本概念与类别

一、概　述

为采矿或其他目的在地下开凿各类井筒、巷道和硐室的工程，总称为井巷工程。在煤矿开采中，井巷工程主要包括矿山建设工程、矿井生产准备工程、矿井延深工程和矿井辅助工程等。

由煤矿井工开采方法可知，为了将煤从地下采出，应从地表开始开凿一系列的井筒、巷道与硐室到达煤层，这个阶段开掘的这些工程称为矿山建设工程；移交生产后，随着采煤工作面和采区的不断推进，还要及时准备好巷道，以保证采煤工作面与采区的正常接续，这个阶段开掘的水平或倾斜准备巷道、硐室等工程称为矿井生产准备工程或开拓工程；在上一生产水平煤层开采完之前，就要着手进行井筒延深和新水平的开拓，以保证水平的及时接替，这个阶段开掘的水平或倾斜巷道、硐室等工程称为矿井延深工程；由于矿井生产是地下作业，受自然地质条件的影响，随时要与水、火、瓦斯等灾害作斗争，为保证采矿生产安全，还需要开凿一系列运输、排水、通风及行人等工程，这些工程称为矿井辅助工程。

二、井筒概念及类别

井筒是从地面向矿体开凿的井巷工程，是矿井井下通达地面的主要进出口，是煤矿生产期间提升运输煤炭或矸石、升降人员、运送材料和设备以及通风和排水的咽喉工程。根据矿井开拓方式的不同，井筒可分为立井、斜井、平硐和斜坡道四种。

立井是指在地层中开凿的直通地面的直立巷道，又称竖井。专门或主要用于提升煤炭的立井，叫作主井。生产中，还经常开掘一些专门或主要用于通风、排水、充填等工作的立井，这些立井按承担的主要任务命名，如风井、排水井、充填井等。不与地面直接相通的直立巷道叫作暗立井，其作用与立井相同。一般不装备提升设备，专门用于由高到低溜放煤炭的暗立井叫作溜井，直径较小的溜井称为溜煤眼。图 1-1 为立井截面图。

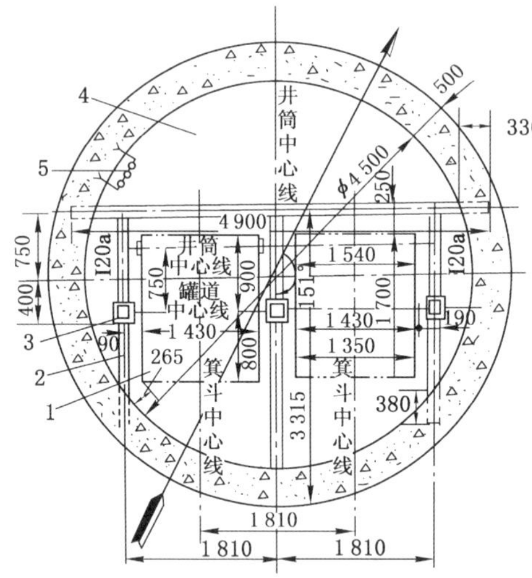

(a) 双侧布置罐道

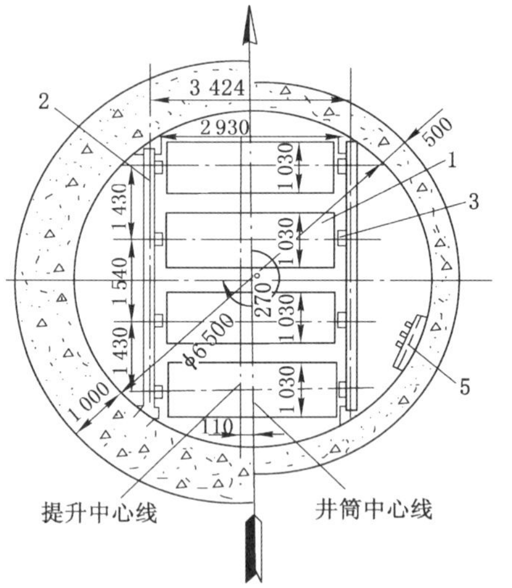

(b) 端面布置罐道

1—箕斗；2—罐梁；3—罐道；4—延深间；5—电缆架。

(a) 箕斗主井断面图

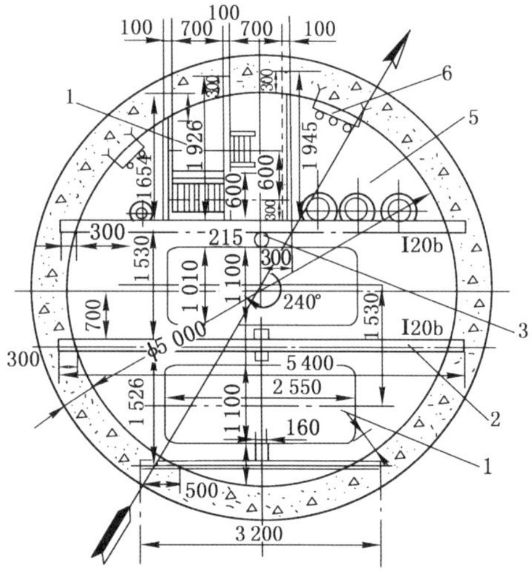

(a) 双侧布置罐道

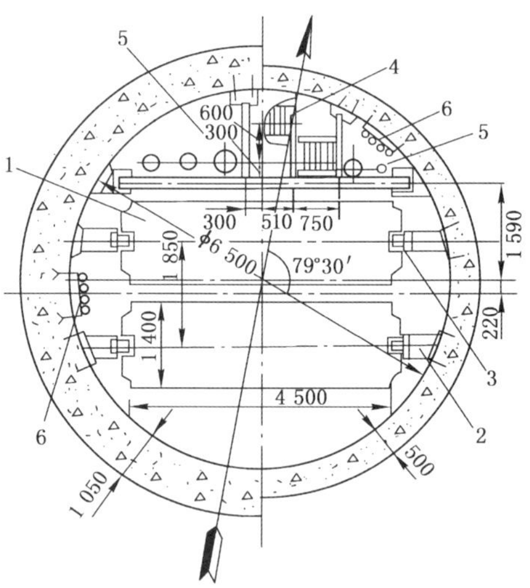

(b) 端面布置罐道

1—罐笼；2—罐梁；3—罐道；4—梯子间；5—管路间；6—电缆架。

(b) 罐笼井断面图

图 1-1　立井截面图

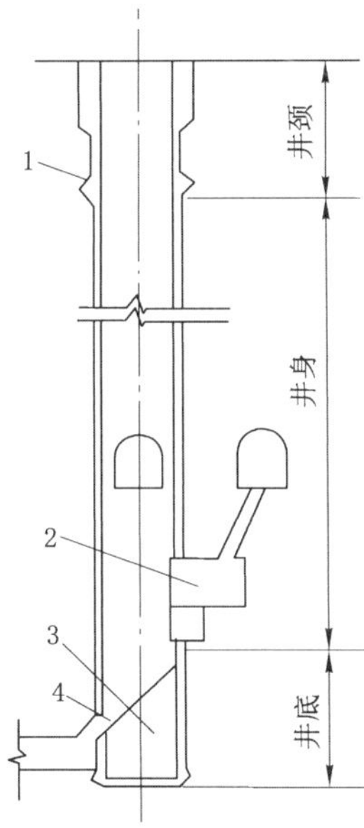

1—壁座；2—箕斗装载硐室；3—水窝；4—井筒接受仓。

(c) 井筒的组成

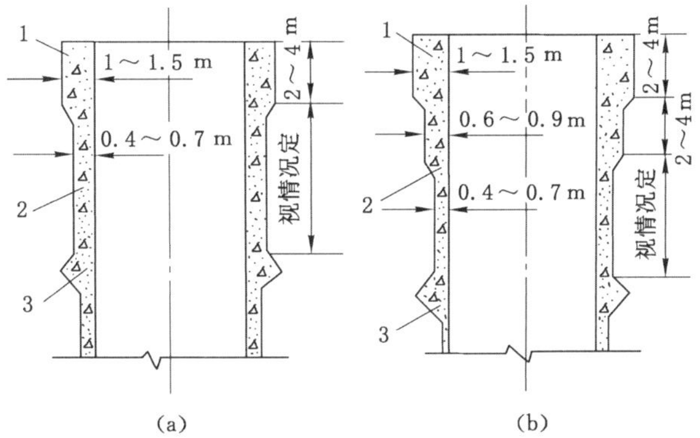

1—锁口；2—井颈壁；3—壁座。

(d) 台阶形井颈

图 1-1(续)

斜井是指在地层中开凿的直通地面的倾斜巷道，分为主斜井和副斜井，其作用与立井相同。不与地面直接相通的斜井称为暗斜井，其作用与暗立井相同。图 1-2 为斜井示意图。

平硐是指在地层中开凿的直通地面的水平巷道。平硐的作用类似立井，有主平硐、副平硐、排水平硐和通风平硐等，其中主平硐是运输煤炭的巷道。根据煤层和主平硐的不同位置关系，平硐可分为走向平硐（指主平硐沿煤层走向开掘，可以开在煤层底板或煤层中）与垂直或倾斜走向平硐（指主平硐开掘方向与煤层走向垂直或倾斜相交）。另外，按所处位置不同，平硐还可分为底板平硐、顶板平硐和阶梯平硐等。图 1-3 为基本平硐开拓示意图。

斜坡道是指用于通行无轨设备（主要是无轨胶轮车）、运输矿石和设备等出入井下的倾斜通道。斜坡道在金属矿山中比较常见，煤矿中的斜坡道主要用于无轨胶轮车行驶。主斜

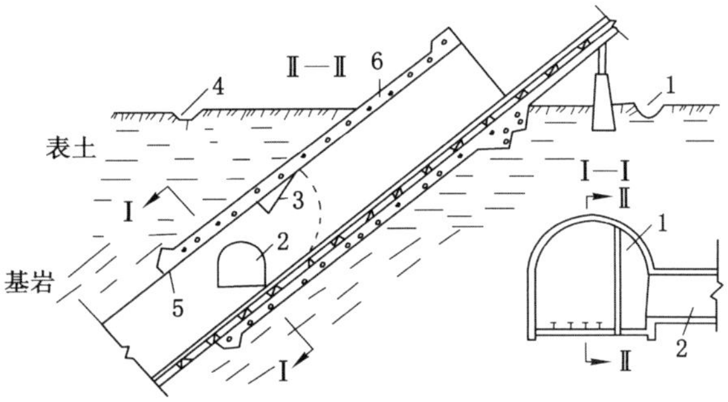

1—人行间;2—安全通道;3—防火门;4—排水沟;5—壁座;6—筒壁。

图 1-2　斜井示意图

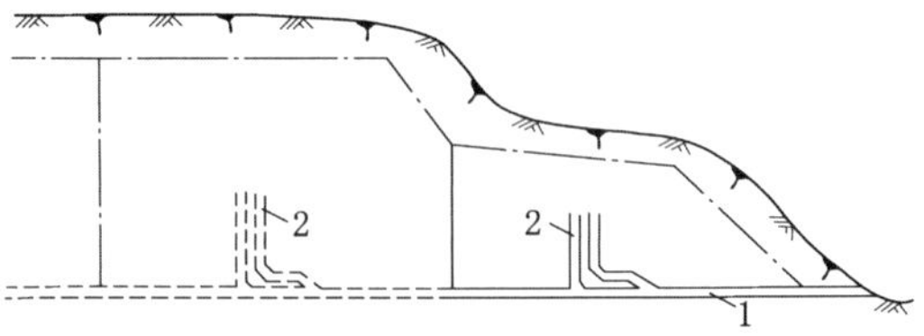

1—主平硐;2—盘区上山。

(a) 走向平硐开拓

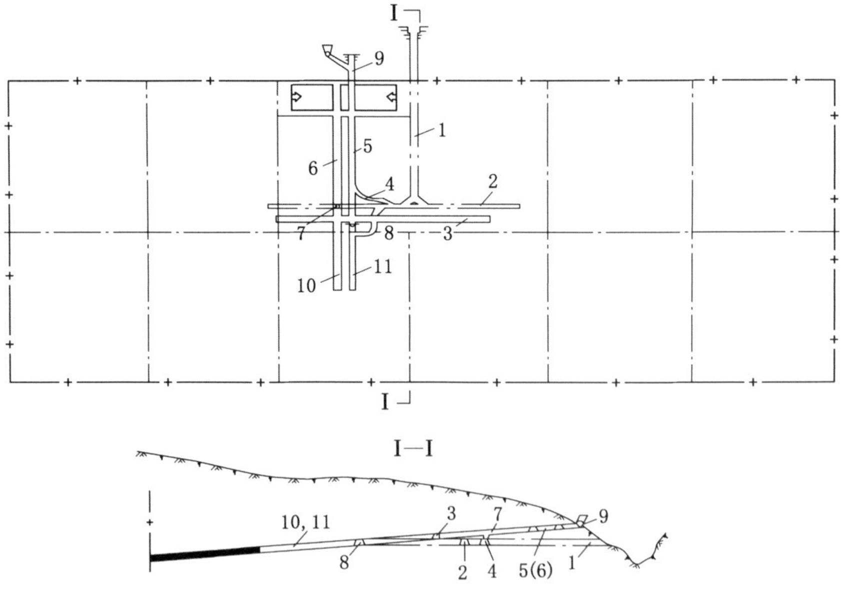

1—主平硐;2—主要运输大巷;3—副巷(后期回风巷);4—盘区上山下部车场;
5—盘区轨道上山;6—盘区运输机上山;7—盘区煤仓;8—盘区下山上部车场;
9—盘区风井;10—盘区运输机下山;11—盘区轨道下山。

(b) 垂直走向平硐开拓

图 1-3　基本平硐开拓示意图

坡道是从井下运送矿石到地面的斜坡道；辅助斜坡道不运输矿石，主要作为无轨采掘设备出入井下的通道，并可用于运送人员、材料设备。

三、巷道概念及类别

巷道是在地表与煤层之间钻凿出的各种通路，以及为采出煤炭新开凿的各种必要的准备工程等，巷道主要用于运煤、通风、排水、行人等。根据巷道作用与服务范围的不同，巷道可以分为开拓巷道、准备巷道和回采巷道。巷道种类繁多，根据巷道长轴线与水平面关系的不同，巷道可以分为直立巷道、水平巷道和倾斜巷道。

直立巷道的长轴线与水平面垂直，如前述的立井、暗立井和溜井等。

水平巷道的长轴线与水平面近似平行，如平硐、平巷和石门等。平巷指在地层中开凿的、不直通地面的水平巷道，其长轴方向与煤层走向大致平行；依据其所在岩层层位可划分为煤层平巷与岩石平巷，依据其服务对象的不同可划分为运输大巷、回风大巷等。石门指在岩层中开凿的、不直通地面的、与煤层走向垂直或呈较大角度斜交的岩石平巷；为开采水平或阶段服务的石门，称为主石门或阶段石门；为采区服务的石门，称为采区石门。

倾斜巷道的长轴线与水平面呈一定夹角，如斜井、上山、下山等。其中上山指位于开采水平以上，为本水平或采区服务的主要倾斜巷道；下山指位于开采水平以下，为本水平或采区服务的主要倾斜巷道。按所在层位划分，布置和开掘在煤层内的上下山称为煤层上下山；布置和开掘在岩层内的上下山称为岩石上下山。按用途和作用划分，用于煤炭运输的上下山叫作运输上下山；用于铺设轨道的上下山叫作轨道上下山；专门用作通风和行人的上下山叫作通风、行人上下山。图 1-4 为巷道布置示意图。

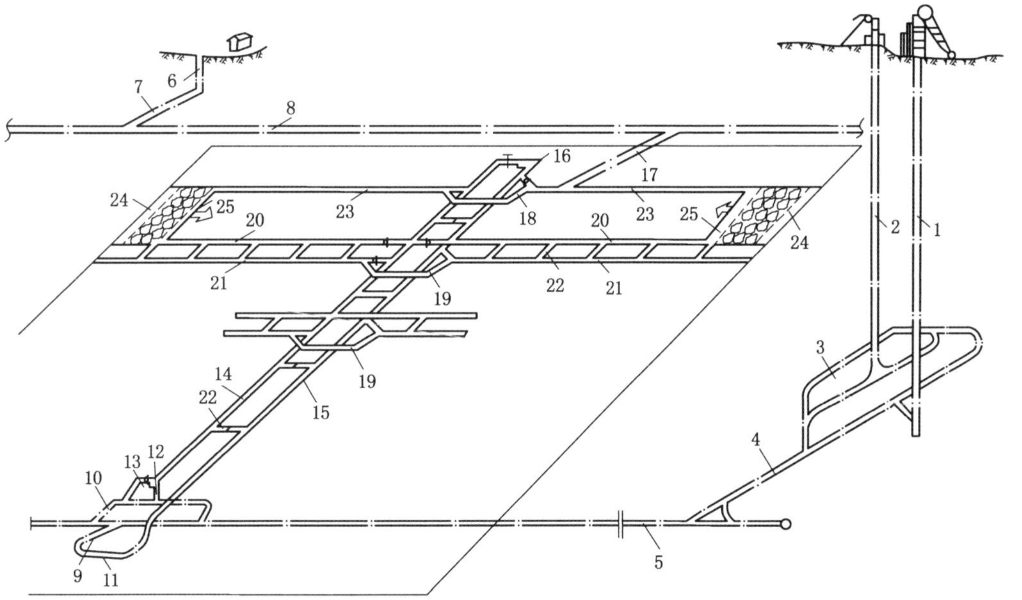

1—主井；2—副井；3—井底车场；4—主运输石门；5—运输大巷；6—风井；7—回风石门；8—回风大巷；9—采区运输石门；10—采区下部车场底板绕道；11—采区下部材料车场；12—采区煤仓；13—行人进风巷；14—运输上山；15—轨道上山；16—上山绞车房；17—采区回风石门；18—采区上部车场；19—采区中部车场；20—区段运输平巷；21—下区段回风平巷；22—联络巷；23—区段回风平巷；24—开切眼；25—采煤工作面。

图 1-4　巷道布置示意图

四、硐室概念及类别

硐室是一种未直通地表出口的、横断面较大而长度较短的水平坑道。其作用是安装各种设备、机器，存放材料和工具，或做其他专门用途，如机修房、炸药库、休息室等。

在矿井开拓系统中，硐室主要包括井底车场、主变电所、主排水泵房、永久避难硐室、井底煤仓、井下基站；在矿井准备系统中，硐室主要包括采区煤仓、采区变电所、采区绞车房、采区水仓、采区基站、各类换装站；在矿井回采系统中，硐室主要包括临时避难硐室、钻场、调车点。图 1-5 为副井硐室示意图。

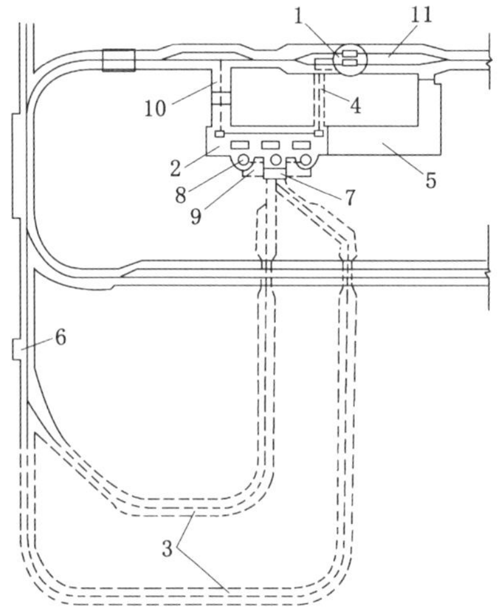

1—副井井筒；2—中央水泵房；3—内、外水仓；4—管子道；5—中央变电所；6—水仓清理绞车硐室；7—配水井；8—吸水井；9—配水巷；10—水泵房通道；11—马头门硐室。

图 1-5　副井硐室示意图

第二节　智能井巷工程的研究对象与研究内容

一、智能井巷工程的研究对象

(1) 建立标准的智能化矿井设计方案。在矿井建设设计过程中，根据地质条件和环境条件确定井型和开拓方式以及井筒结构和巷道形式。目前，多数煤矿井巷工程参数变化较大，难以开展智能化施工。在一定的井型和相似的地质条件下，可以对矿山的主要井巷工程采用模块化设计，模块化设计便于施工装备的重复应用。深部资源开发多采用竖井开拓，以千万吨级煤矿为标准，通过针对性地将主井、副井和风井标准化，增强竖井掘进机、竖井钻机等的适用性和通用性。对于主要与通风、运输和安全相关的巷道，其标准断面布置更容易实现，可以为各种类型的智能化掘进机应用打下基础。

(2) 建立标准的施工工艺。在地下地层中建设井巷工程，地质条件是影响施工工艺的主要因素，在标准设计基础上，研究广义的施工工艺十分重要。地层作为井巷工程的载体，需要按照设计在地层中开挖出相应的空间；同时地层又是维持井巷工程稳定的主体结构，需要通过一定的支撑结构，共同承担地层及地质构造等所产生的外部载荷，以保持井巷工程的长期安全运行。不同类型的地层条件包括成岩方式、微观地质构造、高水压高地压和构造应力、地层温度等，这些地层条件均对井筒施工安全和智能化有重要影响。因此，需要在原位精确探识的情况下，对地层进行预先改良，包括堵水、加固、应力改造和地温环境控制等，形成标准的施工工艺，为智能化井巷施工创造有利条件。

(3) 开发标准的智能化装备。施工装备是井巷工程建设的核心与关键，针对不同的井巷工程条件，需要开发相应的智能化装备。井巷施工装备一般包括破岩装备、排渣装备、输送装备和支护装备等，装备的智能化还需要对地层随施工探测、各种传感器和反馈系统、数据无延时传输、相关算法等技术支持，形成与地层条件相适应的自主学习、自主调整控制系统，这些技术都需要深入研究。通过开发标准的智能化掘进装备，推动智能井巷工程的发展。

二、智能井巷工程的研究内容

智能井巷工程的研究内容有：

(1) 井巷围岩地质特征与环境智能感知；

(2) 井巷工程的智能辅助设计；

(3) 爆破掘进巷道的智能设计与施工；

(4) 巷道智能掘进装备的类别与选择依据；

(5) 巷道掘进安全及智能监测；

(6) 巷道智能支护技术；

(7) 巷道施工组织与管理；

(8) 巷道智能掘进集控平台建设；

(9) 硐室与井筒的设计与施工；

(10) 特殊条件下的巷道施工技术。

习 题

1. 论述井巷工程在采矿过程中的必要性。
2. 论述智能井巷工程与传统井巷工程的区别。
3. 如何学习智能井巷工程这门课？
4. 井筒有哪几种？
5. 论述斜井施工和立井施工的特点和区别。
6. 什么是巷道？按照不同的分类方式，每一类巷道都包括哪些？
7. 什么是硐室？硐室有哪几种？

参考文献

[1] 王建平，靖洪文，刘志强. 矿山建设工程[M]. 徐州：中国矿业大学出版社，2007.
[2] 徐永圻. 煤矿开采学[M]. 修订版. 徐州：中国矿业大学出版社，2015.
[3] 郑西贵，吴拥政. 智能井巷工程[M]. 徐州：中国矿业大学出版社，2023.

第二章　井巷围岩智能感知

导学思考题

1. 从岩石基本特征(各向异性、非均质性、非连续性、复杂性)的角度思考,在岩层中开掘井巷,需要考虑哪些影响工程安全的因素?如何感知这些因素?

2. 结合中学物理知识,如力、热、光、电等的基本原理,试着分析基本的物探方法。

第一节　工程地质特征参数

工程地质条件是对工程有影响的各种地质因素的总称。工程地质条件主要包括地形地貌、地层岩性、地质构造、地震、水文地质以及岩溶、滑坡、崩坍等不良物理地质现象。井巷工程建设前需对工程地质条件进行调查研究。

自然条件是因地而异的,工程类型和用途也各不相同,因而工程地质条件也因地、因工程而异。在井巷工程方面,需要着重考虑的地质因素有地形地貌、地层岩性、地质构造、水文地质条件这四个方面。其他的地质因素对工程影响不大,所以将其列为次要因素,可在特殊条件下的井巷工程中予以考虑。

对于地形地貌,地形是地貌和地物的总称,指地表高低起伏状况、山坡陡缓程度与沟谷宽窄及形态特征等;地貌是地球表面各种形态的总称,说明地形形成的原因、过程和时代。平原区、丘陵区和山岳地区的地形起伏、土层厚薄和基岩出露情况、地下水埋藏特征和地表地质作用现象都具有不同的特征。

地层岩性是最基本的工程地质因素,具体包括岩体的成因、时代、岩性、产状、成岩作用特点、变质程度、风化特征等。

地质构造是工程地质研究的基本对象,包括褶皱、断层、节理构造的分布和特征。地质构造,特别是规模较大的断裂,对地应力、矿震等具有控制作用,因而对井巷布置、围岩变形及稳定性等具有重要意义。

水文地质条件是指有关地下水形成、分布和变化规律等条件的总称。一个地区的水文地质条件是随自然地理环境、地质条件,以及人类活动的影响而变化的。井巷工程实施前必须查明水文地质条件。在井巷工程中,主要考虑地下水对围岩强度的影响以及是否会因井巷施工造成突水灾害。

工程地质特征参数对工程产生的影响是综合性的。通过对上述不同工程地质条件进行参数测试与评价，可以比较全面地确定井巷工程的地质状况，为设计提供依据。

第二节 智能感知的算法

智能算法是一种利用人工智能技术模仿人类思维来解决复杂问题的算法。它基于数学与统计学原理，可以自动识别规律、自适应、学习和优化。其最终目的是通过反复试验、推理和求解，得出最佳的解决方案。这种算法早在数学和逻辑发展起来之前就有了，随着计算机技术的发展，智能算法日渐成熟。常见的智能算法有卷积神经网络算法、机器学习算法、模拟退火算法、遗传算法、禁忌搜索算法、神经网络算法、天牛须搜索算法、麻雀搜索算法、蜣螂优化算法等。智能算法广泛应用于各个领域，如自然语言处理、语音识别、图像识别、智慧城市、金融、医学等。对于井巷围岩地质信息智能感知而言，并不是每一种算法都适用，以下列举几种已成功应用在实际工程中的算法，供大家学习。

一、基于卷积神经网络(CNN)的岩石样本识别方法

(一) 卷积神经网络简介

卷积神经网络(convolutional neural networks，CNN)是一类包含卷积计算且具有深度结构的前馈神经网络，是深度学习的代表算法之一。卷积神经网络具有表征学习能力，能够按其阶层结构对输入信息进行平移不变分类，因此也被称为“平移不变人工神经网络(shift-invariant artificial neural networks，SIANN)”。

对卷积神经网络的研究始于 20 世纪 80 至 90 年代，时间延迟网络和 LeNet-5 是最早出现的卷积神经网络。进入 21 世纪后，随着深度学习理论的提出和数值计算设备的改进，卷积神经网络得到了快速发展，并被应用于计算机视觉、自然语言处理等领域。卷积神经网络仿造生物的视知觉机制构建，可以进行监督学习和非监督学习。其隐含层内的卷积核参数共享和层间连接的稀疏性使得卷积神经网络能够以较小的计算量对格点化特征(如像素和音频)进行学习，有稳定的效果且对数据没有额外的特征工程要求。

(二) 卷积神经网络对岩性的识别

岩石种类繁多，人类现已发现的岩石种类有很多种。从现实意义来说，岩石样本识别在油气勘探、水资源勘探、矿物勘探、能源勘察、井巷工程建设中是一项既基础又重要的环节。近年来，随着人工智能技术的发展，采用图像深度学习的方法建立岩石样本自动识别分类模型成为主导。相较传统岩石分类，基于卷积神经网络的岩石样本识别方法可以减少设备影响与人为因素干扰，实现快速且准确识别。下面以黑色煤、灰黑色泥岩、灰色泥质粉砂岩、灰色细砂岩、浅灰色细砂岩、深灰色粉砂质泥岩、深灰色泥岩为样本学习卷积神经网络对岩性的识别。

本实例采用深度学习与迁移学习相结合的方法，通过冻结在庞大数据集下训练出的模型部分层并细微调整部分层的方式，分别建立基于 InceptionV3 网络、ResNet50 网络、VGG16 网络的逐步细分串联模型与单个模型，进行岩石的智能识别与分类。

1. 数据收集

收集图像数据集，采用工业相机在现场对岩屑和岩芯样品进行拍照，拍摄的相片用于

提取颜色、纹理、粒度等特征，以识别岩性。

对收集好的数据集进行分析，数据集中包含荧光图片与自然光图片，分为黑色煤、灰黑色泥岩、灰色泥质粉砂岩、灰色细砂岩、浅灰色细砂岩、深灰色粉砂质泥岩和深灰色泥岩七类。

2. 数据预处理

同一类岩石可能因光照、潮湿程度等环境因素不同而表现出不同的颜色、纹理。为增强模型的泛化能力，需要对图像进行预处理。预处理包括图像旋转、随机饱和度调节、随机亮度调节、添加高斯扰动、仿射变换五种基础增强方案。

3. 模型构建

可构建两种类型的模型：单个模型与逐步细化模型，这里以逐步细化模型为例进行说明。将预处理后的图片转换成张量形式，并进行归一化处理，图片打乱后传入预训练模型进行迁移学习的训练。

如图 2-1 所示，该数据集共七类岩石，根据岩石类别，可将岩石分为黑色煤、泥岩、砂岩三大类。黑色煤类包含一小类；泥岩类包含三小类：深灰色泥岩、深灰色粉砂质泥岩与灰黑色泥岩；砂岩类包含三小类：灰色泥质粉砂岩、灰色细砂岩与浅灰色细砂岩。将数据集先分为三大类，而后再在三大类中逐步细分，这意味着该过程将用到三个子模型，三个子模型分别对应三个不同的任务。

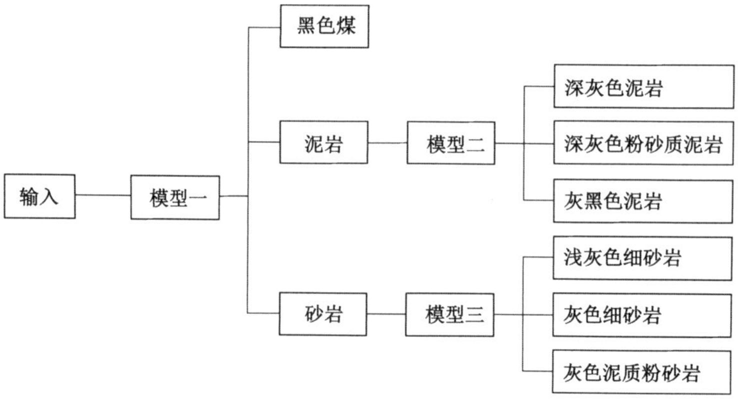

图 2-1　逐步细化模型

模型一只需要对黑色煤、泥岩、砂岩三大类的全局特征（如颜色）有整体把握，对该数据集的七类岩石进行大体的分类。模型二与模型三需要分别学习泥岩和砂岩的局部特征和纹理特征，这样才能更好地区分差异不大的小类。而后将上述三个模型整合，实现全局信息与局部信息的串联。

4. 模型优化

为提高模型的准确率，需要对模型进行调整优化，可采用改变优化器、改变模型、改变学习率、改变批尺寸（batch_size）、改变激活函数等方法。这里以改变学习率为例讲解。

学习率的大小影响学习模型的训练进度。学习率大，学习模型训练速度快，但过大的学习率可能会导致模型的准确率和损失函数振荡，收敛速度过快，因此，大学习率适用于模型训练初期。反之，学习率小，学习模型训练速度慢，但过小的学习率可能会使模型的收敛速度缓慢，导致过拟合，因此，小学习率适用于模型训练后期。利用 Keras 人工神经网络库中提供的 Learning Rate Scheduler 函数，调整模型的学习率。训练初期，模型的学习率为一个较大值，当迭代一定周期后，学习率乘以一个小于 1 的数值，将学习率减小。在此基础上，设置早停，防止模型过拟合。学习率太大或太小都会影响模型的准确率。

5. 模型检验

利用精确率(P)、准确率(A)、F1 值、召回率(R)4 个检验指标对调整完的模型进行检验。首先要了解混淆矩阵(图 2-2)，混淆矩阵中包含四个概念：TP(实际为正样本也被预测为正样本的数量)、FP(实际为负样本但被预测为正样本的数量)、TN(实际为负样本也被预测为负样本的数量)、FN(实际为正样本但被预测为负样本的数量)。图 2-2 中，P 代表正样本，N 代表负样本。

混淆矩阵		真实值	
		P	N
预测值	P	TP	FP
	N	FN	TN

图 2-2　混淆矩阵

精确率是指预测到正样本个数中实有正样本所占的比例，反映分类器不标负样本到正样本个数的能力，其计算公式为：

$$P=\mathrm{TP}/(\mathrm{TP}+\mathrm{FP}) \tag{2-1}$$

准确率是指正确分类的样本量占总样本量的比例，其计算公式为：

$$A=(\mathrm{TP}+\mathrm{TN})/(\mathrm{TP}+\mathrm{TN}+\mathrm{FP}+\mathrm{FN}) \tag{2-2}$$

召回率是指实际正样本在预测正样本中所占的比例，反映分类器发现全部正样本的能力，其计算公式为：

$$R=\mathrm{TP}/(\mathrm{TP}+\mathrm{FN}) \tag{2-3}$$

F1 值是精确率与召回率调和平均值，反映了该模型的稳健性，其计算公式为：

$$\mathrm{F1}=2PR/(P+R) \tag{2-4}$$

在上述步骤基础上，根据计算结果检验模型的适用性。符合标准的模型即可投入应用，用于岩石智能识别与分类的工作。

(三) 卷积神经网络算法优缺点

卷积神经网络可以自动学习图像中的特征，比手动设计的特征更加精确和强大。在处理大型图像数据集时，卷积神经网络能够获得更好的精度和效率。卷积神经网络在处理图像中的平移不变性时非常有效，这使得它在处理视觉问题时特别有用。但卷积神经网络也有一些缺点，如卷积神经网络需要处理大量的数据，因此其训练速度很慢；卷积神经网络需要大量的计算资源，这使得它难以在设备上使用。

二、基于机器学习算法的岩性智能识别

(一) 机器学习算法简介

机器学习(machine learning)是人工智能的一个分支，它是一种让计算机通过对大量数

据进行分析和学习，从而可以自动进行预测和决策的技术。其核心思想是利用算法和统计学的方法来让计算机在没有人类干预的情况下从数据中“学习”知识，并使用这些知识来进行自主决策。

机器学习最早可追溯到17世纪，贝叶斯、拉普拉斯关于最小二乘法的推导和马尔可夫链构成了机器学习广泛使用的工具和基础。从1950年到2000年年初，机器学习有了很大的进展，其理论和方法已被广泛应用于解决工程应用和科学领域的复杂问题。

（二）机器学习流程

机器学习基本流程如图2-3所示。

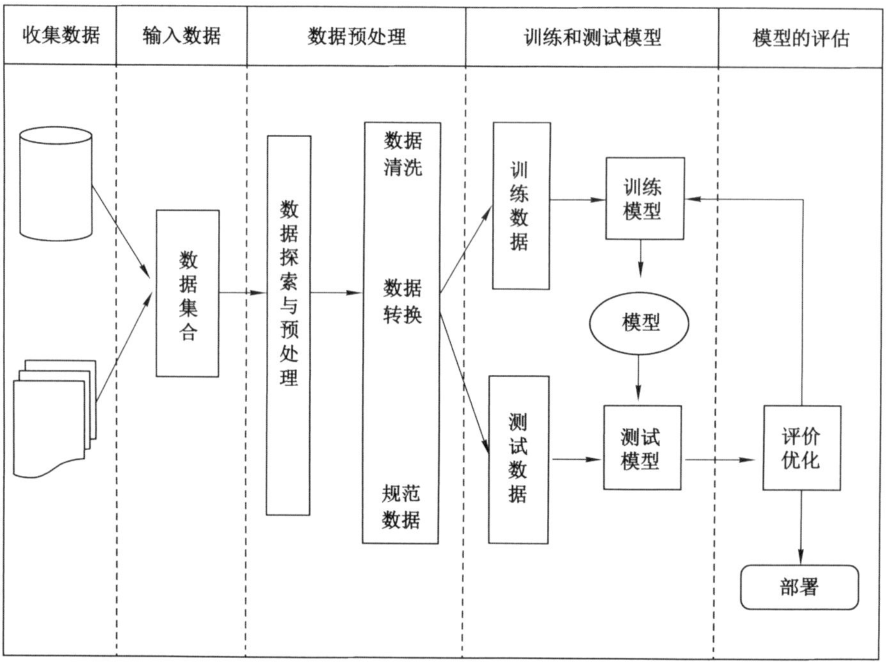

图2-3　机器学习基本流程

1. 收集数据

收集的数据的质量和数量将直接决定预测模型是否能够建好。需要将收集的数据进行去重复、标准化、错误修正等操作，并将其保存成数据库文件或者CSV格式文件，为下一步数据的加载做准备。

2. 分析数据

分析数据主要是数据发现，比如找出每列的最大值、最小值、平均值、方差、中位数、三分位数、四分位数、某些特定值（比如零值）所占比例或者分布规律等，对数据集要有一个大致的了解。同时要确定自变量（$x_1,\cdots,x_n$）和因变量 y，找出因变量和自变量的相关性，确定相关系数。

3. 特征选择

数据特征的选择可以决定分类器的效果。对上一步骤确定的自变量进行筛选，筛选可以采用手工选择或者模型选择，选出合适的特征，然后对变量进行命名以便更好地标记。命名文件要存下来，在预测阶段会用到。

4. 向量化

向量化是对特征提取结果的再加工，目的是增强特征的表示能力，防止模型过于复杂和学习困难，比如对连续的特征值进行离散化，Label 值映射成枚举值，用数字进行标识。这一阶段将产生一个很重要的文件：Label 和枚举值对应关系，在预测阶段同样会用到。

5. 拆分数据集

拆分数据集指将数据分为两部分。第一部分用于训练模型，是数据集的大部分；第二部分用于评估模型的表现。两部分通常以 8∶2 或者 7∶3 的比例进行数据划分。不能直接使用训练数据来进行评估，因为模型只能记住"问题"。

6. 模型训练

进行模型训练之前，要确定合适的算法，比如线性回归、决策树、随机森林、逻辑回归、梯度提升、支持向量机等算法。选择算法时通常要先测试各种不同的算法，然后通过交叉验证选择最好的一个。但是，如果只是为问题寻找一个"足够好"的算法，或者一个起点，也可以参考一些一般准则，比如当训练集很小时，高偏差/低方差分类器（如朴素贝叶斯分类器）要优于低偏差/高方差分类器（如 k 近邻分类器），因为后者容易过拟合。然而，随着训练集的增大，低偏差/高方差分类器则优于高偏差/低方差分类器，因为前者具有较低的渐近误差，而后者不足以提供准确的模型。

7. 模型评估

模型训练完成之后，利用拆分出来的数据对模型进行评估，通过真实数据和预测数据对比，来判定模型的好坏。模型评估的常见的五种方法：混淆矩阵、提升图和洛伦兹图、基尼系数、KS 曲线、ROC 曲线。混淆矩阵不能作为评估模型的唯一标准，混淆矩阵是计算模型其他指标的基础。完成评估后，如果想进一步改善训练，我们可以通过调整模型的参数来实现，然后重复训练和评估的过程。

8. 文件整理

模型训练完之后，要整理出四类文件，确保模型能够正确运行，这四类文件分别为：Model 文件、Lable 编码文件、元数据文件（算法，参数和结果）、变量文件（自变量名称列表、因变量名称列表）。

9. 接口封装

通过封装服务接口，实现对模型的调用，以便返回预测结果。

（三）机器学习算法优缺点

机器学习的优点有：① 自动化处理大量数据，提高处理效率。② 模型泛化能力强，泛化能力指的是模型对新数据的预测能力，一个高泛化能力的机器学习模型能够在新数据集中表现良好，而不只是在训练数据集中表现良好。因此，机器学习技术在现实生活中具有广泛适用性。③ 自学习能力强，这意味着机器学习可以不断从数据中学习，自我优化和改进。

机器学习的局限性：① 数据依赖性强。机器学习算法需要大量有效的数据样本来训练模型，更高维度的数据集需要更多的样本数据来进行训练，但是数据维度往往受到限制。此外，训练数据集样本不足也会影响模型的精度和泛化能力。如果数据集有限或者数据质量有问题，模型容易出现过拟合或欠拟合的情况。② 模型复杂度高。机器学习模型的复杂度往往非常高，需要进行大量的计算和运算。③ 解释性差。机器学习算法的内部机制非常复杂，模型难以解释其内部的决策过程。即使机器学习模型表现良好，人们也很难理解其为何作出特定的决策。这意味着机器学习模型的判定结果和推断结果往往难以解释，限制了算法的可信度和透明度，这已成为机器学习算法应用的一大限制。

因此，机器学习算法虽然具有广泛适用性，但是其应用面临着一些局限。需要我们不断研究、探索和改进，以加强机器学习算法的应用价值和实用性。

三、基于测井技术的矿井围岩强度预测

地球物理测井（简称测井）是采用先进的电子传感器、计算机信息理论、层析成像和数据处理等技术，借助专门的探测仪器设备，沿钻井（钻孔）剖面测量岩层的各种物理性质以解决某些地下地质问题的技术。我国从 1954 年起开展煤田地球物理测井相关技术研究。长期以来，测井技术在煤炭工业勘探领域的应用主要包括确定煤层的深度、厚度、结构，划分并对比煤层和岩层，了解煤质、断层、水文、井温以及孔斜和煤岩层的产状等。地球物理测井技术具有高效、快速、经济的特点，因此得到广泛应用，各种测井方法不断创新和完善、测井仪器设备不断获得改进和更新，非常符合采矿工程岩体勘察的发展方向。

声波测井是最早应用于采矿围岩单轴抗压强度测试的测井技术。基于均质各向同性的假设，人们可以得到介质中纵波波速与介质弹性模量和泊松比之间的关系，但是岩石本身的不均匀性使得利用声波测井结果预测岩石抗压强度只能依靠建立经验公式。测井原理示意如图 2-4 所示，测井仪中装有可以发射频率为 20 Hz～20 kHz 的脉冲声波发射器及声波接收器。发射器发射的声波通过测井液及围岩的传播之后到达接收器，通过分析脉冲声波到达两个接收器的时间间隔，可以计算出声波在岩层中的传播速度，进而分析围岩性质及力学性能。

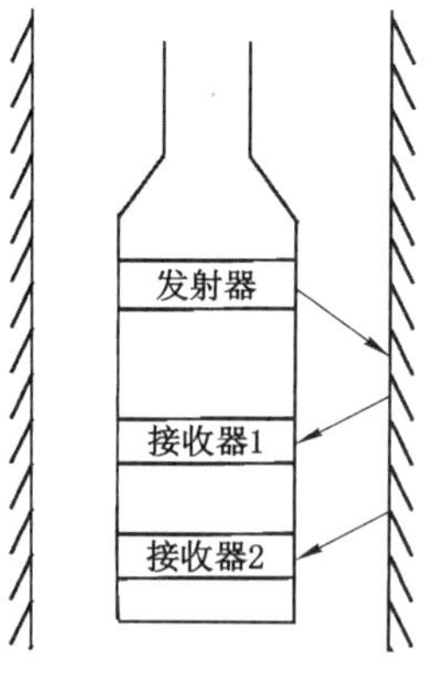

图 2-4　测井原理示意

声波测井作为发展最早的岩石强度预测方法，是最直接有效的手段。目前在声波测井设备、数据分析等方面已经积累了大量经验，声波测井技术已经广泛应用于采矿领域。

这些智能算法可以有效提升对井巷围岩信息的感知能力，为施工安全提供支持。值得说明的是，由于工程现场的复杂性和特殊性，智能算法往往是不能照搬使用的，实际应用时通常会根据工程的特殊需求进行修改，与现场技术设备相互配合，最终得到井巷围岩较为全面的信息，为井巷施工制定切实可行的方案提供依据。

第三节 智能感知技术

智能感知技术是指将物理世界的信号通过摄像头、麦克风或者其他传感器等硬件设备，借助语音识别、图像识别等前沿技术，映射到数字世界，再将这些数字信息进一步提升至可认知的层次。智能感知技术在井巷工程中的应用是将围岩信息用智能感知的设备捕捉，经过巷道围岩地质勘探技术和巷道围岩随掘探测技术的处理，为井巷工程的设计和施工提供关键的决策支持。

一、井巷围岩地质勘探技术

（一）井巷围岩地质勘探技术简介

井巷围岩地质勘探技术是一种用于探测评估地下岩层分布、特性和稳定性的技术。通过井巷围岩地质勘探技术，可以获取围岩的物理性质、组成结构、力学特性等信息，从而可以为井巷工程的设计和施工提供重要的参考依据。井巷围岩地质勘探方法主要有井巷地质力学原位测试法和三维地震可视化与反演技术等。

（二）井巷地质力学原位测试法

1. 井巷地质力学原位测试法的简介

井巷地质力学原位测试法是在保持岩石和土体原有应力和天然结构的前提下，通过仪器测量和数据分析，对岩石和土体的力学性质进行评估和预测的一种方法。井巷地质力学原位测试包括地应力测试、煤岩体强度测试与围岩结构测试。其中，地应力测试采用水压致裂法，煤岩体强度测试采用钻孔触探法，围岩结构测试采用钻孔窥视法。在测试方法与测试仪器选定的条件下，测试速度主要取决于井下钻孔数量与钻孔速度。为了实现井巷地质力学参数快速、准确测量，目前主要使用井巷地质力学原位测试法。

2. 井巷地质力学原位测试法的特点

井巷地质力学原位测试法有以下三个特点：

（1）传统的水压致裂地应力测量需要直径为 89 mm 甚至更大的钻孔，所需钻孔设备与机具比较笨重，钻进速度慢，设备搬运困难，严重影响测试速度。而该测试方法将钻孔直径减小至 56 mm，采用轻便钻孔设备即可钻孔，并且钻孔速度明显提高。

（2）在一个钻孔中完成地应力、煤岩体强度、煤岩体结构测试及深部多点位移与离层的监测，大大减少了钻孔数量，进而缩短了总的测试时间。

（3）岩体应力、强度、结构并不是独立的，而是相互影响、相互作用的。井巷地质力学原位测试法可以测定它们之间的关系。如在同一钻孔段同时测量地应力与煤岩体强度,可得出煤岩体强度对地应力的影响;在结构面附近测量煤岩体强度,可得出结构面对煤岩体强度的影响。

3. 井巷地质力学原位测试法的步骤

井巷地质力学原位测试法测试步骤如图 2-5 所示。

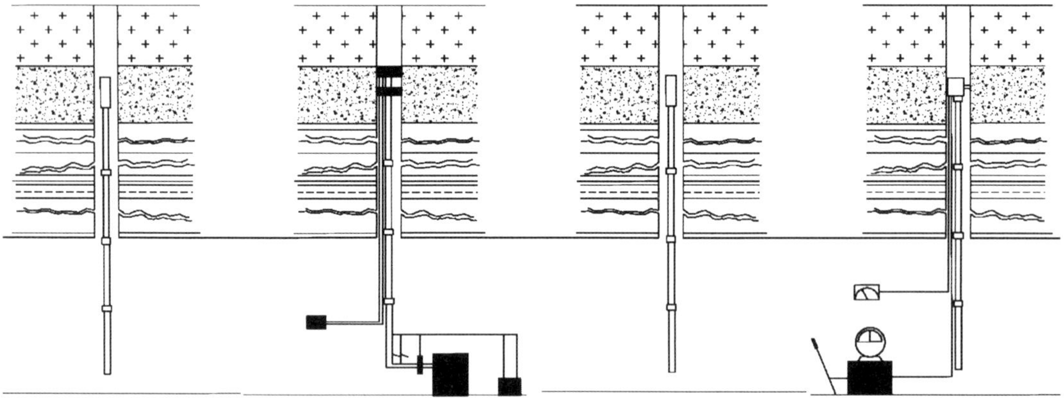

图 2-5　煤矿井巷地质力学原位测试法测试步骤

(1) 在井巷顶板垂直向上钻孔,钻孔直径为 56 mm,钻孔长度一般为 20～30 m。

(2) 采用钻孔窥视仪观察钻孔中围岩节理、层理、裂隙等结构面分布,确定主要结构面的位置,并为地应力测量选择合理的测试孔段。

(3) 根据钻孔窥视仪观察结果,在钻孔中间选择合适的孔段进行压裂试验。

(4) 采用钻孔窥视仪测定压裂裂纹,直观、准确地确定压裂裂纹的形状与方向,进而确定最大水平主应力的方向。

(5) 采用钻孔触探仪进行煤岩体强度测试,得出岩体强度沿钻孔深度的分布。在地应力测量位置和步骤(2)确定的主要结构面附近测试煤岩体强度,分析岩体强度对地应力的影响和岩体结构对岩体强度的影响。

(6) 上述测量工作完成后,在钻孔中安装多点位移计,监测顶板深部位移、离层情况。也可采用钻孔窥视仪监测顶板结构面变化,分析顶板的安全性与稳定性。

(三) 三维地震可视化与反演技术

1. 三维地震可视化与反演技术的简介

三维地震可视化与反演技术利用计算机技术将地震波数据转化为地质构造和岩性分布的可视化图像,通过对这些图像的解析和反演,推测出地下地质构造和岩性分布情况。该技术的优点在于可以提供高精度的地质信息,而且可以将地下地质构造和岩性分布情况可视化,这样可以使地质学家和井巷工程师更加准确地评估地下地质结构和岩性分布情况,为井巷工程施工、地质灾害防治等提供重要的参考依据。

2. 三维地震可视化技术的原理

首先通过引爆炸药产生地震波,地震波遇岩层界面反射回来被仪器接收,根据地震波在地下不同岩体中的传播速度和振幅等特征的差异对数据进行处理运算，得到一份地震剖面或三维数据体文件。然后将三维数据体文件中的每个数据样点转换成一个“体素”（大小近似面元和采样间隔的三维像素），每个体素有一个对应原三维数据体的数值和一个 RGB（红、绿、蓝）色值以及一个透明度可调整的灰度变量。这样每个地震道就被转换成一个体素柱。体素的值通常用一个 8 位整数表示，它代表了一个地震道体素值的分布。最后通过调整体素柱的透明度变量对地震数据体进行快速浏览和透视。其原理如图 2-6 所示。

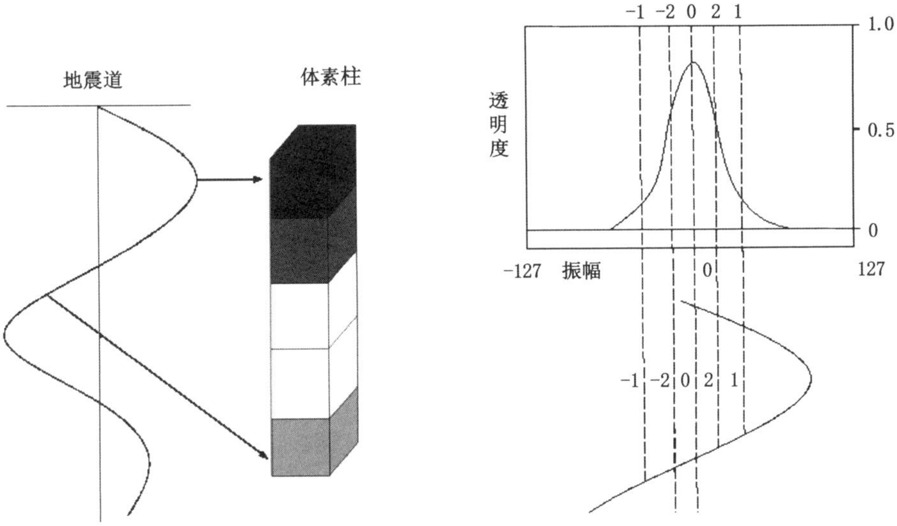

图 2-6　三维地震可视化技术的基本原理

3. 三维地震可视化技术的工作流程

三维地震可视化技术的工作流程如图 2-7 所示。首先利用计算机系统对三维地震资料扫描浏览，将要可视化的目标进行锁定。然后对锁定的目标进行时刻选择和沿层雕刻，在锁定时窗内或已雕刻的层间进行种子点探测，探测结果是实时三维可视的，探测过程是交互的。最后对解释成果进行修饰或添加处理效果，输出成果图。

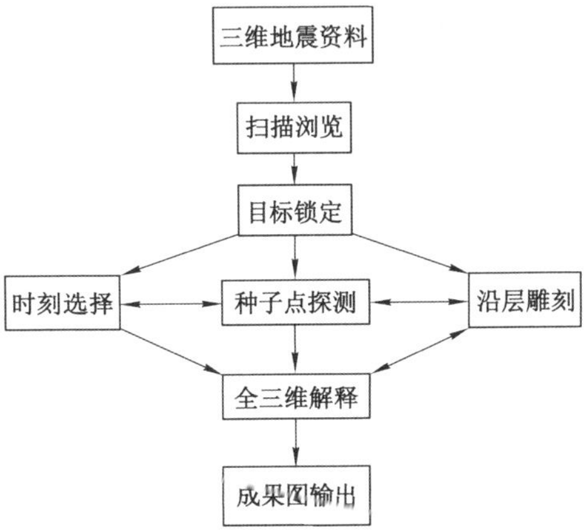

图 2-7　三维地震可视化技术的工作流程

4. 三维地震反演技术

三维地震反演技术是利用地表观测的地震资料，以已知地质规律和钻井、测井资料为约束，对地下岩层空间结构和物理性质进行成像（求解）的一种技术。三维地震反演技术的优势在于其可以对地下岩层进行高精度的成像和解密，同时具有较高的计算效率和准确性。此外，该技术还可以处理大规模的地震数据集，提供更全面和深入的地下地质信息。

二、巷道围岩随掘探测技术

巷道围岩随掘探测一方面是为了获得工作面前方隐蔽致灾地质异常体的空间赋存及特性，解决掘进中小断层、煤厚变化、陷落柱、老空区、下组煤以及含水构造等地质问题，另一方面是为了在掘进过程中实时感知和判断围岩的稳定性，为支护工作提供在线、连续、实时的围岩状态信息，以保证掘进过程中可以根据围岩状态信息实时调整支护参数。

在巷道超前物探技术方面，主要的探测手段有瑞雷波法、地质雷达超前探测法、瞬变电磁法、直流电法等物探方法。掘进前方地质灾害频发、防治难度大，目前主要的解决办法是利用钻探进行超前探查，同时辅助以地球物理方法与钻孔配合的孔巷探测等，以单次探测或跟踪循环探测方式保障安全掘进。智能化煤矿建设中，快速掘锚支护装备跟进速度快，尤其 TBM（隧道掘进机）的井下掘进施工，掘进、探测设备一体化发展迅速，实践要求高。因此对巷道超前探测的方法由单次探测向“短距离、高频次、高精度、全覆盖”的随掘探测需求转变是下阶段发展的趋势。

（一）直流电法

煤矿掘进工作面是主要的透水地点，为防止掘进工作面水害，需要精确探测巷道前方隐伏水源和导水通道，在探测富水情况方面，直流电法是应用较多的方法。直流电法于1988 年被引入地下探测，最先用于巷道底板和顺层探测。1997 年，张萍芳等将直流电法用于巷道掘进工作面超前探测，在巷道中布置测线，用来探测掘进工作面前方地质情况。直流电法技术最初采用单电极供电观测系统，后来为了区分巷道不同方向的异常区，发展了多电极供电观测系统，如三极法和七电极系统，基于几何聚焦原理进行成图和资料解析。该方法具有超前探测距离大、分辨率高、探测效果好等特点。

巷道掘进工作面直流电法超前探测采用的是三极装置，或称单极-偶极装置，施工时将一个供电电极置于巷道掘进工作面附近（图 2-8 中的 A 电极），另一供电电极置于无穷远处（图 2-8 中的 B 电极），移动测量电极 M、N 进行探测（图 2-8 中测点 1，2，3，…，n）。探测原理基于球壳理论，认为在均匀介质中，点电源 A 形成的等位面为球面，测量电极 M、N 所测电位差是 M、N 之间球壳体积范围内电位差，所以若巷道前方存在异常区，可以通过在巷道后方观测视电位或视电阻率的变化进行判断。

（二）随掘瞬变电磁法

1. 瞬变电磁法原理

瞬变电磁法（transient electromag-netic methods，TEM）是利用不接地回线或接地线源向地下发射一次脉冲而激发电磁场，在一次脉冲电磁场间歇期间利用线圈或接地电极观测地下介质中的二次涡流场，从而探测地下介质电性分布特征的一种时间域电磁法。其基本

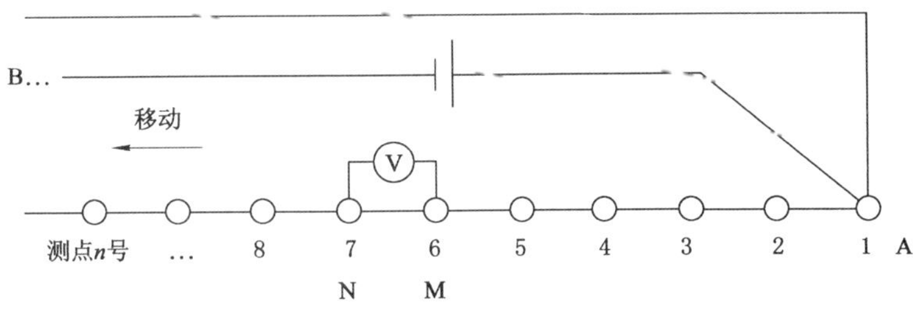

图 2-8 直流电法超前探测观测系统

工作方法是：于地面或井下设置通以一定波形电流的发射线圈，从而在其周围空间产生一次磁场，并在地下导电岩矿体中产生感应电流。断电后，感应电流由于热损耗而随时间衰减。衰减过程一般分为早、中和晚期。早期的电磁场相当于频率域中的高频成分，衰减快，趋肤深度小；而晚期电磁场则相当于频率域中的低频成分，衰减慢，趋肤深度大。通过测量断电后各个时间段的二次磁场随时间变化规律，可得到不同深度的地电特征，从而推测探测范围内的地质信息与水文地质特征。

由于电磁场在空气中传播的速度比在导电介质中传播的速度大得多，当一次电流断开时，一次磁场的剧烈变化首先传播到发射回线周围地表各点，因此，最初激发的感应电流局限于地表。地表各处感应电流的分布是不均匀的，在紧靠发射回线一次磁场最强的地表处感应电流最强。随着时间的推移，地下的感应电流便逐渐向下、向外扩散，且强度逐渐减弱，分布趋于均匀。任一时刻地下涡旋电流在地表产生的磁场可以等效为一个水平环状线电流的磁场。在发射电流刚关断时，该环状线电流紧挨发射回线，与发射回线具有相同的形状。随着时间推移，该电流环向下、向外扩散，并逐渐变形为圆电流环。等效电流环像从发射回线中“吹”出来的一系列“烟圈”。因此，人们将地下涡旋电流向下、向外扩散的过程称为“烟圈效应”，如图 2-9 所示。

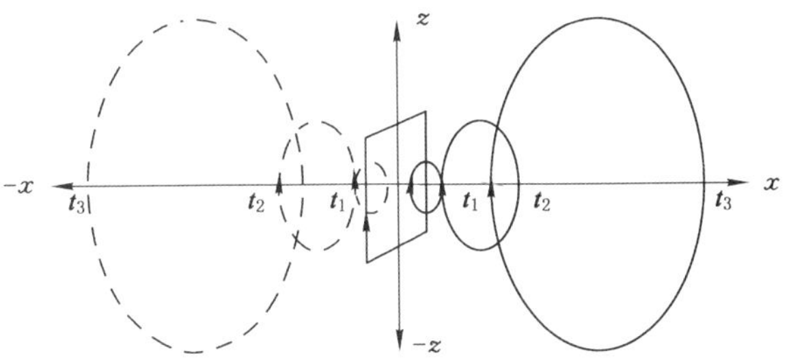

图 2-9 瞬变电磁全空间“烟圈效应”

2. 瞬变电磁超前探测施工布置

为了能够准确地探测掘进巷道前方的地质情况，按图 2-10 所示的布置方式设计多方向多角度的扇形探测方式。将测量装置布置在巷道掘进面位置，设计探测方向如图 2-10(a)至图 2-10(c)所示，使用扇形探测技术采集数据，如图 2-10(d)所示。

3. 瞬变电磁超前探测数据处理

瞬变电磁超前探测数据处理常分 3 步：① 对矿井下仪器采集到的归一化感应电位原始

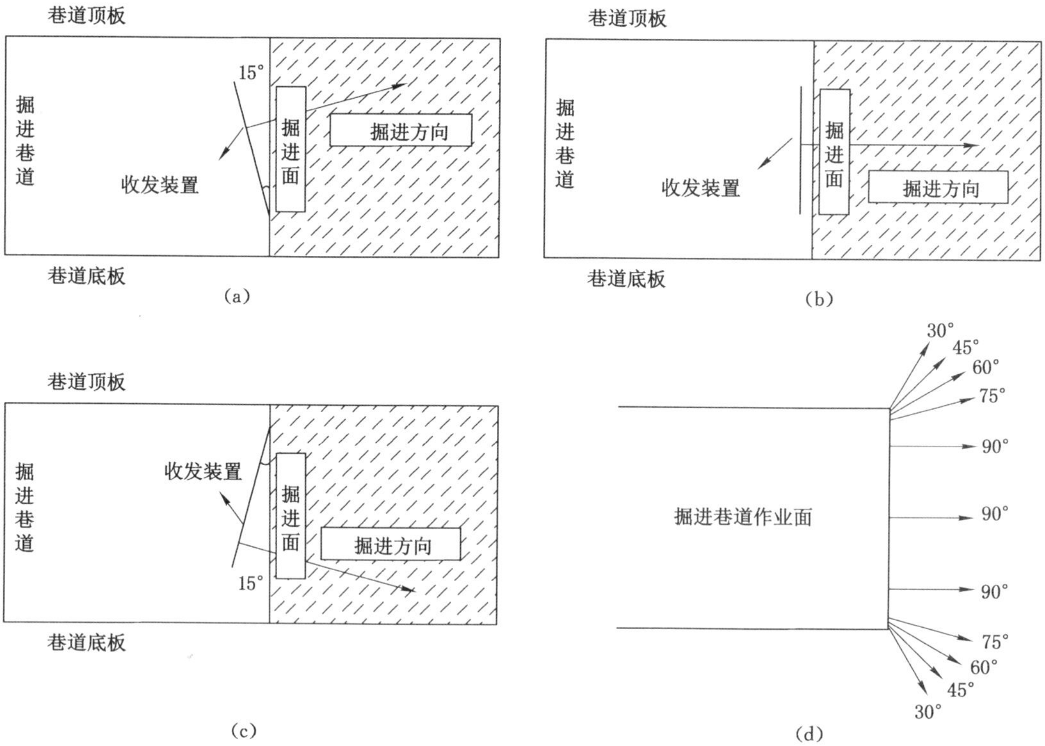

图 2-10　瞬变电磁探测布置方式

数据进行回放，剔除畸变点，使用多组滤波处理；把不同采集时间的感应电位值换算成对应的视电阻率值。② 把时间信息换算成探测空间内的深度信息；通过坐标转换，把矩形断面坐标换算成扇形坐标。③ 使用 Surfer 软件绘制测点位置与探测深度的视电阻率等值线扇形拟断面图。

4. 瞬变电磁超前探测技术特点

矿井瞬变电磁法在井下巷道超前探测方面具有施工方便、对施工空间要求不高、成本低、技术比较成熟、效率高的特点，特别是在狭小的井下巷道空间中，工作和数据采集效率较高，不影响巷道的正常掘进。

瞬变电磁超前探测法的优点有：① 超前探出陷落柱体的空间展布位置，既保障了巷道的安全，又加快了掘进速度。② 为钻探探查提供较小的布孔靶区，减少钻探工作量，避免了透水事故的发生，为隐患排除及恢复生产赢来宝贵时间。③ 既可以将线圈置于巷道底板，探测巷道底板下一定深度内含水异常区垂向和横向发育规律，也可以将线圈直立于巷道内。当线圈面平行于巷道掘进前方，可进行超前探测；当线圈面平行于巷道侧面煤层，可探测工作面内和顶底板一定范围内含水低阻异常区的发育规律。

（三）瑞雷波法

图 2-11 所示为多道瞬态瑞雷波勘探技术原理。瑞雷波沿表层传播，表层的厚度约为一个波长。因此，同一波长的瑞雷波的传播特性反映了地质条件的水平方向的变化情况，不同波长的瑞雷波的传播特性反映了不同深度的地质情况。瑞雷波法分为两种，一种是稳态

瑞雷波法，另一种是瞬态瑞雷波法。瞬态法与稳态法的区别在于震源的不同，前者是在地面上由一瞬时冲击力产生一定频率的瑞雷波，不同频率的瑞雷波叠加在一起，以脉冲的形式向前传播；后者则产生单一频率的瑞雷波，可以测得单一频率的传播速度。在工程地质勘察中常用瞬态瑞雷波法，这是因为瞬态瑞雷波法简单快捷，并且具有较高的分辨率。而稳态瑞雷波法设备笨重，成本较高，应用起来难度较大。

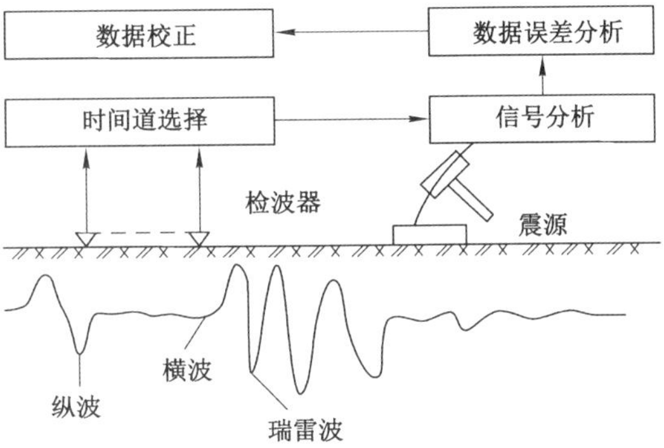

图 2-11　多道瞬态瑞雷波勘探技术原理

瑞雷波勘探是一种新兴岩土工程勘探方法，与常规的物探方法相比，瑞雷波勘探具有分辨率高、应用范围广、受场地影响小、检测设备简单、检测速度快等优点，因此广泛应用于岩土工程领域。

瑞雷波法是根据不同频率的瑞雷波沿深度方向衰减的差异，通过测量不同频率成分(反映不同深度)瑞雷波的传播速度来探查不同深度的煤、岩层位置及其中的断层、岩溶等地质异常区的方法。在得到可靠的多道瞬态瑞雷波数据后，即可实现对勘探区域地质构造的分析。不连续感应电动势的瑞雷波衰减曲线，表明在间断位置出现了非实体的空间结构，结合重叠回线装置的运行速率，计算其宽度。当其宽度较小时，则认为是小面积的溶洞，中空结构；当其宽度较大时，则认为是断裂构造，对应的厚度即为构造的实际裂缝距离。在此基础上，结合不同构造的瑞雷波与采集结果的一致性，实现对勘探区域测点构成的分析判断。

瑞雷波技术可以探查巷道附近的岩层界面及断层带、岩溶、裂隙发育区等地质异常区的位置和范围。其优点是快速、全方位、施工灵活、定位误差小，缺点是资料解释时“定量”易、定性难，较易引起多解性。瑞雷波技术探查深度较浅，一般不超过 40 m，井下工作时需多次重复探查，以提高结果的可靠性。

（四）地质雷达超前探测法

1. 地质雷达工作原理

地质雷达一般由雷达主机、雷达天线、传输线和显示器组成，其中雷达天线包括发射天线和接收天线。发射天线向地下发射宽频带高频电磁波，电磁波信号在介质内部传播时遇到介电差异较大的介质界面时，就会发生反射、透射和折射。两种介质的介电常数差异越大，反射电磁波能量也越大。反射电磁波被接收天线接收后，传输到雷达主机，雷达主机记录下反射电磁波的运动特征(包括双程旅行时间、波形及振幅等)，随后通过信号处理技术，将以上记录的信息形成雷达扫描图像，工程技术人员通过对雷达图像的分析，解释出地下目标位置的实际结构情况。

地质雷达的探测基础是介质的介电常数存在差异，介电常数相差越大，雷达图像显示越明显，煤矿井下几种常见介质的介电常数见表 2-1。

表 2-1　煤矿井下常见介质的介电常数

介质	电导率/(S/m)	相对介电常数
空气	0	1
纯净水	5×10^{-4}	81
灰岩	10^{-9}	7
砂岩	4×10^{-2}	6
泥页岩	0.1	7
煤	0.001～0.010	4

2. 地质雷达探测方法

采用地质雷达对掘进工作面进行超前探测时，用人为托举方式将雷达天线贴于被探测掘进工作面，沿测线连续滑动(或定点探测)，采用手动打标进行定位，根据系统配置和天线滑行速度设定空间采样率，雷达主机实时记录每个测点反射波的时间和振幅值，构成连续雷达剖面。在测量过程中，要克服巷道恶劣环境，如路面不平、不实，锚杆突出，灰尘大等，保证雷达仪器平稳移动，尤其是 50 MHz 雷达，在保证平稳移动的同时，还要保证两天线时刻平行且距离不变(必要时可以制作天线连接杆)，掘进工作面地质雷达探测线布置如图 2-12 所示。

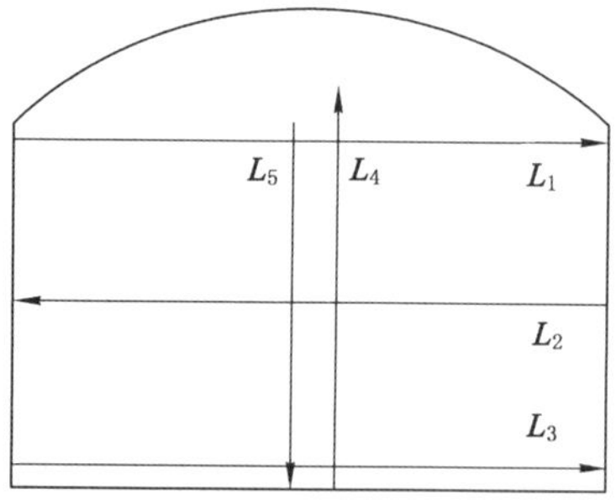

图 2-12　掘进工作面地质雷达探测线布置

3. 雷达数据处理

探地雷达数据处理包括预处理(标记和桩号校正等)和后处理，其目的在于压制规则和随机干扰，以尽可能高的分辨率在探地雷达图像剖面上显示反射波，突出有用的异常信息(包括电磁波速度、振幅和波形等)来帮助解释。雷达数据处理是探地雷达最终成果解译的重要步骤。常用的分析方法有常规滤波和其他滤波处理，常规滤波处理方法有零线设定、一维滤波、背景去噪、自动增益或手动增益控制、滑动平均等。其他滤波处理方法可结合具体探测情况进行选用，主要包括小波变换、二维滤波、反褶积、数学运算等。

探地雷达数据处理流程如图 2-13 所示。首先，建立工程项目，去除因采集过程和采集环境等产生的干扰；其次，基于雷达数据特征，选用最佳滤波处理方法确定处理参数；最后，经反复调试得到较好的处理效果，完成成果解释。

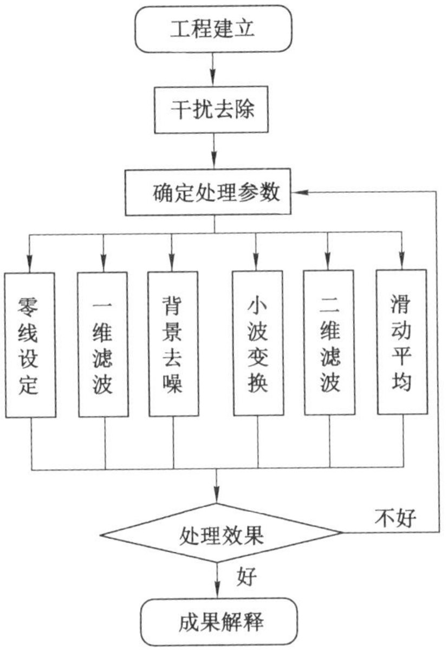

图 2-13　雷达数据处理流程

4. 地质雷达探测方法特点

矿井地质雷达探测对于隐蔽灾害源如陷落柱、断层和破碎带等反应明显，可以准确圈定出构造边界。在常规煤矿隐蔽灾害源探测中具有高效、高精度的特点，可以满足矿井精细探测的要求。雷达天线频率越低，探测距离越远，但天线装置长度越长，为解决矿井空间限制与远距离探测任务的矛盾，还需要对矿井雷达仪器做进一步的改进。

综上，目前随掘探测技术受到施工环境及探测技术双重限制，仍然表现为以单一探测技术为主，未来研发适合不同掘进地质条件的多地球物理参数融合式随掘设备以满足高精度探测需求是关键所在。而且，对于巷道前方地质条件的探查，也将逐渐由对富水区、破碎带的探测转变为对异常界面等综合地质信息的探测。此外，由 TBM 地电场探测到震、电、磁、温等多参数融合探测也将成为重要的研究方向。

第四节　智能感知的设备

智能感知设备能够帮助监测井巷围岩的岩性和地质构造变化，包括岩石强度、裂隙、地下水的分布以及岩体构造等情况，这些数据对于评估围岩的稳定性和安全性至关重要。准确的围岩状态信息有助于地质学家和井巷工程师更加准确地评估地质结构和岩性分布情况。井巷工程涉及的智能感知设备有钻孔窥视仪、钻孔触探仪、水压致裂地应力测量装置、矿用网络地震仪、电阻率和激电成像系统、矿用本安型瞬变电磁仪、矿用地质雷达和面波仪等。

一、钻孔窥视仪

钻孔窥视仪是一种便携式防爆检测仪器，用于观测小口径工程孔的内部条件。当探头送入孔眼时，仪器屏幕上可以看到孔壁的状态图像。由于透镜具有放大和高红外灵敏度的特性，钻孔窥视仪可以清晰地反映孔壁的岩性变化，易于识别煤岩界面和岩层裂隙。钻孔窥视仪的工作原理是：利用电荷耦合器件(charge coupled device，CCD)探头，把光学影像转变成电子信号；通过电缆，将信号输送到图像接收器上，进而观察、记录、存储钻孔内岩体结构图像。钻孔窥视仪主要用于探测煤矿井下锚杆孔、瓦斯抽采孔、顶板孔、放水孔、地质孔及其他钻孔的数据，然后进行分析研究、信息管理、存档等。图 2-14 给出了 ZKXG100-Z 矿用井下窥视仪的主要部件。

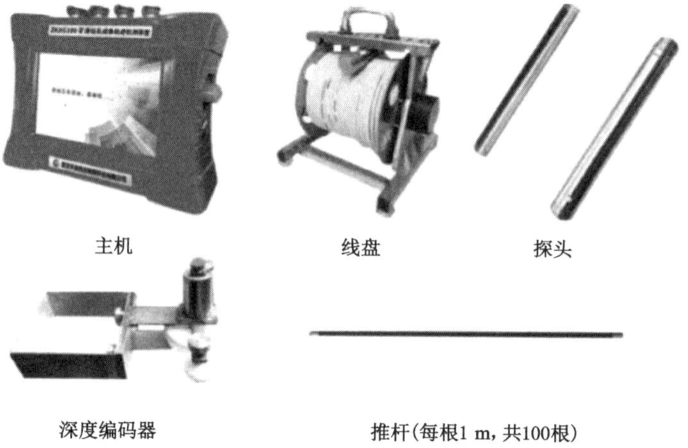

图 2-14　ZKXG100-Z 矿用井下窥视仪主要部件

二、钻孔触探仪

图 2-15 所示为钻孔触探仪。钻孔触探仪由围岩强度测定仪、探头、手摇泵、液压管、延长杆及撑杆等组成。围岩强度的测定是在现场巷道的围岩钻孔中进行的。钻孔触探仪的工作原理是：探头内的活塞在液压油的驱动下发生移动，使端部顶针压向钻孔孔壁，顶针的位置由围岩强度测定仪微安表头显示。在顶针作用下的钻孔孔壁达到临界破坏压力前，顶针静止不动，当顶针作用在钻孔孔壁上的压力达到其临界压力时，孔壁岩石便被压坏，围岩强度测定仪的微安表头指针突然跳动，此时手摇泵的压力表读数即为测得的该点孔壁岩石的临界强度，经过简单换算，便可以得到该点岩石单轴抗压强度。

三、水压致裂地应力测量装置

水压致裂地应力测量装置利用一对可膨胀的橡胶封隔器，在选定的测量深度封隔一段裸露的岩孔，然后通过泵入流体对这段钻孔增压，压力持续增高直至钻孔围岩产生破裂，继续加压使破裂扩展。压裂过程中分别记录压力、流量随时间的变化，根据压力-时间曲线即可求出原岩主应力的大小。主应力方位可根据印模确定的破裂方位而定。采用小孔径

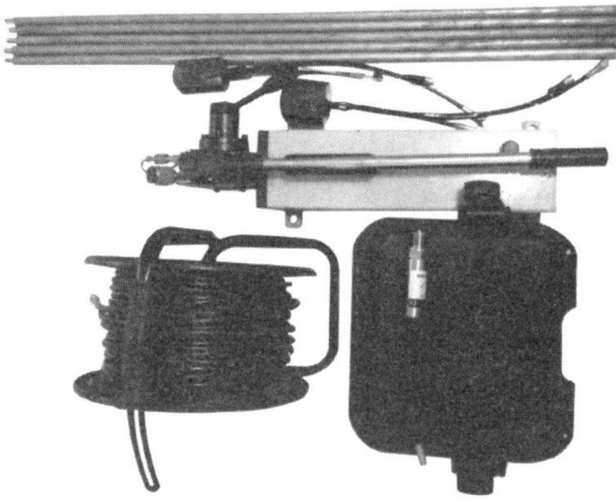

图 2-15　钻孔触探仪

(ϕ56 mm)不仅可以减小高地应力条件下测量钻孔的变形，而且可以显著减轻测量设备质量，提高测量速度，实现快速测量。水压致裂地应力测量装置及测试原理如图 2-16 所示。

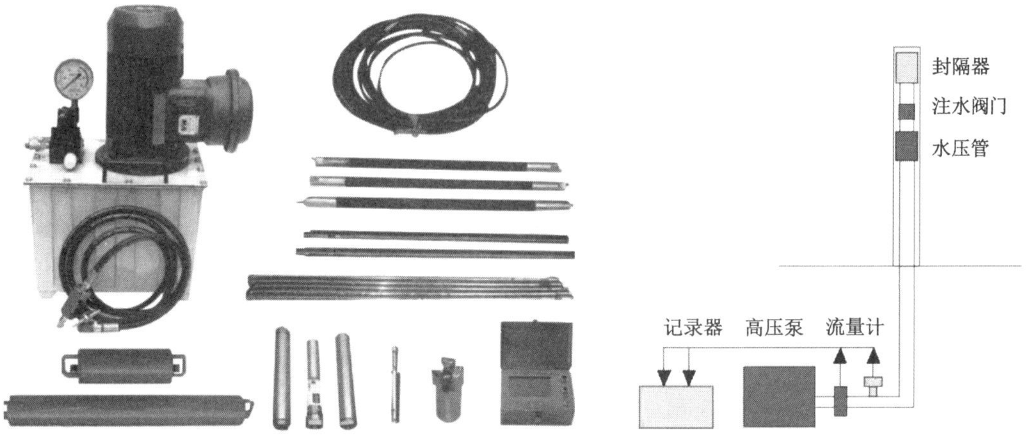

图 2-16　水压致裂地应力测量装置及测试原理

四、矿用网络地震仪

矿用网络地震仪由地震仪、激发系统和接收系统三部分组成。矿用网络地震仪利用反射地震勘探原理通过发射地震波(槽波)解决煤矿井巷掘进工作面超前探测地质构造分布情况、井巷周边构造情况、井巷围岩等级划分等问题。图 2-17 所示为 YWZ11 矿用网络地震仪。

YWZ11 矿用网络地震仪具有以下特点。

(1) 双采集模式，可同时接入速度型传感器和微机电系统(microelectromechanical system，MEMS)加速度传感器的信号采集，兼顾深部与浅部地震信号。

(2) 信号采集能力强，MEMS 加速度传感器频响范围广，解决了传统速度型传感器高频信号响应差的问题。

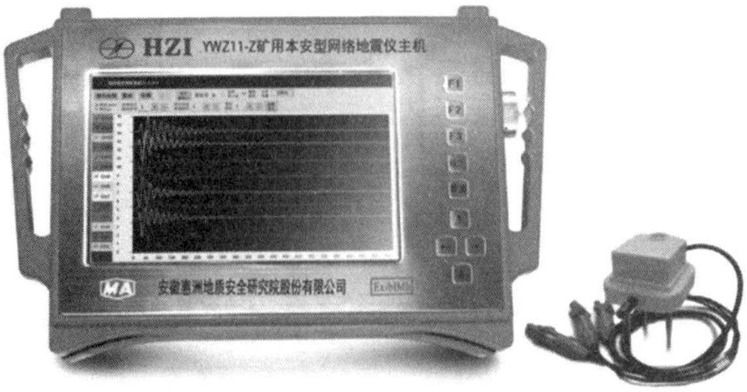

图 2-17　YWZ11 矿用网络地震仪

(3) 探测精度高，24 bit 高速模/数(A/D)转换器及前置 7 倍程控增益，可以有效获取地震波场弱信号，浅层精细探测能力尤为突出。

(4) 施工布置简单，可根据人员安排灵活布置炮点、检波器。

(5) 适用于爆破、锤击等多种震源地震超前探测。功能完备，配置兼具数据采集与处理功能的专业系统软件，可实现数据的采集、显示、管理、对比、处理成像及判别分析，具有一键成图与在线分析功能。

(6) 智能化安卓(Android)系统平台，可联网，拥有高清彩色触摸屏及机械辅助按键，人机交互便捷。

五、电阻率和激电成像系统

GD-20 多通道电阻率和激电成像系统是一款专为地质勘探设计的高效、精确的多通道电法系统，主要由多通道转换盒、数据采集单元和配套软件组成。多通道转换盒具有 5/12 通道设计，能同时处理多个测量点的数据。数据采集单元负责收集来自转换盒的电阻率和激电数据，并将其传输到配套的软件中进行处理和分析。此外，GD-20 多通道电阻率和激电成像系统设计轻便，方便携带至野外进行工作，并且自带内存，可以存储大量的测试数据。GD-20 多通道电阻率和激电成像系统如图 2-18 所示。

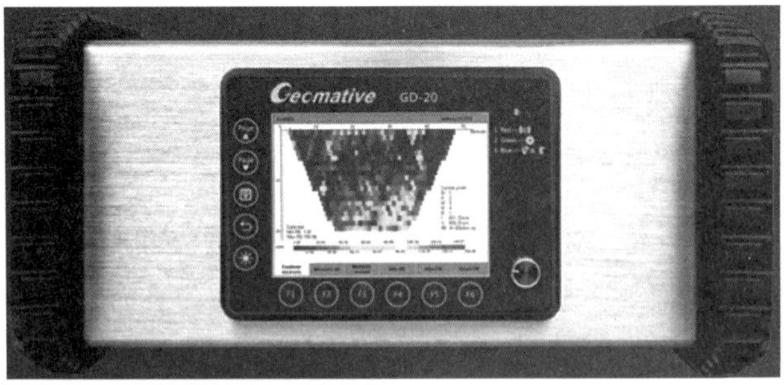

图 2-18　GD-20 多通道电阻率和激电成像系统

GD-20 多通道电阻率和激电成像系统具有以下特点。

(1) 多通道测量：该系统能够同时测量多个点，显著提高野外测试效率。

(2) 高密度数据采集：通过高密度的数据采集，该系统能够生成详细、准确的电阻率和激电图像。

(3) 多种测试模式：系统支持自电、视电阻率和激电测试，满足不同地质勘探需求。

(4) 强大的成像能力：系统能够生成二维和三维的电阻率和激电图像，提供直观的地下结构信息。

GD-20 多通道电阻率和激电成像系统广泛应用于地质勘探领域。它不仅可以应用于传统的地面测试，还可以应用于测井、煤矿巷道、水面和水下测试等多种场景。通过测试和分析地下岩层的电阻率和激电性质，地质人员可以快速识别潜在的地质目标，如矿产资源、地下水等。此外，该系统还具有在线监测模式，能够进行远程自动测试，实现长期无人监测，为地质勘探和环境监测提供便捷、高效的解决方案。

六、矿用本安型瞬变电磁仪

矿用本安型瞬变电磁仪于地面或井下设置通以一定波形电流的发射线圈，目的是在其周围空间产生一次磁场，并在地下导电岩矿体中产生感应电流。断电后，感应电流由于热损耗而随时间衰减。通过测量断电后各个时间段的二次磁场随时间变化规律，可得到不同深度的地电特征，从而推测探测范围内的地质信息与水文地质特征。矿用本安型瞬变电磁仪具有对低阻充水破碎带反应灵敏、体积效应小、纵横向分辨率高和施工方便、快捷、效率高等优点，既可以用于煤矿掘进头前方，也可以用于井巷侧帮、煤层顶底板等探测，是煤矿企业在生产过程中预测预报水患和导水构造的重要设备。YCS580 矿用本安型瞬变电磁仪如图 2-19 所示。

图 2-19　YCS580 矿用本安型瞬变电磁仪

YCS580 矿用本安型瞬变电磁仪具有以下特点。

(1) 嵌入式主机：采用高性能、高主频、低功耗的嵌入式系统，配套 10.4 寸真彩液晶显示屏，具有智能化、简单易用的人机界面。

(2) 高速数字信号处理，采用高速数字信号处理器(digital signal processor，DSP)作为数据采集和预处理单元，实现了基于硬件的数字运算逻辑，高效高速地对采集到的微弱信号进行处理。

(3) 激励电路:采用最新高效率的电子器件,设计了合理的电流驱动电路,确保小功率下电流关断时间更短。

(4) 自动采集系统:按照实际需求建立好新工程后,只需按“采集”按钮,就可以完成当前点的采集工作。下一次启动衔接上一次采集。仪器还有自动增加点号、线号功能。

(5) 多种方式数据显示:在采集过程中可以实时显示当前点的数据,如经叠加后的一次场电流波形、二次场的感应电压波形等,实时观察数据采集情况。在当前采集完成后,可以查看每条测线、每个测点、每次观测的一次场电流、二次场感应电压、归一化电位差的任意有效时间段的波形,并且可以对归一化电位差分别进行时间轴对数化、电位差轴对数化的显示。

(6) 人工噪声数据排除:当用户在查看数据时,若发现有明显的噪声数据,可以选择该数据名称,然后按【Delete】键,将噪声数据删除,以排除其对叠加数据的影响。

(7) 安全防爆:内置 7.2 V 镍氢电池电源,外壳采用全密封结构,属于本质安全型的防爆设备。

(8) 防潮防尘:仪器壳体使用整体密封的防静电材料,面板接插件具有防潮防尘功能,在整机组装时采用硅橡胶将其密封为一个整体,外壳防护等级达到 IP54,可允许在有瓦斯、煤尘的矿井中使用。

七、矿用地质雷达

矿用地质雷达由雷达天线和主机构成。雷达天线包括发射天线和接收天线。天线通过光纤与主机相连并进行数据采集、存储、显示、处理分析成像。雷达发射天线和接收天线置于钻孔中并以一定的速度扫描探测成像,它们向钻孔周围 360°空间发射电磁波并接收反射信号。ZTR 矿用地质雷达如图 2-20 所示。

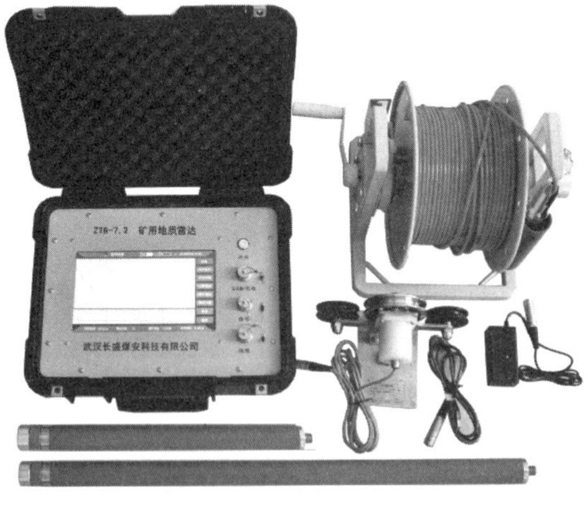

图 2-20　ZTR 矿用地质雷达

ZTR 矿用地质雷达具有以下特点。

(1) 数字化天线,抗干扰能力强。

(2) 抗拉光纤数据传输,传输距离远。

(3) 一键式操作，操作简单方便。

(4) 天线发射功率大、接收灵敏度高，可探测较远距离。

(5) 天线密封性好，耐压值达 2 MPa，适用于干、湿孔探测。

(6) 软件功能强大，适用国际通用数据格式。

(7) 天线自带可充电电池，可克服电缆线供电的干扰。

八、面波仪

面波仪是一套具有分时采样、叠加、滤波、信号增强、抑制噪声及现场实时显示实测波形等功能的高分辨率、数字化仪器。它根据 V_R-f 曲线(频散曲线)或 V_R-λ_R 曲线(转换曲线)的变化规律与地下地质条件的内在联系，通过对曲线的反演解释，得到地下不同深度范围内的瑞雷波传播速度 V_R 和某一深度范围内的地质构造情况，从而对场地或岩土的物理性质做出评价。面波仪广泛应用于铁路、桥梁、水利、交通、电力、城建等领域的工程地质勘探，也可用于石油、煤田、铀矿及地下水等领域的资源勘探。ZD21 面波仪如图 2-21 所示。

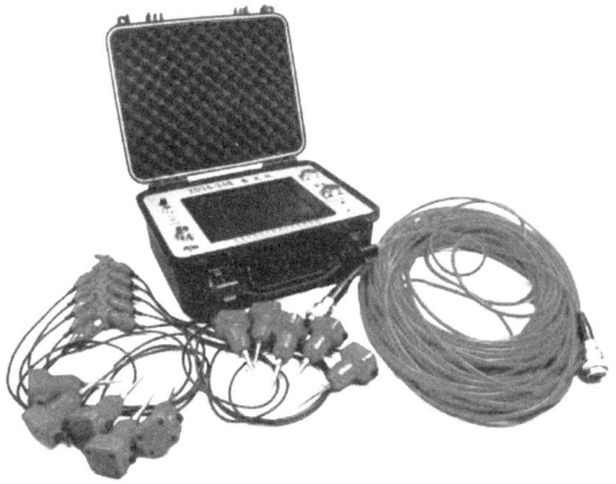

图 2-21 ZD21 面波仪

ZD21 面波仪具有以下特点。

(1) 采用 10.1 寸高清高亮度彩色触摸屏；操作系统为 Windows 系统，支持各种地震工作方式；采用高速 USB 口传输数据，先进的硬件设计实现边采样边保存，瞬间完成大批量的地震数据传输。

(2) 抗干扰性强。ZD21 面波仪采用稳态法瑞雷波勘探，激振系统激发出的瑞雷波信号具有可操控性，因此该仪器具有较强的抗干扰性。

(3) 信号采集高效性。通过增加接收仪通道数量，加长测线长度，加密测线测点，使用多种规格检波器，多样点保存信号数据文件，缩短信号采集时间和周期，达到高效采集信号的目的。

(4) 探测有效深度大。通过提高激发瑞雷波信号强度，降低激发瑞雷波信号频率，加大瑞雷波信号影响深度，达到加大有效探测深度的目的。

(5) 探测精度高。通过提高激发瑞雷波信号频率和缩短检波器间距，达到提高探测精度的目的。

(6) 高效的测试方法、快捷的菜单设置方式。根据现场情况，能马上提供相关波速值、时域输出；操作方便，性能稳定，采用工控级主板，信噪比高，抗干扰能力强，适应恶劣环境。

(7) 采用进口机箱，整机密封，美观牢固，结构布局合理，具有良好的抗振、防潮、防尘性能；仪器小巧轻便，携带方便，特别适用于复杂的物探现场测试。

习 题

1. 简要概述工程地质条件的概念和主要包含内容。
2. 列举几种已成功应用于实际工程中的智能算法。
3. 井巷地质力学原位测试法有哪些特点？
4. 巷道围岩随掘探测的目的是什么？具体包含哪些方法？
5. 钻孔窥视仪包含哪些结构？它是如何工作的？
6. 智能感知设备对矿井生产过程有哪些帮助？
7. 巷道围岩智能感知有什么作用？对于现有的设备与技术你认为有哪些不足和需要改进的地方？

参考文献

[1] 鲍海山，杨厚柱. WQCZ-1 型围岩强度测定装置[J]. 煤炭科学技术，1988，16(4)：27-29.

[2] 胡洋，胡应旭. 瞬变电磁技术在探测陷落柱中的应用[J]. 城市建设理论研究，2013(24)：45-46.

[3] 康红普，林健，张晓. 深部矿井地应力测量方法研究与应用[J]. 岩石力学与工程学报，2007，26(5)：929-933.

[4] 李飞，张永超，连会青，等. 掘进工作面直流电法超前探测技术问题探讨[J]. 煤炭科学技术，2020，48(12)：250-256.

[5] 王国玮. 钻孔窥视仪在顶板离层鉴定中的应用[J]. 云南化工，2022，49(6)：64-66.

[6] 吴超凡，邱占林，路拓，等. 综合物探技术在大弯煤矿巷道超前地质预报中的应用[J]. 煤炭工程，2020，52(4)：43-47.

[7] 杨建增，王心义. 富水异常区超前探查的综合物探技术评价[J]. 河南理工大学学报(自然科学版)，2013，32(4)：427-431.

第三章　巷道断面设计

导学思考题

1. 巷道断面是沿巷道轴线方向的断面？还是垂直轴线方向的断面？不同的巷道断面包含哪些部分？

2. 巷道断面的设计遵循哪些原则？怎么样设计出合适的巷道断面？

巷道断面设计是矿井开采设计的重要内容之一，分为断面形状设计和参数确定两部分内容。巷道断面设计由巷道断面布置图、相应的表格和文字说明组成，是矿井开采设计中井巷工程量、材料消耗量、投资等计算以及巷道施工的依据。巷道断面设计的基本原则是在满足技术要求的前提下，尽量提高断面利用率以减小断面面积、降低施工成本和加快施工速度。巷道断面设计直接影响矿井的生产以及安全、效率、效益、环保等方面。

第一节　巷道断面形状设计

巷道断面形状即巷道断面轮廓线形状。设计巷道断面形状时应考虑的主要因素有巷道类型、用途和其中装备、巷道围岩条件和矿压、巷道掘进和支护方式、巷道服务年限等。合理的巷道断面形状应满足：断面内设备布置及空间利用合理，断面利用率高，通风阻力小；围岩受力状态和稳定性好，支护简单；便于施工和利于快速施工，施工成本低。

一、矿井常用巷道断面形状及主要参数

矿井常用巷道断面形状如图 3-1 所示，有拱形、四边形和圆形三类，其中拱形有半圆拱形、三心拱形和圆弧拱形三种，四边形有正梯形、矩形和异形三种。

① 半圆拱形。如图 3-1(a)所示，半圆拱形断面主要形状参数有跨度 B、拱高 h_0（等于圆弧半径 R）和墙高 h_3。$R=0.5B$，圆心角为 180°。

② 三心拱形。如图 3-1(b)所示，三心拱形断面主要形状参数有跨度 B，拱高 h_0 和墙高 h_3。圆弧参数包括大圆弧半径 R 和圆心角 α 以及小圆弧半径 r 和圆心角 β，可根据高跨比从表 3-1 中查取，也可用本章第二节中的公式计算，还可采用作图法确定。

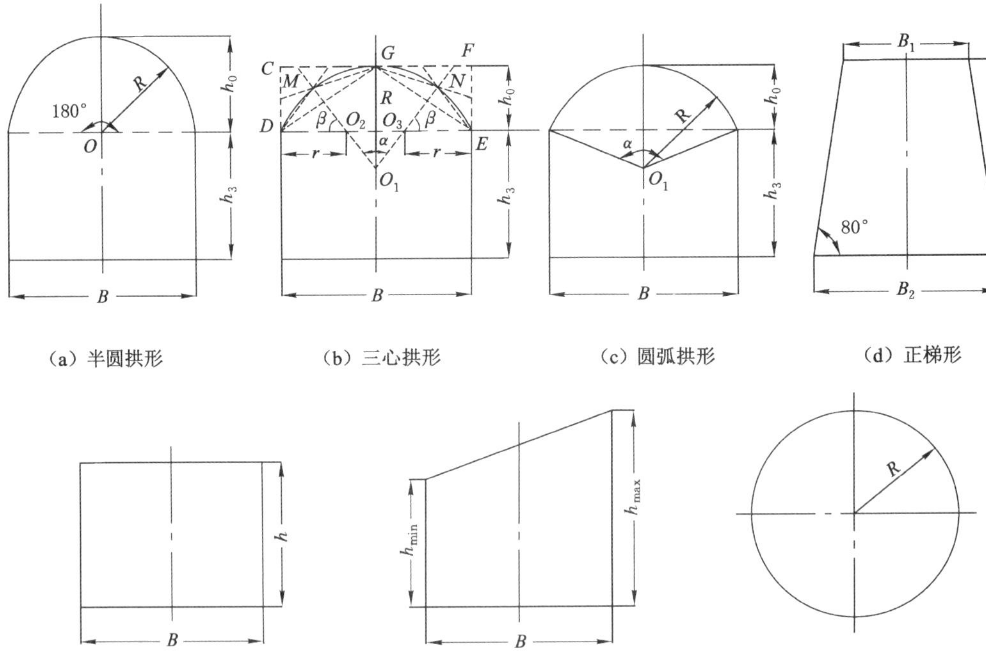

(a) 半圆拱形　(b) 三心拱形　(c) 圆弧拱形　(d) 正梯形

(e) 矩形　(f) 异形　(g) 圆形

图 3-1　矿井常用巷道断面形状

表 3-1　常用三心拱高跨比及对应圆弧参数

高跨比(h_0/B)	圆弧半径		圆心角	
	大圆弧(R)	小圆弧(r)	大圆弧(α)	小圆弧(β)
2/5	0.593B	0.346B	77°20′	51°20′
1/3	0.692B	0.262B	67°22′	56°19′
1/4	0.904B	0.173B	53°08′	63°26′

作图方法：按比例作宽度等于巷道跨度 B，高度等于拱高 h_0 的矩形 $CDEF$，令巷道中心线与 CF 的交点为 G，连接 DG、EG，并分别作$\angle CDG$、$\angle CGD$、$\angle FEG$、$\angle FGE$ 的平分线，分别得到两个交点 M、N，过 M 点和 N 点分别作 DG、EG 的垂线，得三心拱的三个圆心 O_1、O_2 和 O_3，以 O_1 为圆心，$O_1G(R)$为半径作大弧，再分别以 O_2、O_3 为圆心，$O_2D(r)$，$O_3E(r)$为半径作两个小弧，即得三心拱形断面。其中大、小圆弧的半径、圆心角可从图上直接量取。

③ 圆弧拱形。如图 3-1(c)所示，圆弧拱形断面主要形状参数有跨度 B，拱高 h_0 和墙高 h_3。圆弧半径 R 和圆心角 α 可按本章第二节中的公式计算。

④ 正梯形。如图 3-1(d)所示，正梯形断面主要形状参数有顶宽 B_1，底宽 B_2 和高度 h。顶宽和底宽的关系由墙在断面内的倾角决定，墙的倾角一般取 80°～82°。

⑤ 矩形。如图 3-1(e)所示，矩形断面主要形状参数有宽度 B 和高度 h。

⑥ 异形。如图 3-1(f)所示，异形断面主要形状参数有宽度 B，最大高度 h_{max} 和最小高度 h_{min}。顶部倾角一般由煤层(岩层)倾角决定。

⑦ 圆形。如图 3-1(g)所示，圆形断面主要形状参数为半径 R。

二、巷道断面形状选择

图 3-1 所示的断面都具有形状简单、便于施工的特点，实践证明，以上断面可用于不同条件，满足不同要求，因此被广泛采用并成为一种设计模板。进行巷道断面形状设计实际上是进行模板选择，因此巷道断面形状设计也被称为巷道断面形状选择。

对于垂直巷道，一般采用圆形断面，有时也采用矩形断面。

对于水平和倾斜巷道，可参照以下经验进行选择。

① 巷道类型。开拓巷道多采用拱形断面，准备巷道和回采巷道多采用四边形断面；岩石巷道多采用拱形断面，煤层巷道和半煤岩巷多采用四边形断面。

② 巷道施工方法。采用综合机械化掘进机（以下简称"综掘机"）和连续采煤机掘进的巷道宜采用矩形断面，采用光面爆破施工的巷道宜采用拱形断面。

③ 巷道受力条件、围岩条件和变形破坏特征。对于处于对称应力场中的巷道，宜采用对称断面，否则宜采用非对称断面。对于处于二向不等压应力场中的巷道，宜采用椭圆形或类似椭圆形断面，且长轴应与最大主应力方向一致。对于处于比较松软破碎、强度较低、顶板下沉量较大的围岩中的巷道宜采用拱形断面。对于处于采动影响区的巷道，进行巷道断面形状设计时应充分考虑采动压力的冲击性和方向性，一般应采用非对称断面，而且应预留足够的变形量。

④ 巷道用途及使用要求。需要行人的巷道必须满足行人的要求，作为安全出口的巷道必须畅通、便于行人；对于需要安装和运行运输装备、敷设管缆的巷道，其断面形状应满足这些装备安装和运行以及管缆敷设的要求；对于需要运输超过运输车辆长度或宽度的大尺寸设备和材料的巷道，其断面形状应满足运输这些设备和材料的要求。

⑤ 支护方式和支护材料。木棚和直梁金属棚只能采用四边形断面；可缩性金属棚多采用拱形断面，也可采用四边形断面；拱碹支护一般采用拱形或圆形断面；锚喷支护可采用各种断面。

⑥ 对于拱形断面，可根据跨度选择半圆拱、圆弧拱和三心拱。半圆拱因具有受力好、设计与施工方便等特点而被广泛采用，圆弧拱也具有设计与施工方便的特点，三心拱比圆弧拱受力状态好，但三心拱设计与施工复杂，在矿井中使用较少，一般只有大断面巷道采用三心拱。当巷道跨度适中时，可选择半圆拱；当巷道跨度较大时，可选择圆弧拱；当巷道跨度更大时，选择三心拱。

⑦ 作用在巷道上的地压大小和方向对巷道断面形状的选择也有重要影响。当顶压和侧压均不大时，可选用矩形或梯形断面；当顶压较大、侧压较小时，则应选用直墙拱形断面（半圆拱、圆弧拱或三心拱）；当顶压、侧压都很大，同时底鼓严重时，须选用马蹄形、椭圆形或圆形等封闭式断面。

第二节　巷道断面参数确定与计算

巷道断面参数很多，其确定和计算与巷道断面形状、巷道用途和其中装备等因素有关，该部分内容多、计算公式多且计算烦琐。因此，本节将在介绍巷道断面参数确定与计算基本知识以及巷道断面使用和设备安装基本要求与规定的基础上，结合实例介绍一些常用的巷道断面参数确定与计算的基本方法和公式。

一、巷道断面参数确定与计算基本知识

(1) 巷道断面与断面参数的概念及分类

按照巷道掘进→支护→安装的施工程序，巷道断面分掘进断面、净断面和使用断面。掘进断面也叫毛断面，是掘进后未支护前的断面；净断面是支护以后的断面；使用断面是设备安装以后形成的正常使用的断面。

巷道断面参数按照用途分为安装用参数（简称安装参数），支护用参数（简称支护参数），掘进用参数（简称掘进参数），以及进行工程量、材料消耗量、投资、通风等计算用参数（简称计算参数）。

① 安装参数。包括铺轨参数、管缆敷设参数、架线参数、人行道参数以及各种安全间隙。

② 支护参数。包括支护结构厚度和为支护施工留出的富余量。

③ 掘进参数。包括掘进断面的各形状参数。

④ 计算参数。包括掘进断面面积、砌碹和锚喷支护的厚度及体积、使用断面面积和周长等。

巷道断面参数按照各参数的特征分为断面内布置参数（安装参数）、断面参数（包括断面形状参数和断面面积、周长等计算参数）、支护参数等。

(2) 巷道断面参数确定顺序

① 确定各安装参数。

② 由安装参数确定净断面形状参数。

③ 由净断面形状参数和支护参数计算掘进断面形状参数。

④ 求出计算参数。根据掘进断面形状参数求出掘进断面面积，根据净断面形状参数和支护厚度求出支护结构体面积，根据净断面形状参数和道砟厚度计算出使用断面面积和使用断面周长。

(3) 需要注意的问题

① 巷道净断面轮廓线。巷道净断面轮廓线因支护方式不同而不同，锚杆支护以断面上露出的锚杆端头的光滑连线为轮廓线，架棚支护以架棚的内轮廓线为轮廓线。

② 巷道断面变形量。巷道使用断面参数是指巷道变形稳定以后的断面参数，计算确定该参数时应考虑从巷道掘进到废弃期间的巷道变形量，但在巷道断面参数确定与计算过程中并没有这样做。在工程实践中，对于变形较大的巷道，特别是对于受采动影响较大的采区巷道，应根据巷道情况在相关参数中增加一个变形富余量，该富余量应不小于巷道在使用期间的最大变形量。

③ 巷道断面参数对通风系统合理性的影响。通风对确定巷道断面参数的影响条件有两个：一个是满足最大风速要求的最小断面，在断面设计中作为通风验算条件被充分重视；另一个是从整个通风系统考察的合理通风断面（风阻适当的断面），在断面设计中一般考虑较少。对于长距离的主要通风巷道，断面的大小决定着该段巷道通风阻力的大小，从而影响通风系统的合理性。因此，在确定巷道断面时，应考虑所设计巷道的长度及通风阻力在

整个通风系统阻力中所占比例。对于主要通风巷道，当长度较大，其通风阻力在整个通风系统阻力中占比较大时，应适当加大通风断面。

二、巷道断面使用和设备安装基本要求与规定及相关参数确定的基本原则

（一）横向安装参数

（1）横向（沿巷道宽度方向）安装参数及有关规定

① 运输巷两侧与运输设备最突出部分之间的距离，包括人行道一侧宽度和非人行道一侧宽度。应满足《煤矿安全规程》第九十一条规定（本书所述《煤矿安全规程》均指 2022 年版）。该条规定要点为：新建矿井、生产矿井新掘运输巷一侧，从巷道道砟面起 1 600 mm 的高度内，必须留有宽 800 mm（综合机械化采煤及无轨胶轮车运输的矿井为 1 000 mm）以上的人行道，管道吊挂高度不得低于 1 800 mm。在人车停车地点，人行道一侧宽度不得低于 1 000 mm。

② 运输设备的最大外形宽度可从表 3-2 所列设备手册或产品说明书中查取。

表 3-2　煤矿常用轨道运输设备外形尺寸

运输设备类型		宽度/mm	高度/mm	运输设备类型		宽度/mm	高度/mm
架线电机车	ZK710-§69/250	1 060	1 550	固定式矿车	1 t	880	1 150
		1 360			1.5 t	1 050	1 150
	ZK14-9/550	1 335	1 600				
	ZK10-§/550-7C	1 050	1 600	3 t 底卸式矿车		1 200	1 400
		1 350					
蓄电池电机车	XK2.5-6/48	920	1 550	TD75 固定输送机		1 515	1 200
	XK8-6/110	1 054	1 550	SPJ-800 吊挂输送机		1 200	900

③ 在双向运输巷中，两车最突出部分之间的间距应满足《煤矿安全规程》第九十二条规定。该条规定要点为：a. 在运行段，对开时不得小于 200 mm，在采区装车点不得小于 700 mm，在矿车摘挂钩点不得小于 1 000 mm；b. 采用单轨吊运输的巷道，对开时不得小于 800 mm；c. 采用无轨胶轮车运输时，双车道行驶，会车时不得小于 500 mm。

（2）横向安装参数的确定

由于运输设备有一定长度，当车辆在同一巷道的直线段和曲线段运行时，车辆的两个外缘与轨道中线之间的最大距离不同，因此直线段和曲线段的横向安装参数也不同，应分别确定。另外当运输超大材料和设备时，安装参数应该按照其外形尺寸计算。

① 直线段横向安装参数的确定。直线段横向安装参数直接根据上述规定确定。

② 曲线段横向安装参数的确定。在巷道弯曲段，车辆沿长度方向的轴线（直线）与轨道中线（曲线）相割，从而使车辆沿长度方向的两条外缘线上的点距轨道中线的距离处处不同，在线路外侧该距离在车辆的两个端头处最大，在线路内侧该距离在车辆的中间处最大，且两侧的最大距离均大于车辆宽度的一半，如图 3-2 所示。

车辆两侧外缘与轨道中线之间的距离增大意味着如果在曲线段采用与直线段相同的参数，车辆与巷壁之间以及车辆之间的安全间隙将不满足上述规定，从而导致车辆不能正常安全运行，甚至无法通过。为了保证车辆在巷道弯曲段行驶与在直线段同样安全，在巷

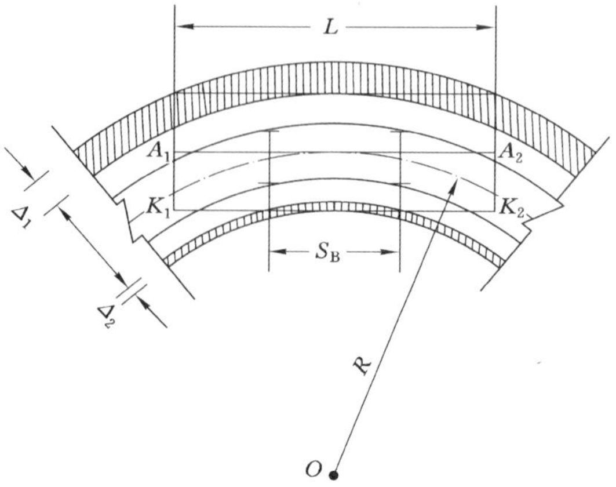

图 3-2 曲线巷道加宽

道弯曲段的断面上，人行道一侧宽度、非人行道一侧宽度和两车最突出部分之间距离的取值都要比直线段适当加大。加大量可根据车辆轴距、车辆外形参数、轨中线弯曲段曲率半径等参数进行计算，也可直接取经验值。在实践中加大量通常取经验值：外侧轨道中心线距外侧巷壁距离加宽 200 mm(20 t 电机车可加宽300 mm)，内侧轨道中心线距内侧巷壁距离加宽 100 mm，双轨中线距离加宽 300 mm。

出于同样考虑，与曲线巷道相连接的直线巷道也需要有一段加宽，其加宽段的加宽量与曲线段相同，加宽段长度按以下经验值选取。

内、外侧轨中线距同侧巷壁距离加宽段长度：矿车通行的巷道为 1.5～3.5 m，电机车通行的巷道为 3.0～5.0 m。

双轨中心距离加宽段长度：1 t 矿车运输为 2.0 m，电机车运输为 5.0 m，3 t 或 5 t 底卸式矿车运输为 5.0～7.0 m。

为了方便，双轨巷道轨中心距也可从表 3-3 查取。

表 3-3 双轨巷道轨中心距经验值

运输方式	直线部分/mm	曲线部分/mm
1 t 或 0.5 t 矿车	1 200	1 300
1.5 t 矿车	1 300	1 600
3 t 矿车	1 600	1 800
600 mm 轨距电机车	1 300	1 600
900 mm 轨距电机车	1 600	1 900

③ 超大材料和设备运输。按照以上要求和方法计算确定的巷道净宽度，能够满足使用指定车辆运输煤炭、矸石以及外形尺寸不超过指定车辆外形尺寸的设备和材料运输的要求。

若需要运输外形尺寸超过指定车辆外形尺寸的超大设备和材料，应根据该设备或材料的外形尺寸设计巷道断面，包括确定直线段的宽度、曲线段加宽量和与曲线段相连接的直线段的加宽长度等。

(3) 巷道安装宽度和巷道最小宽度

① 巷道安装宽度即最小使用宽度。在确定安装参数后,根据各安装参数计算巷道安装宽度。

② 巷道最小宽度。一般拱形断面的主要运输巷道净宽不宜小于 2 400 mm,采区巷道的净宽不宜小于 2 000 mm。若计算的安装宽度小于上述宽度,应按上述宽度确定巷道安装宽度。

(二) 竖向安装参数

(1) 竖向(沿巷道高度方向)安装参数及选择的有关规定和原则

① 巷道净高度。巷道净高度应符合《煤矿安全规程》第九十条的规定。采用轨道机车运输的巷道净高,自轨面起不得低于 2 000 mm;采(盘)区内的上山、下山和平巷的净高不得低于 2 000 mm,薄煤层内的不得低于 1 800 mm;架线电机车运输巷道的净高,在井底车场内、从井底到乘车场,不小于 2 400 mm;其他地点,行人的不小于 2 200 mm,不行人的不小于 2 100 mm。

② 架空线与巷道顶之间的距离。电机车架空线与巷道顶或棚梁之间的距离大于或等于 200 mm。

③ 道床参数。道床参数主要是道砟(浇注混凝土)厚度和轨面高度两个参数,与以下因素有关。

A. 道床类型。道床类型有普通道床和整体(固定)道床两类。普通道床由道砟和轨枕组成,这种类型的道床使用较多,如图 3-3 所示;整体(固定)道床不用道砟,直接在巷道底板上用混凝土浇筑而成或将预制的轨枕用混凝土与底板浇注在一起而成,具有维护工作量小、生产经营费用低、有利于提高列车运行速度等特点;因此,在大型矿井,特别在采用底卸式矿车运输的井底车场和主要运输大巷中应积极推广应用整体(固定)道床。对于普通道床,h_b(道砟厚度)要取大些;对于整体(固定)道床,h_b(浇注混凝土厚度)可取小些。

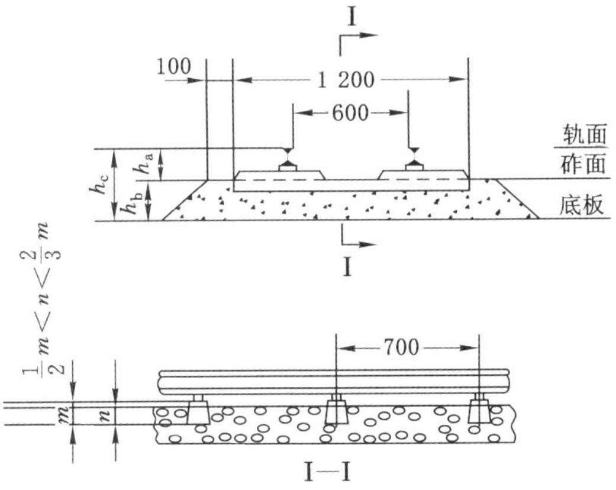

图 3-3　道床参数

B. 轨型。轨型直接决定钢轨高度,从而决定轨面高度 h_c。

C. 轨枕的类型和规格及道砟的种类和粒度。对于普通道床,这些因素都直接影响道砟的厚度和轨面高度。

确定的道床参数应满足对轨型、轨枕和道砟的有关规定和要求。

(2) 竖向安装参数的确定

① 轨型、轨枕和道砟选择。

A. 轨型选择。轨型即钢轨型号,用每米钢轨的质量(kg/m)表示。煤矿常用的轨型有11 kg/m、15 kg/m、18 kg/m、24 kg/m、30 kg/m、33 kg/m 等。轨型根据巷道类型、运输方式、车辆规格、轨距等确定,可参考表 3-4 选择。

表 3-4　钢轨型号选择表

巷道类型		运输方式及设备	矿车类型	轨距/mm	钢轨型号/(kg/m)
井底车场及主要运输大巷		8 t,10 t 电机车或 12 t,14 t 机车牵引列车	5 t 底卸式	900	≥30
			3 t 底卸式	600	
		<8 t 机车	1 t 固定式	600	18
		绞车,≤5 t 机车	1 t 固定式	600	15
采区巷道	上山、下山	绞车(串车)	1.5 t 固定式	600(900)	15
			1 t 固定式	600	15
	运输中巷、回风巷	≤5 t 机车或绞车	1.5 t 固定式	600(900)	15
			1 t 固定式	600	11,15

B. 轨枕选择。轨枕与轨距和轨型配套,常用轨枕的类型和规格见表 3-5。目前使用较多的是钢筋混凝土轨枕,木轨枕主要用在道岔处。预应力钢筋混凝土轨枕刚度大,抗裂性和耐久性较好,造价低,应大力推广使用。

表 3-5　常用轨枕的类型和规格

轨枕类型	轨距/mm	钢轨型号/(kg/m)	全长/mm	全高/mm	上宽/mm	下宽/mm
木轨枕	600	11	1 200	100		120
		15,18		120	120	150
		24		140	130	160
	900	15,18	1 600	120	120	150
		24,30		140	130	160
钢筋混凝土轨枕	600	11,15	1 200	130	120	140
		18		130	160	180
	900	24,30	1 700	145	170	200
预应力钢筋混凝土轨枕	600	15,18	1 200	115	100	140

C. 道砟选择。应选用坚硬和不易风化的碎石或卵石作道砟,粒度以 20～30 mm 为宜,不许掺入碎末和杂物,应保证适当的孔隙率以利于排水和保持良好的弹性。

② 道床参数确定。

A. 道砟厚度 h_b 确定。参见图 3-3,对于普通道床,道砟至少应埋至轨枕高度的 1/2～

2/3 处，其厚度应视巷道类型和轨型确定，不得小于 100 mm。对于整体(固定)道床，浇注混凝土厚度一般不应小于 100 mm。

B. 轨面高度 h_c 计算。对于普通道床，根据钢轨高度(由轨型查得)、轨枕高度(由表 3-5 查取)和轨枕下道砟厚度计算；对于整体(固定)道床，由钢轨高度和整体轨枕高度确定。道床参数也可由表 3-6 查取。

表 3-6　常用道床参数

巷道类型		钢轨型号/(kg/m)	轨面高度 h_c/mm	道砟厚度 h_b/mm	砟面至轨面垂高 h_a/mm
井底车场及主要运输巷道		≥24	360	200	160
		18	320	180	140
采区巷道	上山、下山	15,18	220	可不铺道砟，轨枕沿底板浮放，也可在轨枕两侧充填掘进矸石	

(3) 巷道使用高度确定

① 自轨面起高度。巷道使用高度等于巷道净高度减去轨面高度 h_c。

② 自砟面起高度。巷道使用高度等于巷道净高度减去道砟厚度 h_b。

(三) 通风断面面积及通风验算

(1) 通风断面面积及基本要求

通风断面面积即使用断面面积。所有用于通风的巷道，其使用断面面积都要满足通风的要求。即按照设计通风量和通风断面面积计算的风速必须满足《煤矿安全规程》第三章的规定，即满足式(3-1)。

$$v_{min} \leqslant v = \frac{Q}{S} \leqslant v_{max} \tag{3-1}$$

式中　Q——设计通过巷道的风量，m^3/s；

S——巷道使用断面面积，m^2；

v——计算风速，m/s；

v_{max}，v_{min}——分别为《煤矿安全规程》规定的巷道允许通过的最高风速和最低风速，由表 3-7 查取，m/s。

表 3-7　井巷中的允许风速

井巷名称	允许风速/(m/s)	
	最低	最高
无提升设备的风井和风硐		15
专为升降物料的井筒		12
风桥		10
升降人员和物料的井筒		8
主要进、回风巷		8
架线电机车巷道	1.0	8
运输机巷，采区进、回风巷	0.25	6

表 3-7(续)

井巷名称	允许风速/(m/s)	
	最低	最高
采煤工作面、掘进中的煤巷和半煤岩巷	0.25	4
掘进中的岩巷	0.15	4
其他通风人行巷道	0.15	

注:表 3-7 选取自《煤矿安全规程》第一百三十六条。

(2) 通风验算及根据通风要求确定断面参数

对于专门用于通风的巷道,可直接根据式(3-1)计算并确定其断面参数。

对于兼作通风用的运输巷道,不仅其净断面面积要满足各种设备安装的要求,而且其使用断面面积也必须满足通风的要求。设计程序通常为:根据设备安装要求计算确定净断面参数→根据安装结果计算使用断面面积→根据设计通风量计算风速并按式(3-1)进行通风验算。若验算通过,表明所确定断面参数符合通风要求。否则,若计算风速过大,表明所选断面面积过小,应按通风要求重新计算断面面积并调整其他断面参数;若计算风速过小,应调整风量。

三、半圆拱形双轨架线电机车运输大巷断面设计实例

(一) 设计条件和任务

(1) 设计条件。某矿井为低瓦斯矿井,设计生产能力为 1.50 Mt/a。一水平运输大巷设计服务年限为 20 a;大巷布置在煤层底板砂页岩中;采用锚喷支护,喷层厚度为 100 mm;大巷内布置 600 mm 轨距双轨线路,采用 ZK10-6/550 架线电机车牵引 3 t 底卸式矿车运输;设计通风量为 84.0 m^3/s。

(2) 设计任务。根据上述条件进行一水平运输大巷(直线段)的断面设计,包括形状选择和断面参数确定。

(二) 巷道断面形状选择

根据设计条件,选择巷道断面形状为半圆拱形。

(三) 巷道断面参数确定与计算

根据设计条件,绘制巷道断面布置图(图 3-4),逐步计算确定各参数。

1. 巷道净断面参数确定

(1) 巷道净宽度确定

巷道净宽度指巷道有效净宽度。对于直墙半圆拱形断面,当直墙使用高度(自道砟面向上高度)大于或等于 1 600 mm 时,一般也大于车辆上缘高度,巷道有效宽度即两直墙间的宽度。本实例确定的巷道直墙使用高度为 1 600 mm(计算见后),因此巷道净宽度即两直墙间的宽度。

为了满足安装要求,巷道净宽度应大于或等于总安装宽度,参考图 3-4,巷道净宽度可由式(3-2)确定。

$$B \geqslant a + 2A + b + c \tag{3-2}$$

式中 B——巷道净宽度(跨度),mm;

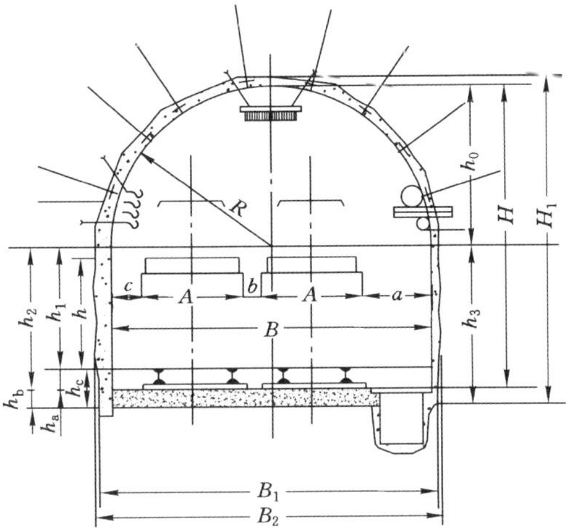

图 3-4　双轨拱形巷道断面布置图

a——在人行道一侧，设备与巷道壁之间的距离，mm；

A——运输设备的最大宽度，可从表 3-2，或设备手册，或产品说明书中查取，mm；

b——两列车会车或并行时，车辆最突出部分之间的距离，mm；

c——在非人行道一侧，设备与巷道壁之间的距离，mm。

取 $a=800$ mm，$b=200$ mm，$c=300$ mm，查表 3-2 知，3 t 底卸式矿车最大宽度为 1 200 mm，ZK10-6/550 架线电机车最大宽度为 1 050 mm，取 $A=1\ 200$ mm，则：

$$B \geqslant 800+200+300+2\times 1\ 200=3\ 700(\text{mm})$$

设计取 $B=3\ 700$ mm。

(2) 巷道净高度确定

参考图 3-4，巷道净高度可由式(3-3)计算。

$$H = h_0 + h_3 \tag{3-3}$$

式中　H——巷道净高度，mm；

h_0——拱高，mm；

h_3——墙高，mm。

对于半圆拱形巷道，拱高等于跨度的一半，即

$$h_0 = B/2 \tag{3-4}$$

代入数据得：

$$h_0=3\ 700/2=1\ 850(\text{mm})$$

拱形断面墙高不仅与巷道高度和高度空间的利用有关，而且与巷道宽度和宽度空间的利用有关。为了使高度和宽度及利用均合理，墙高应根据人行道高度、电机车架空线高度和导电弓顶端两切线的交点处与巷道拱壁之间的距离、管线布置高度等要求分别计算，选择其中的最大值。

① 根据人行道高度要求确定墙高。按照《煤矿安全规程》中运输巷人行道宽度从巷道道砟面起 1 600 mm 高度处算起的规定，若墙高过小会造成巷道宽度浪费。比较合理的墙高是按照距墙壁 100 mm 处的巷道有效高度不低于 1 800 mm 的原则进行计算确定。如

图 3-5 所示，墙高可按式(3-5)计算。

$$h_3 = 1\ 800 + h_b - \sqrt{R^2 - (R-100)^2} \tag{3-5}$$

式中 R——半圆拱的半径，$R=B/2$，mm；

h_b——道砟厚度，mm。

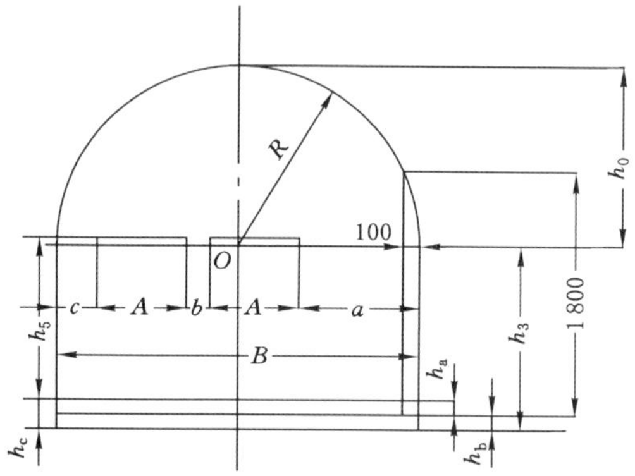

图 3-5 按人行道高度要求确定巷道墙高

由表 3-6 查得 h_b=200 mm，则：

$$h_3 = 1\ 800 + 200 - \sqrt{1\ 850^2 - (1\ 850-100)^2} = 1\ 400(\text{mm})$$

② 根据架空线要求确定墙高。采用架线电机车运输时，墙高应根据《煤矿安全规程》对架空线高度的规定，以及导电弓顶端两切线的交点处与巷道拱壁之间的距离不小于 200 mm 的要求计算确定。如图 3-6 所示，墙高按式(3-6)计算。

$$h_3 = h_4 + h_c - \sqrt{(R-200)^2 - (K+Z)^2} \tag{3-6}$$

式中 h_4——轨面水平至电机车架空线的高度，按《煤矿安全规程》规定选取，mm；

h_c——轨面高度，可由表 3-6 查取，mm；

K——电机车导电弓宽度的一半，mm；

Z——非行人侧轨道中心线至巷道中心线之间的距离，$Z=\frac{1}{2}B-c-\frac{1}{2}A$，mm。

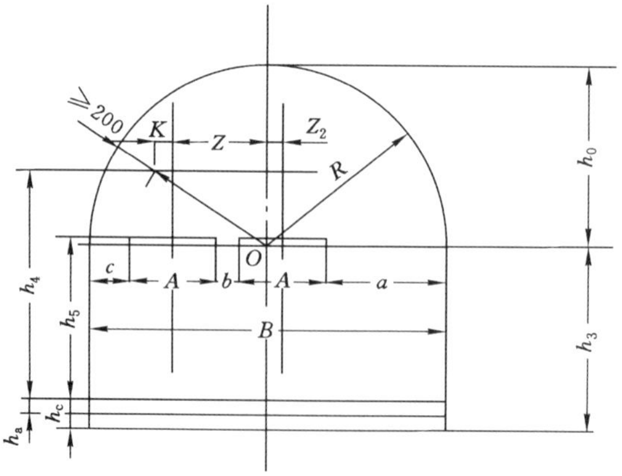

图 3-6 按架空线要求确定巷道墙高

实例计算中，按规定取 $h_4=2\ 000$ mm，查表 3-6 取 $h_c=360$ mm，取 $K=360$ mm，计算得 $Z=950$ mm，则：

$$h_3=2\ 000+360-\sqrt{(1\ 850-200)^2-(360+950)^2}=1\ 356.8(\text{mm})$$

③ 根据架设管线的要求确定墙高。在架线电机车运输的巷道内，为了充分利用断面，往往在巷道人行道一侧上部架设管线。《煤矿安全规程》规定，管线吊挂高度不得低于 1 800 mm（自道砟面算起），同时还要求电机车导电弓距管线的距离不小于 300 mm。如图 3-7 所示，墙高按式(3-7)计算。

$$h_3\approx 1\ 800+h_b+e-\sqrt{R^2-(K+300+Z_2+D_1)^2} \tag{3-7}$$

式中　e——管道所占空间高度，$e=D_1+D_2+100$，mm；

Z_2——双轨巷道行人侧的轨道中心线与巷道中心线之间的距离，$Z_2=\frac{1}{2}B-a-\frac{1}{2}A$，mm；

D_1——上部管道直径，mm；

D_2——下部管道直径，mm；

100——托管梁的厚度，mm。

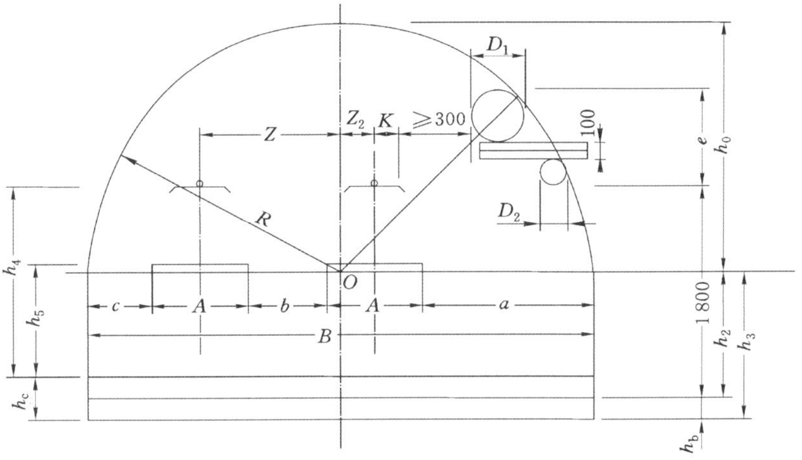

图 3-7　按架设管线要求确定巷道墙高

实例计算中，$Z_2=450$ mm，取 $D_1=200$ mm，$D_2=100$ mm，计算得 $e=400$ mm，则：

$$h_3\approx 1\ 800+200+400-\sqrt{1\ 850^2-(360+300+450+200)^2}=1\ 093.7(\text{mm})$$

④ 根据 1 600 mm 高度内人行道宽度不小于 800 mm 确定墙高。对新开掘的运输巷道，要求从巷道道砟面起 1 600 mm 的高度内，设备外缘至巷壁之间必须留有宽度大于或等于 800 mm 的人行道，并在巷道高度为 1 600 mm 至 1 800 mm 之间不得架设管线及电缆。如图 3-8 所示，墙高按式(3-8)计算。

$$h_3=1\ 600+h_b-\sqrt{R^2-\left(\frac{1}{2}A+800+Z_2\right)^2} \tag{3-8}$$

代入数据，得：

$$h_3=1\ 600+200-\sqrt{1\ 850^2-\left(\frac{1}{2}\times 1\ 200+800+450\right)^2}=1\ 800(\text{mm})$$

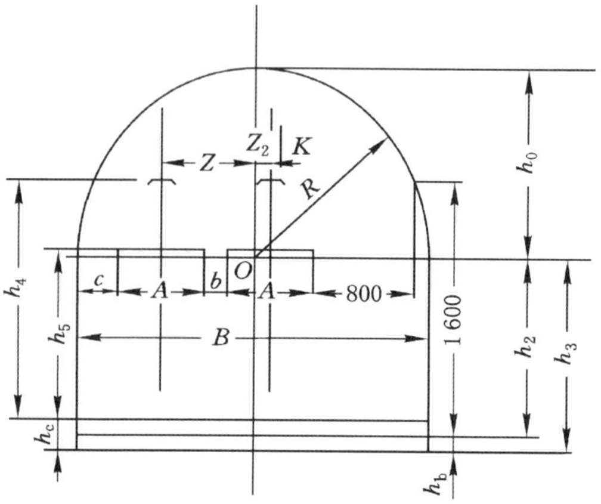

图 3-8　按 1 600 mm 高度内人行道宽度不小于 800 mm 确定墙高

对比以上四种方法计算结果可得，按最后一种方法计算的值最大，因此确定该巷道断面的直墙高度 $h_3=1\ 800$ mm。

将计算结果代入式(3-3)，则：

$$H=1\ 800+\frac{1}{2}\times 3\ 700=3\ 650(\mathrm{mm})$$

(3) 拱部圆弧参数

圆弧半径 $R=B/2=1\ 850$ mm，圆心角 $\alpha=180°$。

2. 巷道使用断面参数确定

(1) 使用断面面积及通风验算

① 巷道使用断面面积计算。参见图 3-4，巷道使用断面面积按式(3-9)计算。

$$S=B(0.39B+h_2) \tag{3-9}$$

式中　h_2——从道砟面起巷道的墙高，$h_2=h_3-h_b$，m。

实例中，$h_2=1.8-0.2=1.6$(m)，则：

$$S=3.7\times(0.39\times 3.7+1.6)=11.26(\mathrm{m}^2)$$

② 通风验算。根据巷道使用断面面积和通风量计算，巷道内风速 $v=\dfrac{Q}{S}=\dfrac{84}{11.26}=$ 7.46 m/s，由表 3-7 查得，架线电机车运输巷最低和最高允许风速分别为 1 m/s 和 8 m/s，风速满足式(3-1)，设计断面符合通风要求。

(2) 使用断面周长

参见图 3-4，巷道使用断面周长按式(3-10)计算。

$$P=2.57B+2h_2 \tag{3-10}$$

式中　P——巷道使用断面周长，m。

代入数据，则：

$$P=2.57\times 3.7+2\times 1.6=12.71(\mathrm{m})$$

3. 巷道掘进断面参数确定

① 掘进断面宽度参见图 3-4，按式(3-11)计算。

$$B_2 = B_1 + 2\delta = B + 2(T + \delta) \tag{3-11}$$

式中　B_2——巷道掘进断面宽度，mm；

B_1——巷道设计掘进断面宽度(未考虑掘进富余量的宽度)，mm；

T——砌碹或锚喷厚度，mm；

δ——掘进富余量，取 50～100 mm。

实例中，T=100 mm，取 δ=50 mm，则：

$$B_2 = 3\ 700 + 2 \times (100 + 50) = 4\ 000(\text{mm})$$

② 掘进断面高度参见图 3-4，按式(3-12)计算。

$$H_2 = H_1 + \delta = h_3 + h_0 + d_0 + \delta \tag{3-12}$$

式中　H_2——巷道掘进断面高度，mm；

H_1——巷道设计掘进断面高度(未考虑掘进富余量的高度)，mm；

d_0——拱壁砌碹或锚喷厚度，mm。

实例中，取 d_0=100 mm，则：

$$H_2 = 1\ 800 + 1\ 850 + 100 + 50 = 3\ 800(\text{mm})$$

③ 掘进断面面积参见图 3-4，按式(3-13)计算。

$$S_2 = B_2(0.39B_2 + h_3) \tag{3-13}$$

式中　S_2——巷道掘进断面面积，m^2。

代入数据，则：

$$S_2 = 4.0 \times (0.39 \times 4.0 + 1.8) = 13.44(\text{m}^2)$$

(四) 绘制巷道断面图

根据上述计算参数，按照比例绘制巷道断面图，如图 3-9 所示。

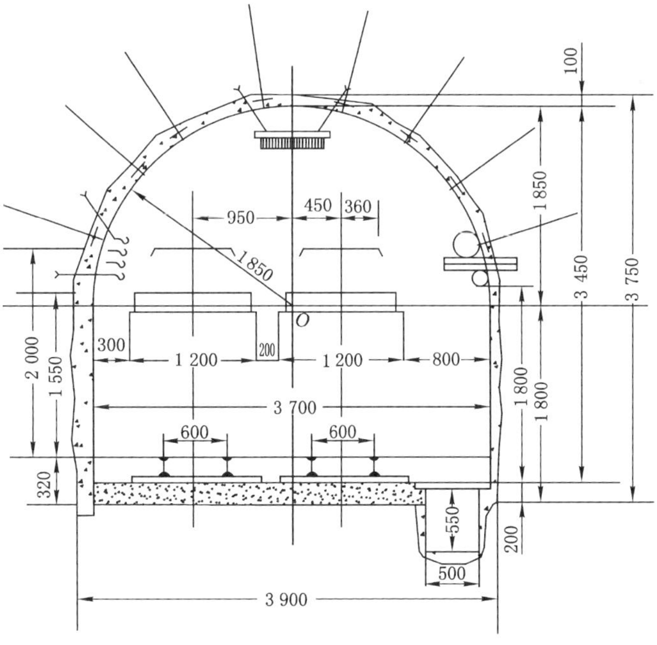

图 3-9　某矿运输大巷断面图

（五）编制巷道断面特征表

根据上述计算结果编制巷道断面主要特征表，见表 3-8。

表 3-8　某矿运输大巷断面特征表

名称	岩石坚固性系数 f	断面形状	支护形式	断面面积/m^2		净周长/m	最大允许通过风量/(m^3/s)
				净断面	掘进断面		
指标	6	半圆拱形	锚喷	11.26	13.44	12.71	90

四、无轨胶轮车运输巷道断面设计

（一）概述

1. 无轨胶轮车的分类

无轨胶轮车是一种以柴油机、蓄电池为动力，不需要铺设轨道，使用胶轮在道路上自由行驶的车辆。根据牵引动力不同，可分为防爆柴油机无轨胶轮车和防爆蓄电池无轨胶轮车两种，如图 3-10 所示。

（a）防爆柴油机无轨胶轮车　　（b）防爆蓄电池无轨胶轮车

图 3-10　无轨胶轮车

2. 无轨胶轮车的优缺点

（1）无轨胶轮车一般采用铰接车身，前部为牵引车，后部为承载车。无轨胶轮车拐弯半径小，机动灵活，机身较低，一般为 1～1.7 m，有可靠的制动系统。

（2）车辆的前端工作机构可以快速更换，可在 1～2 min 内，由铲斗更换成铲板、集装箱、散装前卸料斗、侧卸料斗或起底带齿铲斗。还可以改为乘人车、救护车、修理车、牵引起吊车等，有的车上还可以装设绞车、钻机、锚杆机等，实现一机多功能。

（3）蓄电池无轨胶轮车无排气污染，轻型车可以运人运料，重型车可以运送支架设备。

（4）无轨胶轮车一般车体较宽，行驶中要求巷道两侧的安全间距比有轨运输要大，因此需要巷道断面大，对巷道底板要求较高。

3. 无轨胶轮车的适应性

（1）特殊防爆型无轨胶轮车可用于瓦斯、有煤与瓦斯突出危险的和有煤尘爆炸危险的矿井。

(2) 无轨胶轮车特别适用于煤层赋存浅，采用小倾角斜井开拓或水平开拓的近水平煤层矿井，设备、材料可从地面不转载连续运抵井下各地点。

(3) 适用于综合机械化采煤、搬家频繁、工作量大的矿井。

(4) 适用于巷道倾角不大于12°的矿井。巷道倾角大于8.5°时，连续纵坡长度一般应不大于500 m；巷道倾角为5.7°～8.5°时，连续纵坡长度一般应在700～800 m之间；巷道倾角小于5.7°时，一般无特殊要求。超过上述值时应设缓坡段，缓坡段坡度一般应在0.7°～3.4°之间。

(5) 巷道横向坡度与行车速度、转弯半径、路面状况等因素有关，一般可适应坡度1.0°～3.4°。

(二) 无轨胶轮车的断面设计

无轨胶轮车一般运行速度较高，车身较长，有时还需要和拖车铰接，运行中没有固定的轨道限制其运行轨迹，故其安全间距一般较有轨运输要大。

1. 冶金工业出版社《采矿手册》中的规定

冶金工业出版社出版的《采矿手册》中示例的无轨胶轮车运输巷道的断面布置如图3-11所示。

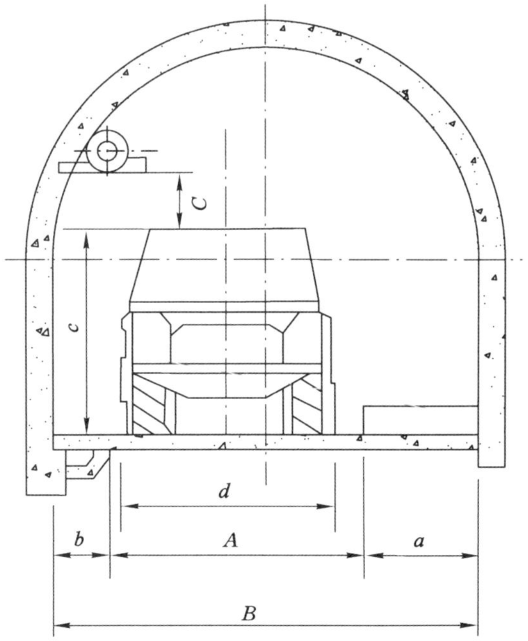

图3-11　无轨胶轮车运输巷道断面布置

当设置人行道时，巷道宽度为

$$B = a + A + b \tag{3-14}$$

式中　B——巷道宽度，mm；

a——人行道宽度，采用高出巷道底板 20 mm 专用人行道时取 800 mm，否则可取 1 000 mm；

A——行车道宽度，mm；

b——行车道边缘至巷道壁的最小距离，可取 300～500 mm。

行车道宽度 A 与车速有关，可利用经验公式(3-15)计算。

$$A = d + 1.6w + 12v \tag{3-15}$$

式中　d——无轨胶轮车宽度，mm；

w——轮胎宽度，mm；

v——行车速度，km/h。

在行车道拐弯处应根据曲线半径和胶轮车的结构参数，将巷道加宽 ΔB，车辆转弯示意图如图 3-12 所示。

$$\Delta B = (R_1 - R_2) - d \tag{3-16}$$

式中　ΔB——巷道加宽宽度，mm；

R_1, R_2——设备转弯时的最大外半径与最小内半径，mm；

d——无轨胶轮车宽度，mm。

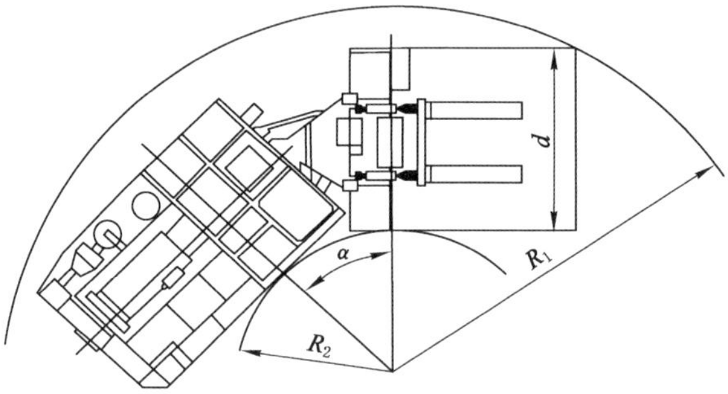

图 3-12　无轨胶轮车断面转弯示意图

一般在计算的基础上，行车道转弯处除加宽 ΔB 外要求再加宽 300～500 mm。

某些西方国家的矿井规定巷道宽度 B、巷道高度 H 分别为：

$$B = d + (900 \sim 1\ 200) \tag{3-17}$$

$$H = c + (600 \sim 750) \tag{3-18}$$

式中　d——无轨胶轮车宽度，mm，

c——无轨胶轮车高度，mm。

在车辆来往频繁的巷道，这些尺寸是偏小的，设计时可参考现行设计规范中有关有轨运输的规定取上限或适当加大。

在确定巷道高度时，应考虑车辆行驶时的垂直跳动，车顶部与上方悬挂物最小间距 C 可根据行驶速度确定，一般不得小于 300 mm。

2. 其他有关资料规定

国内有些资料也介绍了无轨胶轮车断面设计的方法，其巷道断面布置如图 3-13 所示。

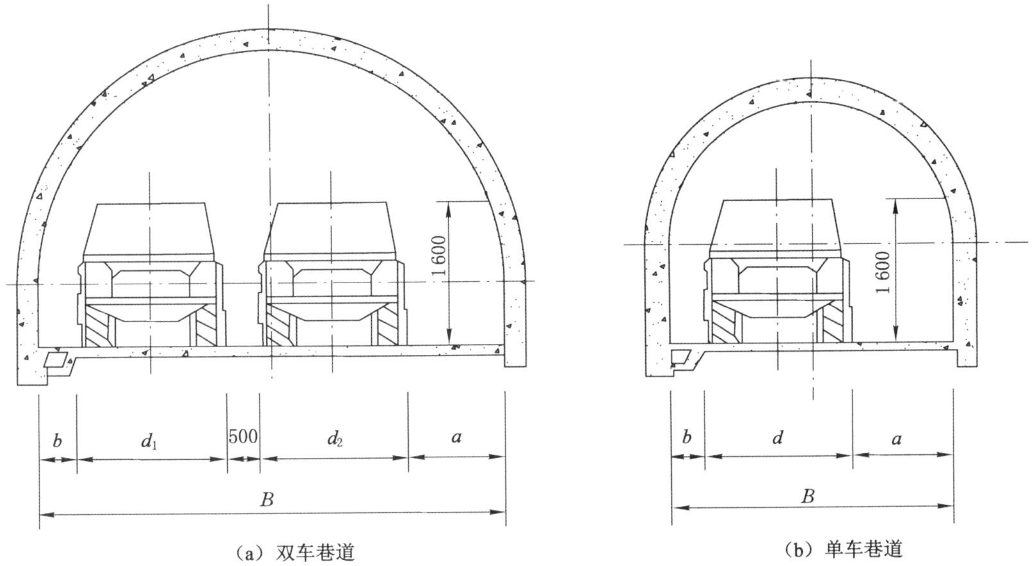

图 3-13　无轨胶轮车巷道断面布置

双车巷道宽度 B 按式(3-19)计算。

$$B = a + b + d_1 + d_2 + 500 \tag{3-19}$$

单车巷道宽度 B 按式(3-20)计算。

$$B = a + b + d \tag{3-20}$$

式中　B——巷道宽度，mm；

a——人行道宽度，主要运输巷道一般应在 1 200 mm 以上，采区巷道一般取 800～1 000 mm；

b——车辆边缘至巷道壁的最小距离，主要运输巷道一般取 500 mm，采区巷道一般取 300～500 mm；

d_1, d_2, d——无轨胶轮车宽度，双车道中两辆对开车辆最突出部分之间的距离一般不小于 500 mm。

弯道巷道宽度 B 根据无轨胶轮车的转弯半径和安全间距确定。设有人行道的弯道巷道宽度 B 可按式(3-21)计算。

$$B \geqslant (R_1 - R_2) + 1\,200 + 500 \tag{3-21}$$

式中　R_1——设备转弯时的最大外半径，mm；

R_2——设备转弯时的最小内半径，mm。

无轨胶轮车巷道可设计为单车双向行驶道、单车单向行驶道及双车道。单车双向行驶道通常采用信号闭锁装置或开拓巷道来解决错车问题。单车单向行驶道要求车辆按一定方向行驶，禁止逆行。双车道要求来往车辆各行其道，保证会让及行车安全。当需要开拓双车道时，应首先对开拓一条双车道还是开拓两条单车单行车道进行技术经济比较，一般认为两条单车单行车道车辆运行干扰小，通过量大，比一条双车道好，但两条单车单行车道的缺点是巷道费用较高。有时为节省井巷工程投资，也常常设计一条单车双向行驶道，其优点是投资省，缺点是运行干扰大，通过量小。

五、圆弧拱形巷道和三心拱形巷道断面设计特点

1. 拱高确定

对于圆弧拱形和三心拱形巷道，拱高一般根据巷道围岩条件和地压大小及巷道跨度确定，按式(3-22)计算。

$$h_0 = NB \tag{3-22}$$

式中，N 为拱高与跨度比，即高跨比。在一般条件下，取 $N=1/3$；在围岩不很坚固或地压较大的情况下，可取 $N=2/5$；当围岩较坚固，且地压较小时，可取 $N=1/5\sim1/4$。

2. 拱部几何参数计算

对于三心拱形巷道[图 3-1(b)]和圆弧拱形巷道[图 3-1(c)]，在进行施工放线以及进行工程量和通风计算时都要用到其拱部的几何参数，包括圆弧半径、圆心角、圆弧长度、拱部面积等。

(1) 圆弧半径 R，r 和圆心角 α，β 的计算

对于三心拱形巷道，大圆弧半径 R、小圆弧半径 r、大圆圆心角 α 和小圆圆心角 β 分别按式(3-23)、式(3-24)、式(3-25)和式(3-26)计算。

$$R = \frac{\left(\frac{1}{2}\sqrt{\frac{1}{4}+N^2}+\frac{1}{4}+N^2\right)B}{2N\left(\sqrt{\frac{1}{4}+N^2}+\frac{1}{2}+N\right)} \tag{3-23}$$

$$r = \frac{\left[2N^2\sqrt{\frac{1}{4}+N^2}+2N\left(\frac{1}{4}+N^2\right)\right]B}{\frac{1}{2}+N+\sqrt{\frac{1}{4}+N^2}} \tag{3-24}$$

$$\alpha = 2\arctan 2N \tag{3-25}$$

$$\beta = 90^\circ - \frac{\alpha}{2} \tag{3-26}$$

对于圆弧拱形巷道，圆弧半径 R 和圆心角 α 分别按式(3-27)和式(3-28)计算。

$$R = \frac{B^2}{8h_0}+\frac{h_0}{2} = \left(\frac{1}{8N}+\frac{N}{2}\right)B \tag{3-27}$$

$$\alpha = 2\arcsin\frac{4N}{1+4N^2} \tag{3-28}$$

(2) 拱部弧长和面积

对于三心拱形巷道，拱部弧长 l 和面积 S_a 分别按式(3-29)和(3-30)计算。

$$l = \frac{\pi}{180^\circ}(R\alpha + 2r\beta) \tag{3-29}$$

$$S_a = \frac{\pi}{180^\circ}\left(\frac{\alpha R^2}{2}+\beta r^2\right)-\frac{1}{2}(B-2r)(R-NB) \tag{3-30}$$

对于圆弧拱形巷道，拱部弧长 l 和面积 S_a 分别按式(3-31)和(3-32)计算。

$$l = \frac{\pi\alpha R}{180^\circ} \tag{3-31}$$

$$S_a = \frac{R^2}{2}\left(\frac{\pi\alpha}{180^\circ} - \sin\alpha\right) \tag{3-32}$$

当巷道宽度 B 和高跨比 N 确定后，将其值分别代入式(3-23)至式(3-28)可求得各圆弧的圆心角和半径，再将所计算结果代入式(3-29)至式(3-32)可分别求得两种拱形断面的拱部弧长和拱部面积。表 3-9 所列为当高跨比分别为 2/5、1/3、1/4 和 1/5 时，拱部几何参数计算公式，只要代入巷道宽度值即可求出各参数。

表 3-9　圆弧拱形和三心拱形巷道拱部几何参数表

拱部几何参数			高跨比 N			
			2/5	1/3	1/4	1/5
圆弧拱形	圆心角 α		154°38′	134°46′	106°16′	87°12′
	圆弧半径 R/mm		0.512 5B	0.541 7B	0.625B	0.725B
	拱部弧长 l/mm		1.383B	1.274B	1.159B	1.103B
	拱部面积 S_a/m^2		0.298B^2	0.241B^2	0.175B^2	0.138B^2
三心拱形	圆心角	大圆弧 α	77°20′	67°22′	53°08′	43°36′
		小圆弧 β	51°20′	56°19′	63°26′	68°12′
	半径/mm	大圆弧 R	0.593B	0.692B	0.904B	0.563B
		小圆弧 r	0.346B	0.262B	0.173B	0.129B
	拱部弧长 l/mm		1.420B	1.329B	1.221B	1.736B
	拱部面积 S_a/m^2		0.315B^2	0.264B^2	0.198B^2	0.006B^2

六、其他常用形状巷道断面参数确定与计算

对于不同形状的巷道，其断面设计的基本内容和方法相似，但确定和计算巷道断面参数的公式不同。

在进行其他形状巷道断面设计时，其设计内容和方法可参照前述实例。

第三节　巷道断面内水沟设计和管缆布置

排水是巷道的用途之一，在巷道底板上开凿水沟排水有利于巷道正常使用。水沟是巷道断面的一部分，在施工时通常与巷道断面的主体部分一次施工。在巷道内敷设各种管道和电缆(简称管缆)，分别形成矿井供水、排水、供压气、供电、通信等系统，是巷道断面布置的内容之一，管缆的尺寸和布置要求影响巷道断面参数的确定。由此可见，水沟设计和管缆布置是巷道断面设计的组成部分。在巷道断面上合理布置水沟和管缆不仅与巷道施工

有关，而且会影响巷道安全及正常使用。

一、水沟设计

为了减小和避免矿井水对巷道围岩稳定和巷道正常使用的影响，一般在巷道底板上设置水沟，用于汇集和排放矿井水。

水沟通常布置在人行道一侧，并应尽量少穿越运输线路。水沟距巷帮的距离视巷道支护方式而定。对于采用架棚支护的巷道，水沟外侧的边缘距棚腿的距离应不小于300 mm。

平巷水沟应按0.3%～0.5%的坡度设计和施工，水沟的深度应根据巷道起伏而变化，最小深度应满足排水要求。

开拓巷道内的水沟一般应进行支护，支护方式可采用混凝土浇筑，或采用预制钢筋混凝土构件砌筑。回采巷道的水沟不用支护。采区内其他巷道的水沟可支护，也可不支护，具体应根据巷道底板性质、服务年限、排水量和运输条件等因素决定。

为了行人方便，对主要运输巷道和倾角小于15°的斜巷中的水沟应铺设钢筋混凝土预制盖板，盖板顶面应与道砟面齐平。无运输设备的平巷、倾角大于15°的斜巷、工作面进回风巷等巷道中的水沟可不设盖板。

常用的水沟断面形状有拱形、对称倒梯形、半倒梯形和矩形几种，如图3-14和图3-15所示。水沟断面具体参数应根据巷道断面形状和支护方式、水沟流量和坡度等因素确定，也可根据表3-10选取。

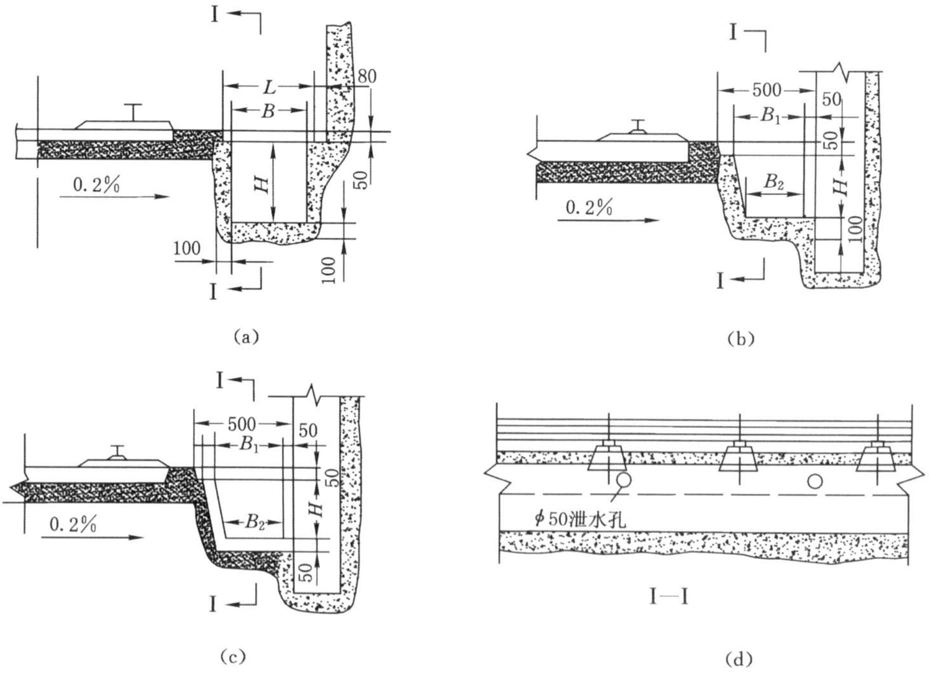

图3-14　拱形巷道水沟断面

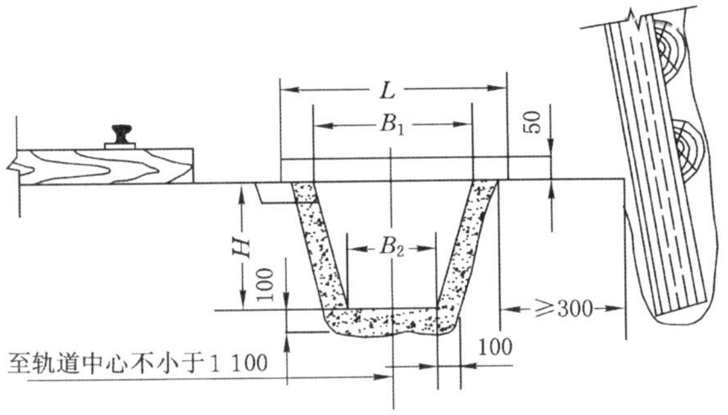

图 3-15　采区梯形巷道水沟断面

表 3-10　拱形、梯形巷道水沟规格和材料消耗量表

巷道类别	支护类别	流量/(m^3/h)			净尺寸/mm			断面积/m^2		每米材料消耗量		
		坡度			宽 B		深 H	净断面	掘进断面	盖板		水沟
		0.3%	0.4%	0.5%	上宽 B_1	下宽 B_2				钢筋/kg	混凝土/m^3	混凝土/m^3
拱形大巷	锚喷	0～86	0～97	0～112	300	300	350	0.105	0.144	1.336	0.022 6	0.114
	砌碹	0～96	0～100	0～123	350	300	350	0.144	0.139	1.336	0.022 6	0.099
	锚喷	86～172	97～205	112～227	400	400	400	0.160	0.203	1.633	0.027 6	0.133
	砌碹	96～197	100～227	123～254	400	350	450	0.169	0.207	1.633	0.027 6	0.120
	锚喷	172～302	205～349	227～382	500	500	450	0.225	0.272	2.036	0.032 3	0.152
	砌碹	197～349	227～403	254～450	500	450	500	0.238	0.278	2.036	0.032 3	0.137
	锚喷	302～374	349～432	382～472	500	500	500	0.250	0.306	2.036	0.032 3	0.161
	砌碹	349～397	403～458	450～512	500	450	550	0.261	0.309	2.036	0.032 3	0.145
采区梯形巷道	棚式	0～78	0～90	0～100	230	180	260	0.050	0.146	无	0.093 0	
	棚式	78～118	90～136	100～152	250	220	300	0.070	0.174	无	0.104 0	
	棚式	118～157	136～181	152～202	280	250	820	0.080	0.196	无	0.110 0	
	棚式	157～243	181～280	202～313	350	300	350	0.110	0.236	无	0.122 0	

注：① 拱形大巷水沟充满系数均为0.75；② 梯形巷道水沟超高值为50 mm，即水面低于上面50 mm；③ 此表所列规格是常用的部分，并非全部。

二、管缆布置

根据生产需要，巷道内一般需要敷设的管缆包括供水管、排水管、供压气管、供电电缆、通信电缆等。管缆的布置要考虑使用安全和敷设检修方便，一般应符合下列要求。

① 管道通常设置在人行道一侧，也可设在非人行道侧。管道架设可采用管墩架设、托

架固定或锚杆悬吊等方式。若架设在人行道上方，管道及其悬吊装置下部的净高不得低于1.8 m；若架设在水沟上，管道不得影响水沟的清理。

② 在架线电机车运输巷道内，不要将管道直接置于巷道底板上，以免电流腐蚀管道。管道与运输设备之间必须留有不小于0.2 m的安全距离。

③ 通信电缆和电力电缆不宜设在同侧。如受条件限制必须设在同一侧时，通信电缆应设在动力电缆上方0.1 m以上的距离处，以防电磁场作用干扰通信信号。

④ 高压电缆和低压电缆在巷道同侧敷设时，相互之间距离应大于0.1 m；同时，高压电缆之间、低压电缆之间距离不得小于50 mm，以便于摘挂。

⑤ 电缆与管道在同一侧敷设时，电缆要悬挂在管道上方并保持0.3 m以上的距离。

⑥ 电缆悬挂高度应保证当矿车掉道时不会撞击电缆，或者电缆发生坠落时不会落在轨道上或运输设备上。因此，电缆悬挂高度一般为1.5～1.9 m，电缆两个悬挂点的间距不应大于3.0 m，电缆与运输设备之间距离不应小于0.25 m。

第四节　井筒断面设计

一、立井井筒断面设计

立井井筒断面形状可采用圆形或矩形。由于圆形断面具有便于开凿，有利于采用浇（砌）筑和锚喷支护，承压性能好，通风阻力小等优点而被大量采用。在我国立井中，圆形断面占绝大多数，因此这里仅介绍圆形断面设计。

（一）井筒断面布置

立井井筒断面布置与其用途、提升方式和提升容器规格以及井筒内装备与规格等有关。常见的几种立井井筒断面布置方式如图3-16所示。图3-16(a)所示为主井井筒断面，在井筒内布置一对箕斗，罐道梁用树脂锚杆固定在井壁上，型钢组合罐道固定在罐道梁上；图3-16(b)所示为风井井筒断面，在井筒内布置梯子间和管路电缆间；图3-16(c)至图3-16(e)所示均为副井井筒断面，在井筒内均布置一对罐笼、梯子间和管路电缆间，所不同的是，图3-16(c)中为钢轨罐道，图3-16(d)中为木罐道，图3-16(e)中为钢丝绳罐道；图3-16(f)所示为混合井井筒断面，在井筒内布置一对箕斗和一对罐笼，采用钢丝绳罐道。

（二）提升容器及规格

立井中的提升容器主要有箕斗和罐笼两类。箕斗具有容量大、有效载荷大、提升能力大等优点，因此主要用于提升煤（矸）。罐笼是一种万能的提升容器，可用于升降人员、材料和设备，也可以用于提升煤（矸）。用罐笼提升煤（矸）时，先将煤（矸）装入矿车，再一起装入罐笼内提升；用罐笼升降材料和设备时，可以将材料和设备直接装入罐笼内提升，也可以将材料和设备先装入材料车或设备车，再一起装入罐笼内提升。

立井箕斗和罐笼的型号与提升机和罐道类型有关，提升机有单绳缠绕式和多绳摩擦式两类，罐道有刚性罐道和钢丝绳罐道两类，因此箕斗和罐笼的型号和规格有多种。常用立井箕斗和罐笼的主要特征分别见表3-11和表3-12。

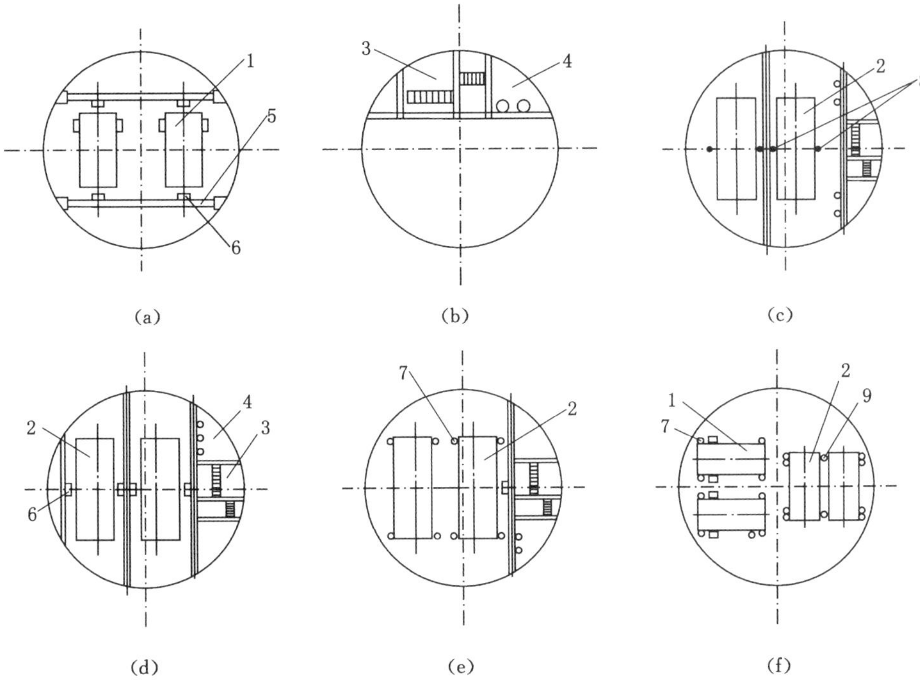

1—箕斗；2—罐笼；3—梯子间；4—管路电缆间；5—罐道梁；
6—刚性罐道；7—钢丝绳罐道；8—防坠钢丝绳；9—防撞钢丝绳。

图 3-16　常见的立井井筒断面布置方式

表 3-11　常用立井箕斗主要特征表

名称	型号	名义载重/t	外形尺寸/mm			质量/t	罐道形式和布置方式
			长	宽	高		
立井单绳提煤箕斗	JL(Y)-6	6	2 200	1 100	7 390	5.00	钢丝绳罐道四角布置
	JL(Y)-8	8	2 200	1 100	8 520	5.50	
	JLG-6	6	1 846	1 590	7 875	5.40	钢轨罐道两侧布置
	JLG-8	8	1 846	1 590	8 752	6.01	
立井多绳提煤箕斗	JDS-9/110×4	9	2 300	1 300	13 350	10.70	钢丝绳罐道四角布置
	JDSY-9/110×4	9	2 300	1 300	13 350	11.60	
	JDG-9/110×4	9	2 300	1 300	13 350	10.70	型钢罐道端面布置
	JDGY-9/110×4	9	2 300	1 300	13 350	11.60	
	JDS-16/150×4	16	2 400	1 550	15 690	16.90	钢丝绳罐道四角布置
	JDSY-16/150×4	16	2 400	1 550	15 690	17.80	

表 3-11(续)

名称	型号	名义载重/t	外形尺寸/mm			质量/t	罐道形式和布置方式
			长	宽	高		
立井多绳提煤箕斗	JDG-16/150×4	16	2 400	1 550	15 690	16.90	型钢罐道端面布置
	JDGY-16/150×4	16	2 400	1 550	15 690	17.80	
	JD-20/4(Y)	20	2 800	1 500	14 600	19.90	型钢罐道端面布置
	JD-20/6(Y)	20	2 800	1 500	14 600	19.90	
	JD-25/6Y	25	3 290	1 640	15 030	28.50	型钢罐道端面布置
	JD-25/6Y	25	3 290	1 640	15 030	28.50	

表 3-12 常用立井罐笼主要特征

名称	型号	外形尺寸/mm			允许载人数/人	罐道形式及布置方式	质量/t
		长	宽	高			
立井单绳罐笼	GLS(Y)-1×1/1	2 550	1 156		12	钢丝绳罐道四角布置	2.30
	GLS(Y)-1×2/2	2 550	1 156		24		3.90
	GLS(Y)-1.5×1/1	3 000	1 354		17		3.30
	GLS(Y)-1.5×2/2	3 000	1 354		34		5.50
	GLS(Y)-3×1/1	4 000	1 636		28		5.50
	GLS(Y)-3×2/2	4 000	1 636		56		8.00
	GLG(Y)-1×1/1	2 550	1 156		12	型钢罐道端面布置	2.30
	GLG(Y)-1×2/2	2 550	1 156		24		3.90
	GLG(Y)-1.5×1/1	3 000	1 354		17		3.30
	GLG(Y)-1.5×2/2	3 000	1 354		34		5.50
	GLG(Y)-3×1/1	4 000	1 636		28		5.50
	GLG(Y)-3×2/2	4 000	1 636		56		8.00
立井多绳罐笼	GDG1/6/1/2	4 750	1 024	2 930	23		4.57
	GDG1/6/1/2K	4 750	1 704	2 930	38		5.80
	GDG1/6/2/2	2 240	1 024	5 800	20		4.28
	GDG1/6/2/2K	2 240	1 504	5 800	28		4.91
	GDG1/6/2/4	4 440	1 024	6 100	46		9.03
	GDG1/6/2/4K	4 440	1 704	6 100	76		9.28
	GDS1/6/2/4	4 440	1 024	6 100	46	钢丝绳罐道四角布置	8.07
	GDS1/6/2/4K	4 440	1 704	6 100	76		9.28

表 3-12(续)

名称	型号	外形尺寸/mm			允许载人数/人	罐道形式及布置方式	质量/t
		长	宽	高			
立井多绳罐笼	GDG1.5/6/1/2	5 270	1 200	3 900	62	型钢罐道端面布置	8.04
	GDG1.5/6/2/2	2 850	1 204	6 280	34		4.56
	GDG1.5/6/2/2K	2 850	1 674	6 280	46		7.58
	GDG1.5/6/2/4	4 980	1 204	6 563	65		10.78
	GDG1.5/6/2/4K	4 980	1 674	6 563	88		11.91
	GDG1.5/6/3/4	4 980	1 204	9 813	96		12.57
	GDG1.5/6/3/4K	4 980	1 674	9 813	132		13.93
	GDG1.5/9/2/4	4 980	1 274	6 563	65		10.93
	GDG1.5/9/2/4K	4 980	1 674	6 563	88		11.88
	GDG1.5/9/3/4	4 980	1 274	9 813	102		12.77
	GDG1.5/9/3/4K	4 980	1 674	9 813	132		13.98
	GDG3/9/1/1	4 470	1 474	3 919	33		8.35
	GDG3/9/1/1K	4 470	1 704	3 919	38		8.70
	GDG3/9/2/2	4 470	1 474	6 619	66		11.35
	GDG3/9/2/2K	4 470	1 704	6 619	76		12.14
	GDG3/9/3/2	4 470	1 474	9 869	99		13.45
	GDG3/9/3/2K	4 470	1 704	9 869	114		14.35

（三）井筒装备及布置

立井井筒装备包括罐道、罐道梁、梯子间、管路电缆间、过卷装置以及井口和井底金属支撑结构等。其中罐道梁和罐道是井筒装备的主要组成部分，是保证提升容器安全运行的导向设施。

(1) 罐道

罐道安装在井筒内，是提升容器在井筒中运行的导向和稳定装置。常用的罐道有木罐道、钢轨罐道、型钢组合罐道、整体热轧异型钢罐道、复合材料罐道和钢丝绳罐道等，其中钢丝绳罐道为柔性罐道，其他均为刚性罐道。刚性罐道都需要按一定间隔由安装在井壁上的罐道梁固定，而钢丝绳罐道通常只需要在两端固定(限位)并利用张紧装置张紧即可。

① 木罐道。木罐道只用于采用普通断绳保险器的用于升降人员、材料和设备的普通罐笼。制作木罐道的材料，要求木质致密坚固，一般采用强度较大的松木，并且必须进行防腐处理。木罐道的长度一般为 6 m，横断面尺寸通常为(180～220)mm×(160～200)mm。由于木罐道强度低，使用期限短，木材消耗量和罐道维修工作量都很大，因此木罐道的使用已逐渐减少。

② 钢轨罐道。钢轨罐道比木罐道经久耐用，因此应用比较广泛。通常用作罐道的钢轨型

号有 38 kg/m 和 43 kg/m 两种。每根钢轨的标准长度为 12.5 m，通过 4 层罐道梁固定在井筒中，罐道梁的层间距离一般为 4.168 m。罐道与罐道梁之间一般采用特制的罐道卡子和螺栓固定。整个罐道由钢轨对接而成，钢轨接头处必须留有 4.5 mm 宽的伸缩缝。由于钢轨沿横截面的两个轴线方向上的强度和刚度相差较大，当沿高度方向强度和刚度满足要求时，沿侧向的强度和刚度较小，抵抗侧向载荷的能力较弱；当沿侧向的强度和刚度满足要求时，沿厚度方向的强度和刚度将会过大，从而造成材料浪费。

③ 型钢组合罐道。型钢组合罐道的断面组合形式有多种，常用的是槽钢组合罐道，如图 3-17 所示，其断面尺寸是根据刚度要求设计的，组合时可使两条轴线方向上截面模量尽量接近。这种罐道在两条轴线方向刚度比较接近且都较大，所以可适当加大罐道梁层间距离，减少罐道梁的层数和安装工程量。另外，采用这种罐道时，提升容器通过三个橡胶滚轮沿罐道滚动，因而运行比较平稳。

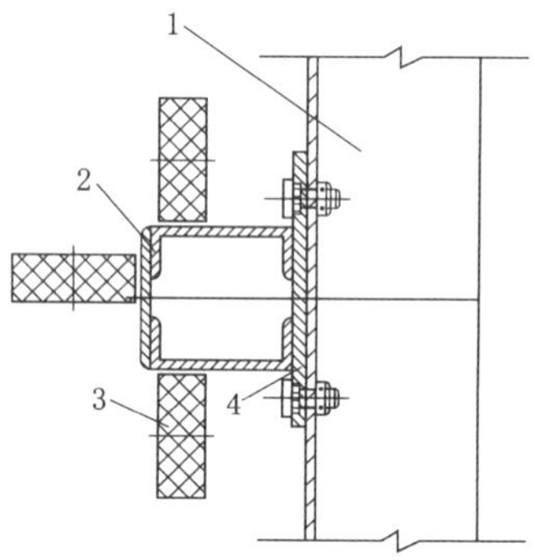

1—罐道梁；2—组合罐道；3—橡胶滚轮；4—连接板。

图 3-17　组合罐道与罐道梁连接平面图

④ 整体热轧异型钢罐道。为了解决型钢组合罐道在加工中的变形问题，可采用整体轧制的矩形截面空心钢罐道。这种罐道在受力性能上具有组合罐道的优点，而且质量较轻，防腐性能较好，目前应用较多。

⑤ 复合材料罐道。这种罐道具有防腐和耐磨性能好、使用寿命长、质量轻、安装方便等优点，目前使用已越来越多。

⑥ 钢丝绳罐道。目前用作罐道的钢丝绳主要是异形股不旋转钢丝绳和密封钢丝绳。这两种钢丝绳表面光滑，耐磨性强，具有较大的刚性，是比较理想的罐道绳。

罐道绳的固定和张紧方法有两种：一种是将钢丝绳罐道的上端固定在井架的托梁上，下端在井底穿过限位装置后悬挂一重锤张紧，这种固定张紧方式要求有较深的井窝，并且应对井窝内的淤泥及时清理，以免造成淤泥将重锤托住使罐道绳松弛，引起提升容器碰撞事故；另一种是将钢丝绳罐道下端固定在井底的钢梁上，在上端用安设在井架上的液压螺杆拉紧装置将罐道绳拉紧，这种固定罐道绳的方法调绳方便省力，井窝也较浅，但安装和换绳比较复杂。

钢丝绳罐道的安装应符合《煤矿安全规程》第三百九十八条规定：每个提升容器（平衡锤）有 4 根罐道绳时，每根罐道绳的最小刚性系数不得小于 500 N/m，各罐道绳张紧力之差不得小于平均张紧力的 5%，内侧张紧力大，外侧张紧力小。每个提升容器（平衡锤）有 2 根罐道绳时，每根罐道绳的刚性系数不得小于 1 000 N/m，各罐道绳的张紧力应相等。单绳提升的 2 根主提升钢丝绳必须采用同一捻向或者阻旋转钢丝绳。

钢丝绳罐道与刚性罐道相比较具有不需要罐道梁、通风阻力小、安装方便、材料消耗少和提升容器运行平稳等优点，但也存在井架载荷大、要求井窝深、提升容器间安全间隙大等缺点。另外，采用钢丝绳罐道时，在进出车水平仍需另设刚性罐道。

(2) 罐道梁

罐道梁安装在井筒壁上，用于固定和支撑刚性罐道。罐道梁一般采用金属材料，有工字钢罐道梁、槽钢焊接而成的封闭型空心罐道梁[图 3-18(a)]和整体轧制而成的封闭型空心罐道梁[图 3-18(b)]三种。

(a) 槽钢焊接成的封闭型空心罐道梁　(b) 整体轧制的封闭型空心罐道梁

图 3-18　罐道梁截面形式

罐道梁沿井筒全深每隔一定距离布置一层。罐道梁的安装方式有两种：一种是在井壁上预留或现凿梁窝，将罐道梁安装于梁窝内；另一种是用树脂锚杆将罐道梁支座固定在井壁上，再将罐道梁安装在支座上。用树脂锚杆固定罐道梁具有不削弱井壁强度、劳动强度低和安装罐道梁速度快等优点，但是罐道梁支座等部件加工量大、加工精度要求高、钢材消耗量大。

(3) 隔间及其布置

① 梯子间。当立井井筒作为矿井的安全出口时，在井筒内必须隔出梯子间，在其中安装行人梯子。梯子分段安装，段间必须设置平台，相邻两平台之间的垂距不得大于 8 m，梯子斜度不得大于 80°。梯子间中的梯子除作为安全行人用外，还可以用于检修井筒装备和处理卡罐事故。

② 管路电缆间。管路电缆间用于安设排水管、压风管、供水管以及各种电缆。为了安装和检修方便，管路电缆间一般布置在罐笼井内与梯子间同侧。管路电缆间的大小由管线的直径和趟数决定。井筒内的电话和信号电缆与动力电缆最好分别布置在梯子间两侧，如受条件限制只能布置在同侧时，两者间距应大于 300 mm。

(四) 立井井筒断面尺寸的确定

(1) 确定井筒净断面直径

井筒净断面直径一般按以下步骤和方法确定。

① 根据提升容器类型和数量及井筒内装备确定井筒断面布置形式。

② 根据提升容器、罐道和罐道梁尺寸以及提升容器与周围设备和设施之间的安全间隙(由《煤矿安全规程》规定，见表 3-13)，管缆尺寸，梯子尺寸等进行井筒断面划分和提升间、梯子间、管路电缆间的布置。用作图法或解析法求出井筒最小净直径，然后根据现行《煤炭工业矿井设计规范》(GB 50215—2015)的规定确定初选井筒净直径。

表 3-13　立井提升容器间及提升容器与井壁、罐道梁、井梁间的最小间隙值

罐道及布置方式		容器与容器之间/mm	容器与井壁之间/mm	容器与罐道梁之间/mm	容器与井梁之间/mm	备注
罐道布置在容器一侧		200	150	40	150	罐耳与罐道卡子之间间隙为 20 mm
罐道布置在容器两侧	木罐道		200	50	200	有卸载滑轮的容器，滑轮与罐道梁间隙增加 25 mm
	钢罐道		150	40	150	
罐道布置在容器正面	木罐道	200	200	50	200	
	钢罐道	200	150	40	150	
钢丝绳罐道		500	350		350	设防撞绳时，容器之间最小间隙为 200 mm

注：表 3-13 选取自《煤矿安全规程》第三百九十七条规定。

《煤炭工业矿井设计规范》(GB 50215—2015)规定："井筒净直径宜按 0.5 m 进级，净直径 6.5 m 以上的井筒和采用钻井、沉井、帷幕等特殊施工法施工的井筒，其净直径可不受 0.5 m 进级限制。"

③ 根据初选的井筒净直径重新绘制断面布置图，并验算各安全间隙。若有安全间隙不符合要求，则进行必要的调整，重新确定井筒净直径。

④ 通风校核。如果设计井筒为主要通风井筒，对上述确定的井筒净直径还必须按式(3-33)进行通风验算。

$$v=\frac{Q}{S_0}\leqslant v_{\max} \tag{3-33}$$

式中　v——井筒内风速，m/s；

Q——井筒内设计通过的风量，m^3/s；

S_0——井筒通风有效断面积，井内设梯子间时 $S_0=S-A$，不设梯子间时 $S_0=0.9S$；

S——井筒净断面积，m^2；

A——梯子间断面积，可取 $A=2.0\ m^2$；

$v_{\max}$——立井井筒中允许的最高风速，由表 3-7 查取，m/s。

代入数据，若式(3-33)成立，说明所选井筒净直径满足通风要求。否则，应按通风要求重新确定井筒净直径。

(2) 确定井筒掘进断面直径

井筒掘进断面直径由井筒净断面直径、井筒永久支护厚度、壁后充填厚度等决定。

圆形立井永久支护一般有混凝土现浇(浇筑)、料石(或混凝土预制块、砖等)砌碹及锚喷支护三类。永久支护厚度可采用公式计算，也可根据经验选取。对于混凝土现浇(浇筑)和料石(或混凝土预制块、砖等)砌碹支护，井壁厚度可由表 3-14 查取。采用锚喷支护时，喷射混凝土厚度一般取现浇混凝土厚度的 1/3。如果地质条件好，岩层稳定，喷射混凝土厚度可取 50～100 mm；如果地质条件稍差，岩层的节理裂隙发育，但地压不大，岩层较稳定，喷射混凝土厚度可取 100～150 mm；若地质条件较差，风化严重，破碎面大，喷射混凝土厚度一般取 100～150 mm，但应适当增加锚杆数量，也可增加金属网或钢筋等。

表 3-14 井壁厚度经验数据

井筒净直径/m	井壁厚度/mm				壁后充填厚度
	混凝土浇筑	料石砌碹	混凝土预制块砌碹	砖砌碹	
3.0～4.5	300	300～350	350	365	料石、混凝土预制块、砖砌碹，壁后充填厚度为 100 mm
4.5～5.0	300～350	350～400	400	490	
5.0～6.0	350～400	400～450	450		
6.0～7.0	400～450	450～500	500		
7.0～8.0	450～500	500～600	600		

对于混凝土现浇(浇筑)井壁，井筒掘进断面半径等于井筒净半径与井筒永久支护厚度之和；对于料石(或混凝土预制块、砖等)砌碹井壁，井筒掘进断面半径等于井筒净半径、井筒永久支护厚度和壁后充填厚度(一般取 100 mm)之和；对于锚喷支护井壁，在计算井筒掘进断面半径时，除考虑喷射混凝土厚度外，还应考虑锚杆外露长度和锚喷支护塑性变形量。

二、斜井井筒断面设计

(1) 斜井井筒断面形状和支护方式选择

斜井井筒由于服务年限长，通常采用混凝土浇筑(或料石砌碹、锚喷)支护，从支护结构受力和施工考虑，井筒断面多采用半圆拱形、圆弧拱形或三心拱形。

(2) 斜井井筒断面布置方式

斜井井筒断面布置方式与其用途、提升方式、提升容器数量和井筒内装备有关。斜井提升方式有串车提升、箕斗提升和带式输送机提升三种。串车提升通常作辅助提升，用在副井内，在井筒中需要铺设轨道、敷设管缆、设人行道和水沟等，其断面布置如图 3-19 所示。箕斗提升通常作主提升，用在主井内，在井筒中一般不敷设管缆，其断面布置如图 3-20 所示。带式输送机通常作主提升，在主井内除铺设带式输送机外，通常还需要铺设检修道，设有人行道，其断面布置如图 3-21 所示。

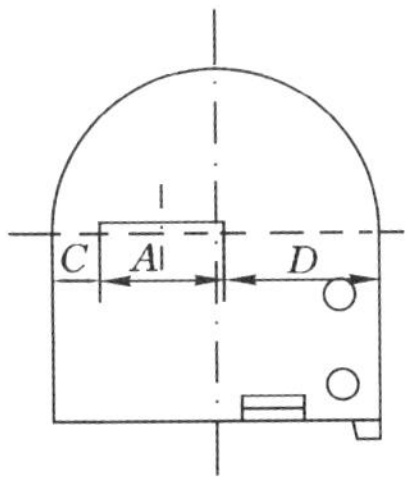

(a) 管道、水沟、人行道在同一侧

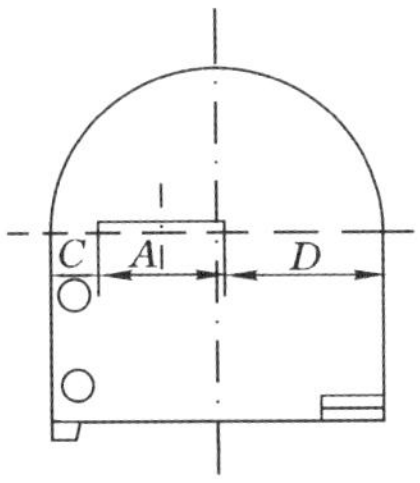

(b) 管道、水沟与人行道分设两侧

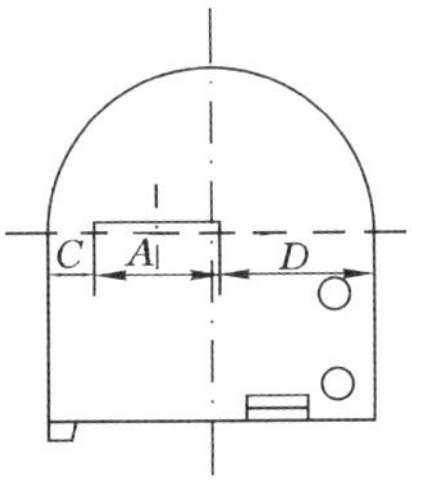

(c) 水沟与管道、人行道分设两侧

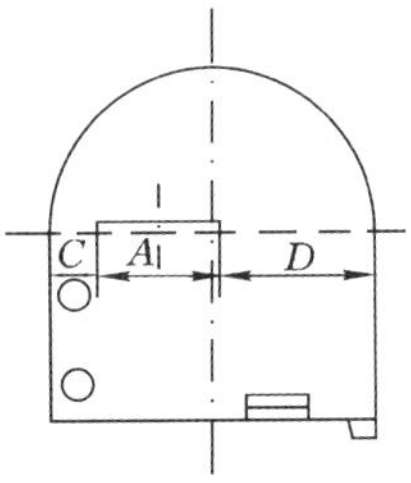

(d) 管道与水沟、人行道分设两侧

A—矿车宽度；C—非人行道侧宽度；D—人行道侧宽度。

图 3-19 串车提升斜井井筒断面布置

(3) 斜井井筒断面参数确定

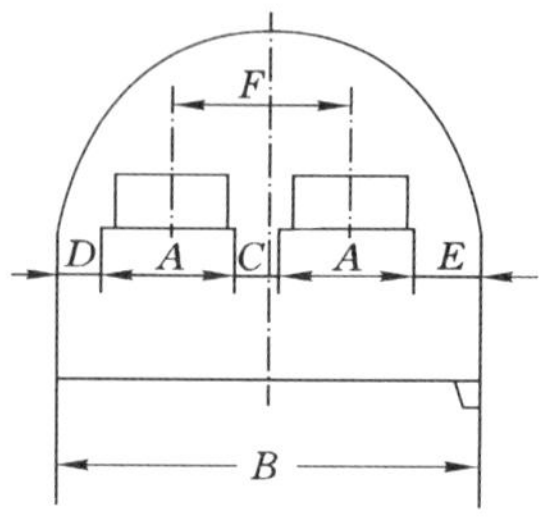

A—箕斗宽度;B—总宽度;C—两个箕斗之间的距离;D—非人行道侧宽度;E—人行道侧宽度;F—两个箕斗的中心距。

图 3-20 箕斗提升斜井井筒断面布置

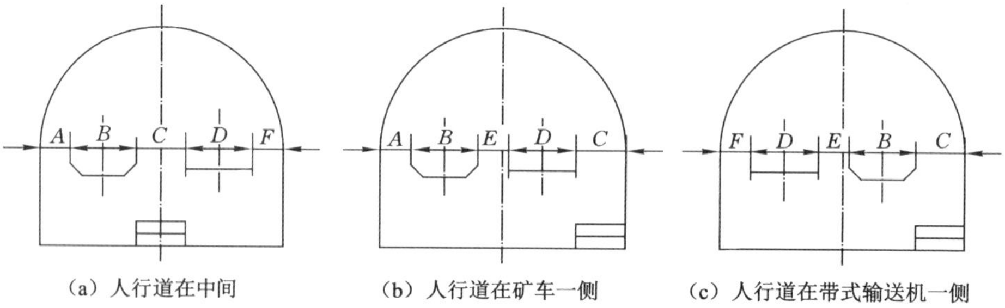

A—带式输送机至井壁的距离;B—带式输送机宽度;C—人行道宽度;

D—矿车宽度;E—人行道在边侧时两设备之间的距离;F—矿车至井壁的距离。

图 3-21 带式输送机提升斜井井筒断面布置

由于对斜井井筒断面内设备安装的要求,对各种安全间隙的规定,对通风的要求,以及断面参数的确定方法和程序等均与普通巷道相同,因此斜井井筒断面参数确定可参照第二节相关内容。

第五节 交岔点设计

一、交岔点的概念及类型

交岔点即巷道分岔处。交岔点设计指巷道分岔处一段异常巷道的设计。由于这段巷道是变断面巷道,设计内容包括确定该段巷道的范围及典型断面的位置(称作平面尺寸确定),以及进行典型断面的设计等。

交岔点的设计和施工要求因巷道用途、采用的运输装备、巷道断面形状及支护方式等不同而不同。就巷道用途而言,对于专用通风巷道、行人巷道等,对交岔点的设计要求不严。但对于轨道分岔的交岔点,为了满足行车需要,巷道必须逐渐加宽,对拱形断面还需要同时加高。在满足使用要求的前提下,为了尽量减小交岔点断面尺寸以减小工程量和有利于交岔点支护和稳定,对交岔点设计要求比较严格。就巷道支护方式而言,当交岔点采用混凝土浇筑或料石砌碹支护时,为了能正常发碹和保证支护质量,必须对交岔点进行精确的设计。但当交岔点采用锚喷支护时,由于对巷道形状要求不严,对交岔点的设计要求也相对较宽松。对于轨道分岔的采用砌碹支护的拱形断面巷道，其交岔点设计和施工要求最高、难度也最大。因此，一般所说的交岔点设计主要指这类交岔点的设计。

交岔点的类型与主干巷道和分岔巷道中的轨道数量、分岔分支情况、道岔类型等有关。交岔点的种类很多，主要有：① 单轨巷道单侧分岔点；② 双轨巷道单侧分岔点；③ 双轨巷道单侧分岔分支点；④ 单轨巷道对称分岔点；⑤ 双轨巷道分支点；⑥ 双轨巷道对称分支点。其中①、④、⑤为基本形式，其他可视为这三种形式的变换或组合。限于篇幅，下面只介绍第①种交岔点设计的基本知识。

二、交岔点平面尺寸确定

（一）设计条件和设计内容

（1）设计条件

交岔点类型：单轨巷道单侧（左）分岔点。

已知条件：① 交岔点处平面轨道线路参数。包括支巷对主巷的转角 δ，轨道的曲率半径 R，道岔的 a，b，α 值等，据此绘制交岔点平面轨道线路图，如图 3-22 所示。② 相关巷道参数。包括相关巷道的净宽度 B_1，B_2，B_3，轨道中心线至柱墩一侧巷帮的距离 b_1，b_2，b_3，柱墩的宽度（一般取 500 mm）等。

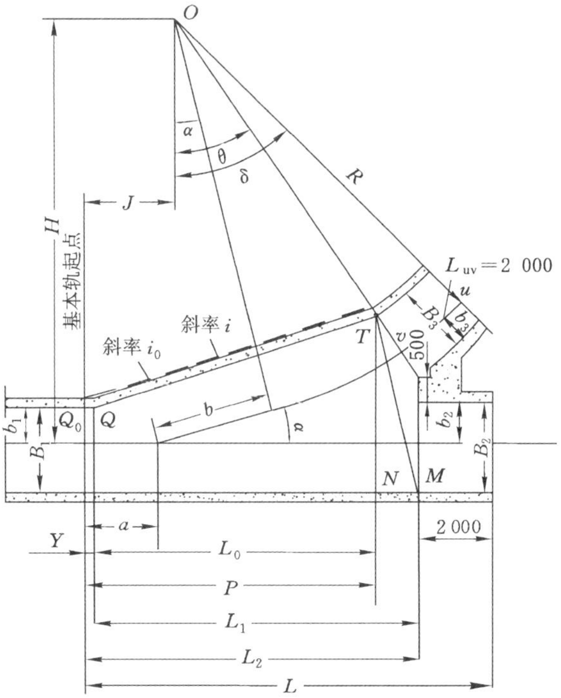

图 3-22 单轨巷道单侧分岔点平面尺寸计算图

（2）设计内容

① 确定交岔点变断面起点（图 3-22 中 Q）的位置。

② 确定 Q 点至柱墩的距离（图 3-22 中 L_1）。

③ 确定最大断面宽度(图 3-22 中 TM)。

④ 确定交岔点单项工程的长度(图 3-22 中 L)。

(二) 交岔点平面尺寸确定

交岔点平面尺寸确定方法有计算法和作图法两种。

(1) 计算法

根据图 3-22,按式(3-34)计算 J(基本轨起点距 O 点沿横轴的距离)。

$$J = a + b\cos\alpha - R\sin\alpha \tag{3-34}$$

根据图 3-22,按式(3-35)计算 H(O 点距基本轨中心线的距离)。

$$H = R\cos\alpha + b\sin\alpha \tag{3-35}$$

根据图 3-22,按式(3-36)计算 θ(O 点到支巷起点 T 的连线 OT 与纵轴的夹角)。

$$\theta = \arccos\frac{H - 500 - b_2}{R + b_3} \tag{3-36}$$

根据图 3-22,按式(3-37)计算 P(基本轨起点至斜墙终点 T 沿横轴的距离)。

$$P = J + [R - (B_3 - b_3)]\sin\theta = J + (R + b_3 - B_3)\sin\theta \tag{3-37}$$

根据图 3-22,按式(3-38)计算 TM(交岔点最大断面宽度)。

$$TM = \sqrt{NM^2 + TN^2} \tag{3-38}$$

$$NM = B_3\sin\theta \tag{3-39}$$

$$TN = B_3\cos\theta + 500 + B_2 \tag{3-40}$$

根据图 3-22,按式(3-41)计算 L_2(自基本轨起点至柱墩的距离)。

$$L_2 = P + NM \tag{3-41}$$

根据图 3-22,按式(3-42)计算 i_0(按预定的斜墙起点计算的斜墙的斜率)。

$$i_0 = \frac{TN - B_1}{P} \tag{3-42}$$

根据计算的 i_0 选择 i,可取 i=0.2,0.25,0.3,个别情况下可取 i=0.15。

根据确定的 i 值,按式(3-43)重新计算扩大断面部分的长度,并由此重新确定斜墙的起点 Q(Q 点可在 Q_0 点的右边或左边)。

$$L_0 = \frac{TN - B_1}{i} \tag{3-43}$$

根据图 3-22,按式(3-44)计算 Y(变断面的起点至基本轨起点的距离)。

$$Y = P - L_0 \tag{3-44}$$

若 Q 点在 Q_0 点右侧,Y 值为正;若 Q 点在 Q_0 点左侧,Y 值为负。

根据图 3-22,按式(3-45)计算 L(交岔点工程的计算长度)。

$$L = L_2 + 2\ 000 \tag{3-45}$$

式中,2 000 为经验值,mm。

(2) 作图法

按比例,按下述步骤绘制交岔点布置图,如图 3-23 所示。

① 在主巷轨道中心线上定出 O' 点,并按所选道岔的 a,b 和 α 值画出道岔,得 1,2,3 诸点。

② 过 3 点作 $O'3$ 的垂线 $3O$,使其长度等于 R,得 O 点。

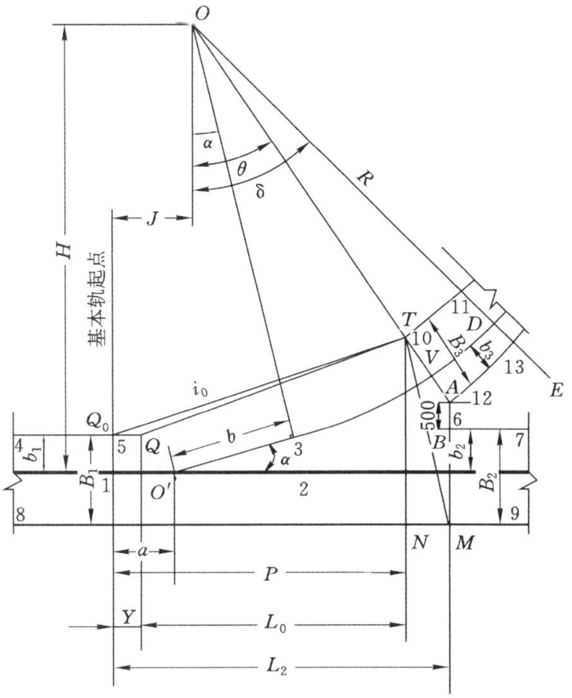

图 3-23　作图法求交岔点平面尺寸

③ 从 O 点作射线 OE，使 OE 与纵轴的夹角等于巷道的转角 δ。以 O 点为圆心、R 为半径，自点 3 开始作弧与 OE 相交，得曲线终点 D。

④ 按照已知的断面尺寸 B_1，b_1，B_2，b_2，B_3，b_3 作出巷道的轮廓线 4—5，6—7，8—9，10—11 及 12—13。

⑤ 在 6—7 线上方，作与 6—7 线相距 500 mm 的平行线，并使其与 12—13 线相交，得交点 A，过 A 点作 6—7 线的垂线，得交点 B，AB 即为柱墩端面的宽。

⑥ 连接 OA，与 10—11 线交于 T 点，T 点即为扩大断面的终点。

⑦ 由基本轨起点 1 作 4—5 线的垂线，得交点 Q_0，连接 Q_0T，Q_0T 即斜墙的初定位置。

⑧ 计算初定斜率 i_0 值，选取与其相近的固定斜率 i 为设计斜率，并作出 Q 点，从图中量出变断面巷道的长度 L_0 和斜墙起点至基本轨起点的距离 Y。

⑨ 从图上量出其他所需的各参数的值。

三、交岔点的中间断面尺寸计算

① 交岔点各中间断面的宽度，取决于通过它的运输设备的尺寸、道岔型号、线路连接系统的类型、行人及错车的安全要求。

② 考虑运输设备通过弯道和道岔时边角会外伸，与直线段巷道相比，交岔点弯道及附近的断面应加宽，加宽要点如下。

a. 单轨巷道单侧分岔点，在弯道内侧加宽 100 mm。其外侧因外伸值不大，可不再加宽，但若安全间隙很小，则应加宽 200 mm。加宽范围为道岔转辙中心（理论中心）左边 5 m

和右边 1 m。

b. 双轨巷道单侧分岔点，在道岔转辙中心前 5 m 段，双轨中心线距应加宽 200 mm 或 200 mm 以上，并在其左、右各设置 5 m 过渡线段，在此范围内，巷道外侧也要相应加宽。

c. 双轨巷道单侧分岔分支点，在道岔转辙中心前 5 m 段，双轨中心线距应加宽 300 mm 或 300 mm 以上，并在其左设置 5 m 过渡线段，在此范围内，巷道外侧也要相应加宽。

d. 单轨巷道对称分岔点，两侧均应加宽。

e. 双轨巷道分支点，从弯道曲率中心向右开始加宽 200 mm 或 200 mm 以上，并在其左设置 5 m 过渡线段，在此范围内，巷道外侧也要相应加宽。

f. 双轨巷道对称分支点，从弯道曲率中心向左 3 m 段，两轨中心线应分别向外移动 200 mm 或更多，即双轨中心线加宽 400 mm 或更多，并在其左也设置 5 m 过渡线段，巷道也要相应加宽。

③ 为了施工方便和减少通风阻力，在井底车场的交岔点内，一般应不改变双轨中心线距及巷道断面（指边墙加宽做成台阶状）。这样，在设计交岔点时，中间断面应选用标准设计图册中相应的曲线段的断面（即参考运输设备通过弯道或道岔时边角外伸、双轨中心线距及巷道宽度已加宽的断面）。

④ 交岔点中间断面斜墙侧，按选用的斜率 i 每米巷道递加 i m。若交岔点采用砌碹支护，则每米架设一架的碹胎宽度，亦应递加 i m。

⑤ 交岔点中间断面拱高的确定方法与一般巷道相同。但由于各中间断面的拱高随净宽的增大而增大，会引起巷道净高也随净宽增大而增大。为了提高断面利用率，减少掘、支工程量，便于巷道施工，必须在满足安全生产与技术要求的前提下有效控制巷道净高。控制巷道净高的途径有两种：一种是随中间断面的净宽增大逐渐降低墙高，另一种是随中间断面的净宽增大逐渐改变拱部形状、降低拱高，如图 3-24 所示。后一种办法用于锚喷支护比较方便，因此仅用于锚喷支护巷道。

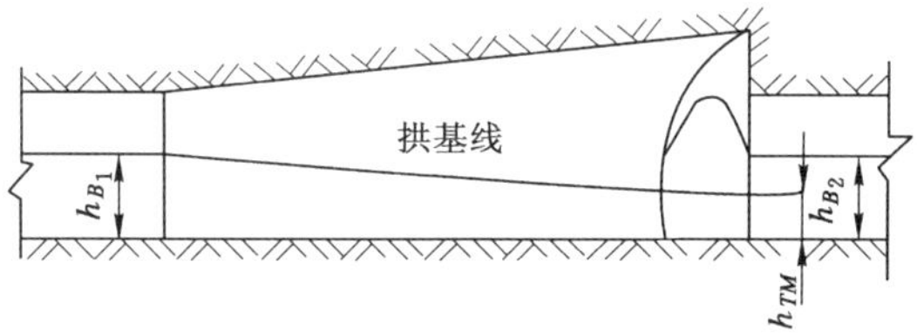

(a) 降低墙高

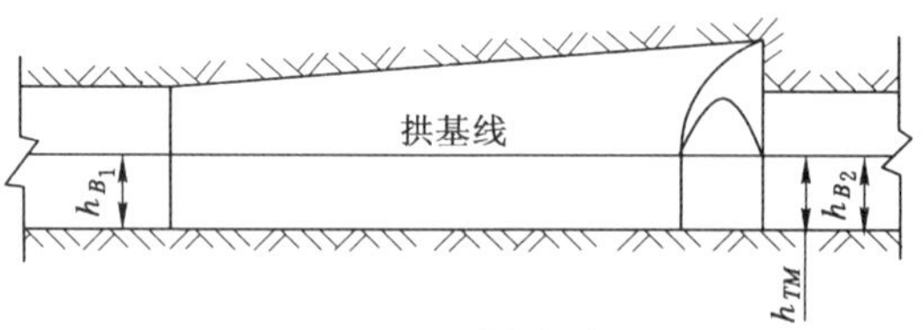

(b) 降低拱高

图 3-24　交岔点墙高、拱高降低示意图

降低后的墙高或调整后的拱高，在 T，N，M 三点处应相同。这几处的巷道断面仍应保证运输设备、行人及管线应有的安全间隙和距离，故必须按第二节所述方法和公式对墙高进行

验算。变断面起点处墙高为 h_{B_1}，降低后最低处墙高为 h_{TM}，墙高降低的斜率 i' 按式(3-46)计算。

$$i' = \frac{h_{B_1} - h_{TM}}{L_0} \tag{3-46}$$

按 i' 值求得每米墙高递减值。T,N,M 三点处墙高均是 h_{TM}。h_{TM} 与以 B_2,B_3 为净宽的巷道墙高 h_{B_2},h_{B_3} 的差值 Δh 宜为 200～500 mm。如果 Δh 值过大，对碹体施工和安全都不利；Δh 值过小，则降低墙高的意义不大。在生产中，为了施工方便，往往不降低墙高。

四、交岔点支护厚度的确定

锚喷支护交岔点属于加强支护工程，因此其锚喷支护参数值应按大断面最大宽度 TM 选取上限值。分支巷道加强支护的长度，应为自柱墩面起 3～5 m(计算交岔点工程长度时，仍取 2 m)。

对于砌碹支护交岔点，巷道净宽度是由小到大渐变的，为便于施工和保证质量，在巷道宽度变化的区间内，按最大宽度选取拱壁厚度。分支巷道拱壁厚度按各自的要求选取。

柱墩的宽度一般为 500 mm，长度视岩石条件、支护方式及巷道转角而定，一般为 1～3 m，通常取 2 m。对采用光面爆破完整保留原岩体的柱墩，可按支护厚度考虑，不另加长度。

五、交岔点工程量及材料消耗量计算

交岔点工程量计算的范围一般从基本轨起点至柱墩向支巷各延长 2 m，若斜墙起点在基本轨起点左侧，则应从斜墙起点开始计算。工程量计算方法有两种：一种是将交岔点按不同断面分为几个计算段，求出每段掘进体积，然后相加(包括柱墩)；另一种是近似计算，其精度能满足工程需用，在施工中广泛应用，具体算法参照图 3-25 进行。

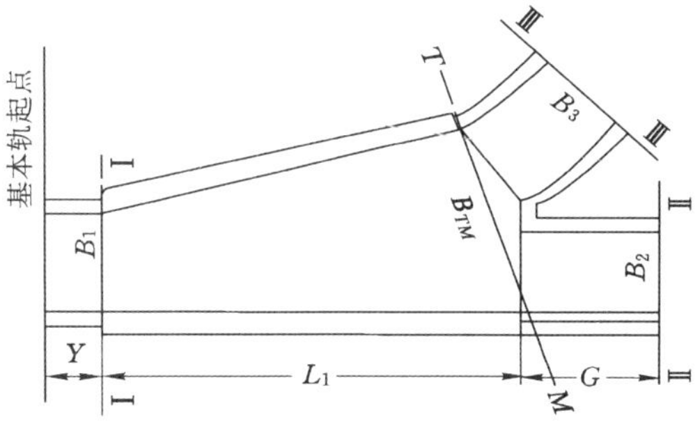

图 3-25 巷道交岔点工程量计算图

(1) 体积计算

体积按式(3-47)计算。

$$V = YS_1 + \frac{1}{2}L_1(S_1 + S_{TM}) + G(S_2 + S_3) \tag{3-47}$$

式中，S_1,S_2,S_3,S_{TM} 分别为Ⅰ—Ⅰ，Ⅱ—Ⅱ，Ⅲ—Ⅲ，T—M 断面的净断面积、掘进断面积或

基础的掘进断面积，m^2；L_1 为变断面长度，m；G 为支巷延伸长度，一般取 2 m；Y 为基本轨起点至变断面起点的距离，m。

(2) 各种材料消耗量

各种材料消耗量的计算方法与体积计算法相同，只是将各断面积 S 换为相应的该断面每米拱、壁、基础、充填材料消耗量 V_1，V_2，V_3，V_{TM}。

(3) 柱墩端壁材料消耗量

柱墩端壁材料消耗量按式(3-48)计算。

$$V'' = [S'_{TM} - (S'_2 + S'_3)]T \tag{3-48}$$

式中，S'_{TM}，S'_2，S'_3 分别为该断面的拱部掘进断面积，m^2；T 为柱墩端壁厚度，m。

(4) 粉刷面积

粉刷面积按式(3-49)计算。

$$V_n = YS_{n1} + 12LS_{n1} + S_{nTM} + GS_{n2} + S_{n3} + S' \tag{3-49}$$

式中，S_{n1}，S_{n2}，S_{n3}，S_{nTM}分别为该断面处每米巷道的粉刷面积，m^2；S'为柱墩端壁的粉刷面积，m^2，$S' = S_{TM} - S_2 + S_3$。

(5) 锚杆数量、金属网面积

锚杆数量、金属网面积计算方法与粉刷面积计算方法相同，只是将各断面和端壁的粉刷面积 S_n 换为该断面和端壁的锚杆数量 N_1，N_2，N_3，N_{TM}，N'和金属网面积 S_{m1}，S_{m2}，S_{m3}，S_{mTM}，S'_m即可。

按上述近似计算，柱墩可不再另计算掘进工作量，材料消耗量加 3 m^3 或 4 m^3 即可。

六、绘制交岔点施工图

① 按 1∶100 的比例绘制交岔点平面图。

② 按 1∶50 的比例绘制主巷、支巷及最大宽度 TM 处的断面图。在 T—M 断面图上，大断面是实际尺寸，两个小断面和柱墩的宽度则是投影尺寸，如图 3-26 所示。作图时所需尺寸可以直接在平面图上量取，无须计算。

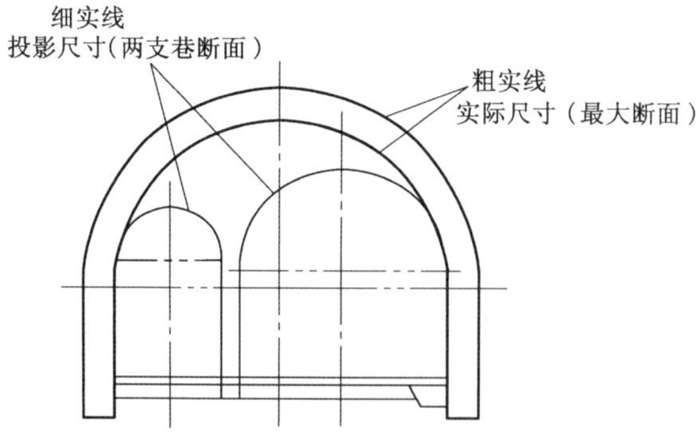

图 3-26　交岔点最大断面与两个小断面重叠图

③ 编制交岔点断面变化特征表、工程量及主要材料消耗量表。

有些设计单位采用固定斜率法确定斜墙位置，因而不再列出交岔点断面变化特征表。

习　　题

1. 巷道断面有哪些形状？试结合数值模拟的方法，探究哪种形式的断面利于承压。
2. 如果你是采矿技术员，需要设计巷道断面，在巷道断面图上应该绘制出哪些部分？
3. 简述交岔点工程量及材料消耗量计算的一般步骤。
4. 无轨胶轮车双车道的巷道断面应该如何设计？断面尺寸需要满足哪些条件？

参考文献

[1] 张荣立.采矿工程设计手册[M].北京:煤炭工业出版社,2003.

第四章　巷道爆破掘进原理与技术

导学思考题

1. 巷道爆破掘进原理是什么？该如何进行井巷掘进爆破？
2. 未来井巷掘进技术发展趋势是什么？

巷道掘进的施工方法主要有两种，即综合机械化施工法和钻眼爆破法。综合机械化施工方法具有安全、作业连续、均匀、自动化程度高等优点，但由于机械设备质量大、刃具寿命短、使用范围小、成本高等限制，目前在我国的岩石井巷掘进中很少使用。钻眼爆破法虽然具有工序不连续、作业配套设备多、组织管理复杂等缺点，但目前仍然是岩石井巷工程施工的基本方法，特别在中坚硬岩石中是一种经济合理的方法。

掘进爆破技术在很大程度上依赖爆破技术和凿岩设备的发展。从经济、安全和环境方面出发，要求掘进爆破能够保持准确的断面、提高炸药使用的安全性、提高炮眼利用率和在不同地质条件下的适应性。掘进爆破技术的发展主要体现在掏槽爆破技术、全断面微差爆破技术、周边控制爆破技术等方面。我国的掘进爆破机械化施工主要经历了这几个阶段：20 世纪 50 年代采用手持凿岩机钻眼，全断面分次装药爆破，人工装岩，人力推矿车出渣；20 世纪 60 年代采用气腿式凿岩机湿式钻眼，斜眼浅孔爆破，斗式装岩机装岩，电力绞车调车出渣；20 世纪 70 年代采用高效掘进设备、全断面微差爆破和中深孔光面爆破技术，掘进爆破技术接近国际先进水平；20 世纪 80 年代初引进了一批技术水平较高的掘进设备，采用凿岩台车钻眼实现中深孔光面爆破，高效的立爪式、蟹爪式或耙斗式装载机装岩，大型转载设备出渣，形成比较完善的钻、装、运机械化作业线，在施工机械化程度上达到当时国际先进水平；20 世纪 90 年代，在光面爆破的基础上研发了中深孔周边定向断裂控制爆破技术，但因大型凿岩台车的高故障率和高维修保养成本等，掘进机械化配套技术未能得到广泛推广，目前钻眼爆破作业仍以人工为主。因此，钻、爆、装、运的机械化与一体化仍是今后掘进爆破技术发展的主要趋势。

第一节　井巷掘进爆破

钻眼爆破在掘进循环作业中是一个先行和主要的工序，其他后续工序都要围绕它来安排，爆破的质量和效果都将影响装岩、支护的效果和质量，也直接关系到掘进施工的安全。爆破后要求能够保持准确的断面，尽可能不损坏围岩，且岩石块度和爆堆有利于装载。为此，需在工作面上合理布置一定数量的炮眼，采用合理的爆破参数和起爆顺序等。按用途不同，掘进工作面的炮眼可分为掏槽眼、崩落眼和周边眼三种，如图 4-1 所示。

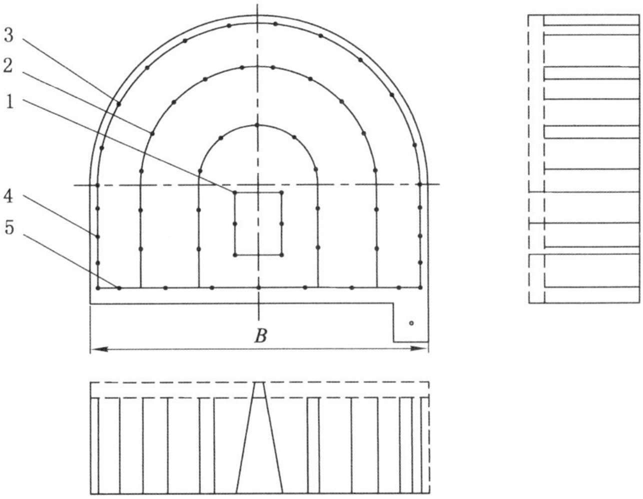

1—掏槽眼；2—崩落眼；3—顶眼；4—帮眼；5—底眼。

图 4-1　掘进爆破炮孔布置及名称

① 掏槽眼：用于爆出新的自由面，为后爆炮眼创造有利的爆破条件。

② 崩落眼，又称掘进眼。崩落眼是在掏槽眼和周边眼间的大量平行或大致平行的炮眼，有时还包含几个辅助眼用来进一步扩大掏槽眼爆破形成的槽腔，是破碎岩石的主要炮眼。崩落眼利用掏槽眼爆破后创造的平行于炮眼的自由面，大大改善爆破条件，故能在该自由面方向上形成较大体积的破碎漏斗。

③ 周边眼，又称轮廓眼，其主要用途是使爆破后的掘进断面、形状和方向符合设计要求。周边眼包括顶眼、帮眼和底眼，周边眼都要向外侧倾斜一个角度，一般为 3°～5°，这样可以使孔底超出开挖线，以便下循环为钻眼设备提供操作空间。

炮眼的爆破顺序一般是掏槽眼先爆，辅助眼、崩落眼次之，周边眼最后爆。周边眼的爆破顺序一般为顶眼、帮眼、底眼。有时为避免拉底现象，底眼间距应适当减小，药量要适当加大，这样可同时起到“翻渣”作用。

掘进爆破与一般的台阶爆破不同，它只有一个可供岩石移动的自由面，所以爆破岩石所受的夹制作用更大，这就要求必须开创一个可供岩石破碎并能使其从岩体中抛出的移动空间，即第二自由面，这通常通过掏槽爆破来实现。掏槽爆破是指在掘进过程中，首先在工作面上钻少量炮眼，装药起爆后，形成一个适当的空腔，作为新的临空面，使周围其余部分的岩石都按顺序向这个空腔方向崩落，以获得较好的爆破效果的爆破方式。这种爆破方式形成的空腔，通常称为掏槽。掏槽眼爆破时，由于只有一个自由面，破碎岩石的条件非常困难，而掏槽的好坏又直接影响其他炮眼的爆破效果，所以它是掘进爆破的关键。因此，必须合理选择掏槽形式和装药量，使岩石完全破碎形成槽腔并达到较高的槽眼利用率。

掏槽眼应根据掘进岩体的条件和断面大小进行布置，通常布置在断面中央偏下，并尽量选择有弱面的地方。掏槽爆破炮眼布置有许多不同的形式，归纳起来可分为斜眼掏槽、直眼掏槽和混合掏槽。

一、斜眼掏槽

斜眼掏槽是掘进爆破中最常见的掏槽方法，其特点是掏槽眼与采掘工作面斜交，适用于各类岩层的掏槽爆破。通常根据掘进断面大小和岩层性质来确定炮眼角度和数目，一般为6～8个炮眼呈对称布置，与工作面夹角为55°～70°，装药系数（装药长度与炮眼长度之比）为0.6～0.7。

斜眼掏槽分多种形式，通常有单向掏槽（扇形掏槽）、楔形掏槽和锥形掏槽三大类，掏槽形式的选择主要取决于掘进断面和地层条件。

（1）单向掏槽

单向掏槽布置在节理或者夹层中，由向同一方向倾斜的数个炮眼组成。可根据自然弱面赋存条件分别采用顶部、底部和侧部掏槽。单向掏槽适用于岩石坚固性系数 $f<4$ 的中等硬度以下、具有层节理或软夹层的岩层。

掏槽眼的角度可根据岩石的可爆性，取45°～65°，间距在30～60 cm范围内。应尽量使掏槽眼同时起爆。单向掏槽也可以布置成各槽眼的角度和深度不同的扇形掏槽形式，如图4-2所示，该种形式主要适用于半煤岩或有软夹层的岩层，此时需要多段延期雷管顺序起爆各掏槽眼。

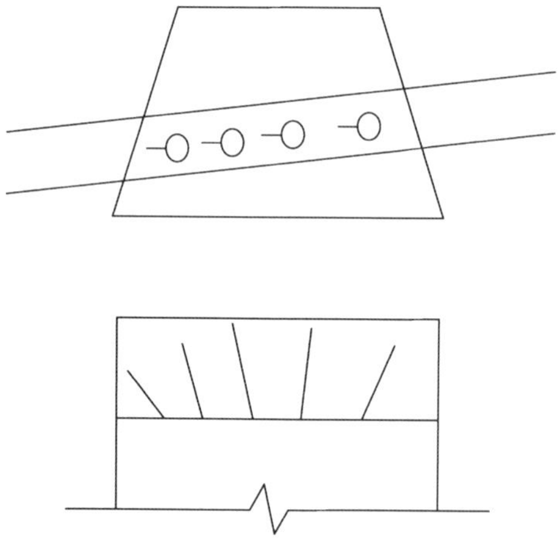

图4-2　扇形掏槽

（2）楔形掏槽

楔形掏槽由2～4对对称的相向倾斜的炮眼组成，爆破后形成楔形的槽腔。楔形掏槽根据掏槽眼的排列方向分为垂直楔形和水平楔形两种，垂直楔形掏槽的炮眼排列成垂直两列，掏槽眼对称布置于断面垂直中线两侧，如图4-3(a)所示；水平楔形掏槽眼排成水平两列，掏槽眼对称布置于断面水平中线两侧，如图4-3(b)所示。水平楔形钻眼比较困难，只有在岩层的层节理比较发育时才使用。楔形掏槽爆力比较集中，爆破效果较好，槽腔体积较大，适用于掘进断面面积大于 4 m^2 的中等硬度以上岩层。掏槽炮眼底部两眼相距 0.2～0.3 m,炮眼与工作面相交角度通常为 60°～75°,掏槽眼深度一般小于 2.5 m,装药系数为 0.60～0.65。岩石特别坚硬、难爆或眼深超过 2 m 时,可增加 2～3 对初始掏槽眼,形成双楔形,如图 4-3(c)所示。

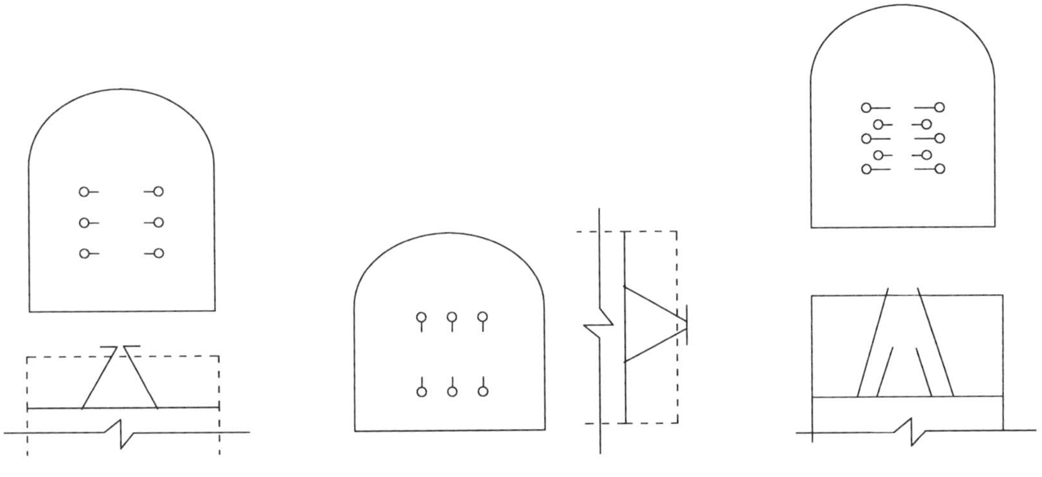

(a)　(b)　(c)

图 4-3　楔形掏槽

(3) 锥形掏槽

锥形掏槽眼布置于断面的中央,由数个共同向中心倾斜的炮眼组成,爆破后槽腔呈角锥形,如图 4-4(a)所示。锥形掏槽的各掏槽眼均向中心倾斜,眼底的延长线相交于一点,眼底相距 10～20 cm;锥形掏槽眼的斜度与岩石的强度成反比,一般在 50°～70°之间。锥形掏槽适用于中等硬度以上岩层,其掏槽效果较好,但钻眼困难,巷道中很少采用,多用于井筒掘进,如图 4-4(b)所示。

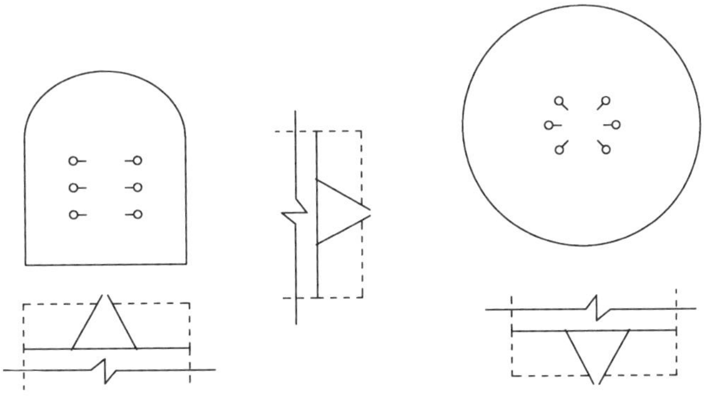

(a)　(b)

图 4-4　锥形掏槽

二、直眼掏槽

直眼掏槽的特点是所有炮眼都垂直于工作面且相互平行，距离较近。其中有一个或几个不装药的空眼，空眼的作用是给装药眼创造自由面和作为破碎岩石的膨胀空间。直眼掏槽主要有角柱状掏槽和螺旋掏槽两种形式。

（1）角柱状掏槽

角柱状掏槽的掏槽眼按各种几何形状布置，使形成的槽腔呈角柱体或圆柱体，所以又称为桶状掏槽，其常用的形式有菱形掏槽、五星掏槽、三角柱掏槽等。装药眼和空眼数目及其相互位置与间距是根据岩石性质和掘进断面来确定的。空眼直径可以等于或大于装药眼直径。大直径空眼可以形成较大的人工自由面和膨胀空间，眼间距可以扩大。

（2）螺旋掏槽

螺旋掏槽所有装药眼围绕中心空眼呈螺旋状布置，并从距空眼最近的炮眼开始顺序起爆，使槽腔逐步扩大。此种掏槽方法在实践中取得了较好的效果，其优点是可以用较少的炮眼和炸药获得较大体积的槽腔，各后续起爆的装药眼，易于将碎石从腔内抛出，但是，若延期雷管段数不够，就会限制这种掏槽的应用。

掘进爆破直眼掏槽方式、特点及适用条件如表 4-1 所示。

表 4-1　掘进爆破直眼掏槽方式、特点及适用条件

掏槽方式	炮眼布置	特点及适用条件
菱形掏槽	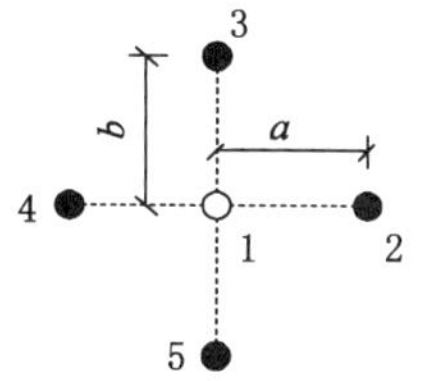 单空孔 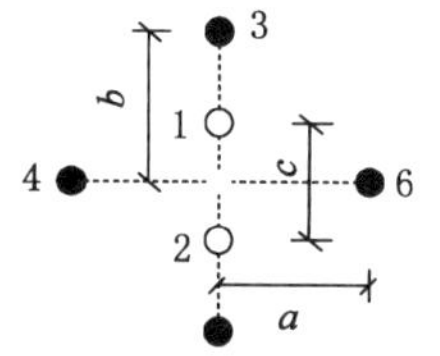 双空孔 ○—空眼；●—装药眼。	（1）眼距随岩性不同而不同，$f=4\sim6$ 时，单空孔型取 $a=150$ mm，$b=200$ mm；$f=6\sim8$ 时，单空孔型取 $a=100\sim130$ mm，$b=170\sim200$ mm；$f>8$ 时，双空孔型取 $a=100\sim130$ mm，$b=170\sim200$ mm，$c=100$ mm。 （2）眼深宜小于 2.5 m，装药系数为 0.6～0.7。 （3）分两段起爆，单空孔型也可以同时起爆。 （4）适用于中硬以下岩石的较小断面巷道；巷道断面大和岩石较硬时，可采用双空孔型。 （5）为加强底部岩石破碎和抛出，可考虑空孔底部少量装药后起爆
五星掏槽	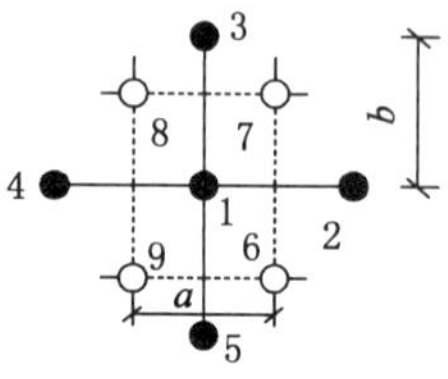 ○—空眼；●—装药眼。	（1）眼距随岩性不同而不同，软岩取 $a=200$ mm，$b=250\sim300$ mm；中硬岩取 $a=160$ mm，$b=250$ mm。 （2）分两段起爆，$1^{\#}$ 眼为第一段，$2^{\#}\sim5^{\#}$ 眼为第二段。 （3）空眼较多有利于槽腔岩石破碎和抛出，掏槽效果好。 （4）装药系数为 0.65 左右。 （5）适用于中硬以上岩石的中深孔爆破

表 4-1(续)

掏槽方式	炮眼布置	特点及适用条件
三角柱掏槽	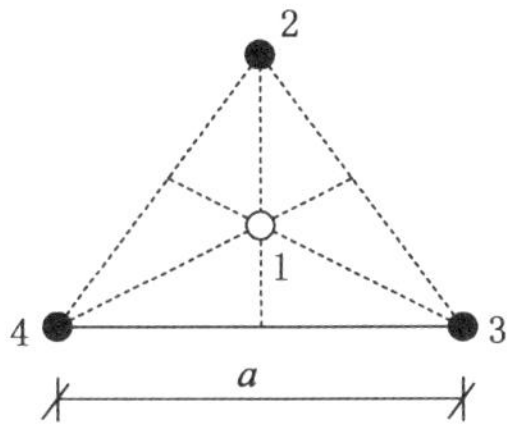 四眼三角 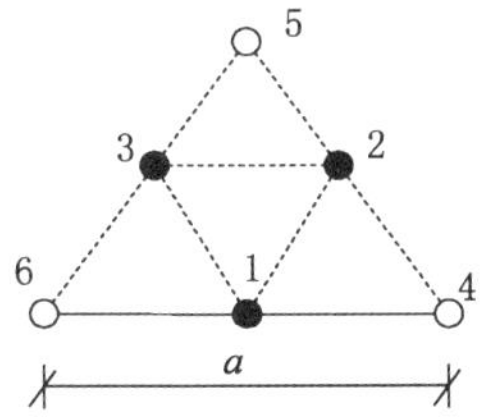 六眼三角 ○—空眼；●—装药眼。	(1) 软岩采用四眼三角柱状布置形式，取 $a=200$ mm。 (2) 中硬岩层采用六眼三角柱状布置形式，取 $a=280\sim300$ mm。 (3) 炮眼深度不大于 3.0 m。 (4) 装药系数为 0.65～0.7。 (5) 适应各类岩层的中深孔爆破
螺旋掏槽	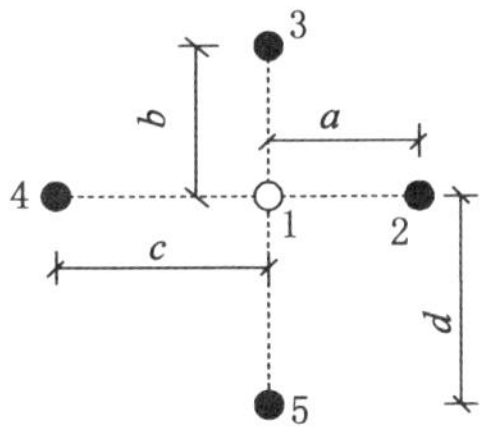 ○—空眼；●—装药眼。	(1) 中心空孔直径为 70～100 mm，或者采用小直径双空孔。 (2) 眼距随岩性不同而不同，$f<6$ 时，取 $a=100$ mm，$b=150$ mm，$c=200$ mm，$d=250$ mm；$f=6\sim10$ 时，取 $a=80$ mm，$b=120$ mm，$c=160$ mm，$d=200$ mm。 (3) 眼深一般不宜超过 2.5 m。 (4) 装药系数为 0.65～0.7，用毫秒雷管分 4 段顺序起爆。 (5) 适用于中硬以上岩层的中深孔爆破

直眼掏槽的深度虽然不受掘进断面限制，但如果破碎岩石的膨胀空间不够或炮眼过深，槽腔深部的岩石不能被抛出，就会影响掏槽效果，降低炮眼利用率。

直眼掏槽的优点有：炮眼垂直于工作面布置，方式简单，易于掌握和实现多台钻机同时作业和钻眼机械化；炮眼深度不受掘进断面限制，可以实现中深孔爆破；当炮眼深度改变时，掏槽布置可不变，只需调整装药量即可；有较高的炮眼利用率；岩石的抛掷距离较近，爆堆集中，不易损坏设备和支护。

直眼掏槽的缺点有：需要较多的炮眼数目和较多的炸药；炮眼间距和平行度的误差对掏槽效果影响较大，必须具备熟练的钻眼操作技术。

三、混合掏槽

混合掏槽是指两种以上的掏槽方式联合使用的掏槽方式。混合掏槽的炮眼布置形式很多，一般为直眼与斜眼的混合形式，以弥补斜眼掏槽深度不够与直眼掏槽槽腔体积较小的不足。一般直眼布置在槽腔内部，斜眼做垂直楔形布置，与工作面的夹角以 75°～85°为宜；斜眼眼底与直眼眼底的距离大约为 0.2 m；斜眼装药系数为 0.5～0.7，直眼装药系数为 0.7 左右。

在岩石坚硬或掘进断面较大时，可采用复式楔形掏槽(图 4-5)。复式楔形掏槽也称为V形掏槽，是在浅眼楔形掏槽的基础上发展起来的。只要钻眼精确达到深度和角度要求，按设计装药，一般均能取得良好的效果。复式楔形掏槽适用于全断面爆破开挖，以及中硬岩以上的中深眼爆破。

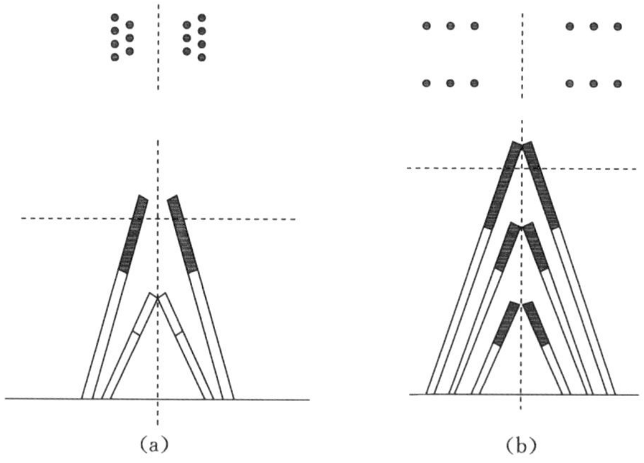

图 4-5　复式楔形掏槽

图 4-5(a)所示为二级复式楔形掏槽，炮眼深度为 2.5～3.0 m；图 4-5(b)所示为三级复式楔形掏槽，炮眼深度为 3.0～3.5 m。上下排距为 50～90 cm，硬岩取小值，软岩取大值；在硬岩中爆破时，最好采用高威力炸药(如乳化炸药等)；排数通常只用上下两排即可，岩石十分坚硬时可用三排或四排。在设计中应注意以下几个技术问题。

① 楔形掏槽在断面较宽时，应当尽量缩小掏槽角，同时要尽量加大第一级掏槽眼的水平间距。

② 楔形掏槽在炮眼较深时(大于 2.5 m)，其底部加强装药应保持炮眼全长的 1/3，前部装药集中度可以减为底部的 40%～50%或换成威力较低的炸药，炮泥装填长度不小于 40 cm。

③ 楔形掏槽眼每级均应尽量同时起爆，级间间隔时差以 25～50 ms 为宜，以保证前段爆破的岩石破碎与抛掷效果。

在地下工程的爆破施工过程中，掏槽形式的选择不仅要考虑地质条件的适应性、施工技术的可行性、爆破效果的可靠性和经济合理性等因素，还要根据具体情况进行具体分析，并结合爆破实践不断进行调整，采用最优的掏槽形式和掏槽眼爆破参数，从而获得最好的掏槽效果。

第二节　掘进爆破设计参数确定

一、掘进爆破的炮眼参数

钻眼爆破参数的选取对掘进爆破的效果和质量起着决定性的作用。影响钻眼爆破效果的除了掏槽方式，还有单位炸药消耗量、炮眼深度、炮眼直径、装药直径、炮眼间距、炮眼数目等参数。在选取这些爆破参数时，不仅要考虑岩石性质、地质状况和断面尺寸等因素，还要考虑这些参数间的相互关系及其对爆破效果和爆破质量的影响。

（1）炮眼直径和装药直径

炮眼直径对钻眼速度、炮眼数目和装药参数等都有影响。直径过小会影响装药的稳定爆轰；过大则影响钻眼速度。因此，在选择炮眼直径时，应根据断面大小、破碎块度要求、凿岩设备的能力及炸药性能等进行综合分析。一般根据药卷直径和标准钻头直径来确定炮眼直径。

当采用耦合装药时，装药直径即为炮眼直径；不耦合装药时，装药直径一般指药卷直径，小于炮眼直径。工业炸药的最小直径不应小于 25 mm，否则爆炸不稳定或发生拒爆。在井巷掘进爆破中，一般都采用药卷装药，通常药卷直径为 32 mm 或 35 mm，为确保装药顺利，炮眼直径一般为 38～42 mm。在大断面巷道和立井掘进爆破中，为减少炮眼数目，用大功率凿岩台车和伞形钻架钻眼时，炮眼直径多采用 48～60 mm，药卷直径采用 40～45 mm。

（2）炮眼深度

从钻眼爆破综合工作效果的角度来看，炮眼深度在各爆破参数中居重要地位。它不仅影响每一个掘进循环中各工序的工作量、完成时间和掘进速度，而且影响爆破效果和材料消耗。目前常采用浅眼多循环和深眼少循环两种工艺，具体工艺视具体条件而定。以掘进每米巷道所需劳动量最少或工时最小、成本最低的炮眼深度为最优炮眼深度，炮眼深度通常根据任务要求、循环组织或断面宽度来确定。

在我国目前所使用的掘进设备和现有的技术条件下，矿山巷道掘进常用的炮眼深度为 2～3 m，随着新型、高效凿岩机和先进装运设备的应用，爆破器材质量、施工工艺水平以及施工组织、管理水平的提高，炮眼深度逐渐向 3～5 m 深眼发展。另外，炮眼深度还与岩层条件有关，岩石越坚硬、越稳定，炮眼越深；岩石越软、越不稳定，炮眼则越浅。

（3）炮眼数目

根据岩石性质、断面尺寸和炸药性质等，按炮眼的不同作用对炮眼进行合理布置，最终排列出的炮眼数即为一次爆破的总炮眼数。炮眼数目的多少，直接影响凿岩工作量和爆破效果。炮眼数目过少，易出现大块，不利于装岩，同时周边轮廓成形差；炮眼数目过多，会导致钻眼工时和成本增加。合理的炮眼数目应当保证有较高的爆破效率，即炮眼利用率在 90%以上，爆下的岩块和爆破后的轮廓，均能符合施工和设计要求。

炮眼数目的选定主要取决于掘进断面、岩石性质及炸药性能等因素，确定炮眼数目的基本原则是在保证爆破效果的前提下，尽可能地减少炮眼数目。通常可以按经验公式[式(4-1)]估算。

$$N = 3.3\sqrt[3]{fS^2} \tag{4-1}$$

式中　N——炮眼数目；

f——岩石坚固性系数，或称普氏系数；

S——断面面积，m^2。

式(4-1)没有考虑炸药性质、装药直径、炮眼深度等因素对炮眼数目的影响。

（4）炮眼利用率

炮眼利用率是合理选择钻眼爆破参数的一个重要依据。炮眼利用率定义为工作面一次爆破的循环进度与炮眼平均深度的比值。影响炮眼利用率的主要因素有单位炸药消耗量、装药直径、炮眼数目、装药系数和炮眼深度等。炮眼利用率一般为 0.85～0.95。

(5) 单位炸药消耗量

单位炸药消耗量即爆破每立方米原岩所消耗的炸药量，通常以 q(单位:kg/m^3)表示。单位炸药消耗量不仅影响岩石破碎的块度、岩块飞散距离和爆堆形状，而且影响凿岩和装岩的工作量、炮眼利用率、轮廓成形质量及围岩的稳定性等。当单位炸药消耗量偏低时，掘进断面可能达不到设计要求，岩石破碎不均匀，甚至岩石崩落不下来。当单位炸药消耗量偏高时，不仅会增加炸药的用量，而且可能造成围岩超挖，围岩的稳定性降低，甚至损坏巷道中的设备。因此，合理确定单位炸药消耗量具有十分重要的意义。

影响单位炸药消耗量的因素主要有炸药的类型和炸药的性质(密度、爆力、猛度、爆速等)、地质条件、岩石性质、断面尺寸、装药直径和炮眼直径、炮眼深度等。因此，要精确计算单位炸药消耗量 q 是比较困难的。在实际施工中，选定 q 值可以根据经验公式或参考相关的定额标准来确定，但所得出的 q 值还需要在实践中做适当调整。

常用修正的普氏公式[式(4-2)]计算 q 值。

$$q = 1.1k_0\sqrt{\frac{f}{S}} \tag{4-2}$$

式中 q——单位炸药消耗量，kg/m^3；

k_0——炸药爆力校正系数，$k_0=525/P$，P 为选用炸药的爆力。

确定了单位炸药消耗量后，根据每一掘进循环爆破的岩石体积 V，按式(4-3)计算出每循环所使用的总药量 Q。

$$Q = qV = qSL\eta \tag{4-3}$$

式中 L——炮眼深度，m；

η——炮眼利用率，一般取 0.85～0.95。

将由式(4-3)计算出的总药量，根据炮眼数目和各炮眼所起作用与作用范围进行分配。掏槽眼爆破条件最困难，分配较多，崩落眼分配较少。在周边眼中，底眼分配药量最多，帮眼次之，顶眼最少。

炮眼装药量也可以根据炮眼装药系数来计算，装药系数可以参考表 4-2 选取。

表 4-2 装药系数

岩石抗压强度/MPa	10～20	30～40	50～60	80	100	150～200
掏槽眼	0.5	0.55	0.60	0.65	0.70	0.80
崩落眼	0.4	0.45	0.50	0.55	0.60	0.70
周边眼	0.4	0.45	0.55	0.60	0.65	0.75

注:① 穿过有瓦斯与煤尘爆炸危险的地层时，装药系数应遵循《爆破安全规程》的规定；② 周边眼的有关数据不适用于光面爆破。

二、掘进爆破的炮眼布置

除选择合理的掏槽方式和爆破参数外，为保证安全，提高爆破效率和爆破质量，还需要合理布置工作面上的炮眼。合理的炮眼布置应能达到以下要求。

① 有较高的炮眼利用率。

② 先爆炮眼不会破坏后爆炮眼,或影响其装药爆轰的稳定性。

③ 爆破块度均匀,大块率小。

④ 爆堆集中,爆渣飞散距离小,不会损坏支架或其他设备。

⑤ 爆破后断面和轮廓符合设计要求,壁面平整并能保持围岩本身的强度和稳定性。

炮眼布置的方法和原则如下。

① 工作面上各类炮眼布置的原则是“抓两头、带中间”,即首先选择适当的掏槽方式和掏槽位置,其次是布置好周边眼,最后根据断面大小布置崩落眼。

② 掏槽眼的位置会影响岩石的抛掷距离和破碎块度,通常布置在断面的中下部,并考虑较均匀地布置崩落眼。在岩层层理明显时,炮眼方向应尽量垂直于岩层的层理面,掏槽眼深度应比其他炮眼深 10%。

③ 周边眼布置在断面轮廓线上,按光面爆破要求,各炮眼要相互平行,眼底落在同一平面上。但为了钻眼方便,通常向外(或向上)偏斜一定角度,一般为 3°～5°。底眼眼口一般在底板线上 150～200 mm 处,眼底低于底板线 100～200 mm;底眼向下倾斜,以利于钻眼,保证爆破后不留“硬坎”。周边眼的深度不应大于崩落眼。

④ 崩落眼以掏槽眼形成的槽洞为中心,分层均匀布置在掏槽眼和周边眼之间。布置时应根据断面大小和形状调整抵抗线和眼间距,以求炮眼数目少且均匀。有时可适当调整掏槽眼位置或在掏槽眼旁增加辅助眼,以使崩落眼布置合理,并根据断面大小和形状调整好最小抵抗线和邻近系数。崩落眼的抵抗线和眼间距应根据装药直径、岩层可爆性和块度要求确定。

最小抵抗线 W 可按式(4-4)计算。

$$W = r_c \sqrt{\frac{\pi \varphi \rho_0}{m q \eta}} \tag{4-4}$$

式中 φ——装药系数;

r_c——装药半径,mm;

ρ_0——炸药密度,kg/m³;

q——单位炸药消耗量,kg/m³;

η——炮眼利用率;

m——炮眼邻近系数,在 0.8～1.0 之间。

同层内崩落眼间距 $E=mW$,W 一般为 600～800 mm。

立井工作面炮眼参数选择和布置基本与平巷相同。在圆形井筒中,最常采用的是圆锥掏槽和筒形掏槽(图 4-6)。前者的炮眼利用率高,但岩石的抛掷高度也高,容易损坏井内设备,而且对钻眼要求较高,要求各炮眼的倾斜角度相同且对称;后者是应用最广泛的掏槽形式。当炮眼深度较大时,可采用二级或三级筒形掏槽,每级炮眼深度逐渐加深,通常后级深度为前级深度的 1.5～1.6 倍。

立井工作面上的炮眼,包括掏槽眼、崩落眼和周边眼,均布置在以井筒中心为圆心的圆周上,周边眼爆破参数应按光面爆破设计。崩落眼的圈数和各圈内炮眼间距,根据崩落眼最小抵抗线和邻近系数的关系来调整。

三、装药结构和间隙效应

装药结构是指炸药在炮眼内的装填情况。装药结构的分类方式有多种:根据装药是否

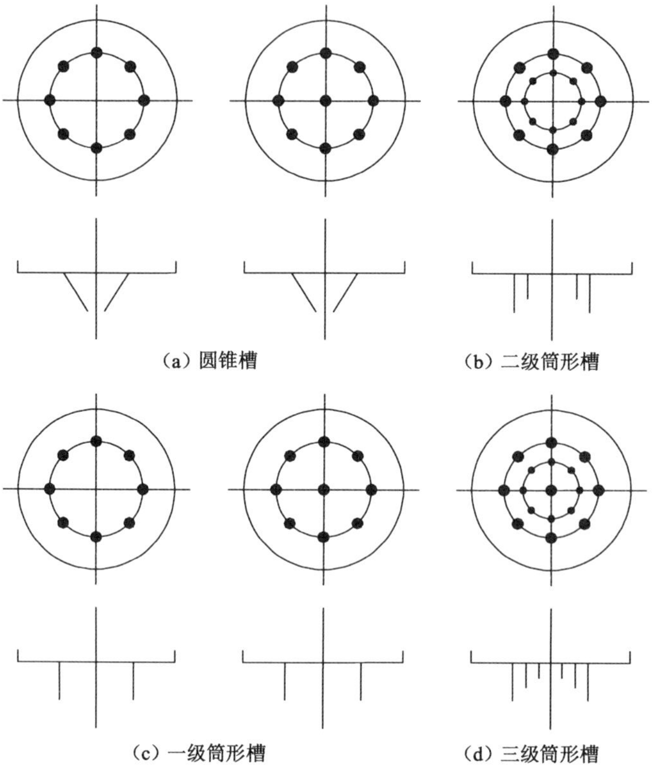

图 4-6　立井掘进的掏槽形式

连续可分为连续装药和间隔装药;根据药卷直径和炮孔的耦合情况可分为耦合装药和不耦合装药;根据起爆方向不同可以分为正向起爆装药、反向起爆装药。另外,还有堵塞装药结构和无堵塞装药结构等多种分类形式。一般掘进炮眼较浅,多采用连续、不耦合、反向起爆装药结构。

深孔爆破时,为提高炮眼利用率和块度均匀性,可采用间隔装药结构。试验表明,在较深的炮眼中采用间隔装药可以使炸药在炮眼全长上更均匀地分布,从而使岩石破碎块度均匀。采用空气柱间隔装药,可以增加用于破碎和抛掷岩石的爆炸能量,提高炸药有效能量的利用率,降低炸药消耗量。采用间隔装药时,一般可分为 2～3 段,若空气柱较长,不能保证各段炸药的正常殉爆,要采用导爆索连接起爆。在光面爆破中,若没有专用的光面爆破炸药,可以在装药与炮泥之间设置空气柱,以取得良好的爆破效果。

大量试验结果表明,对于混合炸药,特别是硝铵类混合炸药,在细长连续装药时,如果不耦合系数选取不当,就会发生爆轰中断,在炮眼内的炸药会有一部分不爆炸,这种现象称为间隙效应或管道效应。间隙效应不仅降低了爆破效果,而且在瓦斯工作面进行爆破作业时,若炸药发生燃烧,还会引起瓦斯爆炸。

炸药传爆过程中产生间隙效应的机理如图 4-7 示。炸药在一端起爆后,爆轰波开始传播,与此同时,爆炸反应形成的高温高压气体迅速膨胀,使径向间隙中与其相邻的空气受强烈压缩。当药柱爆轰时,在空气间隙内产生超前于爆轰波传播的空气冲击波,空气冲击波

的传播速度为 D_2。在冲击波压力作用下，炸药内产生沿药柱表面向内部传播的压缩波，使药柱发生变形，压缩药柱表面形成锥形压缩区。药柱的初始直径为 d_0，压缩区的最大压缩深度为 b，压缩波的作用距离为 λ。这样，伴随着爆轰波沿药柱的传播，在径向间隙中便形成一空气冲击波，其传播速度大于沿药柱传播的爆轰波的传播速度，因此，径向间隙中空气冲击波超前压缩炸药，减小了药卷直径和爆速，降低了爆炸化学反应释放出的能量，当药卷直径被压缩到临界直径以下时，导致爆轰中断。此外，炸药受到强烈冲击压缩，密度将增大，当密度超过极限密度时，也将导致爆速下降；混合炸药密度越大，其临界直径也越大，这也是造成不稳定传爆的主要原因。

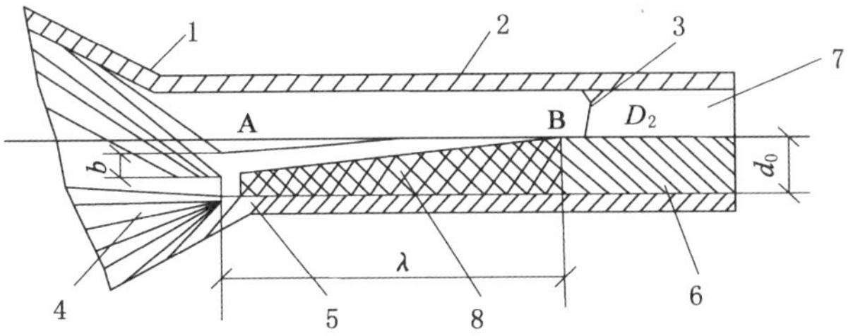

1—扩散阵面；2—管壁；3—空气冲击波；4—爆轰产物；
5—爆轰波头；6—炸药；7—间隙；8—被压缩炸药。

图 4-7　间隙效应产生机理

间隙效应的产生与炸药性能、不耦合系数值和岩石性质有关。根据试验，硝铵炸药在不耦合系数为 1.12～1.76 之间时，传播长度为 600～800 mm，超过此长度的装药易产生拒爆；而水胶炸药就没有明显的间隙效应。在实际爆破中，应注意避免和消除间隙效应。消除间隙效应的方法主要有：采用散装药，即采用耦合装药；在连续装药的全长上，每隔一定距离放置一个硬纸板做成的挡圈，挡圈外径和炮眼直径相同，以阻止间隙内空气冲击波的传播，削弱其强度；采用临界直径小、爆轰性能好的炸药；减小炮眼直径或增大装药直径，避开产生间隙效应的不耦合系数值范围。

第三节　光面爆破

炸药在炮孔内爆炸时，产生强大的冲击波和高压气体并猛烈冲击炮孔周围岩体，使得周围岩体破碎或开裂。当在有限的轮廓范围内进行开挖爆破时，既要求爆破开挖的边界尽量与设计的轮廓线相符合，不要出现超挖和欠挖，又要求开挖边界上的岩体能尽量保持完整无损。光面爆破和预裂爆破，就是为达到上述目标而采用的一种控制爆破技术。

控制开挖轮廓的爆破作业，可以在设计开挖断面内的岩体爆破之前进行，也可以在之后进行。前一种情况就是预先沿设计轮廓线用爆破方法形成一条裂缝，这种方法称为预裂爆破，后一种情况则是在设计断面内的岩体爆破塌落以后再爆破轮廓炮孔，通常称为光面爆破。显然，两者的爆破条件是不完全相同的，预裂爆破时，药包在受夹制的状态下爆炸，只有一个自由面，而光面爆破则有两个自由面。由于各种不同条件的限制，在巷道中很少使用预裂爆破技术，因为爆炸冲击能量在直接作用于孔间并形成控制裂隙面的同时，也会影响围岩，但是预裂爆破在大断面巷道中也有成功的实例。

光面爆破沿着设计轮廓线布置一排平行的炮孔，孔内采用不耦合装药，每个炮孔既是爆破孔，又是邻近孔的导向孔；不耦合装药可以减小作用在孔壁上的爆炸压力，从而使爆破后留下的围岩表面光滑，符合设计要求，并尽量不受损伤，以提高围岩的稳定性和自身的承载能力。光面爆破技术主要用于掘进断面周边的一圈岩石，重点是顶部炮眼和帮眼，所以光面爆破又称轮廓爆破或周边爆破。光面爆破可以沿设计轮廓线爆破出规整的断面轮廓，同时对周围岩体的损伤很小，因此得到了广泛的应用。

一、光面爆破原理

光面爆破的实质，是在掘进设计断面的轮廓线上布置间距较小、相互平行的炮眼，控制每个炮眼的装药量，选用低密度和低爆速的炸药，采用不耦合装药，同时起爆，使炸药的爆炸作用刚好能够在炮眼连心线上产生贯穿裂缝，并沿各炮眼的连心线将岩石崩落下来。光面爆破成缝机理的代表性理论主要有以下几种。

(1) 应力波叠加理论

该理论认为，当相邻两炮孔同时起爆时，各炮孔爆炸产生的压缩应力波，以柱面波的形式向四周传播，并在两孔连心线的中点相遇，产生应力波的叠加。在叠加处，应力波合力的方向垂直于连心线，并产生拉伸应力。当合成应力超过岩石的抗拉强度时，便会在两炮孔的中间点首先产生裂缝，然后，沿着连心线向两炮孔方向发展，最后形成一个断裂面。

应力波叠加理论指出了两个物理现象。

① 相邻两孔应同时起爆，以保证应力波在两孔连心线的中点产生叠加。

② 应力波叠加后，相邻两孔连心线中点产生的拉应力成倍增加，当叠加值超过岩石的极限抗拉强度时，裂缝从连心线中点首先产生，并向两孔方向发展。

该理论没有考虑爆炸产生的高压气体在岩体成缝中的作用。根据该理论，必须保证相邻两炮孔同时起爆，才能使相邻炮孔的爆炸应力波在其连心线中点相遇，这在生产实践中往往是很难做到的，即使采用瞬发雷管或导爆索起爆，仍然会存在一些时差，因此，也就难以保证上述应力波在连心线中点的叠加及其效应。

(2) 以高压气体为主要作用的理论

该理论认为，应力波在成缝方面的作用是微小的，裂缝主要是爆炸生成的高压气体的准静态应力所致的。该理论强调不耦合装药条件下的缓冲作用，由于空气间隙的存在，作用于孔壁的冲击波压力大大减小，压力与时间的关系曲线已不是冲击波的典型形式，而是呈台阶状，压力峰值下降，但压力的作用时间延长了，这主要是爆炸生成的高压气体的准静态压力导致的。此外，该理论还特别强调空孔的效应，炮孔爆破时，若附近有空孔存在，则沿爆破孔与空孔的连心线将产生应力集中。此时，首先在孔壁上应力集中最大的地方出现拉伸裂缝，然后，这些裂缝沿着炮孔连心线方向延伸，当孔距合适时，相向延伸的裂缝互相贯通，形成一个光滑的断裂面。

该理论认为，应力波不会形成孔间贯穿裂缝，仅能形成潜在的闭合裂缝。对于单孔而言，这些裂缝是不规则的；对于双孔而言，更易形成裂缝，两孔连心线方向的裂缝最长；裂缝的贯穿是在气体作用下完成的；裂缝是由孔壁向中间发展的。

(3) 应力波与爆炸气体共同作用理论

该理论将裂缝的形成分为两个过程，即应力波的作用过程和高压气体的作用过程，它们有先后，且是连续和不可分割的，该理论认为裂缝面的形成是应力波和爆炸气体压力共同作用的结果。

第一个过程是应力波的作用过程。当相邻的两个炮孔爆破时，应力波从孔壁向四周传开后，产生的切向拉应力超过岩石的抗拉强度而使岩石破裂，由于应力集中的缘故，沿两个炮孔的连心线方向首先出现裂缝，并且该方向的裂缝发展最快。如果应力波在两孔之间能够发生叠加，那么，在此区段内，合成拉应力也可能使岩石产生裂缝。这些裂缝给预裂面的形成创造了有利的条件，于是炮孔连心线方向出现较长裂缝的可能性较其他方向大得多。

第二个过程是爆炸高压气体的膨胀作用过程。爆炸高压气体紧接着应力波作用到孔壁上，它的作用时间比应力波要长得多，孔周围便形成类似静态的应力场，使径向裂缝进一步扩展。在爆炸高压气体压力的作用下，炮孔连心线方向产生很大的拉应力，孔壁两侧产生拉应力集中。由于最长的径向裂缝扩展所需的能量最小，所以该处的裂缝将首先扩展。因此，连心线方向也就成为裂缝继续扩展的最优方向，保证了裂缝沿着连心线将岩体裂开。

应力波使岩石产生初始裂缝，高压气体渗入使裂缝尖端产生“气楔作用”。由于气体作用的时间比应力波长得多，其总能量也大得多，因此，爆炸气体的作用不仅能保证形成贯通裂缝，还可以使裂缝有一定的宽度，对裂缝最终形成起着主导作用。

光面爆破贯穿裂缝的形成过程如图 4-8 所示。图 4-8(a)所示为两相邻装药炮孔。图 4-8(b)所示为两炮孔爆炸后所形成的初始裂缝，由于应力波在两炮孔连心线上叠加，其产生的切向应力使初始裂缝延长，即炮孔连心线上很容易出现长裂缝，为光面的形成提供了条件。图 4-8(c)所示为贯穿裂缝形成，在爆炸气体准静压作用下，初始裂缝尖端产生“气楔作用”，使裂缝沿连心线进一步扩展贯通，形成贯穿裂缝。

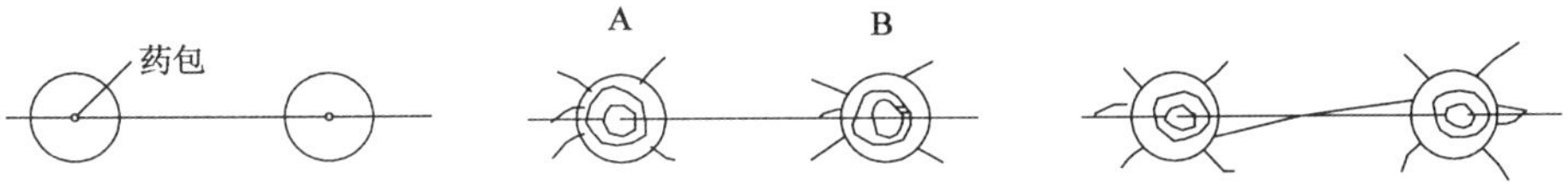

(a) 装药炮孔　　(b) 孔边初始裂缝　　(c) 贯穿裂缝形成

图 4-8　光面爆破贯穿裂缝的形成过程

二、光面爆破参数

光面爆破参数即周边眼的爆破参数，决定了光面爆破的质量，因此，光面爆破技术的核心就是合理设计周边眼的装药结构、光面爆破层厚度、炮眼间距和装药量等，并尽量使各周边眼同时起爆。目前，光面爆破参数设计一般以理论计算作为参考，主要通过工程类比和现场试验来调整确定。

(1) 装药结构

为确保周边孔爆破后形成光面且对围岩不造成损伤，装药结构的设计是至关重要的。目前主要采用小直径、低猛度、爆轰稳定性好的低威力专用炸药，用不耦合装药或空气间隔装药结构来实现光面爆破。不耦合系数选取的原则是使作用在孔壁上的压力低于岩石的抗压强度，而高于抗拉强度。

在不耦合装药条件下，炮眼壁上产生的冲击压力为：

$$p=\frac{\rho_0 D^2}{8}\left(\frac{d_c}{d_b}\right)^6 n \tag{4-5}$$

令 $p\leqslant K_b\sigma_c$，可求得装药不耦合系数 K_d 为：

$$K_d=\frac{d_b}{d_c}\geqslant\left(\frac{n\rho_0 D^2}{8K_b\sigma_c}\right)^{\frac{1}{6}} \tag{4-6}$$

式中 ρ_0，D——炸药密度和爆速；

d_b，d_c——炮孔直径和装药直径；

n——压力增大倍数，$n=8\sim10$；

σ_c——岩石单轴抗压强度；

K_b——体积应力状态岩石强度增大系数。

国外已有为光面爆破而专门生产的炸药，我国主要采用 ϕ25 mm 小直径药卷和不耦合装药来减小周边孔爆破对围岩的损伤。实践表明，不耦合系数因炸药和岩层性质不同而不同，一般取 1.5～2.5。在实际施工中，周边眼装药结构常采用几种不同的形式，如图 4-9 所示。图 4-9(a)所示为标准直径药卷的空气间隔装药结构；图 4-9(b)所示为小直径药卷间隔装药结构；图 4-9(c)所示为小直径药卷连续装药结构，这是一种典型的光面爆破装药结构。

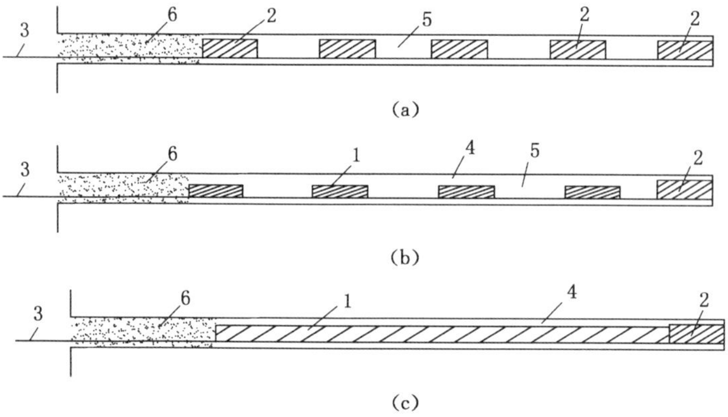

1—ϕ25 mm 药卷；2—ϕ32 mm 药卷；3—导爆索(或脚线)；4—径向空气间隔；5—空气间隔；6—堵塞。

图 4-9 周边眼装药结构

(2) 炮眼间距

合适的炮眼间距应使炮眼间形成贯穿裂缝。根据应力波干涉理论，合适的炮眼间距是以两眼在连线上叠加的切向应力大于岩石的抗拉强度为原则的，若作用于炮眼壁上的初始应力峰值为 p_1，则在相邻炮眼装药连线中点上产生的最大拉应力为：

$$\sigma_\theta=\frac{2bp_1}{\bar{r}^a} \tag{4-7}$$

将 $\bar{r}=\dfrac{E}{d_b}$、$\sigma_\theta=\sigma_t$ 代入式(4-7)，可求得炮眼间距为：

$$E=\left(\frac{2bp_1}{\sigma_t}\right)^{\frac{1}{a}}d_b \tag{4-8}$$

式中　a——应力衰减系数，$a=2-b$，$b=\frac{\nu}{1-\nu}$，ν 是泊松比；

σ_t——岩石抗拉强度。

根据实践经验，炮眼间距一般为炮眼直径的 10～20 倍。

(3) 光面爆破层厚度

光面爆破层厚度是指周边眼至邻近崩落眼的垂直距离，或称光面爆破炮眼的最小抵抗线，是光面爆破主要的设计参数。光面爆破层厚度的理论计算很难，实际中多以现场试验和工程类比来确定。光面爆破层厚度过大，光面爆破层的岩石将得不到适当破碎；反之，在反射波作用下，围岩内将产生较多裂缝，从而影响围岩稳定。

光面爆破层厚度与周边眼间距有密切关系，通常将二者一起综合考虑。将周边眼间距与光面爆破层厚度的比值称为周边眼密集系数，该系数一般控制在 0.8～1.0 之间，即周边眼间距不宜大于光面爆破层厚度，以确保先在周边孔间形成贯通裂缝。实际中根据岩层特性，光面爆破层厚度以 500～700 mm 为宜。

光面爆破层厚度也可以采用经验公式(4-9)来确定。

$$W=\frac{q_b}{CEl_b} \tag{4-9}$$

式中　q_b——炮眼内的装药量；

l_b，E——炮眼长度和间距；

C——爆破系数，相当于单位炸药消耗量。

(4) 装药量

周边眼合理的装药量应该是既能使孔间形成贯通裂缝，将光面爆破层岩石破坏，又不致造成炮眼壁或围岩的破坏，即通过不耦合装药空隙的作用，药包爆炸后对炮眼壁的冲击压力小于岩石的动态抗压强度。光面爆破装药量目前还没有实用的计算公式，一般参照掘进爆破的单位耗药量适当减少。

实际应用中，周边眼装药量常以单位炮眼长度的平均装药量，即线装药密度来表示，且采用线装药密度来控制爆炸作用对炮眼壁面的破坏程度。工程应用中，当岩石坚固性系数 $f=4\sim6$ 时，线装药密度为 0.1～0.14 kg/m；当 $f=8\sim10$ 时，线装药密度为 0.14～0.25 kg/m。

线装药密度也可按式(4-10)计算。

$$q_l=0.33ekW^2 \tag{4-10}$$

式中　e—炸药换算系数，$e=320/P$；

k——爆出标准漏斗时的单位体积耗药量，kg/m^3。

(5) 起爆时差

在掘进光面爆破中，起爆顺序分为正序起爆和反序起爆。反序起爆即预裂爆破，先将周边孔起爆，而后再起爆掏槽眼和崩落眼。由于周边孔不在一条直线上，预裂爆破很难取得较好效果，目前掘进爆破中已很少采用。光面爆破通常采用正序起爆，分全断面一次爆破和预留光面爆破层爆破两种方式。虽然预留光面爆破层的爆破效果好一些，但其需要二次起爆，因此实际中也较少采用。通常只有在掘进断面大、雷管段数不足或起爆能力不够时才考虑采用。

试验和工程爆破表明，周边眼同时起爆时，贯穿裂缝平整性最好，微差起爆次之，秒延期起爆最差。同时起爆时，炮眼间的贯穿裂缝形成得较早，一旦裂缝形成，则其周围岩体内的应力下降，从而抑制了其他方向裂缝的形成和扩展，爆破形成的壁面就较平整。若周边眼起爆时差超过 0.1 s，各炮眼就如同单独起爆一样，炮眼周围将产生较多的裂缝，并形成凹凸不平的壁面。因此，在光面爆破中应尽可能减小周边眼的起爆时差，选用同段同批次的雷管。

周边眼与其相邻炮眼的起爆时差对爆破效果的影响也很大。合理的起爆时差，可获得良好的光面爆破效果。理想的起爆时差应该在先发爆破的岩石应力作用尚未完全消失，且岩体刚开始断裂移动时，后发爆破立即起爆。在这种状态下，先发爆破既为后发爆破创造了自由面，又能形成应力叠加，从而发挥微差爆破的优势。实践证明，起爆时差随炮眼深度的不同而不同，炮眼越深，起爆时差应越大，一般在 50～100 ms 之间。

三、光面爆破的施工和质量标准

（1）光面爆破施工

光面爆破掘进时有两种施工方案，即全断面一次爆破和预留光面爆破层分次爆破。

全断面一次爆破时，按起爆顺序分别装入多段毫秒电雷管或非电塑料导爆管起爆系统起爆。起爆顺序为掏槽眼—辅助眼—崩落眼—周边眼，该方式多用于掘进小断面巷道。

在大断面的巷道掘进时，可采用预留光面爆破层分次爆破方式。采用超前掘进小断面导硐，然后扩大至全断面，这种方法又称为修边爆破。修边爆破的优点是根据最后留下光面爆破层的具体情况调整爆破参数，这样可以节约爆破材料，提高光面爆破效果和质量；其缺点是施工工艺复杂，增加了辅助时间。

为保证光面爆破的良好效果，除根据岩层条件、工程要求正确选择光面爆破参数外，精确的钻眼也极为重要，是保证光面爆破质量的前提。对钻眼的要求是平、直、齐、准。

① 平：所有周边眼应彼此平行，并且其深度一般不应比其他炮眼深。

② 直：各炮眼均应垂直于工作面。实际施工时，周边眼不可能完全与工作面垂直，根据炮眼深度，周边眼与工作面的角度一般取 3°～5°。

③ 齐：如果工作面不齐，应按实际情况调整炮眼深度及装药量，力求所有炮眼眼底落在同一个横断面上。

④ 准：开眼位置要准确，偏差值不大于 30 mm。周边眼开眼位置均应位于掘进断面的轮廓线上，不允许有偏向轮廓线里面的误差。

我国光面爆破常用参数如表 4-3 所示。

表 4-3　我国光面爆破常用参数

围岩条件	巷道跨度/m		周边眼爆破参数				
			炮眼直径/mm	炮眼间距/mm	光面爆破层厚度/mm	周边眼密集系数	线装药密度/(kg/m)
整体稳定性好，中硬到坚硬	拱部	<5	35～45	600～700	500～700	1.0～1.1	0.20～0.30
		>5	35～45	700～800	700～900	0.9～1.0	0.20～0.25
	侧墙		35～45	600～700	600～700	0.9～1.0	0.20～0.25

表 4-3(续)

围岩条件	巷道跨度/m		周边眼爆破参数				
			炮眼直径/mm	炮眼间距/mm	光面爆破层厚度/mm	周边眼密集系数	线装药密度/(kg/m)
整体稳定性一般或欠佳，中硬到坚硬	拱部	<5	35～45	600～700	600～800	0.9～1.0	0.20～0.25
		>5	35～45	700～800	800～1 000	0.8～0.9	0.15～0.20
	侧墙		35～45	600～700	700～800	0.8～0.9	0.20～0.25
节理裂隙很发育，有破碎带，松软	拱部	<5	35～45	400～600	700～900	0.6～0.8	0.12～0.18
		>5	35～45	500～700	800～1 000	0.5～0.7	0.12～0.18
	侧墙		35～45	500～700	700～900	0.7～0.8	0.15～0.20

(2) 光面爆破质量检验标准

巷道(隧道)光面爆破质量评定标准如表 4-4 所示。

表 4-4　巷道(隧道)光面爆破质量评定标准

爆破后的检测项目	软弱岩	中硬岩	硬岩
爆破后围岩情况	围岩稳定，无大的剥落或崩塌	围岩稳定，基本无剥落现象	围岩稳定，无剥落现象
对围岩的扰动深度/m	1	<0.8	<0.5
平均线性超挖值/cm	<20	<15	<10
最大线性超挖值/cm	<25	<25	<20
两炮衔接台阶最大尺寸/cm	20	15	15
局部超欠挖量/cm	5	5	5
炮眼痕迹保存率/%	>50	>70	>80
炮眼利用率/%	95	90	90
质点振动速度/(cm/s)	<5	<8	<12

注：① 围岩扰动深度指爆后从岩壁至岩体内部受爆破影响的围岩扰动厚度，一般应尽快在开挖后即用声波测量方法在现场测量确定。

② 质点振动速度指距工作面 1 倍洞径处的洞内拱顶质点垂直方向振动速度。

③ 超欠挖的测量以爆破设计开挖线为准，正常的两炮衔接台阶不计为超挖。

④ 平均线性超挖值等于超挖面积除以爆破设计开挖断面周长(不包括底宽度)。

⑤ 最大线性超挖值指最大超挖处至爆破设计开挖轮廓切线的垂直距离。

⑥ 炮眼痕迹保存率等于有残留痕迹的炮眼数除以周边炮眼总数，应在开挖轮廓线上均匀分布。欠挖范围每平方米内不大于 0.1 m^2。

原煤炭部对矿山巷道的光面爆破质量评定标准是：

① 爆破后巷道围岩不破坏，肉眼观察无炮震裂缝；围岩破坏不超过炮眼直径大小。

② 欠超挖量小于±5 cm。

③ 两炮衔接台阶最大尺寸 15 cm。

四、影响光面爆破效果的因素

(1) 地质条件的影响

工程地质状况对光面爆破效果的影响较大。采用光面爆破,在相同的爆破条件下,超欠挖量与岩石坚固性系数有较大的关系,坚固性系数的值越大,超欠挖量越小,反之,则越大;断层、大而密的节理、裂隙、岩脉均易导致大的超欠挖量。裂隙发育程度及倾角对光面爆破的效果有很大影响。当裂隙方向与要求爆出的岩面方向重合、垂直或岩体完整无裂隙时,效果最好;裂隙与光面爆破面斜交或几组裂隙相交时,则易造成岩石沿节理面脱落。对裂隙少、整体性好、脆硬的岩体,光面爆破的参数可以适当加大,反之,应适当减小。

不同的地质条件应采取不同的爆破方式及相应的钻爆参数。在硬岩、中硬岩且节理不发育、岩体较为完整的岩层中应采用中深眼光面爆破;反之,则应采取浅眼光面爆破。在地质构造复杂、裂隙发育的部位,可适当减小炮眼间距,减小线装药密度等周边眼参数,以利于成形,减小爆破对围岩的扰动。

(2) 钻眼精度的影响

钻眼精度对保证炮眼间距和最小抵抗线达到设计要求以及爆破效果的影响很大。钻眼精度与开眼的准确度、钻进方向的准确度、钻具的选取以及测量放线的准确度等有很大的关系。

对于开眼产生的误差,可采用在工作面上标出炮眼位置,或者设置炮眼排间距标尺来减小或消除。在同样的钻眼偏差角条件下,炮眼越深,眼底钻眼偏差越大,因此,炮眼越深越应注意控制钻进方向。为保证钻眼精度,可对钻眼工进行专门的培训,以使其能达到熟练操作的水平。在钻眼时可先钻凿一个标准眼,插入炮棍,其他眼与之平行钻进,或选用能控制钻眼角度的钻眼台车进行钻眼。需要注意的是,钻机的型号和本身尺寸对钻眼精度也有影响,掘进爆破时,钻周边眼必须有一个外插角度,以保证凿岩机的操作净空(即两炮之间的衔接台阶宽度)。另外,还需要注意减小测量放线的误差,如尽可能采用仪器测量,放线时间间隔不要太长等。为减小或尽可能消除测量误差,尤其是对于半断面或全断面开挖爆破,应坚持每个循环都用仪器测量放线,并用五寸台法或坐标法认真放出开挖轮廓。

(3) 爆破技术本身的影响

① 炸药品种和装药量的影响:与主体爆破所用的炸药相比,光面爆破所采用的炸药爆速低,密度小,爆力大。炸药的直径应根据炮眼的直径来选择,如采用不耦合装药,不耦合系数一般取 1.5～2.5。若采用间隔装药,以装药长度的平均线装药密度计,对岩石掘进爆破一般为 0.1～0.3 kg/m。装药尺度应根据岩体性质、钻孔参数、炸药类别综合考虑,过大容易破坏光面爆壁,过小则爆不下来。

② 起爆方法的影响:无论采用电雷管起爆还是非电雷管起爆都必须保证起爆成功。在不耦合系数较大的情况下,应绑扎一根导爆索,以免由于间隙效应而引起爆轰中断现象。若起爆时差大于 0.1 s,则可认为是逐个炮眼单独起爆,所以,在光面爆破时应选用高精度的毫秒雷管。

③ 装药结构与堵塞质量的影响:装药过于集中或者炸药沿炮眼全长分布不均匀都将影响光面爆破的质量。在有条件使用光面爆破专用炸药的情况下应优先考虑选用光面爆破炸药进行连续装药,眼底适当加大药量。若没有光面爆破专用炸药,通常选用导爆索和自

制小直径药卷,绑扎在竹片上形成串状装药结构(眼底间隔应小一些)。在软岩中,还可以采用由导爆索束形成的装药结构。对光面爆破来说,炮眼的堵塞质量也很重要,应引起足够重视。

第四节　微差爆破

微差爆破是一种相邻炮眼或药包群之间的起爆时间间隔以毫秒计的延期爆破,它既不同于瞬发起爆,又异于秒延期爆破。微差爆破也叫毫秒爆破,是一种巧妙地安排各炮孔起爆次序与合理时差的爆破技术,是使用最广泛的一种爆破方法,常用于地下掘进爆破和露天台阶深孔爆破之中。微差爆破具有以下优点:

① 增加了破碎作用,能够减小岩石爆破块度,降低单位炸药消耗量;

② 能够降低爆破产生的地震效应,防止对围岩或地面建筑物造成破坏;

③ 减小了抛掷作用,爆堆集中,既能提高装岩效率,又能防止崩坏支架或损坏其他设备;

④ 在有瓦斯或煤尘爆炸危险的工作面采用总延期时间不超过 130 ms 的微差爆破,可实现全断面一次爆破,缩短爆破和通风时间,提高掘进速度。

一、微差爆破的破岩机理

国内外许多学者对微差爆破的破岩机理进行了许多试验研究,提出了许多论点,目前主要有以下几种假说。

(1) 应力波相互干涉假说

若相邻两装药间隔若干毫秒先后爆炸,先起爆的装药在岩体内形成的应力场尚未消失,而后起爆的装药又立即起爆,两者所产生的应力波相互叠加,从而加强了破碎效果。如前所述,若相邻两装药同时爆炸,由于应力波的相互干涉,在两装药中间岩体某区域内将形成无应力或应力降低区,从而容易产生大块。但若使相邻的两装药间隔一定时间爆炸,即当先期爆炸装药在岩体内激起的压缩波从自由面反射成拉伸波后,再引爆后期爆炸的装药,不仅能消除无应力区,而且能增大该区内的拉应力,改善破碎块度。

对应力波相互干涉假说,还有其他各种解释,但由于应力波作用时间很短,这种假说和对其的各种解释均未能得到普遍承认。

(2) 自由面假说

该假说认为,先起爆的装药在岩体内已造成了某种程度的破坏,形成了有一定宽度的裂隙和附加自由面,相当于增加了新的自由面,为后起爆装药提供了有利的破碎条件。同时,后起爆装药的最小抵抗线方向和爆破作用方向都发生了改变,朝向新形成的附加自由面方向。由于附加自由面的出现,岩石的夹制作用减小,爆炸能量能较充分地被用来破碎岩石,从而有利于降低大块率,减小抛掷距离和爆堆宽度。按照这种假说,在微差爆破各种形式中,以台阶爆破的炮孔间隔起爆或波浪形微差爆破的效果最好。

此外,由于先期爆炸产生的新自由面改变了后期爆炸装药的作用方向(不再垂直原有自由面),先后相继爆破下的岩块在运动过程中发生相互碰撞,在动能作用下再次发生破碎,导致运动速度降低,岩石的抛掷距离和爆堆宽度减小。

(3) 残余应力假说

该假说认为,先期爆炸激起的爆炸应力波在炮孔周围的岩体内形成动态应力场,产生径向裂缝并向外扩展;其后,高温高压的爆生气体渗入裂缝,在较长时间内使岩体处于准静应力状态,使裂缝进一步扩展。后期爆炸装药应在先期爆炸装药产生的静态应力场尚未消失时起爆,利用先期爆炸装药在岩体产生的残余应力来改善岩石的破碎质量。该假说与自由面假说是相辅相成的,常结合起来用以说明微差爆破在破岩机理方面的特点。

除上述观点外,在工程实践中,人们还发现微差爆破能够在很大程度上降低爆破震动的危害,于是又提出了地震波相互干扰的观点。该观点认为,由于装药采用相间布置,以毫秒间隔时间起爆,爆破产生的地震波在时间和空间上被分散开,错开了主震相的相位,即使是初震相和余震相可能叠加,也不会超过原来的峰值振幅,所以,微差爆破可以减弱地震效应。根据试验资料,微差爆破的地震效应比一般爆破降低 1/3～2/3。

二、微差爆破间隔时间

选择合理的微差间隔时间,是微差爆破成功的关键,但到目前为止,由于微差爆破破岩机理尚未有定论,微差爆破间隔时间还不能完全从理论上计算,还需要在实践中不断总结,加以修正。

按应力波相互干涉假说,苏联学者波克罗夫斯基给出能增强破碎效果的合理间隔时间为:

$$\Delta t = \frac{\sqrt{a^2 + 4W^2}}{C_p} \tag{4-11}$$

式中 a——炮眼间距,m;

W——最小抵抗线,m;

C_p——应力波传播速度,m/s。

按自由面假说,苏联学者哈努卡耶夫认为,前段装药爆破裂隙能使矿岩脱离岩体形成 0.8～1.0 cm 宽的贯穿裂缝的时间为最优微差间隔时间,即

$$\tau = t_1 + t_2 + t_3 \tag{4-12}$$

$$t_1 = \frac{2W}{C_p}$$

$$t_2 = \frac{2W}{C_2}$$

$$t_3 = \frac{s}{v}$$

式中 t_1——应力波传至自由面并返回所需的时间,ms;

t_2——形成裂缝所需的时间,ms;

t_3——破碎的岩块离开原岩形成裂缝宽度 s=0.8～1.0 cm 时所需的时间,ms;

C_2——裂隙扩展速度,$C_2=0.05C_p$;

v——矿岩碎块平均运动速度,m/s。

兰格福斯总结瑞典应用的经验,提出在最小抵抗线为 0.5～0.8 m 的条件下,能达到最优破碎的合理微差间隔时间的经验公式为:

$$\Delta t = 3.3KW \tag{4-13}$$

式中　K——各因素影响系数，$K=1\sim2$。

相对露天爆破来说，掘进爆破炮孔较浅，抵抗线较小，每次起爆的药量也较小。因此，微差间隔时间要比露天爆破时小。一些资料统计表明，一般微差间隔时间多在 25～75 ms 之间，而当只存在一个自由面、眼深超过 2.5～3.0 m 时，有时可采用 100 ms，可见，微差间隔时间变化范围很大，很难精确确定出微差爆破的合理间隔时间；在具体条件下，只能通过试验来确定获得良好爆破效果的合理间隔时间。

三、微差爆破的安全性

在有瓦斯爆炸危险的工作面内进行爆破工作，以瞬发爆破最安全，但在这种情况下，全断面只能分次爆破。爆破次数越多对巷道开挖进度影响越大，爆破次数越少对爆破效果和振动作用影响越大。秒延期爆破，因其延期时间较长，在爆破过程中从岩体内泄出的瓦斯有可能达到爆炸极限，因而不能在有瓦斯爆炸危险工作面内使用。

微差爆破除能克服瞬发爆破的缺点外，只要总延期时间（即最后一段雷管的延期时间）不超过安全规程的规定限度，就不会引起瓦斯爆炸事故。

《爆破安全规程》规定，煤矿井下爆破使用电雷管时，必须使用煤矿许用瞬发电雷管或煤矿许用毫秒延时电雷管；使用毫秒延时电雷管时，从起爆到最后一段的延时时间不应超过 130 ms。在有瓦斯与煤尘爆炸危险的工作面，爆破前必须严格检查工作面内的瓦斯含量，瓦斯浓度不得超过 1%，并按《爆破安全规程》规定进行装药、爆破。

第五节　定向断裂控制爆破

定向断裂控制爆破利用一些方法首先使炮孔孔壁某些部位应力集中而产生径向裂缝，同时避免炮孔壁其他部位产生微裂纹，随后在爆炸应力波和爆炸生成气体的共同作用下，使径向裂缝持续发展，形成预期的断裂面。定向断裂控制爆破技术是在光面爆破技术的基础上发展起来的新型掘进爆破技术。与光面爆破周边眼的贯穿裂缝形成机理不同，定向断裂爆破是通过装药结构的改变，使爆炸能量在炮孔内就具有定向作用，实现了孔壁的定向破裂，大大减小了爆破对周边围岩的扰动和损伤，使光面爆破效果进一步提高。

一、定向断裂爆破的种类

定向断裂爆破技术主要有切槽孔定向断裂爆破技术、聚能药卷定向断裂爆破技术和切缝药管定向断裂爆破技术。

（1）切槽孔定向断裂爆破技术

切槽孔定向断裂爆破技术通过改变炮孔形状，用特制的钻头在炮孔壁上预制对称的 V 形沟槽或直接钻出带 V 形沟槽的炮孔，以改变爆破作用在孔壁上的压力分布状态，在沟槽尖端形成应力集中，使爆破裂缝首先在该处发生和扩展。切槽孔爆破作用示意如图 4-10 所示。切槽的角度、高度都会影响切槽爆破效果，切槽钻头直径一般为 38 mm，槽角为 60°，切槽高度为 5 mm。

切槽孔爆破的主要工艺是周边孔的定向切槽，目前主要有两种方法。

① 钻孔与切槽一次完成。此方法需要的钻孔时间长，钻孔过程中卡钎杆现象严重，一

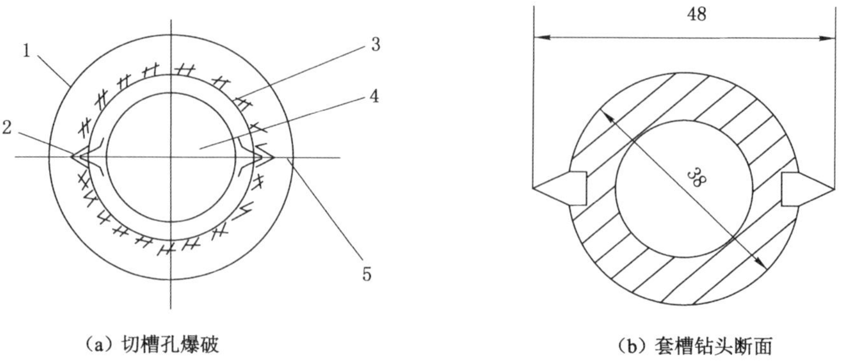

1—冲击波前；2—V 形切槽；3—孔壁；4—装药；5—定向裂缝。

图 4-10　切槽孔爆破作用示意

般钻孔超过 1 m 就很难钻进，无法进行中深孔爆破。

② 钻孔套槽，即利用套槽钻头给钻好的周边孔套出设计方向上的对称 V 形槽，套槽钻头断面如图 4-10(b)所示。

大量试验表明，切槽孔爆破具有明显的定向断裂控制效果，当周边孔间距达到普通光面爆破的 1.5～2 倍时，仍能保证良好的爆破效果。

(2) 聚能药卷定向断裂爆破技术

聚能药卷定向断裂爆破工艺通过改变药卷自身结构，沿药卷轴向压制聚能槽，利用聚能槽的聚能作用，改变爆轰压力的分布特征，从而在压力汇聚方向优先产生裂缝并扩展。这种爆轰方法的研究主要集中于聚能药卷的加工与装药工艺上，对钻眼工作及机具没有特殊要求。为改变爆炸压力的分布特征，需要改变药卷的自身结构，沿轴向压制聚能槽；为提高聚能作用效果，理论上应在聚能槽内放置金属罩。聚能槽的高压汇聚作用使金属罩产生金属粒子射流，沿压力汇聚方向高速射出，对孔壁产生切割作用。聚能装药结构如图 4-11 所示。

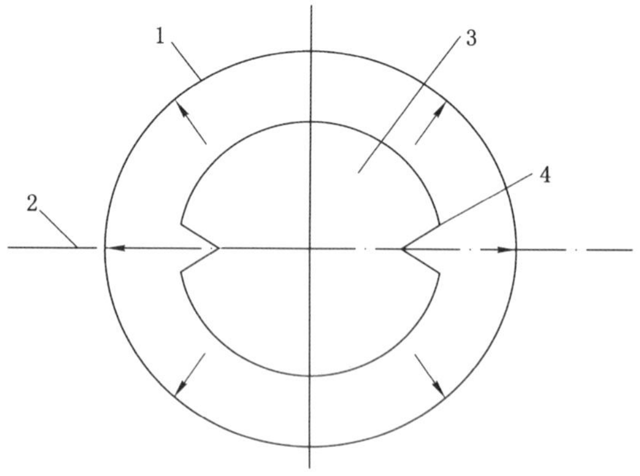

1—孔壁；2—聚能裂缝；3—装药；4—聚能槽。

图 4-11　聚能装药结构

炸药的性能、金属罩的形状和装药不耦合系数等都会影响射流的产生和定向切割效果。聚能槽的边长和角度有以下几种：5 mm、90°，5 mm、60°，3 mm、90°和 3 mm、60°。聚能药卷采用直径为 35 mm 的岩石炸药，其金属罩由薄铜片制成，并由炸药厂专门加工。现场应用时，将药卷的聚能槽对准周边孔的轮廓线，送入孔底即可。

试验结果表明，聚能药卷的定向断裂爆破效果比普通光面爆破有所提高。但同时发现，在现场施工工艺条件下，几种聚能槽的爆破效果无明显差别，聚能槽产生的爆炸聚能流对炮孔壁的定向破裂起主要作用，而槽内金属罩在孔内爆炸条件下形不成高压射流。小药量、低爆速的矿用炸药卷的侧向聚能作用不足以使金属罩产生金属粒子射流，因此实际应用时不必采用金属罩。

(3) 切缝药管定向断裂爆破技术

这种爆破方法是将普通炸药卷直接装入事先切缝的特制塑料管或钢管，对周边孔采用不耦合装药，将切缝药管装入炮孔，切缝直接对准周边孔的轮廓线，通过外壳切缝的导压作用控制孔壁上裂缝生成与扩展。由于这种装药是整体性的，相比聚能装药更简便，另外，控制切缝对准轮廓线也较容易。切缝药管定向断裂控制爆破技术的特点是，在爆炸的瞬时，通过在炮孔孔壁形成定向的应力集中，来控制预定区域径向裂缝的发展。切缝管的作用原理是在炮孔孔壁四周形成不均匀的应力分布，使预定区域受到足够的破裂力。形成定向裂缝的过程可分为两个阶段：爆炸初期，在切缝管内腔还没有形成均布压强之前，在爆炸冲击波的作用下，在对准切缝的炮孔壁面局部产生了预裂缝；随后裂缝在爆生气体压力作用下扩展，使该处优先产生裂隙并定向扩展。切缝药管爆破作用示意如图 4-12 所示。

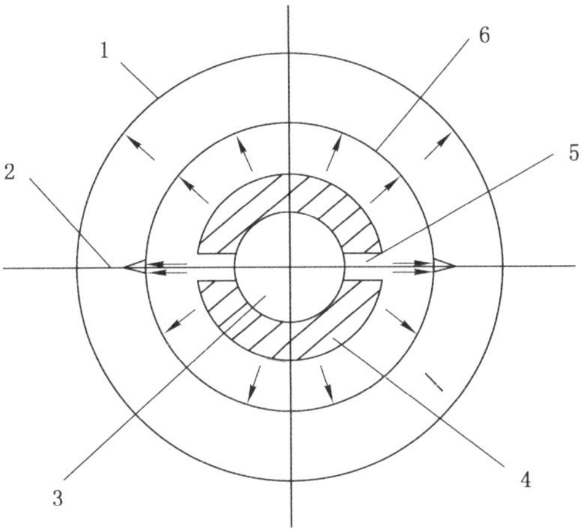

1—冲击波前；2—裂缝；3—装药；4—切缝管；5—预制缝；6—孔壁。

图 4-12　切缝药管爆破作用示意

切缝药管爆破具有明显的定向破裂效果，切缝管的材质、切缝宽度和不耦合装药系数对定向爆破效果都有较大影响。在现场应用中，切缝管一般选用外径为 32～40 mm 的工程塑料管，壁厚为 2～4 mm，切缝宽可取 3～5 mm；药管长度由装药量和孔深来确定，一般为 800～1 000 mm，药管可由炸药厂按设计要求定型生产。装药量与普通光面爆破相同，孔距可以比普通光面爆破增加 30%以上。

二、定向断裂爆破技术参数

目前的定向断裂控制爆破技术以切缝药管定向断裂爆破技术为主，该技术无须改变目前的凿岩爆破工艺，只需在周边孔中装入切缝药管即可。实际应用中，掏槽、炮眼布置、起爆顺序等与普通光面爆破的设计完全一致，主要是周边孔爆破参数和切缝管的设计。

(1) 切缝管的设计

切缝管可选择 ABS(丙烯腈-丁二烯-苯乙烯共聚物)工程塑料管或具有较高韧性和强度的其他材质的无毒塑料管，管壁厚度不小于 3 mm，两侧对称的直线切缝宽度不小于 4 mm。管的直径根据周边孔不耦合装药系数确定，实际多选用外径为 28～35 mm 的管，药卷直径为 25～28 mm。管的长度由炮眼深度和装药量来确定，一般要求管的长度不小于炮孔深度的 60%。

(2) 周边孔的装药结构

周边孔应采用连续不耦合反向装药结构，不耦合系数应在 1.5～2.0 之间。切缝管不应直接放在炮孔内，而应在炮孔两端设置定位卡座，保证切缝管在炮孔中央并确保切缝在设计的轮廓线上。由于采用较大系数的不耦合装药，爆炸后爆生气体的准静态压力起主要定向作用，气体不能从孔口过早逸出，因此，切缝管以外的炮孔要用炮泥堵塞严密。一般炮泥长度不应小于 400 mm。

(3) 周边孔的间距和最小抵抗线

采用切缝药管定向断裂爆破技术时，周边孔的装药充填系数大，药量也略大于普通光面爆破，加上定向聚能爆破作用，一般周边孔的间距和最小抵抗线比普通光面爆破大，炮孔数目少。实际应用中要根据岩层条件和装药量来确定。对于岩石坚固性系数为 6～8 的中硬岩层，采用乳化炸药时，孔间距可为 500～700 mm，最小抵抗线为 550～750 mm，周边眼的密集系数一般为 0.9～1.2。

实际应用表明，切缝药管爆破具有很好的爆破效果，通常情况下掘进爆破的眼痕率都在 85%以上，大幅度减少了超挖现象，成形质量大大改善。

第六节　爆破说明书和爆破图表

爆破说明书和爆破图表是井巷施工组织设计的一个重要组成部分，是指导、检查和总结爆破工作的技术性文件。编制爆破说明书和爆破图表时，应根据岩石性质、地质条件、设备能力和施工队伍的技术水平等合理选择爆破参数，尽量采用先进的爆破技术。爆破说明书的主要内容包括：

① 爆破工程的原始资料。包括巷道名称、用途、位置、断面形状和尺寸，穿过岩层的性质、地质条件及瓦斯情况等。

② 选用的钻眼爆破器材。包括凿岩机具的型号和性能，炸药、雷管的品种。

③ 爆破参数的计算。包括掏槽方式和掏槽爆破参数、光面爆破参数、崩落眼爆破参数。

④ 爆破网路的计算和设计。

⑤ 爆破安全技术措施。

根据爆破说明书绘出的爆破图表中应有炮眼布置图和装药结构图，炮眼布置参数和装药参数的表格,预期的爆破效果和经济指标,等等。

第七节 地下爆破智能化发展概述

一、智能爆破的定义

根据"智能"的外延、内涵和爆破的研究范畴,汪旭光院士等在《智能爆破》中将智能爆破定义为:采用5G、人工智能、大数据、云计算等新一代信息技术,将爆破的设计、施工、管理、服务等各环节生产活动相联结与融合,建立具有信息深度自感知、智慧优化自决策、精准控制自执行等功能特性的综合集成爆破技术,解决以往需要人类专家才能处理的爆破问题,达到安全、绿色、智能、高效的工程目的。

上述定义明确了智能爆破的核心,即利用新一代信息技术实现爆破的智能化;确定了智能爆破的范畴,即爆破的设计、施工、管理、服务等生产活动的各个环节;给出了实现智能爆破的途径,即建立具有信息深度自感知、智慧优化自决策以及精准控制自执行等功能特性的综合集成爆破技术;明确了智能爆破的目标,即解决人类专家才能处理的爆破问题,达到安全、绿色、智能、高效的工程目的。

近年来,借助计算机爆破辅助设计和爆破质量管理软件等工具,爆破设计过程已基本摆脱手工绘图,但是设计效率和智能化水平仍然较低。随着工程测量、物联网、云计算、大数据以及人工智能科技的不断发展,爆破设计越来越多地将这些技术应用到爆破环境感知、爆破优化设计中,使爆破设计朝着高效、智能方向发展。

二、爆破设计软件与模拟软件发展

爆破优化设计软件最早是从各种专家系统的研制和开发起步的。随着以5G、人工智能、大数据、云计算等为代表的新一代信息技术的发展,同时爆破环境感知技术,凿岩、装药等工具的智能化程度越来越高,爆破设计软件逐渐向智能化方向发展。

(1) 传统爆破优化设计软件

计算机在工程爆破中的应用始研于20世纪80年代初期,随着专家系统和CAD技术的发展,已经开发了一批能够完成爆破设计、参数优化和数据管理的系统软件。如加拿大诺兰达技术中心研发了三维计算机辅助地下矿爆破设计系统BLASTCAD,法国巴黎高等矿业学院开发了用于露天矿爆破设计的专家系统EXPERTIR,印度矿业学院研发了爆破专家系统BESTPOL。国外爆破设计软件中,比较突出的是澳大利亚澳瑞凯有限公司开发的SHOTPlus系列爆破设计软件。它主要用于矿山日常生产爆破优化设计,可以进行爆破震动联网分析,通过与澳瑞凯有限公司自有的电子起爆系统I-Kon关联,实现软硬件结合。随着新一代信息技术的发展,爆破设计软件都在向智能化方向发展,特别是在爆破效果预测方面得到了有效应用,如JKSimBlast、I-Blast、Maptek BlastLogic等。

国内在爆破设计系统方面的研究起步较晚,所开展的CAD环境下的二次开发软件功能也都比较简单,如西安建筑科技大学开发的基于CAD的爆破设计车。

(2) 三维爆破智能优化设计软件

随着新一代信息技术的迅猛发展,以及基于传统二维引擎的爆破辅助设计与管理软件逐渐显露出诸多弊端，如准确性低、设计周期长、设计方案单一、工作效率低下，难以满足爆破信息化发展的要求，三维建模开始被人们广泛认可和接受。基于三维可视化技术的爆破设计软件为爆破的精确化评价与管理、真三维设计和方案优化、多方案快速对比研究等生产管理和项目决策提供了快捷、强大的智能支持。

早在 20 世纪 70 年代，CAD 技术就已应用于地质和矿业领域，到 20 世纪 80 年代末，三维地质建模以及可视化理论和技术的发展，推动了矿山计算机辅助地质建模技术的发展。20 世纪 90 年代中后期，三维地质与采矿软件逐渐成为矿山专业软件的主流，国际矿业软件公司相继开发了专业三维软件，并在全球范围内推广应用，主要包括 MicroLYNX、Surpac、Micromine、Datamine、Mincom MineScape、EVS/MVS、MGE、MineMap、Geovisual、Vulcan、3DMine 等软件。这些软件有些包含了三维爆破设计模块，如 Mincom MineScape、Surpac、Datamine 和 3Dmine 软件，涉及地质勘探、矿床建模、回采爆破、地下通风、工程制图等模块，集合了露天和地下两大类矿山的三维设计功能，提供爆破布孔设计及三维显示，相关功能仍在不断更新中。

对于爆破这种特殊的应用技术而言，数值模拟方法是评估爆破设计方案的重要手段，也是优化爆破参数的重要参考依据。根据对材料的连续性假设，数值模拟方法可分为连续性方法、不连续性方法、连续与不连续相结合的方法。当模拟的区域足够大时，即使岩石材料内部存在节理、裂隙等不连续的软弱结构面，也可以使用连续性方法模拟其力学行为。有代表性的连续性方法模拟软件有 ABAQUS、LS-DYNA 和 ANSYS AUTODYN。这些软件已广泛应用于岩石的动态载荷下破裂模拟。然而，当模拟的区域比较小时，材料的不连续性就不能忽略，即需要考虑材料的节理、裂隙的存在。不连续性方法假设材料由离散单元组成，每个单元之间存在力的相互作用。有代表性的不连续性方法有通用离散单元法(UDEC)、非连续变形分析法(DDA)和离散元法(DEM)等。连续性或不连续性方法都有其自身的优缺点和适用性，在特定情况下可将两种方法结合。连续-不连续耦合的方法主要有边界元-有限元耦合(BEM/FEM)、离散元-有限元耦合(DEM/FEM)及离散元-边界元耦合(DEM/BEM)，其代表性软件有 ELFEN 和 2D/3DY-HFDEM IDE。我国比较典型的是中国科学院力学研究所开发的 CDEM、GDEM 等软件。

三、地下爆破智能优化设计与施工构架概述

地下爆破智能优化设计主流软件都具有交互式操作工具及智能化辅助设计应用模块，包括钻孔在矿体中的自动开挖与边界识别、交互式参数录入、爆破结果三维展示与自动成图、报表自动生成、爆破设计文档自动生成、爆破器材自动统计、远程共享、权限管理等功能。同时，软件一般都具有与炸药装药车的控制接口，可以实现爆破设计方案实时传输与装药过程的参数收集，并进行对比分析。

(1) 地下爆破环境感知

在地下矿进行爆破设计之前，通常采用三维激光扫描仪对该矿采场爆破区域的环境进行扫描。为了能够获得采场完整形态，可以进行多次三维激光扫描，并借助矿山提供的绝对坐标和方位角将扫描获得的点云进行拼接。拼接后形成的点云数据可以反映采场的整个形态，同时准确直观地复合到采场爆破设计图纸上。由扫描获得的点云数据可以看出，点云数量非常多，每次扫描点云数量超过 200 000 个，可以非常细腻的反映整个爆破区域的

局部细节。对于一次不能完整扫描的爆破区，可以使用多站拼接技术，以获取整个爆破区的具体形态。

点云数据经过处理形成线框模型，线框模型经过三维重建恢复成三维实体模型。建立采场的三维模型后，沿爆破设计方向进行剖切，可以准确获知爆破效果以及发生超爆、欠爆的具体区域。超爆、欠爆的形态和体积也可以通过三维实体模型准确获得，从而为后续处理提供非常准确的数据。

(2) 地下爆破智能优化设计

基于三维矿业软件的地下爆破设计模块，采用先进的开放式图形库(OpenGL)，可以将矿山的爆破区域以三维形式展现，并在此基础上进行爆破的相关设计工作，使爆破设计更加立体直观、方便，同时可以使炮孔轨迹、抵抗线、装药结构等直观显示和输出。爆破软件操作直观，计算准确，图形分析有理有据，方便设计和分析。

根据矿山地质数据、随钻采集数据和炮孔测量数据等绘制矿体剖面图，构建多剖面不规则剖面线的复杂矿体实体模型，对复杂矿体模型进行自适应空间分割。在复杂矿体表面模型和矿体模型算法的基础上，实现对复杂矿体和工程结构的旋转、平移、放大、缩小等可视化操作及实时漫游，并能对矿体进行任意剖切。

爆破软件可以实现地下爆破设计功能，支持图形创建、修改、编辑、输出；支持 CAD 基础数据的导入，实现三维设计；能约束矿体边界和回采边界，并可以将设计内容以表格形式输出，从而指导矿山的爆破设计。

(3) 智能化爆破施工

① 炮孔定位及测量

爆破设计完成后，根据设计的炮孔坐标及方位角、倾角等数据，用炮孔定位测量装置先进行定位，再在井下进行钻孔放样。钻完炮孔后，对炮孔坐标等参数进行复核测量，用于修正爆破设计。利用炮孔定位测量装置测得炮孔的实际坐标等参数后，需要将实测坐标等数据导入智能爆破设计软件，对爆破设计进行修正。

② 炮孔三维形态测量

炮孔钻完之后，采用炮孔参数测量装置对炮孔的三维形态进行测量，将测量数据导入智能爆破设计软件，最终形成炮孔三维形态效果图。用户可对三维效果图进行编辑、标记以及不同视角的观测，为后续爆破设计优化工作提供可靠基础。将现场测量的炮孔三维数据导入三维爆破智能优化设计软件并管理，软件将按照实测数据进行重新绘制，同时也可以自动进行装药计算。

③ 智能化装药

按照重新设计的爆破方案，在矿山地面调度室通过智能调度软件发送智能混装车的控制指令对井下车辆进行控制，混装车可在井下自主行驶到指定位置进入装药待命状态。

智能混装车底盘状态的主要数据参数包括发动机转速、转向角、车辆速度、遥控(自主)信号、引擎运行信号、驻车制动信号、报警信号(机油压力、缸盖温度断电保护)、排挡信号等，通过 CAN 总线方式将这些参数采集到泛在信息采集装置，然后通过无线网传输到地面调度平台，实现远程监控。

通过现场试验，智能混装车能够在井下巷道内按照调度指令准确、顺利地到达指定位置。试验过程中，智能混装车能够顺利按照规划设计路线进行自主行驶，可反复自主行驶

80 m 路程，定点停车的最大误差只有 12 cm，平均误差 7.4 cm；从停车硐室到主斜坡道转弯角小于 90°，全过程没有发生与巷道壁磕碰的情况。

智能混装车自主行驶到爆破作业面后，能够在井下环境中实现炮孔直径＞35 mm 的各角度炮孔的对准和输药管的插入，对孔误差＜5 mm，平均每个炮孔的寻孔时间约为 20 s。智能混装车工作臂动作平稳、顺畅，全过程没有发生工作臂与巷道壁磕碰的情况。另外，智能混装车可以通过井下无线通信系统读取地面调度平台下发的装药参数指令，装药结束后，实际装药信息还可上传至调度平台。

四、爆破作业安全智能管控概述

爆破作业安全管控的对象涉及爆破器材的运输、存储、领用、发放以及现场爆破作业等环节，此外还包括与上述流程相关的涉爆人员。以往在爆破作业安全管控过程中，主要通过台账等形式进行管理，管理过程存在盲点，数据更新不及时，不能进行实时在线跟踪。爆破作业安全管控中，难度最大、最重要的工作就是对爆破作业现场的实时监控与管理。借助云计算、大数据及物联网等技术，构建爆破作业申报、审批、备案、发放、使用、清退等过程的管控云平台，研发针对爆破作业特点的有关仪器和设备，利用现场视频监控、数据采集器等设备和管理系统对爆破作业现场进行监控和管理，实现爆破现场人员智能识别、视频监督与风险评价等功能，可以避免或大幅度减少爆破事故的发生。

近年来，国内爆破行业相关单位研发了爆破作业现场监管系统、爆破器材仓库现场监控系统、民爆车辆动态监控系统以及爆破作业现场管控装备，包括库管双人双锁监控仪、综合数据采集仪、图传系统、单兵图传仪、现场数据采集仪等，实现了爆破业务数据的自动采集、传输、储存、统计、分析处理与示警等功能，为爆破作业现场管控提供了有效技术支持。爆破作业安全智能管控技术研究主要包括两个方面。

一方面，开发爆破作业安全智能管控软件系统，实现各级公安机关与各涉爆单位联网，通过爆破作业安全监管系统和涉爆应用系统，实现对爆破器材流向流量、涉爆从业单位及人员、爆破作业项目、爆破现场安全操作、爆破器材储存仓库安全操作和值班守卫、民爆运输车辆与路线等的智能信息化动态管控。

另一方面，配设爆破作业安全智能管控设备，如库管双人双锁监控仪、综合数据采集仪、图传系统、现场数据采集仪（平板电脑）等。在爆破作业现场安装可移动的视频采集传输系统，通过与爆破作业安全监管系统及其他涉爆业务管理系统的整合，实现对爆破作业全过程、库房管理全过程、车辆运输全过程的实时监控、动态管理。

爆破作业安全智能管控系统架构具体包含下述 9 项功能：

① 基础数据管理。系统平台从现有系统（或新建系统）抽取相关数据，以治安部门监管业务为主线，登记爆破企业信息、许可情况、设备情况、安全管理、重大危险源、教育培训、隐患排查、应急救援等信息。

② 物品流向流量监控。通过采集设备（或配套手机 App）对爆炸物品进出库及流向数据进行实时采集、处理、储存、查询、统计等操作。

③ 现场安全监管。以爆破作业现场、爆破器材仓库等为监控重点，以各种传感器数据、视频数据、巡查数据采集设备为依托，以互联网为传输渠道，通过对监控点的各种物理参数、视频数据的实时采集、储存、检索、管理，实现对监控点的实时监控、自动预警报警、实时

图像传输、远程控制视频采集，实时将信号传输到监管中心，并与电子地图相集成，可直观查看爆破作业现场、储存场所或事故现场信息。

④ 重点人员比对。系统可以与各级公安机关的犯罪人员库等进行比对，将重点观察人员进行标记并设置提醒。

⑤ 自主预警报警。系统涵盖公安端远程监控平台和企业端监控仪器设备。企业端设备具有数据采集、视频监控、数据储存、异常报警、信息上报、远程服务等功能；公安端平台具有接受被监管企业的报警信息，对实时数据和视频图像进行浏览和分析统计功能，利用电脑终端或手机、笔记本等移动访问终端，对企业进行远程实时视频监控，为企业办理爆破业务，同时实时查看现场各种参数变化，并综合企业安全信息，为爆破现场安全监管工作提供技术支持。

⑥ 地理信息系统。通过北斗导航卫星系统（BDS）或全球定位系统（GPS）、地理信息系统（GIS）等手段，在电子地图上定位展示爆破现场、储存场所、重大危险源等信息，以及爆破器材仓库等危险源周边应急救援基地、公安和消防力量、卫生医疗机构等场所的地理位置及相关信息，可以便捷查询、掌握监管场所具体位置、周边救援力量到达现场的距离和时间等。可对爆破数据进行直观显示和查询，具有地图缩放、空间定位、距离测算、及时查询、路径分析、地图发布等功能。

⑦ 应急指挥决策辅助。结合应急救援信息库、救援专家库、事故应急救援仿真技术、应急预案库、GIS空间分析技术和卫星定位系统等，为爆破应急指挥提供全方位的决策信息支持。

⑧ 系统权限。严格按照行政级别进行管理权限划分。以用户具体业务需求为导向，利用工作流、网络服务等关键技术重构、优化事务作业，使系统具备高度智能化的输入功能、友好便捷的操作界面、强大可扩充的数据库和代码维护库等。在此基础上，实现省、地级市、县（区、市）治安管理部门，其他管理部门，各爆破单位的分级资源共享。

⑨ 系统的拓展性。系统为其他相关功能预留接入模块与接口，向上可与爆炸物品相关业务系统交互数据。

根据上述设计，爆破作业安全智能管控系统通过对爆破作业单位信息、人员信息、库房信息、车辆信息、项目信息、爆炸物品“储存-运输-使用”各个环节数据的实时采集、云存储，可以有效地解决对值守人员在岗在位、“双人双锁”履职、运输车辆轨迹监控难题，由原来单一的“流向流量数据管理”向“流向流量数据管理、爆破器材实物管理、涉爆人员行为管理”的综合管理转变，以实现动态、可视、全流程、可追溯的监管模式，实现准确查询统计、深度分析研判、自动比对预警的目标。

习　题

1. 爆破掘进的技术有哪些？

2. 炮眼的形式有哪些？炮眼的参数该如何确定？

3. 查阅相关资料，结合第七节的内容，试着分析爆破技术的进展。

4. 拓展：由于目前对矿用火控品的限制，查阅相关资料，试着分析其他相变致裂技术是否能用于巷道掘进。

第五章　掘进机掘进

导学思考题

1. 掘进的设备有哪些？
2. 未来智能化的掘进技术是什么样的？

本章所讲巷道掘进指形成毛断面巷道，包括破岩、装岩和运岩三项基本工作，其中破岩占主导地位，因此巷道掘进方法按照破岩的方法进行命名和分类。目前，我国煤矿智能化开采采用的巷道掘进方法主要有盾构机掘进、掘锚机掘进以及连续采煤机掘进。

第一节　盾构机掘进

盾构隧道掘进机(TBM)，简称盾构机，是一种大型的掘进设备，广泛应用于交通、市政、水利、输水、输气倾斜隧道、管道等工程。20 世纪 80 年代，我国在山西王家岭煤矿超长平硐开拓、山西焦煤集团有限责任公司东曲煤矿平硐开拓等进行了盾构机的初步尝试和探索。彼时该技术在国内处于空白，因此并未广泛推广。自 2006 年开始，国内对盾构机的研究逐渐深入，盾构机技术越来越成熟，盾构机在煤矿领域的应用越来越广泛，如同煤大唐塔山煤矿有限公司(以下简称塔山煤矿)、神华新疆能源有限公司玛纳斯县涝坝湾煤矿等煤矿均采用了盾构机掘进；2019 年 9 月，大同煤矿集团有限责任公司首台由辽宁三三工业有限公司研制的盾构机“振兴一号”在塔山煤矿组装完成。“振兴一号”盾构机集掘进、排矸、防尘、通风、导向、监测、监控、冷却、钻探等技术于一体，为建设智慧化矿山注入新的科技动力。由于盾构机技术对设备安装倾角的要求较高，且设备灵活性较低，传统 TBM 技术主要应用于平硐、水平大巷和长距离的斜井的开拓。

一、盾构机的特征

1. 盾构机的分类

盾构机机型根据其断面形状可以分为单圆盾构、复圆盾构和非圆盾构，其中复圆盾构有双圆形和三圆形盾构；非圆盾构可分为椭圆形盾构、矩形盾构、马蹄形盾构和半圆形盾构等；复圆盾构和非圆盾构统称为异形盾构。根据支护形式，盾构机可以分为自然支护式、机械支护式、压缩空气支护式、泥浆支护式和土压平衡支护式。按照开挖面与作业室之间隔板的构造，盾构机可以分为敞开式和闭胸式，其中敞开式又可以分为全敞开式和部分敞开式，闭胸式又可以分为压气式、泥水式和土压式。

(1) 盾构机的组成

盾构机是高度集成的隧道掘进设备，主要由刀盘、盾体、输送机等部分组成，如图 5-1 所示。刀盘在盾构机中起切削土层和支撑切削面的作用，是盾构机的重要组成部分。盾体是一个钢结构圆柱体部件，盾构机盾体又分三部分，分别是前盾、中盾和尾盾。

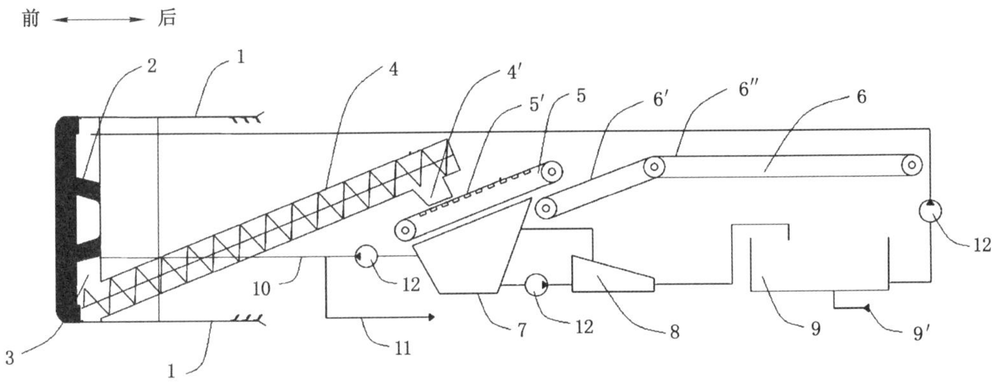

1—盾体；2—刀盘；3—开挖舱；4—第一输送机（4′—出口）；5—一级筛分机构（5′—筛面）；6—第二输送机（6′—第一段，6″—第二段）；7—储存罐；8—二级筛分机构；9—搅拌罐（9′—泥浆）；10—排水系统；11—排污系统；12—泵。

图 5-1　盾构机的组成

(2) 盾构机的系统构成

从煤矿采掘生产过程和实现功能的角度出发，盾构机系统可以分解为掘进系统、输送系统、支护系统、导线系统、冷却与除尘系统、控制系统、语音通信系统和设备列车。控制系统是盾构机的核心，用以监控盾构机系统中的掘进系统、输送系统、支护系统。盾构机外壳（简称盾壳）是钢质结构，在巷道内可以移动，开挖机构、排土机构、支护机构和推进机构等机械装置装在盾壳内，进行煤层挖掘、渣土排运和盾构推进行走等工序操作，保证巷道结构在一次施工中完成。

2. 盾构机刀盘

盾构机刀盘对地层的适应性主要表现为刀盘的形式、开口率、支承形式、驱动形式、刀盘最大转速、扭矩及扭矩系数以及刀盘开挖、超挖直径等方面对复合地层的适应性，下面将具体分析。

(1) 盾构机刀盘形式

盾构机刀盘形式按照工程地质条件和施工控制要求，大致可分为面板式、辐条式和复合式三种式，其中复合式刀盘由前两种形式派生而出。施工实践表明，复合式刀盘适合在复合地层条件，以及地铁隧道埋深不超过 25 m 的情况下使用。

(2) 刀盘的驱动方式

刀盘驱动系统是盾构机的重要组成部分，承担驱动刀盘旋转切削开挖面土体和搅拌密封舱内土体的任务。刀盘驱动系统也是盾构机系统中消耗功率较大的部件之一，在复合地层中为了保证刀盘切削岩土体的能力和效果，盾构机刀盘驱动方式多设计为液压驱动。但随着变频电动机技术的不断发展，变频电动机驱动方式逐渐在盾构机的设计中采用，这种驱动形式具有设备维护简单、易于保养、作业环境好等优点。

(3) 刀盘支承形式

刀盘支承形式可分为中心支承式、中间支承式和外周支承式三种类型，不同的支承形式对刀盘的变形影响不同，而且应与刀盘的开口率及土质条件相适应。其中，中心支承式结构简单，大多用于中、小口径盾构，黏土附着的可能性小。另外，当刀盘需要设置错开结构时，中心支承式比其他支承形式更容易，但由于所形成的机内空间狭小，处理大块岩石、卵石等比较困难。而中间支承式的结构较为平衡，主要用于大、中直径盾构，用于小口径盾构时，需认真考虑砾石的处理，防止黏性土在中心部位的附着，发生刀盘结泥饼的事故。外周支承式盾构机内操作空间相对较大，用于小口径盾构时，对砾石处理较为容易，使用该方式时易在刀盘外周部分黏附土砂，在黏性土中使用时，应充分研究如何防止黏附。

(4) 刀盘的开口率

盾构刀盘的开口率需与盾构刀具布置设计及土舱内压力相适应。复合地层条件下盾构掘进，刀盘应有较大的开口率，特别是刀盘中心部位，要预防结块形成泥饼，所以在满足刀盘结构强度、刀具布置以及岩层支护条件的情况下，应尽量增大刀盘开口率，特别是中心部位的开口率，要使渣土易于流动，防止结泥饼，提高开挖效率。增大刀盘开口率并非只增大刀盘辐条边缘的开口尺寸，还应注意防止刀座周围形成泥饼。盾构全断面布置滚刀时，刀盘开口率为 31%，全断面布置齿刀时，刀盘开口率为 34%。

(5) 刀盘开挖、超挖直径

刀盘的开挖直径是随隧道设计直径变化而变化的。在施工中，受掘进线路的坡度或转弯半径等影响，需在刀盘边缘布置超挖刀(或称仿行刀)，用于盾构在转弯处内侧的超挖。而在复合地层条件下施工，考虑盾构刀盘和刀具在较为坚硬的围岩中切削会有一定的磨损，因此，在选型时需要考虑盾构因刀盘刀具磨损而直径减小被卡在岩层中的风险，如复合地层中盾构机体直径从盾首至盾尾依次减小10 mm，以降低盾构卡在岩层中的风险。另外，根据工程经验，也可将仿行刀刀座垫高，使超挖直径增大，降低此类风险事故发生的可能。

(6) 盾构刀具布置

盾构刀具的布置对地层适应性的风险主要考虑以下几方面因素：① 刀具对岩土体的切削能力；② 刀具布置的高度差；③ 刀座安装方式(背装式和换装式)是否方便换刀，不同刀座是否通用；④ 刀具的耐磨性；⑤ 刀具布置数量；⑥ 轴向转动力矩、推力、脱困扭矩；⑦ 各刀间距布置是否合理；⑧ 仿行刀的数量、工作压力、转速及转动角度。

(7) 盾构机掘进参数及性能

在复合地层中掘进，维持盾构机主要工作参数的动态平衡是保证盾构隧道安全施工的重要因素，刀盘的最大转速、扭矩应与盾构其他主要工作参数，如盾构推力、土舱压力、刀盘开口率等相适应。掘进过程中应密切关注上述参数的变化，施工中发生风险事件往往可通过上述参数异常表现出来，如盾构推进过程中发出异响或土舱内有较大重物滚动的声音，盾构掘进速度骤降，土舱内出土温度高，表明盾构掘进中遇到较大孤石。

二、盾构机的施工原理及模式

1. 盾构机的施工原理

盾构法掘进巷道的基本原理是用盾构机的钢质组件(盾构)沿巷道设计轴线挖掘土体，边挖掘边向前推进，同时巷道成形。在巷道初步衬砌建成前，依靠盾构的防护设计，保障人员和设备安全。盾构机配置有完成掘进、出渣、导向、支护的机构，以实现掘进、出渣、导向、支护四项基本功能。盾构施工法在推进、出煤、衬砌注浆等方面实现了自动化、智能化、施工远程控制信息化以及无人化，具有施工劳动强度低和掘进速度较快等优点。

2. 刀具的破岩机理

盾构机刀具的破岩机理分为软岩切削机理和硬岩破岩机理。软岩切削机理是利用刀具对土层的挤压所产生的剪切力来破坏土层而达到切削效果，软岩切削机理示意如图 5-2 所示。

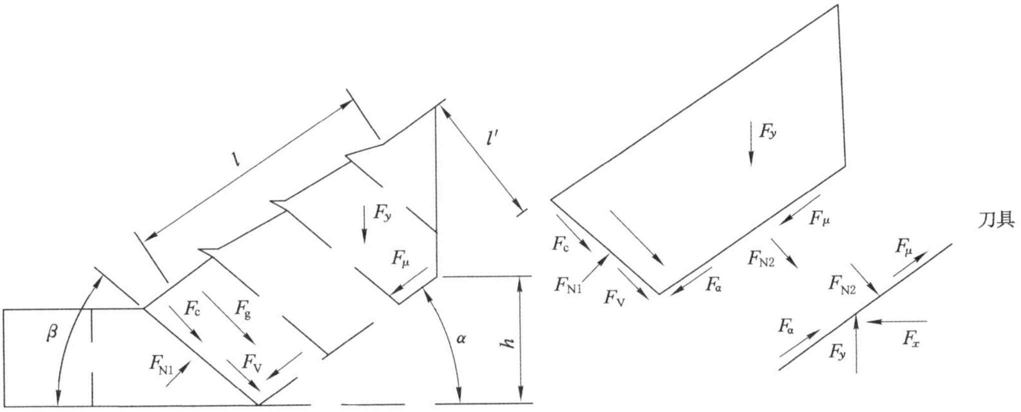

图 5-2　软岩切削机理示意

硬岩破岩机理是利用硬质材料的易脆性质，通过滚刀的转动对岩石挤压产生的剪切力和冲击力碾碎岩石。硬岩刀具破岩如图 5-3 所示。要实现持续破岩就要在滚刀上施加一个正压力和一个使滚刀转动的水平推力。正压力来自盾构的推动力，水平推力是刀盘转动施加在滚刀轴上与开挖面平行的推力。因此滚刀破岩要想达到满意成效，必须满足两个条件：① 工作面的岩层要有一定强度；② 滚刀的启动扭矩要小。

3. 盾构机转弯原理

盾构掘进工程中往往会因为外部原因而必须开挖曲线，此时盾构机的作业实际上是以一系列的折线代替曲线来实现的，如图 5-4 所示。通过控制盾构机的水平位移量来获得转弯半径，一次掘进水平位移量可用式(5-1)表示。

$$\Delta = \sqrt{R^2 + L^2 + LS} - R \tag{5-1}$$

式中，Δ 为一次掘进水平位移量；R 为设计转弯半径，L 为掘进机长度；S 为掘进行程。

由式(5-1)可知，在机长 L、转弯半径 R 一定时，可以缩短掘进行程 S 来减少水平位移量 Δ，即在转弯时采取短行程多循环的方式来避免由于过大的位移量 Δ，造成机尾构件碰到洞

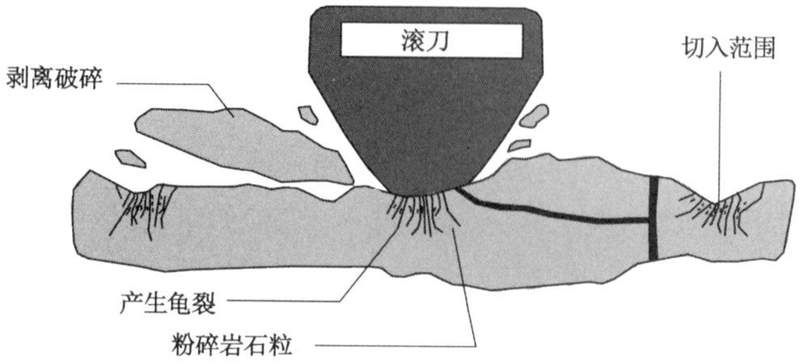

图 5-3　硬岩刀具破岩示意

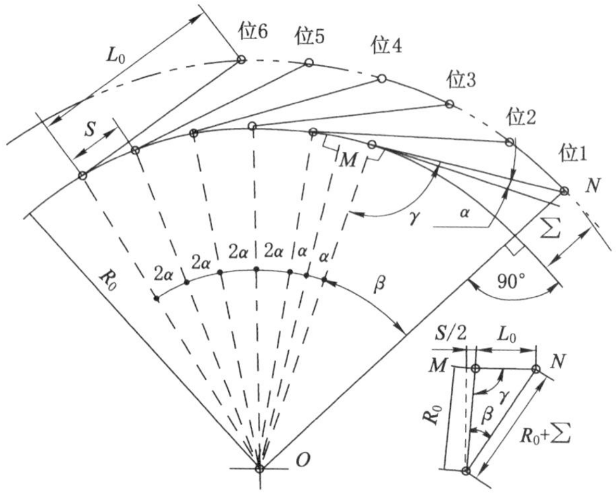

图 5-4　盾构转弯原理示意

壁。实际操作时，掘进行程 S 可使用式(5-2)计算。

$$S=(2R\Delta+\Delta^2-L^2)/L \tag{5-2}$$

在机长 L、机器尺寸允许的水平位移量 Δ 和每次掘进行程 S 已知的前提下，允许的巷道转弯半径为：

$$R=(L^2+LS-\Delta^2)/(2\Delta) \tag{5-3}$$

由式(5-3)可知，盾构机的最小转弯半径 R 随机长 L 的增加而增加，随盾构机允许的水平位移量 Δ 增大而减小。以环宽 1.5 m 为例，取 $L=7.565$ m，$\Delta=0.15$ m，$S=1.75$ m，则 $R=235$ m。同时，由式(5-3)可见，在盾构机长度 L 一定的前提下，盾构机的转弯半径与盾构允许的水平位移量 Δ 和掘进行程 S 都有很大的关系。

盾构机机身体积较大，只适合小角度调整转弯，而煤矿井下联络巷、工作面开切眼与施工巷道夹角较大，几乎为 90°，因此，采用盾构掘进无法兼顾联络巷及各类硐室的施工，且需要解决单巷长距离掘进后施工工作面开切眼大角度转弯问题。

4. 盾构机具体操作步骤

对于煤矿巷道而言，巷道施工的第一道工序为进入矿硐，此工序的成功实施是整个巷道施工成功的关键。具体工艺流程如下：掘进的准备工作（盾构机下井、就位调试、设置掘进基准）→开挖掘进→启动首级运输系统（带式输送机）→启动次级运输系统（刮板输送机）→启动推进千斤顶→检查设备是否正常→正常掘进、运输煤石、巷道支护、回填注浆→达到循环进尺→停止掘进→完成轨道→下一循环掘进→到达终点→盾构解体运出，见图 5-5。

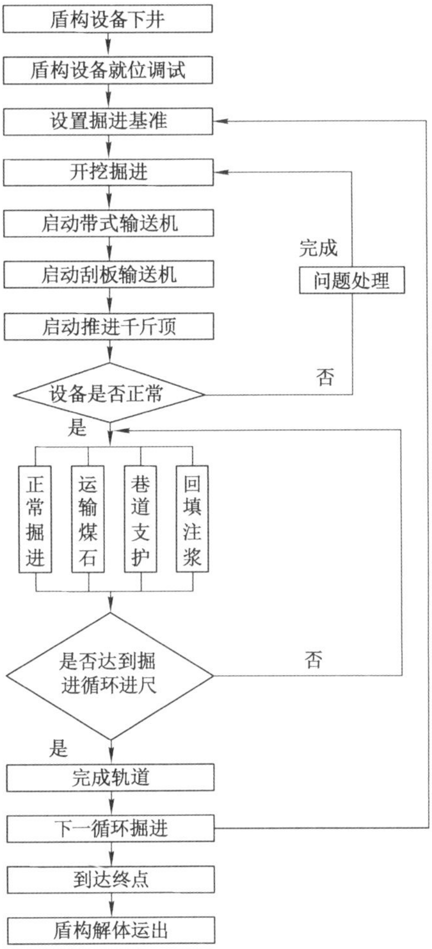

图 5-5　盾构法施工的工序流程

巷道掘进在电动机带动刀盘旋转开始。当刀盘回转时，推进液压缸向前推动盾构使刀盘上的刀具对巷道面进行挖掘。挖掘出的煤块通过开放式刀盘进入土舱，然后进入刮板输送机。煤块经刮板输送机从土舱中输送至巷道输送系统。盾构继续推进，直到推进达到 1 个巷道衬砌宽度，挖掘停止。随后进行锚杆支护，并且衬砌砂浆。

在掘进工况时，水泥浆从注浆车内被输送到台车上的水泥浆箱里，然后通过注浆泵泵入注浆管线，穿过盾尾内壁管路，注浆车与机车脱离。

当巷道处于不稳定煤层中时，需要全面掌握盾构内环境，并尽量减少巷道上的地表沉降。当盾构掘进和推进时，煤石通过刀盘进入密封土舱并暂时停留，以保持巷道端面压力。

轻微直线和坡度偏差调整可以根据煤层状况和操作员的判断通过选择适当的推进液

压缸推力模式来实现。通过选择不同的推力模式及设定不同的推进液压缸压力可以实现盾构机的转向。压力由单独控制每组液压缸的比例减压阀控制，主压力将控制整个推进系统压力。

三、煤矿井下适用的盾构机机型

煤矿巷道掘进是影响煤炭开采效率与质量的一个重要因素。目前，我国煤矿井下巷道掘进机以悬臂式掘进机为主，存在掘锚失衡、成巷效率低、安全性差等技术难题，导致采掘比例失调，接续持续紧张，阻碍了煤矿产能的进一步提升。全断面岩巷掘进机是一种实现全断面连续切割的快速巷道掘进设备，相对于传统的巷道掘进，它的掘进速度快、成巷效率高、安全性高、岩石硬度适应性广，能极大地提高井下掘进的工作效率，同时将工人从井下危险、恶劣的环境中解放出来，实现了颠覆性的革命。在国内外相关学者的努力下，现今有了较多的适合在煤矿井下使用的盾构机机型，如表 5-1 所示。

表 5-1 煤矿井下使用的盾构机机型

适合在煤矿井下使用的盾构机	煤矿井下掘进巷道类型	机型
全断面岩巷掘进机	平硐和大巷	ZTE6460
		QJYC063M
		KSZ-2600
		QJYC045M
	斜井	ZTTE7620
		ZTT7635
全断面煤巷掘进机	平硐	QMJ4260

1. 全断面岩巷掘进机

(1) ZTE6460 型复合式土压平衡盾构机

ZTE6460 型复合式土压平衡盾构机依靠切削软土和切削风化岩的切割刀具旋转切削开挖面土体，土砂进入刀盘后的密封土舱，并通过土舱下部的螺旋输送机送至盾构机后部。通过调整刀盘转速、推进速度、螺旋输送机转速来调整切削土量和出土量并保持土舱压力，使土舱压力与开挖面土压力保持平衡。该设备开挖直径为 6.46 m，整机质量约为 450 t，整机长度约为 84 m，最大掘进速度超过 80 mm/min，装机功率约为 1 500 kW。

ZTE6460 型复合式土压平衡盾构机具有土层适应性广、机械化程度高、开挖面稳定、掘进速度快、作业安全等优点，适用于风化岩地层、软土与软岩的混合地层。该机采用防爆设计，可成功穿越高瓦斯地层；采用适用于极寒恶劣条件的油液和电气部件，可以解决掘进机冬季施工难点。

(2) QJYC063M 型全断面岩巷掘进机

QJYC063M 型全断面岩巷掘进机由刀盘、护盾及主驱动系统、锚杆钻机、主梁、一次转载机、二次转载机、推进液压缸、撑靴、后支撑、拖车等部分组成。该设备直径为 6.33 m，施工深度为 980 m，整机总长度为 86 m，整机质量为 700 t，刀盘驱动功率为 1 800 kW，刀盘工作转矩为 3 232 kN·m，主推进力为 17 500 kN。

QJYC063M 型全断面岩巷掘进机适用于大直径、大埋深、长距离的煤矿巷道施工。该机具有大功率、长寿命、高可靠性的驱动传动系统，作业效率远超传统工法。

(3) KSZ-2600 型全断面硬岩掘进机

KSZ-2600 型全断面硬岩掘进机整机长度为 17 m，开挖直径为 2.6 m，总装机功率为 300 kW，供电电压为 1 140 V，整机质量为 90 t。KSZ-2600 型全断面岩巷掘进机技术参数如表 5-2 所示。

表 5-2　KSZ-2600 型全断面岩巷掘进机技术参数

最小转弯半径/m	截割强度/MPa	掘进速度/(m/h)	刀盘转速/(r/min)	转矩/(kN·m)	最大推力/kN	总功率/kW	总质量/t	机器总长度/m	主机长度/m
180	50～150	0～4.9	8.24	230	4 559	300	90	17	10

KSZ-2600 型全断面岩巷掘进机适用于 $f=5\sim15$ 的岩巷中施工，是集掘进、出渣、导向、支护和通风防尘等功能为一体的硬岩掘进机。该设备技术先进、施工效率高、安全可靠，是高效智能化和清洁高效集约化的转型产品。

(4) QJYC045M 型全断面岩巷掘进机

QJYC045M 型全断面岩巷掘进机由刀盘、护盾及主驱动系统、锚杆钻机、主梁、一次转载机、二次转载机、推进液压缸、撑靴、后支撑、拖车等部分组成。该设备开挖直径为 4.53 m，总长为 55 m，整机质量为 350 t，刀盘驱动功率为 1 440 kW，最大推力为 12 000 kN。QJYC045M 型全断面岩巷掘进机技术参数如表 5-3 所示。

表 5-3　QJYC045M 型全断面煤巷掘进机技术参数

主机长度/m	截割强度/MPa	掘进速度/(m/h)	刀盘转速/(r/min)	转矩/(kN·m)	最大推力/kN	总功率/kW	总质量/t	机器总长度/m	刀盘功率/kW
20	30～160	0～6.0	10.6	2 187	12 000	2 000	350	55	1 440

QJYC045M 型全断面岩巷掘进机适用于围岩破碎度小、稳定性好、瓦斯少、无水或少水的抗压强度为 30～160 MPa 的硬岩地层掘进。

(5) ZTTE7620 型全断面岩巷掘进机

ZTTE7620 型全断面岩巷掘进机是集开挖、衬砌、出渣、运输、通风、排水等功能于一体的主斜井混合式盾构机，该机开挖直径为 7.62 m，总长为 238 m，总质量超过 1 200 t，装机功率为 3 800 kW。ZTTE7620 型全断面岩巷掘进机技术参数如表 5-4 所示。

表 5-4　ZTTE7620 型全断面岩巷掘进机技术参数

主机长度/m	截割硬度/MPa	掘进强度/(m/h)	刀盘转速/(r/min)	转矩/(kN·m)	最大推力/kN	总功率/kW	总质量/t	机器总长度/m	刀盘功率/kW
15	70～200	0～7.2	2.9/6.4	8 300	49 000	3 800	＞1 200	238	2 520

ZTTE7620 型全断面岩巷掘进机兼具单护盾 TBM 和土压平衡盾构机两种机型的优

点，既能在软弱破碎带、软土、复合地层和极端上软下硬地层掘进，又能在中硬岩地层中长距离高速掘进，具备转换时间短、施工风险小、文明施工水平高、设备故障率低以及设备购置成本低等优点，曾一次性独头掘进 6 000 多米的煤矿巷道。

(6) ZTT7635 型斜井单护盾全断面岩巷掘进机

ZTT7635 型斜井单护盾全断面岩巷掘进机主要由刀盘系统、护盾及驱动系统、刀盘轴承及密封系统、推进系统、激光导向系统、出渣系统、通风除尘系统和衬砌安装系统等组成。隧道开挖时，该机由推进液压缸产生必要的推力，同时刀盘转动破碎工作面的岩石，岩石碎屑由位于主机中部的带式输送机运出。当掘进到一定长度后，掘进停止，在盾尾的保护下，进行管片安装及注浆，从而完成一个工作循环。该机机身总长为 165 m，总质量超过 1 560 t，开挖直径为 7.635 m，总装机功率为 3 800 kW。ZTT7635 型全断面岩巷掘进机技术参数如表 5-5 所示。

表 5-5　ZTT7635 型全断面岩巷掘进机技术参数

最小转弯半径/m	截割强度/MPa	掘进速度/(m/h)	刀盘转速/(r/min)	转矩/(kN·m)	最大推力/kN	总功率/kW	总质量/t	机器总长度/m	刀盘功率/kW
500	70～200	0～7.2	6.4	8 300	49 000	3 800	>1 560	165	2 520

ZTT7635 型全断面岩巷掘进机克服了敞开式盾构机施工时支护量大及撑靴支撑能力受限影响掘进进度的弊端。该机型适用于相对较软的巷道掘进，同时也能用于不稳定及不良地段的软弱围岩掘进。受结构所限，单护盾掘进机掘进与管片安装不能平行作业。

2. 全断面煤巷掘进机

QMJ4260 型全断面煤巷高效掘进机由截割系统、装运系统、行走系统、液压系统、电气系统、润滑系统、除尘系统和通风系统等组成。该机总长约为 210 m，总质量为 630 t，总装机功率超过 2 400 kW。QMJ4260 型全断面煤巷掘进机技术参数如表 5-6 所示。

表 5-6　QMJ4260 型全断面煤巷掘进机技术参数

最小转弯半径/m	截割强度/MPa	掘进速度/(m/h)	刀盘转速/(r/min)	转矩/(kN·m)	最大推力/kN	总功率/kW	总质量/t	机器总长度/m	主机长度/m
180	30～60	0～6.0	10.6	2 187	1 2000	>2 400	630	约 210	20

3. 盾构机的优缺点

(1) 盾构机的优点

盾构机集开挖掘进、支护和出渣运输工序于一体，可有效提升煤矿掘进效率与安全性，降低煤矿工人的劳动强度、改善工作条件，对矿区自然环境影响小，尤其对于长距离斜井掘进其优势更为明显。盾构机对围岩扰动少，开挖轮廓超挖量少，能减少支护量，降低工程费用，同时避免了因爆破震动可能引起的围岩松动坍塌，施工安全性大大提高。

(2) 盾构机的缺点

盾构机主要适用于煤矿大巷的掘进。由于盾构机的体型比较大,在井下狭窄的环境进行安装、运输十分不方便。特别是在深井开采中,盾构机运输更加不便。与在隧道中掘进不同,在煤矿井下巷道掘进中还可能出现瓦斯问题,这对盾构机的机电设备有较高的要求。

四、盾构机在煤矿智能化方面的应用

随着人工智能和5G技术的兴起,在国家智慧矿山建设的指引与号召下,盾构机在煤矿的应用越来越广泛。盾构机以其机械化程度高、掘进效率高、安全保障高、职业危害少的特点,为煤矿生产数字化、智能化、信息化、自动化的发展提供了发展方向。

以陕西延长石油榆林可可盖煤业有限公司可可盖煤矿(以下简称可可盖煤矿)超长斜井全断面智能掘进系统为例,介绍盾构机在煤矿智能化中的应用。该煤矿创新采用智能化、全机械化破岩技术,提高了劳动效率,加强了安全保障,减轻了工人劳动强度。其精准施钻为瓦斯治理提供了更加强大有效的数据支撑。

1. 概述

可可盖煤矿矿井坐落于陕西省榆林市榆阳区小纪汗镇,井田面积为177 km^2,可采储量为1.2×10^9 t,设计产能为10 Mt/a,服务年限为88.5 a,建设有主、副斜井,中央进、回风立井以及北一回风立井,全矿井采用分区式通风。可可盖煤矿采用主、副斜井开拓方案,主斜井设计全长为5 304.9 m,5.6°缓坡下山;副斜井全长为5 302 m,6°缓坡下山,每隔1 000 m设50 m的缓冲平段。采用全断面敞开式掘进机施工基岩段,断面形状为圆形,掘进断面面积为39.9 m^2,采用锚网喷联合支护。可可盖煤矿基于全断面敞开式掘进机,斜井施工采用全机械破岩工艺,实现了斜井"探-掘-支-锚-运"五大工艺的机械化作业,借助物联网、智能感知、大数据、5G技术、仿真技术、云计算等新兴技术,联合中国铁建重工集团股份有限公司,结合煤矿敞开式斜井施工工艺,研发了全断面掘进机智能掘进控制系统。

2. 采取的智能化技术

(1) 掘进机智能控制系统

根据地质勘察数据与实际掘进参数,建立围岩可掘性的动态评估模型,并利用物联网与远程高效视频监控技术,研发出全断面掘进机掘进装备运行智能监测控制系统。掘进机智能监测控制系统根据围岩特性分析结果和方位感知,实现对推进速度、掘进状态、刀盘转速等多动作多功能区的智能控制。

(2) 方位感知

全断面掘进机精准钻进和装备姿态智能调控系统,利用激光+传感器组合,可以直观实时掌握设备姿态和偏离设计轴线程度,并准确地描述全断面掘进机设备主机前部与后部相对于巷道设计轴线的实际偏移量,通过地层处理和远程操控技术实现装备姿态调整和掘进方向的精准控制,实现了掘进工艺全流程智能化控制。

(3) 截割部工况感知与过载保护

基于截割部温度、压力、转速等感知元件,智能控制系统可自主分析掘进机工作时各系统运行状态,并通过掘进机工况报警子系统对故障进行预警。根据报警信息,掘进机操作人员可切换至人工控制操控模式,智能控制系统会对人工控制动作进行分析并自主学习。

此外，针对刀盘温度过高、刀盘压力过载等严重问题，智能控制系统会通过自分析决策，启动刀盘及相关附件自我过载保护。

(4) 自动喷混系统

混凝土喷射系统主要由混凝土输送泵、喷射机械手、供电及电气控制装置、液压驱动装置、速凝剂泵送系统和平台附件构成。整套系统安装在喷混桥上，实现与全断面掘进机掘进同步混凝土喷射支护。全断面掘进机喷混系统已预设喷浆泵压力、喷射机械手移动路径，并可远程控制喷混系统的启停。

(5) 智能化支护系统

全断面敞开式掘进机的支护环节主要包括锚杆索施工、钢拱架安装、仰拱块铺设和全断面喷浆，协同智能控制上述四个施工环节，是智能支护控制系统的主要内容。可可盖煤矿超长斜井全断面智能掘进系统通过将信息化、全面感知、智能控制等前沿技术相融合，研发了基于全断面智能掘进信息互联协同控制的智能支护系统。智能支护系统通过分析人工支护方式作业运动原理，模拟人工施工行为动作，极大提高了支护作业智能化。

(6) 推进控制系统

全断面敞开式掘进机调向直接简便，可适应可可盖煤矿 6°斜井的掘进调向及防“栽头”，其具体调向方式为：调节扭矩液压缸伸出和缩回实现上下调向，调节左右撑靴液压缸行程差实现左右调向。

(7) 车辆失速智能保护

车辆失速智能化柔性拦截系统采用先进的通信、监测、信息处理、计算机等技术构建。以无线通信技术(无线传感器网络)为技术基础的井下无轨胶轮车运输监控系统，使用工业以太环网和无线传感器网络，实现对煤矿井下无轨胶轮车运输的监测、控制、拦截管理等功能，提升车辆运输系统安全及效率。该系统集监测监控、智能预警、智能联动、融合共享及数据可视化于一体，具有设备自诊断、通信双保障、拦截双触发、车辆准拦截、拦截柔性化、控制智能化等优点。该系统安全可靠，维护方便，具有较好的安全性和实用性。

第二节　掘锚机掘进

掘锚一体机是将锚杆钻机和横轴滚筒掘进机有机结合在一起形成的能够实现掘锚平行作业的机组。掘锚一体机具有截割、装载与转载、钻眼及安装锚杆的功能，与其后配套运输设备一起组成破、装、运、支连续作业线。

掘锚一体机比连续采煤机适用范围广，用于单巷掘进的效率是普通综掘机组的 3～5 倍，因此近年来在我国应用发展很快。晋城煤业集团、兖矿能源集团股份有限公司和中国神华能源股份有限公司等引进了奥钢联集团生产的 ABM20 型掘锚一体机，应用取得了良好的技术经济效果。国产的 ECMMY 系列掘锚机在山西晋煤集团大峪煤业有限公司应用。

一、掘锚一体机特征

1. 掘锚一体机的主要技术参数及结构

某型号掘锚一体机主要技术参数见表 5-7，其结构如图 5-6 所示。

表 5-7　某型号掘锚一体机主要技术参数

项目	参数	项目	参数	项目	参数
生产能力/(t/min)	8.5～20	机身长度/mm	11 050	机身宽度/mm	2 896
机身高度/mm	1 490	机器质量/t	85	总装机功率/kW	546
截割高度/mm	2 600～3 600	截割功率/kW	270	截割宽度/mm	5 200
截割滚筒缩回宽度/mm	4 800	滚筒直径/mm	1 150	滚筒转速/(r/min)	25
装载方式	星形拨盘	装载能力/(t/min)	25	装载功率/kW	2×36
刮板输送机槽宽/mm	760	输送能力/(t/min)	25	链速/(m/s)	2.1
输送功率/kW	2×36	履带行走速度/(m/min)	6～22	驱动方式	液压马达
履带对地比压/MPa	0.23	牵引力/kN	2×300	工作倾角/(°)	±18
液压泵站功率/kW	132	最大工作压力/MPa	25	供电电压/V	1 140
锚杆机驱动方式	液压马达	旋转速度/(r/min)	600	输出扭矩/(N·m)	250
额定压力/MPa	14	推力/kN	28	钻进速度/(m/min)	0～16
安装顶锚杆钻机数/台	4	安装底锚杆钻机数/台	2		

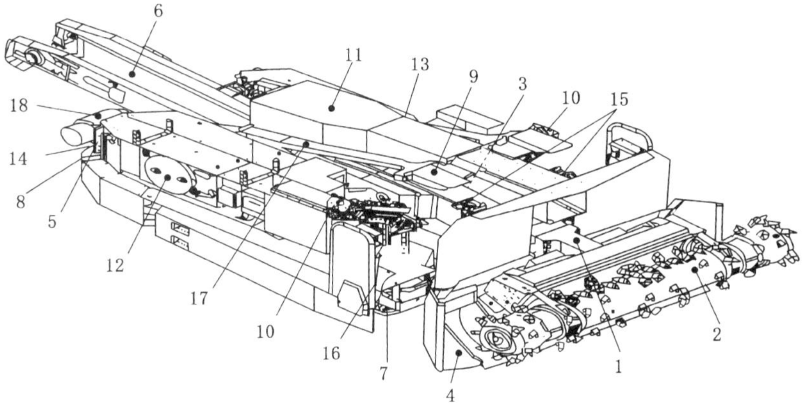

1—截割臂；2—截割滚筒；3—滑动机架；4—装载部；5—主机架；6—摆动刮板输送机；7—履带行走部；8—后液压稳定架；9—液压支撑架；10—侧帮锚杆机；11—吸尘风管；12—电气设备；13—液压设备；14—供水装置；15—顶板锚杆机；16—集中润滑装置；17—支撑架液压缸；18—绞车。

图 5-6　某型号掘锚一体机结构示意

2. 掘锚一体机的命名方式

国产掘锚一体机命名方式如图 5-7 所示。

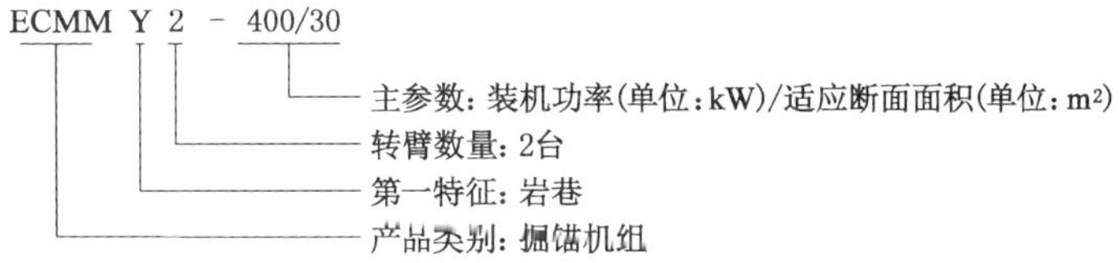

图 5-7　国产掘锚一体机命名方式

3. 掘锚一体机的特点

掘锚一体机能够将掘进作业与支护作业有机结合，减少了掘进作业与支护作业之间的转换时间，使这两项工作能够在同一机组上完成，极大地提高了生产效率。

(1) 提高掘进功效

采用掘锚一体机进行煤矿开采施工，能够显著提高成巷速度以及掘进功效。具体优势有：① 掘锚一体机采用了横截割滚筒，能够在 4.8～5.5 m 宽的巷道内一次性成巷，大大提高了生产效率。② 掘锚机组能够实现截割与锚杆支护同时施工，从而避免了停机进行支护工作，保证煤矿生产的安全。③ 掘锚机组安装了导轨式强力液压锚杆钻机，其功率是单体风动锚杆钻机的两倍以上，因此能够减少支护工作时间。

(2) 改善锚杆支护效果

采用掘锚一体机进行相关作业，能够显著提高锚杆的支护质量，改善支护效果。同时，锚杆在巷道顶板暴露后能够及时地安装，从而避免了顶板在锚杆支护前发生离层的情况。除此之外，掘锚一体机具备临时支护系统，能够实现对巷道顶板的预压缩。预压缩锚固的优势在于其能够将施加的顶推力绝大部分转化为锚杆预紧力，提高锚杆支护效果。

(3) 改善作业环境

掘锚一体机的巷道成形效果较好，能够改善煤矿生产作业环境，提高煤矿生产工作的安全性。应用掘锚一体机的巷道多为一次成巷，能够避免出现悬臂式掘进机操作时出现的超欠挖现象，从而提高巷道的成形质量。除此之外，掘锚一体机实现了煤矿生产工作时各个环节的机械化，降低了煤矿生产开采工作的劳动强度，保证了作业安全。

二、掘锚一体机施工

掘锚一体机的截割与装运为连续作业线，一般装运与截割同时进行。而锚杆支护与截割既可以平行作业，也可以单独作业。当一次截深恰好等于锚杆排距时，完成一个截割循环安装一排锚杆，掘锚同步作业；若一次截深与锚杆排距不同，只有当机组进入锚杆机作业位置时才能进行锚杆支护作业，因而在机组作业过程中可能出现三种情况：边掘边锚、只掘不锚、只锚不掘。在掘锚同步的情况下，当完成一个截割循环和安装一排锚杆需要时间相同时，掘锚可实现同时同步作业，这种情况是最理想的。

通常采用一次截深与锚杆排距相同，即掘锚同步的施工方案，这样容易实现正规循环作业，便于生产组织与管理。按照掘锚同步正规循环作业，完成一个循环分五个步骤，如图 5-8 所示。

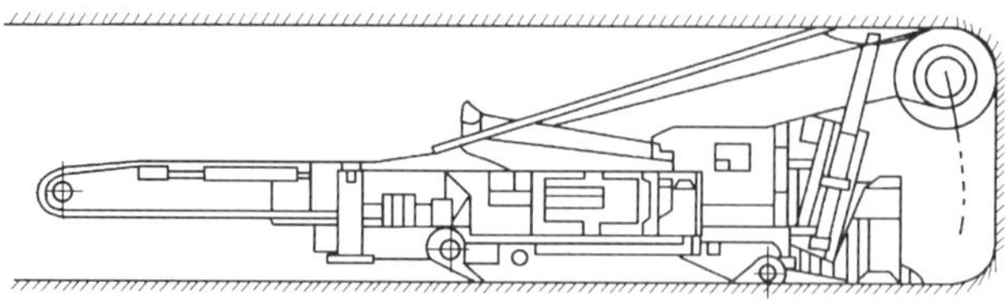

(a)

图 5-8 掘锚同步正规循环作业步骤

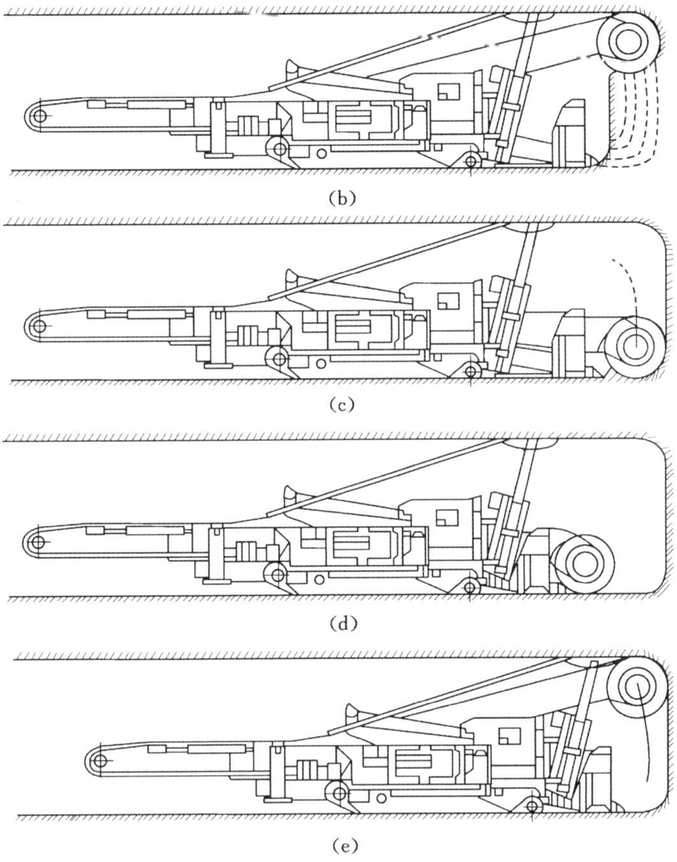

图 5-8(续)

① 如图 5-8(a)所示，机组移动至使滚筒紧靠煤壁和顶板的位置，放下后稳定器稳定机身，撑起液压支撑架以减小履带对底板的压力，同时开始进行锚杆支护作业准备工作。

② 如图 5-8(b)所示，截割机构和装载运输机构随滑动机架在推进液压缸推动下向前推移，滚筒切入煤壁完成进刀。在此过程中主机架和履带均在原位保持稳定状态。

③ 如图 5-8(c)所示，滚筒由上而下进行全断面切割，同时进行锚杆支护作业。

④ 如图 5-8(d)所示，掘锚作业结束，截割机构缩回，拉动滑动机架使截割和装运机构回到原位。在此过程中，滚筒沿底板完成扫底后处于低位。

⑤ 如图 5-8(e)所示，机组前移，同时升起滚筒，进入循环开始状态。

掘锚一体机一般为全断面一次成巷，但当巷道宽度大不能一次成巷时，可分步施工，即先施工一部分断面，再施工剩余部分断面。

三、掘锚机组高效快速掘进系统

掘锚机组高效快速掘进系统分为 2 种配套形式：① 掘锚机组高效快速掘进系统配套设备；② 掘锚机组＋履带行走式给料破碎机＋桥式带式转载机＋可伸缩带式输送机。以下主要介绍第一种形式。

掘锚机组高效快速掘进系统配套设备由掘锚机组、履带式破碎转载机、10 臂锚杆钻车、可弯曲带式转载机、迈步式自移机尾等构成，并集成通风除尘、供电、控制通信等设备，如图 5-9 所示。在适宜的巷道围岩条件下，掘进机只负责掘进，支护任务由 10 臂锚杆钻车一次集中完成，可大幅度提高作业效率。

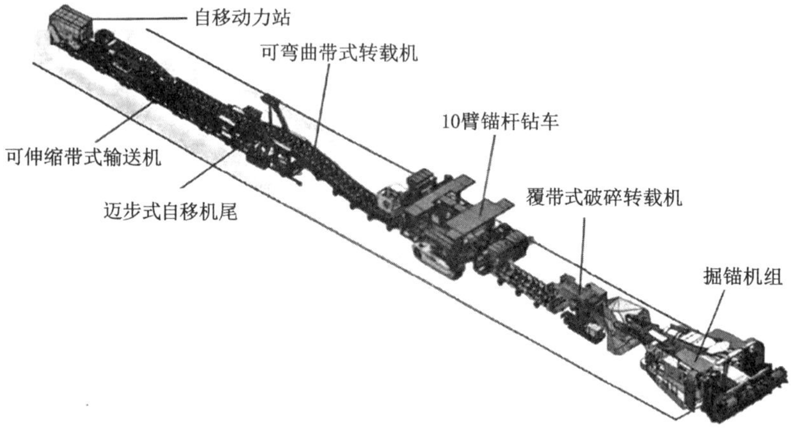

图 5-9　掘锚机组高效快速掘进系统配套设备

1. 适用条件

掘锚机组高效快速掘进系统的适用条件为：

① 掘进区域属于中厚煤层，煤层结构相对简单，煤层产状为平缓单斜构造。

② 上覆基岩较厚，无断层，顶板完整无离层、破碎，顶底板总体属于半坚硬岩石。

③ 巷道断面为矩形，宽度大于或等于 5.4 m，高度大于或等于 3.5 m。

2. 技术参数

掘锚机组高效快速掘进系统参数见表 5-8。

表 5-8　掘锚机组高效快速掘进系统参数

项目	参数	项目	参数
适应巷道宽度/m	5.4～6.0	系统总长/m	155
适应巷道高度/m	3.5～4.5	系统总质量/t	420
输送带搭接行程/m	100(可调)	总装机功率/kW	1 416

3. 技术特点

掘锚机组高效快速掘进系统的技术特点为：

① 以掘锚机组为龙头，巷道一次成形，掘进速度快。

② 掘锚分离、平行作业，多排多臂同时锚护作业，实现掘锚匹配同步。

③ 采用可伸缩带式输送机技术，巷道适应性强，满足系统开掘联巷、开切眼的需求。

④ 带式转载机上下重叠搭接行程可达 100 m 以上，实现连续运输，增大了辅运空间。

⑤ 自移机尾采用“顶天立地”的迈步式自移机构，实现可伸缩带式输送机、设备列车的

快速推进，极大地减少了掘进辅助工时，减轻了工人劳动强度。

⑥ 信息无线传输、远程操控，作业安全性高，作业环境好。

⑦ 采用统一的控制平台，依托设备高度自动化及系统集中协调控制功能，实现掘、锚、运多个作业单元联动，减少操作人员。

4. 分项设备

(1) JM340 型掘锚机组

JM340 型掘锚机组如图 5-10 所示，其主要由截割部、装载部、运输部、行走部、锚钻系统、电气系统、液压系统、集尘系统等组成。掘锚机组是快速掘进巷道的龙头设备，集落煤、运煤、履带行走、锚杆支护于一体。JM340 型掘锚机组采用全宽的可伸缩截割滚筒，巷道一次成形，保障成巷速度与工程质量。机载 6 台锚杆钻臂，能在同一台设备上同步完成掘进和支护作业。

图 5-10　JM340 型掘锚机组

JM340 型掘锚机组的主要技术特点为：

① 截割、锚护同时作业。掘锚机截割时底盘静止，采用滑移式机架推进截割系统进行掏槽，有效地增大了截割推进力和减小了履带对地面的碾压破坏。截割的同时临时支护装置支撑顶板，为锚护等作业提供了稳固、安全的工作平台，实现了截割、锚护平行作业。

② 巷道断面一次成形，效率高。截割系统采用可伸缩的横轴截割滚筒和采掘高度自动识别系统，通过滚筒伸缩和截割高度识别实现断面的一次成形，巷道断面成形精度高、误差小，大幅度降低了人工截割操作难度，提高了巷道成形质量。

③ 整机采用自动工况监测和故障诊断及显示技术。掘锚机工作环境恶劣，故障诊断困难，该设备应用了掘锚机工况监测和故障诊断系统，使整机具有电流、电压、电动机功率、油温、油位、油压等的自动监测、存储、显示、报警及故障提示等功能。

④ 履带行走采用交流变频调速技术。掘锚机采用 1 140 V 交流变频调速技术，该技术具有调速范围广、启动转矩大、过载能力强、功能保护全等优点。

JM340 型掘锚机组主要技术参数见表 5-9。

表 5-9　JM340 型掘锚机组主要技术参数

项目	参数	项目	参数
外形尺寸($L\times W\times H$)/(m×m×m)	11.6×4.9 ×2.6	整机质量/t	98
截割/支护高度/m	2.8～4.5/2.8～3.8	截割宽度/m	5.0/5.4/6.0
总功率/kW	742	截割掏槽行程/m	10
截割功率/kW	2×170	顶板锚杆机数/台	4
生产能力/(t/min)	25	侧帮锚杆机数/台	2
经济截割煤岩强度/MPa	单向抗压强度≥40	供电电压/V	1 140

(2) PZL1200/207 型履带式转载破碎机

PZL1200/207 型履带式转载破碎机如图 5-11 所示，其主要由装载部、破碎部、输送机、底盘、电气系统、液压系统等组成。该机具有缓冲、转载、破碎、牵引等功能，跟随掘锚机组前进并接收来自掘锚机的煤流，经缓冲破碎后将煤流转运到其后的可弯曲带式转载机上，同时作为可弯曲带式转载机的牵引头车，拖动可弯曲带式转载机移动。它有可伸缩铲板式装载部，可对底板浮煤进行清理，并集成滚筒式破碎机构，破碎粒度可调。

图 5-11　PZL1200/207 型履带式转载破碎机

PZL1200/207 型履带式转载破碎机的技术特点为：

① 集破碎、转载、牵引等功能于一体。PZL1200/207 型履带式转载破碎机将掘锚机截割下来的煤炭进行初级破碎，并均匀地转运至可弯曲带式转载机上，以满足可弯曲应带式转载机对煤的块度的要求。它通过牵引装置牵引可弯曲带式转载机行走。该机采用齿式破碎，破碎能力强；采用双驱动输送系统，运输能力强。

② 装载部具有伸缩功能。PZL1200/207 型履带式转载破碎机装载部可以伸缩，在提高巷道适应性的同时最大限度地提高装载能力，铲板可前后滑移装煤，减少破碎转载机和可弯曲带式转载机的工作循环次数，高效清理底板浮煤，有效地减轻了工人的劳动强度，改善了巷道的工作环境。

PZL1200/207 型履带式转载破碎机主要技术参数见表 5-10。

表 5-10 PZL1200/207 型履带式转载破碎机主要技术参数

项目	参数	项目	参数
外形尺寸($L\times W\times H$)/(mm×mm×mm)	8 200×3 800×2 150	行走速度/(m/min)	0～10
总功率/kW	207	接地比压/MPa	0.14
整机质量/t	40	破碎功率/kW	75
装载宽度/mm	3 800/4 500	破碎粒度/mm	200～300
转载能力/(t/h)	1 200	泵站功率/kW	132

(3) CMM10-30 型 10 臂锚杆钻车

CMM10-30 型 10 臂锚杆钻车如图 5-12 所示，其主要由顶锚钻臂、侧帮钻臂、锚钻除尘器、履带底盘、电气系统、液压系统等组成。机载 6 个顶板钻臂、4 个侧帮钻臂，10 个钻臂同时对顶板、侧帮进行全方位锚杆支护，其履带式底盘跨骑在可弯曲带式转载机上，实现掘、锚、运平行作业。10 臂锚杆钻车是整个系统的集控中心，掘锚机组和履带式转载破碎机的操作均位于 10 臂锚杆钻车之上。

图 5-12 CMM10-30 型 10 臂锚杆钻车

CMM10-30 型 10 臂锚杆钻车的主要技术特点为：

① 支护效率高、质量好。整机集成 6 套顶锚钻架和 4 套侧锚钻架，能够同时完成整个巷道的锚杆支护。钻机采用一人多机操作的布置方式，操作人员在互不干扰的情况下实现有序操作，从而提高了巷道支护效率和支护质量。整机中配备液压负载反馈系统，可以实现各个钻架在任何情况下都能独立完成锚护作业，同时钻架还配备独立的液压操作系统。

② 采用干式除尘技术，保证巷道良好的工作环境。设备上装有多级串联的不同形式的除尘器，通过多级分离、落尘、过滤使钻孔所产生的粉尘落在固定的容器中，从而达到除尘目的。干式除尘系统可减少对井下环境的污染和对底板的破坏，保证巷道良好的工作环境。

③ 创新的跨骑式底盘结构。CMM10-30 型 10 臂锚杆钻车整机跨骑于可弯曲带式转载机上，可弯曲带式转载机可以在锚杆钻车底盘下自由通过，锚护作业与掘进、运输工序互不影响，可实现掘、锚、运平行作业。

CMM10-30 型 10 臂锚杆钻车主要技术参数见表 5-11。

表 5-11　CMM10-30 型 10 臂锚杆钻车主要技术参数

项目	参数	项目	参数
外形尺寸($L\times W\times H$)/(mm×mm×mm)	10 500×3 700×3 200	行走速度/(m/s)	0～10
总功率/kW	2×1 322×132	接地比压/MPa	0.16
整机质量/t	64	钻臂数量/个	10(6 顶 4 侧)
钻孔适应岩层硬度	$f\leqslant 7$	钻机除尘方式	干式

(4) DZY100/160/135 型可弯曲带式转载机

DZY100/160/135 型可弯曲带式转载机如图 5-13 所示，其主要由装载部、卸料部、柔性段、输送带、动力站组成。它能够实现移动过程中的弯曲运输，满足系统变向掘进联巷、开切眼的需求。架体下方安装有胶轮油气悬挂装置，对底板适应能力强。输送带采用变频调速多点驱动，最大运力达 1 600 t/h，并对启动、张紧过程进行自动控制。

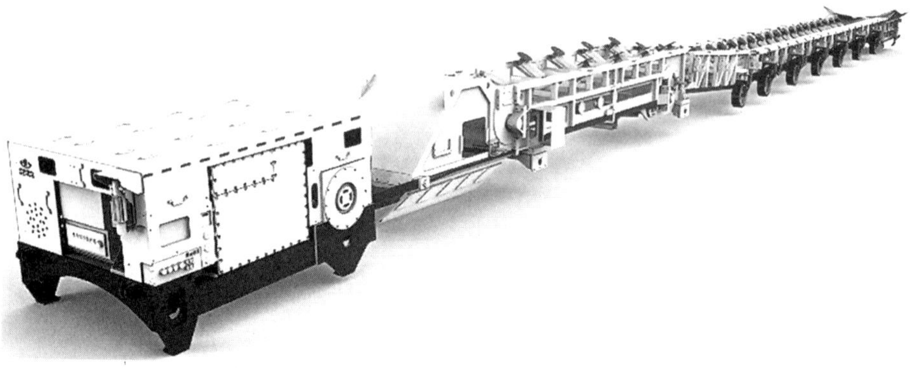

图 5-13　DZY100/160/135 型可弯曲带式转载机

DZY100/160/135 型可弯曲带式转载机的主要技术特点为：

① 可实现定点弯曲，跟随掘锚机转弯，对底板适应能力强。相邻弯曲输送带架间采用关节轴承连接，每节弯曲输送带架之间可水平、垂直摆动一定幅度，使整机跟随掘锚机转弯，以使系统能开掘联巷、硐室。弯曲输送带架体配置胶轮油气悬挂行走装置，行走支撑采用独立的油气悬挂，可适应巷道底板起伏等复杂底板条件。

② 多点驱动，自动张紧。采用变频电动滚筒多点驱动，具有自动张紧功能。该自动张紧装置采用电气控制，通过压力传感器监测自动张紧液压缸压力，根据启动、运转和停机等不同工况，对输送带进行自动张紧。

DZY100/160/135 型可弯曲带式转载机主要技术参数见表 5-12。

表 5-12　DZY100/160/135 型可弯曲带式转载机主要技术参数

项目	参数	项目	参数
最大运输能力/(t/h)	1 600	驱动滚筒功率/kW	3×45×45
运输距离/m	130(搭接 100 m 时)	输送带宽度/m	1
带速/(m/s)	0～4	弯曲半径/m	9

(5) DWZY1000/2000 型迈步式自移机尾

DWZY1000/2000 型迈步式自移机尾如图 5-14 所示，其主要由稳定支撑部、机尾部、转载机导向部、刚性架、轨道、电气系统、液变压系统等组成。采用马蒂尔机尾自移系统，能够实现可伸缩带式输送机快速延伸。自带刚性架，可与可弯曲带式转载机长距离重叠搭接，并兼作设备列车。采用自铺轨道技术，降低了刚性架移动过程中的移动阻力，提高了移动效率。具有左右调偏功能，可远程控制，能够极大地减少延伸输送带过程中的设备调动次数，减轻工作人员劳动强度。

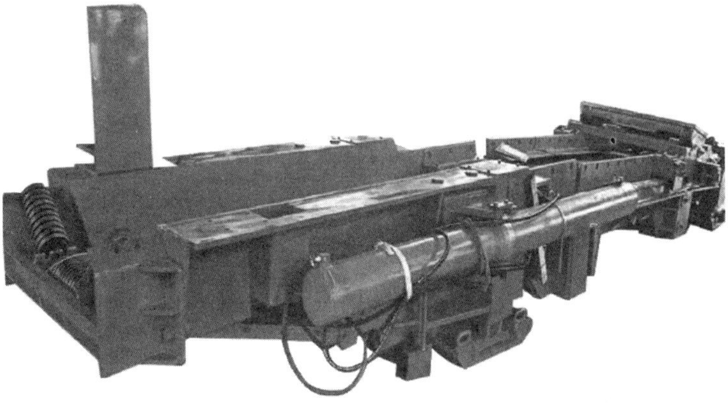

图 5-14　DWZY1000/2000 型迈步式自移机尾

DWZY1000/2000 型迈步式自移机尾的主要技术特点为：

① 与可弯曲带式转载机快速搭接。采用“顶天立地”的迈步式自移机构，移动效率高。与可弯曲带式转载机长距离重叠搭接，最大搭接行程可达 150 m。

② 刚性架可兼作设备列车。除尘系统、材料列车、移动变电站等设备均可跨骑在刚性架上，随着刚性架同步前移，减轻了工作人员劳动强度并节省了大量时间。

③ 具有左右调偏功能。为防止迈步式自移机尾在向前推进的过程中出现跑偏情况，在迈步尾架上设计了两组调偏机构。需要调偏时，通过调偏举升液压缸先将迈步端头抬起，然后在调偏推移液压缸的作用下实现迈步自移机尾左右摆动调偏。

DWZY1000/2000 迈步式自移机尾主要技术参数见表 5-13。

表 5-13　DWZY1000/2000 迈步式自移机尾主要技术参数

项目	参数	项目	参数
总长度/m	120(搭接 100 m 时)	移动步距/m	2/1.5
整机质量/t	70	适应输送带宽度/mm	1 000
泵站功率/kW	45	刚性架节距/mm	3 000

该掘锚机组高效快速掘进系统在神东煤炭集团有限责任公司大柳塔煤矿投入使用，平均月进尺 2 400 m，其中，小班最高进尺 85 m，月最高进尺 3 088 m。

四、智能化掘锚机

1. 掘锚一体机研发新进展

(1) 掘锚探一体机

掘锚一体机因机身庞大,传统坑道钻机无法布置到迎头施工,通常采用耳巷钻孔或长探施工方式,施工效率低,而掘锚探一体机将超前钻机有效集成到掘锚一体机上,满足超前钻探需求。超前钻探装置安装在掘锚一体机截割臂上,截割、装载、运输动作与钻探动作通过电气闭锁,通过调整截割升降液压缸的模式动作来调整钻机角度。通过由马达驱动的丝杠滑移机构实现超前钻机的整体进给,由回转减速器实现钻机的水平调姿。

掘锚探一体机受机身空间限制,尚不能集成全自动钻机,因此,全自动钻机小型化是该技术的发展方向。另外,掘锚探一体机集成的超前钻机往往进给行程较小,施工效率较低,因此双臂超前钻机与掘锚一体机的有效集成是该技术另一个发展方向。掘锚一体机机载钻探装置如图 5-15 所示。

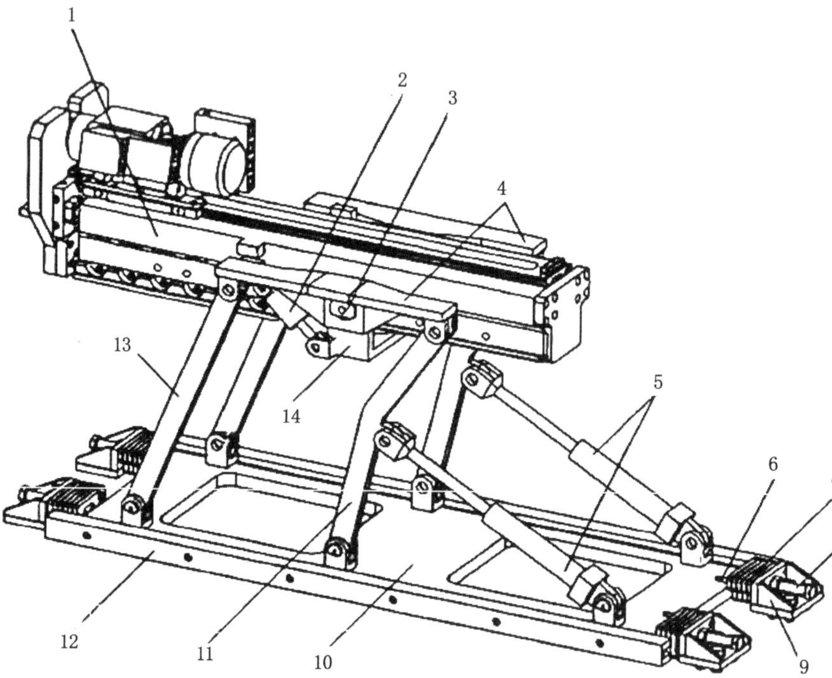

1—钻孔钻机;2—摆动液压缸;3—转轴;4—上连接架;5—举升液压缸;6—锁板销轴;7—锁板;8—顶推螺杆;9—螺杆座;10—滑板;11—后连杆;12—滑移轨道;13—前连杆;14—中间架。

图 5-15 掘锚一体机机载钻探装置

(2) 小空顶掘锚一体机

针对传统掘锚一体机空顶(帮)距大、无法适应"三软"(顶板软、煤层软、底板软)等复杂地质条件的难题,中国煤炭科工集团太原研究院有限公司(以下简称太原研究院)研制了小空顶掘锚一体机,开发了多钻机大行程整体滑移技术,创新研制升降式锚钻平台,有效降低了整机通过高度；平台上安装 3 台钻机，内侧钻机可滑移至巷道中部，实现中部锚杆支护，外侧钻机可水平摆动进行侧帮支护。小空顶掘锚一体机实现了掘锚一体机空顶距由 2.5 m 缩短至 0.5 m、空帮距由 3.5 m 缩短至 1.1 m 的技术跨越。整机后部上下共布置 4 台侧帮锚钻机，实现 1.4 m 以上水平侧帮支护全覆盖，有效解决高片帮和低片帮等施工难题。

该设备于 2020 年 12 月在陕西澄合山阳煤矿有限公司三采区应用，该工作面为典型的“三软”工作面，伪顶、直接底均为砂质泥岩，巷道宽度为 5.2 m，高度为 3.85 m。该设备的应用有效减轻了支护作业劳动强度，保障了作业安全，掘进效率提高了 30%。

(3) 薄煤层掘锚一体机

针对薄煤层巷道快速掘进的难题，太原研究院等企业研制了薄煤层掘锚一体机(图 5-16)，该产品通过高度仅为 1.8 m，适应巷道高度 2.2～3.5 m。针对半煤岩截割工况，开发了半煤岩截割滚筒，单刀力大，截割效率高；顶锚钻机可横向滑移 0.4 m 且高低位置可调，满足大范围垂直支护需求；针对底板积水工况，开发了装载液驱系统并可与电动机驱动实现快速切换。

图 5-16　薄煤层掘锚一体机

针对传统掘锚一体机在半煤岩及坚硬煤层全宽截割时截割功率不足的问题，成功研制了双驱动高速合流截割减速器，截割功率接近 600 kW，功率提升 1 倍。为提高其功率密度，采用合流-分流方式，经一级双锥齿轮传动和二级行星齿轮传动，将动力传到两侧输出主轴，最终将动力传递至截割滚筒，实现截割齿轮箱由两台截割电动机高速合流驱动。为解决大功率密度截割减速器热功率失衡问题，成功开发了自动强制冷却润滑系统，集主动润滑和强制冷却于一体，实现减速器全位姿润滑和重载连续运行。

该设备在智能化方面主要进展如下：

① 具有掘锚一体机状态监测功能。掘进工作面监控操作台和地面分控中心可实时监测掘锚一体机运行状态，涉及铲板星轮、履带、滚筒、截割电动机、液压泵电动机工作状态以及油箱温度、油箱油位等参数，同时还具有掘锚一体机电气故障自诊和信息推送功能。

② 具有掘锚一体机远程控制功能。掘进工作面监控操作台和地面分控中心可向掘锚一体机发送控制指令进行远程控制。控制功能包括启停液压泵电动机、启停截割电动机、更改行进方向、截割臂升降调节和钻机自动启停等。为保证控制指令及时有效，指令延时小于 300 ms。

③ 具有掘锚一体机定形截割功能。掘进工作面监控操作台能够控制掘锚一体机开启、

停止记忆截割，自动截割等操作，集控主机将控制指令发送给掘锚一体机控制箱，由掘锚一体机控制箱将控制指令下达给掘锚一体机，结合机身定位装置的输出定位和姿态参数，实现掘锚一体机定形截割。

④ 具有截割轨迹在线监测功能。生成巷道断面模型，获取掘锚一体机组合导航模块输出的掘锚一体机位姿状态信息，实现截割轨迹在线监测，监控软件对已截割区域和未截割区域用不同颜色填充；具有设备姿态感知、工作环境状态识别与预警功能。

⑤ 具有掘锚一体机远程控制/就地操作切换功能。当掘进工作面监控系统出现故障或工作面地质条件变化时，可随时切换到就地操作模式，确保生产不受影响。

⑥ 具有进尺自动记录功能。基于掘锚一体机定位装置的输出定位，采集掘锚一体机掏槽液压缸伸缩位置信号，并将其转化为掘锚一体机的进尺距离信号，提供进尺查询功能，具有班累计、日累计、月累计、年累计进尺报表生成功能。

⑦ 视频监控。设备配有高清视频系统，采用无线或有线传输方式，将掘锚一体机在工作面的位置状态及现场画面传送到后方操作台，使操作人员能够对设备进行监控和操作。

⑧ 具备对掘进工作面环境(粉尘、瓦斯等)进行智能监测与智能分析决策功能，实现掘、支、锚、运和除尘装置启停等工序的智能联动。

2. 智能化掘锚机掘进系统

煤炭行业正处于智能化初级阶段，掘锚一体化掘进已经进入智能化建设时期。掘锚机是集井下巷道掘进和支护于一体的机械设备，能够实现掘进后的自动锚杆支护，其工作稳定性和可靠性直接决定了井下巷道掘进的效率和安全性。下面以陕西陕煤曹家滩矿业有限公司(以下简称曹家滩煤矿)大断面智能快速掘进工作面为例，介绍其智能化快掘系统。

曹家滩煤矿大断面智能快速掘进工作面，通过技术与创新掘锚一体机、运输、控制等先进技术与装备，形成领先的集理论、设计、材料、技术、装备于一体的快速掘进成套技术与装备，引领快速掘进发展方向，实现了现场安全管理全覆盖；打造了“少人则安”的本质安全型掘进工作面；大幅度降低了掘巷周期和巷道维护费用，具有广阔的推广应用前景和经济效益。

(1) 智能化快掘装备

① 快掘 3.0 成套装备

曹家滩煤矿与科研单位、装备制造厂家合作，结合自身地质条件，研发了“掘锚一体机＋煤矿用锚杆钻车＋自移式超长远距离带式输送机”快掘成套装备(图 5-17)。在保证快掘的前提下增加智能控制功能，实现了精准定位、自主导航、超前钻探、智能截割、自动支护、连续转载、故障自诊、远程集控，将掘进工作面作业人数减少至 7～9 人，在“少人则安”理念的基础上实现了掘进工作面的智能化生产。

② 快掘 4.0 成套装备

快掘 4.0 成套装备包括掘锚一体机、锚杆转载机、智能连续运输系统、除尘系统、集控中心以及物料配送机器人等 6 大模块。其是在快掘 3.0 成套装备的基础上研发的新型掘锚一体机，适应巷道宽度 6.6 m，巷道高度 5.5 m。快掘 4.0 成套装备增加了物料输送系统，可将锚护物料运送至掘锚机机尾，并将物料举升至离地 3 m 处；增加了多模式通风除尘系统，通过将机载高效湿式除尘系统和泡沫除尘系统相结合，有效降低了工作面煤尘；研发新型

图 5-17 掘锚成套装备整体示意图

喷涂材料,告别传统锚网支护技术,大大降低了工人劳动强度。

(2) 辅助保障装备

① 防爆柴油机滑模混凝土摊铺机

系统配套了防爆柴油机滑模混凝土摊铺机+防爆混凝土输送罐车施工巷道混凝土地板。滑模摊铺机安装的传感器可以测定巷道基线并将信号传输到控制器,控制器控制整机动力部件按照基线滑模施工。采用持续补料、振动棒提浆密实、抹平板成形的智能化施工工艺,日均施工混凝土地板 200 m 以上。

② 煤矿用巷道修复机

系统配套了煤矿用巷道修复机(图 5-18),解决了遗煤影响拉移机尾和巷道清理问题,减少了辅助作业人员,降低了作业人员劳动强度。

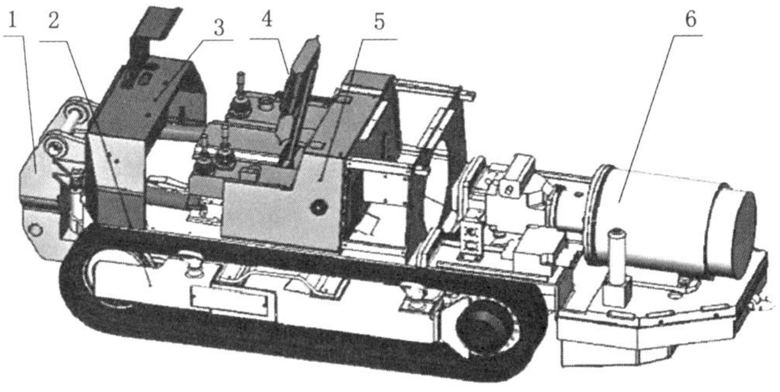

1—动力臂摆动座;2—机身;3—驾驶台组件;4—驾驶员座椅;5—副油箱组件;6—尾部组件。

图 5-18 煤矿用巷道修复机

③ 防爆柴油机履带运输车

系统配套了防爆柴油机履带运输车,解决了窄型巷道、快速掘进工作面等受限空间内锚护材料、散装物料及小型机电设备的运输问题,减少了辅助作业人员,降低了作业人员劳动强度。

第三节 连续采煤机掘进

连续采煤机及其配套装备最初主要用于房柱法采煤,但因为它在多巷掘进中有非常突出的优势而被大量用于巷道掘进。近年来，我国越来越多的矿井将其作为长壁综采装备的配套装备，用来掘进多巷布置的大巷、盘区准备巷道、工作面回采巷道等煤层巷道，不仅大大提高了掘进速度，缩短了建井工期，解决了采掘接续问题，而且使大断面、多通道的巷道系统布置得以实现，从根本上改变了矿井生产和安全面貌，为矿井安全、高效生产提供了保障。

一、连续采煤机掘进系统

典型的连续采煤机多巷同步掘进系统如图5-19所示。图中5条巷道（矩形断面）同时掘进，巷道编号由左而右依次为1号、2号、3号、4号、5号，其中3～5号为进风巷，1号和2号为回风巷，5条巷道之间每隔一定距离用联络巷连通。破碎机、转车点和区段带式输送机铺设在3号进风巷中。在区段进风巷和回风巷之间的联络巷中，根据通风以及行车和行人的要求设置风帘或密闭或带门的密闭：在靠近工作面需要行车的联络巷中设置风帘，在不需要行车时改为密闭或带门的密闭，一般每隔4个密闭设置1个带门的密闭，以便检查和处理紧急情况时行人。

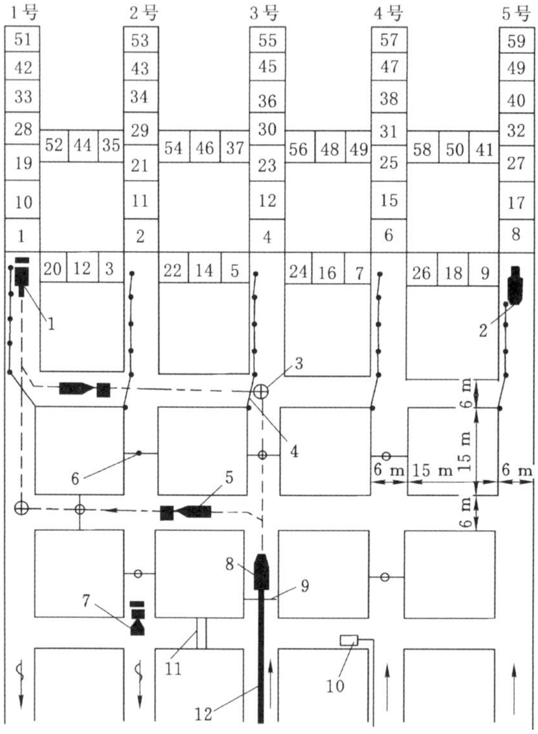

1—连续采煤机；2—锚杆机；3—转车点；4—纵向风障；5—运煤车；6—风帘；7—铲车；
8—给料破碎机；9—防火帘；10—移动变电站；11—永久密闭；12—带式输送机。

图5-19 典型连续采煤机多巷同步掘进系统

工作面设备包括：1台连续采煤机，1台锚杆机，2台梭车或蓄电池运煤车，1台给料破碎机，1台蓄电池铲车，1套移动变电站，充电设备和足够的备用蓄电池。

连续采煤机用于割煤并通过其装载运输机构向梭车装煤；梭车用于将煤由掘进工作面运向破碎转载站；给料破碎机用于破碎大块煤和向区段带式输送机装煤；铲车用于运送人员、搬运物料和设备以及清理工作面残留浮煤和杂物；锚杆机用于支护；移动变电站用于向各用电设备供电；充电设备用于向铲车和梭车用蓄电池充电。

连续采煤机与梭车、给料破碎机和带式输送机一起组成的作业线承担连续截割、装载、转载、运输任务，用锚杆钻机钻眼和安装锚杆。这种施工工艺只适用于多巷掘进，采煤机和锚杆机先后进入同一工作面，但在不同工作面掘、支平行作业。该工艺的主要优点是设备利用率高，掘进速度快、效率高。

二、连续采煤机结构及工作过程

(1) 连续采煤机结构

连续采煤机由截割机构、行走机构、装载运输机构、液压系统、电控系统、冷却喷雾除尘系统及安全保护装置等组成。某型号连续采煤机结构如图 5-20 所示。

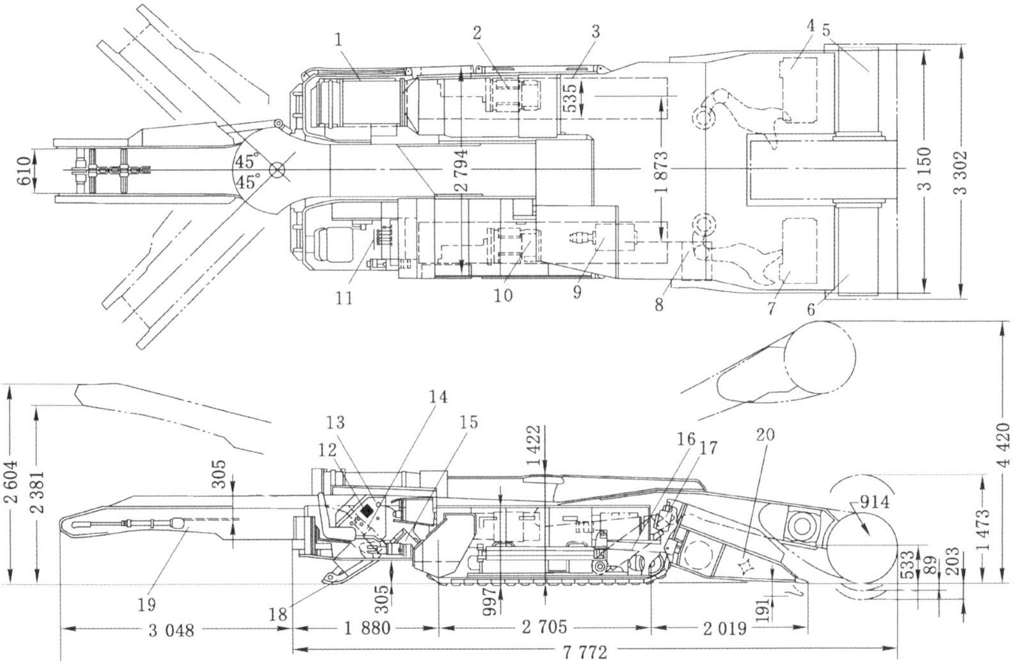

1—电控箱；2—左履带电动机；3—左履带；4—左滚筒电动机；5—左滚筒；6—右滚筒；7—右滚筒电动机；8—装运机构电动机；9—液压泵和电动机；10—右履带电动机；11—操作手把；12—行走部控制器；13—主控站；14—输送机升降液压缸；15—主断路器；16—截割臂升降液压缸；17—装载机构升降液压缸；18—稳定液压缸；19—运输机构；20—装载机构。

图 5-20　某型号连续采煤机结构

目前国内使用的连续采煤机代表机型为 12CM15-10D 和 12CM18-10D。其主要结构特点为：采用长横轴截割滚筒，履带行走机构、截割机构、行走机构、装载运输机构、液压系统等主要机构均采用独立电动机驱动。几种常用机型的主要技术参数见表 5-14。

表 5-14　几种常用的连续采煤机主要技术参数

项目		型号			
		12CM18-10D	12CM18-10B	12CM15-10D	12CM15-10B
工作倾角/(°)		<5	<5	<5	<5
采高范围/m		2.2～4.4	1.57～3.68	2.675～4.6	1.55～3.685
生产能力/(t/min)		8～23	8～23	15～27	15～27
总功率/kW		425	444	553	553
采煤机的走向倾斜度/(°)		±17	±17	±17	±17
截割滚筒	直径/m	0.915	0.915	1.12	1.12
	转速/(r/min)	50	50	50	50
	宽度/m	0.33	0.33	0.33	0.33
外形尺寸	长/m	10.9	10.9	11.05	11.05
	宽/m	3.3	3.3	3.3	3.3
	高/m	1.75	1.565	2.1	1.475
牵引速度(截割时最小/截割时最大/空载时最大)/(m/min)		4.6/9.1/19.3	4.6/9.1/19.3	4.6/9.1/19.3	4.6/9.1/19.3
质量/t		50	57	57	55

(2) 连续采煤机工作过程

① 割煤。割煤由截割机构完成。截割机构为横滚筒机构，滚筒采用一线一齿、大截线间距布置。割煤分为切槽和采垛两个阶段，如图 5-21 所示。如确定在巷道中由左而右进行割煤，先将采煤机调整到左边进行截割，滚筒由上而下逐次截割(截割宽度为滚筒宽度)直到深度达到一个循环进尺后采煤机退出，这一过程称为切槽；完成切槽后采煤机再按同样方法向右逐次截割剩余部分，这一过程称为采垛。

采煤机在割煤(切槽和采垛)时，需要先将滚筒全部切入煤体，这个过程称为进刀。在巷道顶部完成进刀后滚筒由上而下完成一个截割过程称为一个小循环，其过程如图 5-22 所示。一个小循环截割的深度为一个截深(相当于滚筒直径)。在切槽或采垛过程中，完成一个循环进尺需要若干个小循环。

确定连续采煤机工作面循环进尺的影响因素和原则与普通综掘机工作面相同，一般循环进尺不应超过 6 m。

② 装载与转载。该过程由装载运输机构完成。装载机构采用星形轮机构，转载运输采用刮板输送机构。当采煤机截割的煤炭落地后，由装载机构装入转载机，再由转载机转入后配套运输装备。

③ 行走。行走包括在截割过程中的推进和在无截割状态下的移动，由行走机构完成。行走采用履带机构。该机构启动频繁并经常处于冲击、超载的工况，所以选用启动扭矩大、过载能力强的直流串激电动机，且左右履带各由一部电动机独立驱动。由于连续截割依靠连续推进来实现，在行走机构和截割机构之间装有闭环自动调节推进速度的控制系统，当截割电动机的负荷变化时，自动反馈给控制行走机构的电动机，达到在不同硬度煤层条件

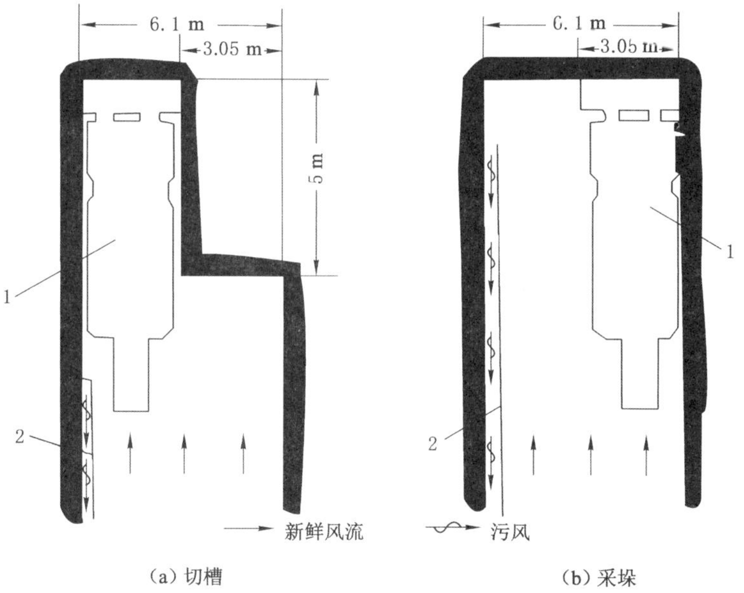

1—采煤机；2—风筒。

图 5-21　连续采煤机切槽和采垛

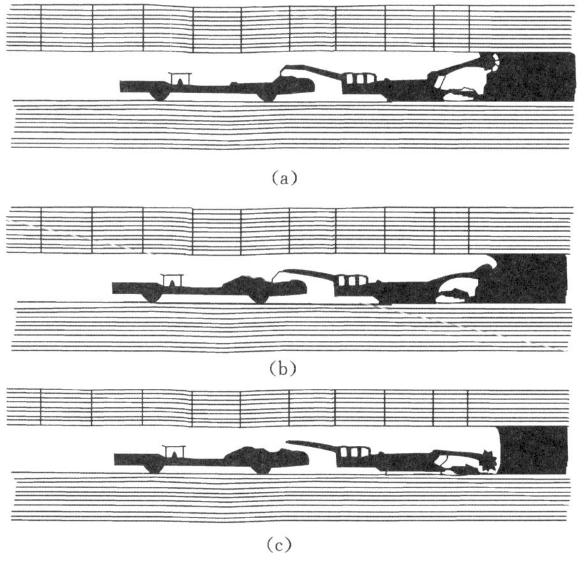

图 5-22　连续采煤机小循环过程

下均能获得最佳截割效果的目的。采煤机在截割时推进速度为 0～10 m/min。

(3) 运输

连续采煤机与可伸缩带式输送机之间的运输方式有两种类型：间断运输和连续运输。

① 间断运输采用运煤车运输，在带式输送机前设给料破碎机。运煤车按动力分为电驱动和内燃机驱动两类，目前国内主要使用电驱动。电驱动运煤车按供电方式分为拖电缆运

煤车(穿梭于采煤机与给料破碎机之间,称为梭车)和蓄电池运煤车两种。

a. 梭车主要由箱体、行走机构、卸载装置、司机室等部分组成。行走机构为四轮(胶轮)驱动机构,由直流电动机驱动。梭车具有可前后穿梭行使、动作灵活、回转半径小、直角转弯不用增加巷道宽度等特点,车箱容量一般为 7～16 t。卸载机构为双边链刮板输送机,置于箱底,满载时的卸载时间一般为 30～45 s。

梭车的电缆缠绕在电缆卷筒上,收放由根据电缆张力控制的收放装置自动完成。一般卷筒可缠绕电缆长度为 140～150 m,梭车的运输距离受此限制。梭车运输距离越短,效率越高。

10SC32 型梭车是连续采煤机的配套设备,是目前国内使用的主要车型,一般 1 台采煤机配 2 台梭车。该车的主要技术特点为:装载能力大,在起伏不平的路面装载量可达 13.5 t;采用多台电动机驱动,由 4 台电动机分别为左、右牵引转载和液压系统提供动力;输送机采用高强度链条,最大拉力可达 62.3 kN,刮板强度高、拆装方便;采用全密闭的湿式多片制动闸,使用寿命长,并带有制动盘磨损显示预告,可及时更换盘片;采用完全密闭润滑的凸轮电缆卷放架,电缆收放可靠性高。10SC32 系列梭车主要技术参数见表 5-15。

表 5-15　10SC32 系列梭车技术参数

项目		型号	
		10SC32B-5	10SC32-48B-5
机身高度/mm		1 310	1 310
离地距离/mm		292	299
车长/mm		8 990	8 990
驾驶室护顶范围/mm		1 650～1 870	1 562～1 867
转载机宽度/mm		1 020,1 220,1 420,1 630	1 220
最大安全负荷/kN		136	126
质量/kg		19 000	20 000
行走速度/(km/h)	空车	8.0(标定)	8.0(标定)
	重车	7.2(标定)	7.2(标定)
转载机卸煤时间/s		30～45(标定)	30～45(标定)
车帮挡板高度/mm		152,229,305,457	152,229,305,457
驱动方式		直流,交流	直流
牵引供电电压/V		440,550	250
行走电动机功率/kW		2×22,2×30	2×26
转载电动机功率/kW		1×18/9,1×18/9	2×22
液压泵电动机功率/kW		1×11,1×11	14
电缆架容量/m		176,116	200

b. 蓄电池运煤车主要由动力传动系统、转向系统、制动系统、操作系统、液压系统、电气系统以及车架等组成。该车由充电式蓄电池提供动力，通过驱动电动机、齿轮箱和行星减速器将动力传递给前轮，实现前进或后退；通过液压转向缸实现转向；通过推板液压缸及活底液压缸实现快速自卸。常用蓄电池运煤车主要技术参数见表 5-16。

表 5-16　常用蓄电池运煤车主要技术参数

项目			型号	
			CH818	CH848
外形尺寸/mm	长		10 460	10 109.2
	宽		3 100	3 089.8
	高		1 660	1 524
转弯半径/mm	内		3 960	3 759.2
	外		7 670	7 467.6
质量/kg			25 311	24 443
最大速度/(km/h)			7.5	8.045
接地比压/MPa	装载	左前	0.731	0.827
		右前		0.852
		左后		0.368
		右后		
	卸载	左前	0.448	
		右前		
		左后		
		右后		
爬坡能力/%	装载		40.3	
	空载		61.7	
有效载荷/kN				100
最大载荷/kN			180	150

CH818 型蓄电池运煤车主要技术特点为：采用蓄电池作电源，运行自如，过载能力大；前后机架铰接式液压转向，转弯半径小，调动灵活；采用安全型弹簧制动液压释放式的湿式制动器，安全可靠；采用推移式卸料板，操纵方便，卸载快捷；具有后轮辅助驱动系统。

② 连续运输系统主要由 1 台给料破碎机、4 台行走式转载机、5 台跨骑式桥式转载机等 10 个主要单元和 4 台中间滑行小车、1 台卸料小车以及 1 个为卸料小车提供滑行轨道替代带式输送机机尾的刚性结构架组成，各单元间通过球环滑动轴承及连接销接成一体。LY1500/865-10 型连续运输系统如图 5-23 所示。

连续运输系统具有受料、破碎、从采煤机至带式输送机之间转载运输的功能。目前使用的连续运输系统主要有 LY2000/980-10 型和 LY2000/980-10C 型两种，主要技术参数见表 5-17。其主要结构特点为：运输能力大，结构紧凑，布置合理；各转载点采用铰接结构，转动灵活，适应性强；采用履带行走机构，接地比压小，不易造成地板破碎，采用加厚的高强度整体履带板，坚固耐用；采用可编程逻辑控制器(PLC)作为核心控制单元，具有较高的可靠性；采用套筒滚子链，运转平稳，降低了机身高度，满足短距离运输要求，并且拆卸方便；链

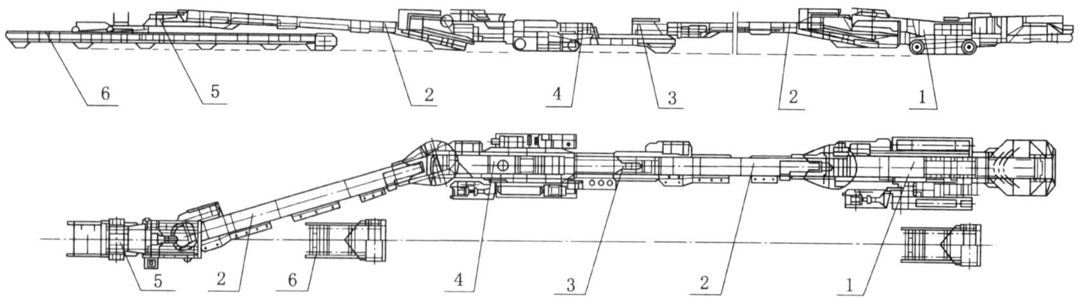

1—给料破碎机单元；2—跨骑式桥式转载机单元；3—行走式转载机单元；
4—搭接滑行小车；5—卸料滑行小车；6—刚性结构架。

图 5-23 LY1500/865-10 型连续运输系统

条与履带张紧均采用双作用润滑脂液压缸，带有锁紧垫片，操作方便、安全可靠；破碎机采用齿式破碎机构，截齿数较多；采用集成液压回路，减少中间环节，加大油箱散热面积和容积，采用多极过滤系统，安全可靠；各运输单元中板均采用高强度耐磨钢板，强度大、耐磨性好、寿命长。

表 5-17 连续运输系统主要技术参数

项目				型号	
				LY2000/980-10	LY2000/980-10C
总装机功率/kW				980	980
输送能力/(t/h)				2 000	2 000
破碎能力/(t/h)				2 000	2 000
给料破碎单元	外形尺寸(长×宽×高)/(mm×mm×mm)			9 500×3 140×1 750	9 500×3 140×1 750
	运输系统	(槽宽×槽高)/(mm×mm)		870×360	870×360
		链速/(m/s)		1.276	1.276
		刮板链形式		双边链(套筒滚子链)	双边链(套筒滚子链)
		刮板间距/mm		712	712
		减速器减速比		14.872∶1	14.872∶1
	破碎系统	截齿数/个		27	27
		减速器减速比		20∶1	20∶1
	行走系统	行走方式		履带式	履带式
		减速器减速比		150∶1	150∶1
		牵引速度/(m/s)		0～16	0～16
		接地比压/MPa		0.16	0.16
	液压系统	行走液压系统	液压泵形式	变量柱塞泵	变量柱塞泵
			液压马达形式	柱塞马达	柱塞马达
			最大压力/MPa	23	23
		升降液压系统	液压泵形式	叶片式	叶片式
			工作压力/MPa	19	19

表 5-17(续)

项目				型号	
				LY2000/980-10	LY2000/980-10C
行走式转载机单元	外形尺寸(长×宽×高)/(mm×mm×mm)			10 065×2 914×1 774	10 035×3 300×2 800
	输送系统	(槽宽×槽高)/(mm×mm)		770×360	770×360
		链速/(m/s)		1.64	1.64
		刮板链形式		双边链(套筒滚子链)	双边链(套筒滚子链)
		刮板间距/mm		656	656
		减速器减速比		7.7∶1	7.7∶1
	行走系统	行走方式		履带式	履带式
		减速器减速比		150∶1	150∶1
		牵引速度/(m/s)		0～16	0～16
		接地比压/MPa		0.14	0.14
	液压系统	行走液压系统	液压泵形式	变量柱塞泵	变量柱塞泵
			液压马达形式	柱塞马达	柱塞马达
			最大压力/MPa	23	23
		升降液压系统	液压泵形式	叶片式	叶片式
			工作压力/MPa	19	19
跨骑式桥式转载机单元	外形尺寸(长×宽×高)/mm			9 500×3 140×1 750	9 500×3 140×1 750
	(槽宽×槽高)/mm			770×360	770×360
	链速/(m/s)			1.64	1.64
	刮板链形式			双边链(套筒滚子链)	双边链(套筒滚子链)
	刮板间距/mm			656	656
	减速器减速比			7.7∶1	7.7∶1
	电动机	型号		YBY40-4	YBY40-4
		功率/kW		40	40
		转速/(r/min)		1 470	1 470

(4) 清理巷道和辅助运输

巷道畅通和底板平整是连续采煤机及其配套装备正常行进和工作的基本保障。为了满足这一要求，在工作面配备 1 台铲车，用于清理巷道内撒煤和淤泥。另外，铲车还担负作业区内的材料和人员运输任务。

在连续采煤机掘进工作面配套的铲车为胶轮车，一般以蓄电池作为动力源，也可以用柴油机驱动。目前，国内主要使用的是 488 型蓄电池铲车。

488 型蓄电池铲车总体结构如图 5-24 所示，其主要由动力源、工作机构、行走机构、制动机构、操纵机构、传动机构、防爆电动机及电气系统等组成。其主要技术参数见表 5-18。

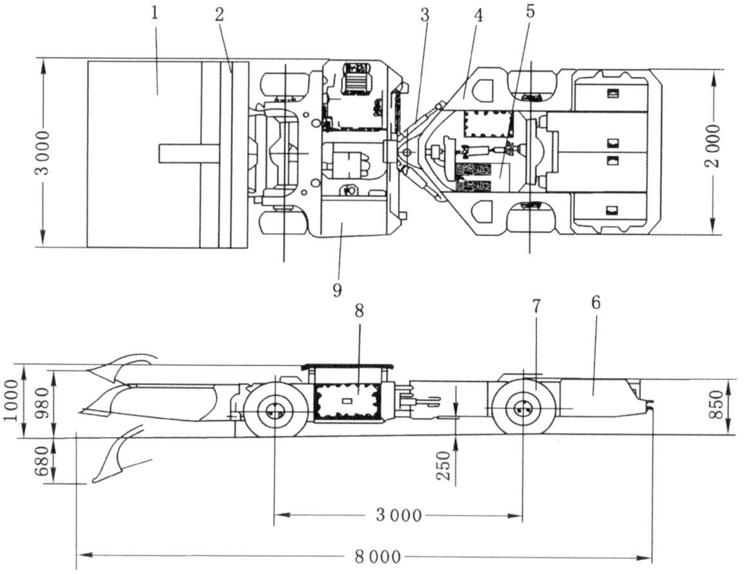

1—铲斗；2—卸料装置；3—转向液压缸；4—车架；
5—电动机；6—蓄电池组；7—车轮；8—操纵室；9—电控器。
图 5-24　488 型蓄电池铲车总体结构

表 5-18　488 型蓄电池铲车主要技术参数

项目	参数
铲斗容积/m³	3.28
外形尺寸(长×宽×高)/(mm×mm×mm)	8 450×2 890×1 066
最大载重/t	10
最大卸载高度/mm	1 244
转弯半径/m	3.58
外径/m	7.09
接地比压/MPa	0.306
爬坡能力/%	12
质量(不带电池)/t	17.27
蓄电池容量/(A·h)	1 000
电压(直流)/V	128
最大充放电次数/次	1 500
牵引电动机功率/kW	37.3
轮胎类型	泡沫填充式
泵电动机功率/kW	12.53

(5) 支护

与连续采煤机配套的锚杆钻机通常是钻车式锚杆钻机，主要用于钻眼和安装锚杆。

锚杆钻机分为 2 臂锚杆钻机和 4 臂锚杆钻机两类，其常用型号和主要技术参数分别见表 5-19 和表 5-20。

表 5-19　2 臂锚杆钻机常用型号及其主要技术参数

项目	型号		
	TD2-43	HDDR-15/17-AC	TB4095C
适应巷道高度/mm	1 800～3 500	2 000～4 877	2 200～3 750
外形尺寸(长×宽×高)/(mm×mm×mm)	7 607×2 850×1 300	7 315×2 895×1 300	6 800×2 300×1 440
质量/kg	14 240	23 587	15 000
形式	胶轮	胶轮	胶轮
履带接地比压/MPa			0.112
最大爬坡角度/(°)		10	16
驱动方式	摆线马达	摆线马达	摆线马达
最大进给长度/mm		2 300	2 000
最大进给力/kN			28
进给速度/(m/min)	0～12	0～11	0～6
钻杆转速/(r/min)	560	560	580
装机功率/kW	2×30	2×37	1×55
额定电压/V	660	660	1 140

表 5-20　4 臂锚杆钻机常用型号及其主要技术参数

项目	型号		
	ARO-40-RELMB-CWT	ARO-40-RELMB-AWT	ARO-40-RELMB-BWT
适应巷道高度/mm	2 200～4 600	1 800～3 800	1 800～4 000
外形尺寸(长×宽×高)/(mm×mm×mm)	5 850×3 200×1 350	6 350×3 000×1 300	5 850×3 200×1 300
质量/kg	32 000	27 000	27 000
形式	履带	履带	履带
履带接地比压/MPa	0.135(空),0.155(重)	0.115(空),0.135(重)	0.115(空),0.135(重)
最大爬坡角度/(°)	19.5	19.5	19.5
驱动方式	摆线马达	摆线马达	摆线马达
最大进给长度/mm	2 050	2 050	2 050
最大进给力/kN	推力,28 000	推力,28 000	推力,28 000
进给速度/(m/min)	0～20	0～20	0～20
钻杆转速/(r/min)	600	600	600
装机功率/kW	2×45	2×45	2×45
额定电压/V	1 140/660	1 140/660	1 140/660

TD2-43 型锚杆钻机总体结构如图 5-25 所示，其主要由临时支护机构、钻眼机构、集尘装置、底盘、回转盘、行走机构、电缆拖曳装置、液压系统、电气系统和操作机构组成。其主要结构特点为：双钻臂、胶轮行走、干式除尘、带有顶梁的临时支护、手动操作。

① 临时支护：在钻眼前，控制液压缸伸出将临时支架升起，用顶梁支撑住顶板，以保护操作人员安全。

② 钻眼机构：由钻箱、钻臂和钻架等组成。钻箱装在钻臂上，钻架用来支撑钻臂，铰接

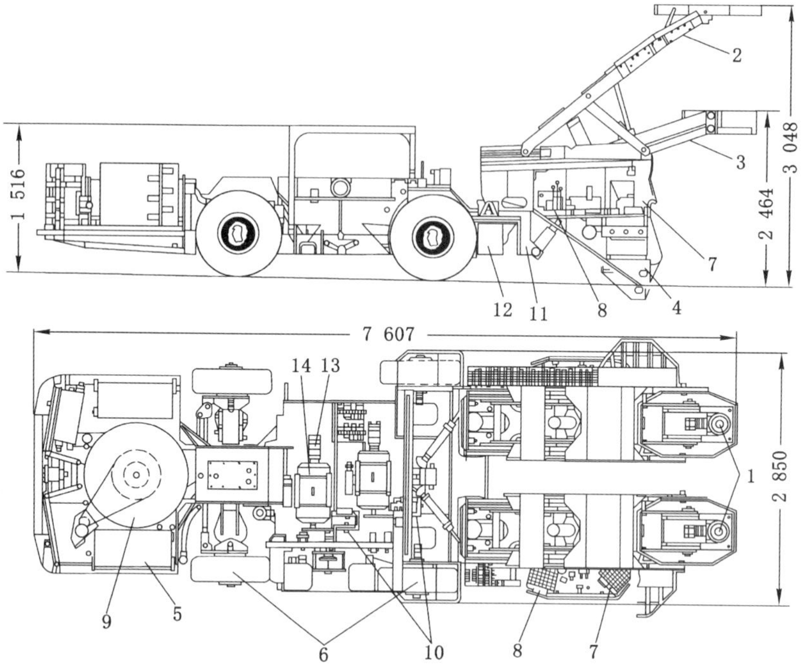

1—钻箱；2—临时支架；3—钻臂；4—钻架；5—集尘器；6—行走机构；7，8—控制阀组；9—电缆拖曳装置；
10—集尘抽风机；11—回转盘；12—底盘；13—液压泵；14—电动机。

图 5-25　TD2-43 型锚杆钻机总体结构

在回转盘上。钻箱为干式钻箱。钻杆由液压马达带动旋转，由升降液压缸通过连杆滑块机构实现进给和退出。进给的最大推力由安全阀限定，推进速度由流量控制阀调节。

③ 集尘装置：用于清除和收集钻眼时产生的微细岩尘。该装置为干式除尘装置，由抽风机、集尘箱及管路组成。其原理为：抽风机将钻孔过程中产生的含有粉尘的空气通过钻杆中心孔、钻箱内部孔道及管道吸入集尘箱内，粉尘经过沉淀、过滤留在集尘箱内，净化后的空气则排入大气。抽风机由电动机通过“V”形胶带驱动。

④ 行走机构：锚杆钻机的行走机构为四轮（胎式车轮）机构，四个车轮均由液压马达通过减速箱驱动，通过控制马达流量和流向来控制行走速度和方向。为了安全在液压马达上安装液压控制闸。

⑤ 电缆拖曳装置：该设备通过电缆供电，电缆收放由电缆卷筒完成，卷筒由液压马达通过减速箱驱动，收电缆时最大拉力由安全阀限定。

⑥ 液压系统：该设备除集尘系统外均为液压驱动，由两台相同的双联齿轮泵向系统供液。液压系统为开式系统，由钻箱旋转回路、钻臂升降回路、支撑臂升降回路、钻架升降回路与摆动回路、电缆卷筒旋转回路、集尘箱升降回路、行走回路等组成。其中，行走回路、钻箱旋转回路和电缆卷筒旋转回路为泵-马达系统，其余回路为泵-缸系统。驱动行走机构的马达为低速内啮合摆线齿轮马达，驱动钻箱和卷筒旋转的是高速外啮合齿轮马达。液压缸除钻架升降缸是单作用外，其余均为双作用单活塞杆液压缸。

⑦ 电气系统：由紧急停机按钮、照明灯、电控箱和 2 台功率为 30 kW 的电动机组成。

当连续采煤机完成截割并撤离后，锚杆钻机应立即进入工作面开始锚杆作业。锚杆作业的工艺过程为：在锚杆机上装上钻杆→钻眼→退出并卸掉钻杆→换上锚杆→向钻孔装入树脂药卷→由锚杆推入并旋转搅拌→装上托板→拧上螺母。一般 1 台采煤机配 1 台钻机，掘锚配合方式为“同面交替作业、异面平行作业”。从减少巷道空顶和充分发挥设备效能考虑，钻机的支护速度应与采煤机截割速度完全匹配。

三、连续采煤机掘进的智能化应用

(1) 连续采煤机智能化成套装备组成与扩展

传统的连续采煤机、梭车、锚杆钻车、破碎机的连掘配套装备已不能满足工作面自动化的要求，自动卷缆车的出现使连续采煤机的电缆管理初步实现了自动化，而连掘工作面集中控制系统使工作面实现初步自动化。该系统是控制系统、通信系统和监控系统的有机融合，可实现工作面监控中心或者地面调度中心对连掘工作面设备的协调管理与集中控制，主要实现连续采煤机远控割煤、梭车自主驾驶和破碎机自动启停三种自动化功能。其中，破碎机自动启停可实现以下功能：当梭车进入自主卸料泊位时，破碎机和可伸缩带式输送机自动启动；当梭车远离泊位时，破碎机结合负载电流情况，适时停机。

连掘工作面集中控制系统如图 5-26 所示。该系统主要由单机设备层(第一层)、工作面巷道监控中心(第二层)和地面调度中心(第三层)三部分组成。连掘工作面单机设备层由连续采煤机控制系统、梭车控制系统、锚杆机控制系统和破碎机控制系统组成；工作面巷道监控中心实现工作面监测、工作面控制、工作面数据视频显示等功能；地面调度中心实现工作面监控和数据存储、分析功能。

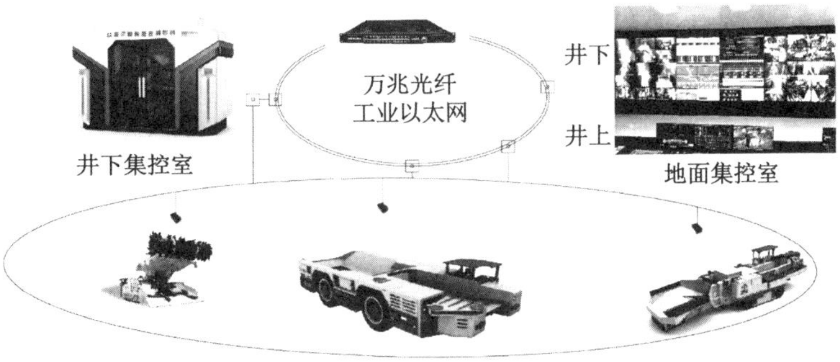

图 5-26　连掘工作面集中控制系统

(2) 连续采煤机智能化研发新进展

通过对连续采煤机自动化升级，连续采煤机自动化割煤方式已实现连续采煤机就地控制、远程控制和自动化割煤三种模式。远程控制实现方式如图 5-27 所示。该方法采用激光导引跟踪装置和惯性导航系统，实现连续采煤机的精准定位、定姿；利用负载敏感自适应技术，根据负载自主调节进刀深度、截割速度等参数；基于多传感器信息融合技术辅助识别煤岩分界，以便连续采煤机自动调高；通过 5G 无线通信网络将连续采煤机相关数据高速、可靠地传输至工作面集控中心；工作面集控中心远程监控连续采煤机，实现“一键启动、智能掘进、视频监视、人工干预”的功能。

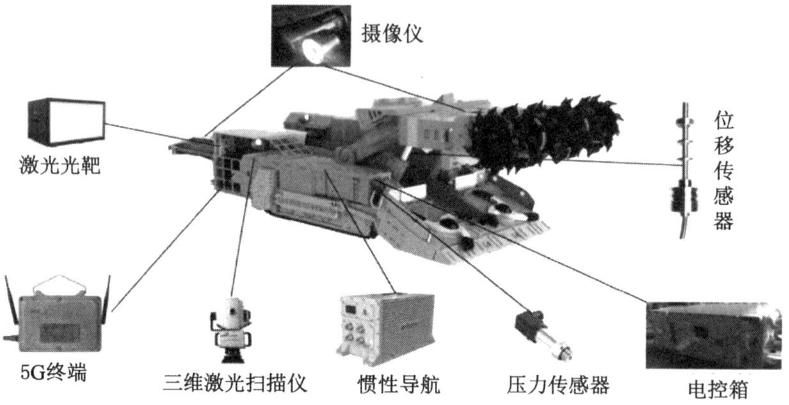

图 5-27 连续采煤机远程控制实现方式

(3) 梭车智能化研发新进展

梭车自主驾驶技术尚处于试验阶段,该技术包括梭车自主行走和自主卸料泊位、自主装料泊位三部分。梭车自主行走通过激光扫描和超带宽(UWB)定位技术融合测距技术实施巷道路径跟踪,保证梭车外廓点与巷道侧壁及巷道内障碍物的距离保持相对稳定,从而实现梭车按巷道中心直线行走;当梭车进行联巷转弯时,在转弯点安装转向定位标签,实现按目标转弯。梭车自主卸料泊位通过在破碎机安装自主泊位标签,采用毫米波雷达判断梭车是否进入卸料泊车位;梭车自主装料泊位需要已知连续采煤机的位置,并在连续采煤机上安装定位标识卡,一般设计梭车泊位处于巷道中心,连续采煤机摆动机尾卸料,当梭车与连续采煤机距离小于 10 m 时,梭车控制进入装料泊位程序,降低车速,通过超声雷达精确微调进入泊位。

四、煤巷综合机械化施工连续作业线的选择

普通综掘机、连续采煤机、掘锚一体机分别与其配套设备组成的三种煤巷综合机械化施工连续作业线各有特点,适用条件各不相同,可按以下原则选择。

① 连续采煤机连续作业线适用于多巷掘进,一般当同时施工的巷道在 3 条以上时,更便于掘锚配合,有利于提高施工效率和成巷速度,便于回收巷道煤柱,且用该作业线回收煤柱具有便捷快速、生产能力大、劳动效率高等特点。但这种作业线配套设备多、投资大,且形成的联络巷道工程量大,通常被用于采掘一体,采煤和回收煤柱统筹安排的生产计划,与高产长壁综采装备配套保证矿井采掘协调和安全、高产、高效生产。连续采煤机作业线用于大断面巷道施工优点更为突出。

② 普通综掘机作业线一般用于单巷掘进。这种作业线投资少、施工灵活方便,但由于掘锚交替作业且锚杆作业时间长,巷道施工效率低、成巷速度慢,通常仅用于施工对掘进速度要求相对宽松、断面较小的巷道。

③ 掘锚一体机作业线可在单巷施工中充分发挥其效能,和普通综掘机作业线相比,具有施工效率高、成巷速度快的优势,尤其是能大幅度提高单头掘进速度能显著缩短建井工

期以及水平、盘区和工作面的开拓和准备时间，是加快矿井建设和保证采掘接续的重要施工装备和技术。和连续采煤机作业线相比，具有设备少、投资少、施工方便等特点，是值得大力发展的一种连续作业线。

习　题

1. 盾构机按什么分类？能分几类？
2. 盾构机的破岩原理是什么？
3. 简述盾构机的工作过程。
4. 掘锚一体机有什么特点？
5. 简述掘锚一体机的施工方式。
6. 简述连续采煤机的工作过程。
7. 连续采煤机与可伸缩带式输送机之间的运输方式有哪两种类型？
8. 掘锚机组高效快速掘进系统分为哪两种配套形式？
9. 煤巷综合机械化施工连续作业线如何选择？
10. 结合其他书籍以及互联网上收集的资料，谈谈你对智能化掘进的了解。

参考文献

[1] 董永杰. 掘锚一体机在煤矿掘进中的应用[J]. 矿业装备，2022(1)：250-251.
[2] 范京道，封华，宋朝阳，等. 可可盖煤矿全矿井机械破岩智能化建井关键技术与装备[J]. 煤炭学报，2022，47(1)：499-514.
[3] 国家能源局. 全国煤矿智能化建设典型案例汇编(2023 版)[R/OL]. (2023-06-25). http://zfxxgk.nea.gov.cn/2023-06/25/c_1310729539.html.
[4] 何雷，张拓，李庆龙. 复合地层盾构机的设计选型[J]. 科技创新导报，2018，15(32)：39-40.
[5] 李潮，鲁义强，陈召，等. 矿用硬岩巷道机械化掘进破岩形式研究现状及展望[J/OL]. 煤炭科学技术：1-11[2024-07-08]. https://doi.org/10.13199/j.cnki.cst.2022-0211.
[6] 李刚，李冰，张萌，等. 盾构法在煤矿掘进施工中的应用[J]. 煤矿安全，2020，51(8)：184-187.
[7] 刘文. TBM 在塔山煤矿特殊条件下施工中的应用[C]//中国煤炭学会煤炭建设与岩土工程专业委员会. 矿山建设工程新进展：2006 全国矿山建设学术会议文集(上册). 徐州：中国矿业大学出版社，2006：515-519.
[8] 沈阳. 煤矿复杂围岩条件下盾构机施工方法的研究与应用[J]. 煤矿现代化，2022，31(6)：21-25.
[9] 史步海，许家祥，蒋通. 基于 Bagging 算法的盾构机故障诊断方法[J]. 自动化与信息工程，2020，41(1)：5-9.
[10] 田水豹. 浅析引进盾构机服务煤炭建设[J]. 陕西煤炭，2012，31(4)：23-24.
[11] 王国法，刘峰. 中国煤矿智能化发展报告(2022 年)[M]. 北京：应急管理出版社，2022.

[12] 王海超.盾构技术在煤巷掘进中的应用探讨[J].陕西煤炭,2021,40(1):128-130.
[13] 杨生华,芮丰,蒋卫良,等.煤矿全断面岩巷掘进机开发应用与发展[J].煤炭科学技术,2019,47(6):1-10.
[14] 赵文才,付国军.煤矿智能化技术[M].北京:应急管理出版社,2020.
[15] 朱良嘉,王文平.采煤机记忆截割自动化控制工作原理[J].陕西煤炭,2020,39(6):100-103.

第六章　掘进安全及其监测

导学思考题

1. 威胁到掘进工作的不安全因素有哪些？该如何保障掘进安全？
2. 如何采用智能化的技术保障掘进安全？

本章所讲掘进安全及其监测，指形成毛断面巷道，包括破岩、装岩和运岩三项基本工作，其中破岩占主导地位，因此巷道掘进方法按照破岩的方法进行命名和分类。目前，我国煤矿采用的巷道掘进方法主要有爆破掘进和掘进机掘进两类。

第一节　掘进通风与综合防尘

在矿井掘进作业期间通风与综合防尘均是非常关键的环节，与作业安全和作业效率息息相关。所以在矿井掘进中，必须采取科学的通风与综合防尘技术，最大限度地发挥出通风与防尘作用。

在掘进巷道时，为维持掘进工作面和所处巷道中风量，并使风流按指定路线和方向流动，必须不断地对掘进工作面进行通风，这种通风称为掘进通风或局部通风。进行掘进通风的目的和作用如下。

① 保持工作面和巷道空气中的氧气浓度满足要求。

② 稀释并排出掘进中产生的粉尘和瓦斯，保持工作面和巷道中空气的有害成分浓度满足要求。

③ 保持掘进工作面和巷道中良好的温度、湿度、风速等气候条件。

掘进通风与掘进工艺方式有关，爆破掘进工作面的通风和掘进机掘进工作面的通风有较大差别，主要表现在以下几点。

① 爆破会产生大量烟尘和有害气体，从而增加需风量。

② 爆破后，会有大量瓦斯瞬间涌出，造成一段时间内工作面及附近巷道内空气中有害成分浓度超限。

③ 在爆破和排烟尘期间不允许人员进入工作面和附近巷道，即该阶段在指定区域无作业人员。

对爆破掘进工作面通风和掘进机掘进工作面通风的要求不同，具体为，在爆破掘进工作面，爆破后一段时间无作业，专门通风，为了缩短这段时间，要求风机有较大的供风量；而在其他时间，边通风、边作业，作业产生的有害成分相对较少，需风量较小。

在掘进机掘进工作面，始终为边通风、边作业，若为掘锚交替作业，掘进时产生的有害成分相对较多，需风量较大，而在锚杆作业时需风量较小。按照节能和科学管理的要求，应根据不同工作面的不同特点和对通风的具体要求合理选择通风方式、选择风机和调节工况。

掘进通风有利用矿井全风压（简称矿井风压）通风和采用局部通风机通风两种基本类型。

一、利用矿井风压通风

利用矿井风压通风即利用矿井风流沿程两点之间的压力差通风，在掘进通风中一般是利用进风巷道和回风巷道之间的压力差通风。在生产实践中有两种用法：一是尽量利用矿井风压通风，以缩短局部通风机通风距离；二是采取一定的措施，完全利用矿井风压通风。前者主要用于长壁工作面双巷同步掘进；后者主要用于连续采煤机多巷掘进。

（一）长壁工作面双巷同步掘进通风

长壁工作面进、回风巷道一般比较长，目前国内最长的已经超过 6 000 m。对于长度大的工作面进、回风巷道，在掘进中如果全长采用局部通风机通风，则通风长度大、需要风筒长、通风阻力大、能耗大、效果差。

对于双巷布置的巷道，当采用双巷同步掘进时，可将两条巷道分别与采（盘）区主要进风和回风巷道相连，并用联络巷将进、回风巷道贯通形成由进风巷、联络巷、回风巷组成的矿井风压通风风路，实现利用矿井风压通风。长壁工作面双巷同步掘进通风如图 6-1 所示。

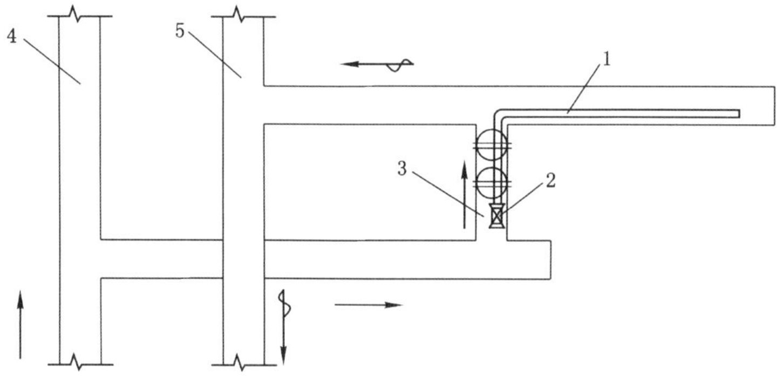

1—风筒；2—局部通风机；3—联络巷；4—进风巷；5—回风巷。

图 6-1　长壁工作面双巷同步掘进通风

局部通风机通风距离由用于通风的联络巷的间距决定。为了使利用矿井风压通风的通风距离随掘进工作面推进而延伸及防止风流短路，应随新的通风联络巷掘通，及时转移局部通风机，并在旧联络巷中设置临时密闭。

（二）连续采煤机多巷掘进通风

连续采煤机掘进一般为 3～5 条平行巷道同步掘进，为了便于施工和通风，其间每隔一定距离用联络巷连通。按照通风需要，这些巷道被分为两组，一组为进风巷，一组为回风巷，在进、回风巷之间的联络巷中设置密闭或风帘等设施用于控制风流，从而形成由进风巷、最靠近工作面的联络巷和回风巷组成的矿井风压通风风路。

就进、回风巷道的分组和风流方式而言，通风系统分为单风流和双风流两种。若新鲜风流从一侧相邻的巷道流入，污风由另一侧相邻的巷道排出，称单风流通风；若新鲜风流从中间相邻的巷道流入，污风由两侧巷道排出，则称双风流通风。

由于联络巷间距离小、独头通风距离短，掘进通风一般采用风障通风，在有些情况下也采用局部通风机通风。

风障通风是用沿巷道轴线方向设置的风障将巷道断面分为左右两部分，分别用于进风和回风，依靠矿井风压通风的通风方式。为了不影响正常生产，风障通常设在巷道一侧，将断面分为宽、窄两部分，窄部（一般宽 0.6 m）仅用于通风，宽部用于进出设备和人员兼通风。若新鲜风流从宽部进入、窄部排出，为抽出式通风（图 6-2）；若新鲜风流由窄部进入、宽部排出，为压入式通风。

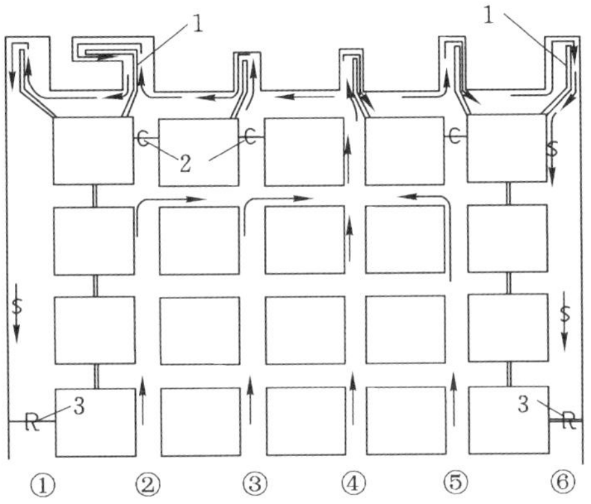

1—纵向风障；2—风帘；3—调节风窗。

图 6-2　纵向风障抽出式通风

风障是一道临时隔离墙。为了防止漏风，风障应牢固地挂在顶底板间，并在顶底板处不留间隙。为了有效清除工作面有害气体，风障应随工作面推进向前延伸，并应始终保持其前端距工作面距离不超过 3 m。

二、采用局部通风机通风

在无机械通风的情况下，独头巷道中的空气与外界空气（新鲜空气）的交流随巷道长度增加而逐渐减缓，直至几乎完全停止。当独头巷道足够长时，其中的空气条件主要由巷道条件决定，即便在无作业的情况下也会出现瓦斯集聚，从而导致进入的人窒息或中毒死亡，以及在条件具备时发生瓦斯爆炸。因此对于报废的独头巷道，必须进行密闭，严禁人员进入。对于施工的独头巷道，必须进行机械通风。机械通风是掘进通风的主要方式之一，采用的通风设备为局部通风机。

（一）通风系统布置

采用局部通风机通风的通风系统由局部通风机、风筒和巷道组成。局部通风机的工作方式有压入式和抽出式两种。掘进工作面通风系统布置方式有压入式、抽出式和混合式三种。

(1) 压入式通风系统

新鲜风流由通风机经过风筒压入工作面,污风沿巷道排出,如图 6-3(a)所示。为了避免产生循环风流,局部通风机必须安设在新鲜风流巷道内风流方向的上方距掘进巷道口距离不小于 10 m 的位置。为了保证通风效果,风筒口距工作面的距离一般以不大于 10 m 为宜。

压入式通风的优点有:能很快地将工作面的有害气体冲淡并排出;风筒可采用胶质或塑料等柔性材料制作,成本低,拆装和保存方便。其缺点是有害成分在巷道中蔓延扩散时间和距离较长,工人进出工作面要经过污风流。

(2) 抽出式通风系统

新鲜风流由巷道进入,污风由局部通风机经风筒抽出,如图 6-3(b)所示。为了避免产生循环风流,局部通风机必须设在主要巷道风流方向的下方且排风口距掘进巷道口距离不小于 10 m 的位置。抽出式通风的优点是污风由风筒排出,不污染巷道。其缺点有:风筒必须为刚性风筒(一般采用金属风筒),成本高,装拆不方便;风筒吸入口附近的风速随着远离吸入口而急剧降低,有效吸程小,工作面排除有害成分的时间长;污风流通过局部通风机,安全性差。

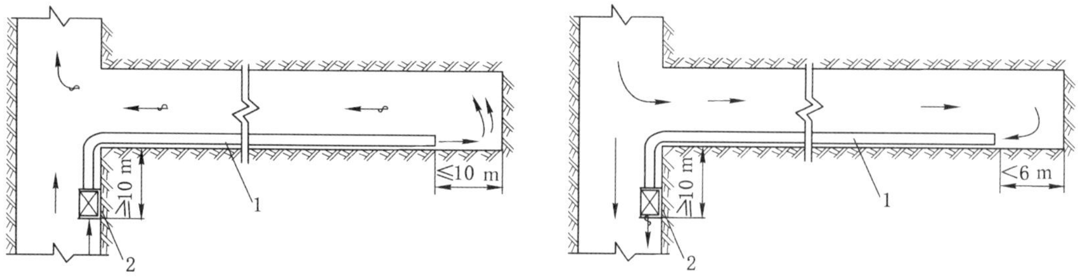

(a) 压入式通风　　(b) 抽出式通风

1—风筒;2—局部通风机。

图 6-3　局部通风机通风系统

(3) 混合式通风系统

将压入式通风系统和抽出式通风系统相结合,即为混合式通风系统。若抽风风筒过长,一台抽风机不能满足要求,可用两台通风机串联抽风(其中一台通风机安装在巷外,另一台通风机安装在距第一台通风机距离等于风筒全长的 1/3 处),形成由 3 台通风机(两抽一压)组成的混合式通风系统,如图 6-4 所示。为了避免造成循环风流,压风机的吸风口与抽风风筒口的距离应不小于 15 m。为了保证通风效果,抽风机的吸风量比压风机的吸风量应大20%～25%,并应使吸风风筒口到工作面的距离基本等于炮烟抛掷长度,压风风筒口到工作面的距离应小于或等于压入风流的有效作用长度。

混合式通风方式兼有压入式和抽出式的优点,但该方式中抽出式通风机仍有污风流通过,所以适用于瓦斯涌出量很低的大断面长巷道的掘进通风。掘进工作面排出的污风直接进入进风巷,会形成串联通风,而串联通风在很多条件下是不允许的。为了将污风直接排入回风巷以避免串联通风,要求掘进巷道必须分别与进、回风巷连通。其通风系统如图 6-5 所示。

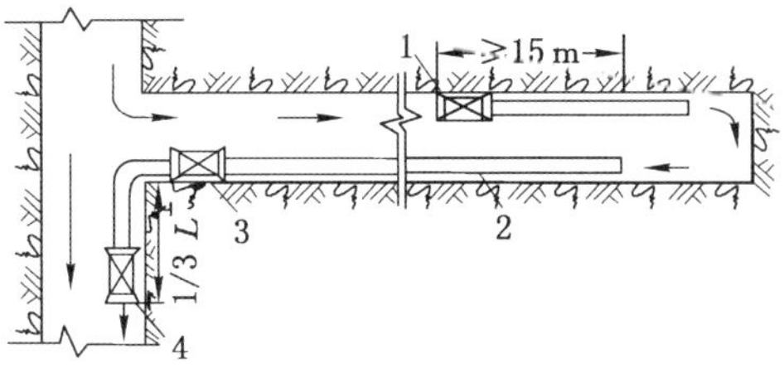

1—压入式通风机；2—风筒；3，4—抽出式通风机。

图 6-4　混合式通风系统

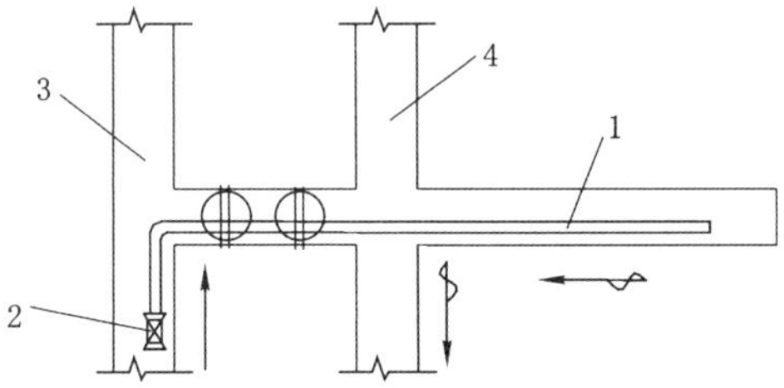

1—风筒；2—局部通风机；3—进风巷；4—回风巷。

图 6-5　污风直接进入回风巷的掘进通风系统

（二）掘进通风装备

掘进通风装备主要有局部通风机、风筒和引射器。

（1）局部通风机

我国目前采用的掘进通风机大多是 JBT 型矿井轴流式局部通风机，其常用型号及其主要技术参数见表 6-1。

表 6-1　JBT 系列矿井轴流式局部通风机型号及其主要技术参数

型号	功率/kW	电压/V	转速 /(r/min)	全风压/Pa	风量 /(m^3/min)	叶轮级数	风叶轮外径/mm	质量/kg
JBT-41	2	380	2 900	147.2～735.6	75～112	1	400	120
JBT-42	4	380	2 900	294.3～1 471.5	75～112	2	400	150
JBT-51	5.5	380	2 900	245.3～1 177.2	145～225	1	500	175
JBT-52	11	380	2 900	490.5～2 354.4	145～225	2	600	235
JBT-61	14	380	2 900	343.4～1 569	250～390	1	600	315
JBT-62	28	380	2 900	686.7～3 139.2	250～390	2		410

（2）风筒

风筒有刚性和柔性两大类。常用的刚性风筒有铁皮风筒和玻璃钢风筒，常用的柔性风筒有胶布风筒和软塑料风筒。刚性风筒坚固耐用，适用于各种通风方式，但笨重，接头多，体积大，储存、搬运、安装都不方便。柔性风筒具有轻便，易安装，阻燃，安全性能可靠等优点，但易划破，只能用于压入式通风。常用风筒的主要技术参数见表 6-2。

表 6-2　常用风筒主要技术参数

类型	直径/mm	每节长/m	壁厚/mm	单位长度质量/(kg/m)
铁皮风筒	400	2.0,2.5	2.0	23.4
	500	2.5,3.0	2.0	28.3
	600	2.5,3.0	2.0	34.8
	700	2.5,3.0	2.5	46.1
	800～1 000	3.0	2.5	54.5～68.0
胶质风筒(含胶 30%)	300	10	1.2	1.3
	400	10	1.2	1.6
	500	10	1.2	1.9
	600	10	1.2	2.3
塑料风筒	300	50	0.3	
	400	50	0.4	1.28
玻璃钢风筒	700	3.0	2.2	12
	800	3.0	2.5	14

还有一种带有刚性骨架的可缩性风筒，是在柔性风筒内加入螺旋状钢丝，或每隔一段距离加上一个钢丝圆环形成的。这种风筒可伸缩，兼有刚性风筒和柔性风筒的优点，可用于压入式通风，也可用于抽出式通风。

选择风筒主要是确定风筒类型和直径。选择刚性或柔性风筒主要依据通风方式。选择风筒直径主要考虑通风距离和供风量，一般风筒直径应随通风距离和供风量增加而增大。根据经验，通风距离在 200 m 以内可选用直径为 400 mm 的风筒，通风距离在 200～600 m 可选用直径为 50 mm 的风筒，通风距离在 500～1 000 m 可选用直径为 600～800 mm 的风筒，通风距离在 1 000 m 以上可选用直径为 800～1 000 mm 的风筒。

(3) 引射器

引射器有水力引射器和压气引射器两种。水力引射器无电气部件，具有降温、除尘、消烟的功能，适用于瓦斯浓度大、供风量不大的煤巷掘进，但效率较低，能力有限，只有在一些特定条件下采用。抚顺矿区在使用多个水力引射器串联的情况下，最大供风距离达到 700 m，工作面有效风量达到 70 m^3/min。

压气引射器是利用压缩空气为动力的一种通风设备，特别适用于高瓦斯区内小断面巷道的掘进通风。

三、矿井掘进综合防尘技术

(一) 粉尘的界定及特点

在矿井作业中，井下会产生很多粉尘，这些粉尘主要是指以固体形态存在并可长时间悬浮于空气中的微小颗粒，其具有体积小、质量轻等特点。在科技飞速进步与发展的背景下，矿井施工工作虽然已经全面实现了机械化作业，但由于井下的空气流通性差，粉尘量是非常大的。粉尘的存在严重威胁着矿井作业安全，井下矿工一旦吸入过量粉尘，必然会影响身体健康乃至生命安全。一般情况下，在矿井作业中没有采取相关综合防尘技术的前提下，井下炮掘工作面的粉尘浓度可达到 50～100 mg/m^3、综掘工作面可达到 500～1 000 mg/m^3、综放工作面可达到 2 000～3 000 mg/m^3。通常在矿井作业过程中，10 μm 的粉尘沉降需要 4～9 h，1 μm 的粉尘沉降需要数十天，而 0.5 μm 的粉尘沉降则需要更长的时间，甚至粉尘可以长期悬浮于空气当中。由此可见，粉尘不但对矿井作业安全威胁极大，而且预防和处理难度也很大。

（二）井下产生粉尘的主要环节

在矿井作业中粉尘的产生是不可避免的，井下产生粉尘的主要环节为：① 在采煤过程中产生粉尘；② 在掘进过程中产生粉尘；③ 在运输过程中产生粉尘；④ 在开展巷道锚喷支护作业的过程中产生粉尘。

（三）常用的矿井掘进综合防尘技术类型

（1）泡沫降尘技术

泡沫降尘技术的主要工作原理是利用除尘水管、压风管路等，通过在水管中加入适量添加剂，并借助专用发泡装置产生高倍数的泡沫，再由喷嘴向尘源上喷洒泡沫来达到降尘防尘目的。泡沫对粉尘具有良好的湿润、覆盖、黏附等作用，可有效防止粉尘的扩散，而且耗水量较少。但是，泡沫降尘技术的缺点是成本较高。

（2）高压喷雾技术

以长压为主、短抽为辅的长压短抽通风除尘技术具有除尘效率较高的优点，在高、低浓度的瓦斯矿井中均具有重要应用价值。但《煤矿安全规程》第一百六十三条规定："瓦斯喷出区域和突出煤层采用局部通风机通风时，必须采用压入式。"而长压短抽通风除尘技术并不能有效满足其技术要求，所以逐渐为高压喷雾技术所取代。高压喷雾技术主要利用高压喷雾来覆盖掘进工作面的产尘点以达到降尘目的，其具有效率高、实用性强、成本低等优势。

（3）煤层注水技术

煤层注水技术是一种应用十分广泛的防尘技术，其主要工作原理是，通过对煤层进行钻孔注水来改变煤层的力学性质，将原本的脆性煤层或破碎性煤层变成塑性煤层，从而降低煤层切割破碎产生粉尘的可能性，大幅度地减少粉尘量。煤层注水技术可分为高压煤层注水技术和低压煤层注水技术两种，其中，高压煤层注水技术能够更好地满足目前的矿井高效率生产要求；低压煤层注水技术则可以更好地改变煤层性状，但其在实际应用中的效率偏低以及作用半径较小，所以不如高压煤层注水技术的应用广泛。

（四）煤矿粉尘智能管控系统

煤矿粉尘智能管控系统由大采高综采面智能降尘、大断面快速掘进面智能降尘、综掘面智能降尘、运输巷智能降尘以及粉尘智能管控平台等子系统构成，有效解决了大采高综采面、快速掘进面、综掘面及主要巷道的粉尘污染问题。粉尘智能管控系统如图 6-6 所示。

（1）大采高综采面智能降尘子系统

大采高综采面智能降尘子系统由采煤机尘源智能跟踪降尘、采煤机跟机高效控降尘，采煤机机载除尘，支架智能"雾炮"，液压支架自适应封闭捕尘及转载机、破碎机非接触式喷雾降尘等技术与装备组成。该子系统针对大采高综采面粉尘防治难题，创新性地实现了大

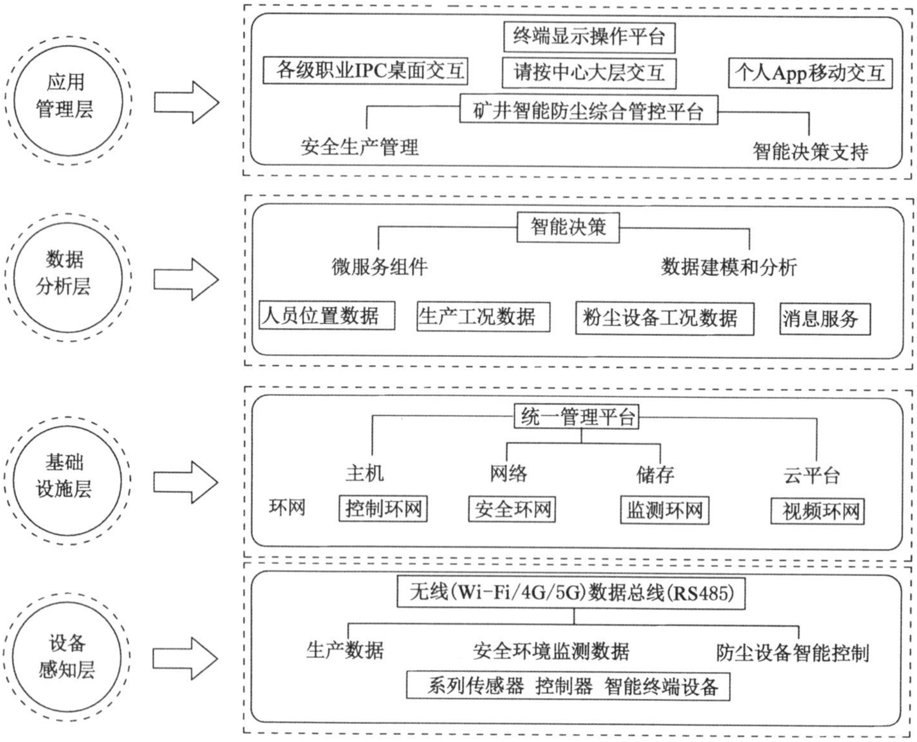

图 6-6　粉尘智能管控系统

采高工作面"喷雾抑尘＋喷雾控降尘＋机载除尘＋支架导尘＋雾炮风流净化/防护网顺风引射喷雾"的粉尘综合治理。采煤机尘源智能跟踪降尘及采煤机跟机高效控降尘技术，利用多点粉尘浓度自动监测和高精算法，实现了高浓度粉尘区域的精确定位；基于综采面粉尘浓度管理限值，智能调整系统运行参数，实现对大采高工作面高浓度粉尘区域尘源持续的"三维立体"包络喷雾，以及对高浓度粉尘区域高效控降尘。采煤机机载除尘实现了在采煤机上风侧滚筒割煤产尘及垮落冲击产尘高浓度尘源的高效抽尘净化。支架智能"雾炮"技术根据采场空间上部粉尘分布、扩散、沉降规律，基于粉尘监测数据，智能抽吸净化采场空间上部细微粉尘，同时利用出口引射全覆盖喷雾沉降出风远端细微粉尘。液压支架自适应封闭捕尘技术通过对降柱移架粉尘的有效封闭、引导，阻止降柱移架粉尘进入工作风流，实现了对支架降柱移架粉尘的有效治理。在曹家滩煤矿，采煤机割煤时，总粉尘浓度由 1 316.7 mg/m^3 降至 18.6 mg/m^3，降尘效率达到 98.59%；呼吸性粉尘浓度由 148.8 mg/m^3 降至 12.5 mg/m^3，降尘效率达到 91.60%。大采高综采面智能降尘子系统如图 6-7 所示。

(2) 大断面快速掘进面智能降尘子系统

大断面快速掘进面智能降尘子系统由密闭隔尘、机载立体多维喷雾封闭抑降尘或泡沫降尘、轻质柔性风流调控、定制一体化机载高效除尘等技术及装备组成。该子系统针对快速掘进工作面掘进速度快、断面大、粉尘污染严重等难题，通过密闭隔尘阻止风流对截割产尘的扰动影响，阻止粉尘快速扩散；通过机载立体多维喷雾封闭抑降尘技术实现截割滚筒全方位、立体交叉全覆盖喷雾，实现尘源点降尘及高浓度粉尘弥漫区域高效控降尘；通过轻

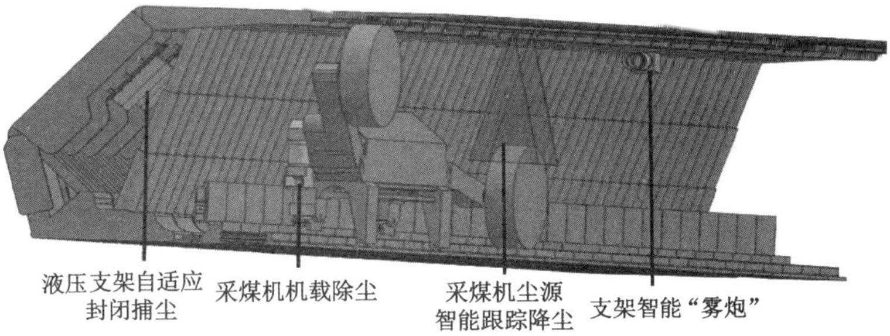

图 6-7　大采高综采面智能降尘子系统

质柔性风流调控实现工作面粉尘有效控制，配合一体化机载高效除尘技术实现对工作面高浓度尘流的高效抽尘净化。该系统在曹家滩煤矿应用效果良好，大断面快速掘进面司机位置的总粉尘浓度由 473.1 mg/m^3 降至 22.5 mg/m^3，降尘效率达到 95.24%；呼吸性粉尘浓度由145.7 mg/m^3 降至 10.1 mg/m^3，降尘效率达到 93.07%。大断面快速掘进面智能降尘子系统如图 6-8 所示。

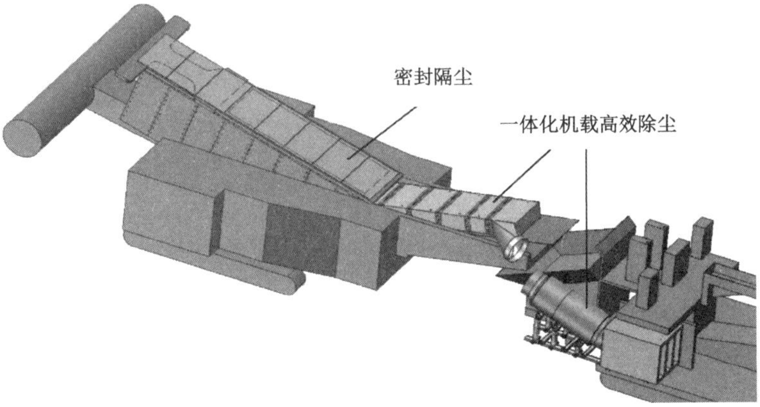

图 6-8　大断面快速掘进面智能降尘子系统

(3) 综掘面智能降尘子系统

综掘面智能降尘子系统由掘进机全覆盖高效密闭喷雾降尘、智能高效控降尘、巷道全断面自动喷雾降尘等技术及装备组成。该子系统采用全覆盖高效密闭喷雾，实现截割头尘源点降尘及摇臂范围高浓度粉尘密集区域的高效降尘；通过实时监测工作面环境参数及除尘设备运行工况等关键状态参数，围绕最佳工艺参数的控制策略，通过压抽风量等配套工艺参数的智能调控，保证机载高效除尘系统实时处于最佳工艺运行状态，实现综掘面粉尘智能防控。在陕西小保当矿业有限公司、济宁矿业集团有限公司霄云煤矿、黄陵矿业集团有限责任公司等的应用表明，司机位置粉尘浓度可降至10 mg/m^3 以下，综合降尘效率达到95%以上，解决了综掘面粉尘污染问题。综掘面智能降尘子系统如图 6-9 所示。

(4) 运输巷智能降尘子系统

运输巷智能降尘子系统由输送带沿程煤体润湿、回程喷雾清洁、无动力输送带清刮、转

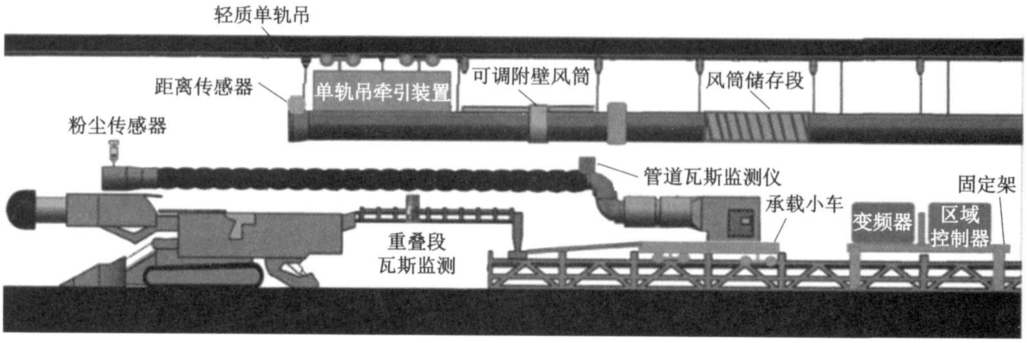

图 6-9　综掘面智能降尘子系统

载点非接触式喷雾、巷道全断面自动喷雾、感应式自清洁捕尘网等技术及装备组成。该子系统可独立使用，也可组网运行。可根据使用条件选择有线或无线方式。在曹家滩煤矿，主斜井井底输送带转载点，总粉尘浓度由 37.6 mg/m^3 降至 6.5 mg/m^3，降尘效率达到 82.71%；呼吸性粉尘浓度由 17.3 mg/m^3 降至 4.8 mg/m^3，降尘效率达到 72.25%。运输巷智能降尘子系统如图 6-10 所示。

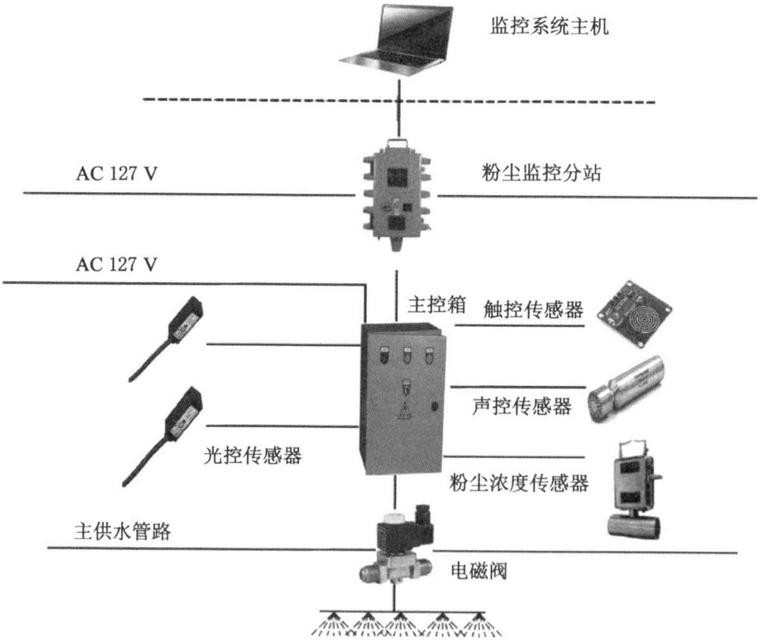

图 6-10　运输巷智能降尘子系统

(5) 粉尘智能管控平台

粉尘智能管控平台由感知层、传输层、决策层、执行层组成，感知层包括总粉尘浓度传感器、呼吸性粉尘传感器、流量压力传感器等感知设备，传输层包括监控分站、网络交换机等传输设备，决策层包括专家决策系统等，执行层包括开停传感器、变频器、水压调节器、电磁启动器等执行元件。粉尘智能管控平台具有数据采集、粉尘超限预警、自诊断、报警与控制、人机交互、外接数据等功能，可通过该平台实现各防降尘子系统的智能化管控。

第二节　掘进环境监测

矿井瓦斯爆炸和井下火灾都是生产工作中的严重事故，做好瓦斯爆炸等恶性事故的防治工作，是实现煤矿安全生产的必然要求。安全监测系统能实现瓦斯、一氧化碳(CO)、风速、负压、温度的集中监测和瓦斯超限的报警、断电，在避免瓦斯爆炸、火灾事故，保证矿井安全生产方面能起到重要作用。

煤矿掘进环境监测旨在收集和分析各种关键参数，以帮助管理人员、工程师和矿工更好地了解工作环境的实际情况。这些参数包括温度、湿度、气体浓度和噪声级别。通过实时监测和分析这些数据，我们能够更好地预测和应对环境因素对工作条件的影响，从而提高工作环境的质量，降低风险，保障工人的健康和安全。

一、温度监测

（一）温湿度对工作条件的影响

温度和湿度是地下掘进工作环境中两个重要的环境参数，它们对工作条件和工人的健康都有显著影响，理解这些影响是确保工作环境安全和舒适的关键。

在高温环境下工作可能导致热应激和中暑，这会影响工人的注意力和反应速度，增加工伤和事故的风险。高温可能导致设备过热，缩短其寿命并增加维护需求。

低温环境下工作可能导致冻伤和体温过低，降低工人的舒适度和工作效率。低温会影响设备的性能，增加设备故障的风险。

高湿度环境中工作可能导致体温上升、汗液不易蒸发，增加中暑的风险，同时引起身体不适和皮肤问题。高湿度可能加速设备的腐蚀和损坏。

低湿度环境中工作会导致水分流失，引发脱水、皮肤干燥、呼吸不适和眼睛刺痛等问题。低湿度可能导致静电产生，影响设备的正常运行。

了解温湿度对工作条件的影响是至关重要的，因为它有助于工程师和管理人员采取必要的措施来维护适宜的工作环境。如改进通风系统、提供合适的工作服装、调整工作时间表和监测工人的身体反应等。维护适宜的温湿度水平不仅有助于提高工人的工作效率，还能减少事故的发生，确保煤矿掘进作业的安全性和可持续性。

（二）监测方法和设备

传感器类型：温度监测可以使用各种类型的传感器来实现，包括热电偶式传感器、热电阻式传感器、PN结温度传感器等。每种类型的传感器都有其优点和适用范围。

热电偶式温度传感器是利用焊接后两种不同材料的导体受热产生热电势的原理制成的测量温度仪表。它主要由热电偶、补偿导线和电气测量仪表(检流计)3部分组成。用两根不同的导体或半导体(热电极)的一端互相焊接，形成热电偶的工作端(热端)，将热端插入被测介质中来测量温度。其结构如图6-11所示。

热电阻式温度传感器是利用导体或半导体的电阻随温度变化而改变的性质制成的，通

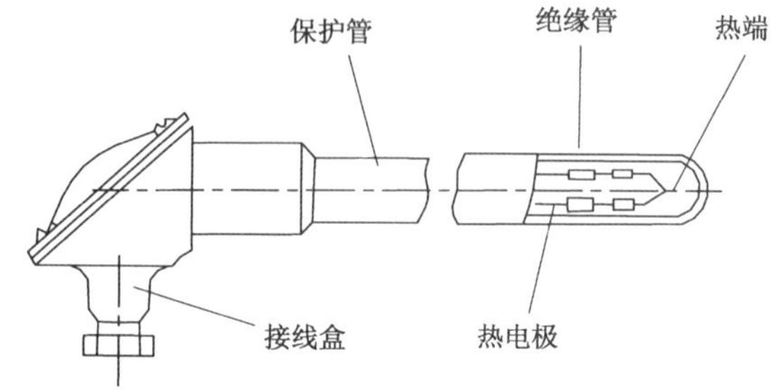

图 6-11　普通热电偶结构

过测量金属电阻值大小，得出所测温度的数值。热电阻常用材料为铂和铜。

热电阻外面一般要加保护套管，保护套管材料要耐高温、耐腐蚀、能承受温度剧变、密封性好及有足够的机械强度。普通工业热电阻式温度传感器结构如图 6-12 所示。

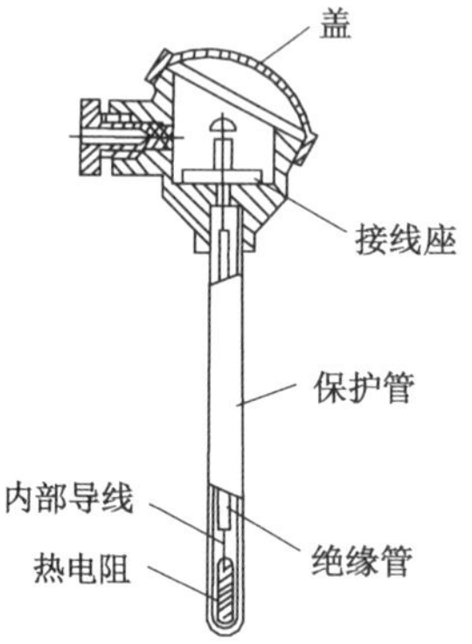

图 6-12　普通工业热电阻式温度传感器结构

PN 结温度传感器是利用晶体管基极电压和发射极电压的电压差（正向压降）随温度变化而变化的特性制成的温度敏感元件。

晶体二极管和晶体三极管 PN 结的结电压是随温度变化而变化的。例如，在恒流的情况下，温度每升高 1 ℃，硅管 PN 结的结电压下降 2 mV。PN 结温度传感器就是利用这种特性制成的温度敏感元件。它有两种类型，即二极管温度传感器和三极管温度传感器。这种传感器的特点是：有较好的线性度、尺寸小、热响应时间短（0.2～2 s）、灵敏度高（约为 2 mV/℃）；不足的是，测温范围小（－50～＋150 ℃）、互换性较差。图 6-13 所示为二极管正向电压-温度曲线。

二、瓦斯监测

地面空气进入井下后，其成分将发生变化，主要表现为氧气含量减少，有害气体增加。矿井空气成分监测的目的是确定其成分是否符合《煤矿安全规程》的规定。瓦斯监测就属于对矿井空气成分进行监视检测，主要是甲烷（CH_4）含量的监测。

（一）热导型气体监测

（1）热导型气体监测原理

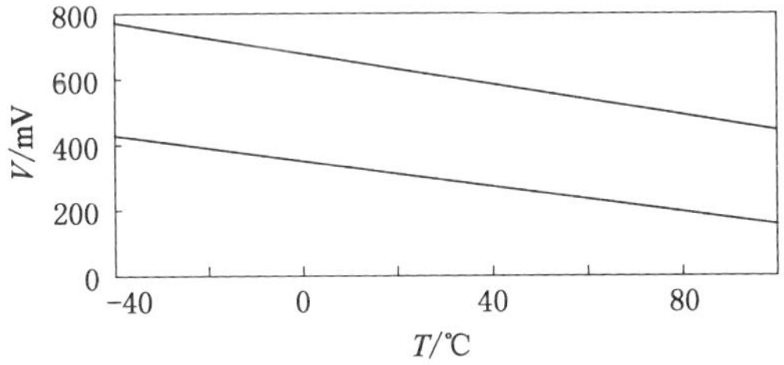

图 6-13　二极管正向电压-温度曲线

热导型气体监测原理是，利用各种气体导热系数与空气导热系数的差异以及导热系数与气体浓度的关系，实现对气体浓度的监测。

气体的导热系数与气体相对分子质量 m，热运动的平均速度 $\bar{v}$，气体的摩尔定容热容 $c_{V,m}$，绝对温度 T 以及试验常数 C 有关，即式(6-1)。

$$\lambda = f(m, \bar{v}, c_{V,m}, T, C) \tag{6-1}$$

表 6-3 列出了部分气体在 1 atm(1.013 25×10^5 Pa，下同)，300 K 条件下的导热系数。

表 6-3　部分气体在 1 atm，300 K 条件下的导热系数

气体名称	空气	氧气	氮气	氢气	一氧化碳	二氧化碳	甲烷
$\lambda/\times10^{-6}$[W/(m·K)]	15.69	15.86	15.63	19.50	15.67	5.32	20.68

气体的导热系数随温度增加而增加，当温度为定值时，导热系数与气体分子的直径成反比，分子直径越小，其导热系数越大。一般情况下，导热系数与气压无关。

气体的导热系数与温度的关系复杂，常用式(6-2)表示。

$$\lambda_T = \lambda_0(1 + \beta T) \tag{6-2}$$

式中　λ_T，λ_0——温度分别为 T 和 0 ℃时的导热系数；

β——一定范围内气体导热系数的温度系数。

混合气体的导热系数可以粗略地认为是各组分导热系数的平均值，即

$$\lambda_C = \sum_{i=1}^{n} n_i \lambda_i \tag{6-3}$$

式中　λ_C，λ_i——混合气体和第 i 种气体的导热系数；

n_i——第 i 种气体的体积分数。

设空气中甲烷的质量为 m，空气的导热系数为 λ_a，甲烷的导热系数为 λ，甲烷和空气混合气体的导热系数为 λ_C，则

$$\lambda_C = \lambda m + \lambda_a(1 - m)$$

$$m = \frac{\lambda_C - \lambda_a}{\lambda - \lambda_a} \tag{6-4}$$

应当指出，上述混合气体导热系数 λ_C 计算公式与温度关系式均是近似关系式，在有些情况下，气体导热系数并不符合上述关系式。

(2) 传感器检测精度

利用导热原理制作的传感器，主要是电桥电路。由于被测气体的浓度越高，其导热系

数与空气的导热系数相差越大，所以热导型气体监测传感器测量高浓度气体时精度较高。但是，如果被测气体浓度较低，其导热系数与空气的导热系数相近，则输出信号较弱，灵敏度和分辨率很小，因此，这类传感器不适用于低浓度环境。

（二）载体热催化原理气体监测

（1）热催化元件

20 世纪 40 年代，美国使用纯铂丝元件制成热催化原理的测量仪表；随后，在铂丝上涂上催化剂，制成催化元件。到 50 年代，英国公布了在铂丝上涂加载体和催化剂的专利。以后的载体热催化原理检测仪表在元件工艺配方、工作稳定性、抗中毒、使用寿命等方面得到逐步发展并日臻完善。

① 纯铂丝热催化元件

纯铂丝热催化元件如图 6-14 所示。元件仅有一个纯铂丝螺旋圈，结构简单，制造容易。它最大的优点是抗中毒能力强，如在含 0.000 1%的硫化氢（H_2S）与 1%的 CH_4 气体中，可持续工作 4 h 或每次工作 30 s 断续工作 400 次，元件输出活性不下降。与其相比，载体热催化元件在含 0.000 1%的 H_2S 与 1%的 CH_4 气体中持续工作 4 h 后，其输出活性下降 20%以上。故在含有较多的 H_2S 等的气体中不宜使用载体热催化元件，可使用纯铂丝热催化元件。但是，铂丝的工作温度一般为 900～1 000 ℃，工作时铂丝升华比较严重，线径缩小容易造成仪器零点严重漂移，连续工作寿命缩短。波兰和法国一直以使用铂丝元件为主，实际使用中采取向元件间断供电的工作方式延长铂丝元件寿命，以实现长期连续监测。

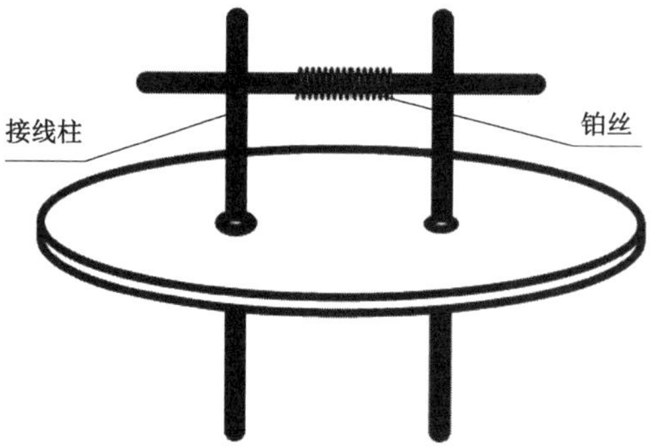

图 6-14　纯铂丝热催化元件

② 载体热催化元件

载体热催化元件由铂丝线圈、载体和催化剂等组成，是目前使用最广泛的一种催化元件。目前，国内外生产使用的低浓度甲烷传感器几乎都是采用载体热催化元件。

铂丝线圈的作用是，一方面对载体和催化剂进行加热，使甲烷等可燃气体接触元件后达到一定的氧化状态；另一方面检测甲烷等可燃气体在催化剂作用下燃烧生成的热量。

载体一般是氧化铝（Al_2O_3），其作用是提供较大的反应接触面积、固定铂丝的几何形状、附载催化剂、传导热量给铂丝。

催化剂的作用是使氧化反应速度加快，甲烷在空气中进行无焰燃烧的温度约为 650 ℃，在催化剂的作用下，燃烧温度可以降低到 300～400 ℃。催化剂对元件的灵敏度稳定性、功耗和寿命等都有决定性影响。常用的催化剂有钯(Pd)、铂(Pt)、钍(Th)等。元件配方及工艺较复杂,各厂家均不相同。

涂有催化剂的元件颜色一般呈黑色,俗称黑元件,即检测元件;未涂催化剂的元件呈白色,称为白元件,用来对环境(如风速、温度、湿度、电流和电压等)变化影响进行补偿,即补偿元件。两者的大小、材料、几何形状等都相同。甲烷监测传感器中载体热催化元件(黑元件)和白元件都是配对使用的。

(2) 载体热催化元件的特性

① 元件的活性:是指可燃气体的氧化燃烧速率。元件活性高,通过电桥测量可燃气体时,可以得到较高的信号输出电压。一般元件中每测量浓度为1%的甲烷时,信号输出电压不应低于15 mV。

② 稳定性:是指元件在新鲜空气与有一定浓度可燃气体的环境中,在规定的连续工作时间里的活性下降率。活性下降率越低,表明元件工作性能越稳定,与不可燃气体不反应,受环境的影响小。

③ 工作点和工作区间:元件工作点是指元件的标准工作电压和电流值。实际使用中,为了便于组成电桥和选定电桥电流,工作点通常是指一对元件(黑、白)的标准工作电压或电流值。在工作点上,元件具有较大输出电压、较好的稳定性和最小的零点漂移。目前,国内元件的工作点有1.2 V,2.2 V,2.4 V以及320 mA等。

当元件的工作电压或电流变动时,在同一甲烷浓度下输出活性是不同的。只有当工作电压或电流在某一范围内变动时,输出活性才接近于直线,这个电压或电流变化范围称为元件工作区间,区间越宽越好。目前,元件的工作区间只能达到标准电压的110%。

④ 元件的中毒特性:载体热催化元件的催化剂铂、钍等与硫、磷、氯、硅等的化合物作用,其催化活性逐渐降低的现象称为催化剂中毒。催化剂中毒过程的实质是毒物与催化活性物质之间发生了某种物理化学作用,从而使元件的活性表面受到破坏或遮盖。毒物在元件活性表面上吸附或化合较弱,造成暂时性中毒,暂时性中毒通过活化处理可以恢复。使元件暂时性中毒的物质有硫化物和氯化物。若毒物与活性表面结合力很强,无法使元件活性恢复,则造成永久性中毒。使元件永久性中毒的物质有硅、铅等。元件中毒程度,即灵敏度的降低程度,与导致元件中毒的物质浓度和接触时间成正比,毒物浓度越高,元件灵敏度降低程度越大,甚至元件无反应。若毒物含量低,初期灵敏度下降不大,但随着中毒时间延长,元件灵敏度逐渐降低。评价元件中毒的指标用相对灵敏度表示,即

$$\text{相对灵敏度}=\frac{\text{某一时间元件的灵敏度}}{\text{元件的初始灵敏度}}\times 100\% \tag{6-5}$$

使用载体热催化元件时应首先了解使用环境中毒物的存在情况,了解元件本身的抗中毒性能,然后根据矿井存在中毒物质的情况,采取相应的措施,以保证元件正常工作。目前,除依靠提高元件本身抗中毒性能外,常用加装过滤装置将中毒物质过滤掉的方法防止元件中毒,常用的过滤剂有活性炭、硅胶、分子筛等。

⑤ 载体催化元件的激活特性:工作一段时间的元件,遇到较高浓度可燃气体(体积分数为5.5%~6%)数分钟后元件的活性升高,高浓度可燃气体消失后,元件在几十小时内活性又逐渐下降到初始值附近,元件的这种性质称为激活特性。元件的激活特性是元件的一个缺点,被激活的元件在一段时间内输出信号不稳定,使用中需要经常调整。元件的激活特

性是由元件本身特性引起的，目前国内外研究的解决方法大多从元件本身以外的电路上采取措施：一种方法是采用两套元件，低浓度时使用催化元件，高浓度时使用热导元件，即采用切换的方法解决；另一种方法是使电路在遇到高浓度可燃气体时能自动切断电源供电，停止工作，当浓度降到5%以下后再自动恢复工作。我国有些厂家生产的高低浓度甲烷传感器就是采用前一种方法实现的。

⑥ 载体热催化型仪器的反应速度：该速度指仪器从接触到被测气体开始，到传感器元件能正确地指示数据为止所经历的时间。显然，传感器元件对环境中甲烷浓度的变化应具有较高的反应速度，反应速度太慢则仪器失去检测的意义。

反应速度取决于传感器元件本身的时间常数（即其本身的反应速度）和待测气体向传感器元件扩散的速度（即仪器的气室结构）。

元件本身的时间常数 τ 可用式(6-6)

$$\tau = E/(\lambda S + 4A\sigma S_{T}T^{3} - I^{2}R\lambda_{T}) \tag{6-6}$$

式中 E——元件的热容，J/K；

σ——斯特藩常数，$\sigma=5.668\,6\times10^{12}$ J/(m·s·K^4)；

A——辐射系数；

λ——导热系数，W/(m·K)；

S——元件表面积，m^2；

T——元件的温度，K；

I——元件通过的电流，A；

R——元件的电阻，Ω；

S_T——元件辐射法向面积，m^2。

时间常数 τ 与热容成正比，而热容又与表面积的3/2次方成正比，因此，时间常数 τ 随元件表面积的增大而增大。为了获得较快的反应速度，应当使元件具有较小的表面积，如果元件表面积大，辐射散热和传导散热增大，则元件升温比较困难，因而反应速度慢。由式(6-6)可知，时间常数 τ 随元件温度的升高而减小，说明反应速度随温度的升高而加快。电流对时间常数的影响比较复杂，因为电流增大的同时温度 T 也是升高的，两者对时间常数的影响相反，综合作用的结果是时间常数 τ 有所减小，反应速度有所加快。

三、一氧化碳和硫化氢监测

监测一氧化碳(CO)和硫化氢浓度的仪器包括检知管、定电位电化学CO传感器、气相色谱分析仪等，按其结构形式可分为便携式和固定式两类。

（一）检知管结构和监测原理

检知管是直径为4～6 mm，长为150 mm的玻璃管，内装活性载体，载体吸附化学试剂，管口熔封。使用时先打开管口，待测气体依靠抽气筒（又称为水龙）以一定的速度均匀地通过检知管，与管内的化学试剂进行化学反应，产生变色圈，再根据变色圈的长度来测定待测气体的浓度。一氧化碳检知管的原理是，活性硅胶吸附了发烟硫酸和五氧化二碘(I_2O_5)，当CO气体通过时，发生如下反应，即

$$5CO+I_2O_5\xrightarrow{H_2SO_4}5CO_2+I_2(棕色)$$

比色式检知管依靠气体中的 CO 与管内试剂反应后生成物的不同颜色，来区分气体中 CO 的含量。为此，管外附有一块标准含量的比色板，只要把管内反应生成物的颜色与比色板颜色比较，颜色的彩条所注明的 CO 含量即可认为是被测气体中 CO 的含量。

检知管内的试剂有一定保存期，超期不能使用，每支检知管只能使用一次。检知管只能随检测人员流动采样，人员无法进入的地点无法取值检测。

（二）定电位电化学 CO 传感器

各种气化还原性物质都有一定的氧化还原电位，CO 的氧化还原电位是 0.9～1.1 V，在还原电位条件下，CO 可氧化还原成 CO_2。根据这一原理只要测出 CO 还原状态下离子电流的大小，即可测算出 CO 的浓度值。采用这一原理研制的 CO 连续监测式传感器在美国、英国、德国、法国和日本等国家均已取得较好的应用效果。我国于 20 世纪 80 年代中期研制的 KG3002 型连续监测 CO 传感器，已应用在 KJ 系列及其他煤矿安全监测系统中。图 6-15 所示为 CO 传感器的电化学池结构及工作原理。其内部是一个装有 3 个电极的电池，W 为工作极，C 为对极，R 提供恒定电位。恒定电位器产生 0.9～1.1 V 的恒定电位，在恒电位电化学池中通入 CO 气体并扩散至工作极时，CO 气体发生氧化反应生成 CO_2，同时，气体中的氧扩散到对极 C 处，发生还原反应。

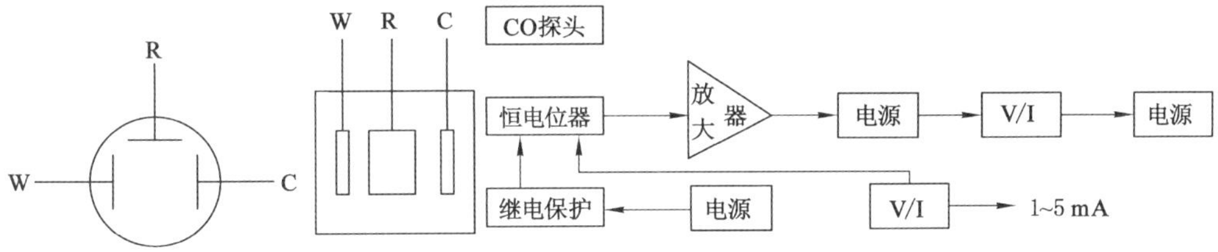

图 6-15　CO 传感器电化学池结构及工作原理示意

在工作极上：

$$CO+H_2O\longrightarrow CO_2+2H^++2e^-$$

在对极上：

$$\frac{1}{2}O_2+2H^++2e^-\longrightarrow H_2O$$

反应中，工作极 W 放出电子，对极 C 获得电子，从而在工作极 W 与对极 C 之间形成电解电流。其中，电流 I 的大小与 CO 的物质的量浓度 C_{CO}、扩散层面积 A、薄膜扩散系数 D 成正比；与扩散层的厚度 δ 成反比，可用式(6-7)计算。

$$I=\frac{nFADC_{CO}}{\delta}\tag{6-7}$$

式中　n——1/28 mol 的 CO 气体所产生的电子数；

F——法拉第常数，F=96 485.338±0.008 3 C/mol(约 96 500 C/mol)；

A——扩散层面积，cm^2；

D——薄膜扩散系数，cm^2/s；

C_{CO}——CO 物质的量浓度，mol/mL；

δ——扩散层的厚度，cm。

输出电流信号经放大、A/D(模拟/数字)转换，以数字形式显示出 CO 的浓度。

（三）一氧化碳和硫化氢监测报警器

（1）MSA-570 系列一氧化碳监测报警器

一氧化碳隔爆传感器由探头和前置放大器组成，探头是电化学极谱电池。前置放大器电路上的基准电压发生器通过缓冲放大器，给工作电极（测量电极）提供基准电势。基准电势使探头的工作电极相对参比电极有一个合适的电势，一氧化碳气体通过隔爆片及探头表面的塑料薄膜，以扩散方式进入探头发生氧化反应时，工作电极释放电子，参比电极获得电子，形成了与一氧化碳浓度成正比的电流（微安级）信号，该信号经过放大后通过屏蔽电缆传送到控制单元的输入放大器。

MSA-570 系列一氧化碳监测报警器，可连续监测空气中一氧化碳浓度的范围是 0～600 mg/m^3。当一氧化碳浓度达到设定的预报值或报警值时，可发出报警信号，同时启动联锁触点信号带动蜂鸣器发出警报。其控制系统安装在控制室，传感器安装在测定现场，可远距离连续监测 1～5 个场所的一氧化碳气体浓度信号，传输距离可达 1.5 km，测量精度为 5%F.S(F.S 表示测量表的满量程，5%表示测量表的精确度，下同)，响应时间小于 60 s，传感器寿命为 12 个月。

（2）MSA-580 系列硫化氢监测报警器

MSA-580 系列硫化氢监测报警器，可连续监测工作场所空气中硫化氢气体浓度的范围是 0～150 mg/m^3，该报警器可将测得的信号远距离传输到控制室或值班室。当空气中硫化氢气体浓度达到 15 mg/m^3 时发出预报警，达到 20 mg/m^3 时发出报警信号（用户可自行调整设定值），信号传输距离可达 1.5 km。每台仪表可容纳 1～5 个单元，可同时监测 5 个点的硫化氢气体浓度，其精度为±5%F.S，响应时间小于 60 s，传感器寿命为 12 个月。

MSA-580 系列硫化氢监测报警器的工作原理与 MSA-570 系列一氧化碳监测报警器相似，只是传感器有区别。MSA-580 系列的传感器由电化学极谱电池及有关电路组成，被测气体通过隔爆片以及探头表面的塑料薄膜以扩散方式进入极谱电池采样区，极谱电池使硫化氢氧化为硫酸。这种氧化过程与采样区内硫化氢的分压成正比，通过采样电路、放大电路及接口电路输出与环境气体中硫化氢浓度成比例的电信号。传感器为隔爆结构，防爆标志为 Ex dⅡC T6。

四、氧气监测

氧气是一种无色、无臭、无味的气体，比空气稍重，与生物呼吸密切相关，能与各种物质化合，有助燃性。监测氧气含量不仅有利于防止作业人员发生缺氧，而且对了解煤炭自然发火及井下火灾发展规律、判定灭火效果等方面具有重要的意义。

（一）电化学法测氧

电化学燃料电池也称为伽伐尼电池，其原理如图 6-16 所示。

电池内有两个电极和电解液，阴极用的是铂或金，而阳极则用铅或锌，电解液为氢氧化钾溶液。被测氧气透过聚四氟乙烯薄膜渗入阴极与薄膜间电解液层时，在阴极上产生如下化学反应：

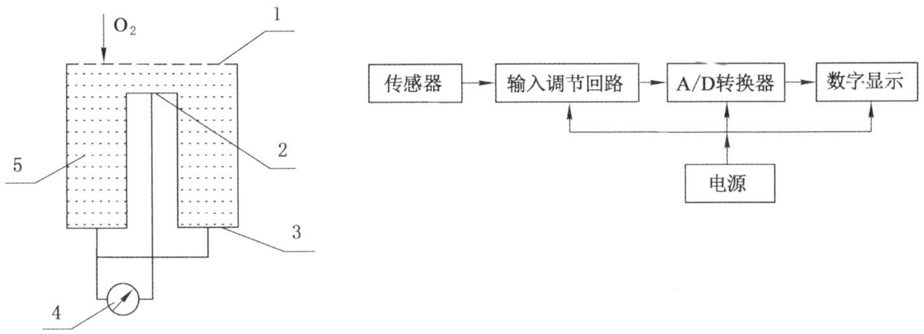

1—薄膜；2—阴极；3—阳极；4—电表；5—电解液。

图 6-16　伽伐尼电池测氧仪结构原理

$$O_2 + 2H_2O + 4e^- \longrightarrow 4OH^-$$

电解液中的 OH^- 在阳极上产生如下化学反应：

$$Pb + 4OH^- - 4e^- \longrightarrow PbO_2 + 2H_2O$$

总反应式为：

$$Pb + O_2 \longrightarrow PbO_2$$

从反应式可以看出，一个失去电子，另一个得到电子。如果在两极间加上负载就会有电流输出，电流的大小取决于透过薄膜的氧气量的多少，测量出电流的数值，即可获得氧气的浓度，从而达到测定氧气浓度的目的。

伽伐尼电池测氧仪通过传感器将氧浓度转变为电信号，输入调节回路经 A/D 转换后，再送至电表显示。

应用该原理制作的仪器，就传感器来说，不需要外接电源，另外在反应过程中阴极不参加反应，也不消耗电解液，只消耗阳极材料。

该测氧仪测量准确、迅速，在一定范围内线性好，对除腐蚀性以外的气体抗干扰性强，但根据测量原理可知，透过薄膜的氧气量与氧气分压有关，故大气压力变化对测值有影响，使用时应进行气压变化校正。当用于开采深度较深的矿井时，需要对仪器测值进行修正。为了解决气压对检测值的影响问题，可以用压力传感器测定大气压力，补偿偏差，也可用毛细管扩散控制机构，限制气压变化对测值的影响。除压力影响外，温度变化也会使测值产生误差，性能好的测氧仪都设有专门线路以抵消温度变化的影响。

（二）电磁法测氧

（1）磁风原理

氧气具有与其他气体不同的物理特性，具有顺磁性。顺磁性是指处于磁场中的某些物质在平行于磁场方向被磁化而且磁化强度与磁场成正比的性质。当气体进入具有磁场和加热线圈的气室时，由于磁场和加热线圈的作用，气流不断地流动形成所谓的磁风，使气室中的热敏元件阻值发生变化而破坏电桥平衡，不平衡电流大小与气样中氧气量有关。

由于氧气的磁性最强，所以含氧混合气磁化率主要由氧气的浓度决定。随着温度升高，氧气的磁性减弱，即氧气具有热磁效应。基于这一物理现象，可以测定氧气浓度。

（2）顺磁测氧仪

图 6-17 所示为顺磁测氧仪测量部分的构造与原理。如图 6-17(a)所示，两块永久磁铁构成不均匀磁场，在不均匀磁场中悬吊一个水平杆，水平杆两端各有一个石英小球，球内充有氮气，呈“哑铃”状。当氧气等顺着磁性气体通过时，由于在不均匀磁场中，气体被吸引，磁力线密集的地方气体密度大，磁力线稀疏的地方气体密度小，由此产生的密度差使“哑铃”受到一个将其推离较大磁通量区的作用力，“哑铃”产生偏转。偏转大小与“哑铃”所受作用力大小有关，而作用力大小与磁场通过的氧的含量有关，因此，通过测出“哑铃”偏转量即可计算氧气的浓度。“哑铃”的偏转带动反光镜的偏转，光源发出的光照射到硅光电池上，硅光电池将光能转换为电能。

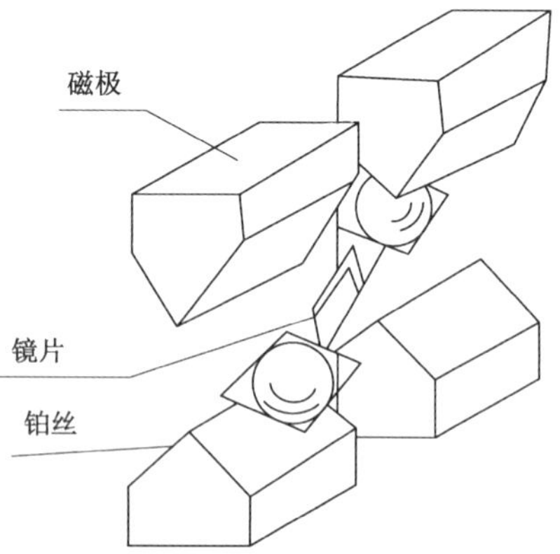

(a) 构造

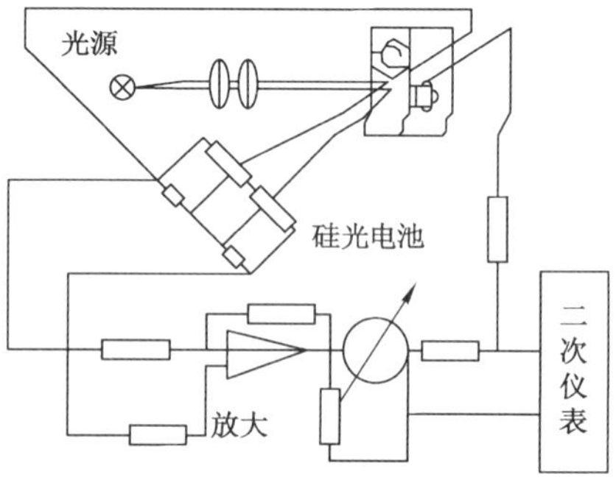

(b) 原理

图 6-17 顺磁测氧仪测量部分的构造与原理

当反光镜不发生偏转时，照射到两硅光电池的光强度一样，光电流也一样。放大器的输入端无电流差，放大器的输出端也无电流输出，指针不偏转。当反光镜发生偏转时，照射到各个硅光电池的光强度不一样，光电流大小不一样。放大器输入端有电流差，其输出端也有电流输出。因而可以通过输出电流的大小检测氧气浓度。

顺磁式测氧仪具有性能稳定、寿命长、可连续测定等优点。但由于其体积大、质量重、功耗较大，适用于固定场所，在煤矿主要用于束管监测系统中。

第三节 掘进人员行为监测

一、安全监测系统组成

矿井安全监测系统一般由传感器、执行机构、分站、电源箱、中心站(或传输接口)、打印机、电视墙(或投影仪、模拟盘、显示器等)、管理工作站、服务器、路由器、不间断电源设备(UPS)和接线盒等组成。

传感器：它将被测物理量转换为电信号，经矿用电缆与分站相连，有的还具有显示和声光报警功能。

执行机构：实现声光报警、显示及控制，用矿用电缆与分站相连。

分站：接受来自传感器的信号，并按预先约定的复用方式(频分制或时分制等)远距离传送给中心站，同时接收来自中心站的多路复用信号。分站还具有简单的数据处理能力，对传感器输入的信号和中心站（传输接口）传输来的信号进行处理，控制执行机构工作。

电源箱：供给系统所需的本质安全型直流电源，在交流电网停电后蓄电池维持供电时间不小于 2 h。

中心站：接收与处理分站远距离发送的信号，有信号数据统计与存储、显示与声光报警控制，打印输出，网络连接，人机对话等功能，同时将信号送到相应分站。

电视墙：用来显示信息，以便在调度室远距离观察。

管理工作站：一般设置在调度室、矿长办公室、总工程师办公室以及相关单位办公室，以便随时了解矿井安全及生产状况。

服务器：用于存储信息，以便调用和查询。

路由器：用于接入矿务局（公司）网络和广域网等。

二、安全监测监控系统的特点与功能

（一）安全监测监控系统的特点

安全监测监控系统具有以下特点。

① 电气防爆。矿井安全监测系统工作在有瓦斯和煤尘爆炸性的环境下使用防爆型电气设备。

② 远距离传输。矿井安全监测系统的传输距离至少要达到 10 km。

③ 网络结构采用树形结构。矿井安全监测系统必须沿巷道敷设传输电缆，挂在巷道壁上，巷道为分支结构且分支长度可达数千米。为便于监测系统的安装维护、节约传输电缆、降低监测系统成本，宜采用树形结构。

④ 系统传输速率低。矿井安全监测系统的监测对象主要为缓变量，对监测系统的传输速率要求不高。

⑤ 系统的抗干扰性较好。由于煤矿井下空间小，大功率设备（如采煤机、运输机等）的启停和架线电机车火花等造成的电磁干扰严重。因此，要求矿井安全监控系统有较强的抗干扰性。

⑥ 适应井下恶劣工作环境。煤矿井下除了有易燃易爆性气体（如瓦斯、一氧化碳等），还有腐蚀性气体（如硫化氢），而且矿尘大、潮湿、有淋水、空间狭小。因此，矿井安全监控系统的设备要有防尘、防潮、防腐、防霉、抗机械冲击等特点。

⑦ 传感器（或执行机构）宜采用远程供电。由于矿井安全监测系统的电源受电气防爆的限制，而传感器与执行机构往往设置在恶劣的环境（工作面）中，不便于就地供电，故多采用分站远距离供电。

⑧ 不宜采用中继器。由于矿井安全监测系统的电源受电气防爆的限制，不便于远距离供电，而中继器是有源设备，因此不宜采用中继器。

（二）安全监测监控系统的功能

为满足矿井安全监测的要求，矿井安全监测监控系统除满足矿井安全信息和控制要求外还需具备下列功能。

① 具备甲烷、一氧化碳风速、温度、压力等模拟量的监测功能；具备馈电状态设备启停

及风筒状况、烟雾等开关量和累计量的监测功能。

② 具备甲烷浓度超限声光报警和甲烷风电闭锁功能。

③ 具备断电状态监测功能；具备中心站手动遥控断电/复电功能；具备异地断电/复电功能。

④ 具备不间断电源功能；电网停电后，系统继续监控时间应不小于 2 h。

⑤ 具备自检功能；具备双机备份手动切换功能。

⑥ 具备实时存盘、列表显示、模拟量实时曲线和历史曲线显示、柱状图显示、模拟动画显示、系统设备布置图显示功能；具备报表、曲线、柱状图、模拟图、初始化参数等召唤打印功能。

⑦ 具备人机对话功能，以便于系统生成、参数修改功能调用；具备工业电视图像等多媒体功能；具备网络通信功能。

三、KJ69 矿用人员监测系统

（一）概述

早期使用的矿用人员监测系统主要是国外的门禁式人员监测系统，该系统由下井工人佩戴无线识别卡，工人通过导引巷道经过门禁检测站而自动完成下井工人情况监测。由于门禁检测站安装较困难，其设置数量较少，一般设置在井底，因此该系统只能监测下井人员，而不能对下井人员进行区域定位。我国也有厂家开发了类似的矿用人员监测系统，并在部分煤矿安装使用。我国开发的具有井下人员区域定位等功能的矿用人员监测系统由无线编码发射器、井下数据监测分站、地面中心站及数据传输信道等组成，其中无线编码发射器放置在下井工人佩戴的矿灯内，无线监测站设置在各井下巷道分支处，监测站由通信电缆连接，以总线通信方式，由地面监控主机进行管理。后来，由于无线编码发射器放置在矿灯内可能存在安全隐患，就将其设计成自带电池式设备，形式多样，无线通信频率也有 315 MHz 和 2.4 GHz 等多种。由于缺乏严格的市场准入，生产厂家很多，因此产品也良莠不齐。

目前，人员定位系统的生产厂家主要集中在国内，由于各厂家对矿井需求的理解不同，因此，开发的系统层次各不相同。有的系统只注重系统界面，而忽略系统的实用性；有的系统硬件设计不到位，无线编码发射器连续工作时间、漏检率等重要指标不满足标准的基本要求。

（二）KJ69 矿用人员监测系统功能

KJ69 矿用人员监测系统既有下井人员考勤功能，又有下井人员定位跟踪功能，还有工作面等受限区域超员报警、瓦检员等特殊作业人员巡检轨迹显示、灾前事故区域人员位置查询等功能。具体功能如下：

① 能够实时对煤矿人员入井时间进行统计；能实时对各单位人员下井班数、班次、迟到和早退等情况进行监测和分类统计；能生成各类考勤报表。

② 能够矢量化矿井工程图，并具有放大、缩小、移动功能，在矢量图上用不同标志模拟图形或颜色动态、实时显示井下各类人员状况和分布情况，并能动态显示指定人员或设备在指定时间段的活动轨迹。

③ 发生井下工作超时、人员进入危险区域、工作异常和矿井采区工作面超员等情况时自动报警，地面系统具有短信发送、紧急广播、远程警报等安全辅助手段。

④ 在发生事故和出现紧急状况时，能快速查询井下灾前各时段人员位置和状态，准确掌握被困人员位置，为抢险输出搜救路线图。

⑤ 除完成区域定位功能外，即将升级的系统还具备精确定位功能，其对静止目标的定位精度可达到 2 m，对移动目标的定位精度可达到 10 m，特别适合工作面等危险作业场所应用。

⑥ 一台分站(监测站)可连接多个接收器，节省投资，维护方便。

⑦ 双向通信功能。遇到紧急情况时，地面可向井下用户发布警告或指令，井下用户也可发出求救呼叫。

⑧ 超低功耗，更健康更安全。全球开放的 ISM(工业、科学和医疗频带)微波频段无须申请和付费，还具有高抗干扰性，对现场环境无特殊要求。

习　题

1. 通风系统是如何分类的?
2. 通风装备包括哪些?
3. 常用的矿井掘进综合防尘技术有哪些?
4. 温湿度对工作条件的影响有哪些?
5. 安全监测系统组成及其特点有哪些?
6. 矿井环境监测有何意义? 需要监测的气体或物质有哪些?
7. 对人员进行监测有何意义? 你认为还有哪些改进的措施?

参考文献

[1] 刘勇.煤矿粉尘智能防控技术及装备[J].智能矿山，2023，4(8):52-56.
[2] 王德明.矿井通风与安全[M].徐州:中国矿业大学出版社，2020.

第七章 井巷支护

导学思考题

1. 为什么要进行井巷支护？采用什么样的方法可以有效支护井巷？
2. 如何做到智能化支护？

为了保证井巷在掘进和使用期间的安全，并满足正常使用要求，需要对掘进形成的毛巷道的围岩施加必要的人工结构，以防止围岩的变形与破坏。这种人工结构称为井巷支护结构(俗称支架)，施加这种结构的工作称为井巷支护，也叫支护施工(简称支护)。

井巷支护的工作量和成本，在井巷施工中均占很大比例；其中，成本一般占井巷施工总成本的1/3～1/2。可见，井巷支护是井巷施工中的一项十分重要的工作，其施工质量不仅关系井巷围岩的稳定与安全，而且影响井巷施工的速度和效率、消耗和成本等。

与井巷支护有关的内容包括支护结构与作用原理(支护原理)、支护结构设计、支护施工等，已形成了比较完整的支护理论与技术体系。其中，支护结构与作用原理和支护结构设计属于支护理论范畴，按照课程分工由“岩石力学”课程主讲，本教材只介绍与断面设计和施工有关的内容，暂且称为支护技术。

支护结构因巷道断面形状、支护材料以及与围岩的关系等不同而种类繁多，支护技术的内容也因此十分丰富和庞杂。常用的支护结构分类方案有很多，但最简明的是按支护结构与围岩的关系分类。按支护结构与围岩的关系，可将支护结构分为三类：① 完全作用在围岩表面的架棚结构，如木(金属、预制钢筋混凝土)棚和混凝土(钢筋混凝土、料石)拱等；② 主要部分深入围岩内部的锚固结构，如锚杆、锚索等；③ 前两类结构结合而形成的联合支护结构，如锚喷支护、锚网喷支护等。本章按此分类安排相关内容。

第一节 支护材料

井巷支护材料是指用于构建支护结构的基本材料，其种类很多，常用的有水泥、混凝土、木材、金属材料等。这些材料性能不同，其用途和施工方法亦不同。本章主要介绍其基本性能。

一、水泥

(一) 水泥及其主要性能参数

1. 水泥及其分类

水泥是一种粉末状混合物质，与水混合后，在一定的环境条件下(空气或水中)，经过一段时间，能自行胶结形成具有一定强度的石状体，也可将固体散粒材料胶结在一起形成具有一定强度的胶结体。水泥属于水硬性胶凝材料，是一种常用的建筑材料。

水泥因其成分不同而分为不同的种类，不同种类的水泥性能不同，用途也不同。在井巷支护中应用最广泛的水泥是硅酸盐类水泥，本节仅介绍这类水泥。

2. 水泥的主要性能参数

水泥在凝结后才具有强度，才可以在建筑结构中发挥作用，因此凝结时间和在不同阶段的强度是水泥的两个重要的性能参数，对于支护结构，这些参数更为重要。

(1) 水泥的凝结时间

水泥的凝结分为初凝和终凝。初凝指水泥净浆开始失去塑性，终凝指水泥净浆完全失去塑性并开始具有一定结构强度。将水泥从加水拌和起至初凝所需的时间称为初凝时间，将水泥从加水拌和起至终凝所需的时间称为终凝时间。水泥终凝以前称为凝结阶段。

从使用角度考虑，水泥的初凝时间不宜过短，以便有足够的时间完成与水(或水及其他材料)搅拌混合、运输、浇注(或砌筑)等施工操作；而水泥的终凝时间不宜过长，应在施工完毕后尽快硬化并达到一定强度，以便及早承载和进行下一步施工。

水泥在终凝后，还需要一段时间其强度才能达到最大值，这一阶段称为硬化阶段。在硬化阶段，水泥强度会随时间推移而逐渐增大。

(2) 水泥的强度

水泥的强度是指水泥在硬化阶段的不同时期(也叫龄期)抵抗外力破坏的能力。水泥的强度有很多种，我国《通用硅酸盐水泥》(GB 175—2023)用 3 d 和 28 d 龄期的抗压强度和抗折强度作为评定水泥强度等级的依据。通用硅酸盐水泥不同龄期强度应符合表 7-1 的规定。

表 7-1　通用硅酸盐水泥不同龄期强度要求

强度等级	抗压强度/MPa		抗折强度/MPa	
	3 d	28 d	3 d	28 d
32.5	≥12.0	≥32.5	≥3.0	≥5.5
32.5R	≥17.0		≥4.0	
42.5	≥17.0	≥42.5	≥4.0	≥6.5
42.5R	≥22.0		≥4.5	
52.5	≥22.0	≥52.5	≥4.5	≥7.0
52.5R	≥27.0		≥5.0	
62.5	≥27.0	≥62.5	≥5.0	≥8.0
62.5R	≥32.0		≥5.5	

(二) 硅酸盐类水泥

硅酸盐类水泥是以硅酸盐水泥熟料为基本材料生产而成的一类水泥。其主要成分有硅酸盐水泥熟料、石膏和混合材料。常用的硅酸盐类水泥有硅酸盐水泥、普通硅酸盐水泥和掺入混合材料的硅酸盐水泥(矿渣硅酸盐水泥、火山灰质硅酸盐水泥、粉煤灰硅酸盐水泥等)三种。

1. 硅酸盐类水泥的主要成分

(1) 硅酸盐水泥熟料

硅酸盐水泥熟料是以石灰石、黏土、铁矿物为原料,经研磨、混合、烧制而成的主要成分为硅酸钙的一种混合物。烧制前的混合物称为生料,烧制后的称为熟料。硅酸盐水泥熟料是硅酸盐类水泥的主要组成部分,其中主要矿物及含量如表 7-2 所列。

表 7-2 硅酸盐水泥熟料主要矿物组成及其含量

熟料矿物名称	化学式	化学式简写	含量/%	备注
硅酸三钙	$3CaO \cdot SiO_2$	C_3S	42～61	除此以外,还有少量游离氧化钙(CaO)、游离氧化镁(MgO)等
硅酸二钙	$2CaO \cdot SiO_2$	C_2S	15～32	
铝酸三钙	$3CaO \cdot Al_2O_3$	C_3A	4～11	
铁铝酸四钙	$4CaO \cdot Al_2O_3 \cdot Fe_2O_3$	C_4AF	10～18	

表 7-2 中四种硅酸盐水泥熟料矿物单独与水作用时所表现的特性如表 7-3 所列。由表 7-3 可知,不同硅酸盐水泥熟料矿物与水作用所表现的性能不同。改变硅酸盐水泥熟料矿物的含量,可以改变水泥的性能。例如,提高硅酸三钙的含量,可以制得快硬高强水泥;降低铝酸三钙和硅酸三钙含量,提高硅酸二钙的含量,可制得水化热低的低热水泥。纯熟料与水作用后凝结时间很短,不便使用。

表 7-3 硅酸盐水泥熟料矿物与水作用的特性

熟料矿物名称	性能		
	凝结硬化速度	水化放热量	强度
铁铝酸四钙	快	大	高
硅酸二钙	慢	小	早期低,后期高
铝酸三钙	最快	最大	最低
硅酸三钙	快	中	中

(2) 石膏

石膏是一种单斜晶系矿物。在水泥熟料中加入石膏可以调节凝结时间,通常石膏加入量为 3%左右。

(3) 混合材料

可掺入作为水泥成分的各种材料称为混合材料。混合材料既可以是天然矿物,也可以是人工材料。混合材料种类很多,按照性能不同可将其分为活性混合材料(水硬性混合材料)、非活性混合材料(填充性混合材料)及性能介于二者之间的混合材料。

① 活性混合材料。常用的活性混合材料有粒化高炉矿渣和火山灰质材料(包括火山灰、硅藻土、沸石、凝灰岩、烧黏土、烧过的煤矸石、煤渣与粉煤灰等)两类。活性混合材料的

细粉能与水泥熟料水化后生成的氢氧化钙溶液发生水化反应，生成具有胶凝性的水化物（水化硅酸钙、水化铝酸钙），这种水化物在空气和水中均能硬化。因此，在硅酸盐水泥熟料中掺入适量的活性混合材料，不仅能提高水泥产量、降低成本，而且可以改善水泥的性能，调节水泥强度等级，扩大使用范围。同时，还可以充分利用工业废渣，有利于环保。

② 非活性混合材料。常用的非活性混合材料有石英砂、黏土、石灰石和慢冷矿渣等。非活性混合材料的细粉与氢氧化钙加水拌和后，不能或很少生成具有胶凝性的水化物，因此，非活性混合材料仅起填充作用，掺入的目的是提高水泥产量、降低水泥强度等级和减少水化热等。

从水泥回转窑窑尾废气中收集的窑灰也可作为混合材料，其性能介于非活性混合材料与活性混合材料之间。

2. 常用的硅酸盐类水泥

(1) 硅酸盐水泥

硅酸盐水泥是由硅酸盐水泥熟料加入适量石膏并磨细而制成的一种水泥，其代号为P·Ⅰ和P·Ⅱ。在常用的水泥品种中，硅酸盐水泥强度等级较高，常用于重要结构中的高强度混凝土、钢筋混凝土和预应力混凝土工程。

硅酸盐水泥凝结硬化较快，适用于要求早期强度高、凝结快的工程，如地下工程的喷浆及喷射混凝土支护等工程。硅酸盐水泥在水化过程中，放出大量热，因此可用于冬季施工，但不宜用于大体积混凝土工程。

硅酸盐水泥抗软水侵蚀和抗化学侵蚀性差，所以不宜用于受流动的软水作用和有水压作用的工程，也不宜用于受海水和矿物水作用的工程。

《通用硅酸盐水泥》(GB 175—2023)规定，硅酸盐水泥的初凝时间应不小于 45 min，终凝时间应不大于 390 min。

(2) 普通硅酸盐水泥

普通硅酸盐水泥是由硅酸盐水泥熟料，加入少量混合材料和适量石膏磨细而制成的一种水泥，以下简称为普通水泥。普通水泥的成分绝大部分是硅酸盐水泥熟料，故其基本性能与硅酸盐水泥相同，但由于掺入少量的混合材料，在某些方面又有所差异，如与相同强度等级的硅酸盐水泥相比，普通水泥早期硬化速度稍慢，抗冻、耐磨等性能稍差。

普通水泥与硅酸盐水泥在初凝时间要求和使用范围方面基本相同。但它的强度等级范围较宽，便于合理选用。

普通水泥的混合材料可以根据需要选择不同的人工材料或矿物，但其掺量应符合《通用硅酸盐水泥》(GB175—2023)规定。

按照《通用硅酸盐水泥》(GB 175—2023)，普通水泥的强度等级分为 42.5,42.5R,52.5,52.5R,62.5 和 62.5R 六个等级。各强度等级水泥在各龄期的强度值不得低于表 7-1 的规定。

(3) 掺混合材料的硅酸盐类水泥

掺混合材料的硅酸盐类水泥是由硅酸盐水泥熟料，加入大量混合材料和适量石膏磨细而制成的一种水泥。其生产所使用的原料与普通水泥相同，只是加入混合材料的量大大增加。我国目前生产的掺混合材料的硅酸盐类水泥主要有矿渣硅酸盐水泥（简称矿渣水泥）、火山灰质硅酸盐水泥（简称火山灰水泥）和粉煤灰硅酸盐水泥（简称粉煤灰水泥）三种。它们的组分要求如下。

① 矿渣水泥。矿渣水泥以粒化高炉矿渣/矿渣粉作为主要混合材料。其中，粒化高炉矿渣/矿渣粉掺量为 21%～＜50%的代号为 P·S·A；粒化高炉矿渣/矿渣粉掺量为 51%～＜70%的代号为 P·S·B。允许用不超过 8%的粉煤灰或火山灰、石灰石替代部分粒化高炉矿渣/矿渣粉，替代后 P·S·A 矿渣水泥中粒化高炉矿渣/矿渣粉含量（质量分数）不小于水泥质量的 21%，P·S·B 矿渣水泥中粒化高炉矿渣/矿渣粉含量（质量分数）不小于水泥质量的 51%。

② 火山灰水泥。火山灰水泥以火山灰质混合材料作为主要混合材料，其代号为 P·P。其中火山灰质混合材料的掺量要求为 21%～＜40%，允许掺入小于 5%的石灰石替代部分火山灰质混合材料，替代后火山灰水泥中火山灰质混合材料含量（质量分数）不小于水泥质量的 21%。

③ 粉煤灰水泥。粉煤灰水泥以粉煤灰作为主要混合材料，其代号为 P·F。其中粉煤灰的掺量要求为 21%～＜40%。允许掺入小于 5%的石灰石替代粉煤灰，替代后粉煤灰水泥中粉煤灰含量（质量分数）不小于水泥质量的 21%。

由于加入了大量的混合材料，这类水泥与硅酸盐水泥和普通水泥相比，在性能上有较大的差别。上述三种水泥的共同特点是：凝结硬化速度较慢，早期强度偏低，但后期强度增长显著，甚至超过相同强度等级的硅酸盐水泥；水化放热速度缓慢且总放热量低；对温度变化较为敏感，温度较低时，硬化较慢，温度较高时（60～70 ℃），硬化速度显著提升，可超过硅酸盐水泥；抗冻性差；抵抗软水及硫酸盐介质的侵蚀能力较强。另外，矿渣水泥和火山灰水泥的干缩性大，而粉煤灰水泥的干缩性小；火山灰水泥的抗渗性较高；矿渣水泥的耐热性较好。

矿渣水泥、火山灰水泥和粉煤灰水泥的强度等级分为 32.5、32.5R、42.5、42.5R、52.5 和 52.5R 六个等级。目前生产较多的强度等级为 32.5 和 42.5。上述三种水泥的初凝时间应不小于 45 min，终凝时间应不大于 600 min。

上述三种水泥除适用于地面工程外，还特别适用于地下、水中等潮湿环境的一般混凝土结构和大体积混凝土工程，蒸汽养护的混凝土构件，以及受硅酸盐等一般侵蚀性介质作用的混凝土工程。

（三）水泥在井巷支护中的用途及选择

（1）水泥在井巷支护中的主要用途

水泥在井巷支护中的主要用途有：

① 与砂子混合形成水泥砂浆，用于砌块（料石或其他砌块）结构的黏结，或砂浆喷层。

② 与砂子、碎石混合形成素混凝土，用于浇注素混凝土拱，或预制素混凝土砌块，或做混凝土喷层等。

③ 与砂子、碎石混合并加入钢筋形成钢筋混凝土，用于浇注钢筋混凝土拱或钢筋混凝土梁（柱）等。

④ 加入速凝剂后形成快硬水泥，用作锚固剂。

（2）水泥的选择

常用水泥选用可参考《混凝土结构工程施工质量验收规范》(GB 50204—2015)推荐方案,见表7-4。

表7-4 常用水泥选用推荐方案

混凝土所处环境条件或工程特点		优先选用	可以使用	不得使用
环境条件	普通气候环境中的混凝土	普通水泥	矿渣水泥、火山灰水泥、粉煤灰水泥	
	干燥环境中的混凝土	普通水泥	矿渣水泥	火山灰水泥
	高温环境或永远处于水下的混凝土	矿渣水泥	普通水泥、火山灰水泥、粉煤灰水泥	
	严寒地区的露天混凝土、寒冷地区处在水位升降范围内的混凝土	普通水泥(强度等级≥32.5)	矿渣水泥(强度等级≥32.5)	火山灰水泥、粉煤灰水泥
	寒冷地区处在水位升降范围内的混凝土	普通水泥(强度等级≥42.5)		火山灰水泥、粉煤灰水泥、矿渣水泥
	受侵蚀性环境水或侵蚀性气体作用的混凝土	根据侵蚀性介质的种类、浓度等具体条件按专门(或设计)规定选用		
工程特点	厚大体积的混凝土	粉煤灰水泥、矿渣水泥	普通水泥、火山灰水泥	硅酸盐水泥、快硬硅酸盐水泥
	要求快硬的混凝土	快硬硅酸盐水泥、硅酸盐水泥	普通水泥	硅酸盐水泥、火山灰水泥、粉煤灰水泥
	高强(大于C40)混凝土	硅酸盐水泥	普通水泥、矿渣水泥	火山灰水泥、粉煤灰水泥
	有抗渗性要求的混凝土	普通水泥、火山灰水泥		矿渣水泥
	有耐磨性要求的混凝土	硅酸盐水泥、普通水泥(强度等级≥32.5)	矿渣水泥(强度等级≥32.5)	火山灰水泥、粉煤灰水泥

注:蒸汽养护用的水泥品种,宜根据具体条件通过试验确定。

二、混凝土

水泥因其成本和强度等特点很少被单独用于浇筑一种结构,而是与砂、石等材料一起混合使用。将水泥、砂、石和水按一定比例混合搅拌而制成的材料称为混凝土,其中,干密度为2 000～2 800 kg/m^{3}的水泥混凝土称为普通混凝土。在混凝土中,砂、石起骨架作用,称为骨料,其中将粒径为0.15～5 mm的砂称为细骨料,将粒径大于5 mm的碎(卵)石称为粗骨料;水泥为胶凝材料。

混凝土具有如下优点:① 凝固前具有良好的塑性,可以浇筑成各种预制构件,也可以在现场直接浇灌成整体支架,或直接喷射在巷壁上形成喷射混凝土层;② 与钢筋有牢固的黏结力,能制作成各种钢筋混凝土构件或结构物;③ 抗压强度大,而且可以根据需要设计成不同强度等级;④ 砂、石价格低廉,取材方便;⑤ 作为井巷支架材料,其防火性、耐火性和耐久性等都能满足要求。但混凝土也存在抗拉强度小、受拉时容易开裂、自重大等缺点。

（一）混凝土的组成材料

（1）水泥

水泥是混凝土的重要组成材料，其性能和作用前已述及。水泥的品种和用量对混凝土的强度起主导作用，并决定了混凝土的成本。因此，为保证工程质量和降低成本，应根据工程性质和施工工艺等合理选择和使用水泥。

（2）细骨料

常用的细骨料为天然砂，其中以石英砂为最佳。天然砂按形成条件分为海砂、河砂和山砂三类。其中河砂和海砂较纯净，砂粒多呈圆形，表面光滑；山砂一般含有较多黏土或有机杂质，砂粒具有棱角形状，表面粗糙。

① 砂中有害杂质及限制。

砂中的有害杂质会影响混凝土的技术性能，因此对其含量必须加以严格限制。

a. 含泥量。当混凝土强度等级大于或等于 C60 时，含泥量应不超过砂质量的 2.0%；当混凝土强度等级大于或等于 C30 小于 C55 时，含泥量应不超过砂质量的 3.0%；当混凝土强度等级小于或等于 C25 时，含泥量应不超过砂质量的 5.0%；有抗冻、抗渗或其他特殊要求的小于或等于 C25 混凝土用砂，其含泥量应不超过砂质量的 3.0%。

b. 含云母量。不宜超过砂质量的 2.0%；对于有抗冻、抗渗要求的混凝土用砂，其云母含量不应大于 1.0%。

c. 含轻物质（相对密度小于 2.0，如煤和褐煤等）量。不宜超过砂质量的 1.0%。

d. 含硫化物和硫酸盐量。以 SO_3 计，不宜超过砂质量的 1.0%。

e. 含有机物量。用比色法试验，颜色不宜深于标准色。

② 砂的颗粒级配及测定。

在混凝土拌和物中，水泥浆包裹在砂粒表面并填充于砂粒间的空隙之中。对于一定体积的混凝土，水泥浆用量取决于砂的总表面积和砂粒间的空隙率，当砂的总表面积和空隙率适宜时，水泥浆用量达到最优值，即既能节省水泥用量，还可提高混凝土的密实性与强度。在相同质量条件下，粗砂的总表面积比细砂的小，但空隙率比细砂的大。一般而言，用粗砂拌制混凝土需要的水泥浆比用细砂需要的水泥浆少，但要进一步节省水泥浆，则需要采用不同颗粒级配的砂子以减小空隙率。将砂子中各级尺寸颗粒的搭配关系，称为砂的颗粒级配。合适的颗粒级配不仅可以减少水泥浆用量，还可以提高混凝土的密实性和强度。在选砂时，应同时考虑砂的粗细和颗粒级配两个因素。比较理想的砂子是粗细合适、颗粒级配合理的砂子。

砂的粗细程度和颗粒级配用筛分法测定。测定方法为：将一套孔径分别为 5 mm、2.5 mm、1.2 mm、0.6 mm、0.3 mm、0.15 mm 的六个标准筛，按孔径由小到大自下而上叠放，将一定量的干燥砂放入套筛中进行筛分，筛分后称量每个筛上的筛余量，计算分计筛余（各筛上的筛余量除以试样总量的百分率）和累计筛余（该筛的分计筛余与筛孔大于该筛的各筛的分计筛余之和）。所有各筛的累计筛余即为该砂的颗粒级配。

表 7-5 所列为对混凝土用砂的颗粒级配的规定。表 7-5 中根据 0.6 mm 筛孔的累计筛余将砂分成 3 个级配区，处于 3 个级配区的砂子均可作为混凝土用砂。对累计筛余，除

5 mm 和 0.6 mm 筛号外，其他筛号允许超出分区界线，但其超出量应不大于 5%。

表 7-5 对混凝土用砂颗粒级配的规定

筛孔尺寸/mm	1 区	2 区	3 区
	累计筛余/%		
5.00	10～0	10～0	10～0
2.50	35～5	25～0	15～0
1.20	65～35	50～10	25～0
0.60	85～71	70～41	40～16
0.30	95～80	72～70	85～55
0.15	100～90	100～90	100～90

砂的颗粒粗细以细度模数 M_x 表示，M_x 按式(7-1)计算。

$$M_x = [(A_2 + A_3 + A_4 + A_5 + A_6) - 5A_1]/(100 - A_1) \tag{7-1}$$

式中 $A_1 \sim A_6$——5～0.15 mm 各号筛的累计筛余。

细度模数越大，表示砂子越粗。细度模数为 3.1～3.7 者为粗砂，2.3～3.0 者为中砂，1.6～2.2 者为细砂，0.7～1.5 者为特细砂。

(3) 粗骨料

混凝土中常用的粗骨料有卵(砾)石和碎石两种。卵(砾)石是由天然岩石经地质作用而形成的，碎石是天然岩石经人工加工而形成的。一般碎石较卵石含杂质少。

碎石颗粒富有棱角，表面粗糙，与水泥黏结较好。卵石表面光滑，棱角少，与水泥黏结较差。因而在水泥用量和水用量相同的情况下，用碎石拌制的混凝土流动性较差，但强度较高；而用卵石拌制的混凝土流动性好，但强度较低。但是，如果要求混凝土流动性相同，用卵石时减少用水量，其强度不一定低。因此，卵石或碎石各有优缺点，应根据材料来源及工程要求而定。在粗骨料中，常常含有针状颗粒(长度大于其所属粒级平均粒径的 2.4 倍)和片状颗粒(厚度小于其所属粒级平均粒径的 40%)，当这两种形状的颗粒过多时，会使混凝土强度降低。因此规定，当混凝土强度等级大于或等于 C60 时，针、片状颗粒含量应不大于石质量的 8%；当混凝土强度等级为 C55～C30 时，针、片状颗粒含量应不大于石质量的 15%；当混凝土强度等级小于或等于 C25 时，针、片状颗粒含量应不大于石质量的 25%。

此外，对粗骨料中杂质含量也有限制，具体如下。

① 含泥量。当混凝土强度等级大于或等于 C60 时，含泥量应不大于石质量的 0.5%；当混凝土强度等级为 C55～C30 时，含泥量应不大于石质量的 1.0%；当混凝土强度等级小于或等于 C25 时，含泥量应不大于石质量的 2.0%。对于有抗冻、抗渗或其他特殊要求的混凝土，其所用碎石或卵石中含泥量不应大于 1.0%。

② 硫化物和硫酸盐含量及有机物含量。与砂子的要求相同。

粗骨料的级配影响水泥用量和混凝土的和易性。特别对高强度混凝土，石子级配更为重要。石子级配也通过筛分法来确定，分计筛余百分率和累计筛余百分率计算方法均与砂子相同。普通混凝土中碎石(或卵石)的颗粒级配应符合表 7-6 的规定。石子的级配有连续级配和间断级配之分。

表 7-6　普通混凝土中碎石或卵石的颗粒级配范围

级配情况	公称粒级/mm	累计筛余,按质量计/%											
		筛孔尺寸(圆孔筛),mm											
		2.5	5	10	15	20	25	30	40	50	60	80	100
连续级配	5～10	93～100	80～100	0～15	0					0			
	5～15	95～100	90～100	30～60	0～10	0							
	5～20	95～100	90～100	40～70		0～10	0						
	5～30	95～100	90～100	70～90		15～45		0～5	0				
	5～40		95～100	75～90		30～65			0～5				
间断级配	10～20		95～100	85～100		0～15	0						0
	15～30		95～100		85～100			0～10	0				
	20～40			95～100		80～100			0～10	0	0～10	0	
	30～60				95～100			75～100	45～75		30～65	0～10	
	40～80					95～100			70～100				

连续级配:将石子按其尺寸大小分级,分级尺寸是连续的,然后按适当比例配合,一般天然河卵石就属于这一类。连续级配因大小颗粒搭配较好,混凝土的和易性好,不易发生离析现象。连续级配是常用的级配方法。

间断级配:间断级配的石子,其颗粒尺寸的大小是不连续的。有意剔去某些中间尺寸的粒级,造成颗粒级配的间断。大颗粒间的空隙,由比它小得多的颗粒来填充。间断级配容易使混凝土混合物产生离析现象。一般情况下,不宜用间断粒级骨料来制作混凝土。但为了充分利用资源,在进行综合技术经济分析后,允许直接采用间断粒级配制混凝土。

粗骨料中公称粒级的上限称为该粒级的最大粒径。骨料粒径增大,其比表面积减小,保证一定厚度润滑层所需的水泥浆或砂浆的用量也相应减少。因此,在条件许可的情况下,粗骨料的最大粒径应尽量选大些,但应满足下列要求:粗骨料的最大粒径不得超过结构截面最小尺寸的 1/4 和钢筋间最小间距的 3/4;采用喷射混凝土时,最大粒径应小于喷射机具输料系统最小断面直径或边长的 1/3～2/5,且不应大于一次喷射厚度的 1/3。

(4) 水

凡是能饮用的自来水和清洁的天然水,都能用来拌制和养护混凝土。污水、pH 值小于 4 的酸性水、含硫酸盐(按 SO_4^{2-} 计)超过水质量 1%的水和含油脂或糖类的水均不许使用。

(二) 混凝土的主要技术性能

(1) 混凝土混合物的和易性

混凝土混合物是指由混凝土的各种组分混合、拌匀而形成的未凝结硬化的混合体。混凝土混合物的和易性指其在保证质地均匀、各组分不离析的条件下,适合拌和、运输、浇灌和捣实的综合性能,包括流动性(指在振捣或自重作用下能产生流动,并均匀密实地填满模板的性能)、黏聚性(在施工过程中其组分之间有一定黏聚力,不致产生分层和离析现象的能力)和保水性(在施工过程中具有一定的保水能力,不致产生严重的泌水现象的能力)。

目前普遍使用坍落度测定法来测定混凝土混合物的和易性,如图 7-1 所示。将拌和好的混凝土混合物分层装入标准圆锥筒内，将其表面刮平后，取掉圆锥筒，测量混合物的坍落高度，即为坍落度(单位为厘米)。坍落度主要反映混凝土混合物的流动性，坍落度大表示流动性大。在测完坍落度后，再以捣棒轻击锥体侧部观察是否分层、离析，以抹刀抹面看其表面是否光滑、砂浆是否饱满、底部是否析水等，用于评定其黏聚性和保水性。

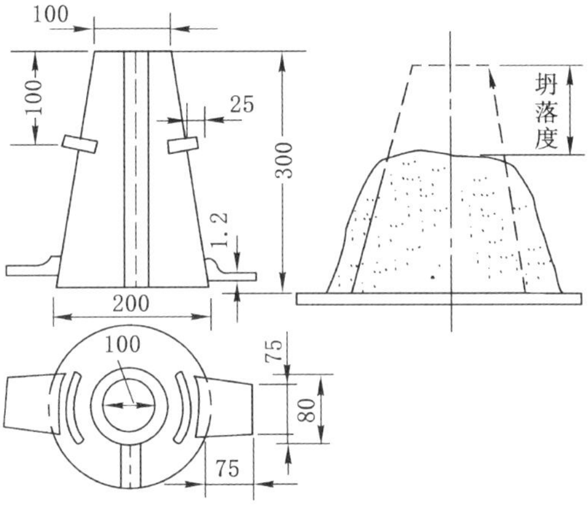

图 7-1　坍落度测定法

坍落度的选择，应视混凝土构件截面大小、钢筋疏密程度和施工方法等而定，可参考表 7-7 选择。

表 7-7　混凝土混合物坍落度的选择

结构物种类	坍落度/cm	
	用振捣器	无振捣器
基础、地面、道路等，干式喷射混凝土(选用振捣器一栏数值)	1～2	2～3
无筋及钢筋布置稀疏的结构物，湿式喷射混凝土(选用振捣器一栏数值)	2～4	3～6
混凝土结构(板、梁、大截面及中等截面柱)	4～8	6～12
钢筋布置稠密的钢筋混凝土结构物(煤仓、贮藏库、薄墙、小截面柱等)	8～10	14～16

(2) 混凝土的强度与强度等级

混凝土是一种抗压能力较强的材料，混凝土的强度主要指其抗压强度。混凝土的强度等级是根据标准立方体试块(15 cm×15 cm×15 cm)在标准条件下[温度为(20±3)℃，相对湿度为 90%以上]养护 28 d 的抗压强度值确定的，用符号 C 和立方体抗压强度标准值表示。在现行国家标准《混凝土结构设计规范》(GB 50010—2010)中规定的混凝土强度等级有：C15、C20、C25、C30、C35、C40、C45、C50、C55、C60、C65、C70、C75、C80 等。强度等级越高，表示其抗压强度越大。

影响混凝土强度的因素很多，其中主要因素是水泥强度等级和水灰比。

在相同条件下，水泥强度等级越高，混凝土强度越高。选择的水泥强度等级应与混凝土的强度要求相符。

当用同一种水泥(品种及强度等级相同)时,混凝土的强度主要取决于水灰比(拌和用水量与水泥质量之比)。在拌和混凝土混合物时,为了获得必要的流动性,水灰比通常为40%~70%,而水泥水化时所需的结合水一般只占水泥质量的20%左右,多余的水分在混凝土硬化后部分会残留在混凝土中形成水泡或蒸发后形成气孔,从而减小混凝土承受载荷的有效断面,而且容易在孔隙周围产生应力集中。可见,在满足流动性的基础上,水灰比越小,多余水分就越少,混凝土强度将越大。但是,如果水灰比过小,混合物过于干硬,在一定的捣实成形条件下无法保证浇灌质量,混凝土中会出现较多的蜂窝、孔洞,强度反而会降低。因此,适当的水灰比有利于获得最大的强度。

混凝土强度与水灰比、水泥强度等级等因素之间的关系,可用经验公式(7-2)表示。

$$R_{28} = AR_c\left(\frac{m_C}{m_W} - B\right) \tag{7-2}$$

式中 R_{28}——混凝土养护 28 d 强度,MPa;

R_c——水泥的实际强度,MPa;

m_C——水泥的质量,kg;

m_W——水的质量,kg;

A、B——经验系数。

经验系数 A、B 的取值应根据施工的具体条件(如施工方法、材料的质量等)选取。对选定的水泥,在不同的水灰比下,可通过试验获取,也可参考表 7-8 选取。

表 7-8 经验系数 *A*,*B* 的取值参考

材料类别		A	B
普通水泥	卵石	0.444	0.459
	碎石	0.525	0.569
矿渣水泥	卵石	0.501	0.666
	碎石	0.503	0.581

此外,骨料的品质与级配,施工时的搅拌和振捣,养护的温度、湿度及养护龄期等,均对混凝土的强度有影响。

(三) 混凝土的外加剂

在混凝土拌和时或拌和前掺入的能显著改善混凝土性能的材料称为混凝土外加剂,混凝土外加剂的掺量一般不大于水泥质量的5%。常用的混凝土外加剂有减水剂和速凝剂,另外还有引气剂、早强剂、缓凝剂、膨胀剂等。

(1) 减水剂

在保持混凝土混合物的和易性不变的情况下能显著减少其拌和水量的外加剂称为减水剂。减水剂多为表面活性物质,其作用原理为:减水剂可以定向吸附在水泥颗粒表面,加大水泥颗粒间的静电斥力,使水泥颗粒充分分散,破坏其凝聚体结构,由此把原来凝聚体中包裹的游离水释放出来,从而达到减少拌和水量的目的。若保持混凝土和易性或流动性不变,加入减水剂可大幅度减少拌和水用量,从而降低水灰比,进而提高混凝土的密实性,增加强度,同时可显著改善其抗渗和抗冻性能。若保持原设计要求的强度不变,在混凝土中掺入适量减水剂,则可在减少拌和水用量的同时减少水泥用量,达到节约水泥的目的。减水剂有多种类型,常见的减水剂类型有木质素磺酸盐减水剂、萘磺酸盐减水剂等。

(2) 速凝剂

可以使混凝土快速凝结并迅速达到较高强度的外加剂称为速凝剂。其主要作用是缩短混凝土的初凝和终凝时间,提高早期强度。但一般速凝剂都会使混凝土后期强度降低,因此对速凝剂的掺量必须严格控制。红星一型速凝剂可使水泥的初凝时间缩短为 1～5 min,终凝时间小于 10 min。掺入该速凝剂后的混凝土 1 d 龄期强度相当于未掺的 3 倍左右,但 3 d 龄期以后的强度比不掺的低 12%～30%;红星一型速凝剂的掺入量一般为水泥质量的 2.5%～4%。711 型速凝剂对水泥初凝和终凝时间的影响与红星一型相同。掺入该速凝剂后的混凝土 1 d 龄期强度相当于未掺的 2～6 倍,但 7 d 龄期以后的强度比不掺的低 12%～30%;711 型速凝剂的掺入量一般为水泥质量的 2.5%～3.5%。上述两种速凝剂均含碱性物质,对皮肤有一定的腐蚀作用,使用时应注意保护皮肤。782 型速凝剂的腐蚀性较小,对混凝土的后期强度影响也较小,其最佳掺量为水泥质量的 6%～7%。速凝剂具有较强的吸湿性,受潮后对速凝效果有显著影响,因此应妥善保管。喷射混凝土一般都需掺速凝剂。

(四) 混凝土的配合比

设计常用的混凝土配合比设计方法是绝对体积法,其设计步骤如下。

① 确定配制混凝土强度。由于实际施工中混凝土的强度常有波动,所配制的混凝土强度应比设计的强度等级稍高,配制混凝土强度按式(7-3)计算。

$$R_h = R^b + \sigma_0 \tag{7-3}$$

式中　R_h,R^b——所配制的混凝土强度和设计的混凝土强度,MPa;

σ_0——混凝土强度预留量,MPa,可根据施工单位历史统计资料确定。

② 确定水灰比。用 R_h 代替式(7-2)中的 R_{28},则:

$$R_h = AR_c\left(\frac{m_C}{m_W} - B\right) \tag{7-4}$$

将数值代入式(7-4)可求得水灰比。

③ 确定用水量。用水量可根据本地区或本单位的经验数据选取,也可参照表 7-9 选取。

表 7-9　混凝土用水量选用表　　单位:kg/m³

所需坍落度/cm	卵石最大粒径/mm			碎石最大粒径/mm		
	10	20	40	15	20	40
1～3	190	170	160	205	285	170
3～5	200	180	170	215	195	180
5～7	210	190	180	225	205	190
7～9	215	195	185	235	215	200

注:本表适用于水灰比为 0.4～0.8 的混凝土,采用细砂宜增加用水量 5～10 kg/m³,采用粗砂可减少用水量 5～10 kg/m³。

④ 计算水泥用量。根据水灰比和用水量计算水泥用量。

⑤ 选用合理的砂率。砂率是指砂的质量占砂、石总质量的百分数。确定砂质量的原则是砂填充石子空隙后稍有富余。砂率可根据所用砂、石的性能计算得出，也可根据本地区、本单位的使用经验选取。如无使用经验，则可根据所用骨料品种、规格及水灰比参照表 7-10 选取。

表 7-10　混凝土砂率选用表

水灰比	卵石最大粒径/mm			碎石最大粒径/mm		
	15	20	40	10	20	40
0.4	30～35	29～34	27～32	26～32	25～31	24～30
0.5	33～38	32～37	30～35	30～35	29～34	28～33
0.6	36～41	35～40	33～38	33～38	32～37	31～36
0.7	39～44	38～43	36～41	36～41	35～40	34～39

注：表中数值适用于中砂拌制的坍落度为 1～6 cm 的混凝土，对不同条件的混凝土需做相应调整。

⑥ 计算粗、细骨料的用量。根据各种原材料绝对体积（不包括颗粒间空隙的密实体积）的总和等于混凝土总体积以及砂率的定义式，联立方程组。

$$\begin{cases}\dfrac{m_C}{\rho_c}+\dfrac{m_W}{1}+\dfrac{m_G}{\rho_g}+\dfrac{m_S}{\rho_s}=1\,000\\ S/(S+G)=S_p\end{cases} \tag{7-5}$$

式中　m_C, m_W, m_G, m_S——每立方米混凝土所用水泥、水、粗骨料、细骨料的质量，kg；

ρ_c, ρ_g, ρ_s——水泥、粗骨料、细骨料的密度，t/m^3；

S_p——选用的砂率，%。

解式(7-5)，可得每立方米混凝土的粗骨料质量和细骨料质量。

⑦ 确定混凝土的配合比。将以上求得的材料用量，按照水泥、砂子、石子、水的顺序依次列成连比关系，即为混凝土初步配合比。

⑧ 试验调整。以上方法求出的配合比仅是初步的配合比，按上述比例配制成的混凝土不一定与原设计要求完全相符。因此，必须按初步配合比称取少量材料进行试拌，检验其和易性，并根据试验结果加以调整直至符合设计要求。随后按调整后的配合比制作试件，并测定相关龄期的强度，如不能达到设计要求的强度，还须改变水灰比，重新计算配合比，并进行实际检验，最后确定实验室配合比。

实验室配合比是以干燥材料为基础的，而工地存放的砂、石都含有一定的水分。所以，现场各材料的用量应根据工地砂、石的含水率加以调整。最后应按规定抽样，制作试块，以检验和控制混凝土的实际质量。

三、木材

木材在矿井巷道支护中主要被用作柱和梁，也可用作柱帽、柱靴、托板、背板以及锚杆等。巷道支护常用的木材有松木、杉木、桦木、榆木和柞木等，其中以松木使用最多。木材的强度沿两个方向（顺纹和横纹）相差很大，顺纹抗拉强度和抗压强度远大于横纹。木材沿两个方向的各种强度与顺纹抗压强度的比值见表7-11。由表7-11可知,木材的顺纹抗拉强度最大,其次是弯曲强度、顺纹抗压强度,木材的上述强度特征适宜做梁和柱。

表7-11 木材各项强度与顺纹抗压强度的比值

抗拉强度		抗压强度		弯曲强度	抗剪强度	
顺纹	横纹	顺纹	横纹		顺纹	横纹
2～3	1/3～1/20	1	1/3～1/10	1.5～2.0	1/7～1/3	1/2～1

木材的强度除与其本身组织构造因素有关外,还与以下因素有关。

① 木材的疵病。木材的疵病主要指木材中的木节、斜纹及裂缝等,其对木材的抗拉强度影响很大,可使木材的承载能力显著降低,而对木材的抗压强度影响较小。

② 含水率。木材含水率在纤维饱和点(即仅在细胞壁内充满水,达到饱和状态,而细胞腔及细胞间隙中无自由水)以下时,随着含水率降低,吸附水减少,细胞壁趋于紧密,木材强度增大;反之,则强度减小。木材含水率对不同的强度影响程度不同,对顺纹抗压强度和抗弯强度影响较大,对顺纹抗剪强度影响较小,对抗拉强度几乎没有影响。

③ 负荷持续时间。木材在长期载荷作用下会发生较大的蠕变,其持久强度仅为短时极限强度的50%～60%。

④ 温度。木材受热后,木纤维中的胶结物质处于软化状态,从而导致木材的强度降低;当温度超过140 ℃时,木材开始分解炭化,其力学性能显著恶化;温度较高,木材易开裂。

木材的腐朽速度很快,尤其在矿井内阴湿的环境中更易腐朽。为了提高木材的使用寿命,通常对木材进行防腐处理。坑木的防腐方法是把防腐剂渗入木材内,使木材不再适宜真菌生长,同时还能杀死真菌。对防腐剂的要求为易浸入木材、没有气味、不增加木材的易燃性、不降低木材的强度和化学性质稳定等。坑木常用的防腐剂有氟化钠(NaF)、氯化锌($ZnCl_2$)。处理方法有涂抹法、喷射法、热冷槽浸透法以及压力渗透法等。热冷槽浸透法是将木材先放入盛有防腐剂的热槽中(温度为90 ℃以上)浸泡数小时,然后迅速移入盛有防腐剂的冷槽中浸泡数小时。压力浸透法是将风干的木材放入密闭的防腐罐内,抽出空气,使罐内变成真空状态,然后把热的防腐剂加压充满罐内,经一定时间后,取出木材风干。

四、金属材料

巷道支护工程中使用的金属材料主要有型钢、板材、线材(钢筋、铁丝)等,以及主要用于梁、柱、柱帽、柱靴、托板、锚杆、钢筋混凝土中的钢筋、网等。金属材料因其具有抗拉(压、剪、弯等)强度大,使用寿命长,安装使用方便,耐火性强,以及有些材料可多次复用和回收等优点,在矿井巷道支护中被大量使用,目前已成为巷道支护的主要材料。

型钢可以直接加工成梁和柱,是棚子支护的主要材料。煤矿常用的型钢有工字钢、角钢、槽钢、轻便钢轨、矿用工字钢、U型钢等。其中矿用工字钢(图7-2)是专门设计的宽翼缘、小高度、厚腹板,适用于做梁和柱的支护用工字钢;矿用U型钢(图7-3)截面上两个轴向抗弯模量接近,具有很好的侧向稳定性,专门用于制作可缩性支架。

钢筋可以与混凝土一起浇筑成钢筋混凝土梁、柱、整体支架等,也可以做成锚杆。铁丝主要用于铁丝网,铁丝网是隔离围岩、防止破碎岩石冒落的重要材料,主要用于锚网联合支

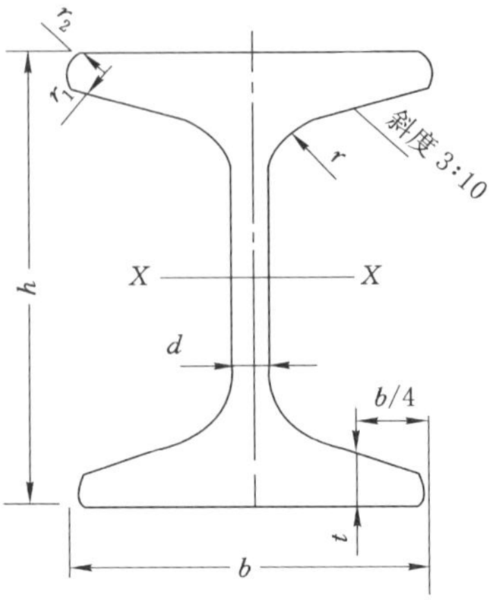

b—翼缘总宽度；h—截面点高度；t—翼缘厚度；
d—腹板厚度；r—主圆角半径；r_1，r_2—辅助圆角半径。

图 7-2 矿用工字钢

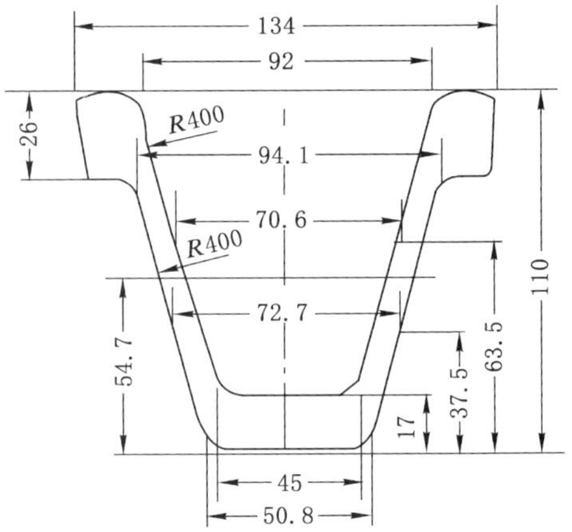

图 7-3 U25 号矿用特殊型钢

护。板材主要用于加工锚杆托板、柱帽、柱靴等，用于扩大承载面积；也可用于加工锚梁支护中的梁。另外，锚索支护用的钢丝绳也是金属材料。在实践中，钢丝绳可采用提升设备用过的废旧钢丝绳，或专用钢绞线。支护用的金属材料不仅要满足支护要求，对可回收复用的材料还应具有良好的加工性能。为了防止因材料腐蚀而影响支护结构的正常使用，要求材料具有一定的耐腐蚀性。

第二节 棚子支护

棚子是作用在巷道围岩表面的一种支架，主要有三类：第一类是主要由梁和柱组成的支架，按材料分为木棚子(木支架)、金属棚子(金属支架)、钢筋混凝土预制件棚子(钢筋混凝土预制件支架)等，主要用于服务年限不长的采区巷道；第二类是由混凝土浇筑或用块体砌筑而成的整体支架，按材料和施工方法分为混凝土浇筑、钢筋混凝土浇筑、料石砌筑、砖砌筑、混凝土预制块砌筑等多种形式，主要用于服务年限较长的开拓巷道，适用于圆弧形(拱形或圆形)断面；第三类是喷射混凝土支架，由喷射混凝土层组成，可用于各类巷道。

一、木支架

巷道支护中常用的木支架多为梯形断面，如图 7-4 所示，主要由承受顶压的顶梁和支撑顶梁并承受侧压的棚腿组成，另外还有用于固定支架的木楔和撑柱，以及防止碎石掉落的背板。顶梁和棚腿应选用相同直径的坑木，以保证整体承载能力；背板和围岩间的间隙应用废木料或矸石填实，以使地压均匀地传到顶梁和棚腿上；棚腿和底板的夹角一般为 80°；顶梁与棚腿的连接常用亲口接(图 7-5)。

木支架质量轻，加工和架设容易，有一定的强度，可根据需要做成具有一定刚性或较大可缩性的支架，对地质条件的变化有较强的适应能力，当地压突增时还能发出声响信号。木支架是矿井开采中使用最早，且早期使用最多的一种支架。但由于木支架强度低，不防火，易腐朽，加之保护森林资源使木材的供给受到限制以及价格提高，木支架的使用日渐

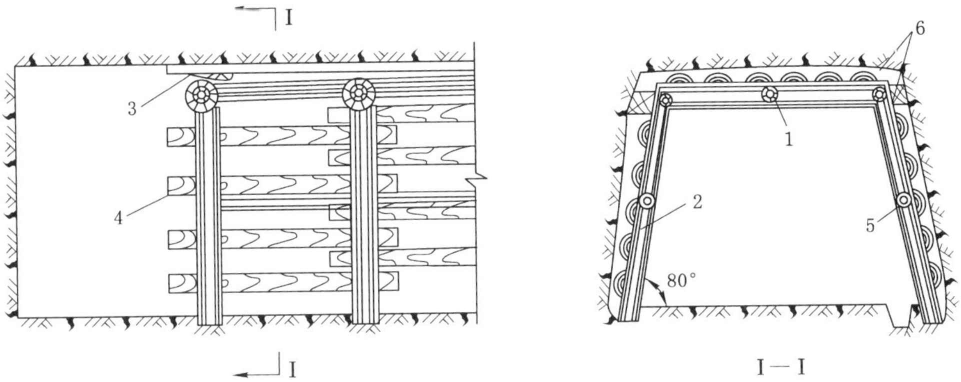

1—顶梁；2—棚腿；3—木楔；4—背板；5—撑柱；6—角楔。

图 7-4　梯形木支架

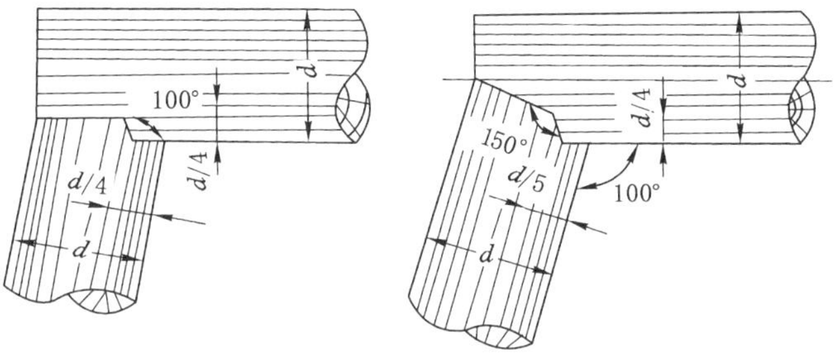

图 7-5　木支架的亲口接

减少。

目前，木支架主要用于地压小、断面小、服务年限短的采区巷道，或用于维修巷道和在巷道掘进时作临时支护。

二、金属支架

金属支架是由型钢加工制成的一类支架，有刚性金属支架和可缩性金属支架两类。

刚性金属支架一般由 11～16 号矿用工字钢或 18～24 kg/m 钢轨加工而成，主要由梁和柱组成，断面为梯形，如图 7-6 所示。梁与柱的连接有三种方式，图 7-6(b)所示的接头比较简单，但不够牢固，支架的稳定性较差，图 7-6(a)和图 7-6(c)所示的接头比较牢靠，但拆装不便。

可缩性金属支架一般由 U 型钢加工而成，为拱形断面，如图 7-7 所示，主要由 3 节 U 型钢和 2 套(每套 2 个)卡箍组成。支架的收缩依靠连接处 U 型钢之间的相对滑动实现，但由于支架工作特性很难控制，在支架收缩过程中产生的非切向力很容易拉断卡箍，使支架产生不规则变形，进而影响其受力和进一步的收缩。由于其可缩性，这种支架可用于受采动影响较大的采区巷道。但要实现可缩，取得良好的支护效果，需要保证巷道的支护质量，尤其是壁后的充填质量。

与木支架相比，金属支架具有强度高、体积小、坚固耐久、防火和可回收复用等一系列优点，而其缺点是初期投资大。

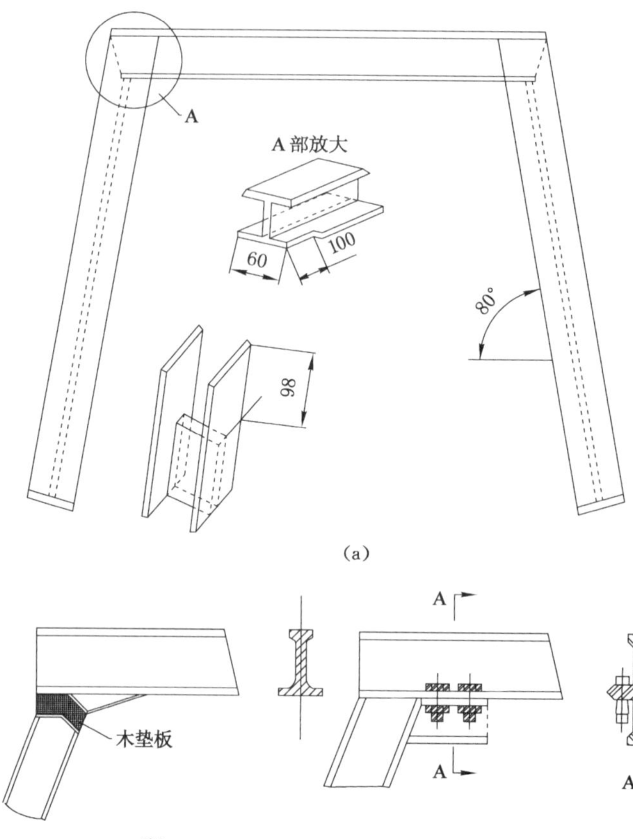

图 7-6　工字钢梯形刚性支架

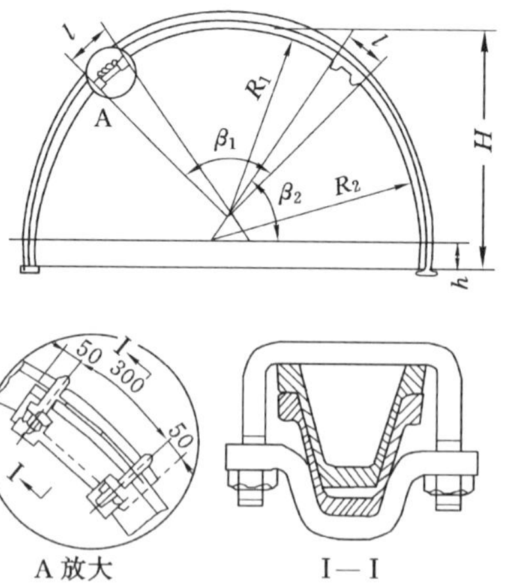

图 7-7　U 型钢拱形可缩支架

金属支架主要用于采区巷道，也适用于其他断面较大、地压较大的巷道。在一次成巷施工中，金属支架可作为临时支架使用；而在有酸性水腐蚀的地区，不宜使用。为了防止棚腿受压陷入底板，可在其下端焊一块钢垫板或加垫木。

三、钢筋混凝土预制件支架

钢筋混凝土预制件支架（简称钢筋混凝土支架）是由预制的钢筋混凝土梁和柱组成的一种刚性支架，分普通型和预应力型两种，多梯形断面。这种支架充分利用了混凝土和钢筋的受力特性，使混凝土在构件中承受压力，钢筋承受拉力，不但提高了结构的承载能力，而且节约了材料。

普通钢筋混凝土支架结构如图 7-8 所示。构件的混凝土强度等级为 C15～C25，受力钢筋用 3 号或 5 号钢。顶梁长 1.8～3.6 m，质量为 90～127 kg，棚腿长 2～3 m，质量为 100～180 kg。棚距可按表 7-12 选择。

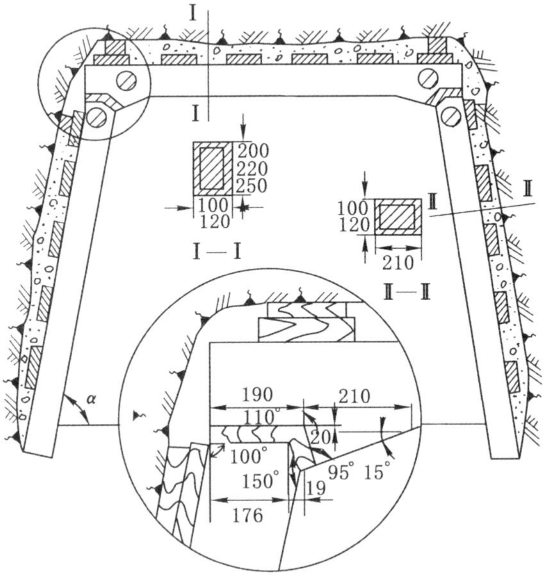

图 7-8 普通钢筋混凝土支架结构

表 7-12 钢筋混凝土支架的棚距

顶梁长度/mm	棚距/m		
	f=3	f=4～6	f=7～10
1 800～2 800	0.7	1.0	1.2
2 800～3 600	0.5	0.7	1.0

预应力工字形断面钢筋混凝土支架如图 7-9 所示。与普通钢筋混凝土支架相比，这种支架构件质量由 60 kg/m 下降至 31.2 kg/m，可节省钢材 38%～50%；抗裂性平均提高 2 倍左右；成本下降 25%～30%。但构件的制造工艺比较复杂，且需用高强度的螺纹钢筋。

钢筋混凝土支架适用于地压稳定、服务年限较长、断面积小于 12 m^2 的巷道，在动压较

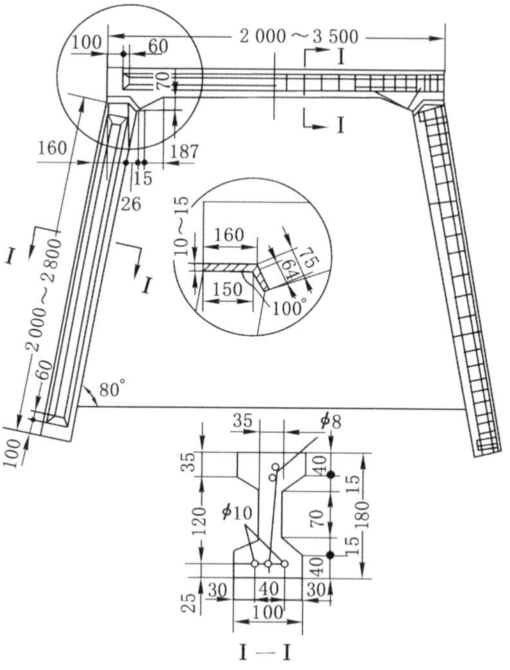

图 7-9 预应力工字形断面钢筋混凝土支架

大的采区巷道内不宜使用。

与木支架和金属支架相比，钢筋混凝土支架质量大、架设不便，因此使用越来越少。

四、浇(砌)筑的整体支架

(一) 支架结构特点

浇(砌)筑的整体支架的主要形式是直墙拱顶式，如图 7-10 所示。当侧压大时，直墙可改为弧线；若底鼓严重，则应砌筑反拱；在垂直巷道中宜采用圆形。

浇(砌)筑的整体支架(浇筑的钢筋混凝土支架除外)具有较好的抗压性能，而抗拉和抗剪能力较弱，将其做成圆弧结构可充分发挥其承压性能，避免在结构中出现较大的拉应力和剪应力。

来自顶板的压力，通过拱沿切线传递到拱基处，在拱基处分解为竖向压力 p_v 和水平推力 p_h。竖向压力 p_v 通过墙传递至基础，由基础承担。水平推力 p_h 需要由岩壁支承，因此要求壁后必须充填，而且在拱基处一定要充填牢固，否则拱基的移动将导致拱部受拉而开裂。

直墙拱顶式整体支架具有坚固耐久、封闭性好、通风阻力小、材料来源广等优点，其缺点是施工复杂、工期长、成本较高，故多用于服务期长的开拓巷道。

(二) 支架的施工

采用浇(砌)筑整体支架时，一般在掘进后须先架设临时支架，在距掘进头一定距离(20～40 m)处再拆除临时支架，进行永久支架施工。

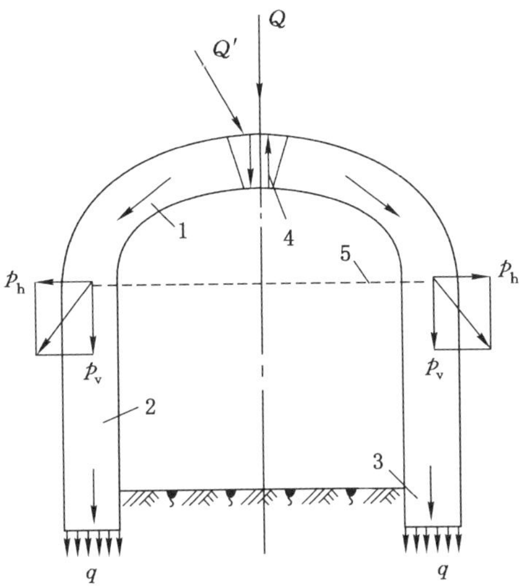

1—拱；2—墙；3—基础；4—拱心石；5—拱基线。

图 7-10　直墙拱顶式整体支架结构及受力图

(1) 临时支架

临时支架是一种短期支架，要求初撑力大、便于拆装。临时支架多采用金属拱形支架(由 15～24 kg/m 钢轨加工而成)，由架顶、架肩、架腿等组成，如图 7-11 所示。在架顶两侧焊一对顶托作为砌墙时拆除架腿后打临时顶柱的支点。因为支护时先架设架顶、架肩，后接架腿，所以在架肩下边焊有一对圆钢托梁，使架顶、架肩卡托在两帮的钢轨橛子上。为防止支架插入底板，在架腿下端焊一块方形垫板(柱靴)。

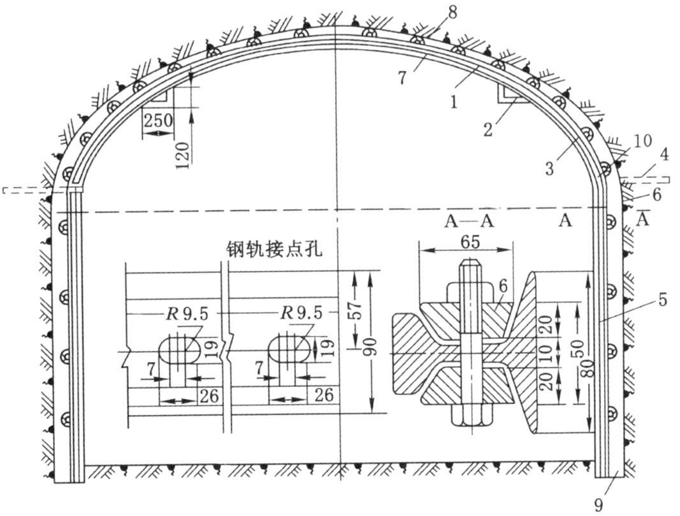

1—架顶；2—顶托；3—架肩；4—钢轨橛子；5—架腿；

6—连接板；7—拉杆；8—栏杆档；9—架腿垫板；10—托梁。

图 7-11　带腿拱形金属临时支架

在围岩稳定、侧压较小的情况下,可采用无腿拱形金属临时支架,如图 7-12 所示。

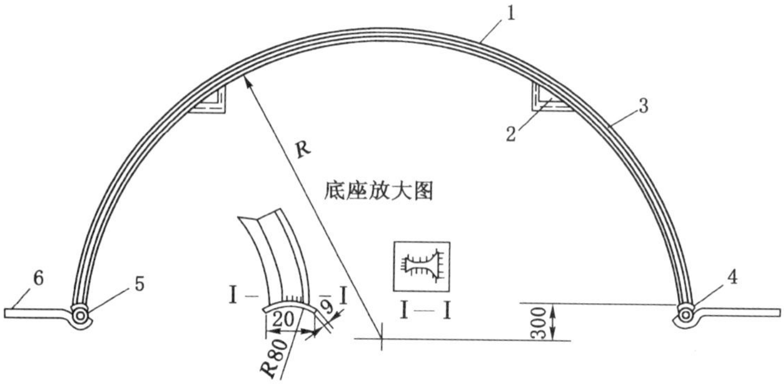

1—架顶;2—顶托;3—连接板;4—底座;5—圆木;6—托钩。

图 7-12 无腿拱形金属临时支架

《煤矿安全规程》第五十八条中规定:

① 掘进工作面严禁空顶作业。临时和永久支护距掘进工作面的距离,必须根据地质、水文地质条件和施工工艺在作业规程中明确,并制定防止冒顶、片帮的安全措施。

② 距掘进工作面 10 m 内的架棚支护,在爆破前必须加固。对爆破崩倒、崩坏的支架必须先行修复,之后方可进入工作面作业。修复支架时必须先检查顶、帮,并由外向里逐架进行。

③ 在松软的煤(岩)层、流砂性地层或者破碎带中掘进巷道时,必须采取超前支护或者其他措施。

临时支护的目的是缩短工作面顶板围岩暴露时间;避免作业人员空顶作业。其主要形式有以下几种。

① 机载式临时支护

机载式临时支护利用机组液压系统,控制自身携带的临时支护架(矩形:长约 2 m,宽约 1.7 m),使临时支护架与顶板接触,对顶板产生支撑作用。

机组割完煤后,退至永久支护下,将机载式临时支护装置升起至合适位置,作业人员将网(W 钢带、钢筋等捆绑于网上)置于临时支护装置上,进机升临时支护架,使临时支护架接顶。机载式临时支护主要适用于机掘矩形巷道,顶板平整,巷道无拐弯的情况。

优点:不需要人工移动支架,支护断面相对较大,支撑强度高。缺点:顶板不平和巷道开口时不适用。

② 锚杆钻车支护

锚杆钻车支护利用钻车自带的托梁,将支护网的钢带托起接顶,作为临时支护,作业人员站在钻车上,自中间向两边,用钻车施工顶帮锚杆。多台钻车时,可从两边向中间施工。

在工作面截割成形后,机组退出,锚杆钻车进入工作面中部,作业人员将锚网和钢带放置在托梁上,将托梁升起使钢带接顶(托梁支撑顶板长度可达 2 m)。如顶、帮存在坑洼不平的现象,需适当移动钻车位置。锚杆钻车支护适用于宽度较宽(一般不小于 5 m)、形状为矩形的巷道,不适用于炮掘工作面。

优点:支护速度快,人员操作安全。缺点:对巷道断面要求高,需要频繁移动钻车,对巷道的倾斜角度、上下山角度均有要求，不适用于炮掘巷道。

③ 切割头托钢带（梁）支护

切割头托钢带（梁）支护利用机组的切割头作为支点，将钢带和网（梁）顶住支撑顶板。锚网支护巷道由于钢带强度不足，还需施工距巷道两端头较近的顶锚杆。

机组割完煤后，退至永久支护下，将机组切割头落地，作业人员将钢带、网（梁）在机组切割头上放平，升切割头接顶。锚网支护巷道还需在永久支护下施工距巷道两端头较近的顶锚杆。切割头托钢带（梁）支护主要适用于各种使用机组截割成形的巷道，巷道形状可以是矩形，也可以是拱形；也适用于在顶板不平、巷道拐弯等特殊条件下，无法使用机载式临时支护的地点。

优点：适用于矩形、拱形巷道，可用于巷道开口、顶板不平等特殊区域，不需要人员移动支护架。缺点：支护能力相对较差，施工锚杆前支护为点支护。

④ 前探梁支护

前探梁支护以巷道原有支护作为支撑，采用槽钢、道轨或钢管等与原有支护捆绑固定形成悬臂，利用悬臂的支撑能力临时托住工作面顶板，在工作面顶板发生离层、垮落时，起到支撑和缓冲的作用。

使用方法：

a. 锚杆巷道：4～6 m 的 3 寸钢管不少于 2 根，每根钢管对应 2 个金属框（框孔大小以便于钢管穿插为宜），金属框上部套螺纹或焊接螺帽。工作面割完煤后，将钢管用金属框固定在距工作面最近 2～3 排的顶杆上，通过加垫柱帽、木楔等，使悬臂与工作面割好的顶板严密接触。

b. 架棚巷道：4～6 m 的 3 寸钢管不少于 2 根；每根钢管对应 2 根 40T 铁链。工作面割完煤后，将钢管用铁链固定在已架好的棚梁上，通过加垫柱帽、木楔等，使悬臂与工作面割好的顶板严密接触。

前探梁支护可用于任何形状的巷道支护，多用于架棚巷道，此外，也可用于煤巷掘进锚网支护的拱形巷道、矩形巷道中。使用方法比较简单，操作比较简单。

优点：不受巷道断面限制，适用范围宽，目前主要适用于架棚巷道。缺点：移动前探梁时麻烦，若员工偷工减料易使支护强度下降，只能缓和顶板垮落和迎头片帮时的力量，不能主动支撑，防止垮落和片帮。

检查要点：每根钢管用两点固定，钢管不少于 2 根，可用多根；钢管必须用 3 寸以上的钢管，长度不小于 4 m；锚网支护用前探梁金属框与顶锚杆必须满扣；棚梁支护必须对作为支点的支架进行检查，加固，避免作为支点的棚梁被压垮；棚梁支护铁链的捆绑必须牢固可靠，链环之间需固定；支撑用的柱帽或木楔必须背紧楔实，不得在使用过程中掉落。

无论使用哪种临时支护方式，在支护作业过程中，都必须进行敲帮问顶，以防作业过程中出现离层片帮或顶板垮落伤人。使用临时支护后，人员进入迎头或煤帮作业，必须设专人观察，一旦工作面顶帮或迎头出现离层现象，要及时撤出人员，重新进行敲帮问顶。

(2) 永久支架

以料石砌筑结构为例，永久支架施工工艺过程如下。

① 拆除临时支架的架腿。当地压不大、岩层较稳定时，可直接拆除架腿（架腿拆除后架顶、架肩仍承托在钢轨橛子上）；当地压较大或两帮岩石破碎时，应先在顶托下打好临时顶

柱再拆架腿。

② 掘砌基础。挖好基坑，排干积水，挂好中线、腰线，在底上铺厚度为 50 mm 的砂浆后开始砌筑料石。

③ 砌墙。要求料石的垂直缝错开，槽缝水平，灰缝均匀饱满。砌墙时应根据边线拉水平线，并用水平尺或水准仪检查垂直度和水平度。在砌墙的同时，用矸石或混凝土将壁后充填密实。砌筑混凝土墙时，必须根据中线、腰线安装模板（图 7-13），然后分层浇灌与捣固。

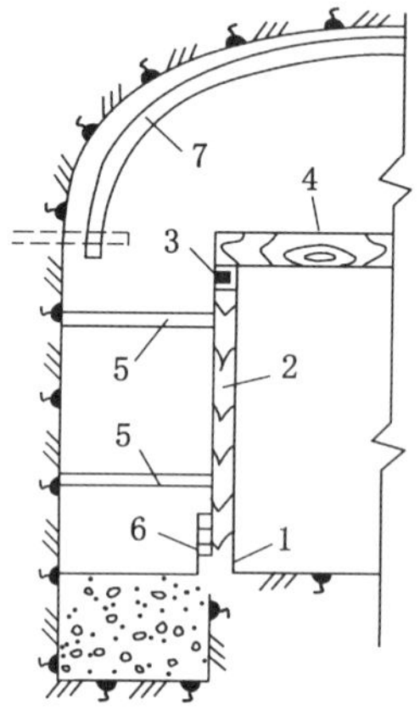

1—底梁；2—立柱；3—托梁；4—横梁；5—撑木；6—模板；7—临时支架。

图 7-13 混凝土墙的施工

④ 砌拱。拱的形状完全由模决定，砌拱前必须先支模。模是由碹胎和模板组成的，可用木材或金属材料加工，应在地面预先做好。目前采用的多为金属碹胎和模板。碹胎由 14～16 号槽钢或 15～18 kg/m 钢轨弯制而成，分为有腿碹胎和无腿碹胎两种。无腿碹胎（图 7-14）适用于料石（混凝土块）砌筑，或在跨度不大的巷道中使用；有腿碹胎（图 7-15）可用于其他情况。模板用尺寸为 25 mm×25 mm 的角钢拼焊或用 8～10 号槽钢制作。

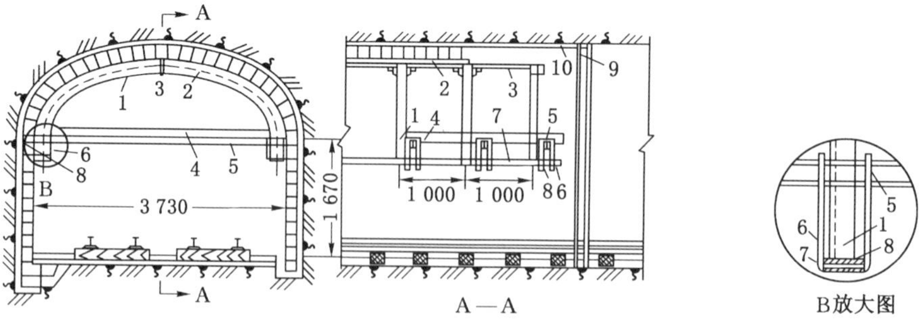

1—金属碹胎；2—金属模板；3—稳碹胎的拉杆；4—工作台；5—工字钢横梁；6—碹胎卡子；7—碹胎纵向托梁；8—木垫；9—金属临时支架；10—过顶梁。

图 7-14 无腿碹胎

砌拱工艺过程为：拆掉临时支架的架肩和架顶，搭好工作台，支好模并测量校正后固

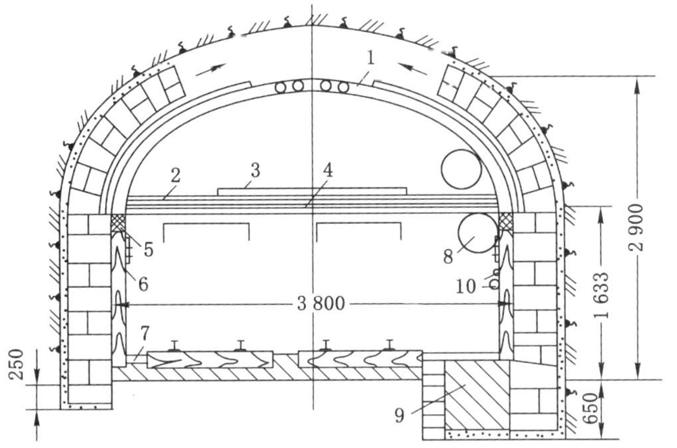

1—金属碹胎;2—脚手板;3—铁板;4—工作台横梁;5—托梁;
6—立柱;7—卧撑;8—风筒;9—临时充填矸石;10—气、水管路。

图 7-15　有腿碹胎

定,开始砌拱。砌拱必须从两侧拱基向拱顶对称进行,使两侧受力均匀以防碹胎向一侧歪斜。砌拱的同时,应及时进行拱后充填。封顶时的砌块必须位于正中,且应由里向外逐块砌筑。每次砌筑的端头都应为台阶或咬合茬,以便下次砌筑接茬。

⑤ 拆模清理。砌筑完毕,待拱、墙(混凝土)达到一定强度后方可拆除碹胎和模板。对拆下的碹胎和模板应进行洗刷、整理,对损坏变形的要进行修复,以便复用。若支护表面有不足之处,如灰缝不饱满、局部有蜂窝麻面等,应用砂浆勾缝或抹平。

五、喷射混凝土支架

(1) 喷射混凝土支架的特点

喷射混凝土支架是一种主体部分作用于围岩表面的支架,也属于棚子支护。所用材料和主体结构与浇筑混凝土整体支架基本相同,但施工方法不同。喷射混凝土支架是将混凝土混合料用喷射机加压后高速喷向岩壁形成的,因此混凝土的物理力学性能和对围岩的支护作用有以下特点。

① 由于混凝土混合料在高速喷射过程中颗粒间的剧烈碰撞冲击使混凝土喷层被连续冲实压密,加之采用较小的水灰比,喷射混凝土层具有致密的组织结构和良好的物理力学性能。特别是在较大的黏结力作用下,混凝土与岩壁紧密黏结,这是形成喷射混凝土独特支护作用的重要因素。

② 在高速高压作用下,喷射混凝土能更紧密地与围岩表面接触,且其浆液可进入围岩表面裂缝中,具有很好的封闭围岩表面及加固裂隙和松碎围岩的作用。

③ 喷层较薄,具有一定的柔性,可以与围岩一起变形产生一定量的径向位移。

④ 能随巷道掘进及时施工,且加入速凝剂后混凝土早期强度可成倍增长,因此对控制围岩的早期过度变形与松弛有显著作用。

(2) 喷射混凝土工艺

喷射混凝土工艺有干式、湿式和潮式三类,主要取决于混凝土喷射机的类型。干式喷射混凝土工艺主要由干式混凝土喷射机决定。通常在搅拌场将砂石过筛后按配合比与水泥一起送入搅拌机内搅拌，充分搅拌后将拌和料用矿车运送到工作面，随后由上料机装入喷射机，拌和料经喷射机加压后沿输料管送至喷头，在喷头内与水混合，由喷嘴喷出，高速喷出的混合料到达岩壁后紧密黏结在岩壁上形成喷射混凝土层。喷射混凝土工艺流程如图 7-16 所示。

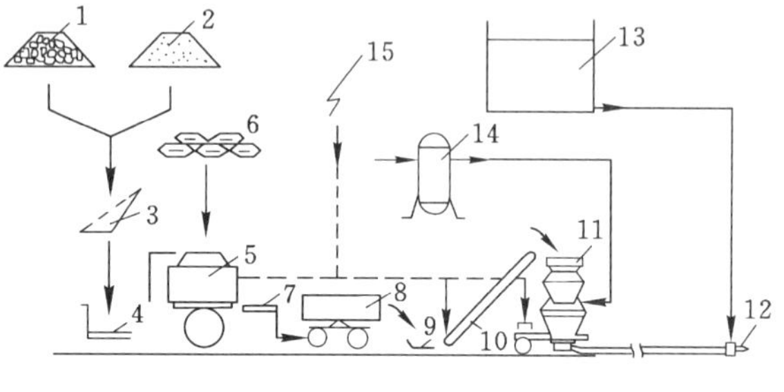

1—石子；2—砂子；3—筛子；4—磅秤；5—搅拌机；6—水泥；7—筛子；8—运料小车；
9—料盘；10—上料机；11—喷射机；12—喷嘴；13—水箱；14—风包；15—电源。

图 7-16　喷射混凝土工艺流程

(3) 喷射混凝土的主要设备

喷射混凝土设备包括混凝土喷射机及其配套设备。

① 混凝土喷射机

混凝土喷射机是喷射混凝土支护的关键设备。我国从 20 世纪 60 年代开始研制混凝土喷射机，20 世纪 70 年代先后研制成转子-Ⅰ型、转子-Ⅱ型喷射机，进入 80 年代，转子-Ⅳ型等喷射机问世，并开始进行潮喷机、湿喷机的研制工作。但目前广泛使用的仍是转子-Ⅱ型喷射机。转子-Ⅱ型喷射机由主机、传动机构、风路系统、电气系统、机架等组成。主机由旋转体、密封胶板、定量下料机构、搅拌器、料斗、出料弯头、上下壳体等组成，如图 7-17 所示。定量下料机构由定量隔板和定量叶片组成，隔板可上下移动，以调整喷射量。在旋转体上沿圆周方向均匀布置 14 个 U 形槽，外圈的槽腔为料槽，里圈的为气室，其底部连通成 U 形。工作时，电动机通过减速器带动旋转体、搅拌器和拨料板旋转，料斗中的混合料被均匀拨入旋转体的料槽中，当装满混合料的料槽对准出料弯头时，内圈的气室也恰好对准进风管，于是混合料被压气压入出料弯头和输料管，在喷头处与水混合后喷出。喷头一般由喷嘴和混合室组成。常用喷头结构如图 7-18 所示，在混合室周围沿径向布置两排小孔以形成水环。喷头的作用主要有两个：一是将干拌和料与水混合；二是通过断面逐渐缩小，混合料流速加快，使料束能更有力、更集中地喷出。

转子-Ⅱ型喷射机具有结构紧凑、体积小、质量轻、操作简单、出料均匀、输送距离远、效率高等优点。但是，由于是干式喷射机，存在喷射作业时粉尘大、水灰比不易控制等问题，且因混合料与水拌和时间短，混凝土的均质性和强度差、回弹量大、喷层质量低。

为了解决干式喷射机存在的问题，国内外发展了湿式喷射机和潮式喷射机。湿式喷射机是将混凝土混合料与水充分拌和后喷出。国内研制的湿式喷射机主要为挤压泵式和柱塞泵式。潮式喷射机则是将潮湿的混合料装入喷射机，在喷头处再加入适量水后喷出。

国内研制的转子-Ⅴ型潮式喷射机是在转子-Ⅱ型和转子-Ⅳ型喷射机的基础上改造而

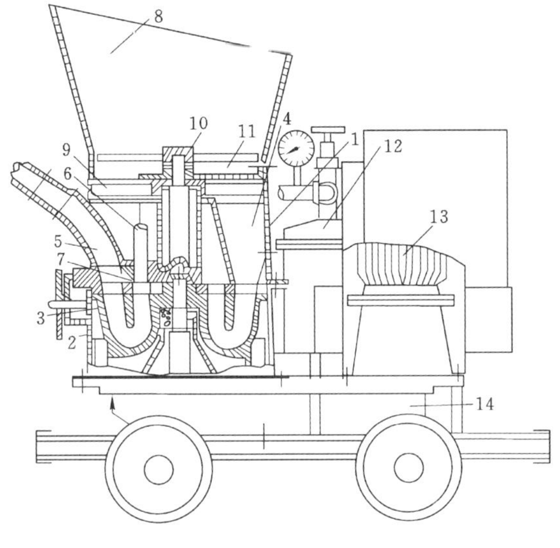

1—上壳体；2—下壳体；3—旋转体；4—入料口；5—出料弯头；6—进风口；7—密封胶板；
8—料斗；9—拨料板；10—搅拌器；11—定量隔板；12—油水分离器；13—电动机；14—减速器。

图 7-17　转子-Ⅱ型混凝土喷射机结构

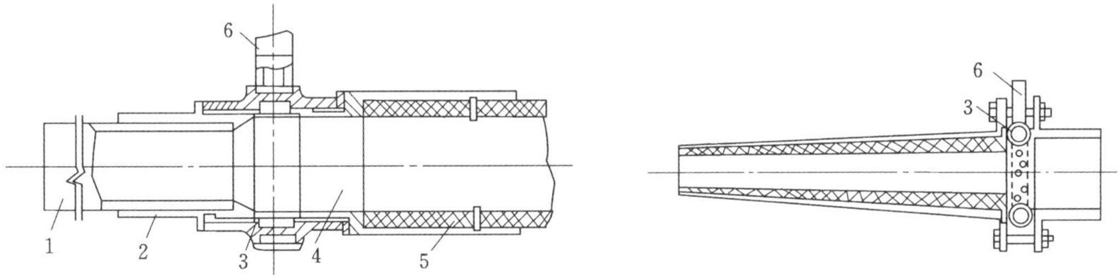

1—拢料管；2—拢料管接头；3—水环；4—输料管接头；5—输料管；6—水管接头。

图 7-18　喷头结构

成的。转子-Ⅱ型与转子-Ⅳ型喷射机的转子是整体铸造成的，料腔形状复杂、表面粗糙、易与混合料发生黏结堵塞。

转子-Ⅴ型喷射机的转子为装配结构，采用了软体料腔。工作时，在工作风压与大气压的压力差作用下，料腔能产生周期性的变形，从而防止混合料与料腔壁间的黏结。实践表明，当使用含水率小于 7%（水灰比小于或等于 0.35）的混合料时，料腔不黏结混合料，不需清理，受料和出料系统能保持连续畅通，从而能保证喷射机连续正常工作。转子-Ⅴ型潮式喷射机的优点是转子料腔的受料容积不变，生产能力稳定，出料均匀，不需要停机进行清理维护，工作效率高。由于采用潮式喷射工艺，粉尘量与回弹量均有所降低。据实测，机旁平均粉尘浓度为 10 mg/m^3，喷墙、喷拱平均回弹率为 10%。潮式喷射机上装有粉状速凝剂添加器和风动振动筛，机旁只需 2 名操作工人，减少了操作工人人数。采用摩擦板液压自动压紧装置，对摩擦板提供稳定的操作压力，可延长摩擦板的寿命，减少跑风和粉尘溢出。

国产转子式混凝土喷射机的主要技术特征见表 7-13。

表 7-13　国产转子式混凝土喷射机的主要技术特征

项目	型号		
	转子-Ⅱ型	转子-Ⅳ型	转子-Ⅴ型
生产能力/(m^3/h)	4～6	4～5	4～6
压气工作压力/MPa	0.15～4	0.12～4	0.15～4
压气消耗量/(m^3/min)	5～10	5～8	5～8
最大输送距离(水平/垂直)/m	200/40	120/80	200/40
电动机功率/kW	5.5	3	5.5
外形尺寸(长×宽×高)/(mm×mm×mm)	1 500×750×1 250	1 020×730×1 260	1 400×740×1 250
质量/kg	960	530	750

② 混凝土喷射机的配套设备。

混凝土喷射机的配套设备主要是供料装置和机械手。我国研制的 HPLG-5 型转子型喷射机供料装置，可与国内各种型号的转子式混凝土喷射机适配，作为配比、搅拌和向喷射机供料之用。机械手即喷头操作机构。国产的 MK-Ⅱ型机械手的结构示意如图 7-19 所示，其技术特征见表 7-14。

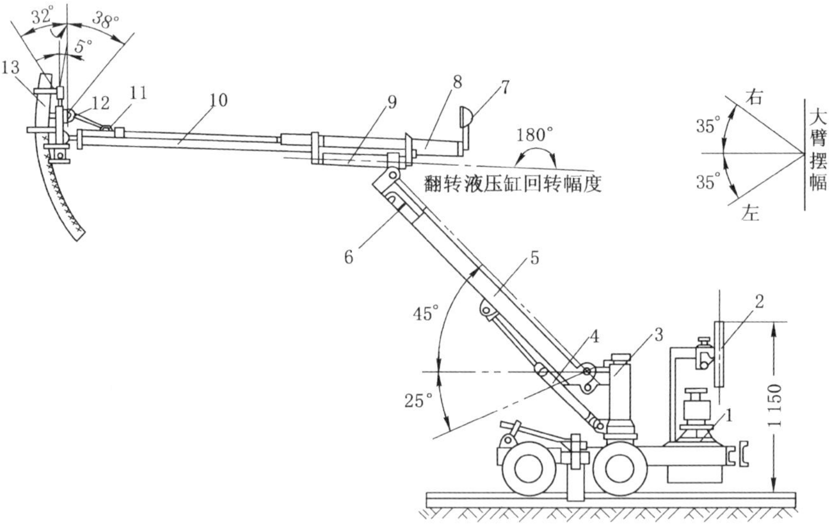

1—液压系统；2—风水系统；3—转柱；4—支柱液压缸；5—大臂；6—拉杆；7—照明灯；8—伸缩液压缸；9—翻转液压缸；10—导向支撑杆；11—摆角液压缸；12—回转器；13—喷头。

图 7-19　MK-Ⅱ型喷射混凝土机械手结构示意

表 7-14　MK-Ⅱ型喷射混凝土机械手技术特征

适用巷道断面积/m^2	大臂变幅范围/(°)			喷头变幅范围/(°)			液压/MPa	风压/MPa	外形尺寸/(mm×mm×mm)	质量/kg
	左右摆幅	上仰	下俯	左右翻转	前俯	后仰				
3.6～18	70	45	25	180	32	38	7.0	0.5～0.6	工作时 4 500×2 400×2 700 行走时 4 000×820×1 150	670

（4）喷射混凝土的材料及配比

喷射混凝土要求凝结硬化快、早期强度大，故应优先选用硅酸盐水泥和普通水泥，水泥强度等级不得低于32.5。为了保证混凝土强度和凝结速度，不得使用受潮或过期结块的水泥。

为了保证混凝土强度，防止混凝土硬化后的收缩、减少粉尘，喷射混凝土中的细骨料应采用坚硬干净的中砂或粗砂，细度模数宜大于2.5。

为了减少回弹和防止管路堵塞，喷射混凝土的粗骨料粒径应不大于15 mm。速凝剂掺量应通过试验确定，喷射混凝土初凝时间不应大于5 min，终凝时间不应大于10 min。

喷射混凝土的强度一般要求不得低于20 MPa。水灰比适宜时，喷层表面平整、潮润有光泽、黏塑性好、密实。若水量不足，喷层表面出现干斑，回弹率增大，粉尘飞扬。若水量过大，则混凝土滑移、流淌。一般水灰比以0.4～0.5为最佳。根据我国实践经验，在煤矿井巷支护中，喷射巷道侧壁时水泥、砂子、石子的配比以1∶(2.0～2.5)∶(2.5～2.0)为宜，喷射顶拱时以1∶2.0∶(1.5～2.0)为宜。

（5）喷射混凝土的主要工艺参数

① 工作风压。工作风压指正常喷射作业时喷射机工作室里的风压。工作风压决定喷嘴出口处的风压，而喷嘴出口处的风压直接影响回弹率与混凝土喷层质量。根据试验，干式喷射时，喷嘴出口处的风压应控制在0.1 MPa，湿式喷射时，应控制在0.15～0.18 MPa。此外，工作风压应随着输料管长度的增加而加大。因此，当罐式和转子式干式喷射机水平输料距离在200 m以内时，其工作风压可按式(7-6)估算。

$$p = 0.1 + 0.001L_r \tag{7-6}$$

式中　p——工作风压，MPa；

　　L_r——输料管长度，m。

当喷射距离超过200 m时，可参考以下经验取值：水平距离每增加100 m，工作风压应提高0.08～0.10 MPa；垂直向上距离每增加10 m，工作风压应提高0.02～0.03 MPa。

② 水压。水压应比风压大0.1 MPa左右，以利于水环喷出的水能充分湿润瞬间通过喷头的拌和料。

③ 喷头与受喷面的距离和倾角。喷头距受喷面的距离以0.8～1.2 m为宜，喷头与受喷面垂直时回弹率最低。

④ 一次喷射厚度。若一次喷射厚度过大，则重力作用会使混凝土颗粒间的黏着力减弱，混凝土将发生坠落；若喷层厚度太小，石子无法嵌入灰浆层，将会使回弹率增大。经验表明，一次喷射墙厚以50～100 mm为宜，拱厚以30～60 mm为宜。

⑤ 分层喷射的间隔时间。当一次喷射厚度达不到设计厚度要求需进行分次喷射时，后一层的喷射应在前一层混凝土终凝后进行。在常温(15～20 ℃)下喷射掺有速凝剂的混凝土时，分层喷射的间隔时间以15～20 min为宜。

⑥ 混合料的存放时间。由于砂、石含有一定水分，与水泥混合后，存放时间应尽量缩短。不掺速凝剂时存放时间不应超过2 h，掺速凝剂时存放时间不应超过20 min，最好随拌随用。

（6）喷射作业时应注意的问题

① 喷射前应认真做好以下工作：撬掉岩面上的活石，清除巷道两帮基底的存矸，检查巷

道断面尺寸是否符合要求;检查机械设备、管线和其他设施是否存在问题,若有问题应及时解决。

② 严格按顺序操作:作业开始时,先送风后给水,最后送电给料;作业结束时,先停止给料,待罐内喷料用完后再停电,最后关水、停风。

③ 喷射开始前,先用高压风、水清洗掉岩面上的爆破粉尘和岩体节理中的断层泥,以保证混凝土与岩面牢固黏结。喷射顺序是先墙后拱,自下而上进行。喷射前应埋设控制喷厚的标志,调节好给料速度。给料速度太小会导致产生团块输送,而无法实现稳态喷射;相反,给料速度太大又会造成喷枪堵塞。

④ 要保证混合料搅拌均匀,随时观察围岩、喷层表面及回弹、粉尘等情况,及时调整并严格控制水灰比,掌握好工作风压、喷射距离和角度,尽可能地降低回弹率。

⑤ 在喷射中,喷头应保持不断移动,以便保持喷层厚度均匀和减少回弹量。如使喷头按圆形和椭圆形轨迹做螺旋式连续喷射,环形圈尺寸应为长轴长 400～600 mm,短轴长 150～200 mm。

⑥ 在喷头处设双水环(图 7-20),在上料口安装吸尘装置,适当增加骨料含水量以及采取加强通风等措施,使作业区的粉尘浓度不大于 10 mg/m^3。

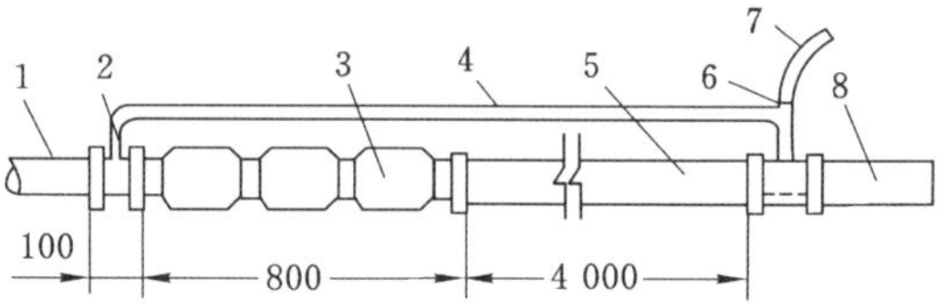

1—输料管;2—预加水环;3—异径管;4—胶皮管;5—输料管;6—水阀;7—供水管;8—喷头。

图 7-20 双水环和异径管

⑦ 如遇到围岩渗漏水,造成因岩面有水混凝土喷不上去,或刚喷上的混凝土被水冲刷而成片脱落时,应找出水源点,埋设导水管,将水用导水管集中导出,以疏干岩面而利于喷射。有条件时也可采用注浆堵水。

第三节 锚杆支护

锚杆支护是将支护结构的主体经钻孔装于围岩内部,通过改变围岩的受力状态以及围岩与深部岩层之间的力学关系等达到支护目的的一种支护方式。锚杆主要由杆体、锚固部分和外端承载装置组成,就杆体力学特征而言有锚杆和锚索两类。锚杆的种类很多,按杆体材料分为金属锚杆、木锚杆、竹锚杆等;按锚固方式分为机械锚固和化学锚固,其中机械锚固又分为倒楔式、楔缝式、管缝式、涨壳式等,化学锚固按锚固剂不同有树脂锚固、快硬水泥锚固、砂浆锚固等;按照锚固长度分为端锚固和全长锚固。外端承载装置一般由托板和螺母或固定楔组成,托板材料有金属和木质两种,其形状大多为矩形平板状,金属托板还有一种火山口形状。

与其他支护方式相比,锚杆支护具有施工速度快、劳动强度低、支护效果好、节约材料、成本低等优点。因此应用越来越多,越来越广泛。

锚杆的结构不同，其对围岩的作用方式不同，适用的巷道和围岩条件不同，施工工艺和要求不同。选择锚杆的基本原则为：能够适应围岩条件，支护效果好；工艺简单，施工方便快捷，质量容易保证；结构简单，成本低。

这里仅介绍几种常用的锚杆。

一、常用锚杆

(1) 钢筋或钢丝绳砂浆锚杆

钢筋砂浆锚杆是先在锚杆孔内注满水泥砂浆，然后插入钢筋而成的一种结构，如图 7-21(a)所示。钢筋直径一般为 10～16 mm，砂浆用普通水泥(强度等级为 32.5 或 42.5)、粒径小于 3 mm 的中细砂加水拌和而成，常用的配合比为：水泥∶砂＝1∶(2～3)，水灰比为 0.38～0.42。

钢丝绳砂浆锚杆是将直径为 10～14 mm 的废旧钢丝绳插入锚杆孔内注入砂浆而成的一种结构，如图 7-21(b)所示。废旧钢丝绳在使用前要经过截断、火烧、破股、除锈和平直等工序的处理。

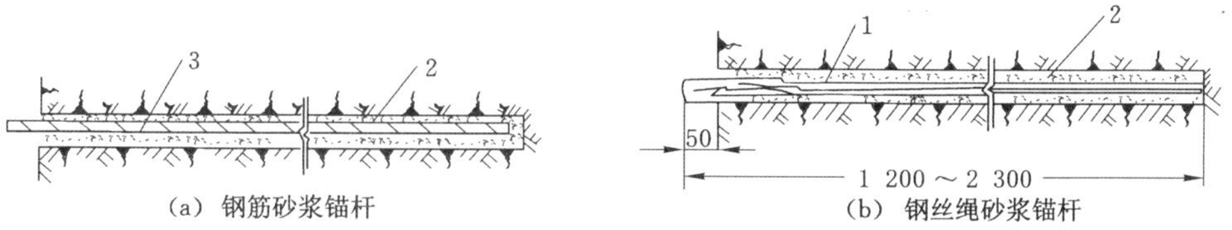

1—钢丝绳；2—砂浆；3—钢筋。

图 7-21 钢筋、钢丝绳砂浆锚杆

采用注浆机向锚杆孔内注砂浆。注浆机结构示意如图 7-22 所示，其结构简单，可自制。注浆过程为：把注浆管插入孔底，边注边缓慢拔出，直至砂浆充满整个钻孔。要求注浆饱满均匀。

钢筋或钢丝绳砂浆锚杆是全长锚固型锚杆，设计锚固力为 30～50 kN。其具有结构简单、加工方便、成本较低等特点，但不能立即承载。

(2) 金属倒楔式锚杆

金属倒楔式锚杆由固定楔、杆体、活动倒楔、托板、螺母等组成，其结构示意如图 7-23 所示。固定楔与活动倒楔都由铸铁做成，杆体材料是直径为 4～18 mm 的圆钢，其一端与固定楔浇注在一起，另一端车有螺纹。安装过程为：把活动倒楔(小头朝向孔底)绑在固定楔下部由杆体送入孔底，然后用一根专用杆插入孔中顶住活动倒楔，锤击专用杆直到楔紧活动倒楔，取出专用杆后套上托板，拧紧螺母，安装结束。这种锚杆是一种端锚固型锚杆，安装后可以立即承载，最初承载力由螺母的安装扭矩决定，设计锚固力为 40 kN。金属倒楔式锚杆具有结构简单，易于加工的特点。

(3) 木锚杆

木锚杆由木杆体、木外楔、铁垫圈、木托板、木内楔等组成，其结构示意如图 7-24 所示。杆体两端各做 200 mm 长的楔缝，为防止杆体劈裂，两端楔缝应处在互相垂直的两个平面内。木锚杆根据杆体木材不同分为普通木锚杆和压缩木锚杆两种。普通木锚杆[图 7-24(a)]的杆

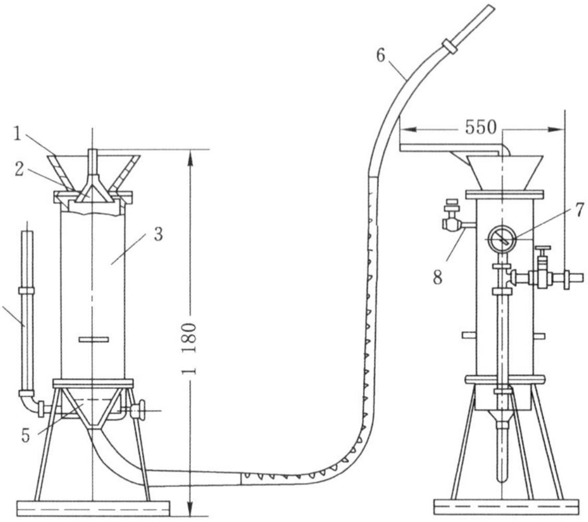

1—受料漏斗;2—钟形阀;3—储料罐;4—进风管;5—锥管;6—注浆管;7—压力表;8—放风管。

图 7-22　MJ-2 型锚杆注浆机结构示意

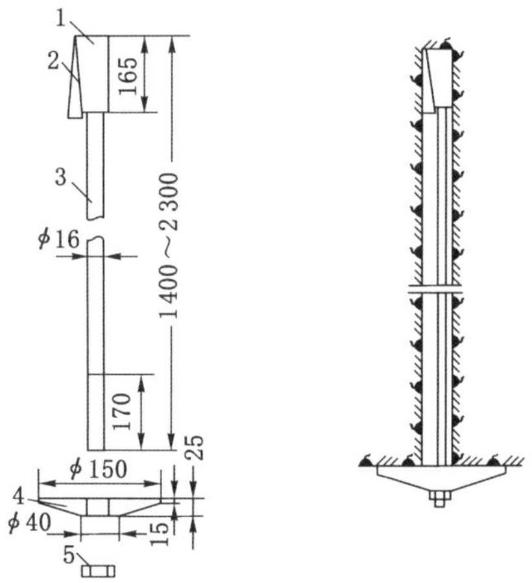

1—固定楔;2—活动倒楔;3—杆体;4—托板;5—螺母。

图 7-23　金属倒楔式锚杆结构示意

体和楔子均用硬木做成,托板可用普通木材制作。这种锚杆结构简单、制作方便、价格便宜,但易腐朽,设计锚固力为 10 kN 左右。压缩木锚杆[图 7-24(b)]的杆体是用普通木材经热压塑化锯成条状加工而成的,在井下淋水或相对湿度大于 95%的环境中,杆体膨胀挤压孔壁岩石,从而获得锚固力,因此是一种全长锚固型锚杆,设计锚固力为 20 kN。木锚杆不影响采煤机的截割,因此主要用于回采巷道中。

(4) 树脂锚杆

树脂锚杆[图 7-25(a)]是以树脂为锚固剂的一种锚杆。其杆体多为金属,也可采用木材或竹子。树脂锚杆多采用端锚固,也可采用全长锚固。树脂做成的药卷[图 7-25(b)]由装有树脂、加速剂及填料的用双层玻璃纸或聚酯薄膜做成的外袋和装有固化剂及填料的玻

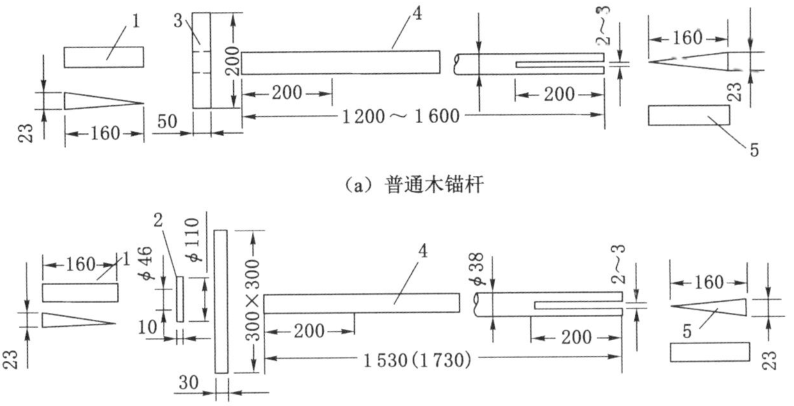

(a) 普通木锚杆

(b) 压缩木锚杆

1—木外楔；2—铁垫圈；3—木托板；4—木杆体；5—木内楔。

图 7-24　木锚杆结构示意

璃小管组成，玻璃小管装在外袋中央。在药卷中加入填料(瓷粉、石粉或石英砂等)的目的是改善树脂固化后的某些物理力学性能，同时降低成本。

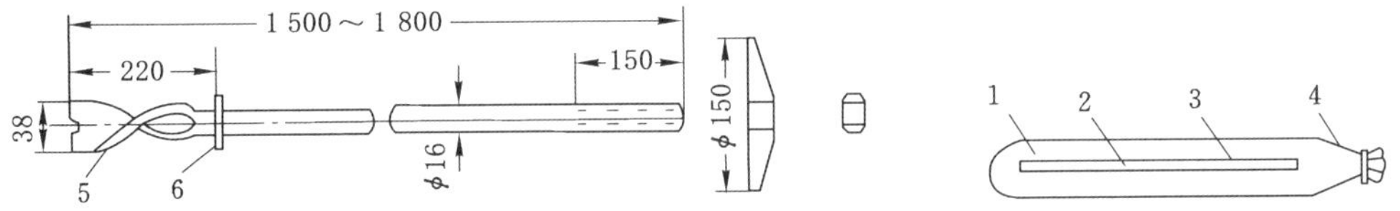

(a) 树脂锚杆　　(b) 药卷

1—树脂、加速剂和填料；2—固化剂和填料；3—玻璃小管；

4—玻璃纸或聚酯薄膜外袋；5—左旋麻花；6—挡圈。

图 7-25　树脂锚杆及药卷示意

树脂锚杆示意如图 7-25(b)所示。金属杆体一端加工成反麻花形(长度等于锚固长度)以增加黏结力及利于搅破药包，另一端车上螺纹以安装螺母。为防止搅拌时树脂外流造成锚固段内锚固剂不饱满而影响锚固长度和锚固力，在麻花结构尾部焊一直径为 38 mm 的挡圈。锚杆安装过程为：用杆体将药卷顶入孔底后旋转杆体捣碎药卷并将杆体插入其中直至孔底，继续旋转杆体使各种成分充分混合并发生化学反应，从而产生锚固力，待固结达到一定程度后安上托板，拧紧螺母。当使用 115 型树脂锚固剂时，3～5 min 内可达到很大的锚固力，可在15 min 后紧固螺母。当使用 82 型锚固剂时，可在 15～60 s 内开始固化，5 min 后锚固力可达到 40 kN 以上，可在 5 min 后拧紧螺母。

树脂金属锚杆具有凝结硬化快，在很短时间内便能达到很大的锚固力，黏结强度高，施工简便快捷，质量易于保证，便于机械化安装等突出优点。尤其是采用先进的锚杆机组施工这种锚杆，能与机械化掘进机组配套实现快速成巷。因此，树脂金属锚杆已经成为我国矿井巷道支护中使用最普遍的一种锚杆。其缺点是树脂成本高。

(5) 快硬水泥锚杆

快硬水泥锚杆是以快凝水泥为锚固剂的一种锚杆。除快凝水泥药卷与树脂药卷不同外，其他与树脂锚杆完全相同。

快凝水泥药卷结构如图 7-26 所示，快凝水泥由滤纸内套和玻璃纤维纱网外套包裹起来，呈柱状。目前，常用的快凝水泥由国产定型的早强水泥和双快水泥按一定比例混合而成。快凝水泥药卷规格与锚固长度有关。若设计锚固长度为 400 mm，快凝水泥药卷规格为：直径为 37 mm，长为270 mm，水泥装量为 421 g；若锚固长度为 300 mm，快凝水泥药卷规格为：直径为 37 mm，长为205 mm，水泥装量为 320 g。

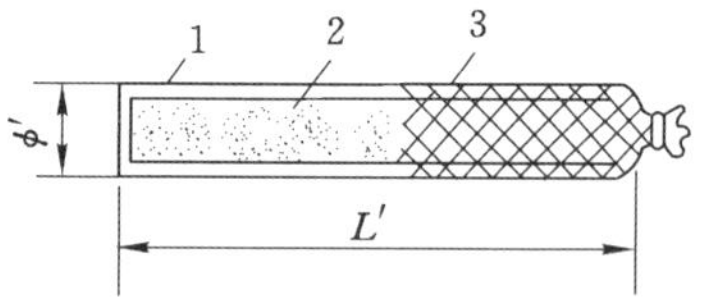

1—滤纸内套；2—快凝水泥；3—玻璃纤维纱网外套。

图 7-26　快凝水泥卷结构

快凝水泥药卷使用前需浸水 2～3 min，在钻孔中经锚杆搅拌，12 min 以后锚固力开始增长，1 h 后锚固力可达 60 kN 左右。快硬水泥锚杆成本低，材料来源广，曾一度在我国煤矿得到较快的推广。但由于其施工技术比较复杂、要求严，质量控制较难，目前使用较少。

（6）快硬膨胀水泥锚杆

快硬膨胀水泥锚杆是用快硬膨胀水泥药卷代替树脂药卷实现锚固的一种锚杆。快硬膨胀水泥药卷的结构如图 7-27 所示。其整体为一圆管状，管的内壁为一层纱网（纱网内径与锚杆杆体直径相同），外壁为一层吸水纸，快硬膨胀水泥封装在纱网与吸水纸之间。为了防止外加剂从纱网的孔隙外流，在纱网内套一圆纸筒；为了防止药卷受潮，将药卷装入防潮塑料袋内。锚固剂以普通矿用水泥为主要成分，加一定比例的砂子及外加剂混合而成。

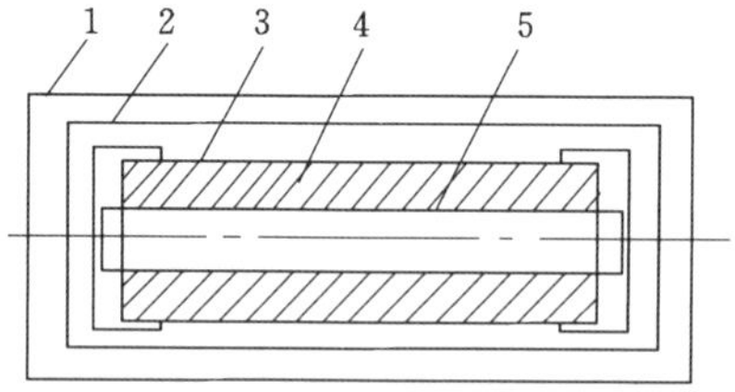

1—塑料袋；2—纸套；3—吸水纸；4—快硬膨胀水泥；5—空心纱网。

图 7-27　快硬膨胀水泥药卷结构

快硬膨胀水泥锚杆结构示意如图 7-28 所示。锚杆由 ϕ14 mm 或 ϕ16 mm 钢筋做成，锚杆一端焊有 ϕ38～40 mm 的挡圈，另一端车上螺纹。安装过程为：去掉水泥药卷上的塑料袋和纱网内的纸筒，把水泥药卷套在杆体上并沿杆体滑至挡圈挡住为止，逐卷装完药卷后，在杆体上套上一活动挡圈，使药卷夹于两挡圈之间，将水泥药卷全长放在水中浸 3～5 s 后取出插入钻孔，用冲压管（套在杆体上）轻轻压活动挡圈，当药压实后再用力冲压几下，取出冲压管后套上垫板，拧上螺母。若用1卷水泥药卷，安装5～10 min后，锚固力可达到20～40 kN；若用2卷水泥药卷，安装5～10 min后，锚固力可达到60～90 kN。

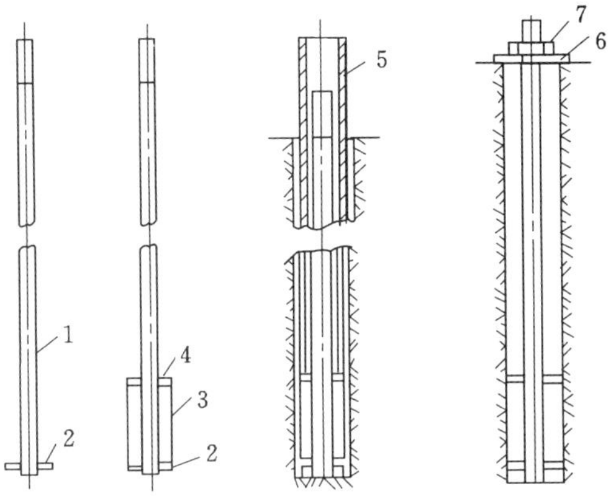

1—金属锚杆杆体；2—挡圈；3—水泥药卷；
4—活动挡圈；5—冲压管；6—垫板；7—螺母。
图7-28 快硬膨胀水泥锚杆结构示意

(7) 管缝式锚杆

管缝式锚杆是一种机械锚固的金属锚杆。如图7-29所示，管缝式锚杆的杆体是由高强度钢板卷压而成的带纵缝的管状体，安装前外径为38.1 mm，用凿岩机将其强行压入比杆径略小的钻孔后，其外径缩小为34.9 mm。这种锚杆依靠管壁弹性恢复力挤压孔壁产生锚固力，是一种全长锚固型锚杆。

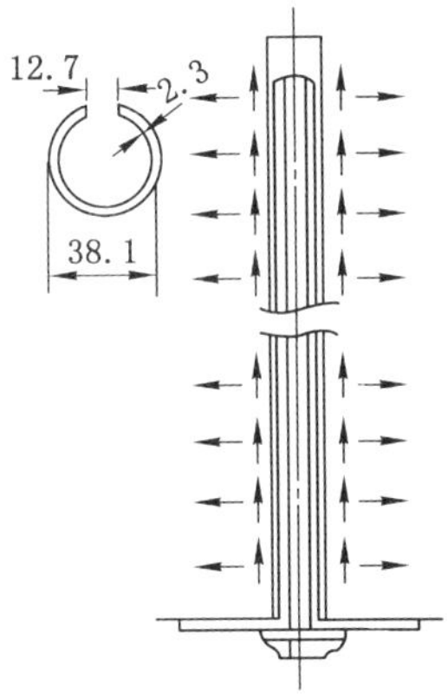

图7-29 管缝式锚杆结构示意

安装锚杆时，将锚杆推入钻孔所需的力为25～50 kN/m，产生的锚固力与压入力大致相等。管壁越厚，锚杆屈服应力越高。钻孔孔径越小，锚固力越大。在页岩、砂岩中，锚固力可达到60～100 kN。锚固力随着时间推移有增大趋势，在煤系地层，从刚安装到安装后100 d，锚固力可由60 kN增大到90 kN。管缝式锚杆对地层横向错动有良好适应能力，钻孔变形后锚固会更牢固。标准钻杆长度为1.2～1.5 m，最长为1.8～2.0 m，所用钢材屈服应力为 275～413 MPa 或 413～689 MPa。这种锚杆的成本较高,但锚固性能好,锚固力大。目前,我国所用的材料一般为屈服应力大于 350 MPa 的 16Mn 和 20MnSi 钢,管壁厚度为 2.0～2.5 mm,管径为 38～41.5 mm,开缝宽度为 14 mm。

(8) 树脂预应力锚索支护

树脂锚索是用钢绞线作承载体,用树脂作锚固剂的一种锚杆,其结构示意如图 7-30 所示。目前,使用较多的钢绞线由 7 股 ϕ5 mm 钢丝制成,如图 7-31 所示。钢绞线具有强度高、韧性好、松弛性低等特点。这种材料既有一定刚度,能直接用于搅拌树脂药卷,又有一定柔性,可盘成卷,便于运输和在空间较小的巷道中安装。树脂锚固剂一般分为两段,内锚固段采用超快或快速树脂药卷,外锚固段采用中速树脂药卷。锚索外端由锁具固定。锁具以瓦片式为主,有多种规格,选择时应使其与钢绞线匹配。

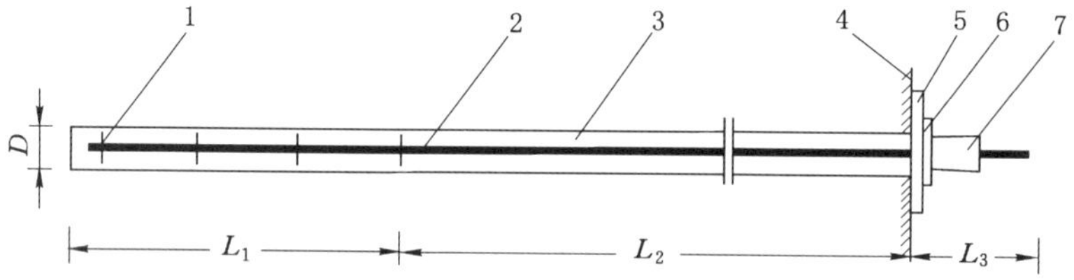

1—毛刺;2—钢绞线;3—钻孔;4—巷道围岩表面;5—槽钢;6—钢托板;7—锁具;
L_1—内锚固段长度;L_2—锚索有效长度;L_3—外锚固段长度;D—长杆直径。

图 7-30　树脂预应力锚索结构示意

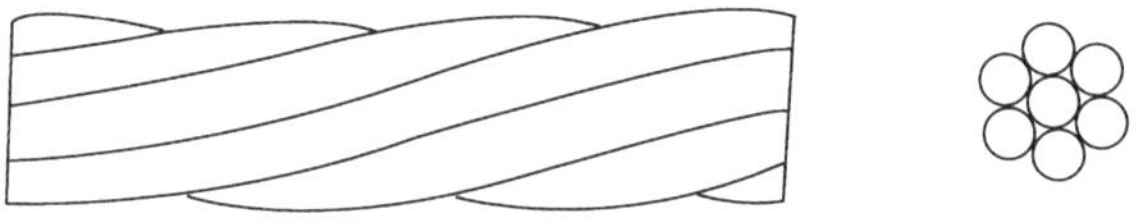

图 7-31　钢绞线

锚索制作和安装:钢绞线应在地面按设计长度截成段,在锚固段安装好毛刺和挡圈,并盘成卷。制作时应截去松丝、严重锈蚀和死弯部分,除去铁锈和污泥(尤其是内锚固段)。锚孔可采用锚杆钻机或轻型专用锚索钻机,安装 B19(或 B22)钻杆和 27～29 mm 旋转式钻头施工。锚索安装步骤示意如图 7-32 所示。按先后顺序将超快或快速树脂药卷和中速树脂药卷送入孔内,随后用钢绞线轻轻将树脂药卷送入孔底。用搅拌连接器将钢绞线与钻机连接起来,启动钻机,边搅拌边将钢绞线送达孔底,持续搅拌 20～30 s,钻机停止旋转后,保持钢绞线原位等待 2～3 min,随后降下钻机,卸下搅拌连接器。等树脂药卷锚固养护 1 h 后,依次安上托梁、托板和锁具,使顶板、托梁、托板、锁具间相互贴紧,然后挂上张拉千斤顶,开启液压泵进行张拉,并观察压力表读数。若千斤顶行程不够,应迅速回程,重新张拉,直到达到设计预应力。若钢绞线外露过长,影响行人和运输,可剪去多余部分。

预应力锚索通常和树脂锚杆配合使用,用于提高支护结构整体的承载能力和可靠性。锚索长度大,锚固点深,能够将支护结构深入到更远的岩体中,可以将下部不稳定岩层及由锚杆形成的围岩结构整体锚固在上部稳定的岩层中,支护可靠性较好,施加预应力后可实

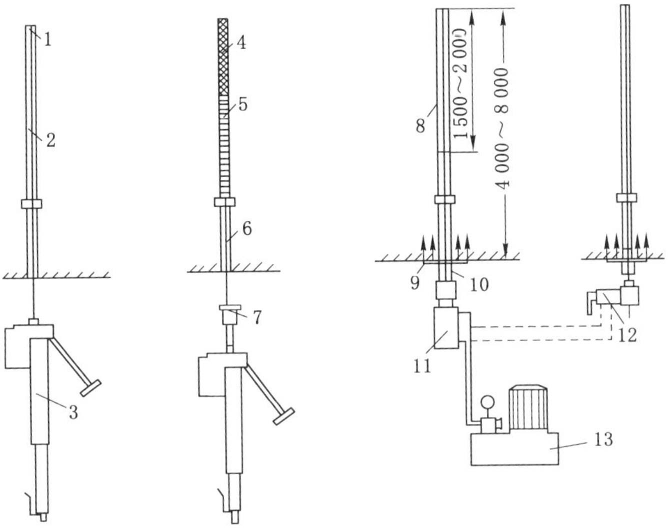

1—ϕ27 mm钻头；2—钻杆；3—锚杆机；4—快速树脂药卷；5—中速树脂药卷；6—钢绞线；7—驱动器；8—锚固段；9—托板；10—锚具；11—张拉器；12—切割器；13—超高压隔油泵。

图7-32　树脂锚索安装施工步骤示意

现主动支护。树脂预应力锚索支护可用于地质构造破坏地段、顶板软弱且较厚、高地应力等复杂围岩条件下的巷道支护和大断面煤层巷道支护中。该支护方式在一些先进矿井中使用已非常普遍。

(9) 中空注浆锚杆

中空注浆锚杆主要由螺母、垫板、止浆塞、中空杆体、锚头等组成。锚杆杆体选用Q345级及其以上级无缝钢管为原材料，采用热轧工艺形成连续波形螺纹，托盘选用A3钢板冲压成形，螺母采用铸件或锻件制作。这种锚杆结构简单，施工便捷，可以将锚固、注浆分开施工，既不影响掘进速度，又能提高支护效果。其结构示意如图7-33所示。

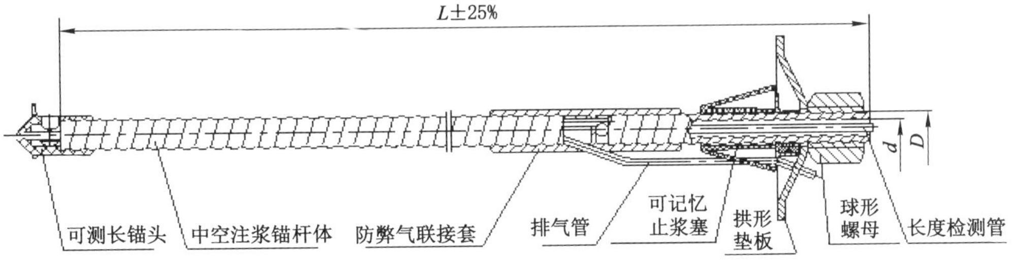

L—锚杆总长度；D—锚杆体外径；d—中空通道内径。

图7-33　中空注浆锚杆结构示意

中空注浆锚杆的主要特点如下：① 采用厚壁无缝钢管为材料，使用表面螺纹成形工艺以及做工精良的配件，真正实现了注浆、锚固的统一。② 锚杆杆体具有连续的波形螺纹，可以提高浆液与杆体的结合力，也可以作为钻杆配合钻头完成钻孔。③ 作为钻杆的锚杆体无须拔出，其中空结构可作为注浆通道，实现从里至外进行注浆。④ 止浆塞使注浆能保持较强的注浆压力，充分地充填空隙，固定破碎岩体，高强度的垫板、螺母可以将深层围岩应力均匀地传递到周壁围岩上，达到围岩与锚杆互为支护的目的。⑤ 具有安装快速的优点，可实现树脂锚固剂搅拌与拧紧螺母一体化操作。

（10）中空注浆锚索

中空注浆锚索采用中空结构设计，由高强度螺旋肋预应力钢丝围绕中心管杆呈螺旋状捻制而成，其表面有多条连续凸起的螺旋肋，可有效增加与岩层的摩擦力。中空注浆锚索由锚索索体、锥形止浆塞、托盘、锁具等组成。索体可分为中部柔性段和端部刚性段，其中，中部柔性段可弯曲，满足锚索运输、盘卷要求，而两端刚性段可起到强化保护作用，便于实现端锚和张拉预紧，满足施工强度要求。中空注浆锚索上部实心段用于搅拌树脂实现端锚，中间段内有软性芯管，便于锚索弯曲和注浆，中间段与上部实心接触段具有出浆口。锚索尾部为张拉紧固段，内用高强度合金管，保证锚具紧固时索体不收缩。其结构示意如图 7-34 所示。

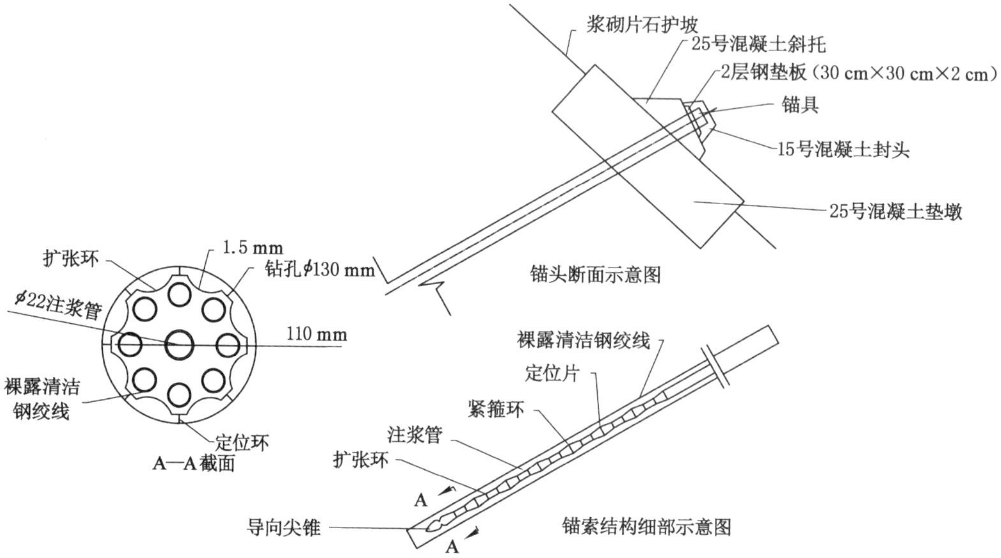

图 7-34　中空注浆锚索结构示意

新型树脂端锚＋后期注浆全锚的笼型结构锚索同以往的注浆锚索相比有以下优点：锚索索体以高强度螺旋肋预应力钢丝为原材料，强度等级可到达 1 860 MPa，且伸直性好、松弛值低，最主要的特点是表面有 3 条连续凸起的螺旋肋，可有效增加与注浆材料或锚固剂的摩擦力和抗剪强度；采用树脂端锚和锚具张拉预紧，安装后可立即承载，在不注浆的情况下也能立刻承受较大载荷，可以有效提高支护结构的整体性和承载能力。对于深部高应力软岩巷道的初期稳定是非常有利和必要的，也是现有的各种注浆锚索产品无法做到的；锚索索体为中空结构，自带芯管，安装时采用反向注浆，不仅消除了产生气穴空洞的可能，保证锚固浆液充满钻孔，而且省去了排气管和注浆管专用接头，也无须在现场绑匝注浆管、排气管以及封堵注浆孔，使施工步骤大为简化；采用全新索体结构，在保证注浆通径的前提下，使索体直径达到最小化，所需安装孔径小，可实现小孔径、大吨位，索体结构本身满足高压注浆的要求，可以实现锚注结合。

(11) 自进式中空注浆锚杆

自进式中空注浆锚杆将钻杆和锚杆合二为一，在风化岩层、碎岩层、回填区、砂层、黏土层、圆卵石层等不需要套管护壁，即能形成锚孔，保证锚固与注浆效果。自进式中空注浆锚杆操作简便，快捷省时，可节省 25%工作量，减少工程成本，且能满足多种施工工艺。自进式中空注浆锚杆可实现钻进、注浆、锚固一体化，且拥有多种钻头，可以满足不同的施工要求。其具有注浆效能高的优点，可以充填裂隙，固结岩体和土层，控制地下水，同时具有良好的注浆扩散半径及可靠的锚固质量。自进式中空注浆锚杆如图 7-35 所示。

图 7-35 自进式中空注浆锚杆

二、锚杆受力分析

(一) 端锚固锚杆

端锚固锚杆的锚固长度仅占锚杆总长度的很小一部分，锚杆的加固力主要由锚杆两端提供，锚杆结构的整体加固能力由锚固端的锚固力、锚杆的抗拉能力和外端托板及其承载机构的承载能力决定。为了充分发挥各部分的效能，设计时应尽量使三部分能力相等。

端锚固锚杆支护结构失效率较高，其主要原因如下。

① 锚杆两端施力部分范围小，会在围岩中产生较大的应力集中，长期作用下会引起围岩松动，任意一端围岩的松动将导致锚杆结构承载能力的降低甚至丧失。另外，围岩受外部因素(如爆破震动)影响产生的任何松动也会影响锚杆支护结构的承载能力。

② 锚杆系统中三个主要部分相互依赖性强，只要其中一个部分出现问题就会影响整个锚杆支护结构。锚固段经常出现的问题是锚固力不足或锚固失效；非锚固段杆体受载集中，经常出现的问题是因拉伸变形量过大而引起杆体承载能力降低或完全被拉断；外端承载机构中的托板可能出现的问题是与围岩表面点接触或不完全接触，木托板可能出现破裂，螺母(或外楔、锁具)经常会因为各种原因而失效。在这些问题中，只要任意一个问题出现都将导致锚杆整体承载能力下降或承载失效。

(二) 锚固剂全长锚固锚杆

(1) 锚固剂全长锚固锚杆的受力特点

锚固剂全长锚固锚杆随围岩变形而变形，但金属杆体的弹性模量远远大于岩石，两种介质的变形不同，因此在锚杆周围会产生黏结剪应力，锚杆正是靠这种剪应力来约束围岩变形的。对于无预应力的全长锚固锚杆，只有当围岩和锚杆之间有相对位移时才开始被动受力，当位移达到一定值时才完全发挥作用。因此，这种锚杆在发挥作用前围岩要经历从掘进到锚杆安装结束期间，以及从锚杆安装结束到锚杆完全发挥作用期间的变形和破坏。在杆体变形的初期，杆体与围岩之间的相对位移较小，相应的黏结剪应力较小，锚杆对围岩变形的约束作用也较小。实际上，只有当围岩变形达到一定值后，锚杆才开始对围岩产生有效支护，而这时围岩可能已经产生了比较大的不利变形和破坏。这时锚杆对围岩的作用是一种被动作用，不利于围岩稳定。如果在锚杆安装后不久(锚固剂达到一定强度)立即向锚杆施加预应力，一方面可以及时地限制围岩的早期变形和强度下降，另一方面因金属杆体已完成了低应力段的变形，当围岩变形时黏结剪应力快速增加，锚杆对围岩的约束能力迅速提高，使围岩总的变形量减小，锚杆的作用也因此得到最大限度的发挥。

(2) 锚固剂全长锚固锚杆的中性点理论

该理论认为，全长黏结式锚杆是靠其与孔壁之间的黏结剪应力来阻止围岩向自由面变形的，黏结剪应力的大小与围岩和锚杆之间的相对位移成正比。且在靠近自由面的一段锚杆上，因阻止围岩向巷道移动，产生指向围岩自由面的剪应力，其余一段锚杆因受该段的拉拔作用，锚杆表面的剪应力必然指向围岩内部，以满足锚杆的静力平衡，因此在锚杆长度内存在一个剪应力改变方向的点，该点被称为中性点，该点处的剪应力为零，轴向力最大。锚杆受力如图 7-36 所示，对于圆形断面巷道。锚杆所受剪应力可用式(7-7)表示。

$$\tau_1(r) = K(u_r - u_n) \tag{7-7}$$

式中 K——剪移刚度系数，MPa/m；

u_r——围岩的径向位移，m；

u_n——中性点处围岩的径向位移，m。

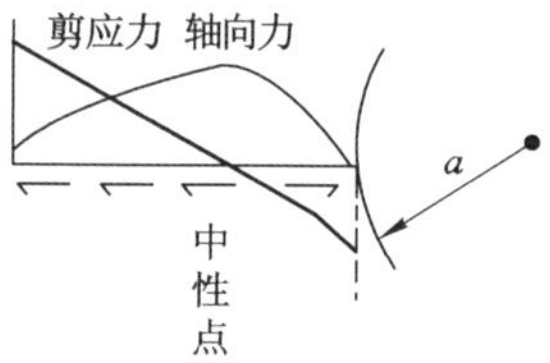

图 7-36 锚杆受力

(3) 全长黏结式预应力锚杆的剪应力和轴向力

考虑静水压力作用下均质和各向同性的圆断面岩石巷道，取半径为 a，忽略影响圈内围岩自重，则径向位移为：

$$u_r = A^{\frac{1}{r}} \tag{7-8}$$

式中 u_r——围岩的径向位移，m；

r——围岩中任意一点到巷道中心线的径向距离；

A——系数，按式(7-9)计算。

$$\begin{cases} A = \dfrac{1+\nu}{E}R^2(\sigma_p \sin\varphi + c\cos\varphi) & (塑性区) \\ A\ \dfrac{1+\nu}{E}R^2(\sigma_p - \sigma_R) & (弹性区) \end{cases} \tag{7-9}$$

式中 σ_p——原岩应力，MPa；

R——塑性区半径，m；

E,ν,c,φ——围岩的弹性模量、泊松比、黏聚力和内摩擦角；

σ_R——弹塑性界面处的径向应力，MPa。

下面仅讨论锚杆全部位于塑性区的情况，其他可以类推。设施加在锚杆上的预应力为

P_0，在预应力作用下锚杆上产生的剪应力为：

$$\tau_0(r) = \frac{bP_0}{U(e^{al} - e^{-al})}\left[e^{b(a+l-r)} - e^{-b(a+l-r)}\right] \tag{7-10}$$

$$b = \sqrt{UK/ES}$$

式中　l——锚杆有效长度，m；

U——锚杆周长，m；

b——锚杆-围岩系统的综合刚度参数；

S——锚杆断面面积，m^2。

锚杆所受的最大剪应力和轴向力都在其外端部，如图 7-37(a)所示。随着围岩变形，所产生的剪应力与预应力叠加，锚杆内端的剪应力增大，外端的剪应力减小，当外端的剪应力超过预应力时，锚杆轴向力最大点即由锚杆端部向里转移，形成中性点，如图 7-37(b)所示。若预应力足够大，也就不可能形成中性点，如图 7-37(c)所示。

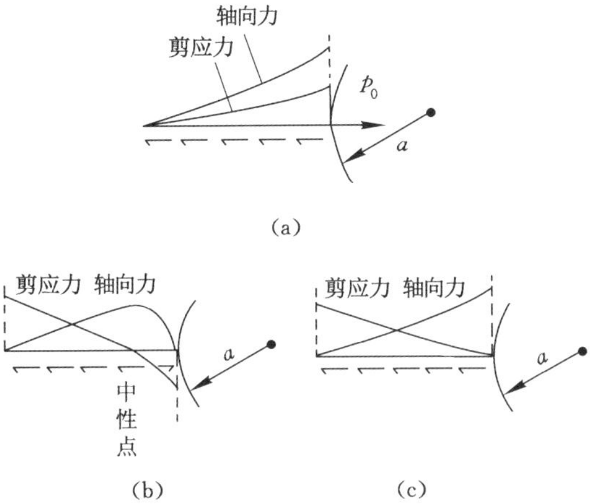

图 7-37　锚固剂全长锚固预应力锚杆的受力

假设无论有没有预应力，围岩的变形是相同的，则由图 7-37 不难看出，施加预应力后锚杆所受剪应力趋于均匀化，且中性点的轴向力增大了，若以此轴向力作为锚杆的锚固力，显然，此时的锚固强度得到了提高。当中性点存在时，锚杆所受的剪应力应由式(7-7)和式(7-10)叠加，即

$$\tau(r) = \tau_0(r) + \tau_1(r) \tag{7-11}$$

考虑锚杆的静力平衡，应有：

$$\int_a^{\rho} U\tau(r)\mathrm{d}r + P_0 = \int_b^{a+l} U\tau(r)\mathrm{d}r \tag{7-12}$$

式中　ρ——锚杆中性点到巷道中心的距离，m。

将有关各式代入式(7-12)，求解可得：

$$\rho = \frac{1}{\ln\dfrac{a+l}{a} + \dfrac{1}{UKAb}\left[BU(2 - e^{bl} - e^{-bl}) + b\right]P_0} \tag{7-13}$$

$$B = \frac{b}{U(e^{bl} - e^{-bl})}$$

锚杆所受的轴向力为：

$$N(r)=\int_a^r U\tau(r)\mathrm{d}r+P_0 \tag{7-14}$$

最大轴向力在中性点处，按式(7-15)计算。

$$N_{\max}=\int_a^\rho U\tau(r)\mathrm{d}r+P_0=$$

$$U\left\{AK\left[\ln\frac{\rho}{a}-\frac{\rho-a}{a}\right]-\frac{BP_0}{b}\left[\mathrm{e}^{b(a+l-\rho)}-\mathrm{e}^{bl}\right]-\frac{BP_0}{b}\left[\mathrm{e}^{-b(a+l-\rho)}-\mathrm{e}^{-bl}\right]+P_0\right\} \tag{7-15}$$

锚固剂全长锚固预应力锚杆是否服从中性点理论，取决于预应力的大小和巷道围岩的变形量。施加预应力后，锚杆所受的剪应力趋于均匀化，锚固强度得到提高，这对巷道围岩的控制具有积极的作用，与其他的理论研究和实测结果是一致的。总之，预应力锚杆的支护效果优于非预应力锚杆，应大力推广使用。

三、锚杆支护参数及确定

关于锚杆的作用机理有很多理论，已经被大家普遍接受的主要有悬吊理论、组合梁理论、挤压加固拱理论等。这些理论分别适用于不同的围岩条件。锚杆支护参数主要包括锚固力、锚杆长度、锚杆间距和锚杆排距等。确定锚杆支护参数的方法有工程类比法和理论计算法两类，其中理论计算法以锚杆作用机理为理论依据。

（一）锚固力

锚固力即锚杆对围岩的约束力。在实际应用中大多以抗拔力作为锚固力，这给锚杆安设质量的检验提供了简便方法——拉拔试验法。实际上，抗拔力和锚固力有很大区别。

锚杆对围岩的约束力包括两个方向的力，沿锚杆轴向的力（称径向锚固力，包含托锚力和黏锚力）和垂直锚杆轴向的力（称切向锚固力），如图 7-38 所示。其中径向锚固力由托锚力、黏锚力以及锚杆强度决定。

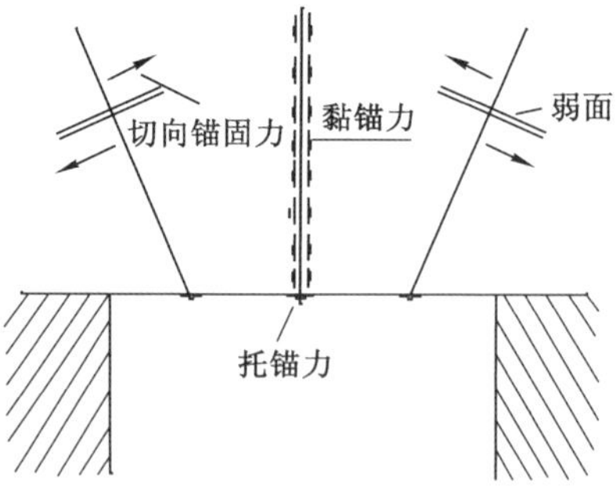

图 7-38 锚杆约束围岩的力

① 托锚力。即托板对围岩施加的力。该力使围岩表面及附近由平面应力状态转化为三向应力状态，提高了围岩强度。

② 黏锚力。即锚杆工作时通过锚固机构施加在围岩上的沿锚杆轴向的力。黏锚力的大小等于杆体轴向力，黏锚力沿杆体处处不等，通常将杆体中性点处的轴向力值作为黏锚力的值。

③ 切向锚固力。围岩的变形大多从岩体中的弱面开始。围岩沿弱面滑动或张开，从而导致巷道断面收缩。斜交或垂直于弱面的锚杆可约束围岩沿弱面的滑动和张开，这种约束力称为切向锚固力。与弱面的强度相比，一般杆体所能提供的切向锚固力较小，但它可使弱面不致因某个薄弱环节的突然破坏而影响围岩承载力的充分发挥。

锚固力从锚杆安装结束到失效随围岩变形而变化。安设锚杆时，人为对锚杆进行张拉而使其对围岩产生的锚固力为初锚力；锚杆正常发挥作用期间的锚固力为工作锚固力；当锚固段锚固（对围岩加固）失效以后，锚杆通过锚固机构对围岩的残余作用力为残余锚固力。

设计锚杆锚固力可综合考虑锚杆材质、锚固方式（端锚固和全长锚固）、锚杆结构及长度、锚杆直径等因素，根据巷道支护要求确定。

（二）锚杆几何参数及确定

锚杆几何参数指锚杆长度和间、排距，可根据具体条件按不同理论计算确定。

1. 按悬吊理论计算锚杆几何参数

在层状岩体中的巷道，顶板岩层的离层可能导致顶板的破碎和冒落；在节理裂隙发育岩体中的巷道，松脱岩块的冒落可能对生产造成威胁；在软弱岩体中的巷道，围岩破碎带内不稳定岩块在自重作用下也可能发生冒落。如果锚杆支护结构能够提供足够的锚固力将上述可能冒落的岩块悬吊在稳定岩层中，就能保证巷道围岩的稳定。按照这一思路，锚杆几何参数由以下方法计算。

（1）锚杆长度

根据图 7-39，端锚固锚杆长度按式(7-16)计算。

$$L_m = L_1 + l + L_3 \tag{7-16}$$

式中　L_1——锚杆外露长度，其值与锚杆类型及锚固方式有关，一般取 0.15 m；

L_3——锚杆锚固段长度，对端锚固锚杆一般取 0.3～0.4 m，也可由拉拔试验确定；

l——锚杆有效长度，m，通常按下述方法确定。

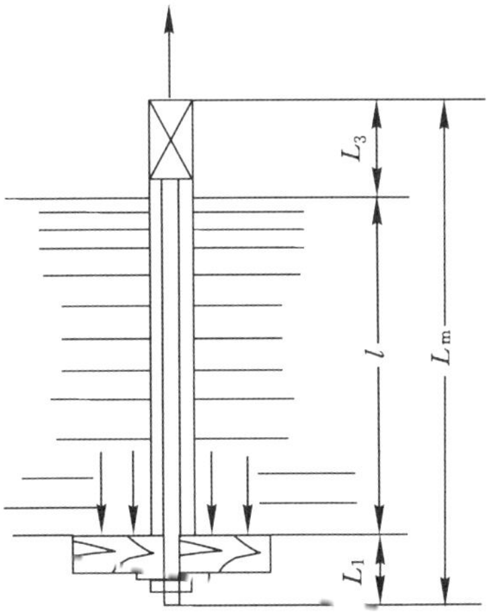

图 7-39　锚杆长度的构成

① 当直接顶需要悬吊且其范围易于划定时，l 应大于或等于直接顶厚度。

② 当巷道围岩存在松动破碎带时，l 应大于围岩松动破碎区高度 h_i，h_i 可按式(7-17)确定。

$$h_i = (100 - RMR)L_k100 \tag{7-17}$$

式中： RMR——岩体地质力学分类指标值；

L_k——巷道跨度，m。

对于全长锚固锚杆，实际锚固长度等于上述计算的有效长度与锚固段长度之和。

(2) 锚杆间、排距

根据图 7-37，锚杆间、排距由每根锚杆的锚固力和悬吊的岩石质量决定，按式(7-18)计算。

$$a = QK_a\gamma l \tag{7-18}$$

式中 a——锚杆间、排距，通常取锚杆间距等于排距，m；

Q——锚固力，kN；

K_a——锚杆安全系数，一般取 1.5～2；

γ——岩石容重，kN/m^3。

2. 按挤压加固拱原理确定锚杆几何参数

按挤压加固拱原理，锚杆长度和间距可按式(7-19)确定。

$$b = l\tan\alpha - a\tan\alpha \tag{7-19}$$

式中 b——加固拱厚度，m；

l——锚杆有效长度，m；

α——锚杆在松散体中的控制角，(°)；

a——锚杆的间、排距，m。

如果锚杆的控制角取 45°(对于破裂体较安全)，则 $b=l-a$。根据式(7-18)，如果按常用锚杆有效长度 l=1 600～1 800 mm，锚杆间距 a=600～700 mm 计算，则加固拱厚度 b=900～1 200 mm，这相当于 2～3 层的料石拱厚度，并且还具有料石拱所不具有的可塑性。

四、锚杆施工及质量检测

(一) 锚杆施工

锚杆施工包括钻眼和安装两个环节。

(1) 钻眼

钻眼是锚杆施工的重要环节。钻眼工作量大、占用时间长，锚杆眼的质量直接影响锚杆作用的发挥。

① 钻眼设备及选择。目前我国在锚杆施工中主要采用专用锚杆机。锚杆机分为单体锚杆机和锚杆机组两类。也有利用钻(凿)炮眼的设备打锚杆眼的，但由于存在诸多问题，应用已越来越少。

单体锚杆机主要用于钻眼，锚杆安装操作多由人工进行。单体锚杆机具有操作方便、劳动强度低、钻眼速度快、设备体积小、占用空间小等优点，因此在我国各类巷道施工中普遍使用，是目前使用最多的一种设备。锚杆机组不仅能钻眼，还具有安装锚杆的功能，且自动化程度比较高。锚杆机组一般能够同时施工多个眼，施工速度快，因此目前主要和连续采煤机等煤巷机械化快速掘进设备配套使用。

选择钻眼设备时应考虑围岩条件、掘进施工工艺方式、施工条件等，钻眼设备应满足掘进与支护有机配合且有利于提高成巷速度的要求。

② 对锚杆眼的要求。锚杆眼用于安装锚杆。锚杆是通过锚杆眼与围岩结合，相互作用、共同承担载荷的。因此，锚杆眼的质量以及倾角、直径、深度等参数直接影响锚杆作用的发挥。对锚杆眼的要求为：必须严格按设计角度施工，必须严格控制锚杆眼的直径和深度，对机械锚固的锚杆眼应保证其圆度和垂直度。

（2）锚杆安装

不同结构的锚杆，其安装方式、安装所用设备及安装要求均不同。常用锚杆的安装过程前已述及。对锚杆安装的总体要求为：必须保证最里端锚固点的深度；必须保证锚固部分的长度和锚固力；必须保证托板的托力；对采用螺母加力的锚杆必须保证螺母拧紧扭矩；对采用木楔加力的锚杆必须保证楔紧力；对预应力锚杆必须保证施加的预应力。

（二）锚杆质量检测

锚杆质量检测包括锚杆的材质检验，锚杆的安装方向、锚固点深度、间排距等几何参数量测，螺母的拧紧力检验，锚杆的锚固力检测，等等。锚杆的材质应按规定在实验室进行抽检；锚杆的几何参数应在施工过程中即时进行量测检查；螺母拧紧所产生的拧紧力应达到锚固力的 40％～80％，应采用扭矩扳手检查，或由有经验的工人抽检；锚固力需要用锚杆拉力计进行抽检。

ML-20 型锚杆拉力计如图 7-40 所示，其由一台空心千斤顶和一台 SYB-1 型高压手摇液压泵组成，最大拉力为 200 kN，活塞行程为 100 mm，设备总质量为 12 kg。试验过程为：用卡具将千斤顶活塞紧固在锚杆上，摇动液压泵手柄，高压油经高压胶管到达拉力计的液压缸，驱使活塞对锚杆产生拉力，由压力表读数乘以活塞面积计算出锚杆的锚固力，由标尺直接读取锚杆的位移量。所测锚固力应不小于设计值，位移量应不超过允许值。对于楔缝式锚杆，位移量应不超过 4 mm；对于倒楔式锚杆，位移量应不超过 6 mm；而砂浆锚杆一般不允许有位移。

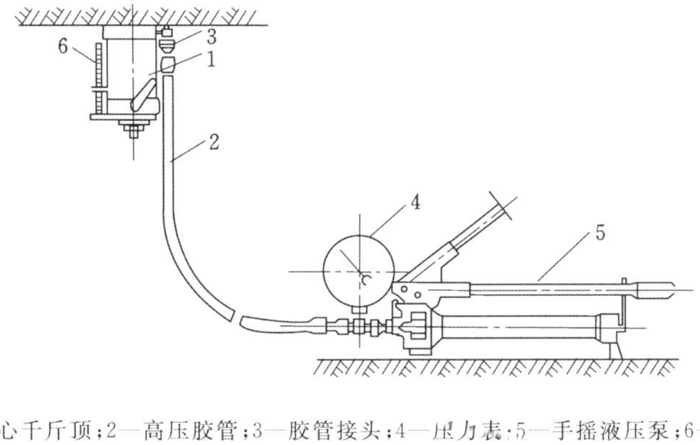

1—空心千斤顶；2—高压胶管；3—胶管接头；4—压力表；5—手摇液压泵；6—标尺。

图 7-40　ML-20 型锚杆拉力计

第四节 联合支护

当围岩条件和地压复杂时，单纯的锚杆支护无法满足支护要求，从而形成了以锚杆支护为主体，内外结合的联合支护方式。联合支护是由两种及以上支护方式（或支护材料）有机结合形成的一种支护结构，其在充分利用各单一支护的优势和特点的基础上，能显著提高结构的整体承载和抗变形能力，从而对控制复杂围岩和地压具有显著效果。联合支护方式很多，其中最常用、最简单的是锚喷支护，另外还有锚网支护、锚网喷支护、锚网梁支护、锚网梁喷支护、锚杆桁架支护等。通常。围岩条件和地压越复杂，联合支护结构也越复杂。

一、锚喷支护

锚杆支护和喷射混凝土支护相结合即为锚喷联合支护（简称锚喷支护）。在锚喷支护中，锚杆的作用是从整体上加固或承载围岩；喷射混凝土的作用则是封闭围岩表面防止围岩风化剥落，以及与围岩紧密结合支护锚杆间的未加固区域。光弹模拟试验表明，锚杆支护时锚杆之间的围岩表面附近会产生拉应力，可能导致松软岩石的局部破坏和掉块，而局部小岩块的坠落又可能导致围岩整体松动和破坏，从而削弱锚杆的承载能力，进而影响围岩结构的整体稳定性。锚喷支护两种支护方式互为补充，其整体结构具有更强的支护能力和更广泛的适用性，可用于较松软、裂隙较发育、易风化的岩层，在矿井使用非常普遍。

二、锚网支护

锚网支护是用锚杆将铁丝网（钢筋网、塑料网等）固定在岩壁上所形成的一种联合支护方式。网的主要作用是维护锚杆间的围岩以防止小块松散岩块掉落，另外，由锚杆固定和拉紧的网将相邻锚杆联结起来，可增强支护结构的整体性。锚网支护所用的铁丝网一般由 $\phi 3 \sim 4$ mm 的镀锌铁丝编织而成，有经纬网和菱形网两种，其中菱形网具有强度高、连接方便等优点，因此目前应用较多。钢筋网是由钢筋焊接而成的大网格（尺寸为 150 mm×150 mm）金属网，其强度和刚度都比较大，增强支护结构整体性的效果更加显著，适用于大变形、高应力巷道支护。塑料网具有成本低、轻便、耐腐蚀等特点，但其强度和刚度较低。

三、锚网喷支护

在锚网支护的基础上增加喷射混凝土层即为锚网喷支护。在这种结构中，网被喷射混凝土包裹在其中形成类似钢筋混凝土层，大大提高了喷层的抗拉性能和网的刚性，支护结构整体具有更强的承载和抗变形能力，能有效地支护松散破碎的软弱岩层。所使用的网多为钢筋网，钢筋直径一般为 6～12 mm，网格边长为 200～400 mm。

四、锚网梁支护

在锚网支护的基础上增加梁形成锚网梁支护。梁通常由钢带或直径较大的钢筋加工而成，压在网的外面，一般沿巷道横向安设。梁有长梁和短梁之分，一个长梁可以贯穿 3 根以上锚杆并由所贯穿的锚杆固定和支撑，短梁由相邻两个锚杆固定和支撑。梁的作用一方面是支撑网，对锚杆间围岩产生更高的承载能力；另一方面是将断面内一排锚杆联结成一个联系更加紧密、刚性更大的整体。这种支护结构比锚网支护具有更强的支护能力,可适用于更复杂和支护更困难的围岩条件。

钢带一般由 2～3 mm 厚的薄钢板(Q235 碳素结构钢)制成,其屈服强度为 240 MPa,抗拉强度为 380 MPa。有平钢带和 W 钢带两种。平钢带是一种直接轧制的普通钢带,截面形状为矩形;W 钢带是通过冷弯、辊压成形的一种型钢,其结构示意如图 7-41 所示。冷弯成形过程中的硬化效应可使钢材强度提高 10%～15%。因此 W 钢带较平钢带强度高(抗拉强度为 418～437 MPa),另外 W 钢带上的两根筋使其抗弯能力较平钢带更大。

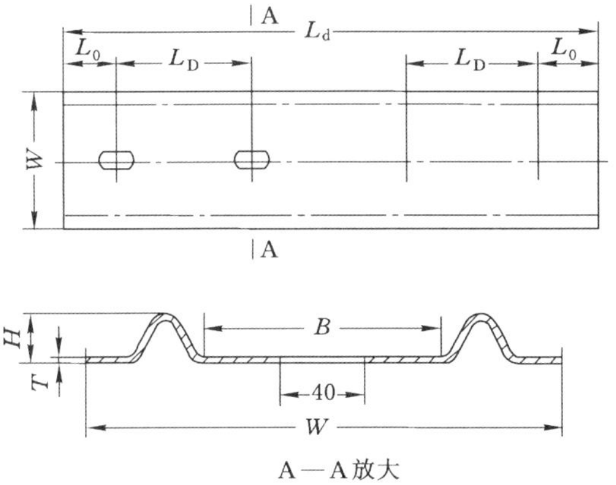

L_d—钢带全长;L_D—锚杆孔直径;L_0—边锚杆至煤帮距离;
H—钢带加固槽钢宽;T—钢带厚;B—加固槽内间距;W—钢带总宽。

图 7-41　矿用 W 钢带结构示意

用较粗钢筋焊接而成的梁称为钢筋梯,其结构示意如图 7-42 所示。其性能不如 W 钢带,但节省钢材,成本较低。

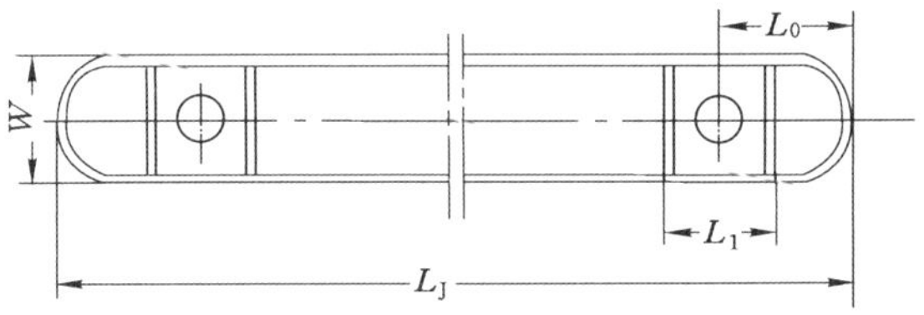

L_J—钢筋梯全长;W—钢筋梯宽;L_1—梯子加筋间距;L_0—锚杆距煤帮距离。

图 7-42　钢筋梯结构示意

有时也可利用工字钢梁等刚性更大的材料作梁。

五、锚网梁喷支护

在锚网梁结构的基础上增加喷射混凝土层即为锚网梁喷支护。这是在矿井巷道支护中使用的最复杂、支护能力最强的一种支护结构。这种结构施工复杂、速度慢,材料消耗大,成本高,一般仅用在断面较大、围岩松软破碎、地压大、变形大的巷道中。

六、锚杆桁架支护

锚杆桁架结构主要由锚杆、拉杆、拉紧器和垫块组成，如图 7-43 所示。水平拉杆的预紧作用能增大沿巷道轴向裂隙的摩擦力，提高围岩的完整性，有利于在围岩中形成更稳固的结构。这种支护方式特别适用于围岩变形大的软岩巷道。

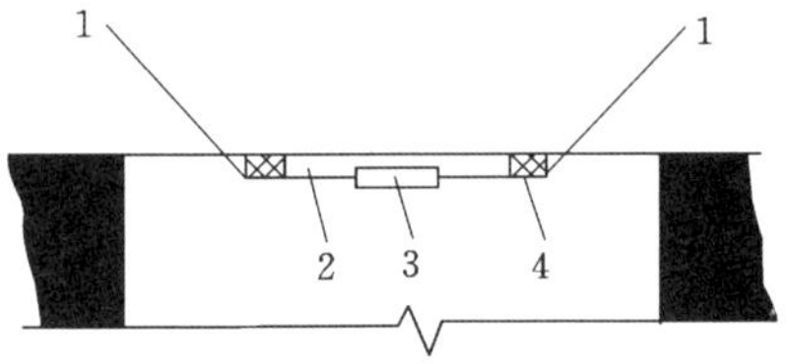

1—锚杆；2—拉杆；3—拉紧器；4—垫块。

图 7-43　顶板锚杆桁架结构示意

七、锚注联合支护

锚注技术即利用锚杆向围岩注浆的技术，是近年来发展的一项新技术。通过注浆能提高围岩的内聚力和内摩擦角，改变其松散破碎结构使之具有更好的整体性，为锚杆提供可靠的着力基础，结合锚杆能对松散破碎围岩起到良好的支护效果。锚杆与注浆锚杆联合支护的结构示意如图 7-44 所示，这种支护方式适用于节理、裂隙发育，断层破碎带等围岩松散、破碎的情况。

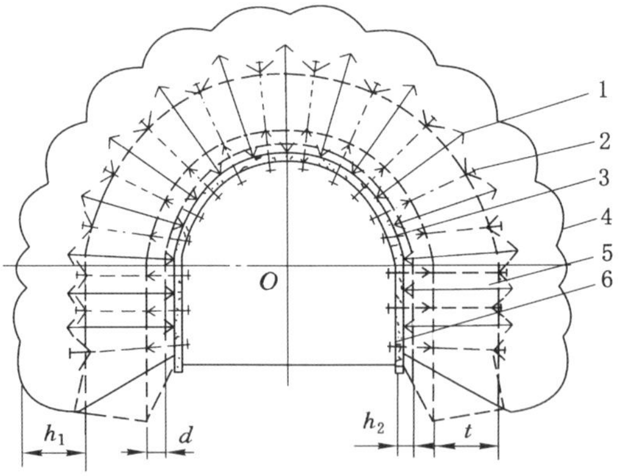

1—普通金属锚杆；2—注浆锚杆；3—喷层与金属网；4—注浆扩散范围；5—锚杆作用形成的岩石拱；6—喷层作用形成的组合拱；d—隧道净跨度；t—结构层厚度；h_1—拱顶垂直高度；h_2 边墙垂直高度。

图 7-44　锚注联合支护结构示意

八、沿空留巷柔模支护

无煤柱开采技术主要包括沿空掘巷和沿空留巷。其中沿空留巷是将上个工作面回采巷道保留下来供下个工作面使用。由于可以少掘进 1 条巷道，沿空留巷显著降低下个工作面开拓成本，可以缓解矿井采掘接续紧张局面，同时回收了区段煤柱，提高煤炭回收率，具有显著的经济效益。沿空留巷一侧巷帮为采空区,目前一般采用巷旁充填的方式进行支护,充填材料主要有柔模混凝土、高水材料和井下矸石等。现场采用巷旁充填沿空留巷的方式保留下来用作邻近工作面回采巷道使用,可以提高煤炭回收率、降低开拓成本,具有显著的经济效益。

为解决沿空留巷工作面架后悬顶距离长,顶板难以垮落的问题,基于叠加简支梁铰接结构模型分析发现,巷道顶板的最大剪应力和弯矩出现在固定端截面,影响最大的外部载荷为上覆岩层压力;通过切顶柔模墙可以提高沿空留巷的稳定性,分散顶板应力集中。

正常情况下,工作面端头架后方为沿空留巷柔模施工点,柔模随工作面端头架前移跟进施工,该工艺采用的是一次性自成形柔模袋,目前普遍做法是:在指定区域将柔模袋顶部与单体支柱固定,将单体支柱打出后与巷道顶板接顶,将高强度混凝土注入支设好的预制模袋内。

柔模墙沿空留巷是传统沿空留巷,如图 7-45(a)所示,通过在采空区边缘构筑柔模墙,实现对原有巷道的保留,供下一工作面开采使用。该方案并没有改变上覆岩层的结构特征,在留巷期间可能会出现巷道围岩大变形的情况。

切顶柔模墙沿空留巷如图 7-45(b)所示。该方案在传统沿空留巷的基础上与切顶卸压技术融合,改变上覆岩层的结构特征,通过切断采空区部分顶板与巷道顶板的连接,减弱巷道上方力的传递。

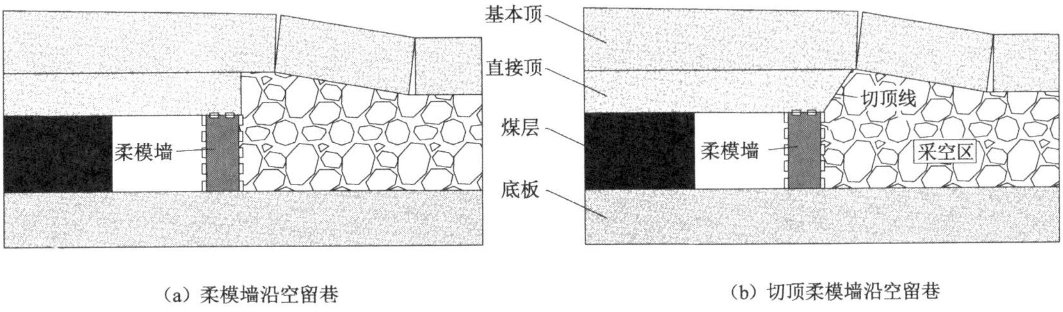

图 7-45 沿空留巷

第五节 智能支护

随着现代化进程的推进,巷道施工也向着系统化、智能化发展,其应用已初步表现在地下停车场、地下行人通道、地下商业街、地下铁道、高大建筑物地下室等工程。但井下情况复杂多变,支护体系、支护结构、支护参数及工艺过程需要适应围岩动态变形的力学状态,确保支护特性和围岩变形力学特性相匹配,从而最大限度发挥围岩自承能力和支护体系支承能力的协同作用,实现对围岩变形的有效控制,保障巷道围岩的稳定性。本节将重点介绍当前智能化设备与技术的发展进展。

一、掘锚一体

巷道掘进是煤矿地下开采的先行工程。据统计,2020 年,我国煤矿采煤机械化率已达到 78.5%，其中大型煤炭企业达到 98.86%，但全国煤矿掘进机械化率仅有 60.4%。然而我国每年新掘巷道工程量巨大，达 12 000 km/a，以 4 700 处煤矿计，我国单矿巷道掘进平均速度仅为 213 m/月。快速掘进是解决煤矿采掘失衡、高效生产的必由之路。如今我国煤炭行业正处于“智能化”转型初级阶段，掘进工程正加速向少人化、智能化发展，巷道掘进迎来了前所未有的发展机遇。

矿下主流掘进设备通常存在短板。悬臂式掘进机，其虽然对地质条件适应性强，但其掘、支、运不能平行作业，临时支护防护能力差，安全性差，工人劳动强度大，月进尺低于 500 m；连续采煤机，其在双巷、多巷掘进可实现掘、支、运平行作业，条件较好时能实现月进尺千米以上，但其无临时支护，调机频繁导致设备对软弱底板破坏较大，在单巷掘进或循环空顶距小于 3 m 时，无法最大限度发挥效能。

掘锚一体化高效掘进可以有效解决以上问题，其技术优势是：在顶板允许一定空顶和空帮的前提下，掘锚一体机通过机载临时支护的安全防护，机身不动，利用液压缸推进截割，使 4 顶+2 帮排布的钻臂能同时安装锚杆锚索，并和后部多臂锚杆转载机相互配合完成所有锚护任务，有效缩短了掘进作业中关键线路时长（提升截割与锚护时间比），利用柔性连续运输系统或带式转载机、迈步式自移机尾实现煤炭全阶段连续运输，达到掘、支、锚、运等工艺在“空间上分离，时间上平行”，从而高效提升掘进速度。

（一）掘锚护一体化系统的构成

掘锚一体化系统可显著提高工作效率、降低劳动强度和减小安全隐患，其主要组成部分如下。

（1）掘锚一体机

掘锚一体机实现了截割、临时支护、永久支护、装运等主要工序的平行作业。其特点是：采用液压缸推进可伸缩式横滚筒进行全宽截割，液压缸推进截割可减小机身对底板的扰动；机载临时支护实现同步滑移，其支撑力最大为 400 kN；可滑移、摆动的 4 顶+2 帮钻臂排布，可快速进行多个位置顶、帮锚杆同时施工；行走接地比压降至 0.2 MPa，千伏级交流变频驱动，可适应软弱底板；作业空顶距小，能适应较差的顶板条件。

掘锚一体机适用于煤层厚度为 3 200～5 000 mm，单向抗压强度≤40 MPa 的煤巷，工作坡度为[−16°,16°]。整机采用模块化设计，断面可变，配置锚运破一体机，可实现多工序平行作业，全断面支护，适用于较不好地质条件下的施工。某型双锚掘进机如图 7-46 所示。

图 7-46　某型双锚掘进机

（2）多臂锚杆转载机（运锚机）

多臂锚杆转载机是为提高掘支平行作业率而研制的一种集煤流缓冲、转载、破碎、锚杆支护等功能于一体的支护类设备，由锚护机构、破碎部、受料部、液压系统、行走底盘、运输部组成。其除了将掘锚一体机的煤炭转运至后部带式输送机上之外，更重要的功能是根据巷道支护参数，可选择高效的 2 臂、4 臂、5 臂或 6 臂式等不同数量钻臂，实现转运煤炭的同时完成巷道不同部位锚杆、锚索的安装，与掘锚一体机锚护工艺形成滞后与互补，提高平行作业率。

以 MZHB5-1200/25 锚杆转载机组为例，其主要功能有：掘锚机单巷掘进的顶锚杆、锚索和帮锚杆的同步快速补打；掘锚机单巷掘进的掘进物料破碎；巷道 3 个顶锚索的全自动同步锚护；单巷掘进的转载机牵引头车；连续采煤机/掘进机掘进的锚杆、锚索快速补打；掘锚机/连续采煤机/掘进机截割落料的连续运输。

(3) 带式转载机或可弯曲带式输送机

带式转载机或可弯曲带式输送机可同锚杆转载机搭接，根据巷道围岩条件、巷道高度、坡度起伏情况选择配套 20～30 m 搭接的带式转载机或 30～150 m 搭接的可弯曲带式输送机，消除单位圆班因输送带延伸而占用有效工作时间；利用可弯曲输送带的柔性转弯(最小转弯半径 8.0 m)，联动掘锚一体机实现硐室、联巷以及开切眼高效施工。

(4) 迈步式自移机尾

迈步式自移机尾实现了机尾自移动、调偏与抬升，解决了传统的前拉刚性架费事、费时、费力问题。其设置有电缆槽，并集成材料存放和风筒、供电、液压动力站快速移动等功能，可有效减轻辅助作业强度，同时将煤炭转载至工作面输送带。带式输送机用自移机尾如图 7-47 所示。

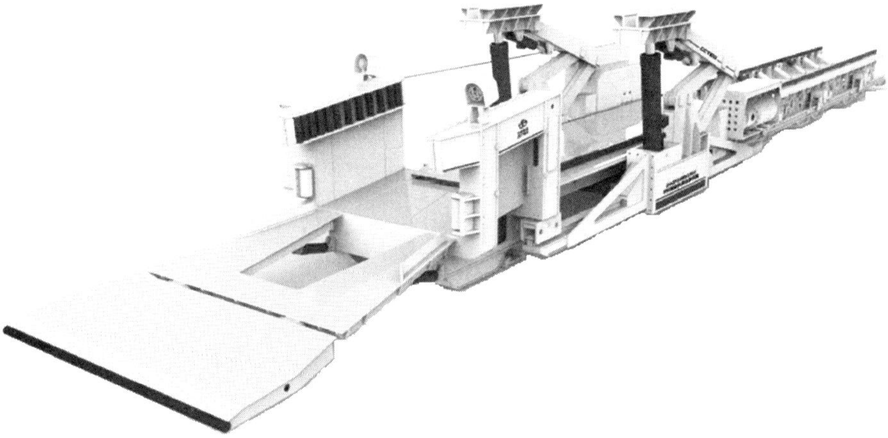

图 7-47　带式输送机用自移机尾

(5) 临时支护机器人

临时支护机器人由门架系统和机械手搬运系统组成。在掘进的同时，利用门架系统进行临时支护，并结合钻锚机器人进行铺网钻锚。临时支护机器人具备掘进巷道围岩状态智能感知、自主移动定位、支撑力自适应控制、支护姿态自适应调控、多架协同及远程干预等功能，确保掘进巷道临时支护及时可靠，提高掘进效率及安全性。

(6) 钻锚机器人

由锚杆机、锚杆仓及智能控制系统组成的钻锚机器人，采用框架式结构，集钻、锚、护帮、布网等工序于一体，实现锚杆间排距自动定位、机体自动或遥控行走、钻孔、填装锚固剂、锚杆装卸、锁紧锚杆等功能。钻机采用可伸缩、可移动、可旋转机构，能精确实现位姿调整。通过人机协同实现运网、布网和钻锚高效作业，提高钻锚效率，强化护帮可靠性。

现有全自动锚杆钻车由智能锚护模块、自动铺网装置、履带底盘、升降机构组成，可自主完成定位、挂网、钻孔、上药卷、装锚杆、紧固锚杆等锚杆支护的全部工序或大部分工序。

(7) 喷浆机器人

集成行走、扫描、泵送、配料、搅拌及喷射等工序的喷浆机器人，具备巷道复杂作业区域的快速扫描、空间建模、网架识别、喷射区域智能划分、臂架运动智能控制及喷射路径智能规划等功能，实现井下巷道喷浆支护自动作业。

(8) 运输机器人

锚网运输机器人由锚网机械手、链式锚网运输机构、展网与顶网机构和锚网库等组成，可以实现自动取网、运网、布网和顶网等功能。锚网运输机器人可以为钻锚机器人提供锚网及钻杆等物料，可辅助钻锚机器人实现快速支护。锚网运输机器人依靠滑靴结构的液压驱动或临时支护机器人的拉拽实现前移运动，滑靴结构简单，易于控制。锚网运输机器人上的锚网是通过桁架机械手实现的，机械手可以左右、前后移动，并通过机械臂的上下移动完成顶网及放网运动，通过机械臂及机械手的配合运动，将锚网自动运送到钻锚机器人的链式送网机构上。

(9) 电液控平台

电液控平台由变电站、波压泵站、集中监测监控平台等组成。变电站和液压泵站为智能掘进机器人系统提供动力。集中监测监控平台具有对截割机器人、临时支护机器人、钻锚机器人、锚网运输机器人、运输系统、通风除尘系统等进行运行状态、环境信息、关键参数的实时监测功能。

快速掘进机结构示意如图 7-48 所示。

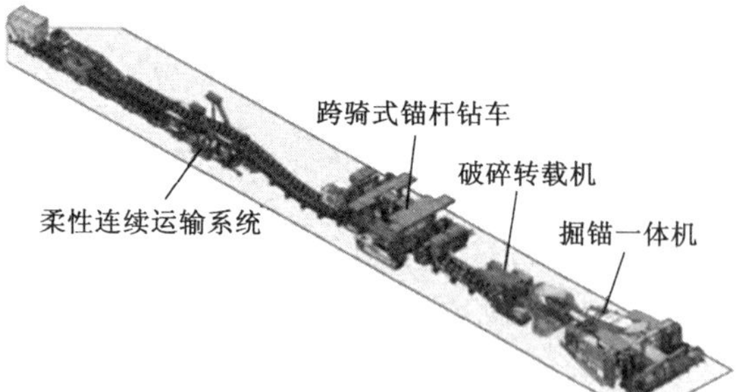

图 7-48　快速掘进机示意

(二) 掘锚一体自动化的控制

传统的机械掘进方式效率低下，难以满足智能化矿山建设的需求。因此，掘锚一体设备以其安全高效的优势逐步取代传统机械操作，这不仅顺应了时代的发展要求，还可以显著提高井下作业的科技水平。

(1) 影像定孔位

随着自动化技术的应用，钻孔技术已经初步实现智能化。自动化钻孔机采用图像采集组件采集基准孔与目标孔的相对位置信息，当基准孔的中心与目标孔位的中心对应时，通过系统控制钻杆伸出进行钻孔作业。

虽然有部分全自动锚杆钻机能实现自主定位，但自主定位找孔仍无法实现真正的智能化，该技术仍待进一步发展。

（2）自动钻孔定深

目前自动钻孔定深方法主要有以下三种。

① 硬度判别法：钻机不旋转，采用低速、低压的方式推进，在推进压力增大的时候，判定钻杆是否触项并记录推进装置的位置，根据推进装置的行程计算钻孔深度。

② 图像识别法：采用图像辨识技术确定钻杆接顶，利用位移传感器对钻孔深度进行定位。

③ 定长钻杆法：让钻机接顶板，预设钻杆末端与顶板之间的间距是固定的，使用定长钻杆，当钻箱移动至触动限位开关的位置时，该钻孔深度就默认达标。

新型的自动化钻孔定深装置为液压驱动两级推进式。工作时，必须将支柱伸出进行接顶，接着钻箱一边转动一边推进进行钻孔作业。该装置不仅能适应顶板不平整的情况，还可自适应托盘形状，接顶不受顶板角度影响。

（3）自动换杆

自动换杆装置包括钻机、钻杆仓、机械手旋转装置、夹持器及钻机固定座。钻机的上半部分设有一个固定座，固定座装有一个用来存放钻杆的钻杆仓和一个用以将转到工作位置的钻杆取出的机械手旋转装置；钻机另一端则设有夹持器。该装置液压缸的移动由一个电磁阀通过电控程序来控制。锚杆由运输机器人从后方不断地运送至临时储存仓。

（4）自动化锚固

自动化锚固装置在操作过程中，钻杆一直与钻箱相连接，钻孔时，钻箱底座滑移至滑道转盘中部，钻孔完成后即返回原处；锚固剂底座此时移至滑轨转盘中部，待注完锚固剂后，底座回到原处，并将锚固液基部移回原处；锚杆底座滑至滑轨转盘中央进行作业，完成后退回，滑轨转盘转动 90°，则一次锚固工作完成。

（5）自动延伸系统

为简化运输系统，采用履带式自移机尾实现长距离输送机输送带牵引；采用大容量储带仓实现高水平储带；同时配有自动插架装置，实现带式输送机刚性架半自动安装，可不停机延伸输送带。

（6）快速掘进成套装备控制系统

掘进需要高精度的位姿信息、姿态调整技术和具体的锚护参数等信息。而快速掘进成套装备控制系统能将所有信息可视化，使操作人员能实时掌握掘进的所有具体参数。

我国部分企业及科研院所对许多技术都进行了有益的探索，但仍没有常态化应用案例。其主要技术难点不仅包括自主定位找孔，还有全流程自动化钻架机械系统、钻机轨迹跟踪、锚固剂自动装填、自动铺网、自适应钻孔等。虽然有一些高度智能化的使用实例，但仅是个例，对其他大部分矿井并不适用，所以掘锚一体技术仍需要更加深入的研究与探索。

（三）掘锚一体化智能发展的思考

掘锚一体快速掘进是解决采掘接续矛盾的先决条件，需要将智能技术与掘进、支护、运输、辅助、监控五大系统深度融合，以实现远程控制、记忆截割、状态监测和截割区域人员预警等功能，进而实现生产可视化，支护机械智能化，工作面少人化。

基于煤炭行业正处于智能化初级阶段的现实，掘锚一体化虽然已经进入智能化建设时期，但应该保持清醒头脑，不能为了智能化而智能化，而应该实事求是、因地制宜。要实现最终意义的“快”掘和“智”掘，不应单纯地追求“快”，而应在设备、工艺各个环节高质量发展。概括为以下 4 个方面。

（1）以智能理念为导向，细则分级分类

根据不同矿井和地质条件、实际需求，亟须建立掘锚一体智能化具体理念和顶层设计，作为发展的指引和方向。掘锚一体化理念已经深植煤矿，并已初具成效。低瓦斯、高瓦斯、冲击地压、煤与瓦斯突出、深部、“三软”煤层等不同地质赋存条件的矿井对掘锚一体化均有大量需求，因此有必要提前针对不同条件，将掘锚一体化智能建设进行分级分类，制定契合实际的不同级、不同类的任务和目标，明确具体智能化建设任务与评判准则。

（2）以一线需求为前提，完善单机功能

根据一线施工的实际需要，亟须提高单机智能化水平，让智能机器人替代人在恶劣、危险的环境中完成正确的动作。施工大断面大采高巷道时，让智能机器人替代人实现高效铺顶网和挂帮网、安装锚杆和锚索；“三软”煤层中采用大面积、高阻力的临时支护对顶、帮进行自动支撑，能自动监测围岩应力动态。另外，掘锚一体机工作面并没有实现显著的减人，甚至出现增人作业（某矿掘锚一体机配备 8～9 人作业）。

（3）以安全健康为基础，提升安防能力

煤矿智能化发展的愿景之一便是保证煤矿职工的安全，因此以人为本的安全、健康应成为掘进智能化发展的主题，保证煤炭行业对人才的需求。基于此，煤矿智能化发展还需加快研发同掘锚一体机相匹配的工作面前方水害的快速、智能、可靠的物探技术；研发深部矿井由于地热带来的掘进工作面高温环境下掘锚一体机智能铺网、智能锚杆与锚索安装技术；研发更高效、更智能的掘锚一体化工作面除尘技术，确保劳动作业环境；研发相匹配的集不同孔径要求（如防冲钻孔、防突钻孔、探水钻孔）的多功能智能钻探装置；研发掘锚一体化工作面的风水管路延伸的智能辅助安装设备。

（4）以装备为载体，攻克单机智能可靠性与装备协同的难题

我国高端核心元部件制造工业薄弱以及国内煤机装备进入国产与进口白热化竞争的现实，决定了提升国产装备的关键核心元部件自主研发、制造工艺、可靠性等卡脖子技术的重要性，装备可靠才是实现智能控制的稳定载体和保障。虽然目前实现了部分单机自动化功能，但距离智能化的初期愿景还很远，如截割时的定位截割、记忆截割、自动截割断面成形等精准智能控制，支护机构实现锚杆锚索的全自动锚护作业，成套装备在空间上的相对移动或相对运动关系以及在一定位置关系下完成动作的精准控制，三维模型动态、一键启停直观显示、后台数据模型分析、AI 操作场景还原再现、大数据分析故障以及自学习诊断等技术还不成熟，这些都是智能掘进的基础，还需要继续探索。

二、光纤光栅传感技术

前面所介绍的锚杆支护技术是一种主动支护技术，通过内植岩体的锚杆、锚索激发岩体自身的稳定潜力。国内外众多学者针对锚杆的支护机制提出了多种假说和理论，一定程

度上揭示了锚固岩体的稳定机制，指导了锚杆支护技术从无到有、从单一到多元的良性发展，也促进了锚杆及配件的材质、结构由粗放到精细化生产，有效地提升了锚杆支护技术和工艺水平。但由于锚杆支护工程岩体的结构复杂性和锚固岩体感知技术的滞后性，锚杆支护机制的研究与验证问题仍未完全解决，尚缺乏对岩体承载机制、锚杆围岩耦合关系、杆体载荷传递和钻固失效机制等问题的系统可靠认识。加之煤矿开采进入深部，高地应力、复杂构造扰动问题突出，使得对锚固岩体的受力应激、承载原理与内部力学状态演化问题的研究显得更加紧迫。对上述问题的研究无一不需要对巷道围岩的实时情况进行监测与研究，因此如何得到这些数据极为重要。目前人工测量依然是我国煤矿巷道收敛变形监测的主体。收敛变形监测具有时效性要求高、巷道环境复杂、监测技术的时空要求高和受空间制约等特点。而如今较为成熟的光纤技术正在逐渐应用于巷道支护中。

（一）光纤

光纤由纤芯、包层、涂覆层（即保护层）、增强纤维和保护套组成。其中纤芯和包层是光纤的主体，直径约为 125 μm，对光波的传输起决定性作用。涂覆层、增强纤维和保护套主要起隔离杂光、提高光纤强度和保护作用。光纤是传输光信号的载体，具有容量大、信息传输量大、频带宽、质量小、不怕腐蚀、不怕外界磁场干扰、通信质量高、对小变形敏感等特点。光纤光栅的制作原理是基于材料的光敏性，采用特殊处理技术使光波在光纤纤芯内的折射率沿轴向产生周期性规律，从而使光栅具备特定衍射功能。光纤光栅具有体积小、波长选择性好、不受线性效应影响、兼容性好等优点。光纤光栅是光纤传感技术的核心元件，具有良好的发展前景和重要的研究价值。其传感原理如图 7-49 所示。

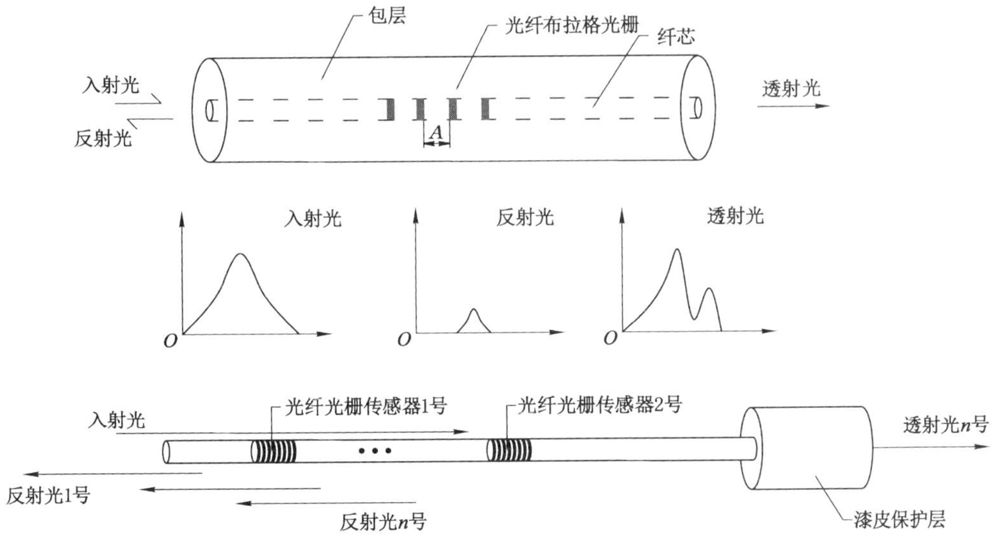

光栅传感器中心波长：$\lambda=2nA$

图 7-49 光纤光栅传感原理

光纤传感技术具有很多优点，光纤包层由硅质玻璃做成，不具有导电性，在各类恶劣环境下可以把干扰尽可能降低，达到一定的稳定性；光波在光纤中能做到全反射传播，并且可以做到低损耗下的长距离传输，实现超远程监测；光纤光栅传感技术具有高灵敏性和高精度的特征；光纤光栅技术发展迅猛，随着技术手段更迭，成本也在不断降低。

光纤的基本原理是基于光的全反射现象。光在纤芯内传播，由于纤芯折射率大于包层折射率，当数值孔径满足全反射条件时，入射光将不发生折射，全部沿着纤芯反射向前传播。布拉格光栅传感器由于谐振波长对温度、应变等环境变化较为敏感，在测量领域得到广泛应用。在光纤纤芯一端打入和传感器波段范围相匹配的光谱，由于光栅对入射光进行反射，可以在入射光同一端对反射光的光谱进行测算从而实现对光栅中心波长的解调。因此，光纤能利用全反射原理将光信号形式的电磁波能量约束在其纤芯内，并引导光波沿光纤轴线方向前进。

（二）智能格栅技术

从通俗意义上讲，所有网状连环结构均可称为格栅。基于功能的差异，根据材料类型和应用情况，格栅逐步演化出土工格栅、玻纤格栅、钢架格栅、进气格栅、喷氨格栅、钢格栅、粗格栅、细格栅等种类。

矿用光纤光栅智能格栅是一种网格结构，金属化光纤光栅沿金属锚网纵向金属丝的侧面母线布置，因此，格栅可以看成一组纵向曲线。对格栅的每一根纵向曲线进行重构，然后平滑连接重构后的曲线，以此获得格栅整体的形变信息。对单根纵向曲线而言，它的曲线形状由弧长和曲率确定，因此可以通过测量曲线的弧长和曲率对该段曲线进行重构，同理可对整个格栅重构。

外部物理环境改变时，光栅的栅距会随之改变，如温度变化导致的热胀冷缩或应力改变导致的应变。因此，可以将光纤光栅智能格栅看成多个窄带光学滤波器的集合，每个滤波器以对应光栅的中心波长为中心。根据以上特性，格栅所附着环境的物理量变化可用光栅中心波长的变化来计算。对于巷道应变的测量，可以通过光栅中心波长的变化量与应变之间的关系来计算。

传统的光纤光栅沿锚杆轴向封装的测力锚杆存在量程短、灵敏度过大和光纤光栅锚杆应变不匹配的问题，通常只能识别锚杆弹性应变阶段的载荷状态，当锚杆进入拉伸塑性阶段，杆体应变超过了光纤光栅容许最大应变后造成光纤光栅断裂，从而导致光纤光栅测力锚杆的失效。

（三）光纤光栅自感知锚杆的感知原理

光纤光栅传感器是一种新型的全光纤无源器件，是用光纤光栅作敏感元件的功能型光纤传感器。光波不怕电磁干扰，易被探测器件接收，可方便进行光电转换，易与电子传感器相匹配。同时，光纤本身不带电，体积小，质量轻，抗电磁干扰，抗辐射能力好，特别适合易燃、易爆、空间受严格限制及强电磁干扰等恶劣环境，因此，在煤矿井下使用光纤光栅传感器有着巨大的优势。

定义锚杆杆体半径为 r，切槽轴向长度为 h，螺距为 S，切槽螺旋线与轴线的夹角为 θ，光纤光栅栅长为 L。矩形测量单元长为 a，宽为 b，受到拉力 F 后，栅长变为 L_1，光纤光栅产生正应变，长度为 S_1，切槽长度为 h_1，矩形测量单元长扩展为 a_1，宽扩展为 b_1。

光纤光栅测量标距范围内锚杆轴向应变为

$$\varepsilon = \frac{S_1 - S}{S} \tag{7-20}$$

则光纤光栅栅区的应变为

$$\varepsilon_{FBG} = \frac{L_1 - L}{L} \tag{7-21}$$

显而易见，光纤光栅的测量标距内锚杆轴向应变应与光纤光栅栅区的应变相同，则在分析时可直接将求得的光纤光栅应变等效于对测量标距内锚杆轴向应变的求解。

在发生应变的状态下，得到如下关系：

$$a = S\cos\theta = h \tag{7-22}$$

$$b = S\sin\theta = 2\pi r \tag{7-23}$$

当锚杆承载发生拉伸时，受泊松比效应影响，光纤光栅同步产生了轴向应变和纵向应变，矩形展开图形的长宽均发生了改变，则锚杆体的轴向应变ε_x为

$$\varepsilon_x = \frac{h_1 - h}{h} = \frac{a_1 - a}{a} \tag{7-24}$$

纵向应变为

$$\varepsilon_y = \frac{r_1 - r}{r} = -\nu\varepsilon_x \tag{7-25}$$

式中，ν为锚杆体的泊松比。

可求得参数a_1、b_1为

$$a_1 = h(1+\varepsilon_x) = a(1+\varepsilon_x) = S\cos\theta(1+\varepsilon_x) \tag{7-26}$$

$$b_1 = 2\pi r(1-\nu\varepsilon_x) = b(1-\nu\varepsilon_x) = S\sin\theta(1-\nu\varepsilon_x) \tag{7-27}$$

根据直角三角形的性质可得

$$S_1 = \sqrt{a_1^2 + b_1^2} \tag{7-28}$$

则可得如下公式

$$S_1 = \sqrt{[S\cos\theta(1+\varepsilon_x)]^2 + [S\sin\theta(1-\nu\varepsilon_x)]^2} \tag{7-29}$$

最终可得

$$\varepsilon_{FBG} = \sqrt{[\cos\theta(1+\varepsilon_x)]^2 + [\sin\theta(1-\nu\varepsilon_x)]^2} - 1 \tag{7-30}$$

光纤光栅自感知锚杆主要实现两个功能，其一，通过锚固区锚杆轴力的测量实现锚固岩体界面力学状态的感知；其二，通过自由段锚杆表面应变的变化差异，感知并重构锚杆的变形形态。这就对锚杆表面封装光纤光栅阵列的方式和密度提出了不同的要求：在锚固区范围内，光纤光栅阵列应首先满足锚杆表面应变的精确分布式测量，而在自由段，光纤光栅阵列则应首先满足锚杆表面应变的全周长同步测量。

现有光纤光栅测力锚杆通过在测力计上开槽（2 mm 宽，1 mm 深），并在槽内贴上光栅，使测力锚杆在纵向应变的时候连带贴在槽内的光栅一起应变，光栅感应到应变后通过同样埋在槽内的光纤传感出去，从而达到测量锚杆纵向应变的目的。

改进型光纤光栅测力锚杆的设计基于光纤光栅的波长选择性：通常的光会全部穿过光纤光栅而不受影响，只有特定波长的光（中心波长 λ_B）在光栅处反射后会再返回到原来的方向。两端夹持式光纤光栅应变传感器由光纤光栅、两个夹持部件及两个固定支点组成。采用胶接的方法将光纤光栅固定在夹持部件内，由于胶黏剂没有直接封装光纤光栅区域，消除了胶黏剂对光纤光栅应变传递的影响。CN201188041Y 光纤光栅测力锚杆示意如图 7-50 所示。

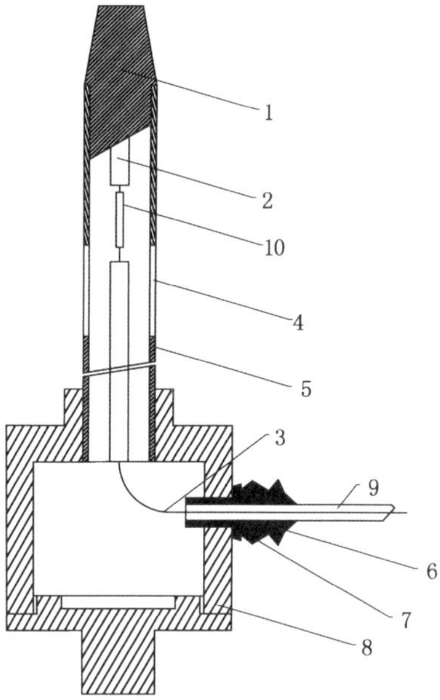

1—光纤回转器;2—保护压板;3—光纤;4—出胶口;5—锚杆;6—紧固垫圈;
7—紧固接头;8—保护盒;9—双芯工程光缆;10—传感光栅。

图 7-50　CN201188041Y 光纤光栅测力锚杆示意

三、煤矿巷道支护智能系统

近年来,随着计算机信息技术及人工智能技术在各个领域的广泛应用,煤炭科技工作者把专家系统引入了巷道支护设计中,开展了大量的理论研究和实践工作,取得了一定的成果,也在一定程度上提高了巷道支护设计效率和效果,丰富了设计理论,提高了我国煤巷支护技术和煤炭信息化工业水平。基于此,以下对巷道智能支护系统做出合理展望。

建立井上井下数字孪生系统。利用可用技术建立井下透明工作面模型,在快速掘进机总控平台将实时数据展现,以便于操作人员依据实际情况调整钻锚机等支护设备的参数。同时,将模型实时数据同步给地面总控室,便于监测围岩状态,用以分析并寻找适合的支护方式,并同步更新于建立的共享专家数据库中,方便其他矿井在遇到相似情况时能有借鉴的参数,或线上将问题及具体数据、模型、图片等提供给在线专家,快速解决问题,以提高工作效率与安全性。掘进后,将所有的数据用于人工智能训练,使人工智能技术更好地服务于巷道的掘进、支护。

智能掘进不能生搬硬套,也不能急于求成。条件不成熟的煤矿一定要因地制宜,一矿一巷一策,分步实施,精准推进,切勿盲从。

在煤矿巷道围岩分类的基础上,开发适应不同围岩条件的快速掘进与支护技术及装备;开发掘进工作面高精度定位导航;开展掘进工作面临时主动、自动化支护技术与装备研发;开展锚杆支护工艺变革,推动锚杆自动化钻装技术发展;开展巷道围岩稳定性实时监测、预警、反馈、决策、控制技术研究。

习　题

1. 常用锚杆的种类有哪些？各有何优缺点？如何确定锚杆支护参数？

2. 支护材料有哪些？请举例并说明其特点。

3. 联合支护有哪些方式？它们的适用条件有哪些？

4. 什么是喷射混凝土支护？其支护机理是什么？与其他类型支护相比有何优越性？

5. 按悬吊理论计算锚杆参数：安全系数 K 取 2、锚杆锚入稳定岩层深度取 0.4 m、锚杆在巷道中外露长度取 0.1 m、巷道开掘宽度取 3.0 m、岩石坚固性系数取 6、设锚杆锚固力为 150 kN/根。锚落拱高度取 0.25 m、被悬吊岩石的重度取 27 kN/m^3。试计算锚杆的长度以及间排距。

6. 智能支护系统还应有什么功能？

7. 如何让自动钻锚机自主精确找孔？

8. 智能支护应向什么方向发展？谈谈你的看法。

参考文献

[1] 曹宇翔，寇规规，张文博，等. 切顶柔模墙沿空留巷承载机理及围岩控制研究[J/OL]. 煤炭技术：1-7[2024-06-03]. http://kns.cnki.net/kcms/detail/23.1393.TD.20240415.1132.002.html.

[2] 方新秋，梁敏富，薛广哲. 巷道围岩智能感知理论与实践[M]. 北京：科学出版社，2021.

[3] 彭泓，刘亚飞. 基于光纤光栅技术的巷道支护锚杆受力监测[J]. 煤炭科学技术，2022，50(6)：61-67.

[4] 孙海良. 巷道支护新思路新技术新工艺[M]. 北京：应急管理出版社，2019.

[5] 谭云亮. 井巷工程[M]. 北京：煤炭工业出版社，2013.

[6] 王国法，刘峰. 中国煤矿智能化发展报告(2022 年)[M]. 北京：应急管理出版社，2022.

[7] 杨仁树，马鑫民. 煤矿巷道支护智能设计系统与工程应用[M]. 北京：冶金工业出版社，2015.

[8] 张强，王慧. 采掘机械与液压传动[M]. 徐州：中国矿业大学出版社，2011.

[9] 赵文才，付国军. 煤矿智能化技术[M]. 北京：应急管理出版社，2020.

[10] 郑西贵，吴拥政. 智能井巷工程[M]. 徐州：中国矿业大学出版社，2023.

第八章　采区巷道施工

导学思考题

1. 采区巷道与井筒的施工流程是否相同？采区巷道施工的流程是什么？
2. 不同煤/岩层位的巷道，其施工工艺是否相同？

第一节　概　　述

一、采区巷道的特点

采区巷道指直接为采区（或盘区）生产服务的各类巷道，包括准备巷道和回采巷道，主要有采区上（下）山、采区车场、工作面运输巷、工作面回风巷、开切眼以及各种联络巷道等。

在矿井建设中，采区巷道工程量占井巷工程量的30%～45%，掘进时间占30%～40%。在矿井正常生产期间（不包括开拓延深期），采区巷道工程量占巷道工程量的比重更大，一般在60%以上。因此，合理选择采区巷道施工方法和科学组织施工，对提高巷道施工速度、缩短采区和工作面准备时间、保证矿井良好的采掘关系、提高矿井产量和效率等有重要意义。

与开拓巷道相比，采区巷道具有以下特点。

① 由其用途决定，巷道层位受到限制。回采巷道需要开掘在煤层中，上（下）山由于要与各工作面回采巷道连接不能离煤层太远。因此，巷道围岩条件通常比较复杂。

② 巷道离工作面近，受采动影响大，围岩受力复杂、变形量大。

③ 巷道服务时间一般较短。

④ 为了便于采煤工作面生产和有利于正常接续，对巷道的空间形态（巷道的方位、倾角）和掘进时间有比较严格的要求。

⑤ 采区是矿井水、火、瓦斯等重大灾害的主要发源地，因此从安全角度考虑对采区巷道有专门的要求。

二、采区巷道掘进计划编制原则

采区巷道种类多，掘进工程量大，为了按时掘出每一条巷道以保证采煤工作面正常接续，通常需要多个工作面同时分头掘进。因此，采区巷道掘进计划编制比较复杂。另外，采区巷道掘进计划是严格按照采煤计划制订的，掘进计划制订和执行的任何偏差都将直接影响采煤计划的落实，从而影响矿井生产。因此，对采区巷道掘进计划的编制要求更为严格，要求所确定的每一条巷道的完工时间应更加准确。

编制采区巷道掘进计划的原则如下。

① 采区巷道掘进顺序应根据巷道用途，掘进时的通风、运输等需求来确定。一般在保证重点工程（主要连锁工程）的前提下，只要运输、提升、通风、排水等条件许可，应根据工期要求尽量开展多工作面（多头）施工。

② 在工期许可的情况下，应先掘进上山，再安排后续巷道施工。

③ 当相邻的工作面回风巷和工作面运输巷同时掘进时，应先掘回风巷，待探明煤层变化情况后再掘运输巷。

④ 当风井可用于采区巷道施工且比较便利时，可由风井担负施工任务。这样既可减小运输水平和主副井的运输、提升压力，也可为多头、对头施工创造条件。

⑤ 根据工期要求，在条件许可时可采用对头掘进以增加工作面头数，加快施工进度。

三、采区巷道掘进定向

对于采区的一些主要巷道，通常不但在位置上有一定限制，而且对其轴线的坡度和方位也有较严格的要求。例如，对工作面运输巷（采用带式输送机或刮板输送机运输）既要求沿煤层掘进，又要求其轴线在平面投影图上是一条直线（或折线）。这些限制和要求在设计中很容易做到，但在施工中要做好却很困难，其原因是实际的地质情况与设计所依据的地质资料往往不完全一致，而且这些变化在施工前很难完全预见。在巷道施工中经常会遇到的地质条件变化有：出现未探明的断层，已知的断层位置和参数发生变化，煤层产状和厚度发生变化，等等，这些变化都会给巷道施工造成影响。

为了减小地质条件变化对巷道施工的影响，减少或避免无效掘进，应在做好地质工作的前提下认真做好掘进定向工作。下面是在采区巷道定向中常用的一些做法。

（1）利用钻孔资料或勘探线剖面图定向

钻孔资料是最可靠的地质资料，勘探线剖面图次之。对于长度较长的巷道，可利用钻孔资料或勘探线剖面图定向，从而避免巷道过多弯曲和远离预期位置。图 8-1 所示为利用勘探线剖面图定向方法示意。图 8-1 中Ⅰ—Ⅰ和Ⅱ—Ⅱ是两条勘探线，Ⅰ—Ⅰ剖面和Ⅱ—Ⅱ剖面是两个勘探线剖面。当巷道掘进到Ⅰ—Ⅰ勘探线处（图中点 3 处，底板标高为 −150 m），发现煤层发生变化，不能沿原方向继续掘进，需要调整掘进方向。此时可按下述方法定向：根据Ⅱ—Ⅱ剖面图在Ⅱ—Ⅱ勘探线上找出煤层底板标高为 −150 m 的点 4，3、4 两点连线方向即为该巷道调整后的掘进方向。

（2）煤层平巷遇到断层时的定向

当沿煤层掘进的平巷在掘进中遇到未探明的断层时，首先应根据掘进过程中揭露的地层和断层面特征判断断层的性质，并参考邻近钻孔资料推断煤层断失的方向，再根据巷道的使用和维护要求调整掘进方向。图 8-2 所示为煤层平巷遇断层时的定向方法示意。图中实线表示沿煤层顶板掘进的平巷，虚线表示遇到断层时改变方向后的巷道：若该平巷没有曲率要求沿虚直线掘进，若有曲率要求沿虚曲线掘进。

（3）平行断层掘进的巷道定向

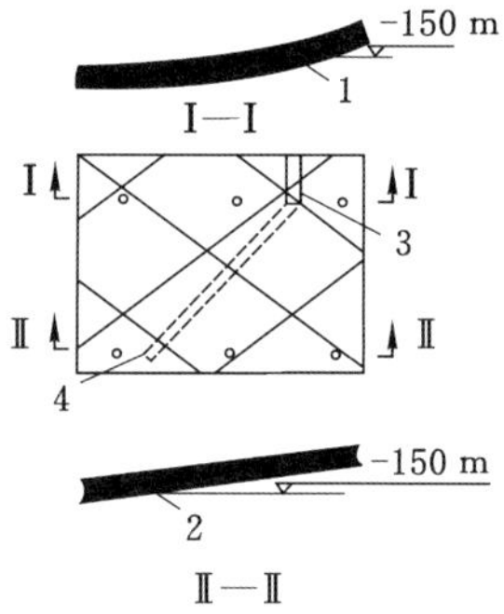

图 8-1　利用勘探线剖面图定向方法示意

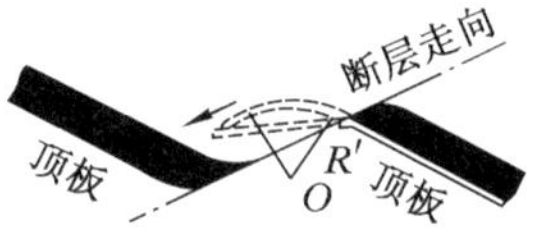

图 8-2　煤层平巷遇断层时的定向方法示意

为了减小断层对巷道掘进和使用的影响，巷道应尽量避免沿断层面走向布置。但对于以断层为界划分的阶段、区段（或条带）等，不可避免要沿断层面走向布置巷道，此时应使巷道与断层之间保持一定的安全距离。在施工中，控制这一距离的方法为：每向前掘进 20～30 m，应对断层进行一次探测（若断层含水，应按防治水要求进行探掘），根据探测结果确定下一步掘进方向。图 8-3 所示为平行断层掘进的巷道定向方法示意。

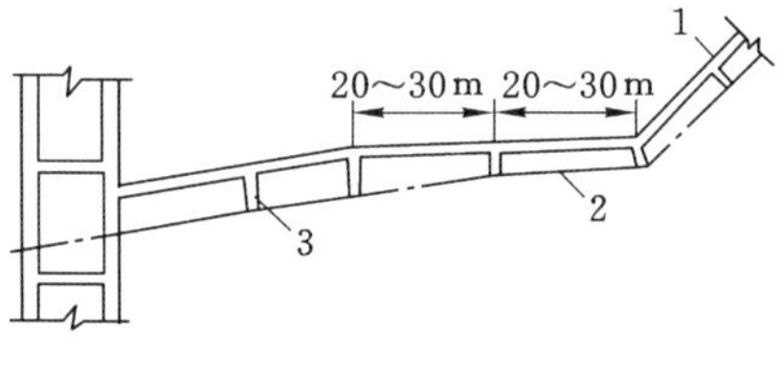

1—掘进巷道；2—断层；3—小巷。

图 8-3　平行断层掘进的巷道定向方法示意

（4）采区上（下）山掘进定向

上山与下山掘进定向方法相同，这里只讨论上山。

采区上山一般布置两条，一条为运输上山，一条为轨道上山。在一些特殊情况下，如在高瓦斯矿井、有煤与瓦斯突出的矿井、开采易自燃煤层的矿井中，还需要布置一条专用回风上山，即可能要布置 3 条上山。上山既可布置在煤层中，也可布置在煤层底板岩层中，目前随采掘技术的发展采用煤层上山的已越来越多。

上山位置是根据地质剖面图设计的。布置在煤层中的上山在施工中需要根据煤层条件变化进行必要调整。为了避免和减小因地质条件变化对上山施工和正常使用的影响，应根据其用途、施工和使用的技术要求，合理确定上山的施工顺序。一般对运输上山的方位和倾角要求比较严格，对轨道上山次之，对专用回风上山最宽松。因此，可按先专用回风上山、再轨道上山、最后运输上山的顺序安排掘进工作。先掘的上山起探煤作用,可为后掘的上山的定向提供依据。

有时,当煤层变化较大,又不需要设专用回风上山时,可先掘一条探煤上山,为运输上山和轨道上山掘进定向服务。

对于厚煤层或煤层群联合布置采区,如果将上山布置在煤层底板岩石中,且不想掘探煤巷时,可先掘轨道上山,利用轨道上山距离煤层较近,且与煤层联络较多的特点进行探煤,为运输上山掘进定向。

(5) 在双巷掘进时利用区段回风平巷为区段运输平巷定向

当区段平巷采用双巷掘进时,先掘用于下区段的回风平巷,滞后一段距离再掘用于本区段的运输平巷,利用回风平巷掘进所掌握的资料作为运输平巷定向的依据。

第二节　煤巷施工

沿煤层掘进的巷道,若其掘进断面积大于或等于4/5的部分为煤层,即为煤巷。一般采区巷道的80%以上为煤巷。目前,用于煤巷掘进的方法有爆破掘进和掘进机掘进两种,在第五章中已对相关知识做了介绍,这里仅就煤巷爆破施工的特点和采区煤巷掘进机掘进应用的情况做些补充。

一、煤巷爆破施工特点

(1) 钻眼爆破

在采区巷道中,采用爆破掘进的煤巷一般为梯形断面,多采用斜眼掏槽。常用的掏槽眼布置方式如图8-4所示,可视具体情况选择。确定掏槽眼位置时应考虑:若采用架棚支护,为了防止崩倒支架应将掏槽眼布置在工作面中下部;当断面内有较软夹层且位置合适时,应将掏槽眼布置在该夹层中。多采用煤电钻钻眼,一次爆破深度为1.0～2.5 m。

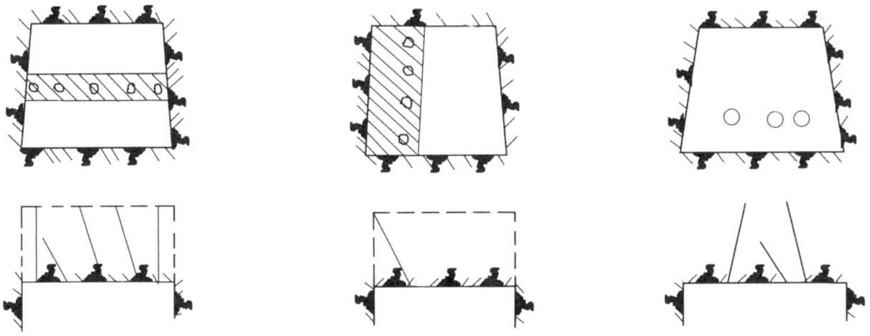
(a) 扇形掏槽　(b) 半楔形掏槽　(c) 复式掏槽

图8-4　煤巷掘进常用的掏槽眼布置方式

应采用光面爆破技术。为了取得良好的爆破效果,避免欠挖和超挖,巷道顶部和两帮周边眼与轮廓线之间应保持适当的距离:一般硬煤为150～200 mm,中硬煤为200～250 mm,软煤为250～400 mm;周边眼的装药量应适当减少:以深度为1.5 m的周边眼为例,在硬煤和中硬煤中比辅助眼少装1.0～1.5个药卷,在软煤中少装2个药卷;周边眼的间距与最小抵抗线的比值一般为1.1～1.3。在实际应用中应结合具体条件通过实践对这些数据进行优化。

应采用毫秒延期电雷管全断面一次爆破技术。在有瓦斯的煤层中毫秒延期电雷管只能使用前五段(总延期时间不超过130 ms)。

(2) 装载与转载

用于装煤的装载机和装岩机不同。

我国生产的用于煤巷爆破掘进的装载和转载设备有多种,使用较多的是ZMZ-17型扒爪式装煤机,其主要特点为:能连续装载,效率高;用履带行走,机动灵活,适应性强,装载宽度不受限制,清底干净。该装煤机适用于断面积8 m^2 以上、净高1.6 m以上、倾角10°以下的煤巷掘进。

ZMZ-17型扒爪式装煤机是按照装煤设计的,主要用于煤巷掘进,也可用于半煤岩巷掘进。在用于半煤岩巷掘进时最好煤、岩分装,在装岩时应减轻负荷,且应配备相应的转载运输设备。

若巷道断面能满足装载要求时,也可以用耙斗装载机装载。

二、煤巷掘进机掘进的后配套转运方式

采区煤层巷道采用掘进机掘进已经越来越普遍,第五章介绍的三类煤巷掘进机均可用于采区巷道掘进。但在使用时,除连续采煤机仍需与其专用的后配套运输设备配套使用外,其他两种掘进机均可根据采区生产条件与不同的后配套转运设备配套使用。在采区内与掘进机配套的转运方式有以下几种。

(1) 由刮板输送机转运

掘进机截割下来的煤(岩)通过其装载和转载机构直接卸入其下方的刮板输送机,经刮板输送机运出掘进巷道,从而实现工作面的连续截割、装载和转运。刮板输送机与掘进机的转载部分搭接,掘进机每向前掘进一段距离后,将刮板输送机接长一段。该运输方式一般与普通综掘机配套,用于掘进断面较小、长度不大的巷道。这种转运方式存在的主要问题是需要频繁接长刮板输送机,劳动强度大,当巷道长度大时需要的刮板输送机多、占用人员多。

(2) 由带式转载机→刮板输送机转运

掘进机截割下来的煤(岩)通过其装载和转载机构卸入带式转载机,再装入其下方的刮板输送机,经刮板输送机运出掘进巷道。和前一种方式相比,其主要优点是大大减少了接长刮板输送机的次数。

(3) 由带式转载机→可伸缩带式输送机转运

掘进机截割下来的煤(岩)通过其装载和转载机构卸入带式转载机,再装入可伸缩带式输送机,经带式输送机运出掘进巷道。其主要特点为:可长距离连续运输;生产能力大;若采用双向带式输送机,用上胶带运煤、下胶带运料,可简化辅助运输系统。该方式既可与普通综掘机组配套,也可与掘锚一体机组配套。

(4) 由仓式列车转运

掘进机截割下来的煤(岩)通过其装载和转载机构卸入带式转载机,再装入仓式列车,由绞车或电机车牵引运出掘进巷道。

第三节　半煤岩巷施工

沿煤层掘进的巷道，若其掘进断面积的1/5～4/5（不含1/5和4/5）的部分为岩层，即为半煤岩巷。布置在薄煤层中的巷道多为半煤岩巷。半煤岩巷在施工中不可避免地要破碎顶板或底板岩石（破岩），破碎顶板岩石为挑顶，破碎底板岩石为卧底。半煤岩巷施工的基本方法与煤巷基本相同，但因要破碎岩石又有其显著的特点。

一、半煤岩巷破岩位置的选择

根据巷道和煤层的位置关系，半煤岩巷破岩有挑顶、卧底、既挑顶又卧底三种情况，如图8-5所示。选择时应考虑煤层及顶底板条件、巷道用途和施工方便性等因素。若顶板稳定，或底板为软弱岩层，宜采用卧底；若煤层上部有假顶或不稳定岩层，而底板稳定，宜采用挑顶；若为区段运输巷，应采用卧底；若为区段轨道巷，宜采用挑顶。一般情况下挑顶便于施工，因此在没有特殊要求时应尽量采用挑顶。

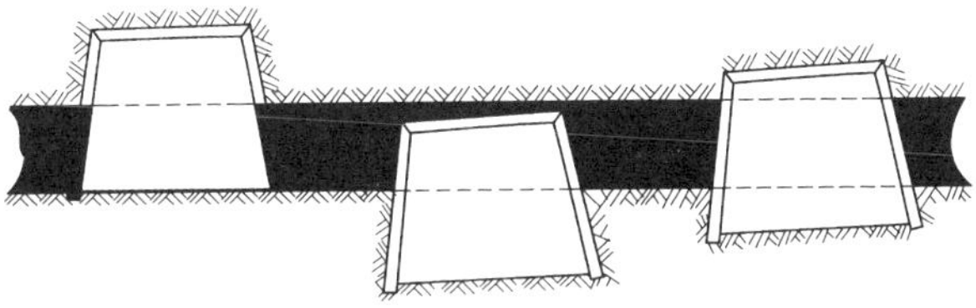

图8-5　半煤岩巷破岩位置

二、爆破特点

掏槽眼一般都布置在煤层中，采用斜眼掏槽，如图8-6所示。

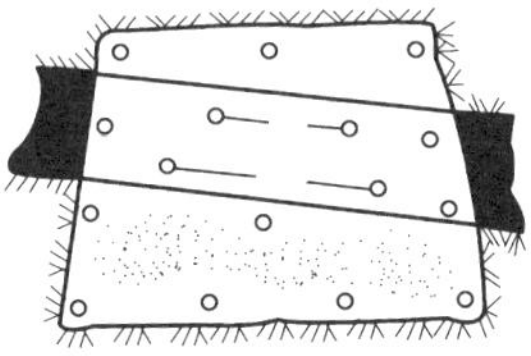

图8-6　半煤岩巷炮眼布置

钻（凿）眼设备应尽量选用单一动力设备，在特殊情况下也可选用两种不同动力的设备。具体选择的原则为：当煤、岩的强度都不高时，应选用煤电钻；当煤、岩的强度都比较高时，可选择凿岩机；当煤、岩的强度相差很大时，可同时配备煤电钻和凿岩机，或选用岩石电钻。

三、施工工艺及施工组织

半煤岩巷施工工艺有两种：一种是煤、岩混运，全断面一次成巷；另一种是煤、岩分掘分运，二次成巷。

① 煤、岩混运，全断面一次成巷。这种工艺及施工组织与相应的岩巷和煤巷相同，具有施工工艺及组织简单，巷道掘进速度快的特点，但煤的灰分很高、损失很大。该工艺主要适用于煤层厚度小于 0.5 m，煤质差的半煤岩巷。

② 煤、岩分掘分运，二次成巷。将全断面分为煤、岩两部分，分两步成巷。对于爆破掘进，其特点为：为了提高爆破效率，一般先掘进煤层部分，后掘进岩层部分，形成台阶工作面。卧底巷道为正台阶，如图 8-7(a)和图 8-7(d)所示；挑顶巷道为倒台阶，如图 8-7(b)和图 8-7(c)所示；既挑顶又卧底的巷道形成正、倒两个台阶。先掘进的煤层部分的炮眼布置类似于全断面一次掘进，后掘进的岩石部分的炮眼布置视煤层部分的巷道高度而决定：当煤层部分高度大于 1.2 m，且凿在岩石中的眼深不小于 0.65 m 时，岩石部分的炮眼宜垂直巷道轴线布置，如图 8-7(a)和图 8-7(b)所示；否则，岩石部分的炮眼应平行巷道轴线布置，如图 8-7(c)和图 8-7(d)所示。

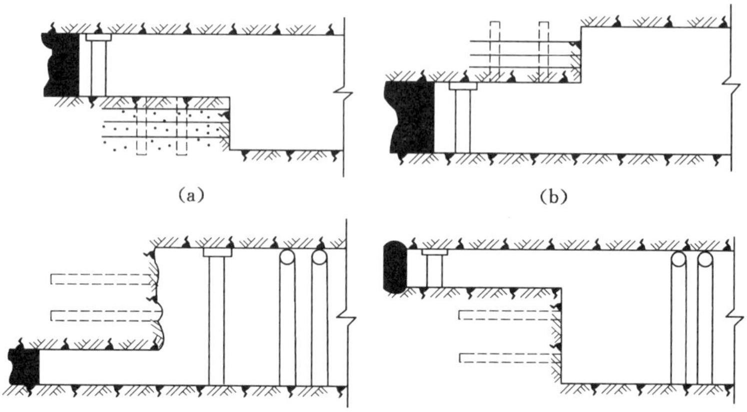

图 8-7　半煤岩巷掘进岩层中的炮眼布置

采用这种工艺方式能保证掘进出煤的质量，但工艺过程复杂、施工组织困难、掘进速度慢，而且分运需要两套运输系统。

为了保证煤、岩两个部分同步、协调推进，应合理确定循环进尺和爆破参数。

第四节　上、下山施工

自运输水平向上倾斜的巷道称为上山，向下倾斜的巷道成为下山。从掘进方向而言，上、下山均可由下向上施工(称为上山掘进)，也可以自上向下施工(称为下山掘进)。但在有瓦斯突出的煤层中施工上、下山，如无专门的安全措施，上山只能由上水平向下掘进，这时的掘进特点就和下山掘进相同了。下山掘进与斜井施工基本相同，下面仅讲述上山掘进的特点。

一、钻眼爆破

上山掘进中，要特别注意两个问题：一是防止底板“上漂”；二是避免爆破时抛掷出来的岩石崩倒支架。为了避免这两种现象发生，常采用底部掏槽(掏槽眼距底板 1 m 左右)、底眼向底板下扎并加大底眼装药量等做法。如图 8-8 所示，掏槽眼布置在距底板较近的软弱夹层中，采用三星布置，下部两个炮眼的眼底进入底板(当岩石较硬时底眼进入底板的深度应在 200 mm 左右)，上部一个炮眼沿巷道轴线方向稍向下倾斜。

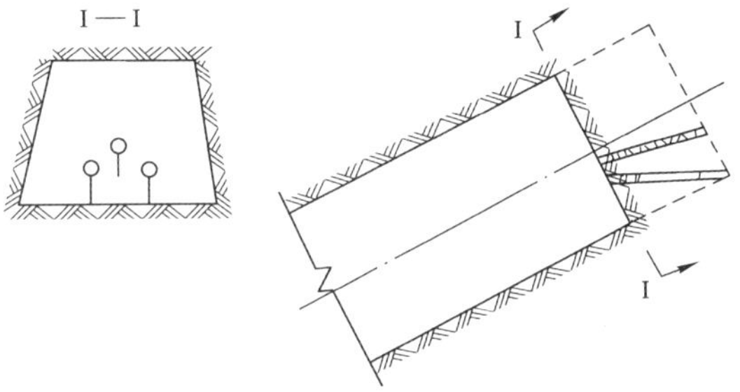

图 8-8　上山掘进掏槽方法

二、通风

上山掘进时，由于瓦斯比空气轻，掘进工作面容易积聚瓦斯，应加强通风和瓦斯检查。在地质条件不复杂的情况下，可几条上山同时掘进，上山间每隔 20～40 m 用联络巷连通，以满足通风的需要。联络巷可兼作躲避硐室。如果是单巷掘进，当瓦斯量不大时，可采用双通风机、双风筒压入式通风。无论是在作业还是交接班期间，甚至在因故临时停工时，都不准停风。如果因检修停电等原因停风时，全体人员必须撤出工作面，待恢复通风并检查瓦斯后才准进入工作面。在高瓦斯矿井中，如果上部回风巷已掘好，可利用钻孔解决通风问题；否则，宜采用下山掘进。

三、装岩和运输

在上山掘进中，可以充分利用煤(岩)的自重进行装运。装运方法有很多种，可根据巷道倾角、断面等条件进行选择。

① 采用人工装煤(岩)，用刮板输送机运输。用于倾角小于 25°的巷道。

② 采用人工装煤(岩)，用溜槽自溜。常用的溜槽有铁皮溜槽和搪瓷溜槽两种，铁皮溜槽用于倾角为 25°～35°的巷道，搪瓷溜槽用于倾角为 15°～28°的巷道。溜槽安装和使用方便，生产能力大，但自溜过程会产生大量粉尘，煤(矸)块飞滚不利于安全。为了防止飞滚的煤(矸)块伤人，应在巷道中设置隔板将溜槽隔开；为了方便装车，需在巷道下口设置临时煤(矸)仓，如图 8-9 所示。

③ 采用人工装煤(岩)，沿巷道底板自溜。用于倾角大于 35°的巷道。需在巷道一侧做出一个密闭的溜矸间。

④ 用 ZMZ-17 型装煤机装载，用刮板输送机运输。用于倾角小于 10°的巷道。

⑤ 用人工装载，用绞车牵引矿车运输。用于倾角小于 30°的巷道。对于短巷道，一般一部绞车可满足生产要求，但如果巷道长度超过一部绞车的提升距离，则需要采用 2 部或 3 部绞车接力提升。单绞车安装如图 8-10 所示，绞车安装在上山与平巷交叉处一侧，在工作面

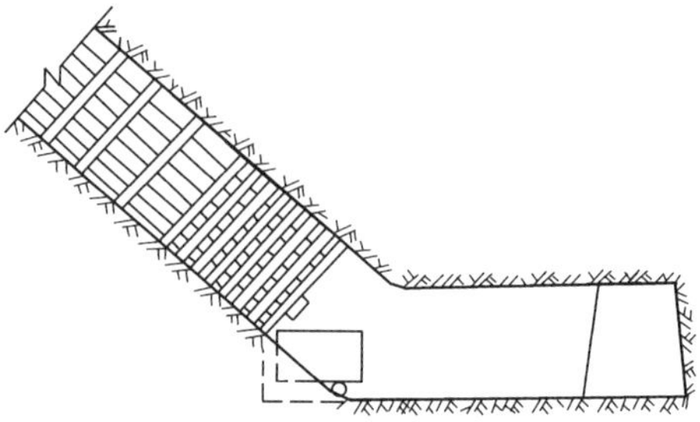

图 8-9　上山掘进利用溜槽运输

安装固定滑轮(回头轮),绞车牵引钢丝绳绕过固定滑轮后挂上矿车。为了保证安全,回头轮必须安设牢固。多部绞车接力提升系统如图 8-11 所示。

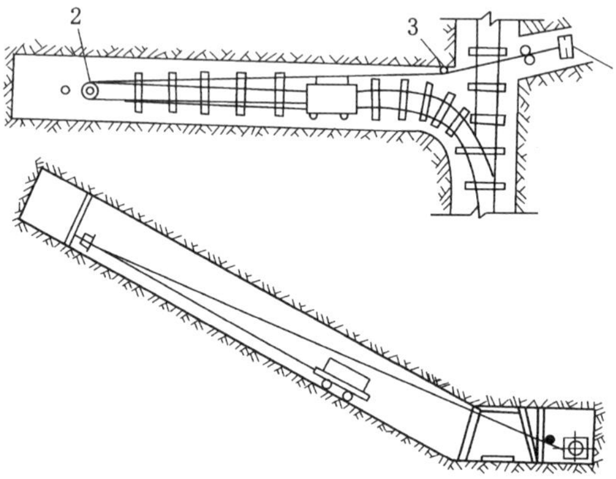

1—绞车;2—立轮;3—滑轮。

图 8-10　上山掘进时提升绞车及导绳轮的布置

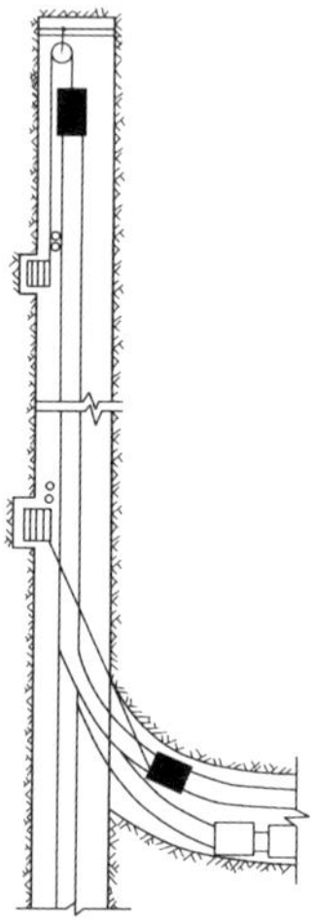

图 8-11　上山掘进时多部绞车接力提升系统示意

⑥ 用耙斗装载机装载,用绞车牵引矿车运输。用于倾角不大于 30°的巷道。当巷道倾角大时,为了防止装载机下滑,除在装载机下部装设卡轨器以外,还应在装载机后立柱上装设两个可以转动的斜撑,如图 8-12 所示。耙斗装载机距工作面距离应不小于 8 m。工作面每推进 20～30 m,装载机需移动一次。移动装载机时可用提升绞车牵引,如果上山倾角大,也可用提升绞车和装载机上的绞车共同牵引。

⑦ 用耙斗装载机装载,用刮板输送机或溜槽运输,如图 8-13 所示。需要在装载机卸载部位增加一个溜槽。

在上山掘进中,向工作面运送材料,一般采用小绞车牵引矿车提升。用于运输材料的小绞车及其安装与运输煤(矸)的相同。若用刮板输送机或溜槽运输煤(矸)时,通常还需要铺设用于运送材料的轨道。如果为单巷掘进,形成机(溜槽)轨合一布置;如果为双巷掘进,可在一条巷道中铺轨,在另一条巷道中铺设输送机(溜槽),形成机(溜槽)轨分巷布置。

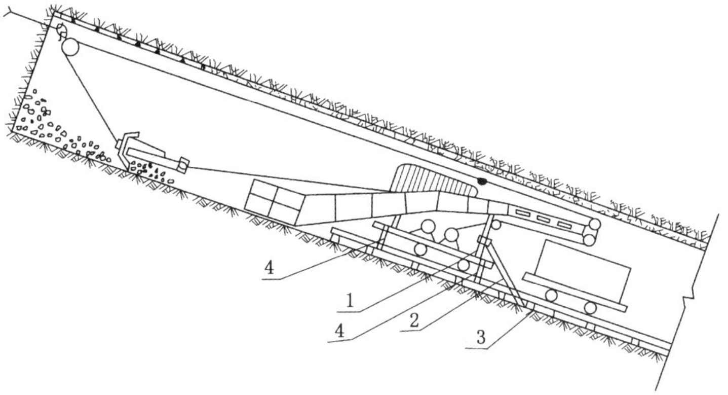

1—耙斗装载机的后立柱；2—钢轨斜撑；3—枕木；4—卡轨器。

图 8-12　上山掘进时耙斗装载机防滑装置

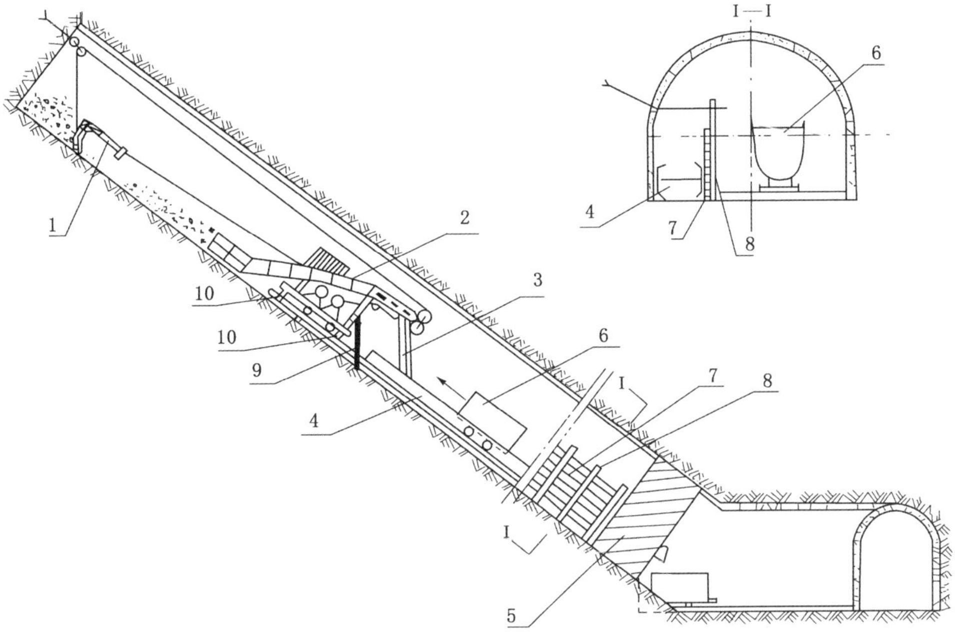

1—耙斗；2—耙斗装载机；3—斜溜槽；4—刮板输送机或溜槽；5—矸石仓；

6—矿车；7—挡板；8—立柱；9—防滑钢轨斜撑；10—卡轨器

图 8-13　耙斗装载机与刮板输送机或溜槽配套使用

第五节　采区煤仓施工

采区煤仓在矿井运输系统中具有重要作用，一般矿井都设置采区煤仓。

煤仓按倾角不同可分为垂直式和倾斜式两种。垂直式一般采用圆形断面；倾斜式一般采用拱形断面，其倾角大于 60°。煤仓下口要做成截圆锥形或四角锥形并收缩至合适口径以便安装闸门，煤仓上口有时也要收缩以便铺设篦子和设盖防护。

采区煤仓施工一般采用先自下而上掘小反井，然后再自上向下刷大断面的反井施工法。反井施工法有普通反井法、吊罐反井法、深孔掏槽爆破法和反井钻机法等，其中普通反井法与吊罐反井法施工效率低且不安全因素多，已基本不用。这里主要介绍深孔掏槽爆破法和反井钻机法。

一、深孔掏槽爆破法

深孔掏槽爆破法是掘进煤仓的一种较先进的方法。该方法用深孔钻机自上而下或自下而上沿煤仓全高钻一组平行深孔，然后一次或分次装药，依次顺序爆破，一次形成所需断面和长度的反井(或煤仓)。其最大优点是工人不用进入反井(或煤仓)内进行钻眼和临时支护作业，一般不受岩层条件限制，有利于作业人员安全，所需设备少，施工速度快，效率高。但钻眼的垂直度要求严格，爆破技术要求高，装药困难，炸药消耗量大。在煤仓高度较小，围岩条件较好的情况下使用效果更好。

下面以兖矿集团有限公司北宿煤矿(以下简称北宿煤矿)西采区煤仓施工为例，介绍深孔掏槽爆破法的相关技术。

该煤仓为垂直圆筒仓，高度为 8 m，净直径为 3.4 m，喷射混凝土支护，喷层厚度为 150 mm。煤仓上口与 17 层煤带式输送机上山机头硐室相接，下口与运输大巷相通。如图 8-14 所示。

施工过程分两步，先用深孔掏槽爆破法施工小反井，再刷大断面。

将 TXV-75 型液压钻机安装在机头硐室内，由上向下钻 5 个钻孔，1 个沿煤仓中心线布置，另外 4 个均匀分布在以中心孔为圆心、半径为 500 mm 的圆周上。钻孔直径均为 89 mm，其长度贯通整个煤仓。

选用 2 号岩石硝酸铵类炸药，药卷规格为 35 mm×180 mm，每个药卷质量为 0.15 kg。

4 个外围孔为装药孔，各孔装药相同。每个孔内的炸药由炮泥隔为两段，一次装入分两段起爆。每段装药长度为 2 520 mm，装药量为 8.4 kg。每孔共计装药长度 5 040 mm，装药量 16.8 kg。装药程序为：封眼底→装第一段药→封间隔炮泥→装第二段药→封口。眼底用木锥和炮泥封堵，封孔长 600～1 000 mm。每段炸药由 14 个小捆组成，每 4 卷药卷捆在一起为一小捆。将 14 捆炸药相互对接，用导爆索串起，固定在一根铁丝上一起送入眼内。两段炸药间隔离炮泥长 500 mm。装入第二段炸药后用炮泥封口，封口长 500 mm。炮眼布置及装药结构如图 8-15 所示。

中心孔内不装药，用铁丝悬吊两个钢弹，分别置于与装药孔中两段炸药的上端等高的位置。钢弹用直径 89 mm，长 500 mm 的钢管制成，每个钢弹内装药 1.2 kg。

5 个孔内装药总质量为 16.8×4＋1.2×2＝69.6(kg)。

用 1～4 段秒延期电雷管和导爆索起爆。起爆顺序为：下段炸药(装 1 段雷管)→下部钢弹(2 段)→上段炸药(3 段)→上部钢弹(4 段)。原理为：外围的 4 个装药孔以中心孔为自由面，炸药爆炸将中心区岩石充分预裂，再借助钢弹实现挤压抛渣。

为确保起爆，在每段炸药的上部和中部各装一个同段雷管。

通过爆破形成小反井后，由上而下逐段刷大断面，边刷边进行永久支护。仓壁采用喷射混凝土支护。

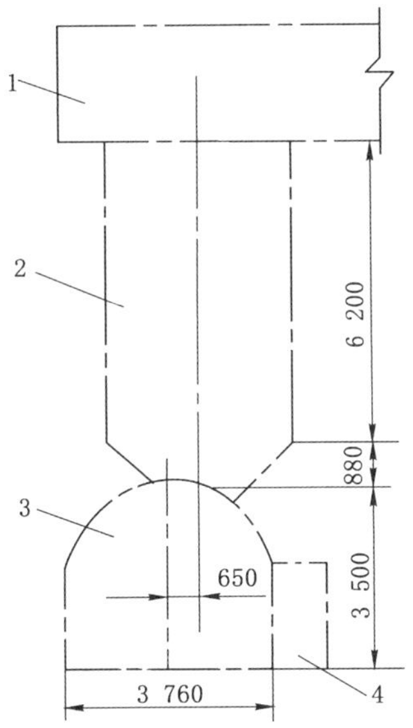

1—带式输送机机头硐室；2—煤仓；3—运输大巷；4—小绞车硐室。

图 8-14　北宿煤矿西采区煤仓示意图

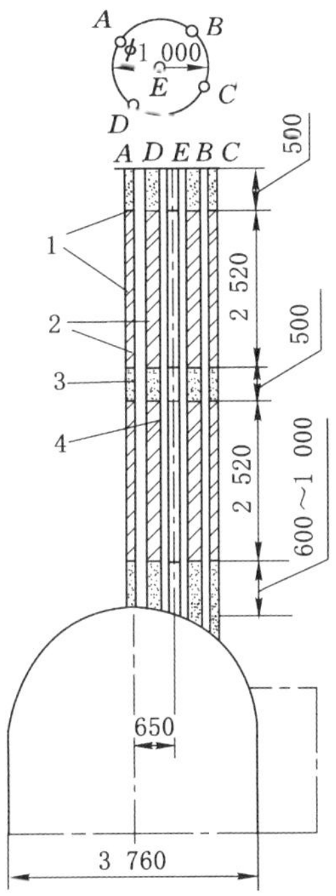

1—雷管；2—炸药；3—炮泥；4—钢弹。

图 8-15　炮眼布置与装药结构

二、反井钻机法

反井钻机法是用钻机掘进反井的一种施工方法。与其他反井施工法相比，该法具有机械化程度高，劳动强度低，施工安全、速度快、效率高、成本低，施工过程中不破坏围岩，井壁光滑，成井质量好等优点。但该方法使用设备较多，操作技术较复杂。若条件具备，应优先选用。

反井钻机是反井钻机法的核心设备。我国从 20 世纪 70 年代开始自制反井钻机，目前已有多种型号的反井钻机在煤炭和冶金行业使用。国产反井钻机的型号及主要技术特征见表 8-1。

表 8-1　国产反井钻机型号及主要技术特征

主要参数	型号					
	TYZ-1000	AF-2000	LM-1200	LM-2000	ATY-1500	ATY-2500
扩孔直径/mm	1 000	1 500～2 400	1 200	1 400～2 000	1 200 1 500 1 800	2 000 2 500 3 000
导孔直径/mm	216	250	244	216	250	311
钻孔深度/m	120	80	120	150～200	100～200	100～250

表 8-1(续)

主要参数		型号					
		TYZ-1000	AF-2000	LM-1200	LM-2000	ATY-1500	ATY-2500
钻孔倾角/(°)		60～90	0～27	0～34	0～27	0～36	0～36
钻孔转速/(r/min)		0～40	0～27	0～34	0～27	0～36	0～36
扩孔转速/(r/min)		0～20	0～12	0～22	0～18 0～9	0～18	0～18
钻孔推力/kN		245	392	250	350	488	—
扩孔拉力/kN		705	980	500	850	1 155	1 793
扩孔扭矩/(kN·m)	额定	24.1	62.2	19.6	40	42	68.6
	最大	29.9	69.4	31.8		66	107
总功率/kW		92	92	62.5	82.5	118.5	161
主机质量/kg		4 000	8 900	8 000	10 000	5 985	9 300
外形尺寸(长×宽×高)/(mm×mm×mm)	工作时	2 940×1 320×2 823	3 046×1 634×3 327	2 977×1 422×3 277	3 230×1 770×3 448	2 180×1 250×3 700	2 868×1 505×4 043
	运输时	1 920×1 000×1 130	2 200×1 200×1 592	2 290×1 110×1 430	2 950×1 370×1 700	2 530×1 000×1 775	2 803×1 310×1 930
研制单位		长沙矿山研究院有限责任公司	长沙矿山研究院有限责任公司	煤炭科学研究总院建井研究分院	煤炭科学研究总院建井研究分院	煤炭科学研究总院南京研究所	煤炭科学研究总院南京研究所
参考价格/(万元/台)		—	—	39.50	68.00	—	—

利用 LM-1200 型反井钻机的反井钻机施工系统如图 8-16 所示。下面以此为例介绍该施工方法的相关技术。

LM-1200 型反井钻机主要由主机、钻具(钻杆与钻头)动力车、油箱车和起吊装置等组成。钻机在钻进时油冷却器的冷却水流量为 7.2 m^3/h,压力为 0.8 MPa;在导孔钻进过程中,用于冷却钻头和排除岩屑的冲洗水流量为 30 m^3/h,压力为 0.7～1.5 MPa。该钻机电气系统极为简单,不用专门配置电气控制箱,只需通过两台隔爆型磁力启动器和两台隔爆启动按钮将电源分别接入电动机即可。钻机共用两台电动机,总功率为 62.5 kW。其中主泵电动机(DYB-55)功率为 55 kW,电压为 660 V/1 140 V,副泵电动机(BJO2-51-4)功率为 7.5 kW,电压为 380 V/660 V。两台电动机的共用电压为 660 V。

(一) 钻机安装

(1) 浇筑钻机基础

钻机基础用混凝土在反井上口浇筑。基础必须水平,且面积、厚度和强度要满足要求。一般情况下,若井口底板为煤层或松软破碎岩层时,基础的面积和厚度应适当加大;若为坚硬岩层时,可适当减小。

(2) 安装钻机

首先在施工现场找正钻机车的位置,拧紧卡轨器将其固定,并将钻机的其他组成部分

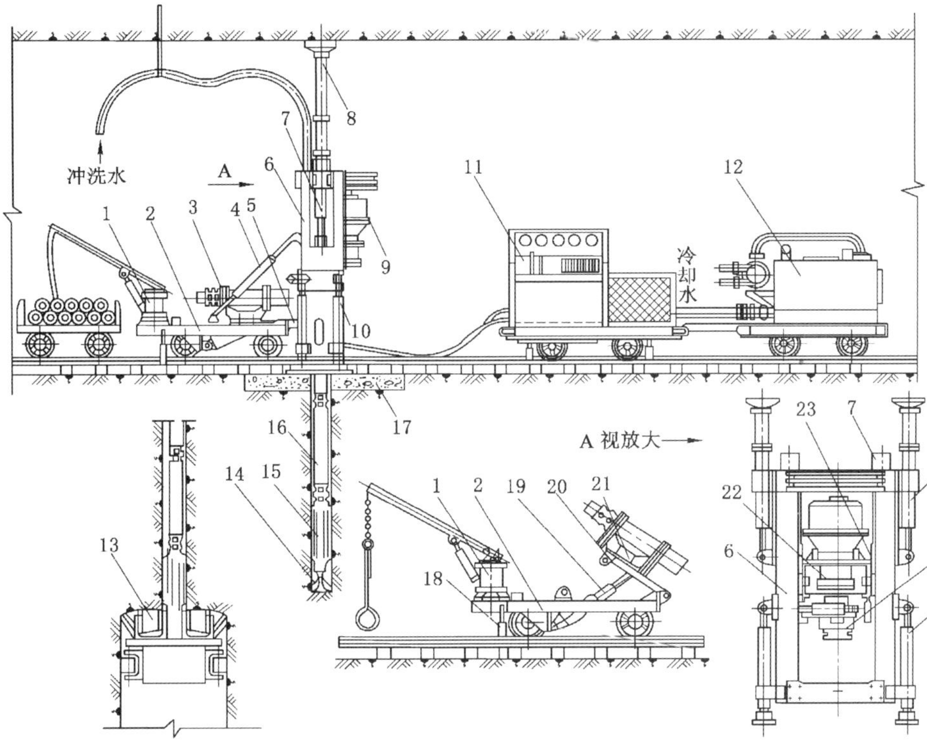

1—转盘吊；2—钻机平车；3—钻杆；4—斜拉杆；5—长销轴；6—钻机架；7—推进液压缸；
8—上支承；9—液压马达；10—下支承；11—泵车；12—油箱车；13—扩孔钻头；
14—导孔钻头；15—稳定钻杆；16—钻杆；17—混凝土基础；18—卡轨器；19—斜撑液压缸；
20—翻转架；21—机械手；22—动力水龙头；23—滑轨；24—接头体。

图 8-16　LM-1200 型反井钻机施工系统图

按图 8-16 所示摆好。然后按照如下步骤进行操作：往油箱内注油和连接液压管路及动力电→启动副泵(25SCY)升起翻转架将钻机竖立→调整钻机位置使其动力水龙头接头体轴心线对正钻孔中心→安装斜拉杆→卸下翻转架与钻机架的连接销，放平翻转架→安装转盘吊与机械手→调平钻机架并固定(支起上下支承缸)→接洗井液胶管和冷却水管→准备试车。

（二）反井施工

反井掘进分导孔钻进和扩孔钻进两个过程。

(1) 导孔钻进

导孔钻进由以下环节组成。

① 钻头安装。将导孔钻头放置在孔位，启动马达，慢慢下放动力水龙头，连接导孔钻头，启动水泵向水龙头供水。

② 开孔口。以低钻压向下钻进开孔，将钻速控制在 1～1.5 m/h，直到钻孔深度达到 3 m。

③ 正常钻进。当钻孔深度达到 3 m 以后，增大推进液压缸推力，进行正常钻进。

④ 钻孔贯通。在钻孔贯通前，应逐渐降低钻压。

在导孔钻进过程中，钻压应根据岩石的具体情况进行调整，一般对松软岩层宜采用低钻压，对坚硬岩层宜采用高钻压。

在导孔钻进过程中，采用正循环排渣。将压力小于或等于 1.2 MPa 的洗井液通过中心管和钻杆内孔送至钻头底部，水和岩屑再由钻杆外面与钻孔壁之间的环形空间返回。装卸钻杆可借助机械手、转盘吊和翻转架。翻转架除了用于装卸钻杆之外，还可以与钻机架连接用于竖起和放下钻机架。

(2) 扩孔钻进

导孔钻透后，在下部巷道内将导孔钻头和与之相连接的稳定钻杆一同卸下，再连接上扩孔钻头，将液压马达变为并联状态，调整主泵油量，使动力水龙头输出轴的转速为预定值(一般为 17～22 r/min)，启动钻机进行扩孔。扩孔时将冷却器的冷却水从井口注入，冷却水沿导孔壁及钻杆自然流下，起冷却刀具、冲孔及消火防爆的作用。扩孔开孔时应采用低钻压，待刀盘和导向辊全部进入孔内后再进行正常钻进。

扩孔钻进时产生的碎屑靠重力下落到下部平巷，在平巷内装运。装运要在停钻时进行。

扩孔至距离孔口 3 m 时，应调整为低钻压(向上拉力)慢速钻进。此时，应密切注视基础的变化情况，当发现基础有破坏的征兆时，应立即停止钻进，拆除钻机。剩余部分可用爆破施工或用风镐凿开，作业时作业人员应佩戴安全绳或保险带。

习　题

1. 煤巷、半煤岩巷、岩巷分别该如何掏槽？
2. 巷道掘进该如何定向？
3. 三种不同类型的巷道的后配套转运方式有哪些？
4. 煤仓施工方法有哪些？分别简述。

参考文献

[1] 东兆星，吴士良. 井巷工程[M]. 徐州：中国矿业大学出版社，2004.
[2] 东兆星，刘刚. 井巷工程[M]. 3 版. 徐州：中国矿业大学出版社，2013.
[3] 中国矿业大学. 井巷工程[M]. 2 版(修订本). 北京：煤炭工业出版社，1991.

第九章　巷道施工组织与管理

导学思考题

1. 巷道的施工方法、作业方式有哪些？该如何组织和管理巷道施工，以确保施工的高效和安全？

2. 巷道施工作业图表该如何绘制？

第一节　巷道施工的方法与作业方式

一、巷道施工方法

在巷道施工组织中，首先要对每一次作业是否针对巷道的全部断面做出安排，即巷道施工方法。巷道施工一般有两种方法：一次成巷和分次成巷。

对于一次成巷，一个循环过程至少包含破岩、装岩、运输、支护等工作各一次，每一项工作的每一次施工都是针对全断面展开，一个循环结束后形成一段成品巷道。这种施工方法施工组织的内容少而简单。

对于分次成巷，巷道断面被分成若干部分，每一次施工的部位不同，其工作内容和工作量也不相同。在这种情况下，循环有两个概念：一个是大循环，以完成一段成品巷道的全部过程为一个循环，该过程由各部分断面的施工过程组合而成，在一个循环中包含形成该段巷道时所进行的所有工作；另一个是小循环，以完成每一部分断面的工作过程为一个小循环。由于不同部位的工作内容和工作量不同，小循环也不同。一个大循环由若干不同的小循环组成。在施工组织与管理中，首先要对大循环做出安排，即对巷道断面做出合理的划分，对各部分之间的施工顺序，以及每一次施工的工作内容和工作量作出合理的安排；其次对每一部分断面施工进行具体安排。可见，分次成巷施工组织的内容多而复杂。

在煤矿巷道施工中主要采用一次成巷的施工方法，因此本章仅介绍一次成巷的巷道施工组织与管理的知识，这也是巷道施工组织与管理的基本知识。

二、巷道施工的作业方式

在巷道施工的各项工作中，支护工作直接关系施工安全，影响和决定施工工艺过程的安排和进行，以及循环进尺、日循环数等重要施工参数的确定。因此，支护工作在巷道施工中占有十分突出和重要的位置，在巷道施工工序安排中起主导作用。在巷道施工组织中，把巷道掘进（破岩、装岩、运输）与支护工作在时间和空间上的配合方式称为巷道施工作业方式（简称作业方式）。作业方式是施工组织中的核心内容。作业方式确定的合理与否直接关系施工组织的合理与否。

掘进与支护在时间上的安排可以有以下三种：一是同时进行，即平行作业；二是交替进行，即交替作业；三是顺序进行，即顺序作业。平行作业能充分利用时间，有利于提高施工效率，因此在施工组织中应尽量采用平行作业。掘进与支护在空间上的安排可以有以下三种：一是在同一段巷道进行，即同段作业；二是在同一巷道不同位置进行，即同巷作业；三是在不同巷道进行，即分巷作业。因此巷道施工作业方式有同段平行作业、同段交替作业、同段顺序作业、同巷分段平行作业、分巷平行作业等五种。这些作业方式在生产实践中都有应用。

(1) 同段平行作业

若采用的支护方式支护作业比较简单，占用空间小，时间短，对掘进影响小，支护可以安排在掘进的间隙进行或与掘进过程的某些工作同时进行，这样有利于实现及时支护。如采用爆破掘进法，用木棚（金属棚、预制构件棚）支护或锚杆支护时，在爆破后清渣的过程中就可以进行支护，即清渣与支护在同一段巷道同时进行。这种作业方式就是同段平行作业。

(2) 同段交替作业和同段顺序作业

当对巷道施工的时间以及进尺要求比较宽松时，掘进与支护可以在同一段巷道中在时间上分开进行。若将掘进与支护工作分别划分为若干部分（或工序），各部分（工序）在时间上交替进行，称为同段交替作业；若在同一段巷道中将掘进与支护分别看成一个整体，做完一项，再做另一项，称为同段顺序作业。

这两种作业方式设备利用率、人员利用率和效率均比较低。因此这两种作业方式适用于采用简单机械的爆破施工，在劳动组织上宜采用综合工种。这两种作业方式的优点是有利于实现及时支护。

同段顺序作业在普通综掘机单巷施工中被大量采用，其原因是综掘机与锚杆机无法同时进入同一段巷道作业。在这种情况下，机械设备的利用率低，巷道施工速度慢，这是普通综掘机在单巷施工中推广应用受到限制的主要原因之一。为了提高设备利用率和施工效率，近年来现场工程师和设备研究人员进行了很多探索，如加大一次进尺、研制和改进掘锚一体机等，已经取得了很大成效，但还有许多问题有待解决。

(3) 同巷分段平行作业

若支护作业比较复杂，占用空间大、时间长，对掘进影响大，通常将掘进工作与支护工作（部分工作或全部工作）放在同一条巷道的不同地段同时进行，即同巷分段平行作业。如对于锚喷支护，锚杆施工与掘进在同一空间同时或交叉进行，而喷射混凝土施工滞后一段距离进行；对拱碹支护，支护作业与掘进在空间上完全分开，随掘进进行临时支护，滞后一段距离进行永久支护。这种作业方式的特点是永久支护不能一次到位，需要滞后掘进一段时间，且有时滞后时间比较长，这不利于围岩稳定；另外，当需要采用临时支护时，会在时间、人力、物力等方面造成一定的浪费。但是采用这种作业方式可显著提高单巷施工的效率和速度，尤其在普通综掘机单巷施工中效果更加明显。这种作业方式适用于围岩条件比较好的巷道。当需要采用临时支护时，临时支护不仅关系施工的安全，而且对施工的速度、效率、效益等也有很大影响，因此对临时支护的研究一直是普通综掘机单巷施工研究中的重点和热点课题。

(4) 分巷平行作业

利用连续采煤机装备与技术进行巷道掘进施工和采用煤层巷道多通道的矿井巷道系统布置方式是当前世界最先进的矿井开采技术的重要组成部分，这两种技术的应用相辅相成。换句话说，利用连续采煤机装备与技术进行巷道施工为实现煤层巷道多通道系统的快速施工提供了支持和保障，是矿井巷道多通道系统布置的前提；而煤层巷道多通道系统的布置为连续采煤机装备与技术在巷道施工中充分发挥作用创造了条件。利用连续采煤机装备与技术进行巷道掘进施工丰富了巷道施工技术，推动了巷道施工组织与管理的发展。

在利用连续采煤机装备与技术进行巷道施工时，普遍采用以锚杆为主的联合支护方式，主要施工设备是连续采煤机和锚杆机。为了提高设备的利用率，主要是连续采煤机的利用率(用开机率表示)，以提高巷道掘进速度和施工效率，通常由一支队伍使用一套设备同时施工多条巷道，即多头施工。在这种情况下，连续采煤机与锚杆机分别在两条不同巷道内同时作业，并在每完成一次作业后按照一定顺序在这些巷道间进行转换，这种作业方式称为分巷平行作业。这种作业方式就设备和人员而言，掘进工和支护工都在不间断地工作(搬家时间除外)，实现了平行作业；但就每一条巷道而言，掘进与支护属于顺序作业，可实现及时支护。时间上的平行作业是靠空间上的多条巷道和在它们之间便捷地转换提供保障的。因此，采用这种作业方式必须具备两个条件：一是有相距较近且方便连通的、可用相同设备同时施工的、围岩条件较好的多条巷道；二是有行走或搬迁方便、能力大、效率高的施工设备。目前，这种作业方式主要在一些煤层条件比较好的大型矿井中应用，也仅用于利用连续采煤机的巷道施工中。

第二节　巷道施工中的正规循环作业

一、正规循环作业

(1) 正规循环作业的概念

在一次成巷中，对于不同的巷道和施工条件，可采用不同的作业方式和工艺流程。就一个循环中所包含的掘进工作与支护工作次数而言，循环的安排有两种：一种是一个循环包含一次掘进工作和一次支护工作，称为一掘一支；另一种是一个循环包含两次掘进工作和一次支护工作，称为两掘一支。就工艺流程而言，可以按照破岩→装岩→运输→支护，或破岩→支护→装岩→运输，或破岩→临时支护→装岩→运输→永久支护等不同的顺序进行安排。工艺流程不同，循环完成的标志不同。但无论采用何种流程，一般每个循环都以破岩开始，支护与破岩之间的时间间隔越短越好。按照循环安排施工称为循环作业。若每个循环都能按时、按质完成规定工作量(进尺)，即为正规循环作业。按照正规循环作业的要求组织生产是巷道施工组织的基本方法，这种组织有利于施工管理。

(2) 循环进尺及其确定原则

一个循环结束后形成的成品巷道的长度，称为循环进尺。循环进尺既是巷道施工的重要技术参数，又是施工组织与管理的重要管理指标，合理确定循环进尺对保证施工安全和提高施工效率至关重要。影响循环进尺的因素主要有巷道和围岩条件、施工工艺、作业方式等。

确定循环进尺的原则如下。

① 要有利于组织正规循环作业和便于管理。

② 要有利于巷道支护和围岩稳定，能保证施工安全。

③ 要有利于增加作业时间和减少辅助时间，有利于提高设备利用率和工作效率。

④ 要有利于减少消耗和降低成本。

一般当巷道断面小、围岩条件好时，循环进尺可选择大些；否则，可选小些。

(3) 循环时间、循环方式及日进尺

完成一个循环所需要的时间称为循环时间。循环时间由两部分组成：一部分为准备时间，另一部分是作业时间。按照完成一个循环需要的时间，1 d 可完成一个或者多个循环，若 1 d 完成一个循环称其循环方式为单循环，否则称为多循环。1 d 完成的循环个数为日循环数，1 d 施工的成品巷道的长度为日进尺，日进尺等于日循环数乘以循环进尺。

二、循环作业图表及其编制

(一) 循环作业图表

循环作业图表是循环作业图、劳动组织表和技术经济指标表的统称。循环作业图表是按照正规循环作业要求进行巷道施工组织与管理的依据，是巷道施工组织与管理文件——作业规程的重要组成部分。

循环作业图是通过绘在以时间为横坐标、空间为纵坐标的平面坐标系中的一些曲线来反映在巷道施工中对每一项工作(工序)的安排的一种图。循环作业图明确表示了每一项工作(工序)进行的时间和地点，以及各项工作(工序)之间在时间和空间上的关系。循环作业图一般应绘制 1 d(24 h)的工作安排，从中可以清楚地看出作业方式、循环方式以及循环时间和日循环数等重要内容。因此循环作业图是巷道施工组织量化和程序化的一种直观表现形式。循环作业图因施工方法、施工工艺、作业方式等不同而完全不同。图 9-1 所示为某煤矿掘进－700 m 水平东大巷时，采用掘锚平行作业的循环作业图。由于这种作业方式属于同巷平行作业，在空间坐标上只有一个点，所有工序都在该点安排。

劳动组织表是依据循环作业图，按照劳动组织形式和施工工作(工序)的划分以及各项工作(工序)的工作量等编制的施工队伍人员安排表。表 9-1 所示为某煤矿掘进－700 m 水平东大巷时的劳动组织表。

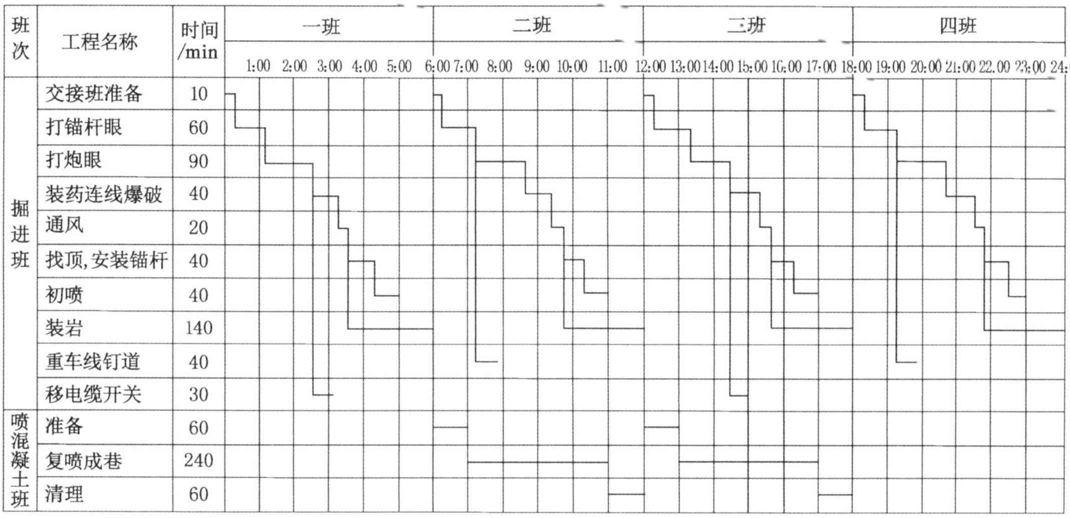

图 9-1　某煤矿－700 m 水平东大巷施工循环作业图

表 9-1　某煤矿－700 m 水平东大巷掘进时的劳动组织表

序号	工种		一班	二班	三班	四班	合计	备注
1	直接工	钻车、装载机司机	3	3	3	3	12	
2		维护工	1	1	1	1	4	
3		定眼工	1	1	1	1	4	
4		爆破员	1	1	1	1	4	
5		班长	1	1	1	1	4	
6		临时喷浆工	3			3	6	
7		喷浆工		3	3		6	
小计			10	10	10	10	40	
8	辅助工	上料工		4	4		8	
9		电车司机	2	2	2	2	8	
10		挂钩工	2	2	2	2	8	
11		水沟工	1	2	2	1	6	
12		钉道工		1		1	2	
小计			5	11	10	6	32	
合计			15	21	20	16	72	

技术经济指标表是汇总巷道条件、施工条件、施工方法及作业方式、施工参数、施工成果等指标的一种表格。巷道条件一般包括断面形状与大小、围岩条件、支护方式等，施工条件包括设备型号与主要性能参数，施工成果主要包括日进尺、月进尺、效率、成本、材料消耗等。技术经济指标是巷道施工及施工组织与管理水平的量化反映。

（二）循环作业图表的编制

（1）循环作业图表编制的原则

循环作业图表的编制应遵循以下原则。

① 要充分考虑巷道条件、施工队伍情况及装备条件，选择的施工方法和工艺以及确定的各参数要切合实际。

② 确定的工艺流程和施工参数一定要符合《煤矿安全规程》的规定，确保施工安全。

③ 要认真分析影响每一项工作效率的因素，并考虑各项工作之间的相互影响，优化工艺流程，在保证单项工作效率的同时最大限度地保证每个循环的工作效率。

④ 在有严格工期要求时，应根据工期要求计算施工速度，合理安排和组织施工，确保按期完工。

⑤ 尽量采用平行作业，减少辅助时间，最大限度地增加作业时间以充分发挥人员和设备的效能。

⑥ 合理安排支护，尽量做到及时支护和合理支护，以保证围岩稳定、减少巷道维护工作量及保证使用安全。

⑦ 减少材料消耗，降低成本，以获得最大的经济效益。

（2）循环作业图表编制的步骤

循环作业图表编制的步骤如下：

① 确定施工方法和作业方式。

② 确定循环进尺，计算每个循环各工作（工序）的工作量及作业时间。

③ 安排循环流程。

④ 计算循环时间，确定循环方式和日循环数，计算日进尺。

⑤ 绘制循环作业图。

⑥ 确定劳动组织形式，并根据工作量编制劳动组织表。

⑦ 编制技术经济指标表。

第三节　巷道施工队伍的组织与管理制度

一、巷道施工队伍的组织形式

我国采用的巷道施工队伍组织形式有综合掘进队和专业掘进队两种组织形式。

（1）采用综合掘进队组织施工

综合掘进队承担掘进工作面的破、装、运、支等基本工作及机电维修、材料领取与运输、通风、排水、敷设管路、铺设轨道等相关工作。将这些工作按专业和工作性质进行分类，按类设置岗位和安排工种，由一人多能实现一岗多职，即采用综合掘进队组织施工。这种组织形式的特点为：要求工人一专多能；多工种在统一指挥下可调配空间大，可根据工作需要灵活调配劳动力，从而充分利用工时、提高工作效率；有利于实现多工序平行作业和保证正规循环；各项工作之间便于协调，有利于保证安全和工程质量、减少材料消耗和浪费。但由于工作头绪多、工作量大、人员多，组织比较困难。这种组织方式目前使用较多，而且随着矿井管理水平的提高在不断发展。

(2) 采用专业掘进队组织施工

专业掘进队只承担掘进工作面的破、装、运、支等基本工作，其他相关工作由其他辅助专业队伍承担(一个辅助队可同时为几个掘进工作面服务)。这种组织形式的特点是工序少，工作量小，人员少，管理比较简单。但由于可统一调配的空间小，当各工种间工作量差距大时会造成工时浪费，影响工作效率；与其他工作之间的协调不方便，当其他相关工作不正常时会造成窝工和材料浪费，甚至影响施工安全和工程质量。

二、巷道施工队伍的基本管理制度

管理是巷道施工计划得以落实和施工技术方案得以严格实施的保障。管好巷道施工队伍是实现掘进工作安全、高产、高效及建设优质工程的前提。建立完善、科学的管理制度能使管理更加规范、有序和有效。巷道施工队伍基本管理制度包括工种岗位责任制、技术交底制、施工原始资料积累制、工作面交接班制、安全生产制和质量负责制等。对于这些制度在工作中应不断完善并严格执行。

(1) 工种岗位责任制

制定工种岗位责任制的基本原则为任务到组、固定岗位、责任到人。具体要求为：按照工作性质，将每个小班的人员划分成若干作业组，如钻眼爆破组、装运组、支护组等，每个小组或个人按照循环图表规定的时间，使用固定的工具和设备，在各自的岗位上保质保量地完成任务。岗位责任制的核心为人员固定、岗位固定、任务固定、设备固定、完成时间固定；管理的目标为人人有专职，事事有人管，办事有标准，工作有检查。

(2) 技术交底制

在工程开工前，由工程技术人员就施工技术文件(施工组织设计，或作业规程，或施工技术安全措施)向工程队全体施工人员进行详细介绍、说明和释疑，使每个参与者对自己将要施工的巷道的性质、用途、规格、质量要求、施工方案、施工设备、安全措施等有比较全面的了解，并将施工大样图、施工平面图、爆破图表和循环图表等重要内容张贴于工作面附近，以便随时查看和指导施工，即技术交底。技术交底制规定：工程开工前必须编制相关技术文件；必须就技术文件向施工人员进行技术交底；参加技术交底的人员必须签名，没有参加技术交底的人员不允许上岗。其管理目标为：让人人明白，有疑问可以随时查看，以确保技术文件的贯彻执行。

(3) 施工原始资料积累制

施工原始资料包括：质量检查原始记录，班组的自检、互检记录，掘进队的旬检记录，工程处的月检记录；班组的工人出勤、主要材料消耗、进度、工程量、正规循环作业完成情况等原始资料；对隐蔽工程的原始记录(包括隐蔽工程图)；对砂浆、混凝土的取样试验资料及试压证明书；锚杆锚固力检测记录等。这些原始资料必须齐全，其内容要规范、完整，妥善保存。用于竣工验收的资料包括：巷道实测平面图，纵、横断面图，井上下对照图；井下导线点、水准点图及有关测量记录成果表，地质素描图、岩层柱状图；等等。这些资料在施工过程中要注意收集和积累，它们是施工的重要成果和评定工程质量的重要依据。施工原始资料积累制规定：在施工过程中必须做好上述原始资料的记录或编制工作；必须做好原始资料的收集和保存工作；必须对原始资料进行整理、分析，并充分利用。

(4) 工作面交接班制

该制度规定:每班的负责人、各工种及每个岗位的职工,都要在现场进行对口交接;交接内容包括任务、措施、设备、安全等。管理目标为:现场交接节省时间,能保证工作面连续作业;对口交接直接、明白,不会出现漏报和误听误传,交接责任明确。

(5) 安全生产制

该制度规定:要根据作业特点制订灾害预防计划和安全技术措施,并严格贯彻执行;要定期开展安全活动,经常进行安全生产教育;要建立和健全群众的安全组织和正常的安全检查制度;要按规定配齐安全生产工具和职工的劳动保护用品;要搞好工业卫生,改善劳动条件,做好综合防尘。管理目标是确保安全生产。

(6) 质量负责制

该制度规定:要把质量标准、施工规范、设计要求的学习落实到班、组、个人,并严格执行;实行工程挂牌制(班、组、个人留名),队长、技术员要全面负责本队的工程质量;要建立自检、互检等质量检查制度;要严格按照质量标准进行验收、评定等级,不合格的工程要返修;对质量不负责任的人要追究其责任,对一贯重视质量、工程优秀的人要予以表扬、奖励。

此外,还有考勤制、设备维修包机制、岗位练兵制和班组经济核算制等。

习　题

1. 请简述巷道施工的方法与作业方式。
2. 搜集相关资料,如果你是采矿技术员,试着编写某一掘进工作面的掘进规程。
3. 简述施工作业的循环图表绘制方法。

参考文献

[1] 东兆星,吴士良.井巷工程[M].徐州:中国矿业大学出版社,2004.
[2] 中国矿业大学.井巷工程[M].2版(修订本).北京:煤炭工业出版社,1991.

第十章　远程集中控制系统及其应用

导学思考题

1. 什么叫作集中控制？井巷工程为什么要进行集中控制？
2. 井巷工程如何进行集中控制？需要哪些软/硬件支持？

随着煤矿开采技术更新、设备迭代，以及人工智能和5G信息技术在矿井的应用，智能矿山开发建设已经实现了机械化、自动化，并朝着信息化、智能化以及无人值守方向发展。针对矿井智能化发展过程中制度管理体系落后、掘进工作面安全性较差等实际问题，提出了基于集中控制和远程控制理论的远程集中控制平台构建。对矿井智能化建设而言，远程集中控制平台建设是工作面智能化升级的“必由之路”；对工序烦琐、管理落后、安全程度较低的掘进工作面而言，远程集中控制平台建设是未来智能掘进技术的“基础架构”。

什么是集中控制？集中控制这一概念源于管理学，其定义为：在组织中建立一个相对稳定的控制中心，由控制中心对组织内外的各种信息进行统一的加工处理，发现问题并提出问题的解决方案。这种形式的特点是所有的信息（包括内部、外部）都流入中心，由控制中心集中加工处理，且所有的控制指令也全部由控制中心统一下达。什么是掘进面的集中控制？对掘进工作面而言，集中控制就是关联井下所有设备的工作数据，通过统一的平台集中处理调度，所有的指令均由集中控制平台下发的一种集约化控制方式。从某种意义上而言，在21世纪初煤矿领域的组织管理上，集中控制的管理方法就已经被应用，但普遍是以井下一线人员和集中控制平台人员作为通信双方的初步集中控制。本章所提到的集中控制，是以井下各单独自控系统和集中控制平台为通信双方的高度集中控制。

什么是远程控制？远程控制更类似计算机学的概念，其定义为：利用无线或电信号对远端的设备进行操作的一种能力。什么是掘进远程控制？可以将其理解为：为了远离井下危险的作业环境，在掘进各个系统的架构上，利用通信网络对掘进设备进行远端操作的一种能力。

无论是集中控制，还是远程控制，都需要一个平台来运行，这个平台就是远程集中控制平台。

为了使读者学习更加明确，笔者用八句话概括本章内容：

集中控制促高效，远程控制保安全；

集远双控平台现，通信方式是关键；

整体架构要明确，实现方式不能略；

系统思维要健全，应用场景现眼前。

对远程集中控制平台设计提出什么样的要求？远程集中控制平台在哪里布设？如何进行数据传输？传输哪些数据？如何用平台进行控制？请读者带着以上问题，开始本章的学习。

第一节　巷道掘进远程集中控制理论

一、远程集中控制系统整体设计理论及原则

煤矿井下掘进工作面设备较多，工作环境恶劣复杂，控制分散，现阶段仍然需要操作人员之间的默契配合来完成连续采煤作业。设备的手动操控劳动强度大，需要大量的工作人员；而且对操作人员的工作经验要求高，需要操作人员之间熟练配合；由于工作环境嘈杂，操作人员在工作过程中需要通过喊话交流，交流不便，使得生产存在一定的安全隐患。因此，系统的整体设计需要满足以下要求。

① 实时性。掘进工作面远程集中控制系统的目的是可以远程对掘进设备进行操控，同时设备之间可以协同运行。但是整个生产工况会随着工作面推进发生变化，这就要求掘进工作面远程集中控制系统可以实时采集掘进设备的工况参数，并根据监测信息进行实时控制。

② 稳定性。由于工作面的环境复杂，设备在工作过程中存在大幅振动、受电磁干扰严重等问题，这要求掘进工作面远程集中控制系统应具有较强的抗干扰能力，可以稳定持续工作。

③ 可视化。掘进工作面远程集中控制系统要有良好的可视化人机界面，将工作面掘进设备的运行参数和视频信息有效呈现。

④ 数据可存储性。掘进工作面远程集中控制系统能够自动存储掘进设备的运行参数，并能够在上位机查询历史数据。

⑤ 可扩展性和通用性。煤矿井下掘进工作面远程集中控制系统在开发过程中要充分考虑系统的可扩展性和通用性，可以灵活地在系统中增加对其他设备的远程操控功能，同时还可以适用于不同的工作面，使系统具有很大的推广价值。

⑥ 安全性。掘进工作面远程集中控制系统要开发不同的操作权限，方便不同的工作人员对该系统的安全使用。

对于巷道掘进工作面远程集中控制系统而言，监测是基础，通信是关键，控制是核心。只有在远程集中控制系统平台上实现对掘进设备的实时监测，才能以此为基础进行其他功能的扩展；要实现对掘进设备的实时监测，必须建立从煤矿井下掘进工作面远程集中控制系统平台到掘进设备机载控制器稳定可靠的通信网络，从而对监测的有效数据进行分析、处理，最终实现设备间协同控制的目的。

二、远程集中控制系统整体架构

掘进工作面远程集中控制系统是集通信技术和人工智能技术于一体的智能化控制系统。该系统可以实时采集掘进设备工况运行参数，并将各参数上传至工业控制计算机内进

行数据的处理、分析，生成控制命令，通过将控制命令下发至各设备机载控制器中实现对掘进工作面设备的远程控制。

目前，智能掘进工作面掘进设备都有独立的控制系统，整个工作面构成了一个分散控制系统。掘进工作面远程集中控制系统能够将掘进设备有效地衔接起来，达到工作面生产自动化的目的。该系统能够将所有掘进设备的运行状况信息集中采集并进行信息融合、分析，进而协调不同设备按照生产工艺流程有序运作。掘进工作面远程集中控制系统采用3层网络结构，从下到上依次为掘进设备层、机载控制系统层和计算机控制系统层，如图10-1所示。为了保证上下级系统之间通信的可靠，采用的PLC和工控机都支持TCP/IP协议（传输控制协议/互联网协议）进行通信，中间加入交换机以对各机载控制器进行网络分配。

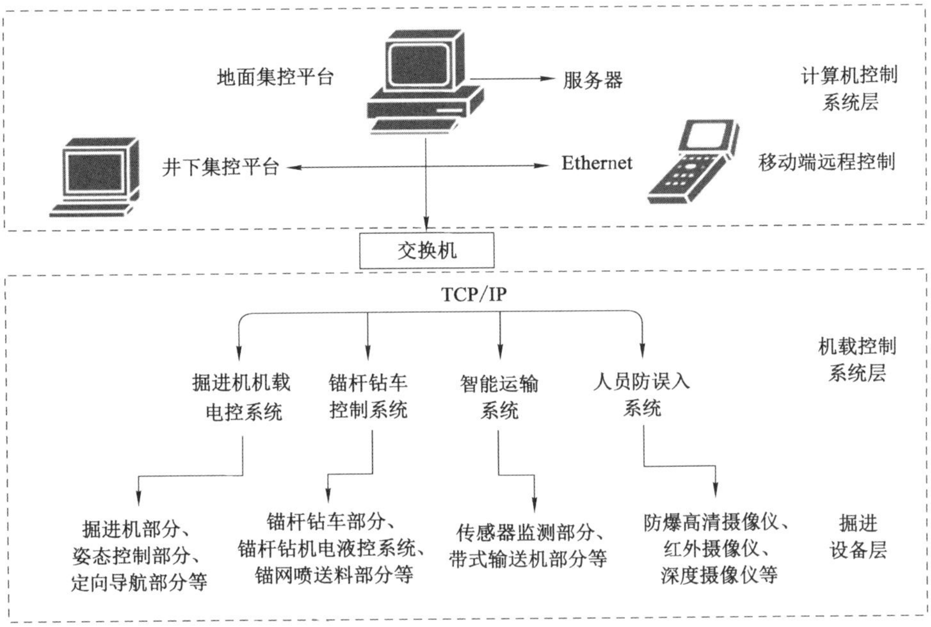

图10-1　远程集中控制系统整体架构

（1）掘进设备层

掘进设备层主要是位于掘进工作面的掘进设备，包括掘进机、锚杆钻机等机械及其所搭配的模块化信息采集设备。

以综掘机为例，通过由倾角传感器、激光雷达测距传感器和磁滞位移传感器等组成的传感器系统对综掘机在巷道中的位置及姿态进行实时监测，并配合软件的解析算法实现对综掘机的定位导航。所采集的信息主要包括以传感器信息为主的工作参数信息和以图像位置为主的可视化信息，由于传感器信息和可视化信息都采用独立的处理体系，且直接以电磁信号的形式输出，因此可认为综掘机传感器系统和可视化系统均属于掘进设备层。

① 传感器系统：传感器系统主要实现对掘进机位姿、工况等的实时监测，并能够将监测数据实时上传。位姿监测部分由倾角传感器、激光雷达测距传感器和磁滞位移传感器组

成。倾角传感器通过测量静态重力场的变化实现相较于水平面的倾角测量。在掘进机上安装矿用本安型倾角传感器可实现对掘进机在行进方向上坡度变化的监测。激光雷达测距传感器用于实现掘进机在巷道中的定位监测。激光雷达测距传感器实时进行扫描，并计算掘进机与地测部门制定的巷道中线、腰线等的动态角度偏差，以实现对掘进机在巷道中的位置进行动态监测。磁滞位移传感器则直接安装于液压缸中，实现对液压缸位移数据的测量。工况监测部分还包括对液压缸压力、温度等的监测。以上传感器配置中倾角传感器安装于电控箱内，激光雷达测距传感器安装于掘进机机体上，磁滞位移传感器和压力传感器安装于液压缸内，温度传感器安装于油箱内。

② 可视化系统：可视化系统基于红外高清摄像头，采用无线 Wi-Fi 和光纤传输视频信号，通过矿用本安型显示器实时呈现掘进工作面的监控视频。矿用本安型显示器选用全高清液晶面板，其图像分辨率为 1 920 像素×1 080 像素，该显示器具备画面分屏显示、单独放大、自由切换等功能。视频监控选用机载高清 1 080 像素摄像仪，具有红外补光技术，综掘机机身安装多个摄像仪，牢固固定并安装防冲击防护罩（避免外物的拐碰及特殊条件下爆破的冲击）；多个摄像仪采取固定设计，减少摄像仪的人工挪移，方便对缆线的保护。采用纳米玻璃减小摩擦系数，阻止污染物驻留。采用浇封设计提高抗振性能。掘进机上设减振装置，摄像仪采用电子减振技术，通过图像补充减小截割过程中摄像仪的振动。

（2）机载控制系统层

机载控制系统层包括掘进机机载电控系统、锚杆钻车控制系统、智能运输系统和人员防误入系统。该层用于采集掘进设备运行工况信息，将采集的信息上传至巷道计算机控制系统，并执行由巷道计算机控制系统下发的控制命令。

① 掘进机机载电控系统：掘进机配备数据采集转换单元，以完成位姿监测、工况监测等数据的采集汇总，并转换成光信号进行后续传输。掘进机上配备矿用本安型网络交换机，用于接收摄像仪的视频监控信息以及工况姿态监测信息，并通过矿用隔爆兼本安型无线基站实现与井下集控中心的数据交互（可通过 Wi-Fi/4G/5G 形式）。井下集控中心配有无线基站，用于接收掘进机设备相关参数及控制信号，并可在显示界面及控制软件上进行参数显示和视频画面显示。另外还可进一步通过矿井生产综合监控网络将视频和重要参数信息传输至数据中心，实现在调度指挥中心对掘进工作面重要数据的远程实时监控。为实现掘进机的远程控制，在掘进机上加装矿用负载敏感型多路电磁阀，可满足多个执行元件同时工作。在电气部分需配置防爆遥控信号接收器及发射器，接收器与电控系统之间通过 RS-485 通信接口或 CAN 协议进行通信，实现工况参数及控制信号的传输交互。掘进机可通过无线的方式与井下集控中心进行数据交互，通过对无线信号进行解译并传输至电控系统，最终实现井下集控中心对掘进机的远程控制和状态监测。另外，掘进机机械电控系统可方便接入矿井生产综合监控网络，支持监控数据向数据中心的远程传输。

② 锚杆钻车控制系统：锚杆钻车采用电液控制系统，具备就地控制和远程控制两种模式。就地控制模式下由钻车司机进行就地操作，远程控制模式下可实现在视距范围内的远程控制。另外，锚杆钻车控制系统具有自动钻孔和自动锚固的功能。当操作钻臂至钻孔位置后，可实现一键自动钻孔。人工将树脂药卷、锚杆送入孔内一段距离，再将锁紧螺母装入回转机构的搅拌器内，按下“自动锚固”按钮，可实现一键自动送入锚杆、搅拌树脂药卷、药

卷的凝固等待、锁紧等后续工作。钻机配套无线传输模块，实现对钻机工况监测数据及控制信号的无线传输（Wi-Fi 或 4G），将监控数据传输至井下集控中心，实现井下集控中心对锚杆钻车的远程控制。

③ 可伸缩带式输送机智能运输系统：该系统具备数据传输功能。井下集控中心通过 Modbus RTU 协议或 TCP/IP 协议，实现对运输系统的状态监测及集中控制。带式输送机具备机尾自移、张力自动控制功能，采用硬接线或现场总线的方式接入运输控制系统，从而实现运输系统全线的集中控制功能。掘进巷道可伸缩带式输送机配置自移机尾，实现可伸缩带式输送机的延长或收缩，自移机尾带液压动力源，操作方便，并可与带式输送机的动态张紧系统配合使用，能够实现带式输送机不停机随巷道延伸，节省拖曳带式输送机机尾的时间，降低工人劳动强度。

④ 人员防误入系统：利用位于综掘设备上人员精准监测基站配套的人员标识卡，采用 UWB 技术实现人员精准定位，主动监测掘进机一定范围内的人员情况。在工作过程中，一旦监测到人员误入，主动报警提示，实现人员接近识别及报警。

（3）计算机控制系统层

计算机控制系统层是远程集中控制系统的最高层，主要包含地面远程集控中心和井下集控中心两大方面。井下集控中心位于巷道设备列车内，其配备矿用隔爆兼本安型主机、数据存储设备及矿用本安型显示器，用于集控系统界面显示和掘进工作面视频信息显示；配备无线基站与本安型电控箱用于数据交互。井下集控中心一方面对掘进设备的运行状态进行实时监测，另一方面对监测信息进行分析处理，协同各设备按照生产工艺有序运作。地面远程集控中心设置在调度指挥中心，主要配置有：显示器，用以显示视频画面及设备自动控制画面；操作台，实现地面对掘进机的远程操控；主机，用以自动控制系统的运行。地面远程集控中心通过生产综合监控网络与井下集控中心进行掘进工作面工况参数及控制信号的通信交互，实现在地面对掘进机等井下设备的远程控制，以及对掘进工作面视频监控画面、设备运行工况参数的远程监测。

前文所介绍的三层架构之间需要相互保持通信，并不断进行数据的交换。实现信息传输和/或交换所需要的一切技术设备和传输媒质的集合称为通信系统。从通信的角度而言，基本的通信系统一般包括信源、发端设备、传输媒介、收端设备和信宿。掘进工作面数据交换示意如图 10-2 所示。在掘进设备层参数信息向最高层传输过程中，信源为掘进设备层或机载控制系统层，信宿为计算机控制系统层；而在远程控制的过程中，信源则为计算机控制系统层，信宿为掘进设备层。就图 10-1 而言，状态信息的传递由底层传输至顶层，而控制信息的传递则由顶层传输至底层。从控制的角度看，掘进设备层可以是由机载控制系统层进行控制的（如掘进机自动纠偏），也可以是由计算机控制系统层（控制最高层）直接控制的，而机载控制系统层只反馈辅助决策信息，最终将由计算机控制系统层直接对掘进设备层或机载控制系统层进行控制（如掘进机的截割）。这里的掘进设备层和机载控制系统层的区别，主要是低级系统和高级系统的区别，也就是在信息处理后，是否制定决策的区别。例如，悬臂式掘进机的截割运动主要靠液压系统实现，在断面形状控制过程中，新一代的掘进机的液压系统可以根据掘进机的运动状态进行自调整，在这个过程中，液压系统具有自我决策的能力。反之，低级系统的传感器系统和可视化系统，只能简单反馈信息，而不能决策。也就是说，计算机控制系统层不仅能控制可视化系统这样的低级系统，也可以控制电控系统这样的集成度高、较为智能化的高级系统。

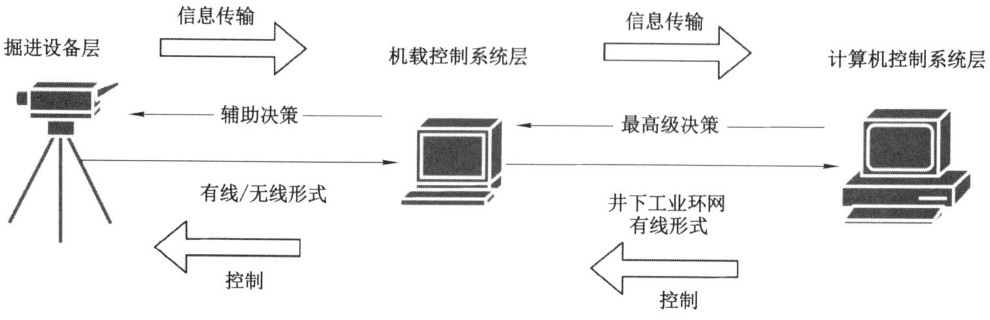

图 10-2　掘进工作面数据交换示意

事实上，作为集中控制和远程控制的关键技术，通信技术近年来取得快速的发展，下面将系统地对煤矿矿井通信网络进行简要介绍。

三、远程集中控制系统通信网络

(1) 煤矿通信系统概述

煤矿通信系统是指煤矿通过传输媒介(导线、电缆、光缆、电子波、脉冲波等)在煤矿生产运营的各个环节进行模拟数字信息、网络数据信息等各种信息的传递。由 IP 多媒体调度系统统一指挥，可以保证通信信息能够更加快速、准确地传达，并以更加多样化的手段传递信息，这对煤矿的安全生产、正常运营和管理来说极为重要。通信网络是实现煤矿井下综采工作面集中控制的关键所在，稳定可靠的通信网络可以将井下设备有机地连接在一起，在集控平台和综采设备之间建立良好的数据交互桥梁，见图 10-3。

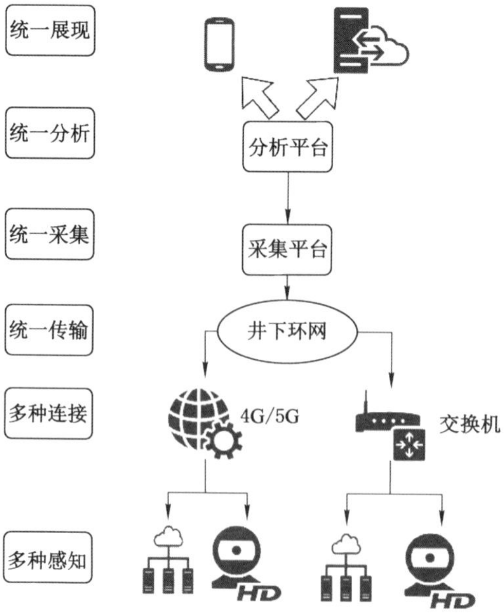

图 10-3　煤矿井下通信网络图

煤矿通信系统根据适用条件不同，可分为地面通信网络和井下通信网络两部分。煤矿地面通信网络与普通的通信网络一样，由电信部门统一配置，以光纤网络为骨干，用IP交换机作为骨干节点。整个矿区地面通信网络可以连接Internet网络，也可以构建矿区内部网络。井下通信网络与地面通信网络不同，由于煤矿井下生产环境十分特殊，井下作业对生产管理有非常高的实时性要求，井下各班组的负责人员应能够与生产调度室及时取得联系，将生产一线的各种情况实时上报，以方便调度部门对井下生产有序指挥调度。因此，煤矿井下所采用的通信网络应该具有以下特点：① 电气防爆；② 传输损耗大；③ 抗干扰能力强；④ 网络结构不固定；⑤ 信息孤岛。

(2) 煤矿有线通信概述

有线通信是目前大多数煤矿主流的通信方式。

煤矿有线通信方式为现场总线的方式。现场总线(fieldbus)是在20世纪90年代发展形成的，是一项将智能传感、计算机和数字通信等技术集成在一起的通信网络综合技术，是用于过程自动化、制造自动化、楼宇自动化等领域现场设备互连的通信网络。在现场总线技术的推动下，工业应用较多的离散系统逐步被更具有开放性的分布式控制系统所取代。随着通信技术的发展，现场总线具有良好的实时性、稳定性和开放性，已经逐渐取代了煤矿井下传统的RS-485协议和其他的串行通信方式。例如，神华集团神东煤炭有限责任公司哈拉沟煤矿、山西潞安矿业(集团)有限责任公司漳村煤矿、晋煤集团古书院矿等所建设的自动化工作面均采用现场总线的通信方式。目前，总线的类型有计算机总线、现场总线(LonWorks、Profibus、CAN、HART)、485总线。煤矿井下常用的现场总线是Profibus、CAN。

(3) 煤矿无线通信概述

随着井下智能化设备的增多，井下设备之间的通信关系繁杂，在空间较小的掘进工作面内，通信线路布置密集，有线通信的方式一定程度上限制了工作面的高产高效。无线通信的方式较为完美地解决了这一问题。目前煤矿常见的无线通信主要包括4G/5G移动通信、蜂舞协议(ZigBee)、蓝牙通信等。

4G/5G通信技术具有以下优势：① 语言视频通信功能。主要包括语音通信、短信通信、视频通信、彩信通信等多种功能。② 多媒体集群调度业务。包括音视频、短信彩信、数据等集群调度业务；同时包含视频数据回传与分发功能、组呼群呼功能、会议录音、监听功能和紧急呼叫功能。③ 视频监控。利用摄像仪和手持终端摄像与回传功能，可以实现终端覆盖范围内的即时视频监控。④ 第三方数据传输。对边坡监测系统、人员定位系统、卡调系统、监控系统等多项业务系统信息的无线传输进行监测。同时，无线传输各类设备传感器数据。⑤ 手机脱网直通。在无网络状态下，手机可实现直通效果，确保现场发生突发事件后，可以利用手机直通方式，实现现场人员与后方的语音通信联络。⑥ 升级、宽容和兼容能力。可以确保业务系统承载接入，系统自动平滑升级。

ZigBee作为一种低功耗、低成本的无线通信技术，在自动读表系统、安全系统、远程控制系统及安全性监测等领域得到了广泛应用。ZigBee具有较高的安全性和保密性，其将底层的数据进行多层级的转译，原始数据仅在物理层进行加密存储，通过不同的信道将数据进行分散，最后通过统一的信道再将信息集聚在一起。当部分数据受到损坏的时候，不会造成全部数据的丢失。系统的应用层、安全层、网络层的安全编译形式不相同，同时系统的兼容性较强，具有多个通信频段，其中2.4 GHz的频段应用更为广泛，信号更强，可以实现井下与地面直接的高效通信。

(4) 煤矿有线+无线通信概述

由于无线通信的可靠性依旧无法与有线通信的相比,井下常用有线+无线的通信技术,见图 10-4。

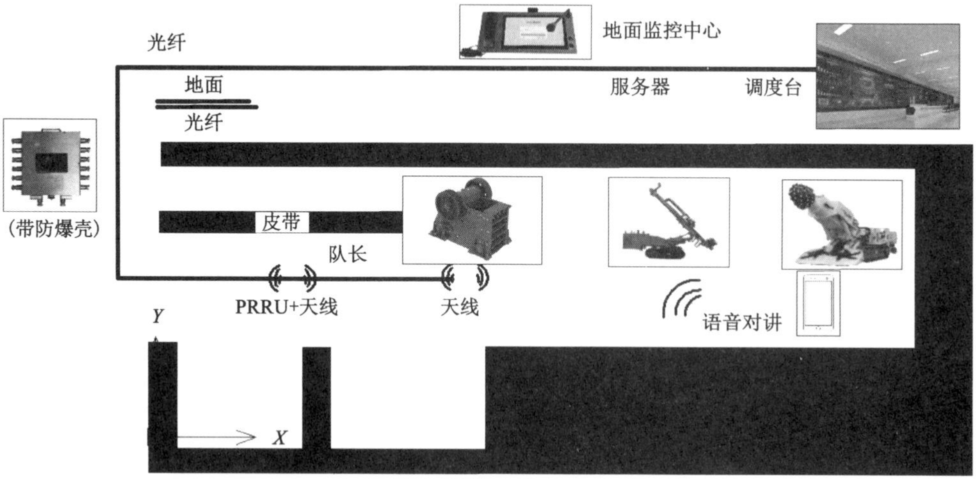

图 10-4　掘进工作面有线+无线通信技术总览

掘进工作面有线+无线的通信技术已应用于智能化工作面通信网络中。智能化掘进工作面系统中的通信网络系统主要包括工作面无线网络覆盖系统和工作面有线环网系统。

无线网络覆盖系统主要通过无线通信和掘进机专用通信设备构建工作面的通信枢纽,实现在集控中心及地面调度中心对综掘工作面各子系统进行实时监测监控。工作面无线网络利用无线基站的多台网络交换机和相应的漏波电缆搭建起综掘智能化工作面无线环网。无线基站主要负责采集整个工作面的无线视频数据,并传输给工作面交换机。工作面交换机将数据传输给集控中心交换机。

有线环网系统主要通过将布置在工作面的多台矿用隔爆兼本安型交换机和布置在工作面集控中心的核心交换机连接,组成智能化工作面工业以太环网。矿用隔爆兼本安型交换机主要负责将带式输送机机头机尾数据传输给工作面集控中心。该系统主要用于实现工作面所有网络设备的接入,形成工作面有线环网系统。

该系统实现的主要功能有:① 通过 KD-RING 技术实现工业环网的自愈恢复;② 可以利用无线宽带传输视频数据;③ 实现矿用有线传输和无线传输的专业抗干扰调制编码技术;④ 实现针对工作面控制数据传输的短时网络响应系统机制;⑤ 实现集控中心对生产设备的实时控制与监测;⑥ 有线、无线通信系统的抗干扰机制,提高监控数据的准确性,保证通信质量;⑦ 具备断网自愈功能,环网自愈时间小于 20 ms,保证通信线缆故障恢复后的通信时间效率,缩短中断时间。

(5) 远程集中控制系统的功能和结构

远程监测是煤矿井下综采工作面集控系统最基本的功能,也是实现综采设备之间协同控制的基础。在远程集中控制系统中可以实时查看掘进机的位移、掘进头的高度、截割电机的电流，运输设备的机头机尾位置、电动机电流、电动机温度、轴承温度等运行参数信息；还可以通过摄像仪实时查看工作面设备运行状态的画面，以保证操作人员在井下集控中心即可完成对工作面综采设备的运行状态的全面感知。

当设备处于检修状态时，出于对检修人员的安全考虑，不允许远程控制设备。在此情况下，应解除远程集中控制系统对检修设备的远程控制功能，将设备的操作控制权全部下放到设备机载控制器上。此时，远程集中控制系统对检修设备只有远程监测功能。远程集中控制系统出现故障，不能对综掘设备进行远程操控时，操作人员也可以将远程集中控制系统控制模式切换到就地控制，让工作人员在工作面现场操控综掘设备进行生产，从而保障煤矿井下正常掘进作业。

工作面远程集中控制系统布置在采煤工作面的巷道处。系统配置两台集控设备列车，分别为操作员车厢和控制器车厢。操作员车厢配置多台主控计算机和视频监视器，实现对工作面相关设备的远程监视和控制。控制器车厢是智能化综采工作面和集控系统的核心，实现与综采工作面各组成子系统的数据通信，完成智能化集中控制。控制器车厢硬件包括多台 PLC 控制箱和多台以太网交换机，PLC 控制箱可以集中各子系统高速通信的数据接口，稳定运行智能化控制程序，协调所有配置设备高效运行。

四、远程集中控制系统的关键及前沿技术

（一）关键技术

远程集中控制系统的关键技术包括智能控制技术和远程控制技术。

（1）智能控制技术

通过配套的智能化系统、三维地质建模、掘进机自主定位导航系统，利用地质模型驱动的断面成形路径规划截割技术、负载自适应控制技术、危险区域人员识别系统及视频采集子系统，构建智能化控制系统。掘锚机自动定位和导航技术是实现掘锚机智能截割的基础。通过监测掘锚机自身的位姿来实现机身定位并调整行进方向。实现自主定位和导航的主要方式有惯导系统、电子罗盘等，掘锚机根据采掘工艺的要求自主完成整个煤岩截割过程。煤矿智能化控制系统总框架如图 10-5 所示。掘锚机的智能截割包括控制截割轨迹、截割滚筒转速和截割臂摆动速度，并可根据煤岩特性进行适当调整。

（2）远程控制技术

远程控制系统(图 10-6)包含井下远程监控中心、地面远程监控中心和掘进机控制单元(掘进机机载智能遥控及机载智能控制箱)。

① 井下远程监控中心。井下远程控制中心主要负责掘进工作面所有设备、环境、人员的集中监测，协同控制人机交互的主要设备，实现智能掘进系统与其他设备的接入和逻辑控制。

② 地面远程监控中心。地面远程监控中心(图 10-7)主要通过矿井环网接收井下远程监控中心数据和视频画面，并且可以对设备进行可视化操作。针对生产管理环节，地面远程监控中心可实现信息管理、统计分析、进尺管理等，并自动生成预设管理报表；对设备运行状态、环境信息、进尺信息、报警信息等关键信息进行存储，具有历史数据查询与数据曲线显示功能。

③ 掘进机控制单元。掘进机控制单元可通过掘进机机载智能遥控将原有需要在操作

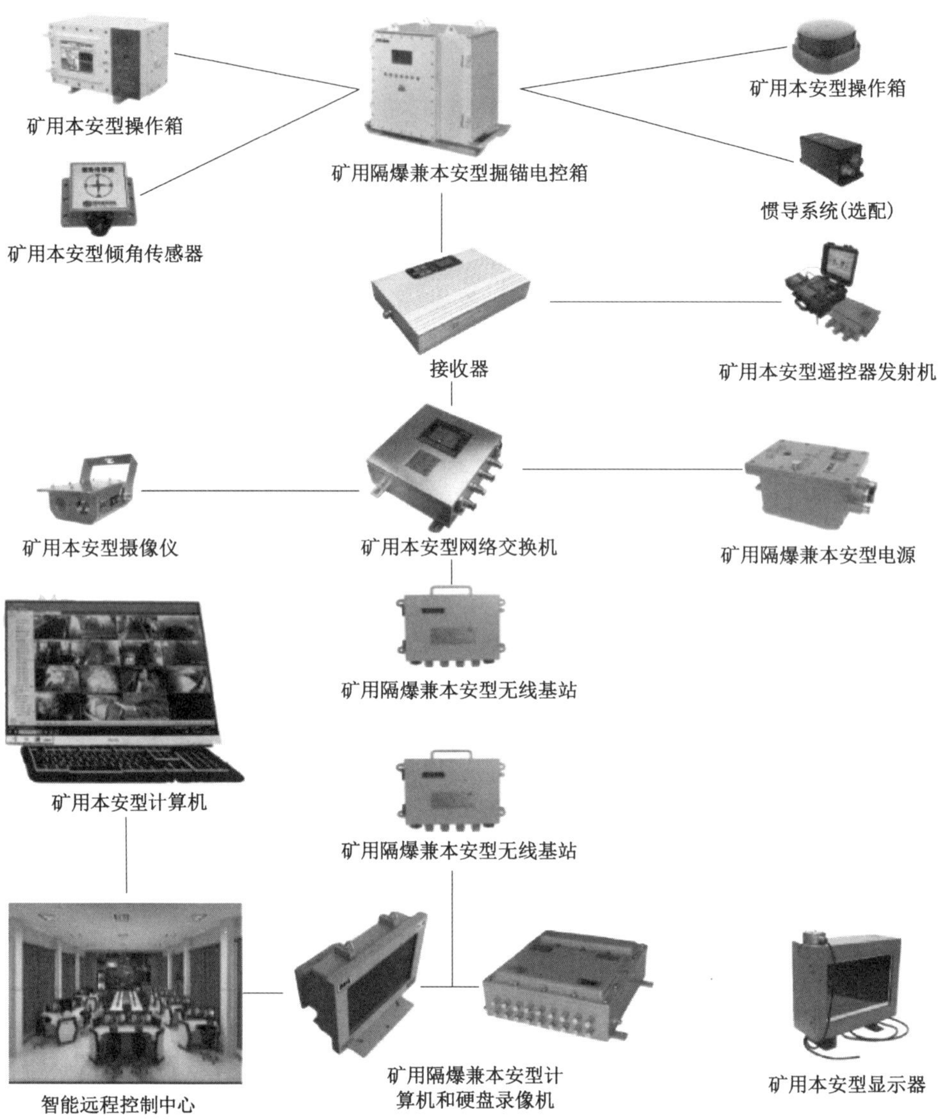

图 10-5　煤矿智能化控制系统总框架

台手动操作的电磁及电气按钮全部采用遥控的方式完成;机载智能控制箱与机载智能遥控接收功能合二为一,在与掘进机主控器进行通信的同时完成数据采集,并可以对附加传感器的信息进行采集。

（二）前沿技术

远程集中控制系统的前沿技术包括智能化掘进数字孪生系统、工作面建模技术和地质模型动态更新技术及三维可视化。

(1) 智能化掘进数字孪生系统

数字孪生系统充分利用三维地质模型、设备物理模型、环境信息、人员信息、设备传感器和运行工况数据等,在虚拟空间中完成掘进工作面实际掘进情况的映射、采场安全隐患

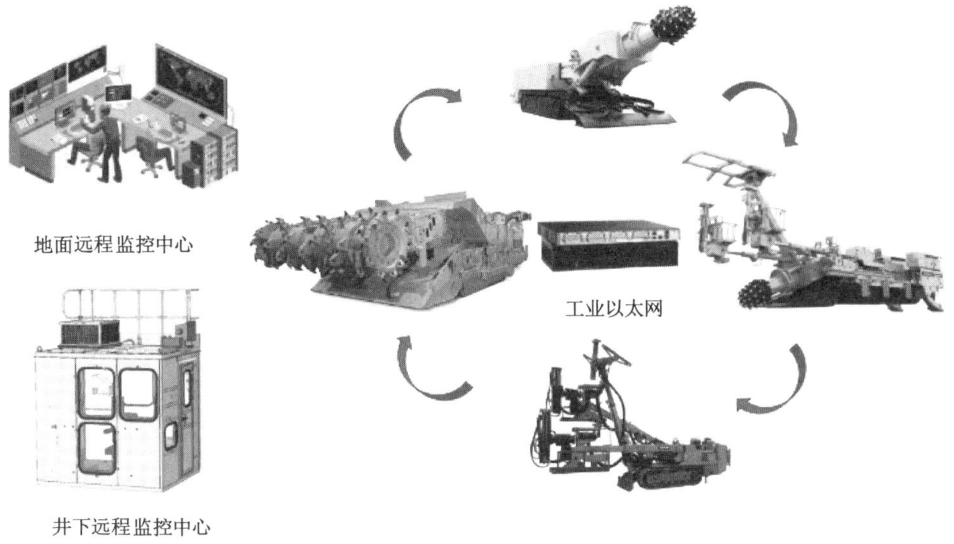

图 10-6　远程控制系统

图 10-7　地面远程监控中心

的预警及掘进效能的预测，从而实现对后续掘进工作的分析与指导。

基于数字孪生的智能化掘进系统由数字模型、物理模型、人机交互控制、人员定位、环境信息感知和故障警告等单元组成。数字模型主要包括三维巷道数字模型和掘进数字模型，物理模型主要为掘进样机。煤矿智能掘进主要通过人机交互控制单元实现。人机交互控制单元包括监测监控单元和纠偏控制模型。监测监控单元可以实时感知工作面的环境信息，在提取内部巷道的空间特征参数和位置信息参数后，将其上传至数据库，实时显示图像和偏航角等信息，操作者将数字驱动模型映射到掘进机上实现对掘进机的远程纠偏控制。掘进工作面智能控制系统如图 10-8 所示。

采用虚实同步控制技术实现掘进机的对中纠偏控制。依据动态地质模型及生产设备模型运算，实时更新工作面地质信息。同时结合惯导系统，获取掘进机定位定向参数，建立

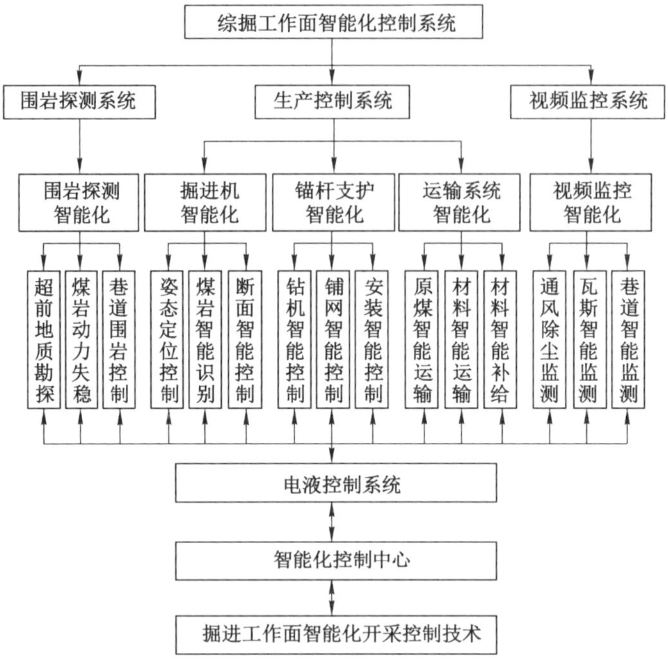

图 10-8　掘进工作面智能控制系统

巷道坐标系与掘进机坐标系，驱动掘进机截割。

根据掘进机的作业情况，考虑控制模型实时计算掘进机坐标系与巷道坐标系的位置和方向，利用最大类间方差法，通过对巷道内部特征进行分析，重构巷道环境进行坐标系标定。通过关系型数据库管理系统 MySQL 获取参数，建立偏移距离、偏航角和巷道断面形状等参数数据库，将参数数据库同 3D 数据库进行连接。利用 3D 平台将巷道模型与掘进机结合，将掘进机坐标系、巷道坐标系与数据库中的位置参数进行对比，得出二者的映射关系。根据实时模拟动态更新三维地质模型，通过将巷道口的特征与断面模型进行对比，标定巷道坐标系，基于此坐标系来计算掘进机在巷道内部的位姿参数，并将该参数上传到数据库。通过计算得到掘进机目前的偏移距离，将计算结果与正常掘进状态进行对比，判断是否存在超挖或欠挖情况，并在模拟的虚拟巷道中展示出超挖或欠挖状况，将读取到的参数显示在监控界面，再通过控制掘进机左右履带运动，补偿偏移距离和偏航角，完成掘进机对中纠偏。

① 掘进机机身姿态监测系统：掘进机机身姿态监测系统通过配备的微惯导传感器获得机身航向角、俯仰角、回转角等姿态信息，并结合机身尺寸信息，通过姿态解算软件得到掘进机机身的姿态信息。其中截割头位置信息是断面自动截割成形的重要数据信息。基于 PLC 结合构建的掘进机模型可以计算得出截割机构的俯仰角 α 和回转角 β。利用导航定位系统测量出的截割机构回转中心坐标、掘进机设备的航向角 θ，以及 α 和 β 计算出截割头在巷道中的绝对位置。截割头位置计算模型如图 10-9 所示。

② 依据地质模型驱动断面成形路径规划截割技术及掘进机控制模式：煤矿巷道断面类型通常可以分为弧顶式、平顶式和斜顶式 3 种，其复杂程度仅在弧线段数、直线段数和直线斜率方面有区别。基于以上特性，利用三维地质模型实时更新巷道断面模型，根据断面模

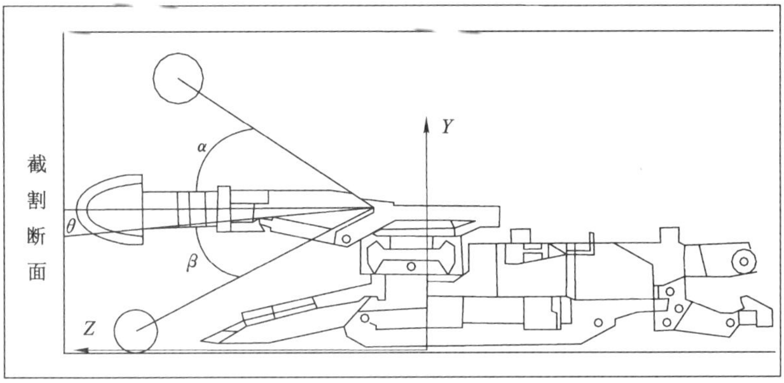

图 10-9　截割头位置计算模型

型，对掘进机的断面截割路径进行科学规划和研究。断面定义及路径规划如图 10-10 所示。考虑巷道本身的实际条件、截割的路径和利用的控制工艺，最终实现巷道断面一个循环 800 mm 定位截割。此外，巷道断面边界还具有边界报警功能，可以将断面成形误差控制在 15 cm 以内。

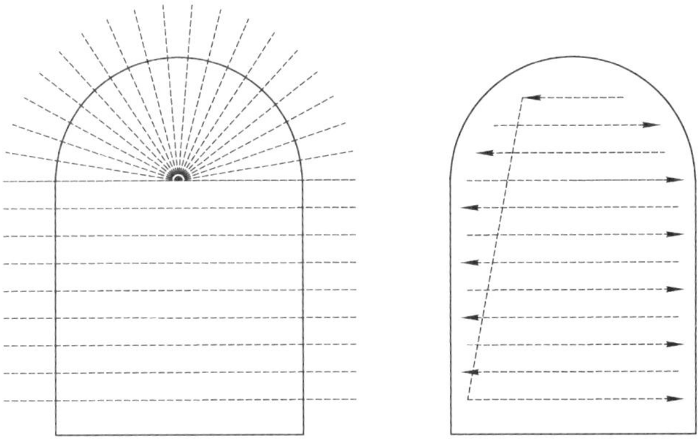

图 10-10　断面定义及路径规划

远程自动截割控制（悬臂式）主要通过确定巷道断面类型、掘进工艺和截割头外轮廓等参数，从而确定截割头的运动轨迹。考虑截割规划，利用视觉测量位姿为基础坐标点，通过控制截割头的位姿和轨迹来得到掘进机各关节运动控制量。根据煤矿巷道设计要求的宽度和高度规划截割顺序，如图 10-11 所示。掘进机掘进时按照从上至下的顺序进行截割，同时对散落在巷道两旁的浮煤进行清理，每掘进 1 m 为 1 个循环，用掘进机自身锚杆钻机进行顶部锚杆施工，每完成 1 个循环施工，掘进机便开始前移，进行下一循环截割。

虚拟远程控制系统示意如图 10-12 所示。当选择手动模式时，利用人机交互方式将指令下发至数据决策中心，根据获取的控制指令对掘进机的行动进行动态修正；当选择自动模式时，根据获取到的巷道参数及掘进机自身的轨迹规划，结合当前掘进机的位姿数据进行计算，然后将指令下发至数据决策中心，最后将控制指令传输至 PLC，通过 PLC 控制掘进机，从而实现断面成形截割控制。

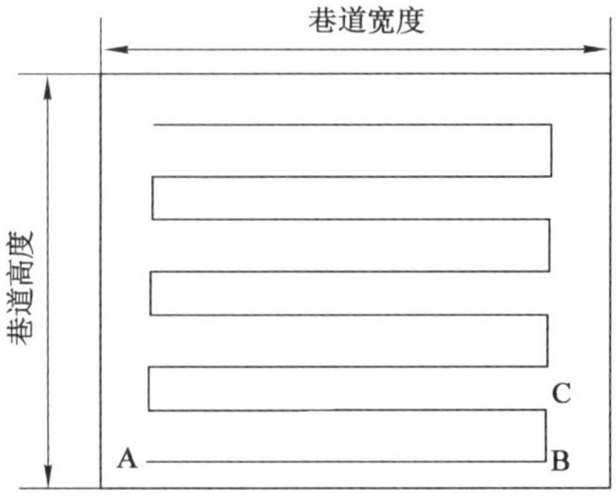

图 10-11　掘锚机进刀方式及进刀顺序

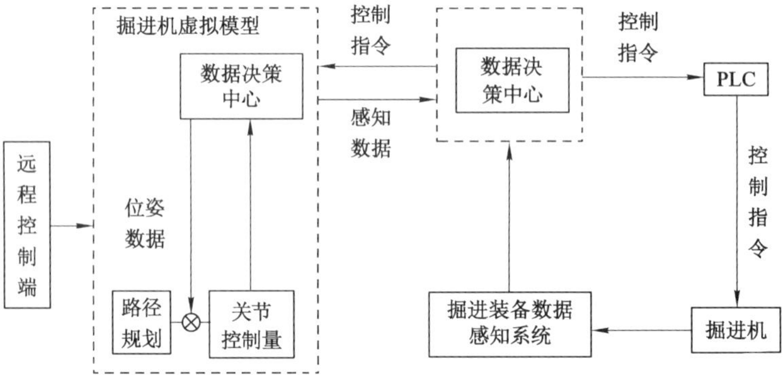

图 10-12　虚拟远程控制系统示意

③ 负载自适应控制技术：井下地质条件复杂多变，不同区域岩石硬度分布规律难以有效预测。因此，掘进机自动截割技术应能根据不同地层情况实时调整速度，避免因速度不匹配而出现截割效率过低或者机器振动过大的现象，从而延长掘进机的使用寿命，提高工作效率。考虑截割速度与工况不匹配的原因主要包括截割升降液压缸或截割回转液压缸压力过大或过小、截割电动机电流过大、机身航向角变动频繁等，因此，掘进机自动截割技术的截割效率可以通过负载匹配率来确定。通过计算比较参数之间的关系得到负载匹配率 η，根据 η 合理调整目标方向的截割升降液压缸电磁阀和截割回转液压缸电磁阀的控制电流，利用负载自适应控制技术实现设备的正常运行，并通过降低机器的超负荷运动来减少机器的强烈振动，以提高截割效率。负载自适应控制逻辑如图 10-13 所示。当 $\eta>100$ 时，减小电磁阀电流；当 $\eta<100$ 时，则增大电磁阀电流。

④ 危险区域人员识别系统：危险区域人员识别系统主要通过图像处理和目标监测算法来识别井下工作人员，利用模块化系统和上位机界面确保综掘设备的精准响应，解决了设备开机后司机无法确认后部输送机摆动范围内有无人员的问题；并通过进行结构优化保证系统的有效性。危险区域人员识别系统通过在综掘设备的后部安装红外摄像仪，确保摄像仪能够捕捉到输送机摆动区域外半径 2 m 内的视频信息，再通过图像处理完成人员识别。当摆动区域内有人员存在或接近时，系统对人员进行探测并识别，及时向司机发出提示信

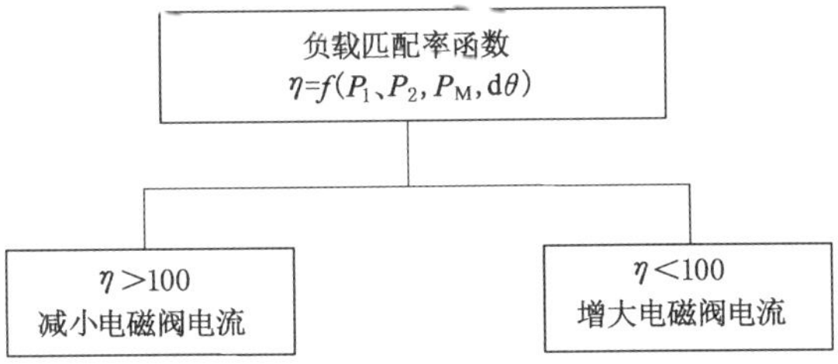

P_1—截割升降液压缸压力；P_2—截割回转液压缸压力；P_M—截割电动机功率，；dθ—机身航向角和加速度的变化率。

图 10-13　负载自适应控制逻辑

号，并对人员进行警告，确保井下综掘设备区域人员的安全。

⑤ 视频采集及数据传输系统：掘进工作面数据传输采用无线＋光纤的连接形式，兼顾灵活性和稳定性，并且便于无线设备的接入。该系统采用双极化定向天线，可满足在巷道环境中进行长距离通信的要求；采用矿用铠装光纤，抗拉抗压性能优异；通信接头采用快速连接器形式，更换和维护方便。另外，视频采集及数据传输系统按照模块化方式进行设计，模块直接使用快速连接器进行连接，在发生故障时可以快速进行诊断与维修更换，减少因系统故障而造成的生产损失。

⑥ 环境监测技术：在掘进工作面安装监测瓦斯、粉尘、风速等参数的传感器，并设置环境安全监测分站（方便扩展），分站接入井下远程控制中心，实时监测工作面环境参数，并在井下及地面远程集中控制系统进行显示，且可根据环境参数阈值设定相应的保护和预警。分站和地面及井下监控中心进行数据交互，可实现对各类传感器的数据采集、实时处理、储存、显示。环境安全监测分站可控制与地面、井下监控中心的数据通信，且具有自检功能，可实现远程断电。

（2）工作面建模技术

三维地质建模技术根据钻探资料与不同沉积地层的空间点位信息，利用隐式迭代算法，对煤层的空间位置展布进行空间插值，最终建立基于地层沉积的煤层分布工作面初始静态地质模型。隐式迭代算法无法直接求解，需要通过一个离散化的自然体模型，建立相互之间的联络网络，然后进行迭代计算。该方法依赖网格节点的拓扑关系，不以空间坐标为参数，是一个无维数的插值方法。针对网格节点上 $\varnothing$ 值的估计问题，隐式迭代算法建立了计算网格节点的最优解目标函数：

$$R^*(\varnothing) = R(\varnothing) + \rho(\varnothing) \tag{10-1}$$

式中　$R^*(\varnothing)$——最优解目标函数；

$\varnothing$——自变量；

$R(\varnothing)$——全局粗糙度函数；

$\rho(\varnothing)$——线性约束违反度函数。

$R^*(\varnothing)$达到最小，可以实现 2 个目标：① 使 $R(\varnothing)$达到最小，从而尽可能使在任意节点上的函数值逼近该点领域内节点的均值，使每个节点的值尽可能平滑；② 将原始采样数据转化成定义在一些节点上的线性约束，使线性约束的违反度达到最小，即线性约束符合程度达到最大，从而使相关节点的值尽可能逼近采样数据。通过对比克里金插值、隐式迭代插值、函数插值（表 10-1）可以发现，隐式迭代插值的平均绝对误差（MAE）和均方根误差

(RMSE)均低于函数插值的和克里金插值的。进一步说明了通过隐式迭代插值法建立三维工作面初始化静态模型的可行性与优越性。

表 10-1 函数插值对比结果

克里金插值		隐式迭代插值		函数插值	
MAE	RMSE	MAE	RMSE	MAE	RMSE
0.022 5	0.142 6	0.015 5	0.114 7	0.231 2	0.370 5

(3) 地质模型动态更新技术及三维可视化

① 地质模型动态更新:模型的精度是影响建模的重要因素,数据不同,建立的模型精度也会有一定差别。由于地质数据的不确定性,随着工作面不断掘进,持续揭露的煤层数据需动态更新原有地质模型。常规插值算法需要重构模型才能实现新揭露的数据更新模型,而隐式迭代插值算法则可在原有模型的基础上实现局部自适应修正。

② 三维可视化:工作面三维地质模型需要有一个统一的平台对其进行展示及相关功能的实现,在地质基础模型构建完成后需要开发一套地质可视化系统。该系统主要实现煤矿地质条件的可视化,具体包括煤矿掘进工作面地质信息(钻孔、陷落柱、断层等)、工作面的漫游和工作面的实时推进展示等功能。工作面三维地质模型的建立,需综合利用包括地面、钻孔、井下等多种探测手段及煤矿采掘活动所获得的地质信息,以及已查明影响开采的构造条件、煤层变化及其他地质异常体,并以此构建智能开采三维地质可视化模型。

③ 掘进工作面生产设备建模:基于大数据分析智能决策的开采模型实现对掘进机的工况监测和掘进控制模型的要求,需要在掘进机的合适位置安装传感器。通过安装多种类型的传感器监测掘进工作面空间范围技术数据指标,结合工作面环境信息、运输设备工况、视频影像等,能够较为全面地反映掘进工作面的实时运行状态,以此建立掘进工作面生产运输设备模型。

第二节 巷道智能化基站及管缆布置

一、巷道智能化建设原则

巷道智能化建设按照"总体规划、分步实施、因地制宜、效益优先"的总框架进行,在建设过程中遵循以下原则:

① 前瞻性原则。建设规划要高起点、高标准、并具有前瞻性。通过采用新技术、新装备、新工艺,以业务需求为导向结合实际情况满足煤矿的发展需要。

② 先进性原则。先进性包含两方面内容:一是采用先进的技术装备和软件系统实现自动化、信息化和智能化;二是应用人工智能指导企业管理,不仅体现在提高矿井安全生产管理能力与企业生产效率方面,还体现在企业的管理水平和企业形象方面。

③ 可靠性原则。在软件平台、硬件设备、网络架构、支持环境、应用系统的选择和规划建设中,必须充分考虑可靠性原则。关键系统、设备应考虑冗余、应急和网络、数据的安全

性，从而完善设计方案，保证数据、设备、模块、链路的安全、可靠运行。

④ 开放性原则。在符合当前通用标准的前提下，能提供各种层次的不同类型接口，实现硬件与硬件、硬件与软件、软件与软件、服务程序与客户端的底层数据调用。并应根据企业发展需要，能够不断融合新的软硬件子系统，使平台得到不断完善。

⑤ 实用性原则。智能化建设应根据发展的需要来确定系统规模，在节省投资的同时，选择合适的技术和产品，使整个系统达到最佳性价比。

⑥ 易维护原则。智能化建设是一个庞大的系统工程，在设备选择和子系统融合上应在确保系统的兼容性和稳定性的前提下，充分考虑子系统的深度融合，同时尽量采用标准化设备和即插即用型软硬件设备，以方便日常维护和运行管理。为保证整个矿井的业务正常运行，还应配备专业的信息化运维队伍。

⑦ 分步实施原则。智能化建设是一个不断进步、持续推进的过程，应依托目前技术现状，着眼长远总体规划，分阶段实施，最终实现智能化目标。

二、巷道智能化基站布置

矿井 5G 无线通信系统由核心网平台、地面 5G 基站、井下基站、井下集线器(HUB)等组成，如图 10-14 所示。地面采用有源天线单元(active antenna unit，AAU)完成地面覆盖，通过红外线接口与室内基带处理单元(building base band unit，BBU)相连；井下采用微拉远射频单元(remote radio unit，Pico RRU)井下基站实现无线网络覆盖，井下基站通过井下 HUB 汇聚后，与井上 BBU 相连，传输接口为红外线接口。

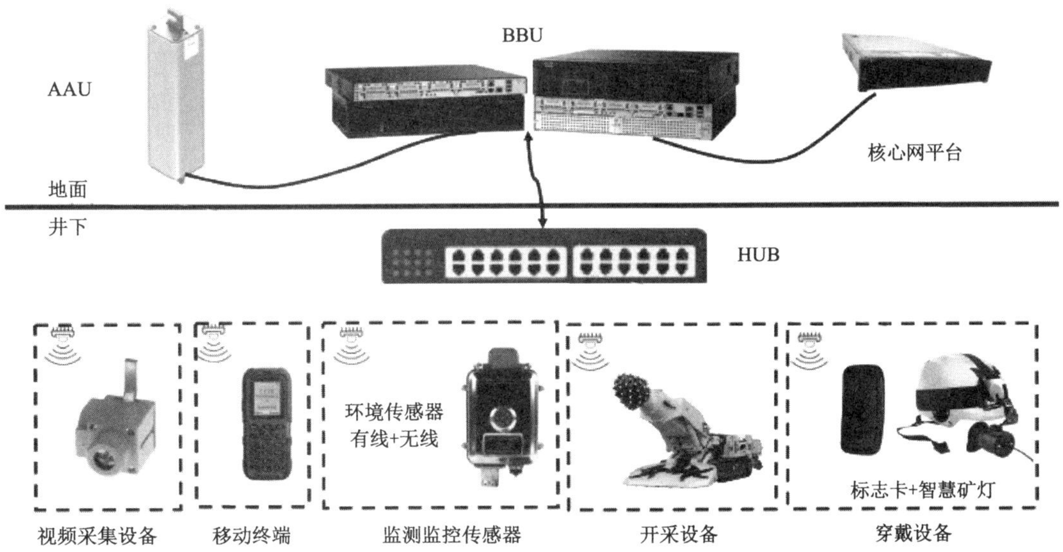

图 10-14　5G 无线通信系统组成

基站主要实现无线网络覆盖。主井、副井、人车场、运输大巷、皮带大巷变电所、采掘工作面等重要场所均装有矿用隔爆兼本安型基站。井下基站通过光纤与矿用隔爆兼本安型交换机相连，矿用隔爆兼本安型交换机到基站单路设计不大于 3 级级联。

井下直巷主要应用定向天线实现无线网络覆盖。在坡度较小的巷道布置基站，根据巷道宽度覆盖半径在 200～250 m 之间。直巷基站布置示意如图 10-15 所示。

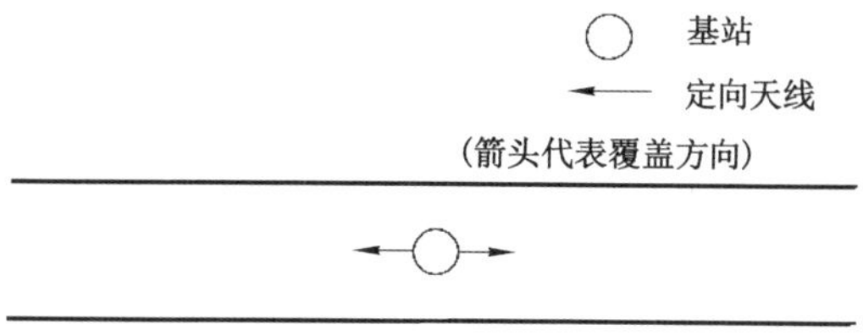

图 10-15　直巷基站布置示意

巷道交错区域,在交岔路口设立一个基站,并采用多个天线进行分别覆盖,覆盖半径按 300 m 设计。巷道交错区域基站布置示意如图 10-16 所示。

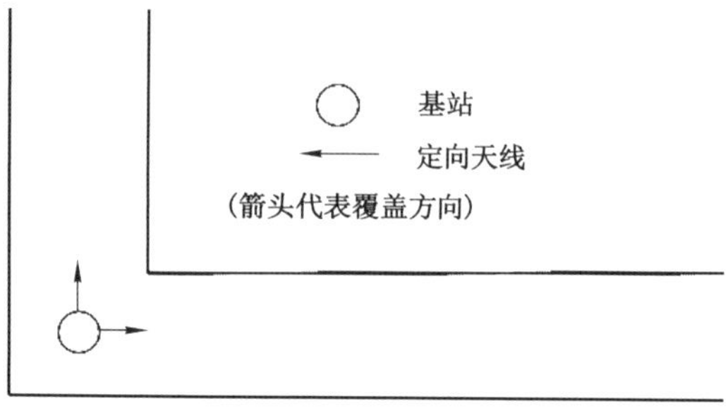

图 10-16　巷道交错区域基站布置示意

在巷道交岔且弯道较多的地方布设基站,基站天线向巷道方向覆盖,覆盖半径按 200 m 设计。其基站布置示意如图 10-17 所示。

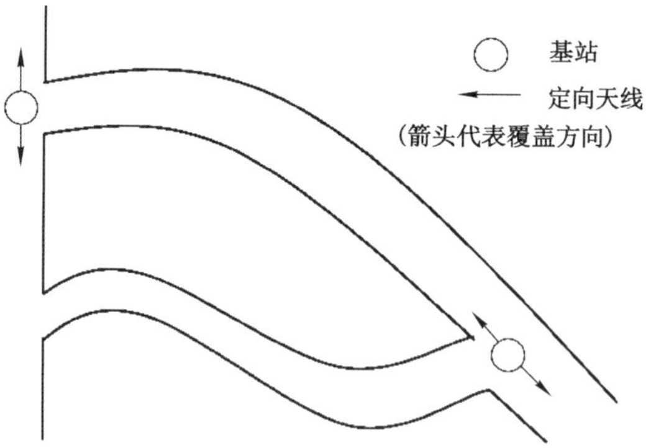

图 10-17　弯道区域基站布置示意

三、智能化光缆布置设计

1. 光缆敷设技术要求

光缆敷设应满足以下要求。

① 施工布线前须对待敷设安装的光缆进行测试，检查光纤是否断坏，并校核光缆实际长度。

② 光缆顺着井下供电线路的高压电缆敷设，采用悬挂走线方式，利用井下巷道壁上现有的线缆钩，将光缆挂于线缆钩上，与原有通信线捆扎在一起沿着巷道壁敷设。

③ 光缆敷设走线高度与现有线缆基本一致。必须注意的是，为避免过大的电磁波干扰，动力电缆和信号电缆应分开架设，两者间距要在 0.3 m 以上。

④ 当现有的两线缆钩之间的距离过长时，应在此距离之间加钉适量的线缆钩，两线缆钩之间的光缆不宜扯拉过紧，应留适当余量稍作下垂状。

⑤ 施工布缆时应对光缆做适当的余量预留，通常按总长度的 10% 预留，每隔 100 m 预留 5 m，在接分站的地方也须预留足够的长度，预留部分卷成“o”形卷圈固定。

⑥ 两段光缆连接前应剪去一段长度，以确保接续部分没有受到机械损伤。对光缆接线盒要做好防水、防潮措施。

⑦ 光缆敷设时的牵引力不得大于 120 kg(可参考相关产品说明)，而且须牵引光缆的加强芯部分，同时做好光缆头部的防水加强处理。

⑧ 光缆敷设时的弯曲半径不得小于光缆直径的 20 倍(可参考相关产品说明)。严禁光缆打小圈及扭曲。

⑨ 光缆敷设完毕必须对光缆加上标签，便于管理和维护，标签要求明显且经久耐用。

2. 光缆敷设注意事项

① 光缆在搬运及储存时应保持缆盘竖立，严禁将缆盘平放或叠放，以免造成光缆排线混乱或受损。

② 短距离滚动光缆盘，应严格按缆盘上标明的箭头方向滚动或抛下，并注意地面平滑，以免损坏保护板而伤及光缆，光缆禁止长距离滚动。

③ 光缆在装卸时宜用叉车或起重设备，严禁直接从车上滚下或抛下，以免损坏光缆。

④ 敷设时应严格控制光缆所受拉力和侧压力，严禁重物挤压光缆，必要时应询问光缆相关机械强度指标。

⑤ 敷设时应严格控制光缆的弯曲半径，施工中弯曲半径不得小于光缆允许的动态弯曲半径；定位时弯曲半径不得小于光缆允许的静态弯曲半径。

⑥ 光缆穿管或分段布放时应严格控制光缆扭曲程度，必要时宜采用“8”字方法，使光缆始终处于无扭状态，以去除扭绞应力，延长光缆使用寿命。

四、智能掘进系统

智能掘进系统通过标准通信接口接入改造后的万兆生产综合监控网络，从而将信息上传至地面办公楼数据中心，以实现对智能掘进系统的远程监测监控。

1. 地面远程集控中心

地面远程集控中心设置在调度指挥中心，主要配置显示器 2 台，用于显示视频画面及设备自动控制画面；操作台 1 台，用以实现地面对掘进机的远程操控；主机 1 台，用以自动控制系统的运行。

地面远程集控中心通过生产综合监控网络与井下集控中心进行掘进工作面工况参数

及控制信号的通信交互，实现在地面对掘进机等设备的远程控制，以及对掘进工作面和设备运行工况参数的远程监测。

2. 井下集控中心

井下集控中心设置在掘进巷道出口位置，配备矿用隔爆兼本安型主机、数据存储设备无线基站和矿用本安型显示器，用于集控系统界面及掘进工作面视频信息显示，并与本安型电控箱进行数据交互。

井下集控中心可实现对掘进设备、支护设备、运输设备的远程控制以及运行状态的实时监测；具有巷道掘进工作面掘进、支护、运输等成套设备的"一键启停"和多机协同控制功能，以及工作面粉尘、瓦斯、水等环境参数分析功能。与除尘系统联动，可实现智能降尘以及与掘、锚、运、支的工序联动控制；预留以太网数据传输接口，通过生产综合监控网络将数据信息统一上传至数据中心。

3. 综掘机智能控制系统

综掘机具备自主导航功能，通过由倾角传感器、激光雷达测距传感器以及磁滞位移传感器组成的传感器系统对综掘机在巷道中的位置及姿态进行实时监测，并配合软件的解析算法实现对综掘机的定位导航。

五、通信类监测系统

1. 多媒体综合信息发布系统

多媒体综合信息发布系统主要由计算机、触屏一体机、传输接口、本安型信号牌、语音报警箱和隔爆兼本安型不间断电源等设备组成。该系统通过管理软件将编辑好的文字字符和相应的控制命令由传输接口传输至井下显示屏的控制部分，可根据用户选择的显示方式进行显示，并且能与其他系统数据联动，触发显示各种预案，并能根据需要输出语音报警。

多媒体综合信息发布系统的传输通道主要有现场总线、工业以太环网和无线通信网络三种。数据传输介质有光纤、电缆、Wi-Fi 等。发布的信息主要有文字、语音、视频、图形、图像等内容。根据所发布内容的不同，信息发布平台的信息终端主要有信息发布终端、信息查询终端、语音发布终端等。

2. 5G+多网络融合系统

5G+多网络融合系统包含有线调度通信系统、无线调度通信系统、精确定位系统、5G无线通信系统、矿井广播通信系统、井口考勤系统、智能矿灯系统和智能灯房管理系统等。融合调度机终端设备包括视频话机、电话分机、无线手机、广播设备、视频监控摄像仪、智能矿灯和智能平板电脑等。

(1) 5G+多网络融合系统后台建设

5G+多网络融合系统后台包含综合业务调度主机、调度/录音/视频接入业务服务器、融合联动接口服务器、无线控制器、4G 核心网、5G 核心网、网管服务器、时钟服务器、边界网关、定位服务器及软件、维护终端及网络交换机等。在调度指挥中心部署一台多媒体调度台、一台一机三屏调度台，该融合调度指挥系统是基于智能调度的云服务平台，本着"以人为本”的理念，采用先进的软件定义技术，可有效将安全监控、应急广播、人员定位、智能单兵、有线、无线、视频等系统进行融合，实现统一调度、统一管理、统一监控、智能联动。系统功能架构如图 10-18 所示。

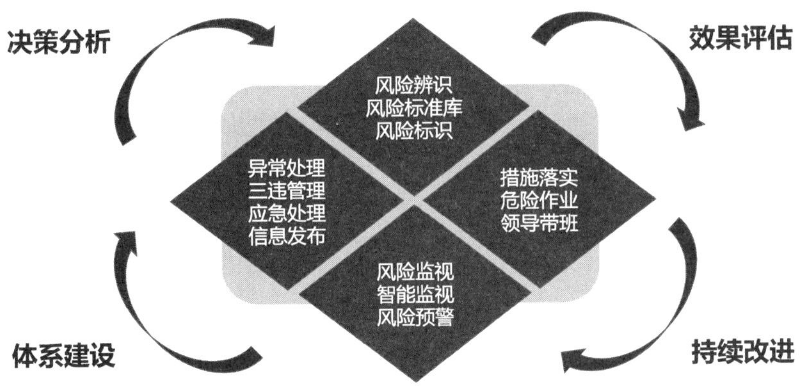

图 10-18　系统功能架构

(2) 有线调度通信系统

有线调度通信系统由地面、井下两部分构成。地面主要设备包括后台设备、配线单元、用户接入设备、耦合器、地面调度电话等；井下主要设备包括井下线路分配系统、本安型电话机、井下配线系统、接线盒等，同时将该系统接入智能调度平台。

(3) 无线调度通信系统及精确定位融合系统

无线调度通信系统及精确定位融合系统由地面后台部分、地面无线接入点、综合分站(Wi-Fi 6+UWB)、电源、交换机及线缆等设备组成。地面实现无线网络全覆盖，井下实现 Wi-Fi 6+UWB 全覆盖。该系统不仅为数据、图像等信息提供高速传输通道，而且实现了对井下人员的精确定位。

井下综合分站融合无线 Wi-Fi、UWB 精确定位及 CAN 总线接口等模块，且综合分站自带管理型交换机，支持分站自组环网。基于 4G/5G 智能手机，各级管理及业务科室人员通过统一门户平台技术一站式登陆，安装的煤矿双重预防管理系统、标准作业流程、井下交接班、班组管理等 App 可实现对基层单位重要作业环境、生产过程、运营管理的全方位监视；井下综合分站为 IP54 防水防尘等级，适合井下各种复杂环境使用，便于携带，同时支持对讲专用按键，可适配多平台集群调度系统，用于集群调度应用。

3. 5G 无线通信系统

5G 是当前主流的无线移动通信技术，支持增强移动宽带(eMBB)、超高可靠低时延通信(uRLLC)、海量机器类通信(mMTC)三大典型应用场景。发展矿用 5G 通信技术可推动矿井物联网的发展，能够较好满足井下多并发、大容量、高速度和低时延的通信要求，实现矿井上下万物互联，为实现智慧矿山的自动化、信息化、智能化提供可靠的通信网络，满足井下安全生产各类感知节点接入、信息传输与交互的需要。

矿用5G无线通信系统主要由核心网云平台(包含5G核心网、网管服务器、时钟服务器)、BBU、BBU扩展单元(EU)、井下基站、线缆等设备组成。在井下综放工作面设置2台基站,每个掘进工作面设置1台基站,共设置4台井下基站,地面设置1台BBU、1台BBU扩展单元。井下基站通过光缆接入地面EU,经EU汇聚后,接入BBU。

4. 矿井广播通信系统

将矿井广播通信系统接入智能调度平台,智能调度平台可以向井下进行分区广播,井下可以向智能调度平台报告情况,实现井上井下的双向通话。井下各行人巷道和作业地点应设置矿用本安型广播分站及扩音电话,可基于"一张图"地理信息系统,在平台GIS地图上查看广播分站的安装位置及状态明细。

第三节 巷道掘进工作面远程集中控制系统现场应用实例

一、远程集控中心在新汶矿业集团(伊犁)能源开发有限责任公司一矿的应用

新汶矿业集团(伊犁)能源开发有限责任公司一矿(以下简称伊犁一矿)全力打造出了智慧矿山指挥中心(intelligent mine command center,IMCC)。

1. 搭建模块化数据中心,实现云端化运行转变

搭建新疆煤炭行业第一座现代化微模块数据机房,利用华为超融合云平台和虚拟主机,实现各自动化子系统在云服务器中运行,解决了传统数据机房多服务器罗列的空间浪费问题。通过构建数据产业结构、建立标准体系、打通信息交互链条,实现由传统的"人力密集型、重复操作型、海量数据型"生产场景向云用户感知、运营态势一点可视的转变。

将全矿办公网络核心、万兆工业环网核心、调度交换核心、大数据超融合核心集成到新建成的一体化机房进行统一管理,配置独立环境监测、配电、制冷、新风、照明、安防、消防等系统,通过10寸触摸屏+后台web界面,实现各系统数据实时监控、快速故障定位和问题处理,缩短管理需求响应时间,提升数据中心的防护能力,保障安全运行。数据机房按照国标规范进行综合布线,提高数据中心的整体运营效率,实现网络与信息核心设备快速部署、弹性扩展和绿色节能功能,为智慧矿山建设提供了可靠的硬件和链路基础。

2. 架构安全生产综合管控平台,为矿井生产保驾护航

矿井各自动化系统在异构条件下达到信息联通、共享和联动的目的,保证生产调度和决策指挥的网络化、信息化、科学化,为矿井安全生产、有效预防和及时处理各种突发事故和自然灾害提供有效手段,为矿井信息化的应用和发展奠定基础。

3. 建成"智慧管控+数据共享"型智慧矿山指挥中心

在"一调度+两中心"高度集控生产新模式的基础上,全力打造了伊犁一矿"智慧矿山指挥中心",装备"智慧指挥官"操控系统及全光纤架构的可视化坐席协作管理平台。服务器与交换机均布置在数据中心,实现了人机分离,既节约了工作区空间,降低环境热量,又提高了服务器数据的安全级别。该系统以光纤键盘、视频和鼠标(keyboard video mouse,KVM)技术为核心,借助一组键盘、鼠标和显示器完成多台服务器之间的切换,鼠标滑屏操

作零时延、超流畅，简化桌面环境，改变了传统的一对一的控制方式，坐席人员操作本地显示屏数据的同时，其数据也可以在大屏或其他坐席显示终端互动显示，使得管理更为简易方便。铁力山“智慧指挥官”MT-1-C1 操作台如图 10-19 所示。

图 10-19　铁力山“智慧指挥官”MT-1-C1 操作台

智慧矿山指挥中心集“智能显示＋智慧互动＋可视化显控＋分布式控制”于一体，通过智慧硬件与坐席系统的深度融合，全面整合、管理集控中心各子系统，实现了超高清画面传输、超低传输时延及无损压缩的功能，有效解决了人机一体化交互困难、多系统互动操作复杂的难题。

操作人员坐在独立的操作台就可以完成矿井采、掘、支、运、通、煤销、发运、安全监测等调度指挥工作。该模式作为智慧矿山的大脑中枢，摒弃了原有煤矿管理经验的束缚，摆脱传统意义上的运行方式，将管理重心由劳动密集型向技术密集型转变。集“声、光、电、感、控”为一体的五维空间，实现了数据采集、生产调度、决策指挥的信息化和科学化，完成了所有信息的实时自动化采集、高速网络化传输、规范化集成、三维可视化仿真、自动化运行和智能化决策，使整个矿山具有自我分析和判断能力。“人、机、物、环、管”在高度协调的统一体中运行，实现了矿井生产管理过程的可视化、自动化、智能化和少人化。在“人机一体、高度集成、全面智能、立体控制”的云端体验中轻松完成生产工作。运行中的智慧矿山指挥中心如图 10-20 所示。

图 10-20　运行中的智慧矿山指挥中心

二、5G技术在霍州煤电集团吕临能化有限公司庞庞塔煤矿通信系统的应用

1. 主要建设内容

霍州煤电集团吕临能化有限公司庞庞塔煤矿（以下简称庞庞塔煤矿）与联通（山西）产业互联网有限公司合作，建成了高质量的5G＋工业互联网。矿井真正形成了“万兆光纤环网＋5G无线宽带专网＋窄带物联网”的一体化传输网络。工业互联网带宽整体承载能力达40 Gb/s。5G＋工业互联网主要包含4G/5G无线通信系统（接入层网络）和IP RAN（无线接入网IP化）环网（主干网络）两大部分。井下布置8台IP RAN环网交换机、8台BBU、24台RHUB（射频拉远单元集线器）、138台4G/5G多模基站，基站同步开通NB-IoT（窄带蜂窝物联网）技术，光缆共铺设100 km，覆盖井下所有进风系统大巷及采掘工作面，实现了井下无线及有线的一体化传输。

地面机房布置2台NE8000环网核心交换机，井下8个节点交换机采用并联组网方式与地面核心设备分别独立组环，最终通过地面的核心环网设备联到公网的传输设备（地面部署6个5G公网宏站），实现与公网的互联互通。井下单个节点交换机带宽能力为50 Gb/s，整体带宽能力为400 Gb/s。

矿井云计算中心布置两列共28台标准机柜，2台强电列头柜，2台弱电列头柜，4台空调机柜，安全防护等级达三级。模块化机房部署计算区、核心交换区、网络边界区、控制网区、应用服务区等；网络边界采用网络等级保护三级标准进行建设，确保矿区网络的安全性。

在云服务中搭载了华为融合集成平台ROMA、大数据平台、数据库平台等，为矿井数据的采集、处理和分析提供了高效的环境；同时在云服务中建设了矿井的智能综合管控平台，矿井所有监测监控系统数据全部接入，实现了监测监控系统、应急广播系统、人员定位系统、水文监测系统等多系统与智能化控制系统的联动。同时，结合GIS一张图，建立了水害、火灾等灾害仿真系统，能根据异常报警参数智能分析灾害影响范围，自动规划避灾路线，结合矿井应急预案，联动控制应急广播设备与单兵装备，实现灾害事故的快速响应、智能决策，提高了应急处置能力。

2. 技术特点及先进性

① 矿井建成了一张安全、高效、快速的高质量工业互联网，具备大带宽（整体承载能力达到40 Gb/s）、低时延（小于1 ms）、广连接（可接入50 000＋传感器、1 000＋视频、1 000＋终端）、高可靠性（99.999%）的优势。

② 通过信息化基础设施建设，打破了之前“烟囱式”系统布置的业务壁垒，通过云计算中心统一发放的虚拟机及云存储，实现了数据的统一传输、统一分析、统一呈现；同时，数据保存在本地，为后续智能化管控平台多系统联动、实现数字化矿井提供了坚实的基础。

③ 建立了井下5G网络切片模型，遵从网络切片逻辑完整、相互隔离和可定制化的原则，设计面向井下视频监控、可视化操控等eMBB场景和智能化工作面等uRLLC场景的网络切片方案。通过为井下视频监控、可视化操控等应用切片分配较多的无线、计算和存储资源，满足用户高速率的业务需求，通过将uRLLC切片核心网用户面部署到BBU侧，减少用户端到端传输时延；两种切片通过共享核心网控制面实现核心网切片的集中式管控。

④ 5G 及云计算中心采用租赁服务的模式建设，分别由联通(山西)产业互联网有限公司和华为技术有限公司进行后台运维，在降低建设成本的同时，弥补了矿井因信息化和智能化人才短缺而运维困难的不足。

3. 智能化建设成效

矿井基于 5G+工业互联网，开展了一系列智能化应用与实践，主要包括 5G+全面感知、5G+高效指挥、5G+安全管控和 5G+智能控制等方面，实现了减人提效，提高了矿井的整体安全生产管理水平。

(1) 5G+全面感知

基于矿井 5G+工业互联网，利用有线、无线、NB-IoT 等多种传输方式实现了各种监测监控数据的统一采集、存储、分析、展现及预警报警，解决了传统监测监控系统独立建设、专网专用、信息孤岛、建设成本高、周期长的问题，既提高了各监测监控系统的可靠性，又降低了建设成本及维护工作量。实现了矿井的全面感知、精准预测预报。井下信息化系统联合布置如图 10-21 所示。

图 10-21　井下信息化系统联合布置

(2) 5G+高效指挥

投用 500 部 4G/5G 手机，无线和有线实现融合通信；投用 70 套单兵装备(智慧矿灯)，内置 5G 模组，具备瓦斯监测、调度台面对面通信等功能，实现了智能语音调度和视频调度。

(3) 5G+智能控制

利用工业互联网有线传输方式对井下固定场所及设备作业点进行远程集中控制。目前，已建成全国首个大倾角厚煤层远距离智能化综放工作面，井下 20 个主要硐室、运输系统实现无人值守、远程集控，减员 102 人。采用 5G 无线网络，实现了井下系统大巷的卡轨齿轨车远程控制和无人驾驶。

(4) 5G+安全管控

利用 5G 防爆智能手机，搭载新开发的双预控系统 App，可实现井下现场隐患录入、整改拍照、取证上传、视频语音互通互联功能。系统具备信息推送功能，通过建立规则匹配，管理人员能够及时收到与本人相关的信息。系统融合人员精确定位系统，对检查人员准确定位，通过手机终端实现风险、隐患、三违信息、重点人员预警信息等的精准定位推送。

三、国能神东煤炭集团大柳塔煤矿5G技术在智能化掘进设备方面的应用

1. 主要建设内容

国能神东煤炭集团大柳塔煤矿（以下简称大柳塔煤矿）通过5G通信网络实现连续采煤机、锚杆机、破碎机、卷缆车的集中监控，与带式输送机、局部通风机、供配电设备在同一平台实现协同作业。连续采煤机采用远程控制、自主割煤、人工干预的生产方式，锚杆机拥有自动钻锚、自动间距定位、自动行走与排距定位功能，卷缆车与连续采煤机无缝对接，使大柳塔煤矿连采三队52508掘进工作面实现了减人提效和远程控制目标，形成了一套完整的掘进智能化技术体系。

（1）部署掘进工作面5G通信网络

设计5G无线通信系统，系统主要由地面的5G核心网设备（5GC）、地面操控中心、KT606-K（5G）矿用隔爆型基站控制器（基带控制单元＋远端数据汇聚单元）、KT606-F（5G）矿用隔爆兼本安型无线基站（微射频拉远单元）、KZC127（5G）矿用隔爆兼本安型信号转换器（CPE）、KT606-S1（5G）矿用本安型手机和连续采煤机设备产品构成。

（2）部署工作面集控中心协同连续采煤机智能化作业

部署工作面集控中心（图10-22），借助5G无线通信技术，利用传感器实时采集并显示连续采煤机运行参数、工作状态等信息，工作人员通过视频、监控软件所提供的信息，从工作面撤离至距工作面较远的安全区域，连续采煤机进行自动截割作业。

图10-22　工作面集控中心

(3) 部署地面分控中心协同井下分控中心智能化作业

通过工业以太网将工作面集控中心数据传送至地面分控中心(图10-23),工作人员可控制距离地面14 km的井下智能连续采煤机远程记忆截割、定位截割、自主截割等,改善以往作业人员强度大、风险高、条件差的作业环境,能够真正地将作业人员从井下艰苦复杂的环境中解放出来,作业人员坐在地面分控中心就能实现对井下生产的全过程干预及控制。

图10-23　地面分控中心

(4) 智能化连续采煤机控制系统协同智能化作业

结合惯导系统提供的连续采煤机位置和姿态信息,控制系统主要实现的连续采煤机运动控制功能包括:① 确保单刀前进或后退时按照规定的基线方向走直线;② 连续采煤机从左帮到右帮的调机功能;③ 扫帮时的巷道宽度保证。在单刀进刀时,以实时获取的连续采煤机的航向角信息为测量输入量,采用比例积分微分(PID)算法控制两条履带的行走电流,确保一旦发生航向角偏移,能及时纠正;结合煤矿截割工艺和连续采煤机司机建议,采用13截割法对截割进行控制;调机控制采用了"N×V型"调机法,通过连续采煤机的旋转、退机、前进等组合操作,实现连续采煤机平移。

(5) 配套自动卷缆车协同连续采煤机作业

自动卷缆车用于掘锚机、掘进机等设备进线电缆的收放工作,其具有电缆自动收放和定位激光仪自动跟踪、校准功能。通过替换连续采煤机跟机电缆,使用内部4芯控制线载波通信,实现连续采煤机与自动卷缆车通信,连续采煤机PLC控制箱采集卷缆车信号,通过跟机电缆4芯控制线接入连续采煤机馈电开关并进入工业环网,完成跟机电缆自动收放。

(6) 智能化连续采煤机定位定姿系统协同连续采煤机智能化作业

采用惯性导航+激光导引的方式实现连续采煤机定位定姿。惯性导航安装于连续采煤机,激光导引安装于自动卷缆车,两者互为基准,连续测量,实现连续采煤机和自动卷缆车定位定姿定向功能。激光导引装置实时追踪定位连续采煤机,惯性导航系统实时提供连续采煤机精确的角度和位置,包括航向角、俯仰角、横滚角以及连续采煤机在巷道坐标,为自动控制提供位置基础。

(7) 连续采煤机与梭车协同作业

梭车驾驶室安装控制器并自带天线功能，连续采煤机驾驶室安装基站，两者互相接收信息，利用无线 Wi-Fi 技术实现梭车选择性控制连续采煤机运输机尾的启停和姿态。

2. 技术特点及先进性

① 基于惯性导航关键技术实现连续采煤机姿态控制，辅以激光导引和视觉识别等技术，实时修正累计误差，通过对“三角、三标”的控制，将连续采煤机控制在标准航线内；利用无线 Wi-Fi 技术实现梭车与连续采煤机协同作业。

② 负载敏感自适应技术可根据负载情况自主调节进刀深度、截割速度等参数，实现与现有采掘工艺的完美契合。

③ 基于采高、振动、电流、视频等多传感器检测数据，运用合理算法辅助煤岩分界识别，进行顶底板控制。

④ 应用 5G 无线传输技术，确保传输的可靠性和稳定性，实现传输视频画面时远程操控无延时。

⑤ 利用惯性导航技术实现连续采煤机定位、定姿，利用激光导引技术与惯性导航互为基准，连续测量，实现卷缆车自动收放缆线。

⑥ 采用红外线原理，增设时间继电器，实现破碎机与梭车协同作业。

⑦ 利用 5G 无线通信技术，实现连续采煤机全方位跟机视频监控，跟机视频既有客户端又有网页版，既能在井下集控中心监控也能在地面分控中心监控。

⑧ 利用带式输运机空载可控停机原理和特点实现可视化管理。掘进工作面带式输运机空载可视可控自动化管理系统成功将带式输送机运行过程中的“人、机、环、管”数据信息相融合，利用自动化数据挖掘技术，实现掘进工作面带式输运机空载运行可视化管理。

3. 智能化建设成效

基于 5G 技术的连续采煤机器人集群智能控制与自动化协同作业系统，通过部署掘进工作面 5G 通信网络、工作面集控中心协同连续采煤机智能化作业、地面分控中心井下分控中心协同作业、智能化连续采煤机控制系统协同智能化作业、配套自动卷缆车协同连续采煤机作业、智能化连续采煤机定位定姿系统协同连续采煤机智能化作业、连续采煤机与梭车协同作业等技术手段，将作业人员从危险恶劣的环境中解放出来，免受粉尘、噪声等职业病侵害，实现远程自动割煤和工作面生产区域无人化，为传统掘进系统实现智能化积累了宝贵的实践经验。连续采煤机全方位跟机视频监控使连续采煤机司机对生产过程进行全方位、零死角、高清晰监控，以达到身临其境的感觉，保证连续采煤机在生产中更智能、更高效、更安全地运行；带式输送机集中控制及空载可视可控管理可以减少设备损坏，节约设备电耗，促进掘进工作面不断向自动化安全高效发展。

四、神木县隆德矿业有限责任公司 5G+智能连掘系统应用

1. 主要建设内容

神木县隆德矿业有限责任公司（以下简称隆德煤矿）5G＋智能连掘系统建设对连续采煤机、梭车、破碎机、带式输送机等设备控制系统进行升级，实现连续采煤机远程可视化智

能控制、高精度定向、多参数感知、一键启动、自适应截割、自主移机、自动掘进、状态监测与故障预判的功能，梭车自主装、运、卸，锚杆钻车、破碎机、输送机集中监控等功能。运用5G网络传输技术，使得全套设备具备井巷掘进作业集中控制、视频监控、远程干预功能，以降低人员的劳动强度，改善作业环境，提高工作安全性。实现以连续采煤机为核心装备的掘进工作面的智能化，解决制约巷道掘进无人化、智能化的关键性难题，补齐矿井无人化和智能化的短板，为智能化矿井建设提供基础支撑。

该系统主要包括井下5G核心网建设，进口设备电气控制系统国产化升级改造，连续采煤机、梭车、破碎机的智能化升级及各设备间的顺序联动作业。具体如下。

(1) 5G核心网建设

掘进工作面多设备智能化运行离不开高速、可靠、稳定的信息网络。连续采煤机、梭车、锚杆钻车、破碎机、输送机等设备和供电、通风、供排水等系统均需要通过可靠网络建立数据传输通道，进入统一的协同平台。掘进工作面设备位置不确定，尤其是连续采煤机、梭车均为移动设备。远程视频监控、人工干预、智能化控制、参数设定等功能的实现都需要高速稳定的数据传输网络。连续采煤机、梭车、锚杆钻车等频繁移动设备优先考虑无线网络，因此该系统采用5G无线网络进行传输，以满足数据量和实时性的要求。在矿端布置5G核心网，其无线网络传输上下行带宽不低于200 Mb/s，可覆盖井下重点区域。根据连采工作面特点，在连采双巷掘进的工作面布置5G基站及千兆工业以太环网，控制时延小于50 ms，以满足连续采煤机、梭车等设备的高速率大流量传输，实现井下和地面调度指挥中心远程控制系统互联互通。井下安装图如图10-24所示。

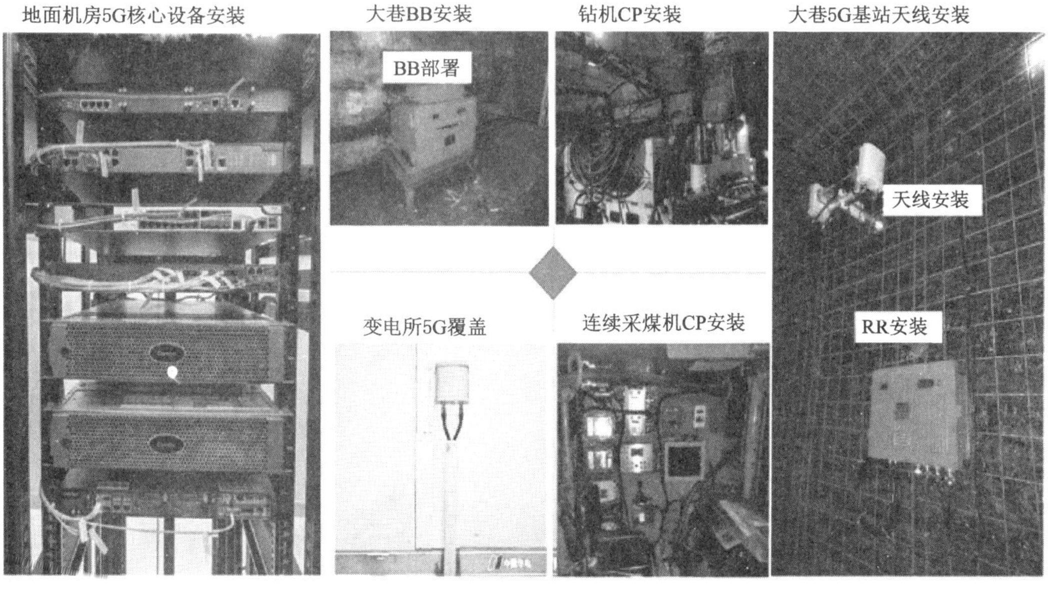

BB—基带处理单元；CP—控制平台；RR—无线射频单元。

图10-24　井下安装图

(2) 进口设备电气控制系统国产化升级改造

隆德煤矿主要对久益12CM15-10D型进口连续采煤机、久益10SC32-48B型进口梭车、山西天地煤机装备有限公司 PZL460/150 型履带式转载破碎机等设备电气控制系统进行国产化升级改造，兼容原机外接设备，实现对连续采煤机、锚杆钻车、破碎机等的远程集中控制、可视化监视、一键启停、自主生产、人工干预，以及梭车自主装、运、卸。

(3) 连续采煤机智能化改造

基于智能化功能需要，需要对连续采煤机电气控制系统功能进行智能化升级。电动机和液压系统采用原机配置，增设了智能化控制的中央控制器、组合惯导系统、行走手柄、声光报警器、摄像仪、倾角传感器、角度传感器等其他外接设备(图 10-25)。

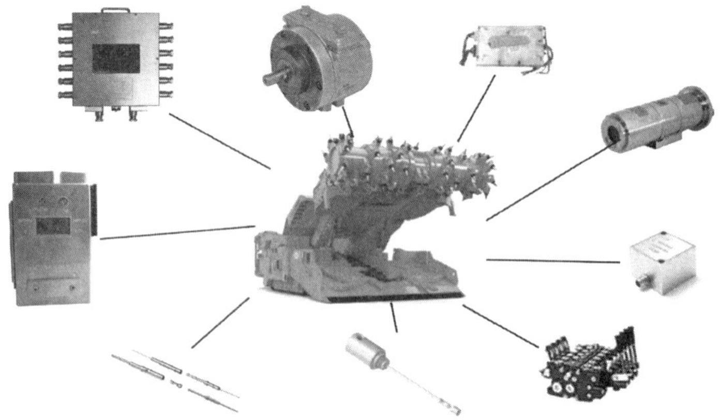

图 10-25　电气系统外设示意图

矿用隔爆兼本安型中央控制器(图 10-26)是连续采煤机智能化的核心设备之一，其主要实现掘进机数据采集、自适应截割、自主移机、煤岩分界探测识别等核心控制功能。

图 10-26　中央控制器

组合惯导测量系统包括激光跟踪导引装置和惯性位姿测量与导航装置两部分，结合激光高精度惯性导航技术、激光测量技术、图像识别技术、组合导航技术、无线通信技术、多元信息融合技术，开发用于煤矿井下设备定向、定位、定姿测量的产品。

通过特定算法解决传统惯导产品在井下无外接辅助输入信息条件下出现测量误差的关键问题，同时解决煤矿机械在井下侧滑、振动、冲击等恶劣工况条件下的精准定位和测量问题。图 10-27 所示为组合惯导位姿测量系统。

(a) 激光跟踪导引装置

(b) 惯性位姿测量与导航装置

图 10-27　组合惯导位姿测量系统

通过激光跟踪导引装置对连续采煤机进行实时跟踪和精确定位，精准测量连续采煤机的航向、姿态和位置信息(图 10-28)。

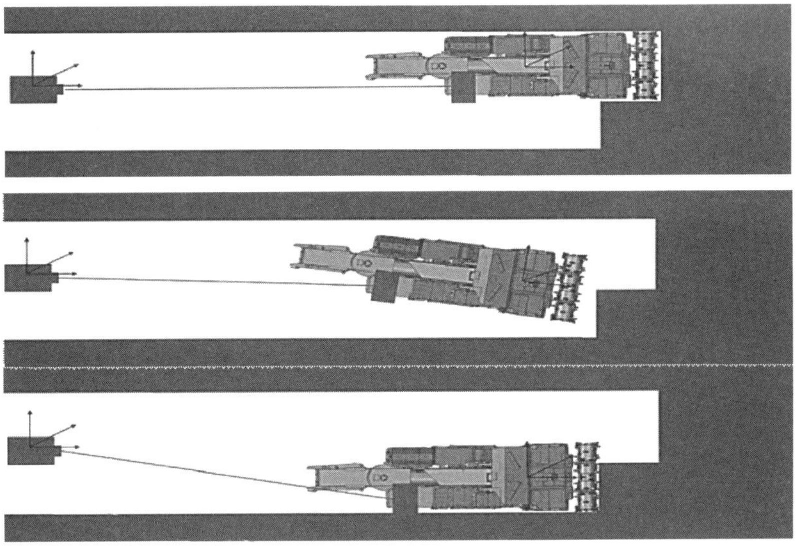

图 10-28　激光跟踪导引示意

(4) 梭车智能化升级

基于智能化功能需要，对梭车的电气控制系统、转向系统、牵引系统、制动系统进行升级。增设中央控制器、惯导装置、激光雷达扫描设备、操作箱、脚踏开关、声光报警器、摄像仪、速度传感器、角度传感器等其他外接电气件。中央控制器是梭车智能化系统的控制中心，涉及自主运行的传感器全部接入该控制器，完成相应的功能。

为实现梭车自主装运卸功能，增设定位定姿及自主导航系统，该系统包含巷道建模及位姿测量系统、轨迹规划及自主导航系统两部分。

① 巷道建模及位姿测量系统。通过“高精度惯导装置＋激光雷达”的组合测量系统对巷道实时扫描，建立透明三维工作面。以同时定位与地图构建(simultaneous localization and mapping，SLAM)技术为基础，依靠惯导精准的航向角、俯仰角和横滚角测量以及特定算法，进行地图匹配，进而获得梭车精确的姿态和位置。图 10-29 为巷道建模示意图。

② 轨迹规划及自主导航系统。基于巷道三维地图以及位姿信息的指引，对梭车进行轨

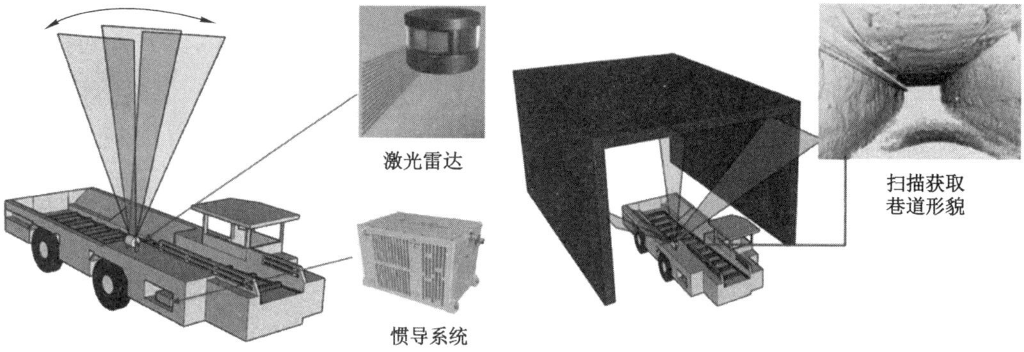

图 10-29　巷道建模示意图

迹规划，设计相应的控制策略，实现自主导航，结合转向、速度等精确控制，实现梭车自主运行。系统配置前后向雷达，能够有效地对连续采煤机和梭车进行识别，进行自动对接，实现自动装、运、卸功能。同时配置前后向及料仓摄像仪，可以远程对梭车周围环境及物料情况进行监视，以便人工干预。

(5) 破碎机智能化升级

基于自动控制的需要，对破碎机本机控制系统进行升级：提供 AC127V 电源，增加自动启停泵站功能，与梭车智能化联动闭锁，其余功能保持不变。针对远程控制的需要，升级液压系统，实现电液控制履带行走，方便延伸皮带时操作设备。配置遥控装置，实现破碎机的部分远程控制功能。

(6) 工作面集控中心

工作面集控中心是全工作面设备的综合监控中心，是工作面的数据中枢，是各设备协同作业、远程控制和人工干预的平台。接入设备涵盖连续采煤机、梭车、锚杆钻机、破碎机、输送机以及供电设备、通风设备、瓦斯监控设备等；集设备控制、参数设置、状态显示、音视频监控、网络传输、对话交互等功能于一体。此外，考虑掘进工作面粉尘较大，工作面集控中心设置空气过滤系统，以改善工作人员作业环境。

2. 关键技术及先进性

(1) 5G 核心网技术

基于 5G 技术的大带宽、低时延、高可靠、移动连接、大连接的特点，轻量化核心网具有易部署、易操作、易维护等特点。

(2) 组合惯导技术

惯导技术具有不需要外界辅助信息的特性，在航空、航天、航海等军事领域得到了广泛的应用。而煤矿井下设备的实际工况，不具备 GPS 的定位条件和加速度计的应用环境，可借助的外界辅助信息也非常有限，因此非常适合惯导这种独立导航的技术应用。

惯导系统是一种不依赖外部信息、也不向外部辐射能量的自主式导航系统。其基本工作原理是通过测量载体在惯性参考系的加速度，将其对时间进行积分，并变换到导航坐标系中，从而得到在导航坐标系中的速度、偏航角和位置等信息。

利用组合惯导技术，解决单纯惯性导航累计误差和航向漂移的难题。

(3) 连续采煤机自动控制技术

目前连续采煤机采用本机或视距遥控的方式实现机械化生产,不具有任何自动控制功能,自动化程度低。对连续采煤机控制系统进行研究,设计自动控制策略和软件,实现连续采煤机的自动掘进、自主移机、自动扫帮等智能控制功能。

(4) 负载敏感自适应技术

以往连续采煤机完全由人工操作,司机根据负载变化实时调整截割负载,以免设备过载或引起前级开关保护跳闸。

通过负载识别算法,连续采煤机具有了自学习功能,能够学习并模拟人的主观能动性,可以很好地适应环境。对截割负载、截割速度等参数进行 PID 匹配,实现恒功率截割。具有自主判断识别和自适应巷道起伏、煤层变化、煤岩分界、岩层硬度变化等各种工况的能力。

(5) 协同作业控制技术

连续采煤机与梭车的运输联动配合完全依靠连续采煤机司机和梭车司机通过喊话、灯光等原始手段进行协调,两设备之间不具有自动协同控制的功能。

对连续采煤机与梭车的配合作业进行分析,设计协同作业控制策略及控制软件,实现系统高效作业。

(6) 梭车自动装、运、卸技术

通过配置前后向雷达,可控制连续采煤机和梭车自动对接,实现梭车的自动装、运、卸功能,同时配置前后向及料仓摄像仪,可以远程对梭车周围环境及物料情况进行监视,以便人工干预。

3. 智能化建设成效

该案例的应用,实现了生产管控一体化,解决了掘进工作面有线传输的难题,实现了连续采煤机和梭车的远程控制、可视化监视、一键启停、人工干预等多种功能,具体建设成效如下:

① 减人增安。系统建成之前,每班至少需要作业人员 5 名(一名连续采煤机司机,一名破碎机岗位司机,一名梭车司机,一名拖曳电缆工人,一名安全监护)。系统建成后,每班只需 2 名操作工人(一人操作控制台,一人安全监护)。人工费以 15 万元/(人·年)算,两个生产班每年减少的费用大约 90 万元。

② 提质增效。改变了矿井掘进的生产模式,真正让掘进智能化与矿井信息化无缝连接,显著提高了矿井掘进工作面设备的自动化程度。系统建成后,设备运行协调性显著提高。建设之前,连续采煤机、梭车工作协调性只能依靠人工操作;建成后,连续采煤机、梭车依靠控制系统进行协调作业,更加安全可靠。

③ 保障作业人员健康安全。掘进工作面环境恶劣,工作人员人身安全和职业健康受到严重威胁,连续采煤机智能控制系统的研制成功,能够将人员从极度危险和职业病频发的区域中撤离出来。

习　题

1. 煤矿掘进工作面井下集控中心的位置在哪里?有什么样的作用?

2. 煤矿目前的通信方式有哪些？传输哪些信息？

3. 实现煤矿远程控制有哪些关键技术？

4. 请你结合现场实例，展望未来的煤矿远程控制技术。

参考文献

[1] 丛爽. 4G 无线通信技术在煤矿井下的应用[J]. 内蒙古煤炭经济，2020(5)：172-173.

[2] 国家能源局. 全国煤矿智能化建设典型案例汇编(2023 版)[R/OL]. (2023-06-25). http://zfxxgk.nea.gov.cn/2023-06/25/c_1310729539.html.

[3] 赵文才，付国军. 煤矿智能化技术[M]. 北京：应急管理出版社，2020.

[4] 郑文广. 基于 ZigBee 技术的煤矿应急通信系统研究[J]. 矿业装备，2022(6)：274-276.

第十一章　硐室设计与施工

导学思考题

1. 硐室是什么？它的作用有哪些？
2. 硐室设计与施工的方法和注意事项有哪些？

硐室是矿井巷道中不可或缺的部分，在矿井生产中发挥着重要的作用。硐室种类繁多，形状与结构复杂。这就导致硐室设计与施工的内容多、技术难度大。因此，智能化在硐室设计与施工方面应用方向多、前景广。本章不仅会介绍一些硐室设计与施工的基本知识，也会介绍智能化在硐室设计与施工方面的应用。

第一节　硐室设计

矿井硐室根据其位置有井底硐室和采区硐室之分。常见的井底硐室包括：位于主井井底附近的井底煤仓、箕斗装载硐室、推车机与翻车机硐室、卸载硐室等；位于副井井底及其附近的副井马头门、等候室、信号硐室、医疗救护室、工具室、调度室、中央变电所、中央水泵房、井底水仓、充电硐室、消防材料库、爆炸材料库（或爆炸材料发放硐室）等。常见的采区硐室包括采区煤仓、采区变电所、采区绞车房、采区水仓等。

矿井硐室根据其用途分为三类：第一类是主要用于安装机电设备的硐室，如中央变电所、中央水泵房、采区变电所、采区绞车房等；第二类是具有短期贮存（或容纳）功能的硐室，如各种煤仓、消防材料库、爆炸材料库、各种水仓、乘车（罐）人员等候室等；第三类是作为工作间的硐室，如调度室、医疗救护室等。

第一类硐室的设计比较复杂，对其基本要求是硐室的空间尺寸和支护应能满足设备安装、检修与安全运行的需要。根据这一要求，设计可按照以下步骤进行。

① 根据设备型号、数量以及安装使用要求确定设备空间布置形式，并据此选择硐室形式。

② 根据设备外形尺寸以及对设备安装、检修和安全运行的间隙要求进行设备空间布置，并据此确定硐室净空间尺寸。

③ 根据硐室围岩条件和设备安装运行要求确定硐室支护结构与支护参数。

第二类硐室的设计比较简单，对其基本要求是容量满足需要。

第三类硐室的设计更为简单，对其基本要求是满足必要设备布置和工作人员工作的需要。

硐室设计不同于巷道断面设计。对于传统的断面设计而言，巷道断面设计是平面设计，只需要做1个断面图，而硐室设计属于三维空间设计，至少要做2个截面图。硐室设计的设计文件构成与巷道断面设计的基本相同，其设计成果也直接用于施工，因此硐室设计应达到施工图设计的要求。

一、箕斗装载硐室与井底煤仓设计

（一）箕斗装载硐室与井底煤仓的布置形式

箕斗装载硐室与井底煤仓关系密切，布置时通常一起考虑。

箕斗装载硐室的布置形式与井筒形式（立井或斜井）、箕斗的数目（单箕斗或双箕斗）、箕斗装卸载的位置和方向（同侧装卸式或异侧装卸式）、箕斗形式（多点通过式或单点非通过式）、煤仓形式（垂直煤仓或倾斜煤仓）、煤仓数量（单煤仓或多煤仓）等有关。因此，箕斗装载硐室的布置形式种类繁多。比较典型的布置形式有以下几种。

（1）立井倾斜煤仓装载硐室布置形式

如图11-1所示，该布置形式箕斗装载硐室与煤仓直接相连。其特点是布置简单，工程量小，主要用于中小型矿井。

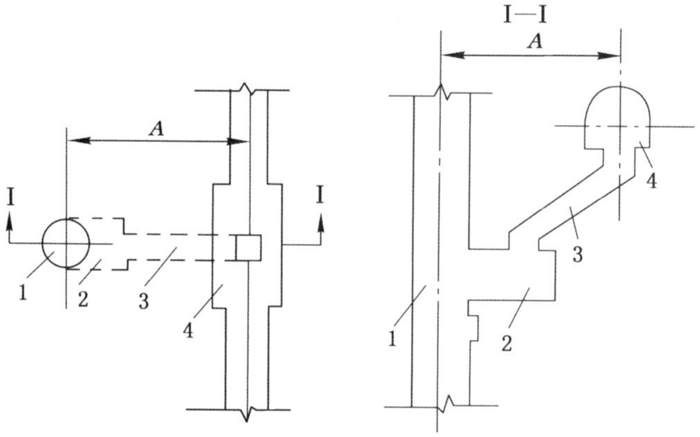

1—主井；2—箕斗装载硐室；3—倾斜煤仓；4—翻车机硐室；A—井筒中心线与翻车机硐室中心线距离，$A=9\sim16$ m。

图11-1　立井倾斜煤仓装载硐室布置形式

（2）立井单个垂直煤仓装载硐室布置形式

如图11-2所示，该布置形式箕斗装载硐室通过1条装载带式输送机巷与1个垂直煤仓相连。其主要用于大型矿井。

（3）立井多个垂直煤仓装载硐室布置形式

如图11-3所示，该布置形式3个垂直煤仓通过1条装载带式输送机巷[图11-3(a)]或2条装载带式输送机巷[图11-3(b)]与单侧或双侧式箕斗装载硐室连接。其主要用于特大型矿井。

（二）箕斗装载硐室的设计

箕斗装载硐室与井筒相连，服务时间长，施工时围岩暴露面积较大。因此，为了便于施

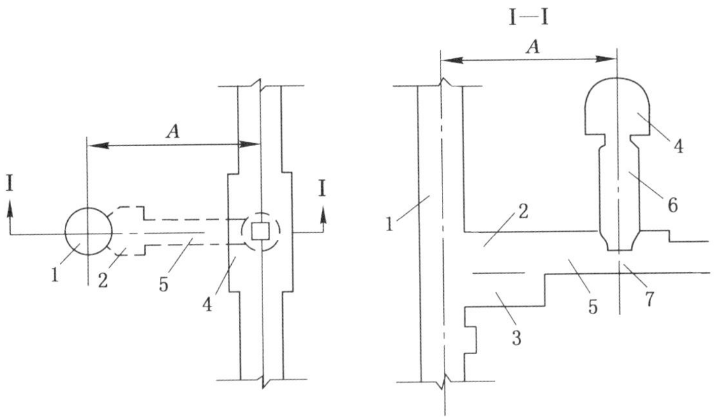

1—主井；2—装载带式输送机机头硐室；3—箕斗装载硐室；4—翻车机硐室；
5—装载带式输送机巷；6—垂直煤仓；7—给煤机硐室；
A—井筒中心线与翻车机硐室中心线（或煤仓中心线）距离，$A=15\sim25$ m。

图 11-2 立井单个垂直煤仓装载硐室布置形式

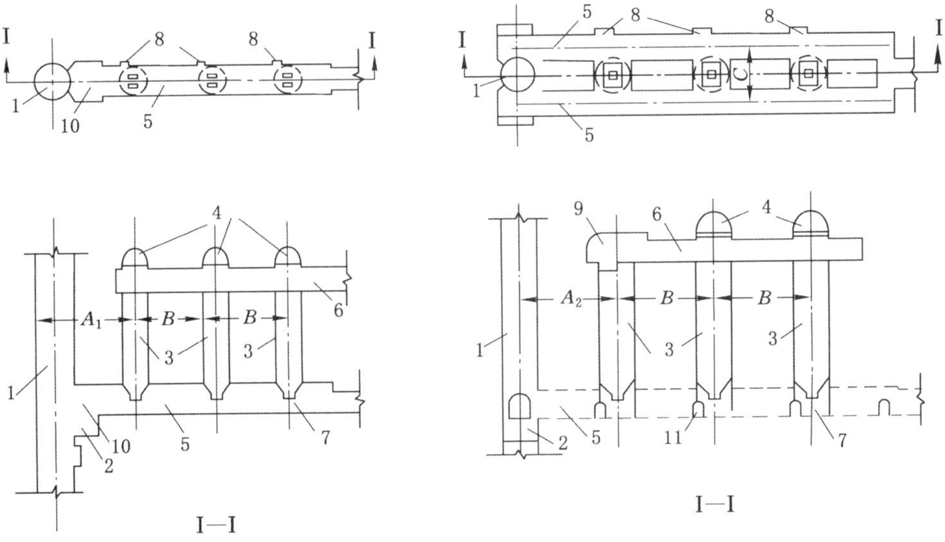

（a） 1条装载带式输送机巷布置 （b） 2条装载带式输送机巷布置

1—主井井筒；2—箕斗装载硐室；3—垂直煤仓；4—带式输送机机头硐室；
5—装载带式输送机巷；6—装载配煤带式输送机巷；7—给煤机硐室；8—机电硐室；
9—翻笼硐室；10—装载带式输送机机头硐室；11—通道；
A—井筒中心线与相邻煤仓中心线间距，$A_1=15\sim25$ m，$A_2=20\sim35$ m；
B—煤仓中心线间距，$B=20\sim30$ m；C—两条装载带式输送机巷之间距离，$C=10\sim12$ m。

图 11-3 立井多个垂直煤仓装载硐室布置形式

工和维护，布置时应避开含水层和构造带，并尽量使其处于坚固围岩中。当大巷采用矿车运输时，箕斗装载硐室只能布置在生产水平以下；当大巷采用输送机运输时，箕斗装载硐室可布置在生产水平以上。

根据箕斗在井下装载和地面卸载的位置和方向，箕斗装载硐室有同侧装卸式（装载与卸载在同一侧）和异侧装卸式（装载与卸载在相反一侧）两类。每类又分为通过式和非通过式两种。当矿井同时在两个水平用1套箕斗出煤时，位于上部水平的硐室采用通过式，位于下部水平的硐室采用非通过式。当主井内仅用1套箕斗提升时，箕斗装载硐室为单侧式（硐室位于井筒一侧）；若用2套箕斗提升，装载硐室为双侧式（在井筒两侧各设1个硐室）。

箕斗装载硐室的断面形状多采用矩形，当岩性差、地压大时亦可采用半圆拱形。箕斗装载硐室的结构因装载设备的类型不同而不同，装载设备有非计量装载设备（ZJ系列）和计量装载设备（ZL系列）两类。箕斗装载硐室的结构与主要尺寸如图11-4所示。图11-4(a)所示为非计量装载硐室，图11-4(b)所示为计量装载硐室。图中A值由翻车机硐室（或卸载硐室）与井筒间岩柱的稳定性决定：对于垂直煤仓，一般取$A=15\sim40$ m；对于倾斜煤仓，A值还与煤仓的容积和煤仓底板倾角（一般$\alpha=50°\sim55°$）有关，通常取$A=9\sim16$ m。图中l_6、l_8由煤仓上、下口的结构决定。图中其他尺寸（$l_1,l_2,l_3,l_4,l_5,l_7,e$）由所安装的设备尺寸和安装检修要求确定。

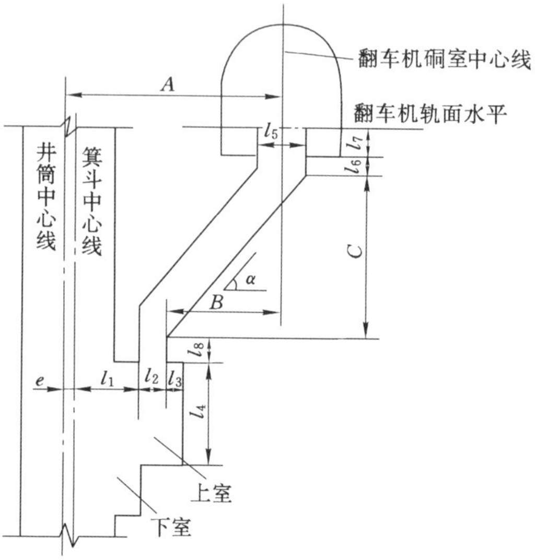

(a) 非计量装载硐室

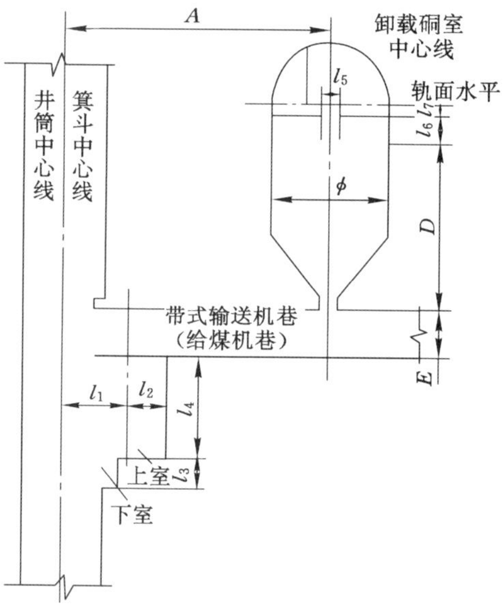

(b) 计量装载硐室

图11-4　箕斗装载硐室结构与主要尺寸

箕斗装载硐室的支护可用素混凝土或钢筋混凝土浇筑，支护厚度由硐室围岩的稳定性和地压决定。对围岩较好、地压较小，且仅布置1套装载设备的装载硐室，可采用C15～C20素混凝土支护，支护厚度以300～500 mm为宜；对围岩较松软、地压较大，且布置2套装载设备的装载硐室，可采用C15～C20钢筋混凝土支护，支护厚度以400～500 mm为宜。箕斗装载硐室支护结构如图11-5和图11-6所示。

（三）井底煤仓设计

井底煤仓有倾斜式和垂直式两类。倾斜煤仓一般为半圆拱形断面，而垂直煤仓多为圆

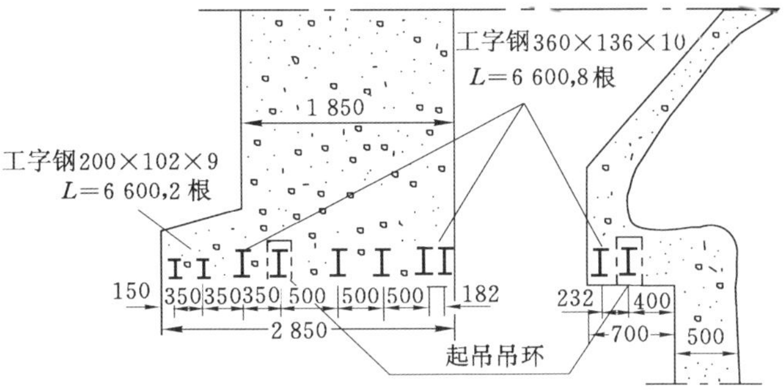

图 11-5　箕斗装载硐室上室顶板支护结构

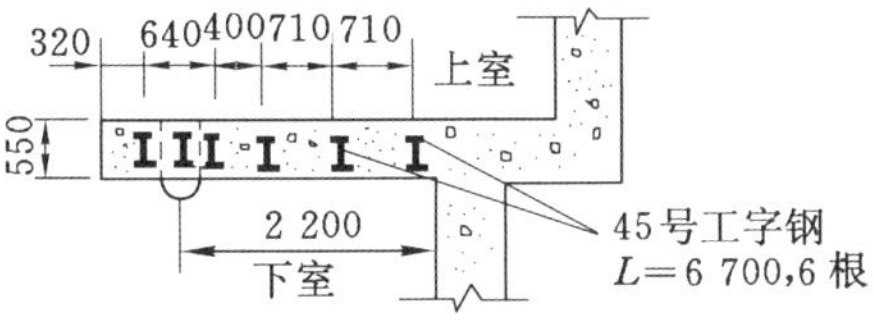

图 11-6　通过式箕斗装载硐室上室底板支护结构

形断面。倾斜煤仓的一侧应设宽为 1.0 m 左右的人行通道，内设台阶及扶手，在煤仓与人行通道之间的隔墙上设宽×高为 500 mm×200 mm 的检查孔，在检查孔上设铁门，以便人员通过人行通道经检查孔检查煤仓壁磨损情况和处理堵仓事故。半圆拱形煤仓断面形状和结构如图 11-7 所示。垂直煤仓底部应收缩成圆锥形或双曲面形，若采用圆锥形时应设压气破拱装置，以防堵仓。

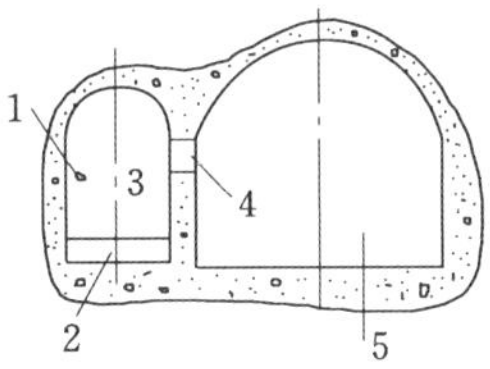

1—扶手；2—人行台阶；3—人行通道；4—检查孔；5—煤仓。

图 11-7　半圆拱形煤仓断面形状和结构

倾斜煤仓适用于围岩较好、开采单一煤种或开采多煤种但不要求分装分运的中小型矿井。垂直煤仓便于多煤仓布置，适用于需要设多个煤仓进行多煤种分装分运的大型矿井。

煤仓的容量以往按一列煤车的载煤量计算，一般为 40～60 t。采用这种小煤仓，常常会出现因满仓而停产的情况。近年来随着矿井井型的增大，大容量煤仓被广泛采用，现有煤仓最大容量可达数千吨。大容量煤仓对矿井运输、提升系统具有显著的调节作用，可大大减缓矿井提升的紧张状况。但并非煤仓容积越大越好，合理的煤仓容量可按式(11-1)计算。

$$Q_h = 1.15 \times 1.20 \times Q_d / 16 \qquad (11\text{-}1)$$

式中　Q_h——煤仓合理容量，t；

Q_d——矿井平均日产量,t;

1.15——矿井生产不均衡系数;

1.20——提升能力富裕系数;

16——每日提升时间,h。

对煤仓壁的支护主要由围岩岩性决定。在中硬岩层中,倾斜煤仓可用厚 250～350 mm 的 C20 素混凝土支护;垂直煤仓可用 C20 素混凝土支护或锚喷支护,素混凝土支护厚度宜取 300～400 mm,锚喷支护参数应根据煤仓直径进行设计。在软弱岩层(或煤层)中,一般采用钢筋混凝土支护。对垂直煤仓的钢筋和壁厚,应按满仓和空仓两种不同受力状态进行计算。按满仓计算时,假设仓壁只承受内压,即仓壁环向受拉,环向拉力应由环向钢筋承担;仓壁的垂直压力全部由混凝土承担,故垂直方向按构造布筋;仓壁厚度以不出现裂缝为准。当仓壁厚度确定后,再按空仓时进行计算,即按照只承受均匀外压的薄壁圆筒理论计算其内力和配筋,并对仓壁截面的强度和稳定性进行验算。

煤仓底板应采用耐冲击、耐磨且光滑的材料铺底。垂直煤仓的铺底材料可采用铁屑混凝土和石英砂混凝土,强度等级应不小于 C20,厚度宜取 80～150 mm。倾斜煤仓铺底可采用以下两种结构。

① 倾斜煤仓钢轨铺底结构(图 11-8)。该结构用 15～24 kg/m 钢轨正反间隔布置或轨头向上布置,其间隙用普通混凝土或石英砂混凝土充填。为固定钢轨并使其保持平整,沿煤仓倾斜方向每隔 3～4 m 铺 1 根 16 号槽钢。为防止钢轨下滑,在煤仓下口安设 1 根 24 号槽钢。

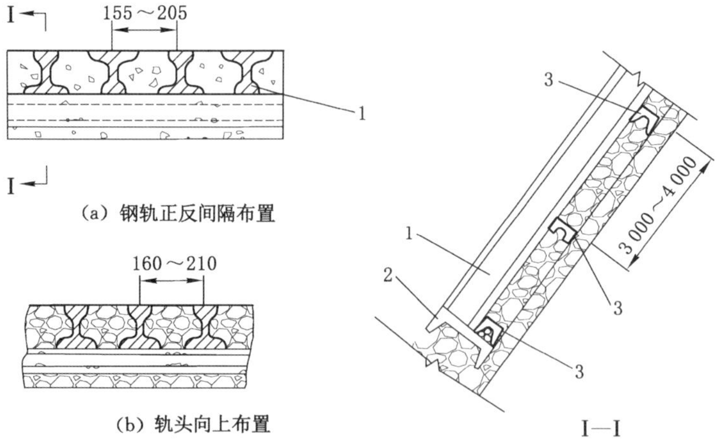

1—15～24 kg/m 钢轨;2—24 号槽钢;3—16 号槽钢。

图 11-8　倾斜煤仓钢轨铺底结构

② 倾斜煤仓辉绿岩铸石块铺底结构(图 11-9)。根据使用经验,辉绿岩铸石块的耐磨性相当于普通钢板的 50 倍,但它不能承受冲击力。所以采用这种铺底结构时,在煤仓上口落煤区(受冲击区)应铺设厚度为 10 mm,长×宽为 2.4 m×1.8 m 的钢板。

二、推车机、翻车机、无轨胶轮车硐室与卸载硐室的设计

固定车厢式矿车采用翻车机卸载,因此对采用这种矿车运输的矿井需要在井底车场内

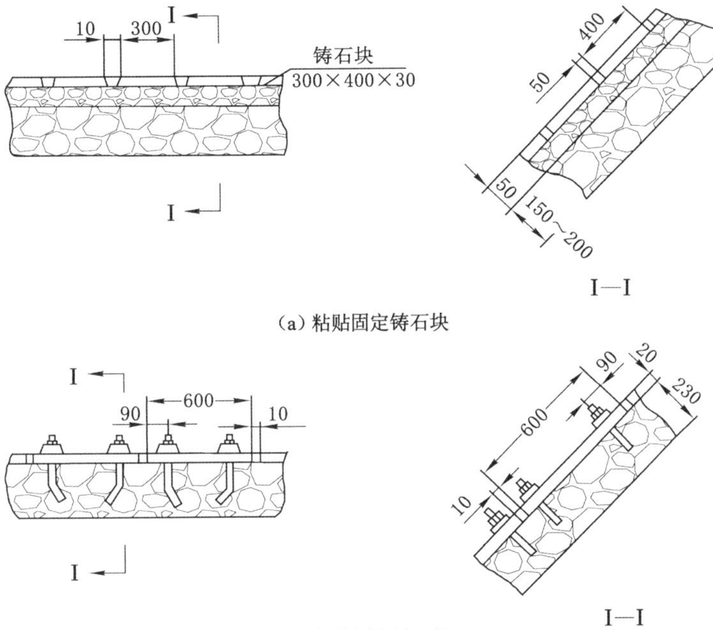

(a) 粘贴固定铸石块

(b) 螺栓固定铸石块

图 11-9　倾斜煤仓辉绿岩铸石块铺底结构

设置推车机、翻车机硐室。底卸式或侧卸式矿车采用其他卸载设备卸载，因此对采用这类矿车运输的矿井，需要在井底车场内设置相应的卸载硐室。

（一）推车机、翻车机硐室的设计

固定车厢式矿车是由推车机推入翻车机的，因此需要在翻车机前设置推车机。安装推车机和翻车机的硐室为推车机、翻车机硐室。如图 11-10 所示，该硐室位于井底车场重车线、空车线的分界处，翻车机安装在煤仓上口。

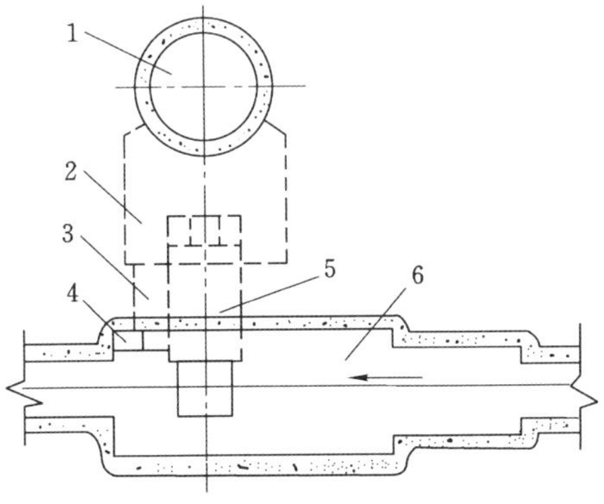

1—主井井筒；2—箕斗装载硐室；3—人行道；4—人孔；5—倾斜煤仓；6—推车机、翻车机硐室。

图 11-10　推车机、翻车机硐室的位置

推车机、翻车机硐室的布置根据进车方向分为左侧式和右侧式，根据电机车是否由翻

车机旁通过分为通过式和非通过式。当主井存车线巷道为单轨布置时，采用非通过式布置；当主井存车线巷道为双轨布置时，则采用通过式布置（在翻车机车线旁设一线路作为通过线）。图 11-11 为非通过式右侧进车 3 t 矿车绳式推车机、翻车机硐室平面布置图，图 11-12 为通过式左侧进车 3 t 矿车绳式推车机、翻车机硐室平面布置图。

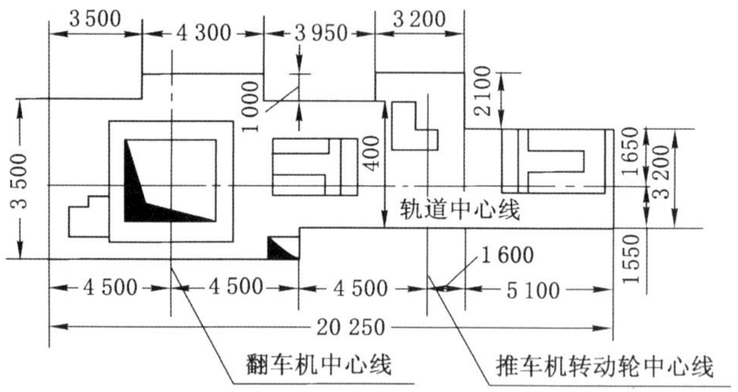

图 11-11　3t 矿车绳式推车机、翻车机硐室平面布置图（非通过式右侧进车）

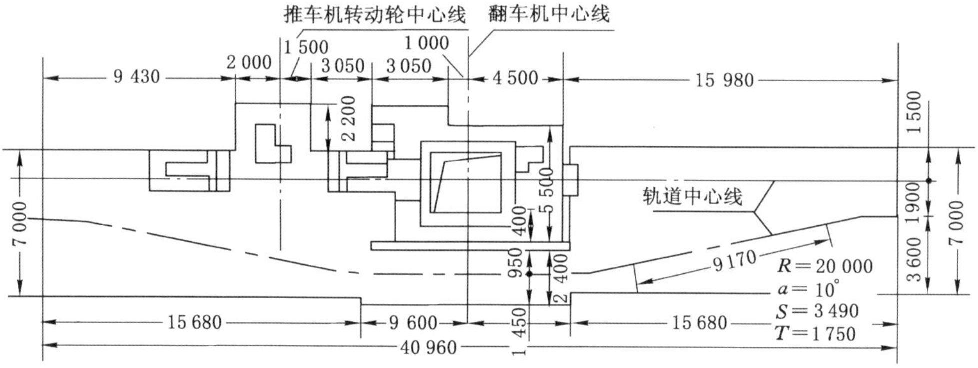

图 11-12　3t 矿车绳式推车机、翻车机硐室平面布置图（通过式左侧进车）

煤矿常用的专用推车机设备有钢丝绳式和锚链式两种。推车机安装在两条钢轨之间，靠推爪作用于矿车底部推动矿车进入翻车机。推车机和翻车机的技术特征可查《煤矿专用设备图册》。

推车机、翻车机硐室的平面尺寸应根据硐室布置形式，所用推车机和翻车机的外形尺寸以及安装、检修和安全操作间隙来确定。一般非通过式的硐室长度为 15～20 m，最大宽度为 6 m；通过式的硐室长度为 38～40 m，最大宽度为 8 m。

硐室的高度以轨面为界分为上部操作与传动装置部分和下部地沟基础部分。轨面上高度主要由翻车机在轨面以上部分的高度、安装与检修所需的起重高度和起重梁的安设高度决定。一般轨面以上部分高度为 4～4.8 m，轨面以下部分高度为 1.8～2.2 m。硐室多采用半圆拱形断面，料石碹或混凝土碹支护。当围岩稳定、无淋水时可采用锚喷支护，当围岩稳定性较差时可采用锚喷与砌碹联合支护。在硐室拱顶安设钢梁作为支撑横梁和起重梁，其规格为：在翻车机上方一段可采用 24～30 号工字钢，在推车机上方一段可采用 24 号工字钢。在轨面以下的地沟和设备基础须用强度等级为 C15 以上的混凝土浇筑 200 mm 厚。

（二）无轨胶轮车硐室的设计

无轨胶轮车硐室是时无轨胶轮车维修、加油、存放等的硐室。当采用平硐或小倾角斜井开拓(无轨胶轮车可直达地面)时,宜设在地面。

采用胶轮车不能直驶至地面的立井或斜井开拓的矿井,应在井下设置维修、加油、存放等硐室。若条件适宜,借助提升设备,能较方便地将胶轮车提至地面维修的,也可在地面设维修站,但加油、存放一般仍在井下完成。

1. 胶轮车加油维修站

井下无轨胶轮车加油、维检修站一般联合布置,加油维修站应设在加油、维检修较方便的地点。一般每一矿井或每一水平集中设一个加油维修站。加油维修站的布置应利于车辆畅行,硐室及通道断面尺寸应保证加油、维检修、会让及通过的顺利完成。加油维修站应采用独立的通风系统,不得与回采或掘进工作面串联通风;必须有两个使人员能够撤离的安全出口,并与矿井不同的安全出口相连。出口处应设向外开的防火防爆门,站内应设加水、消防系统,并配备有足够的消防器材;应有完备的照明设施。加油维修站应设在稳定的岩层中,采用不燃性材料支护,站内及通道应采用平整的混凝土路面。站内不应有淋水和渗水,应有防止油类物质流出加油维修站的设施或措施。加油维修站的燃油储存量不得超过 3 桶或 3 天的用油量。

加油维修站应设有检修坑,检修坑的数量根据井下运行车辆的数量确定。检修地点应安装吊装梁及起吊设备,以便吊装及更换车辆轮胎。

2. 蓄电池胶轮车充电硐室

国内尚无蓄电池胶轮车充电硐室的使用实例,其设计可参考蓄电池机车充电室的有关规定,硐室的通风要求、氢气浓度等应符合《煤矿安全规程》的规定。在充电室和变流室之间及进、出口应设防火门。硐室断面应满足车辆进出、蓄电池拆装要求。

3. 无轨胶轮车存放硐室

井下无轨胶轮车存放硐室可分为壁龛式和硐室式两种,分别如图 11-13 和图 11-14 所示。壁龛式存放硐室的优点是硐室断面小,进、出车及存放干扰少,缺点是硐室总工程量大。硐室式存放硐室的优点是硐室工程量小,缺点是硐室断面大,硐室跨度除了满足两车并放外,还要满足安全间隙的要求。

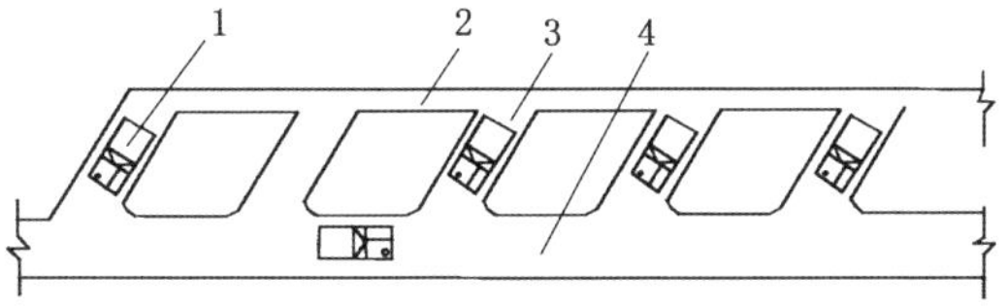

1—胶轮车;2—通风道;3—存放间;4—通过道。

图 11-13　壁龛式无轨胶轮车存放硐室

4. 其他硐室

除了上述硐室外,无轨胶轮车行驶时如果是单车双向行驶线路还需设会让站。会让站有两种形式,一种为巷道加宽式,另一种为壁龛式。会让站的间距与通行的无轨胶轮车的

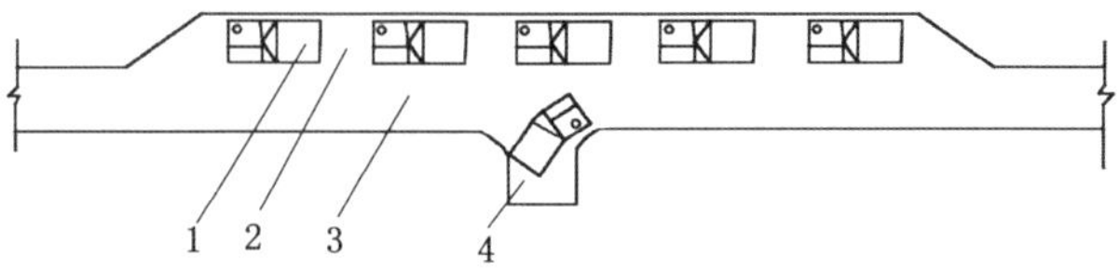

1—胶轮车;2—移车间隙;3—通过道;4—调车间。

图 11-14 硐室式无轨胶轮车存放硐室

数量有关,一般可考虑每隔 300 m 左右设置一个。会让站应设置信号装置,司机在车上可启动巷道顶上的信号开关,使迎面的车辆得到红灯信号后停车,车辆通过后关闭红色信号灯。在某些地点如果有必要使车辆调头的话,还应设换向室,换向室可采用壁龛式,胶轮车行驶至硐室口可倒入其内,实现调头,以保证车辆重载行驶时,车头在前,司机视线开阔,利于行车安全。

(三) 卸载硐室的设计

底卸式矿车通过打开车厢底卸载,卸载过程要在卸载站完成,卸载站结构如图 11-15 所示。

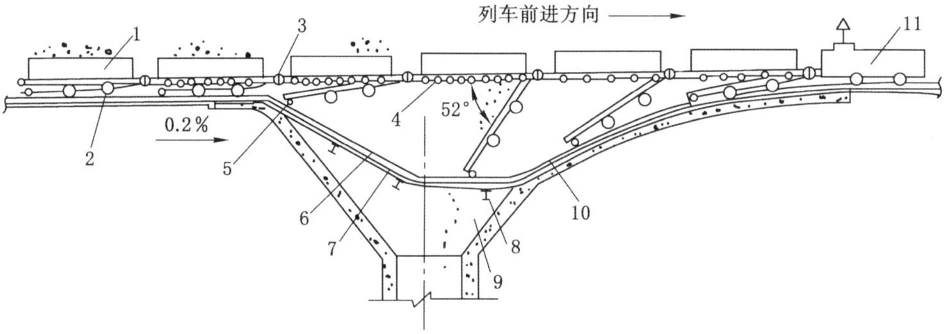

1—底卸式矿车;2—车轮;3—缓冲器;4—托辊;5—卸载轮;6—卸载曲轨;

7—支撑钢梁;8—工字钢支座;9—卸载坑;10—复位曲轨;11—电机车。

图 11-15 卸载站结构

底卸式矿车的结构为:车厢两侧壁上分别焊有一个支撑翼板,用于在矿车进入卸载坑箱底失去支撑后支撑矿车;箱底与两侧箱帮在前端铰接,箱底可绕铰轴张合,实现箱底打开卸载和卸载后箱底复位;箱底的后端下面安装卸载轮,卸载轮沿卸载曲轨运行时可控制箱底的张合过程,并可通过曲轨向车厢施加一定的推力和阻力。底卸式矿车的卸载过程和原理为:列车进入卸载站后,电机车的导电弓子与架线脱离,失去牵引力。电机车和矿车依靠翼板支撑在卸载坑上的支撑托辊上。箱底绕前端铰轴,通过卸载轮在卸载曲轨的控制下逐步打开卸载。在卸载过程中,车厢内的煤和箱底的一部分重力通过卸载轮由卸载曲轨承担,由于卸载时卸载曲轨向前倾斜,曲轨对箱底的反力可分解为一个向前的水平推力(图 11-16 中 N'_z)。列车在处于卸载状态的所有矿车所受的水平推力的共同作用下加速向前运动。随卸载轮到达曲轨拐点,箱底张角达到最大,煤被卸干净。卸完煤后,随矿车继续前行箱底逐步闭合,由箱底作用在曲轨上的重力产生一个阻碍矿车前进的反力 N'_k(图 11-16)。

当 $N'_z > N'_k$ 时，列车加速前行；而当 $N'_z < N'_k$ 时，列车减速。

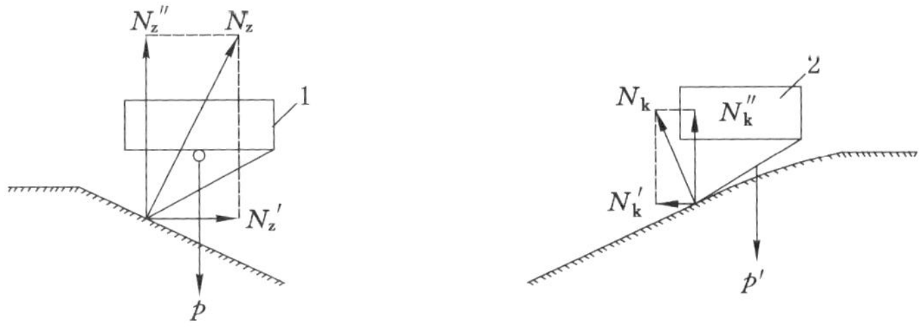

(a) 卸载过程　　(b) 箱底复位过程

1—重车；2—空车；N'_z—前进力；N'_k—阻力；

p—箱底和煤作用在曲轨上的重力；p'—箱底作用在曲轨上的重力。

图 11-16　底卸式矿车卸载和箱底复位过程受力图

底卸式矿车的卸载硐室包括卸载巷道和卸载坑两部分。目前，国内采用的底卸式矿车的卸载硐室有非通过式、通过式以及卸载站与翻车机联合布置三种形式。

非通过式卸载站，其在同一条巷道中可布置 1 套卸载装置，也可布置 2 套卸载装置，分别称为单线非通过式卸载站和双线非通过式卸载站。前者适用于围岩不太稳定、不宜施工大断面硐室的条件，如陕西陕煤韩城矿业有限公司桑树坪煤矿的 2 套卸载装置分别布置在相距 13.6 m 的 2 条平行巷道中，煤仓位于 2 个卸载硐室之间。这种布置方式在卸载时互不干扰、便于检修，但设计中要注意煤仓的容量及 2 个卸载硐室间的合理岩柱尺寸。后者适用于围岩较稳定的条件，布置双卸载装置的硐室宽度一般在 7.0 m 以上。布置双卸载线，并将煤仓沿中线分为 2 格，可以用于 2 种牌号的煤分运分装，平顶山天安煤业股份有限公司八矿的卸载站布置和使用就属这种情况。

通过式卸载硐室，其通过线位于卸载线的一侧。

当井下用底卸式矿车运输采煤工作面出煤，用固定矿车运输掘进工作面出煤时，在井底布置 1 个煤仓，在煤仓两侧分别布置 1 条底卸式矿车卸载线和 1 条翻车机卸载线，即为卸载站与翻车机联合布置。例如，铁法煤业(集团)有限责任公司小青煤矿和淮北矿业(集团)有限责任公司海孜煤矿均采用 3 t 底卸式矿车卸载线和 1 t 矿车翻车机卸载线联合布置。

卸载硐室断面形状为半圆拱形，围岩坚固时可用圆弧拱或三心拱形。硐室的尺寸确定如下。

① 卸载硐室长度。卸载硐室的长度由主体硐室长度和两端变断面巷道长度两部分组成。主体硐室长度取决于卸载设备的布置，通过式或非通过式 3 t 和 5 t 底卸式矿车卸载站主体硐室长一般为 20 m；联合布置硐室的长度由于推车机和翻车机设备布置的要求，一般为 25 m。变断面巷道长度为 5～15 m。

② 卸载硐室宽度。非通过式卸载站主体硐室的宽度由卸载坑宽度、各侧边梁宽度、两侧人行道宽度决定。底卸式矿车单卸载线主体硐室的宽度应不小于 3.8 m，双卸载线主体硐室的宽度应不小于 7.2 m。确定通过式卸载站主体硐室的宽度时，除应考虑上述因素外，还应考虑矿车宽度以及两侧安全间隙，若有隔墙时应加上隔墙厚度。一般无隔墙时宽度不小于 5.5 m，有隔墙时不小于 6.3 m。采用联合布置时，主体硐室的宽度一般不小于 8.0 m。

③ 卸载硐室高度。卸载硐室高度主要取决于起重梁底面距轨面的高度，以及起重梁距硐室顶板的距离。起重梁底面距轨面高度：3 t底卸式矿车卸载硐室应不小于3.0 m，5 t底卸式矿车卸载硐室和联合布置硐室应不小于3.5 m。起重梁距硐室顶板的距离为1.0 m左右。

硐室支护可用料石碹、C20混凝土碹、锚喷支护；围岩条件差时，可采用锚喷加混凝土或钢筋混凝土联合支护。卸载坑两侧直墙采用钢筋混凝土支护，进出车方向两侧斜墙采用混凝土浇筑并铺设辉绿岩铸石板，以保证墙面光滑。

三、副井马头门设计

马头门是副井井筒与井底车场连接部分的一段断面扩大的巷道，是副井系统的主要硐室之一。马头门的设计内容一般包括马头门形式的选择、马头门的平面尺寸和高度的确定以及断面形状和支护方法的选择。

(1) 马头门形式的选择

马头门有双面斜顶式和双面平顶式两种形式，如图11-17所示。选择时主要考虑罐笼的类型，进出车水平数目，以及是否设有候罐平台。通常在下列情况下采用双面斜顶式马头门：① 采用单层罐笼，在井底车场水平进出车和上下人员；② 采用双层罐笼，用沉罐方式在井底车场水平进出车和上下人员；③ 采用双层罐笼，用沉罐方式在井底车场水平进出车，但在井底车场水平和井底车场水平下面(有斜通道通往等候室)同时上下人员。在下列情况下，可以采用双面平顶式马头门：① 采用双层罐笼，用沉罐方式在一个水平进出车，在进车侧设固定平台，在出车侧设活动平台，上下人员可在两个水平同时进出；② 采用双层罐笼，设有上方推车机及固定平台，可在两个水平同时进出车和上下人员。

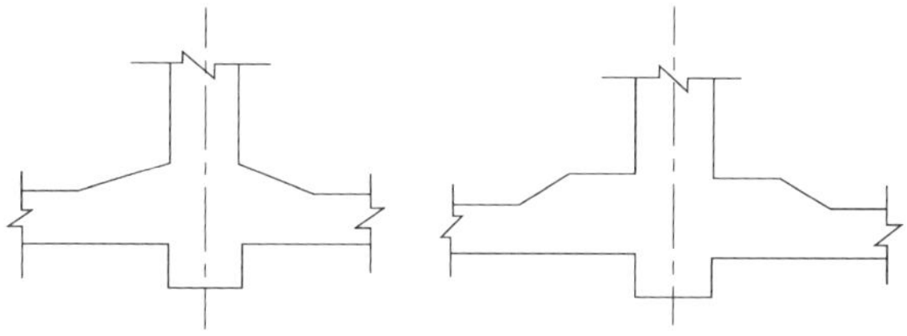

(a) 双面斜顶式　　(b) 双面平顶式

图11-17　马头门形式

(2) 马头门平面尺寸的确定

马头门的平面尺寸包括其长度和宽度。长度指井筒两侧对称道岔基本轨起点之间的距离，主要取决于马头门轨道线路的布置，以及摇台、阻车器和推车机等换车设备的规格尺寸。宽度取决于井筒装备、罐笼布置方式和两侧人行道的宽度。根据罐笼布置方式的不同，马头门线路有双股道和三股道两种布置方式，前者适用于设置1套提升罐笼的副井，后者适用于设置2套提升罐笼的副井。两种布置方式的平面尺寸计算方法一致。现以双股道布置(图11-18)为例说明马头门平面尺寸的确定方法。

根据图11-18，马头门的长度按式(11-2)计算。

$$L = a + b + b' + c + e + e' + 2f \tag{11-2}$$

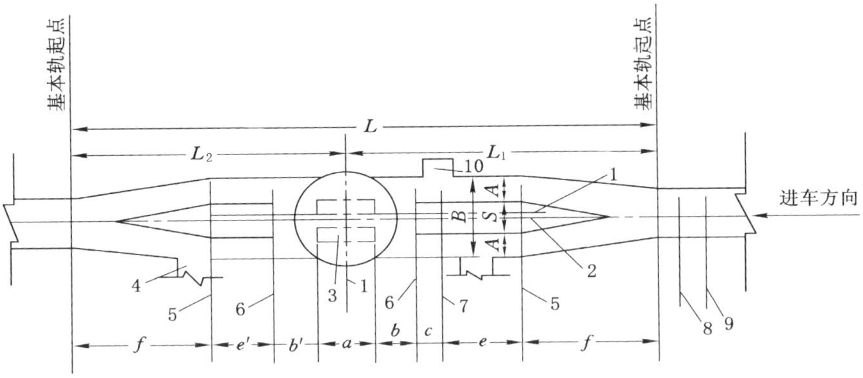

1—井筒中心线；2—提升中心线；3—罐笼；4—等候室通道；
5—对称道岔连接系统终点线；6—摇台臂活动轨中心线；7—单式阻车器轮挡面；
8—复式阻车器前轮挡面；9—复式阻车器后轮挡面；10—信号硐室。

图 11-18　副井马头门双股道平面布置图

式中　L——马头门长度，m；

a——罐笼长度，m；

b，b'——进、出车侧摇台的摇臂长度，m；

c——摇台臂活动轨中心至单式阻车器轮挡面的距离，由矿车和推车机类型决定，m；

e——单式阻车器轮挡面至对称道岔连接系统终点线的距离，根据是否设推车机分别取 4 个矿车长或 1～2 个矿车长，m；

e'——出车侧摇台臂活动轨中心至对称道岔连接系统终点线的距离，通常取 2～4 m；

f——基本轨起点至对称道岔连接系统终点线的距离，可根据选用的道岔类型和轨道中心线间距按线路连接系统计算，m。

根据图 11-18，马头门的宽度可按式(11-3)计算。

$$B = S + 2A \tag{11-3}$$

式中　B——马头门宽度，m；

S——轨道中心线间距，m；

A——轨道中心线至巷道壁之间的距离，一般取大于矿车宽度之半加 0.90 m。

(3) 马头门高度的确定

马头门的高度主要由下放超长材料的方法和最长材料的长度、罐笼的层数及罐笼在井筒中的平面布置方式、进出车及上下人员的方式、矿井通风阻力等多种因素决定，确定方法是分别计算后取最大值。

我国井下用最长材料是钢轨和钢管，一般为 12.5 m。由副井下放超长材料时，长度为 8 m 以内的材料打开罐笼顶盖放在罐笼内下放，超过 8 m 的材料吊在罐笼底部下放。由井筒将最长材料转入平巷需要满足的井筒与马头门连接处的最小高度如图 11-19 所示。根据图 11-19，该高度可按式(11-4)计算。

$$H_{\min} = L\sin\alpha - W\tan\alpha \tag{11-4}$$

式中　$H_{\min}$——按下放最长材料要求计算的马头门最小高度，m；

L——下放最长材料的长度，取 $L=12.5$ m；

W——井筒下放材料的有效弦长，m，当有 1 套提升设备时取 $W=0.90$ m，当有 2 套提升设备时，W 可根据井筒断面布置进行计算；

α——下放材料时，材料与水平面的夹角。

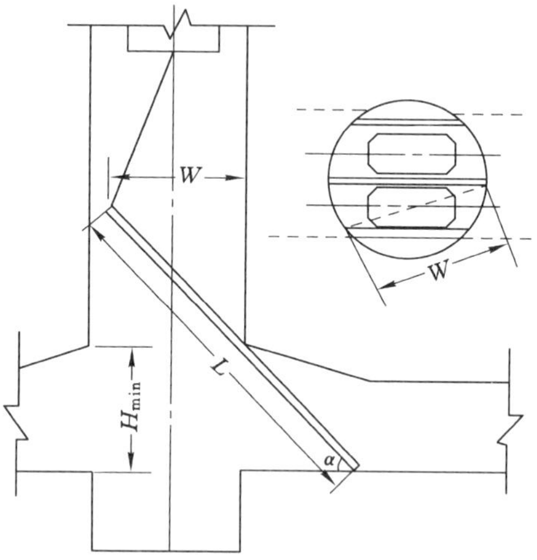

图 11-19　按下放最长材料计算马头门最小高度

随着井筒直径的增加，下放最长材料已不是确定马头门最小高度的主要因素。决定马头门最小高度的主要因素是罐笼的层数、进出车方式和上下人员的方式。马头门高度按上述因素计算确定后还应按通风要求进行验算。

在马头门最大高度断面至正常高度断面之间拱顶按一定坡度下降，一般副井马头门的拱顶坡度为 10°～15°，风井马头门的拱顶坡度为 16°～18°。

(4) 马头门断面形状及支护

由于马头门断面大，一般采用拱形断面。马头门多采用强度等级为 C20 以上的混凝土支护。通常围岩坚固性系数 $f=4\sim6$ 时，支护厚度为 500～600 mm。在马头门上、下各 2.5 m 范围内的一段井筒的井壁还应适当加厚 100～200 mm，以便安设金属支持结构物。当围岩不稳定、地压大，或马头门与井筒连接处高度和宽度均较大时，可采用钢筋混凝土支护，配筋率为 1.5%。当连接处位于膨胀性岩层时，可采用锚喷或加金属网作为临时支护，然后再砌筑永久混凝土或钢筋混凝土支护。另外，因在马头门处无法布置罐道梁，设置金属支持结构是为了便于安装罐道。

1 t 矿车单、双层单车罐笼马头门标准设计见图 11-20。

四、中央水泵房设计

中央水泵房由泵房主体硐室、配水井、吸水井、配水巷、管子道及通道组成。中央水泵房和水仓构成中央排水系统。中央水泵房按水泵类型和吸水方式分为卧式水泵吸入式、卧式水泵压入式和潜水泵式三种。其中卧式水泵吸入式应用最为广泛，卧式水泵压入式为少数金属矿和煤矿采用，个别矿山采用潜水泵式。

(1) 吸入式中央水泵房设计

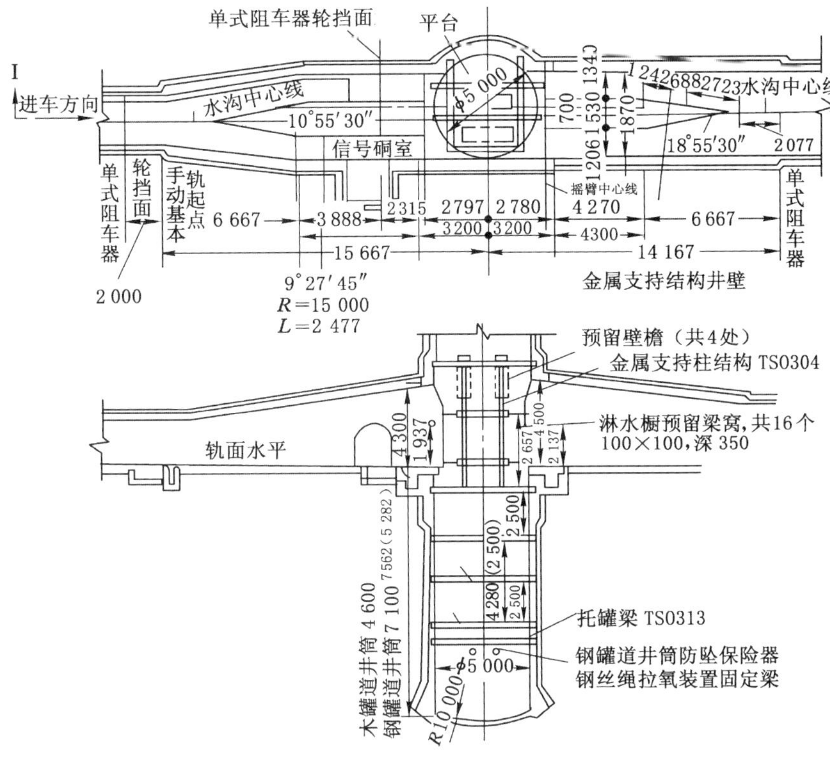

图 11-20　1 t 矿车单、双层单车罐笼马头门标准设计

为了缩短电缆和管道的敷设路线，便于排水设备运转，提供良好的通风条件，以及有利于集中管理、维护和检修，水泵房在绝大多数情况下都设在井底车场附近的空车线一侧，并与中央变电所联合布置。泵房与相邻巷道的连接方式应根据井筒位置、井底车场布置、围岩等条件具体确定。泵房通道与井底车场巷道要通过道岔直接相连接[图 11-21(a)]，或设转盘相连[图 11-21(b)]，或设起重梁转运[图 11-21(c)，副井为斜井]。管子道与立井连接时，可布置在井筒出车侧[图 11-21(a)]，也可布置在井筒进车侧[图 11-21(b)]。管子道与斜井井筒连接可采取与井筒斜交的方式[图 11-21(c)]，也可采取直交的方式。

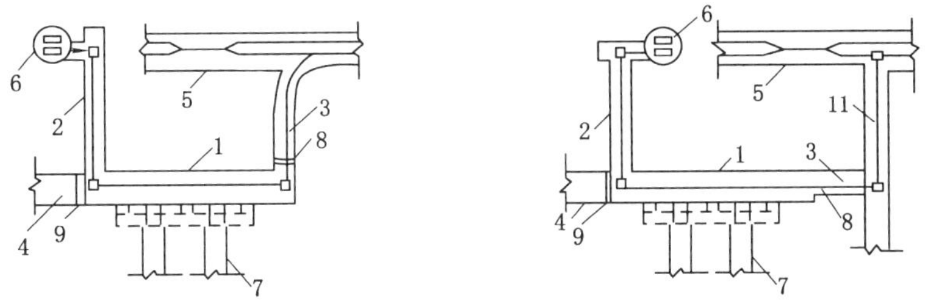

1—中央水泵房；2—管子道；3—通道；4—中央变电所；5—车场巷道；
6—副井井筒；7—水仓；8—密闭门；9—防火门；10—起重梁；11—井底车场联络巷道。

图 11-21　中央水泵房与相邻巷道连接方式

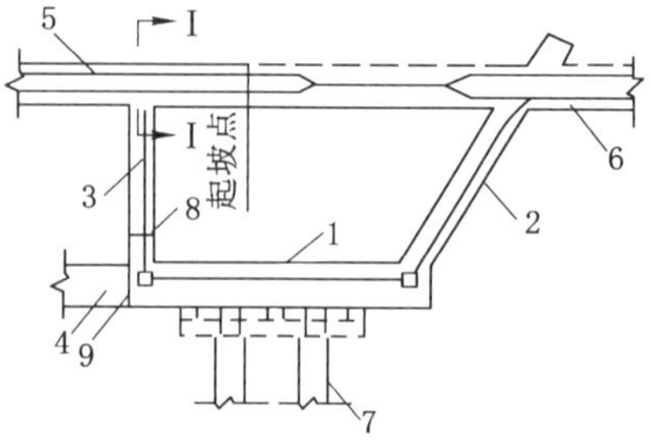

(c)

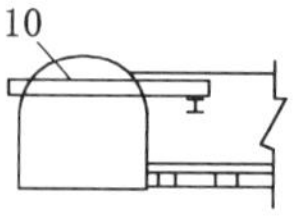

I—I

(d)

图 11-21(续)

配水井、配水巷和吸水井构成配水系统，三者关系见图 11-22。配水井位于泵房主体硐室吸水井一侧，一般布置在中间水泵位置，与中间吸水井通过溢水管直接相连。根据配水井上部硐室安设配水闸阀的要求，一般配水井的尺寸是沿配水巷方向长 2.5～3.0 m，垂直配水巷方向宽 2.0～2.5 m，深 5～6 m。配水井上方壁高为 1.8～2.2 m，采用拱形或顶部配钢梁的矩形断面。配水井井底底板标高应低于水仓底板标高 1.5 m。配水巷也位于吸水井一侧，通过溢水管与配水井和吸水井相通。为了便于施工和清理，配水巷断面为宽 1.0～1.2 m，高 1.8 m 的半圆拱形。其底板标高高于吸水井和配水井 1.5 m。吸水井位于主体硐室靠近水仓一侧，断面为圆形，净径为 1.0～1.2 m，深 5～6 m。与配水井相同，正常情况下每台水泵单独配 1 个吸水井。当每台水泵排水量小于 100 m^3/h 时，亦可 2 台水泵共用 1 个吸水井，但要保证 2 个吸水笼头之间距离不能小于吸水管直径的 2 倍。有时视围岩稳定情况和排水设备性能，可以不设配水井和配水巷，只设 1 个大的吸水井，中间隔开，每 2 台水泵共用 1 个吸水井。

中央水泵房布置如图 11-23 所示。在主体硐室中，水泵一般沿硐室纵向单排布置[图 11-23(a)]，以减小硐室的跨度，有利于施工和维护。当水泵数量很多且围岩坚固稳定时，为便于管理水泵亦可双排布置[图 11-23(b)]。

根据矿井正常涌水量和最大涌水量选择排水管的直径和敷设排水管趟数。一般情况下，要设置 2～3 趟，其中 1 趟作为备用。在泵房内排水管应通过托管架敷设于距硐室地坪 2.1～2.5 m 高处的硐室壁上。托管架用 10～14 号槽钢(或工字钢)制成，其长度视排水管直径取 600～900 mm(其中净空长为 300～600 mm)。

在泵房内电缆可沿墙悬挂，或设电缆沟敷设。前者使用与检修方便，但长度增加，故后者使用较多。电缆沟尺寸按敷设电缆数量确定。

在泵房内电气设备可在壁龛内安放。为安装、检修水泵和敷设管线，在每组水泵和电动机中心处预埋两根 18～33 号工字钢作为起吊横梁，横梁高度为 2.4～3.4 m，距拱顶距离为 0.9～1.2 m。

在硐室中靠近管子道的一侧铺设轨道，在管子道和通道衔接处设转盘，以实现设备运输的垂直转向。

主体硐室布置如图 11-24 所示。

根据图 11-24，硐室的长度由式(11-5)计算。

$$L = nl_1 + l_2(n-1) + l_3 + l_4 \tag{11-5}$$

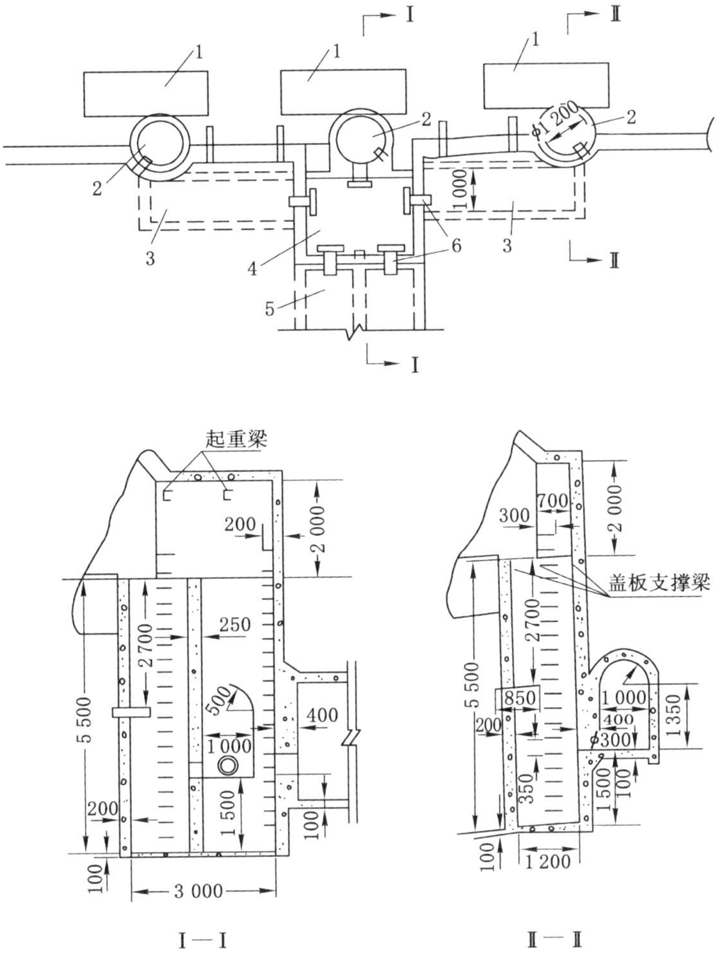

1—水泵及电动机；2—吸水小井；3—配水巷；4—配水井；5—水仓；6—带闸阀的溢水管。

图 11-22　配水系统布置图

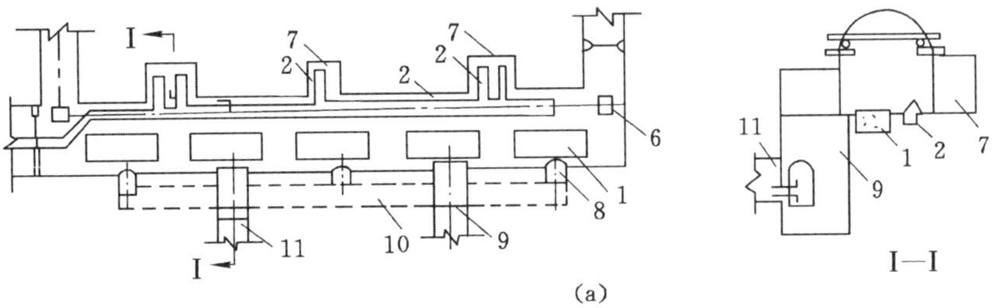

(a)

1—水泵基础；2—电缆沟；3—托管梁；4—起重梁；5—轨道；6—转盘；

7—电气壁龛；8　吸水小井；9—配水井；10—配水巷道；11—水仓。

图 11-23　中央水泵房布置

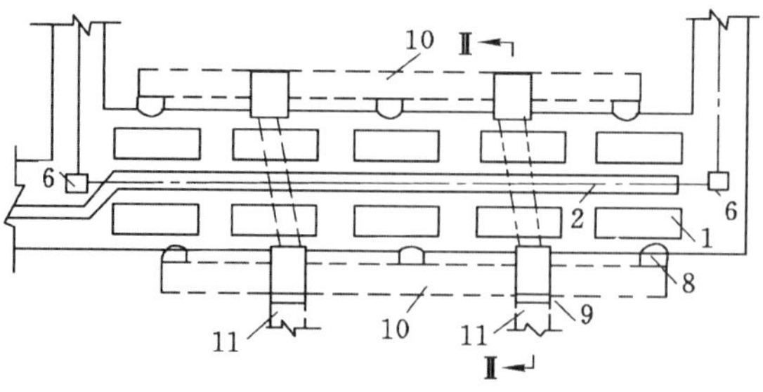

(b)

图 11-23(续)

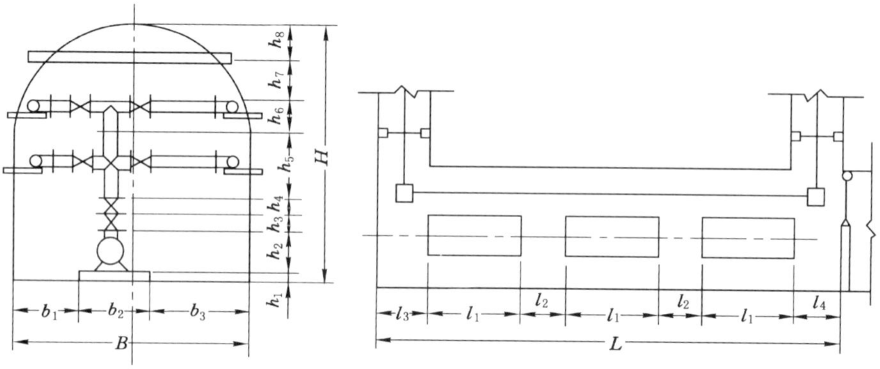

图 11-24　主体硐室布置

式中　L——主体硐室的长度,m;

n——水泵台数,根据矿井正常涌水量和最大涌水量确定,应考虑工作、备用和检修台数;

l_1——水泵及其电动机的基础长度,m;

l_2——相邻两台水泵和电动机基础之间距离,一般为 1.5～2.0 m;

l_3,l_4——硐室端头两侧的基础距硐室端墙或门之间的距离,一般为 2.5～3.0 m。

根据图 11-24,硐室宽度按式(11-6)计算。

$$B = b_1 + b_2 + b_3 \tag{11-6}$$

式中　B——主体硐室的宽度,m;

b_1——在吸水井一侧,水泵基础至硐室墙之间的检修距离,一般为 0.8～1.2 m;

b_2——水泵和电动机基础宽度,m;

b_3——在铺设轨道一侧,水泵基础至硐室墙的距离,一般取 1.5～2.2 m。

根据图 11-24,硐室的高度按式(11-7)计算。

$$H = h_1 + h_2 + h_3 + h_4 + h_5 + h_6 + h_7 + h_8 \tag{11-7}$$

式中　H——主体硐室高度,m;

h_1——水泵基础顶面至硐室地面高度,一般为 0.1～0.2 m;

h_2——水泵的高度,m;

h_3——闸板阀的高度,m;

h_4——逆止阀的高度,m;

h_5——四通接头高度,m;

h_6——三通接头高度,m;

h_7——三通接头至起重梁高度,一般大于 0.5 m;

h_8——起重梁到拱顶的高度,一般为 0.9~1.2 m。

根据图 11-24,设备基础尺寸按式(11-8)计算。

$$h = G_Q/(2LB) \tag{11-8}$$

式中　h——设备基础深度,m;

G_Q——基础质量,t;

L——基础长度,m;

B——基础宽度,m。

根据经验,设备的基础一般埋入底板 0.8~1.2 m,高出地表 0.1~0.2 m。当底板岩石稳定性较好时,也可不设基础,直接用锚杆固定。主体硐室的断面形状可根据岩性和地压大小确定。侧压较小时可采用三心拱或圆弧拱形,一般情况下可采取直墙半圆拱形断面。硐室内应浇筑 100 mm 厚混凝土地面,并高出通道与井底车场连接处车场底板 0.5 m。硐室多用料石或混凝土砌碹支护,应做好防渗漏工作。当围岩坚固无淋水时,亦可采用光爆锚喷支护。管子道与井筒连接处底板标高应高出硐室地面标高 7 m 以上,倾角大的管子道应设置人行台阶以利于检修。管子道应设托管支架和电缆支架。正常情况下,管子道只设 1 条,个别矿井涌水量大、管道数量多时,亦可设 2 条。管子道布置如图 11-25 所示。有的矿井排水管道不设在井筒内,而是在地面钻孔安设,如兖州煤业股份有限公司济宁三号煤矿。

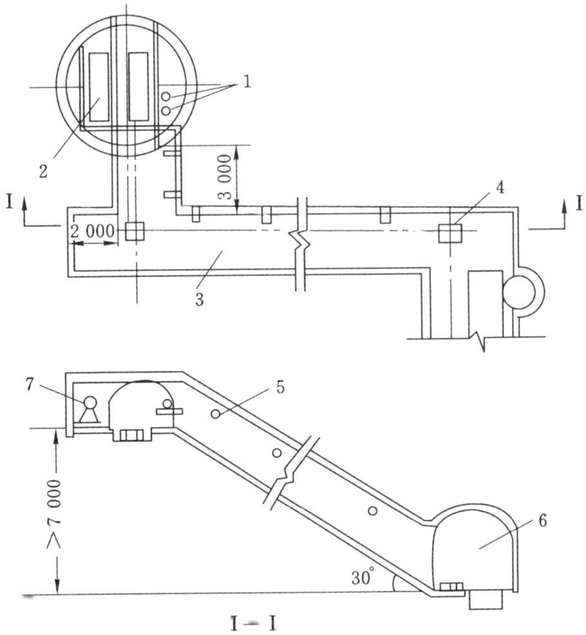

1—排水管;2—罐笼;3—管子道;4—转盘;5—支管架;6—泵房主体硐室;7—提运设备绞车。

图 11-25　管子道布置

泵房通道是主体硐室与井底车场的连接通道，应按规定布置，其布置如图 11-26 所示。通道断面形状可采用半圆拱形、圆弧拱形、三心拱形，其尺寸应根据通过最大设备的外形尺寸确定。从通道进、出口起 5 m 内，巷道要用非燃性材料支护，并装有向外开的防火铁门。铁门全部敞开时，不得妨碍巷道交通。铁门上应装有能够方便关严的通风孔，必要时关严以隔绝通风。铁门内加设向外开的不妨碍铁门开闭的铁栅栏门。泵房与变电所之间应设防火铁门，墙上设电缆套管，铁门结构与通道上的密闭门相似。

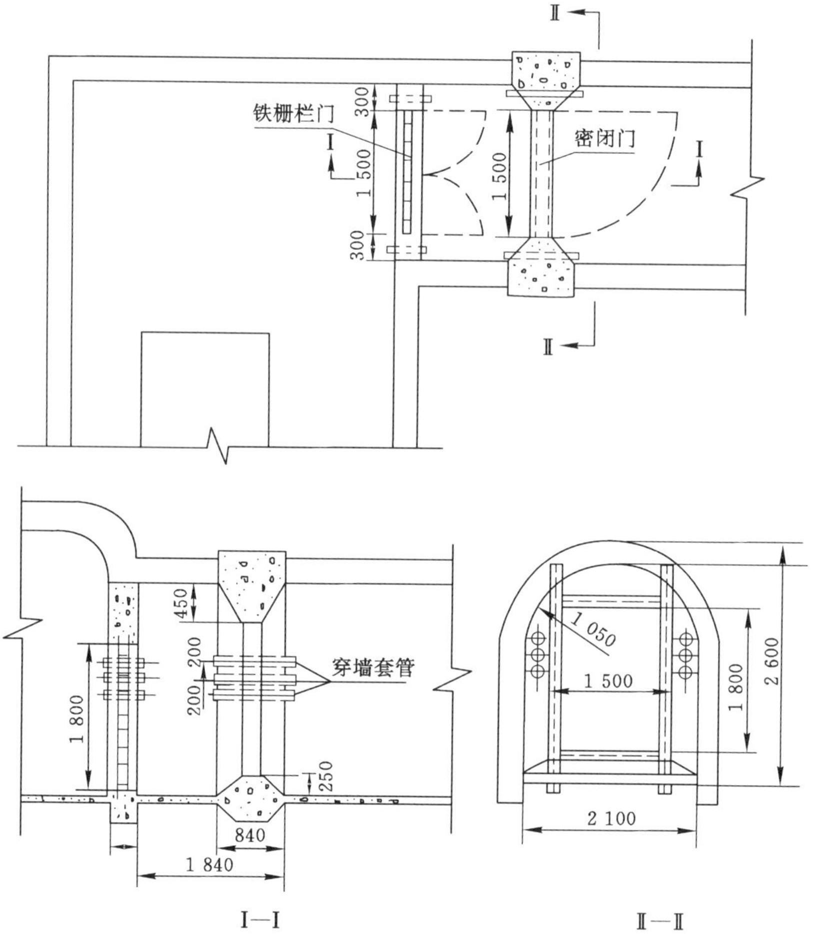

图 11-26　泵房通道布置图

(2) 压入式中央水泵房设计

与吸入式水泵房相比，压入式水泵房有以下特点。

① 为了保证水泵吸水管能经常充满水，压入式水泵房主体硐室的地坪标高应按使水泵的轴线低于水仓底板 1.0 m 左右确定。

② 配水巷的作用是控制来自水仓的水，并将其分配给各集水巷。在配水巷与水仓之间和在配水巷中间各设一道闸门，当需要清理水仓和集水巷时使用。

③ 压入式水泵房用集水巷取代吸水井后，水仓中的水通过配水巷进入集水巷，然后灌注到伸向集水巷中的水泵吸水管，由水泵排至地面。水泵吸水管穿过密封墙伸到集水巷

中，集水巷可供1台或多台水泵使用。

④ 水泵房地坪低于大巷标高，由大巷通向水泵房的通道为一向下倾斜的斜巷。因此，硐室通风条件差。当矿井突水时，若密封门失效，涌水可经斜巷直灌水泵房中。

⑤ 由于水泵利用水仓的自然水头进水，适宜于采用高效率、低吸程、大流量的水泵，可减少水泵台数、节约排水费用。

⑥ 由于水泵不需灌水启动，可以避免水泵的气蚀现象，从而延长水泵的寿命。

⑦ 需要设集水巷，使工程量增加。

根据上述特点，压入式水泵房一般只在地质条件较好时采用。

(3) 潜水泵水泵房设计

潜水泵是一种将泵体潜入水中工作、可在地面控制的水泵，一般用于涌水量较大的矿井。目前，国内仅有开滦集团有限责任公司东欢坨矿业分公司和峰峰矿务局九龙口矿采用这种排水系统。

潜水泵潜入直径为6～8 m的泵井中工作，具有安全性高、易于自动控制、系统和结构简单、维修量小、效率高等优点。但它对水净化系统要求高。为了使水净化达到要求，需要安装1套絮凝剂配制装置和配备1个较大的沉淀池。

五、水仓设计

水仓主要用于蓄积矿井涌水，此外还具有沉淀池的功能。矿井水经水仓蓄积并澄清后由水泵排出地面，因此水仓是矿井排水系统中必不可少的重要设施。

(1) 水仓的位置与布置形式

井底水仓必须设主仓和副仓，且主仓和副仓应相互独立。水仓应布置在井底附近含水少、不受采动影响的稳定的底板岩石中，其具体位置可在车场范围之内，也可在车场范围之外。布置水仓的原则是：① 保证井下涌水能顺利流入水仓；② 应尽量缩小范围，以减少安全煤柱损失。

随着矿井采掘技术的发展，将主要运输大巷布置在煤层中已非常普遍，在煤层中布置水仓也已有先例(如兖州煤业股份有限公司济宁三号煤矿将水仓布置在煤层中，采用方格布置，水仓容量为40 000 m^3)。

水仓的布置形式按水仓入口位置的不同有两种。第一种是将水仓入口布置在井底车场巷道标高的最低点(位于副井空车线的终点)，如图11-27(a)所示。第二种是将水仓入口布置在由运输石门(或运输大巷)进入井底车场的进口处，主、副水仓入口可布置在同一地点，均位于运输石门的进口处，如图11-27(b)所示；也可布置在不同地点，主仓入口位于左端石门的进口处，副仓入口位于右端石门的进口处，如图11-27(c)所示。

采用第二种布置方式时，来自采区的水不经过井底车场就进入水仓，保证了井底车场的环境。但井底车场内的涌水需要通过泄水孔排入水仓，泄水孔设在井底车场最低处。泄水孔应布置2个，分别通向主仓和副仓。为了保证当一个水仓清理时能方便地将水引入另一水仓，在布置泄水孔的一段水沟中应设转动挡板，如图11-27(d)所示。

第一种布置形式，布置简单，使用比较普遍。第二种布置形式，由于布置比较复杂，主要用在涌水量大或采用水砂充填的矿井中。

(2) 水仓容量、长度和断面尺寸的确定

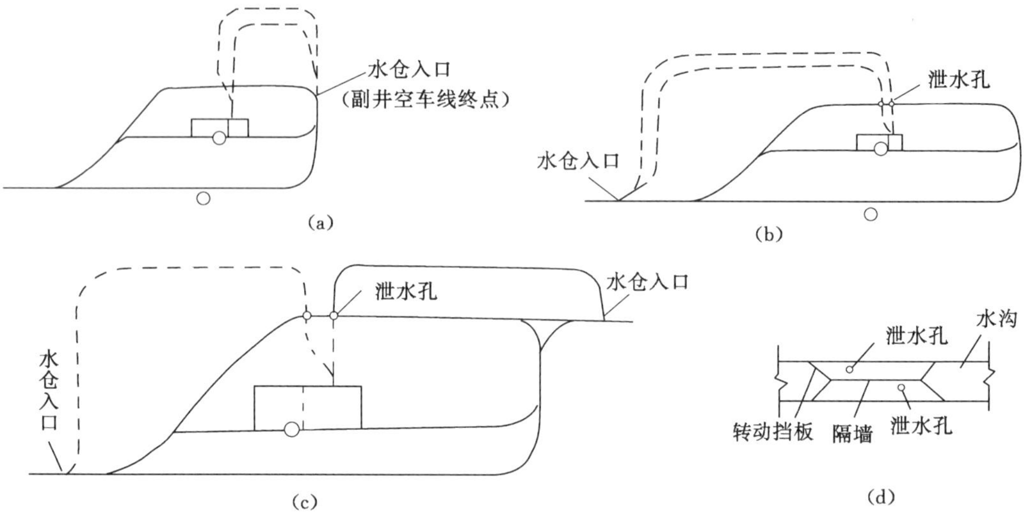

图 11-27　水仓的布置形式

① 水仓容量计算。水仓容量应满足《煤矿安全规程》的规定。

《煤矿安全规程》规定，新建、改扩建矿井或生产矿井的新水平，正常涌水量在 1 000 m^3/h 以下时，主要水仓的有效容量应当能容纳 8 h 的正常涌水量[式(11-9)]。正常涌水量大于 1 000 m^3/h 时，主要水仓的有效容量按式(11-10)计算，且必须满足 $Q \geqslant 4Q_0$。

$$Q = 8Q_0 \tag{11-9}$$

$$Q = 2(Q_0 + 3\ 000) \tag{11-10}$$

式中　Q——主要水仓的有效容量，m^3；

Q_0——矿井正常涌水量，m^3/h。

② 水仓长度计算。水仓长度按式(11-11)计算。

$$L = \frac{Q}{S} \tag{11-11}$$

式中　L——主、副水仓长度之和，m；

S——水仓净断面积，m^2。

③ 水仓断面积确定。确定水仓断面积时，应综合考虑水仓容量、水仓总长度、水仓布置形式、水仓入口标高、水泵吸水高度、水仓中水的流速(为利于澄清水中泥沙和杂物，水仓中水的流速一般以 0.001 1～0.003 m/s 为宜)，以及施工与清理的方便性等因素。

(3) 水仓纵断面计算

水仓纵断面布置如图 11-28 所示。水仓全长以最低点 B 为界被分为两段，AB 段为主要蓄水段，BC 段为清理斜巷。

根据图 11-28，水仓纵断面计算步骤与设计要求如下。

① 根据井底车场线路的坡度图推算水仓起点的标高值 h_C，根据水泵房底板标高推算水仓终点的标高值 h_A，进而确定水仓起点和终点的标高差 H。

② 为了有利于水中泥沙沉淀，将水仓底板布置成有 $i=0.001\sim0.002$ 的坡度(向吸水井方向为上坡)。

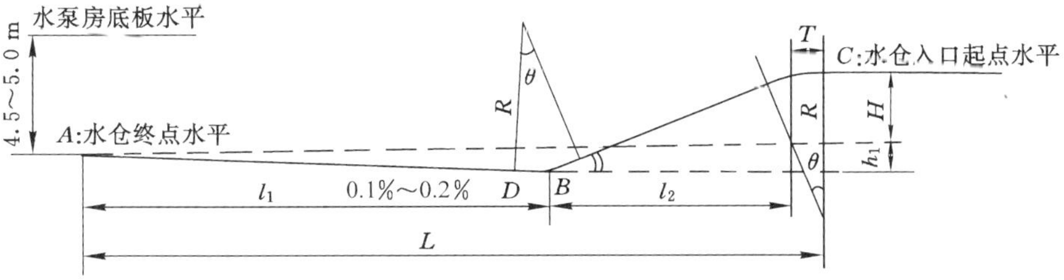

图 11-28　水仓纵断面布置

③ 为了提高水仓的有效容积，并兼顾矿车的装满系数，取清理斜巷倾角 $\theta=18°\sim20°$。

④ 竖曲线半径 R 一般取 9～12 m。

⑤ 为了保证水仓的全部容积能得到充分利用，并防止因水泵的吸水高度限制而无法抽出水仓内的全部蓄水，水仓终点的底板标高与水泵房底板标高的差值宜为4.5～5.0 m；为了保证水仓能够蓄满水，水仓终点的顶板标高必须低于水仓入口处水沟的底板标高。

⑥ 为了简化计算，将水仓最低点取为竖曲线的切线交点 B。B 点与实际最低点 D 之间有微小误差，其值为 $iR\tan\dfrac{\theta}{2}$。

⑦ 水仓终点 A 与水仓最低点 B 的高差 h_1 按式(11-12)计算。

$$h_1=\frac{L-R\tan\dfrac{\theta}{2}-H\cot\theta}{\dfrac{1}{i}+\cot\theta} \tag{11-12}$$

式中　L——水仓起点与终点的水平投影长，m；

R——清理斜巷的竖曲线半径，$R=9\sim12$ m；

θ——清理斜巷的倾角，一般为 18°～20°；

i——水仓的坡度，$i=0.001\sim0.002$；

H——水仓的起点与终点的标高差，m。

⑧ 水仓终点 A 与水仓最低点 B 的水平投影长 l_1 按式(11-13)计算。

$$l_1=\frac{L-R\tan\dfrac{\theta}{2}-H\cot\theta}{1+i\cot\theta} \tag{11-13}$$

⑨ 水仓起点 C 与水仓最低点 B 的水平投影长 l_2 按式(11-14)计算。

$$l_2=(H+h_1)\cot\theta \tag{11-14}$$

主水仓和副水仓长度不同，所以两水仓纵断面计算应分别进行。为保证准确施工，上述计算结果应与井底车场线路进行闭合验算。

(4) 水仓断面形状及支护

水仓断面形状可采用梯形或拱形。根据围岩稳定情况，支护可采用混凝土碹或锚喷。当两条水仓终点交汇于同一个配水井时，为了防止在交汇段(5～6 m)互相渗漏，需用300 mm 厚混凝土墙隔开。

一般应尽可能避免水仓在井底车场巷道下面穿过。如果无法避免，为确保车场巷道安全，水仓顶板与上方巷道底板之间应留不小于 2～3 m 厚的岩柱。为满足岩柱厚度的要求，可改变水仓断面形状(如由拱形变为矩形)或降低断面高度,但为了清理方便,水仓断面最小高度应不低于 1.8 m。当水仓断面采用最小高度仍不能满足岩柱厚度的要求时,可在交汇处安放纵向或横向工字钢梁以加强岩柱。

第二节 硐室施工

一、硐室施工的特点

硐室施工与巷道施工有较大差别,主要表现在以下几个方面。

① 硐室(水仓除外)一般较短,定向比较容易,施工过程中的通风、排水等问题也比较容易解决。

② 硐室由于其空间特征和围岩特性,通常采用爆破工艺进行掘进施工。根据《煤矿安全规程》规定,岩石巷道必须采用光面爆破施工。

③ 硐室(特别是井底硐室)的使用时间长,空间断面大且结构复杂,因此对其支护要求高,支护难度大。通常硐室支护采用支护技术难度较大、工作量较大、成本较高的拱碹结构支护,有些硐室也采用锚喷结构支护。

④ 大断面的硐室有较大的施工空间,为平行作业提供了方便,但当多项工作在同一空间同时进行时,人员和设备比较集中,需要特别注意施工安全。

⑤ 对于大断面硐室,一般采取分次成巷法施工,施工组织与管理比较复杂;对于空间比较复杂的硐室,由于每个断面工作量不同,很难按照正规循环作业组织生产,施工组织管理困难。

⑥ 对于安装机电设备的硐室,需要做设备基础、预留管线沟槽、安设起重梁等,这些工作应在硐室的掘进与支护时与相关工作一起考虑、统一安排,施工工序较多,工作量较大,进一步增加了施工组织与管理的难度。

二、硐室施工的方法

硐室施工方法有全断面一次施工法和分次施工法两种。全断面一次施工法适用于围岩比较稳定、断面不是特别大的硐室(若采用常规设备施工时硐室高度以不超过 5 m 为宜),具体施工方法与巷道施工中的全断面一次成巷法完全相同,在此不再赘述。分次施工法按照硐室空间特点和断面大小可采用不同的施工方法,常用的分次施工法有以下几种。

(一) 分层(台阶工作面)施工法

当采用全断面一次掘进硐室维护困难,或者由于硐室的高度过大施工困难时,可以将硐室在断面内沿高度分成若干分层,每一次作业针对其中一个分层进行,整个断面的施工按照自上而下或自下而上的顺序逐次逐层进行,这种施工方法叫作分层施工法。采用这种施工法,在施工过程中上下两个相邻分层工作面保持一定错距,在纵截面图上工作面呈台阶状,因此这种施工法也叫作台阶工作面施工法。当自上而下施工时,称为下行分层施工法,也叫作正台阶工作面施工法;反之,称为上行分层施工法,也叫作倒台阶工作面施工法。台阶工作面施工法一般用在围岩稳定或比较稳定的条件下。

(1) 下行分层(正台阶工作面)施工法

将硐室断面根据硐室高度分为 2～3 个分层，每个分层高度以 2～3 m 为宜，由上而下逐个分层施工。图 11-29 所示为原抚顺矿务局龙凤矿采用该方法施工－635 m 东部水泵房的实例，上分层工作面高 2.5 m，下分层工作面呈 45°斜坡布置，以便于溜放上分层工作面的矸石，上分层工作面超前下分层工作面 2 m 左右，在下分层用装载机装岩。施工组织采用“两掘一锚喷”，具体做法是随掘随喷一层 5 mm 厚的水泥砂浆，用以临时封闭围岩，待掘进 20～30 m 后，再按设计厚度喷射混凝土作为永久支护。锚杆有效长度为 1.5 m，间距为 0.11 m，排距为 1.0 m，方格布置。

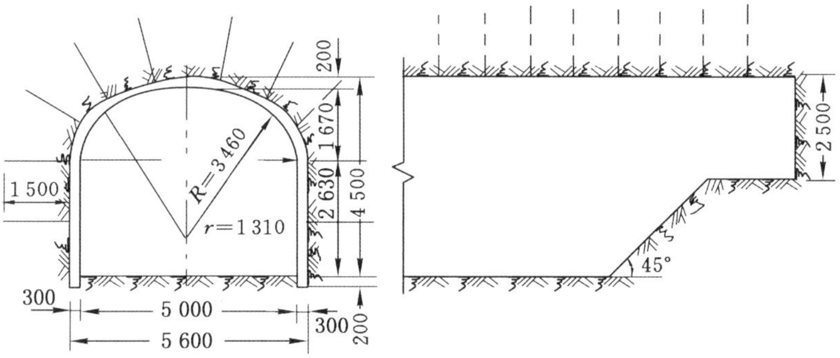

图 11-29　原抚顺矿务局龙凤矿水泵房正台阶工作面施工法

当硐室长度较小时，可将上分层全部掘喷完后再掘喷下分层。图 11-30 所示为徐州矿务集团有限公司大黄山煤矿(简称徐州大黄山矿)采用该方法施工二号井西二绞车房的实例。

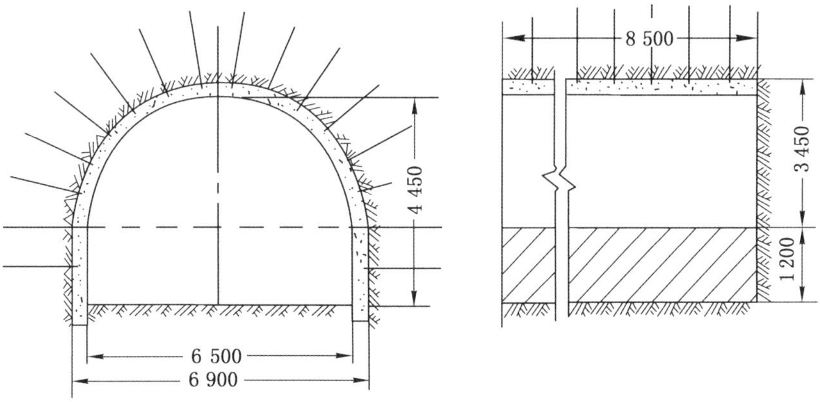

图 11-30　徐州大黄山矿二号井西二绞车房正台阶工作面施工法

若围岩条件差，硐室采用砌碹支护时，也可采用下行分层施工法施工。具体做法是随上分层掘进打锚杆挂网进行临时支护，然后进行砌碹支护。砌碹有两种方法：一种是落后于下分层掘进工作面 1.5～2.5 m 进行砌碹，砌碹随下分层工作面推进而推进；另一种是先砌拱后砌墙，即采用短段掘砌随上分层掘进先砌好拱，随下分层掘完再砌墙。为了防止下分层爆破时损伤拱帽，应适当加大上、下分层之间的距离。采用这种施工法时，对墙和拱间的工艺缝要填满硬砂浆并处理好。

(2) 上行分层(倒台阶工作面)施工法

该施工法先掘下分层,边掘边砌两侧边墙,再掘上分层(挑顶)并保留矸石,在矸石上进行砌顶部碹作业,后清矸。图 11-31 所示为抚顺矿业集团有限责任公司老虎台矿采用该法施工 -580 m 中央水泵房硐室的实例。采用倒台阶工作面施工法时,先施工下分层,因此要设临时支护。用锚杆作临时支护时,最好选用可回收的锚杆,以降低成本。

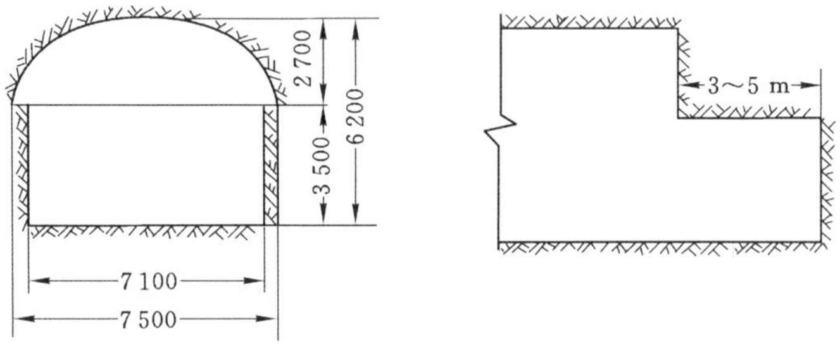

图 11-31　抚顺矿业集团有限责任公司老虎台矿水泵房倒台阶工作面施工法

(二) 导硐施工法

在设计掘进的岩体内,先掘出 1 个或 2 个小断面的空硐(称为导硐),再将其扩大至硐室的设计断面的施工方法,称为导硐施工法。

采用导硐施工法进行巷道施工时,施工分掘导硐和扩硐两个步骤进行。扩硐可与掘导硐交替进行,即在导硐掘出一定距离后停止掘导硐,进行扩硐;也可与掘导硐同时进行,即滞后导硐掘进面一定距离进行扩硐,掘导硐与扩硐平行作业。但无论如何安排,导硐都需要独立施工,因此其位置、断面等均应满足掘进通风与出渣的要求。为保证安全,导硐内需要进行临时支护。

根据导硐的位置和数目,导硐施工法有中央下导硐施工法、两侧导硐施工法、顶部导硐施工法等。以下主要介绍中央下导硐施工法和两侧导硐施工法。

(1) 中央下导硐施工法

导硐位于硐室中部,靠近底板,其断面可按布置单轨考虑,以能满足机械装岩要求为准。施工过程为先掘导硐至预定位置,再进行刷帮、挑顶,最后进行永久支护。当硐室采用锚喷支护时,宜采用先挑顶并随即安装拱部锚杆和喷射拱部混凝土,然后刷帮并进行墙部支护的施工顺序,如图 11-32 所示。当硐室采用砌碹支护时,宜采用先刷帮随即砌墙,然后挑顶并进行拱部砌碹的施工顺序,如图 11-33 所示。

(2) 两侧导硐施工法

在松软、不稳定岩层中,为了保证顶板稳定和施工安全,常采用两侧导硐施工法施工。该方法施工过程分三步进行,如图 11-34 所示。第一步,沿硐室断面两侧轮廓线和底板在硐室断面的两侧各开掘一条小断面导硐,在导硐中由下而上逐层挑顶直到导硐墙高达到硐室的拱基线位置。在导硐掘进和挑顶过程中采用随掘(挑顶)随砌硐室墙的方式组织施工。第二步,待两侧墙体砌好后开始掘进硐室的拱部(在导硐内向上沿硐室拱部轮廓线继续挑顶),掘完后进行拱部砌碹。第三步,待拱部完工后拆除中间留下的岩柱。两侧导硐施工法主要用于特大断面(50 m^2 以上)硐室施工。

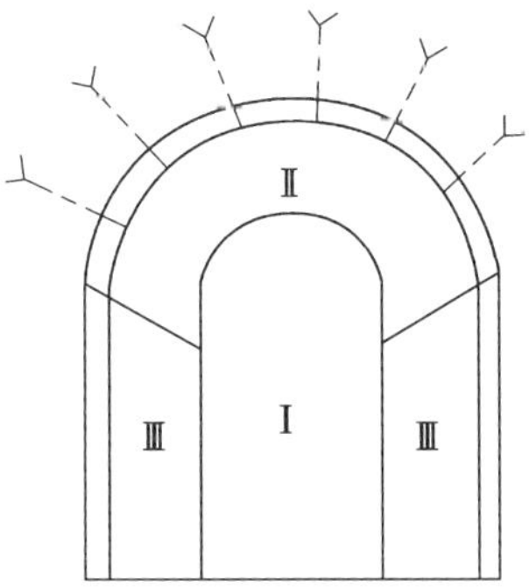

Ⅰ,Ⅱ,Ⅲ—施工顺序。

图 11-32 中央下导硐先拱后墙施工法

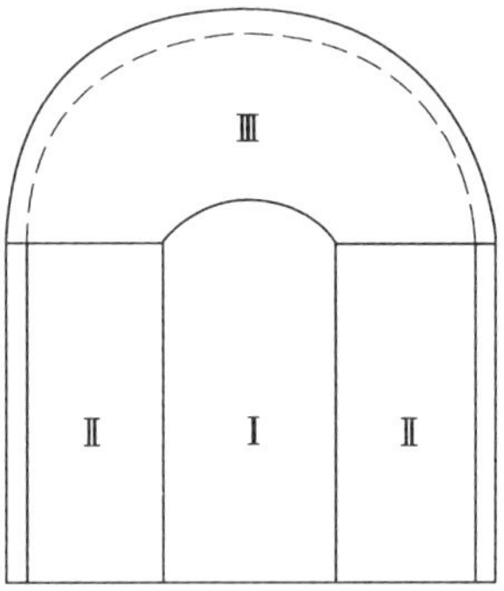

Ⅰ,Ⅱ,Ⅲ—施工顺序。

图 11-33 中央下导硐先墙后拱施工法

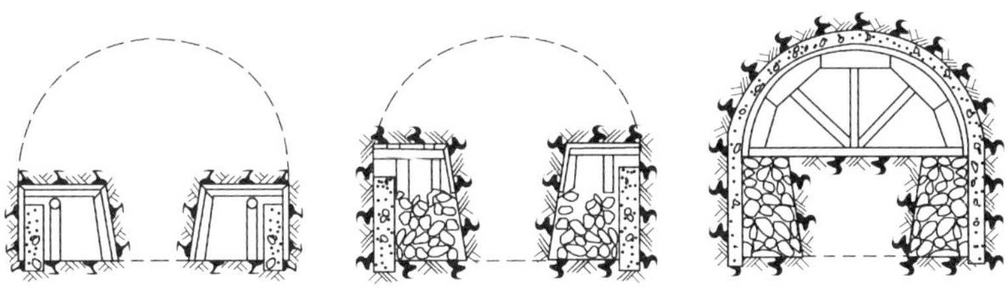

图 11-34 两侧导硐施工法施工过程

为了有利于控制顶板,导硐采用宽度为 1.8～2.0 m、高度为 2.0 m 的小断面。为了便于进行高处作业,当导硐挑顶到一定高度时需在底部保留一定高度的矸石,所留矸石与中间留下的岩柱一起清理。

三、与井筒相连的主要硐室的施工

与井筒相连的主要硐室有副井马头门和主井箕斗装载硐室。这类硐室的施工方法与一般硐室相同,但是由于与井筒相连,施工时必须考虑与井筒施工的关系以及尽量利用凿井设备。马头门施工一般安排在凿井阶段进行。箕斗装载硐室和主井的施工顺序有两种安排:一种是与井筒同时施工;另一种是与井筒分别施工,即当井筒掘至箕斗装载硐室时,在硐室位置预留硐口,硐口处用料石干砌,待以后再施工。

(一) 马头门施工

马头门的施工顺序如图 11-35 所示,图中序号表示施工的顺序。当井筒掘进到马头门上方 5~10 m 处时停止掘进,将上段井壁砌好。向下继续掘进井筒时可有两种方案:一种是随井筒掘进同时掘出马头门;另一种是将井筒掘到底或掘至马头门下方的混凝土壁圈处,由下而上砌筑井壁至马头门的底板标高处,再逐段施工马头门。

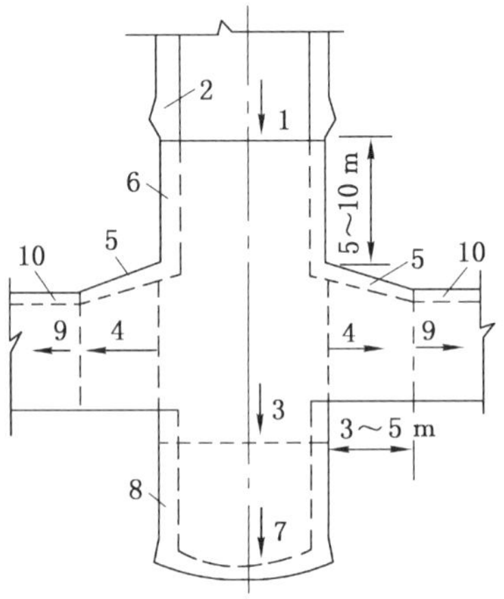

图 11-35　马头门的施工顺序

马头门因与副井井筒相连,断面较大,一般多采用下行分层施工法施工。

在马头门施工中应注意以下问题。

① 马头门与井筒连接处的井壁应砌筑成一个整体。

② 当岩层松软破碎时,两侧马头门应分别施工;在中等以上稳定岩层中,两侧马头门可同时施工。

③ 当马头门处围岩比较坚硬稳定时,掘进时可采用锚喷作临时支护。

④ 为加快施工速度,马头门可与井筒同时施工,如图 11-36 所示。

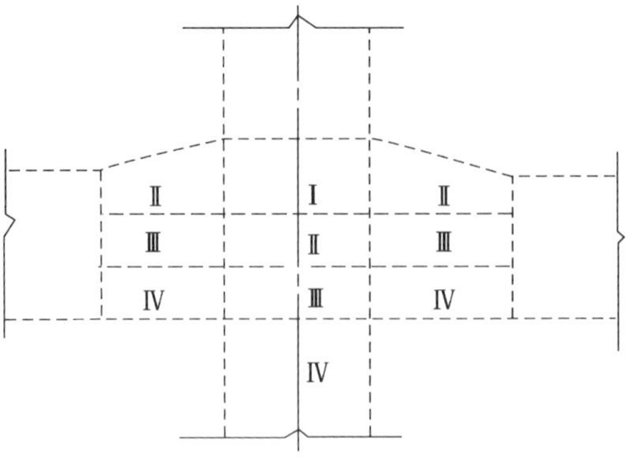

Ⅰ,Ⅱ,Ⅲ,Ⅳ—施工顺序。

图 11-36　马头门与井筒同时施工(下行分层施工法)

(二) 箕斗装载硐室施工

根据箕斗装载硐室与井筒施工顺序的不同,箕斗装载硐室有以下三种施工方案。

(1) 箕斗装载硐室与主井井筒同时施工

当围岩比较稳定,允许大面积暴露时,箕斗装载硐室可以和井筒错开一个步距(一茬炮),同时自上而下施工。箕斗装载硐室采用下行分层施工法的施工顺序如图 11-37 所示。在条件不允许时,硐室各分层可和井筒交替施工。为了便于操作,井筒工作面始终超前硐室一个分层,并暂留部分矸石。当围岩松软,且硐室顶板设计为平顶,不允许暴露较大的面积时,上室第一分层可采用两侧导硐,沿硐室周边掘进贯通,并架设临时支护。导硐的墙和井筒同时立横板和浇筑混凝土,如图 11-38 所示。为了防止碹墙下沉,应在围岩内打入金属托钩,并将托钩浇筑在墙壁内。硐室的顶盖为平顶工字钢与混凝土联合支护。顶盖施工时要把煤仓下口按规格留出,而分煤器必须和顶盖一起施工。上室第一分层墙和顶的混凝土浇筑工作应与井筒的砌壁工作同时进行,这样可使装载硐室的墙、顶盖和井壁形成一个整体。然后继续往下掘进井筒,同时掘进硐室其他各分层,硐壁可用锚杆作临时支护,并在井筒砌壁的同时,完成硐室墙的浇筑工作。

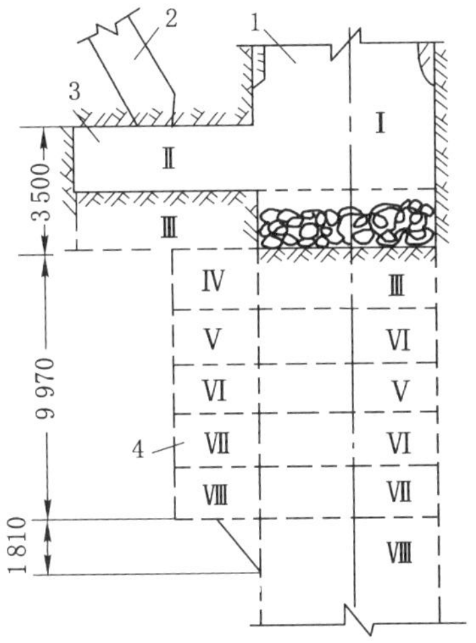

1—井筒;2—煤仓;3—上室;4—下室。

图 11-37　箕斗装载硐室与井筒同时施工

(2) 箕斗装载硐室在井筒掘砌全部结束后进行施工

在施工井筒时,和硐室相连部分除预留硐口位置外,其他部分全部砌碹。预留硐口的临时支护,当井筒采用砌碹井壁时可用料石干砌,当井筒采用锚喷支护时,可只喷一层薄层砂浆,这样既便于维护又便于拆除。

(3) 箕斗装载硐室和地面永久建筑平行施工

一般在主井施工到底后,立即组织主、副井短路贯通,将主井改装采用临时罐笼提升后,再掘砌装载硐室,硐室施工和主井地面永久建筑工程施工同时进行。当主井采用立式圆筒煤仓,且配煤用带式输送机巷与装载硐室相联系时,装载硐室可从带式输送机巷方向进行施工。采用这种方案一般用下行分层掘进法掘进,用锚喷作临时支护,掘进矸石抛落

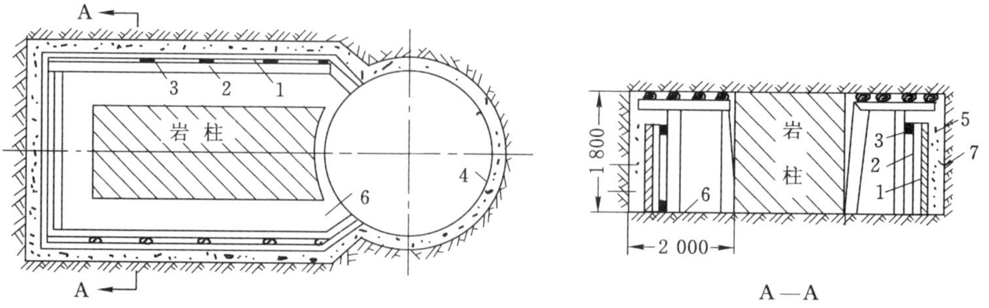

1—模板；2—横向方木；3—竖向方木；4—井筒模板；5—操平钢轨；6—导硐；7—金属托钩。

图 11-38　硐室上室第一分层的掘砌施工

到井底后由清理斜巷提出。

第三节　智能化应用

目前，我国智能化技术在矿山建设中的应用十分广泛，其优势主要体现在保障矿山安全生产和管理、减少井下工作人员数量以及提升效率等方面。本节将简单阐述目前智能化在硐室设计与施工中的应用。

虚拟现实(virtual reality，VR)技术在许多工程领域已得到广泛应用，在矿山建设方面的应用起步相对较晚，但成果颇丰。目前主要应用于矿山模拟地质构造、矿山开采模拟与设计优化、爆破工艺、培训教学、事故调查研究等方面。此外，VR 技术还可以应用于数据的系统展示、远程可视化监控、设计优化、技术培训、实验教学、事故模拟与分析等方面。具体在矿山领域的应用包括远程指导技术、技术培训与安全培训、设备巡检与安全检查，以及井下环境监测、矿井机械导航及远程操控等方面。

一、硐室设计智能化应用

硐室设计可以运用虚拟现实技术和增强现实(augmented reality，AR)技术来进行提前模拟设计。

VR 技术又称灵境技术、虚拟仿真技术，是由计算机生成的人机交互的三维空间的虚拟世界的技术。它综合了计算机图形学、仿真技术、传感技术、多媒体技术、人工智能等多种现代科学技术，采用计算机技术生成逼真的感觉、听觉、触觉一体化的特定范围的虚拟环境。用户可借助头盔、数据套等特定设备，通过语音、动作等与虚拟环境进行实时互动。

用 3D 设计软件及虚拟现实技术进行硐室设计，不仅可以提前发现问题、保障人员设备及安全，还可以降低施工成本、提高施工效率。

此外，智慧矿山的建设不仅需要 3D 设计软件和虚拟现实技术，还需要建设一个足够强大的数据处理系统、高速网络平台、智能化设备以及各类监控传感器，来打破“信息孤岛”，从而实现对矿山整体实时数据的监测。智能化大致流程如图 11-39 所示。

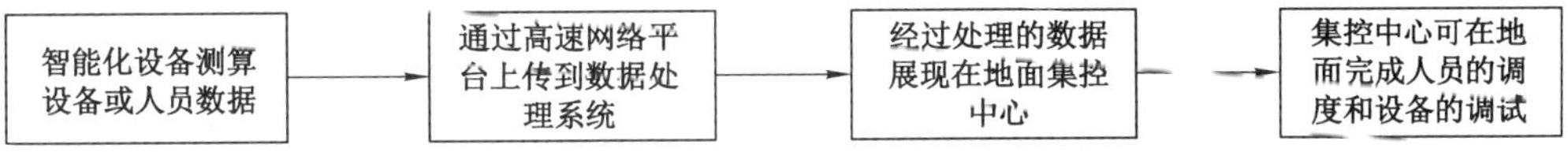

图 11-39 智能化大致流程

二、硐室施工智能化应用

智能化设备在智能化矿山建设中起着至关重要的作用，这就要求参与硐室施工的以及在各类硐室工作的设备需要符合智能化设备的要求。

以一整个硐室为主体，需要实时测量的数据有硐室的整体情况、围岩应力、瓦斯浓度、温度、湿度、人员数量、设备数量及功率等。接下来将分别介绍各类监测设备及办法。

(1) 硐室整体情况、人员数量及设备数量监测

对于硐室整体情况、人员数量及设备数量这类较易监测的数据来说，一般采用智能红外传感摄像仪来进行数据的监测及上传。

(2) 围岩应力监测

传统的硐室围岩应力监测方式是通过监测锚杆等支护设备的部分点的应力与应变来实现的，并且有许多缺点。首先，传统的监测方式不能实现锚杆全长的分布式监测，一些点的监测结果并不能反映整个锚杆的应力应变情况且不能监测出锚杆受损情况；其次，传统的监测传感器在矿井等环境中寿命较短，平均为 1～2 年，而锚杆的使用寿命很长，需要经常更换传感器；最后，传统的传感器传输距离有限，一般为 200～300 m，不能满足地上地下超远传输的要求。因此，为了实现围岩应力的实时监测，就需要更为智能且功能强大的锚杆传感器。

目前，采用内嵌光纤的智能化锚杆(图 11-40)得到广泛应用。

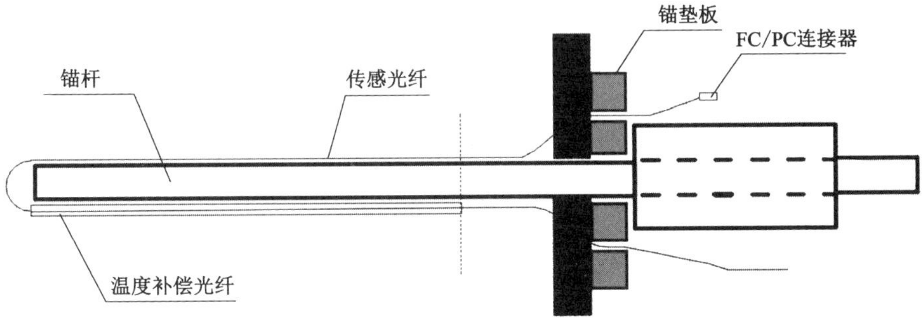

图 11-40 内嵌光纤的智能化锚杆

内嵌光纤的智能化锚杆不仅克服了传统锚杆及传感器的不足，还具有集成度高、成本低、精度高、耐腐蚀、抗电磁及防水等优势。

(3) 瓦斯浓度监测

在煤矿掘进、开采过程中，瓦斯事故常年占据首位，是煤矿安全的“第一杀手”。瓦斯传感器作为瓦斯监测终端，在防治瓦斯灾害上起着至关重要的作用。因此，瓦斯传感器向智

能化方向进行更新换代是保障井下安全不可或缺的重要一步。

传统的瓦斯传感器应用的是催化原理和热导原理，传感器的探头包括载体催化元件和热导元件，并且安装有金属膜电阻和调节点位。其工作过程为：环境中的瓦斯气体进入传感器探头，然后与探头中的检测元件进行化学反应，并生成电信号，通过转换器将电信号进行放大和转换后传到地面的集控中心。瓦斯传感器的种类主要有固定式和便携式两种。便携式瓦斯传感器如图 11-41 所示。

图 11-41　便携式瓦斯传感器

由于井下环境复杂，瓦斯传感器容易受到粉尘、电磁波的干扰，常常出现不报警或误报警的现象。此外，由于井下有时会出现湿度较大甚至线路淋水的情况，而大多数瓦斯传感器为有线连接，这就容易导致传感器因线路破损而信号中断。

智能化瓦斯传感器一般采用两条线路进行传输数据，信息传输方式以有线传输为主、无线传输为辅。正常情况下，采用有线传输，当有线传输不方便时，采用无线传输方式，功能性较强。因井下环境较为复杂，干扰因素较多，智能化瓦斯传感器采用双监测通道进行瓦斯浓度监测，大大提高了监测结果的准确性和稳定性。智能瓦斯传感器监测流程如图 11-42 所示。

三、各类硐室所用设备的智能化应用

由于各类硐室所用机械设备区别较大，本部分只列举一些主要的设备。

（1）水泵机

水泵承担整个矿井的排水任务，在矿山生产活动中起着至关重要的作用。水泵机运转频繁且工作环境相对潮湿，因此，其腐蚀和锈蚀的速度很快，需要定期进行检查维修和更换。频繁的检测维修，不仅浪费时间和人力，还会耽误矿井生产进度。水泵机的故障主要分为电动机故障和转子故障，如表 11-1 所示。智能化水泵机的发展方向就是实现对水泵机的实时监测、故障预测与故障诊断等。

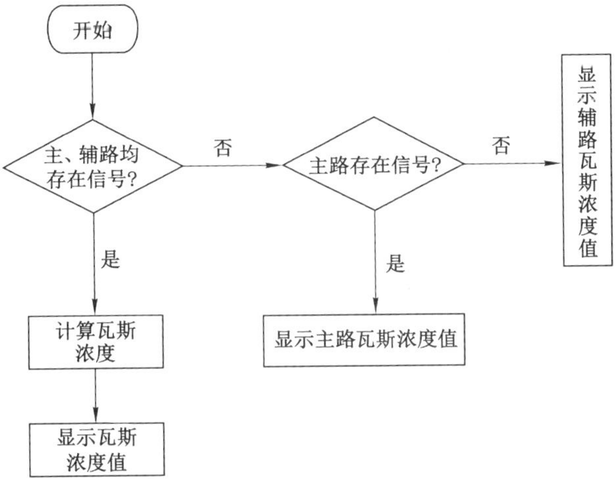

图 11-42　智能瓦斯传感器监测流程

表 11-1　转子故障和电动机故障

典型故障		在频谱图的对应区域
转子故障	转子不平衡	一阶转频
	转子不对中	二阶转频
	转子弯曲故障	一阶转频、二阶转频
	转子支撑部件松动	(0.3～0.5)倍基频、一阶转频以及高阶振动频率
电动机故障		三阶转频

水泵机有许多参数需要进行监测，如转子转速、振动频率、电流功率等。根据经验得出，超过七成的水泵机损坏都与各部件的振动损坏有关。因此，监测与振动有关的数据尤其重要。

水泵机的参数监测是由各类传感器实现的，包括温度传感器、液位传感器、电流传感器和转速传感器等。智能化水泵机不仅解决了频繁巡检的问题，也实现了故障准确定位和快速处理。

(2) 中央变电所

井下中央变电所主要承担为井下各电气设备(主排水泵机、带式输送机、采煤机、掘进机以及各采区需要供电的设备)供电的作用，是矿井主要硐室之一。因此，中央变电所的智能化发展方向就是将整个变电所的运行状态实时监测、故障分析、设备健康状态诊断、电能计量统计分析以及停送电操作，提高变电所运行的可靠性和管理的高效性，真正实现变电所的无人值守。

中央变电所实现智能化的主要方式是安装智能巡检机器人，对变电所各项数据进行监测和预警。

四、硐室应用智能化总结

硐室设计与施工的智能化发展方向总的来说可以包括以下几个方面：

① 智能监控系统:通过安装摄像仪和传感器等设备,实时监测硐室内的施工情况。如监测施工人员的工作状态、设备的运行情况,以及硐室内的温度、湿度等环境参数,提供实时的数据和图像,方便管理人员进行监控。

② 自动化设备:利用自动化技术,如机器人、自动化输送线等,实现硐室内的自动化施工。可以将一些重复、危险或烦琐的工作交给机器人来完成,提高施工效率和安全性。

③ 虚拟现实技术:利用虚拟现实技术,可以在硐室施工前进行虚拟仿真,预先模拟施工过程,发现潜在问题及时进行优化。同时,施工人员也可以通过虚拟现实设备进行培训和指导,提高施工的准确性和效率。

④ 数据管理与分析:通过数据采集和分析技术,对硐室施工过程中的数据进行管理和分析。可以实时监测施工进度、质量等指标,及时发现问题并进行调整和优化。同时,还可以对施工数据进行记录和分析,为以后的施工提供参考和经验总结。

硐室施工的智能化应用可以提高施工效率、减少人力投入、提高施工质量和安全性,同时也可以减少施工过程中的人为错误和事故发生。

习　题

1. 矿井硐室按用途分类有哪些? 试举例。
2. 主井系统有哪些硐室? 各有什么功能?
3. 中央水泵房由哪几部分组成? 水泵类型及各自优缺点有哪些?
4. 试简述水仓的作用、组成部分以及布置原则。
5. 简述硐室施工与巷道施工的区别。
6. 简述巷道施工的方法及各方法的适用范围。
7. 硐室智能化应用如何保障人员和设备的安全?

参考文献

[1] 东兆星,吴士良. 井巷工程[M]. 徐州:中国矿业大学出版社,2004.
[2] 钱鸣高,石平五. 矿山压力与岩层控制[M]. 徐州:中国矿业大学出版社,2004.
[3] 中国矿业大学. 井巷工程[M]. 2版(修订本). 北京:煤炭工业出版社,1991.

第十二章　井筒施工

导学思考题

1. 井筒的类型及各类型特点有哪些？
2. 井筒施工需要做哪些工作？

井筒按其轴线的倾角划分有立井、斜井和平硐三种基本类型。其中平硐施工与大巷完全相同；斜井在表土段施工具有显著的特点，基岩段施工与斜巷相同；立井在施工专用设备及布置、施工工艺及装备、施工组织方式、井筒通风与工作面防排水等方面都与其他巷道不同。本章将主要介绍立井井筒施工及斜井表土段施工相关知识。

第一节　概　　述

一、井筒及其施工的特点

① 井筒是由地表通往矿体的通道，一般是一条捷径，保持方位和倾角不变，通常要穿过复杂的地层，施工难度大、技术复杂。

② 井筒是矿井的咽喉，其施工质量直接关系矿井的建设和生产期间的正常使用，其畅通和通过能力直接影响和决定着矿井的安全和生产能力，对井筒施工质量要求高。

③ 井筒工程是矿井建设的主要连锁工程项目之一。井筒工程量一般占矿井建设井巷工程量的15%左右，施工工期占井巷施工总工期的1/3～1/2，井筒施工直接影响其他井巷工程、有关地面工程和机电安装工程的施工，井筒施工速度影响和决定着矿井建设的总工期，对井筒的施工工期要严格要求。

因此，保证井筒施工安全和质量、提高施工速度是对井筒施工的基本要求，也是井筒施工实践中长期研究的重要课题。

二、井筒结构

井筒结构与井筒类型、用途和其中装备有关。

(　) 井筒用途及装备

井筒的主要用途是提升、通风和行人(做安全出口)。用于提升煤炭的称为主井，用于提升人员、设备、材料、矸石的称为副井，主井和副井都可兼作通风和安全出口。专门用于通风的井筒，称为风井。有的矿井只设一个提升井筒用于承担矿井所有提升任务，称为混合井；有的矿井需要设排矸、充填等专用井筒，分别称为排矸井、充填井等。

用于提升的立井按其中装备分为箕斗井、罐笼井和箕斗罐笼混合井。箕斗井仅用于提升煤炭；罐笼井通常只作辅助提升，有时也可作混合提升。用箕斗罐笼混合井作混合提升多见于老矿井改扩建的延深井。立井用作矿井安全出口时，井内应设梯子间。

用于提升的斜井按其中装备分为串车斜井、箕斗斜井和带式输送机斜井。串车斜井既可仅用于提升煤炭或仅作辅助提升，也可作混合提升；箕斗斜井仅用于提升煤炭；带式输送机斜井一般仅用于提升煤炭。

（二）井筒结构

1. 立井结构

立井井筒由井颈、井身和井底三部分组成，如图 12-1 所示。

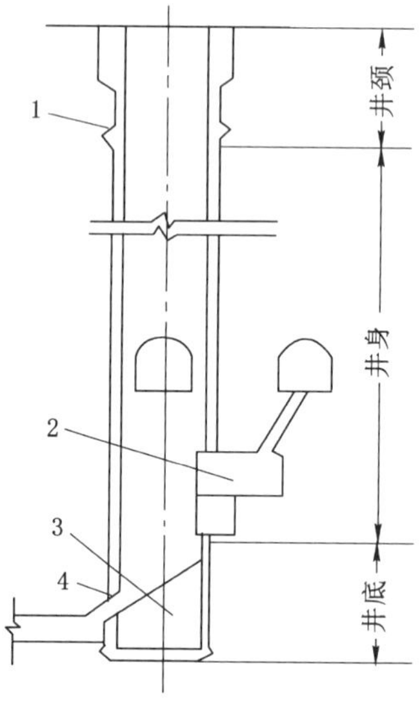

1—壁座；2—箕斗装载硐室；3—井窝；4—收集撒煤漏斗。

图 12-1　立井井筒结构

（1）井颈

井颈是井筒的最上一段，井壁较其他部分厚，在其上通常设有暖风道口、梯子间通道口、风硐口等岔道口。井颈段井壁加厚的原因为：① 井颈多处于松软表土层或风化岩层内，围岩条件较差；② 井颈要承受地面构筑物施加的较大的载荷；③ 暖风道、梯子间通道、风硐等穿过井颈围岩，削弱了该段围岩承载能力并在其中产生较大应力集中。井颈一般采用钢筋混凝土浇筑，在浇筑时应将各岔道口一次做好。井颈的深度可为浅表土的全深，也可为厚表土井壁第一个壁座以上部分，一般要求井颈的深度为 15～20 m。井颈厚度一般按经验取1.0～1.5 m，对需设井塔（采用多绳摩擦提升）或处于地震区的井筒应取上限；井颈厚度也可通过计算确定。

（2）井身

井身是井筒的中段，为井颈以下至井底车场水平的一段，是井筒的主要部分。

（3）井底

井底是井筒的最下一段，为井底车场水平以下的部分。井底深度由提升过卷高度、井底装备高度和井窝深度等决定，一般罐笼井的井底深度为 10 m 左右，箕斗井和混合井为 35～75 m，风井为 4～5 m。

2. 斜井结构

箕斗斜井和带式输送机斜井井筒的组成与立井井筒相似，也由井颈、井身和井底三部分组成，在井底设装载硐室、撒煤清理硐室、井窝等，带式输送机斜井还需设胶带张紧硐室；串车斜井一般没有井底部分，井筒通过甩车场或平车场与开采水平相连接。

（三）井筒施工方法分类

井筒施工方法指破岩、清渣、支护等方法，具体划分方法及种类繁多。就井筒施工的对象而言，有表土和基岩两类岩层，两者的物理力学性质以及在施工过程中的工程表现有很大差异，因此破岩、清渣、支护的方法均有所不同。按施工对象将井筒施工方法分为表土施工法和基岩施工法两大类。表土有稳定表土和不稳定表土之分。对于稳定表土，通常采用常规的破岩和清渣方式掘进以及按先掘后支的顺序进行施工，这类方法称为表土段普通施工法。对于不稳定表土，为了防止在施工中发生井筒片帮、涌水、涌砂等事故而影响正常施工，通常采用一些非常规的施工方法进行施工，如沉井法、钻井法、冻结法、帷幕法等，这类方法称为表土段特殊施工法。

由于表土段特殊施工法在立井中使用比较方便，且有些方法只能用于立井施工，因此以下关于表土段特殊施工法施工仅介绍立井施工。

第二节　立井井筒施工专用设备及布置

在立井井筒施工中，需要安设一些专用设备，如凿井井架、卸矸台、封口盘、固定盘、吊盘、稳绳盘和各种凿井绞车等，其布置如图 12-2 所示。

一、凿井井架

立井施工一般采用专用凿井井架施工，有时也采用永久井塔（多绳摩擦轮提升机井塔）施工。利用永久井塔施工的前提是在凿井前已先建好了可满足凿井要求的永久井塔的一部分（剩余部分井塔可边凿井边建设）或全部。其优点是永久井塔承载能力大，可以满足较大深度井筒施工的要求，凿井期间防火保温条件好，节省了凿井井架及其装拆费用和装拆时间；缺点是井塔设计更加复杂，为了满足凿井要求需加大某些构件。

专用凿井井架是一种专门用于立井施工的钢结构可装配的亭式井架，由天轮房、天轮平台、架体、扶梯和基础等部分组成。装配式金属凿井井架定型产品的型号及其主要技术特征见表 12-1。随煤矿开采向深部发展，井筒越来越深，凿井井架也在不断发展。

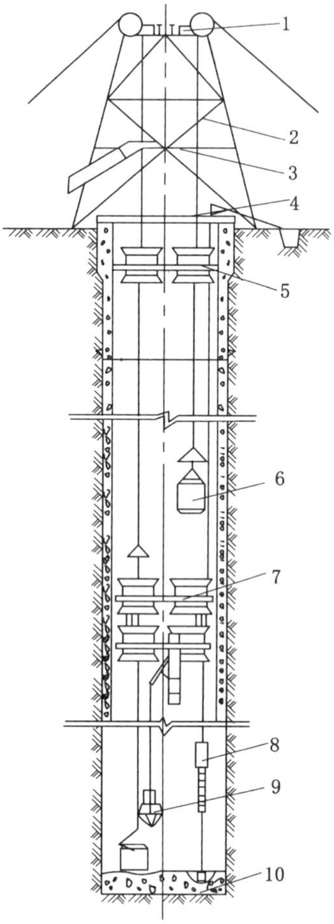

1—天轮平台；2—凿井井架；3—卸矸台；4—封口盘；5—固定盘；
6—提升吊桶；7—吊盘；8—吊泵；9—抓岩机；10—掘进工作面。
图 12-2　立井井筒施工主要设备布置

表 12-1　装配式金属凿井井架型号及其主要技术特征

井架型号	井筒深度/m	井筒直径/m	主体架角柱跨距/m	天轮平台尺寸/m	基础面至天轮平台高度/m	卸矸台高度/m	井架金属结构质量/t	
							钢管井架	槽钢井架
Ⅰ	200	4.5～6.0	10×10	5.5×5.5	16.242	6.0	25.694	27.656
Ⅱ	400	6.0～6.5	12×12	6.0×6.0	17.250	6.8	30.584	33.495
Ⅲ	600	6.5～7.0	12×12	6.5×6.5	17.346	6.9	32.284	36.959
Ⅳ	800	6.5～8.0	14×14	7.0×7.0	21.970	6.6	48.215	
Ⅴ	1 100	6.5～8.0	16×16	7.5×7.5	26.274	10.0	98.000	

天轮平台是凿井井架的重要组成部分，其结构如图 12-3 所示。天轮平台由 4 根边梁和 1 根中梁组成，在其上安装各种天轮梁，天轮均安装在天轮梁上，有时为了避免钢绳与钢梁相碰还需设导向轮。凿井时全部悬吊和提升载荷通过天轮由天轮平台承受。天轮的布置

应满足：① 有利于地面各种凿井绞车和提升机布置；② 井架受力均衡合理；③ 在天轮平台上少设导向轮且井筒内设备分布合理，有利于设备升降，对掘进施工影响小。

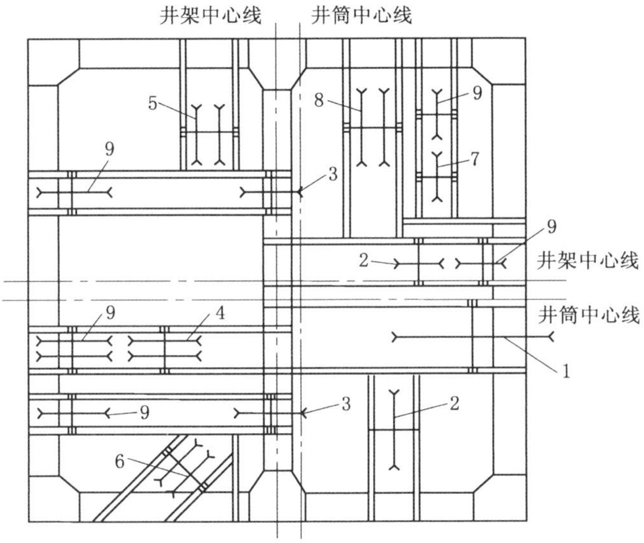

1—提升天轮；2—稳绳天轮；3—吊盘天轮；4—吊泵天轮；5—压气管天轮；
6—风筒天轮；7—安全梯天轮；8—混凝土输送管天轮；9—导向轮。

图 12-3　天轮平台结构

二、卸矸台

卸矸台通常布置在凿井井架架体的第一层水平连杆上，用于安设凿井时的排矸设施(卸矸装置和溜矸槽)。卸矸台应有一定的高度(一般为 6 m)以保证矿车或汽车能够直接进入溜槽下装载。溜槽倾角的设计原则为应使矸石能自溜，一般为 35°～40°。

卸矸装置有翻笼式自动卸矸装置、链球式自动卸矸装置和座钩式自动卸矸装置等。现场采用较多的是后两种。采用链球式自动卸矸装置时，在卸矸后起罐时吊桶摆动大，须待吊桶稳定后才能下放，提升一次的循环时间较长；另外，需注意经常检查链环，以防断链造成事故。座钩式自动卸矸装置如图 12-4 所示。其特点是结构简单，工作可靠，卸矸后起罐时吊桶摆动小；缺点是吊桶加工比普通吊桶复杂。实践表明，座钩式自动翻矸装置有很大的优越性，值得推广使用。

三、封口盘和固定盘

封口盘是安装在井口的一个固定平台，也叫井盖。封口盘既是升降人员、设备和材料及拆装各种管路的工作台，又是保护井上、下工作人员安全的结构物。封口盘上的各种孔口必须加盖封严。

固定盘是安装在井筒中的一个固定平台，位于封口盘以下 4～8 m 处，与地面用梯子相连。其作用是进一步保护井下人员安全，通常在其上安有测量装置，也被用来作为接长风筒、压气管和水管的工作台。

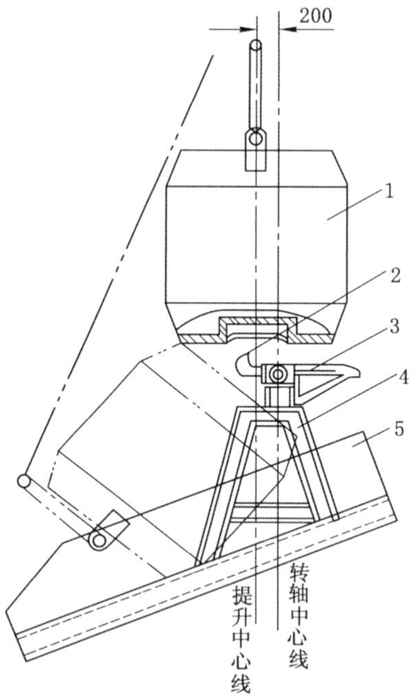

1—吊桶;2—座钩;3—托架;4—支架;5—卸矸门。

图 12-4 座钩式自动卸矸装置

四、吊盘和稳绳盘

吊盘是一种悬吊在井筒内,可升降的工作台。吊盘主要用于进行井筒永久支护和罐道梁安装等施工。吊盘可用 1 根或 2 根钢丝绳悬吊在地面的凿井绞车上由凿井绞车控制升降,或悬挂在井壁上由安装在吊盘上的液压迈步装置控制升降。为了便于施工和避免翻盘,吊盘一般为双层。根据永久井壁施工的要求,两层盘的间距为 3～4 m;若考虑用吊盘安装罐道梁,吊盘的层间距应与罐道梁的层间距相适应。有时也可采用多层(3～4 层)吊盘,以便能沿井筒多点同时进行拆除临时支护、砌筑井壁和拆除模板等工作,多层吊盘高度可达 12 m。吊盘突出部分与永久井壁(或碹模)之间应有一定的间隙以便升降,为防止向下坠物该间隙不得大于 100 mm。

吊盘是设在上下两个作业点间的移动隔离屏障,具有保护工作面作业人员安全的作用。为了保证吊盘上和工作面作业人员安全,在吊盘上的吊桶通过口必须安设喇叭口,其他各孔口和间隙必须密封。

稳绳盘是悬吊在井筒内的另一种结构物,主要用于张紧稳绳(即吊桶的罐道),可在其上安设抓岩机等掘进设备。在单行作业和混合作业中,通常用吊盘兼作稳绳盘;在平行作业中,一般需在吊盘下另设稳绳盘。稳绳盘具有保护工作面作业人员安全的作用。

五、凿井绞车

凿井绞车是指主要用于悬吊和升降施工用的吊盘、稳绳盘、吊泵和各种管线的各种绞车，通常安装在地面。凿井绞车的型号及主要技术特征见表 12-2。其选型应根据悬吊设备的质量、悬吊深度和悬吊方式来确定。

表 12-2　凿井绞车型号及主要技术特征

设备名称	设备型号	主要技术性能
凿井提升机	JKZ-2.8/15.5	最大静张力为 150 kN，绳速为 5～6 m/s，用于 800～1 200 m 深井
	2JKZ-3/15.5	最大静张力为 170 kN，绳速为 5～6 m/s，用于 600～1 100 m 深井
凿井绞车	JZ-10/600	最大静张力为 100 kN，容绳量为 600 m
	JZ-16/800	最大静张力为 160 kN，容绳量为 800 m
	JZM-25/800A	最大静张力为 250 kN，容绳量为 800 m
	JZM-40/1 000	最大静张力为 400 kN，容绳量为 1 000 m
	2JZ-10/600	最大静张力为 100 kN，容绳量为 600 m
	2JZ-16/800	最大静张力为 160 kN，容绳量为 800 m
	JZ/A5/800	最大静张力为 50 kN，容绳量为 800 m，用于安全梯

各种绞车的布置和安装应满足以下要求。

① 绞车在地面上的位置应尽可能避开永久建筑物。

② 绞车与所悬吊的设备应处于井筒同一侧，以避免在天轮平台上增设过多的导向轮，且绞车的提升方位、提升角以及天轮在井架上的分布等应使绞车及所悬吊重物对井架施加的各种力尽可能对称和均衡分布。

③ 卷筒与天轮间的钢丝绳弦长不得超过 55 m，钢丝绳与天轮和卷筒的偏角不得大于 22°，绞车的最小和最大出绳角应符合产品的安装规定。

④ 绞车之间、钢丝绳之间以及绞车和钢丝绳与附近车辆和其他设备之间的空间距离应符合相关规定，满足安全要求。

第三节　立井表土施工

表土的种类很多，在施工中的表现主要由其类型和地质及水文地质条件决定。按照表土层在施工中的表现将其分为稳定表土层和不稳定表土层。稳定表土层指在井筒施工中井帮易于维护的表土层，如黏土层、含水的砂质黏土、无水的大孔土和含水量不大的砾石层等；不稳定表土层指在井筒施工中井帮难以维护的表土层，如含水砂土、淤泥、含饱和水的黏土、浸水的大孔土和含水量较大的砾石层等。立井表土施工方法通常由表土层的稳定性和厚度决定。对于稳定表土层和厚度较小的不稳定表土层，通常采用普通施工法施工；而对于厚度较大的不稳定表土层，需要采用特殊施工法施工。

一、立井表土普通施工法施工

（一）立井表土普通施工方法

立井表土普通施工方法有井圈背板施工法、吊挂井壁施工法和板桩施工法三种。

（1）井圈背板施工法

井圈背板施工法用人工或抓岩机破土、装土(土质较硬时也可用爆破破土),分小段掘进(段高不超过 1.2 m),用井圈背板作临时支架进行及时支护,待掘进若干小段(总高度一般不超过 30 m)后,由下而上逐段拆除井圈背板,砌筑永久井壁。这种方法适用于稳定性较好的表土层施工。

(2) 吊挂井壁施工法

其破土、装土方法与井圈背板施工法相同,分小段掘进(段高一般取 0.5～1.5 m),不用临时支护,每掘进一小段后直接进行永久支护。永久支护通常采用钢筋混凝土浇筑,且下段井壁用钢筋悬吊在上段已浇筑好的井壁上进行施工。这种方法适用于稳定性稍差的表土层。其优点是施工设备简单,施工安全;缺点是工序转换频繁,井壁接茬多,封水性差。为提高井壁强度和封水性,通常需要采用双层井壁,工程量和成本会增加。

(3) 板桩施工法

其破土、装土方法与上述两种方法相同。掘进前先由工作面或地面用人工或打桩机向表土中打入一圈封闭的板桩(桩圈内径等于井筒掘进断面直径),贯穿待施工段,然后在板桩圈内进行掘进和砌壁工作。板桩材料可采用木板或 12 号槽钢。木板桩间采用尖榫连接,槽钢桩间采用正反向钩连接。板桩施工法适用于厚度较小的不稳定表土层,其中木桩由于打入困难,且桩间连接很难保证紧密和封闭,适用厚度为 3～6 m;金属桩适用厚度为 8～10 m,若与其他方法结合可用于更大厚度。

(二) 立井表土普通施工法施工临时结构物

前述的立井井筒施工专用设备通常用于整个井筒的掘进、砌壁和安装工作,在井筒施工前一次安装到位。但在一些特殊情况下,某些结构物在表土段施工前无法构筑,此时只能借助于一些临时结构物进行表土施工。

(1) 临时小井架

在稳定表土层中掘进井筒,如果受工程地质条件限制采用标准凿井井架可能造成地表沉陷或井筒片帮时,可先采用临时小井架(或汽车起重机)进行施工,在掘进一段并进行永久支护后再换成标准凿井井架。临时小井架一般用钢材制作,其结构有三角架式、龙门架式、简易帐幕式等。其中龙门架式小井架使用较多,其结构如图 12-5 所示。

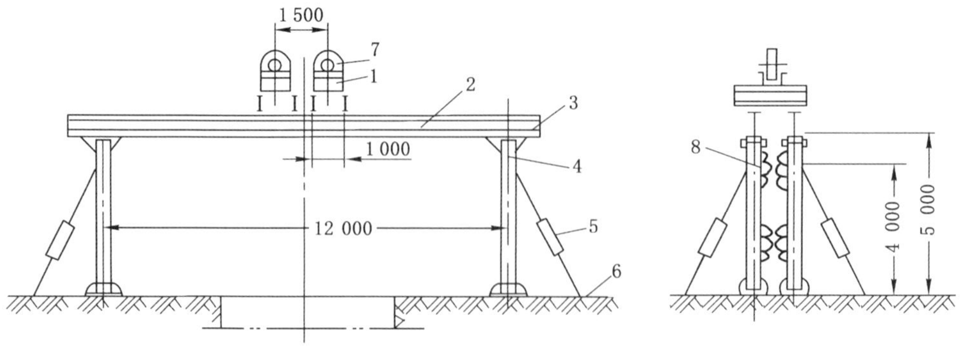

1—槽钢;2—工字钢横梁;3—连接钢板;4—ϕ450 mm 钢管立柱;

5—开式锁具螺丝扣;6—锚柱;7—天轮;8—连接板。

图 12-5 龙门架式小井架结构

（2）临时锁口

临时锁口主要用于在表土施工中固定井口位置，可用钢材或木材制作。因钢锁口拆装方便和可以复用而被较多采用。钢锁口的结构如图 12-6 所示。钢锁口由钢梁和锁口井圈组成，钢梁与锁口井圈之间用卡子固定。若在表土施工中采用井圈背板作临时支架，临时支架的第一个井圈可用挂钩吊挂在锁口井圈上。当施工一段进行永久支护时可将临时锁口换为锁口盘。

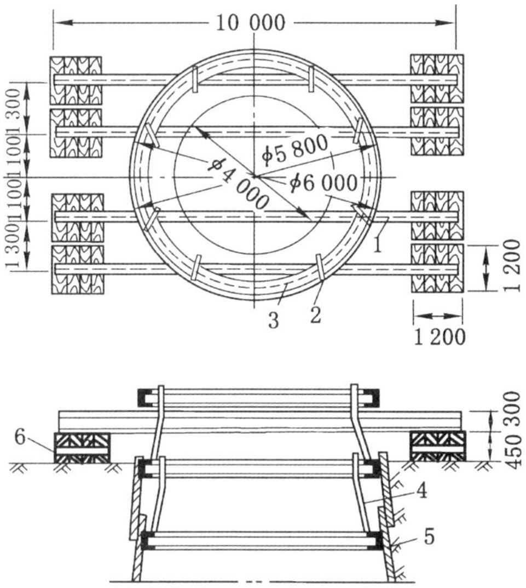

1—钢梁；2—U 形卡子；3—井圈；4—挂钩；5—背板；6—垫木。

图 12-6 钢锁口结构

（三）立井表土普通施工法施工中对水的处理

采用普通施工法施工表土段井筒时，应特别注意对水的处理。对于工作面已经形成的积水，可视涌水量大小采用水泵排水或吊桶排水。如果工作面积水可能引起井壁片帮时，应挖一超前小井用于降低水位和汇集涌水。如果工作面涌水较大，影响正常施工时，可在井筒周围打钻孔抽水以降低水位；有条件时，也可打泄水钻孔将水下泄到井筒下方的巷道内。泄水钻孔一般打在井筒中心，在井筒施工前由地表钻透至下方巷道，钻孔打好后应及时在其中安设布满滤水孔的钢管以保护钻孔。为了避免工作面积水，可在泄水孔周围挖一超前小井集水。

二、立井表土特殊施工法施工

目前采用的立井表土特殊施工法有沉井法、钻井法、冻结法、混凝土帷幕法等。本书只简要介绍沉井法、钻井法、冻结法和混凝土帷幕法。

（一）沉井法

沉井法施工的实质是先支井壁再掘进。采用沉井法施工能有效防止井筒片帮，保证井筒施工顺利穿过不稳定表土层。沉井用井壁是分段预制、可以对接成一个整体的钢筋混凝土圆管(内径等于井筒净直径),在管壁内预留6～8个沿轴向均匀分布的轴向通孔用于预埋注浆管。井壁是在地面逐段安装的,安装好的井壁随井筒掘进而下沉,每沉入一段井壁后在其上端对接安装上另一段井壁,直到全部井壁沉入井筒内。最先安装的一段井壁的下端带有刃脚,刃脚在竖向力作用下能插入土体,使井壁与土体保持竖向静力平衡。当井壁内侧土体松动并取出后,土体对井壁的支撑力减小,井壁整体下沉,刃脚插入更深位置的土体,建立新的平衡。仅利用井壁自重克服井壁下沉时的阻力(包括井帮作用于井壁上的摩擦阻力和井壁刃脚下土体作用于刃脚的端头阻力)使井壁下沉的沉井方法称为普通沉井法。该法施工设备和工艺简单,但由于受井壁与井帮摩擦阻力的影响,一般情况下只能下沉20～30 m。

为了使井壁下沉得更深,有两个途径:一是在井壁上施加向下的外力强制其下沉;二是设法减小井壁下沉时受到的侧面阻力。现场实践证明,第一种途径由于受井壁强度限制能施加上的力有限,效果不明显,因此使用较少。而按照第二种方法发展的泥浆护壁淹水沉井法和壁后充气淹水沉井法能取得很好的效果。我国采用泥浆护壁淹水沉井法最大下沉深度达到192.75 m。日本利用压气代替泥浆,采用壁后充气淹水沉井法最大下沉深度达到200.3 m。

当不稳定表土层厚度不超过30 m时,可采用普通沉井法。普通沉井法的施工过程为:随掘进、随下沉、随在地面接长井壁,边施工边进行测量与纠偏,沉井结束后进行壁后注浆。其中掘进与在稳定表土层中施工相同,其他与淹水沉井法相同。

当表土层厚度较大时,通常采用淹水沉井法。其中泥浆护壁淹水沉井法具有很大的优越性,在国内外使用都比较广泛。泥浆护壁淹水沉井法施工如图12-7所示。施工基本工作及过程如下。

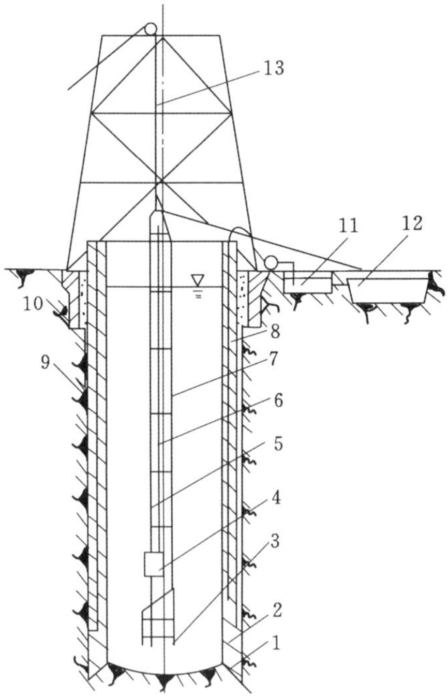

1—刃脚;2—预制井壁;3—水枪;4—混合器;5—排渣管;6—压气管;7—高压水管;
8—泥浆管;9—泥浆;10—套井;11—泥浆池;12—沉淀池;13—水枪悬吊钢绳。

图12-7 泥浆护壁淹水沉井法施工示意图

（1）施工套井

用普通表土施工法施工套井。套井的深度由第一层含水层深度决定，一般取 8～15 m；套井与预制井壁的间隙一般取 0.5 m 左右。

（2）在套井内安装预制井壁

逐段安装预制井壁直到井壁露出地面，安装井壁时应注意接好预埋管道。

（3）向井壁后压注泥浆

用泵通过预埋的泥浆管由泥浆池向井壁后压注泥浆。泥浆池位于地面，泥浆经均匀预埋在井壁中的 6～8 根泥浆管，由刃脚上端出口注入井壁与井帮之间。泥浆的作用是在井帮与井壁间形成泥浆隔层和泥皮，以保护井帮和润滑井壁与井帮（减小井壁下沉摩擦阻力）。

（4）向井壁内注水

通过供水系统向井壁内注水以平衡地下水的静水压力，防止向井壁内涌砂冒泥。

（5）沉井施工

沉井施工包括破土排渣、井壁安装和防偏纠偏等工作。

① 破土排渣。破土方法有高压水破土和钻机破土两种。排渣方法一般采用压气排渣。压气排渣机构造如图 12-8 所示。其排渣原理为：在混合器内压气与水混合形成相对密度为 0.5～0.6 的水气混合物，与管外淹水造成压力差，管内水气混合物带动泥沙沿排泥管上升排到地面沉淀池内。水枪、混合器和排渣管等设备吊挂在井架上的游动小车上，可以沿井筒全断面进行破土排渣。排渣也可以用大抓斗直接抓取泥沙并提到地面，该方法对碎石层和卵石层十分有效，适用于井深在 30 m 以内的情况，当井深大于 30 m 时一次抓取提升时间较长，排渣效率将显著下降。

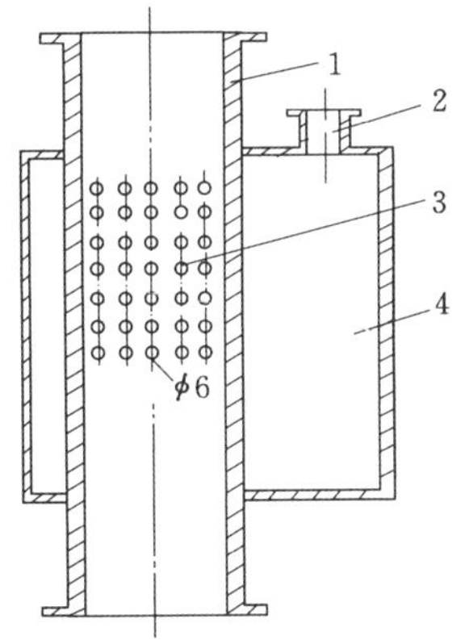

1—排渣管；2—供气管；3—进气小孔；4—混合器。

图 12-8　压气排渣机构造

② 井壁安装。当已安装好的井壁下沉到距地面适当高度时，在地面安装另外一段井壁。安装井壁时应注意将井壁安直，将预埋管道连接好。

③ 防偏纠偏。预制井壁在下沉过程中，由于受土层倾角、土中大块石头（正好处于刃脚下）、地下水的流向、刃脚处涌砂冒泥、沿井壁周边出土不均衡、井壁不直等因素影响，往往会产生偏斜。若偏斜超过允许值，会影响井筒继续施工和以后的正常使用。防偏是指尽量

避免人为因素引起偏斜和对引起偏斜的外因及时采取措施，如在制作和安装井壁时必须保证其垂直度和圆滑度，在沉井过程中尽量沿井壁周边均衡取土，对刃脚处涌砂冒泥和刃脚下大块石头及时处理等。防止井壁在下沉过程中偏斜的主要技术措施有：在井壁外侧安设导向装置以避免井壁偏斜；安装测量仪器进行及时测量，随时掌握井壁偏斜情况，以便及时发现偏斜及时纠偏。纠偏一般采用的方法是在井壁较低一侧用千斤顶或小顶柱向斜上方施力，同时在井壁较高一侧的刃脚附近加强破土。应当指出，在井壁偏斜较大时纠偏很难，所以一定要以防偏为主。

(6) 注浆固井

当井壁下沉到设计深度后要进行注浆固井工作，其目的是将井壁与井帮固结在一起，以防井壁继续下沉和漏水。注浆前一般需要封底，以防止冒砂跑浆。如果刃脚已插入风化基岩内，则不会冒砂跑浆，可不封底而直接注浆。所注浆液为水泥砂浆，一般利用预埋的泥浆管和专门预埋的注浆管输注。井壁与套井之间要用毛石混凝土充填密实。

(二) 钻井法

钻井法凿井是利用钻井机(简称钻机)将井筒全断面一次钻成，或将井筒分次扩孔钻成。我国目前采用的多为转盘式钻机，主要有 ZZS-1，ND-1，SZ-9/700，AS-9/500，BZ-1 和 L40/800 等型号，钻井直径最大为 8.8 m，设备总功率最大为 2 550 kW。某工程利用 ZZS-1 型钻机，在含有坚硬岩层(闪长斑岩)的条件下施工直径为 5 m 的井筒，取得了平均月钻井速度为 57.46 m、平均月成井速度为 48.88 m 的好成绩。国外采用钻井法较早，美国主要发展小型钻机，钻进直径为 3 m 左右的井筒，钻井速度快。美国钻进一些地下核试验井筒，直径为 1.8～2.7 m，深度为 1 013～1 446 m，平均月成井速度为 200～285 m。

钻井法凿井的主要工作包括井筒钻进、泥浆洗井护壁、沉井和壁后充填。

(1) 井筒钻进

井筒钻进多采用分次扩孔钻进，即先用超前钻头一次将小孔钻到基岩(当基岩部分占的比例不大时，也可一次钻到井底)，后分次扩孔至设计直径，如图 12-9 所示。一般钻机超前钻头和扩孔钻头的直径是固定的，也有一些钻机(如 BZ-1 型钻机)的钻头直径可在一定范围内进行调整。对于后者，可根据情况确定扩孔的直径和次数，确定的原则是在转盘和提吊系统能力允许的情况下尽量减少扩孔次数以缩短辅助时间。

钻机破岩由安装在钻头上的刀具实现，钻头安装在六方钻杆上，由钻台上的转盘带动旋转，转盘由设置在地面的动力设备驱动。为了保证井筒垂直，采用减压钻进，即仅将钻头本身在泥浆中质量的 30%～60%压向工作面。

(2) 泥浆洗井护壁

在钻进过程中，必须不断依靠循环泥浆进行洗井护壁。泥浆洗井即用循环泥浆将钻头破碎下来的岩屑及时从工作面清除，使刀具始终直接作用在未被破碎的岩石面上以提高钻进效率。泥浆护壁即用泥浆保护井筒，以防片帮。泥浆的护壁作用通过两个方面体现：一是借助泥浆的液柱压力平衡地压；二是用泥浆堵塞土体中裂隙并在井帮上形成泥皮。泥浆循环过程为：清洗泥浆由泥浆池经过进浆地槽流入井内，压气通过中空钻杆中的压气管进入混合器后与泥浆混合，在钻杆内外造成压力差，使清洗过工作面的泥浆带动破碎下来的岩屑被吸入钻杆，经钻杆与压气管之间环状空间排向地面。这种洗井方式被称为反循环洗

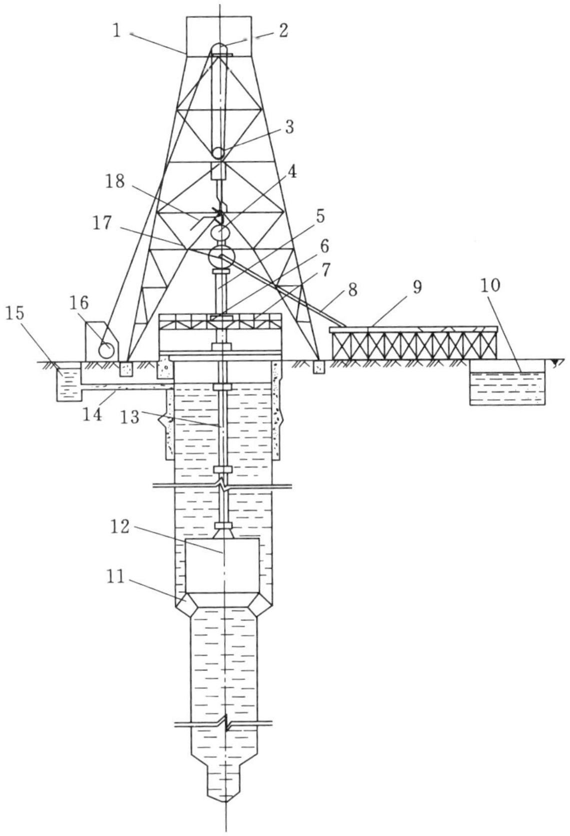

1—钻塔；2—天轮；3—游车；4—水龙头；5—六方钻杆；6—转盘；7—钻台；8—排浆管；9—溜槽；10—沉淀池；11—刀具；12—钻头；13—钻杆；14—进浆地槽；15—泥浆池；16—绞车；17—三通；18—压气管。

图 12-9　钻井法分次扩井施工过程示意图

井。为了能将钻进过程中破碎下来的岩屑和大块岩石全部排到地面，泥浆流量应足够，且泥浆在钻杆内的流速应大于 0.3 m/s。实践表明，当泥浆冲洗量为 400～600 m^3/h 时，可排除质量为 27 kg 的大岩块。为了利用泥浆有效地洗井护壁，要求泥浆具备以下条件：① 有较好的稳定性，不易沉淀，失水量小，能够形成薄而坚韧的泥皮；② 在黏度满足排渣要求的条件下，有较好的流动性，便于净化。

(3) 沉井和壁后充填

采用钻井法施工的井筒，多采用管状预制钢筋混凝土作井壁。待井筒钻完并提出钻头后，开始安装井壁。井壁安装采用悬浮下沉法，施工过程为：先用起重设备将第一段井壁(带底井壁)悬浮在井内泥浆中，再向井壁内注水使其缓慢下沉到适当位置后停止注水，接着在地面接上第二段井壁，继续注水使其下沉，重复上述操作直到安装完全部井壁。沉井过程应注意以下问题：① 接长井壁时，要进行测量以保证井筒垂直；② 在井壁下沉的同时，要及时排除井壁外泥浆以免泥浆外溢和沉淀，同时应保证井壁外泥浆面不得低于锁口以下 1 m 以防井筒片帮；③ 当井壁下沉到距设计深度 1～2 m 时，应停止下沉，测量井壁的垂直度并进行调整，然后再下沉到底。

当井壁安装到位后，先及时进行壁后充填，再把井壁内的水排净，后通过预埋的注浆管进行壁后注浆以提高壁后充填质量和防止破底时发生涌水冒砂事故。

（三）冻结法

采用冻结法施工井筒的过程为：在井筒掘进之前在井筒外围钻冻结孔，建立人工制冷系统并对围岩进行冻结，待在井筒掘进边界以外的不稳定岩层中形成一个封闭的冻结圈后开始掘砌井筒，当掘砌通过不稳定岩层达到预计深度后停止冻结，拆除冻结设备，充填冻结孔。冻结法凿井冻结系统示意如图 12-10 所示。冻结圈的作用是抵抗地压和防止水或流砂涌入井筒，其位置、厚度、冻结程度及维持时间都会影响施工，应根据实际情况确定。

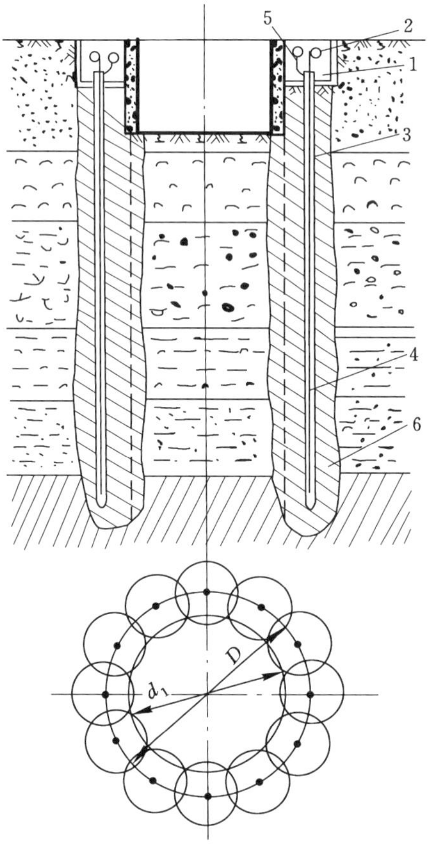

1—冷冻沟槽；2—配液管；3—冻结管；4—供液管；5—回液管；
6—冻结圈；D—冻结孔布置圈直径；d_1—井筒掘进直径。

图 12-10　冻结法凿井冻结系统示意

冻结法凿井的主要工作有钻冻结孔、冻结和井筒掘砌。

(1) 钻冻结孔

冻结孔是用于安设带底锥的冻结管和底部开口的供液管的钻孔。通过冻结孔可使制冷系统深入到地下深部，从而沿井筒轴线形成足够深的冻结圈。为了在井筒围岩中形成封闭的冻结圈，冻结孔一般均匀布置在与井筒同心的圆周上。冻结孔间距为 1.2～1.3 m，孔径为 200～250 mm，孔深应大于冻结深度 5～10 m，即应穿过含水层进入下部稳定岩层 5～10 m。冻结孔布置圈直径取决于井筒直径、冻结深度、冻结壁厚度和钻孔的允许偏斜率，由式(12-1)计算。

$$D = d_1 + 2 \times 0.6E + 2aH \tag{12-1}$$

式中 D——冻结孔布置圈直径，m；

d_1——井筒掘进直径，m；

E——冻结壁厚度，m；

H——冻结深度，m；

a——冻结孔最大允许偏斜率，一般要求小于或等于 0.5%。

冻结孔由钻机施工，钻机可根据钻孔深度选型。

(2) 冻结

井筒周围的冻结圈由冷冻站输出的低温盐水吸收冻结孔壁周围岩土层热量，使岩土逐渐冷却冻结而成。在制冷系统中，盐水起传递冷量的作用，为冷媒剂；盐水的冷量利用液态氨气化时吸收盐水的热量而获得，氨为制冷剂；被压缩的氨在由过热蒸气状态变成液态的过程中所放出的热量被冷却水带走。制冷系统由氨循环系统、盐水循环系统和冷却水循环系统三部分组成，如图 12-11 所示。

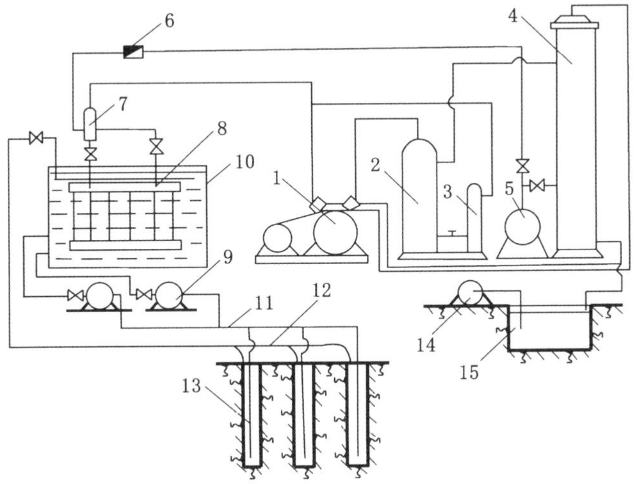

1—氨压缩机；2—氨油分离器；3—集油管；4—冷凝器；5—贮氨器；6—调节阀；7—蒸发器；8—盐水泵；9—盐水箱；10—配液管；11—集液管；12—冻结孔；13—冷却水泵；14—电动机；15—水池。

图 12-11 冻结法凿井制冷系统示意图

① 氨循环系统。气态氨经压缩机压缩，其压力达到 0.8～1.2 MPa，温度升高到 80～120 ℃，处于过热蒸气状态。高温高压状态下的氨气经氨油分离器除去从压缩机中带入的油脂后进入冷凝器，在 16～20 ℃冷却水的淋洗下被冷却到 20～25 ℃而变成液态氨(多余液态氨流入贮氨器贮存，不足时由贮氨器补充)，再经过调压(将压力降到 0.155 MPa 左右)使其温度降到蒸发温度－35～－25 ℃后进入蒸发器中蒸发，大量吸收周围盐水的热量，使盐水降温。后进入氨液分离器进行分离，使未蒸发的液态氨再流入蒸发器继续蒸发，气态氨回到压缩机中重新被压缩。

② 盐水循环系统。在设有蒸发器的盐水箱中，盐水被制冷剂冷却到－25～－20 ℃。借助盐水泵将盐水箱中的低温盐水经配液管输送到各供液管内。盐水沿插在冻结孔内的供液管流至孔底后再沿冻结孔徐徐上升至孔口，沿途吸收了周围岩土层热量的盐水在孔口经集液管返回盐水箱。这种盐水循环方式叫作正循环方式，其冻结壁厚度沿孔长比较均匀，故常被采用。还有一种反循环方式，盐水由冻结孔缓缓下流，由插至孔底的集液管返回。反循环方式可加快含水层上部冻结壁的形成。

③ 冷却水循环系统。冷却水由水泵压入冷凝器中，在吸收了过热氨气的热量(水温升高 5～10 ℃)后排出。冷却水可由贮水池或地下水源井供给。若水源不足，排出的水经自然冷却后可循环使用。

冻结可采用一次冻全深、局部冻结、差异冻结和分期冻结等方案。一次冻全深方案的适应性强，应用比较广泛。局部冻结方案即只在涌水部位冻结，其冻结器结构复杂，但是冻结费用低。差异冻结(又叫长短管冻结)采用长短不同的两种冻结管间隔布置，在短管到达的上段冻结管较密，冻结快，可早日开挖；下段冻结管较疏，冻结慢，可避免开挖时冻结过实，浪费冷量和影响施工速度。分期冻结即当冻结深度很大时，为了避免使用过多的制冷设备，可将全深分为数段(通常分为上下两段)，由上而下依次冻结。选择冻结方案时应主要考虑井筒穿过的岩土层的地质及水文地质条件、需要冻结的深度、制冷设备的能力和施工技术水平等因素。

(3) 井筒掘砌

采用冻结法施工，井筒开挖应适时，最为理想的开挖时间是当冻结壁已形成而又尚未冻至井筒范围以内。此时既便于掘进，又不会造成涌水冒砂事故。但是该时间很难把握，把握不好往往会使整个井筒被冻实。掘进冻土，可采用风镐或钻眼爆破法施工。

冻结法的井壁施工往往在 0 ℃左右进行，由于水泥在低温时硬化过程很缓慢，在 0 ℃时凝结和硬化过程将停止，加上冻土在冻融过程中产生的物理力学现象(如冻胀力等)，对井壁的强度和抗渗性都有不良影响，常常出现井壁漏水现象甚至出现冒砂淹没井筒事故。目前，国内外多采用钢筋混凝土或混凝土双层井壁。外层井壁在积极冻结期施工，井壁厚度为 400 mm 左右，随掘进随进行浇注；内层井壁在消极冻结期(即维持冻结)施工，厚度一般为600 mm，掘完冻结段后可自下而上一次施工到井口。采用双层井壁的优点为：内壁接茬少，内外壁接茬相错，井壁抗渗性好；内壁在消极冻结期施工，混凝土养护条件较好，可减少和避免井壁出现干缩裂缝，提高井壁质量。其缺点为：工序复杂，需两种规格模板，在施工内壁前必须清洗外壁的霜冻和进行打毛，以利于内外井壁严密结合。

(四) 混凝土帷幕法

混凝土帷幕法又叫地下连续墙法，在地下工程(地下铁道、地下停车场、高层建筑基础)和水库大坝防渗等方面多有采用。该技术自 1974 年引入我国煤矿建井中以来，发展较为迅速。混凝土帷幕结构，既可以作为防护结构兼作永久性支护的一部分，也可以单独作为永久支护。该方法施工准备和施工工艺比较简单，不需要复杂的机械设备，成本较低，但由于造孔机械和技术方面的限制，目前宜用于厚度为 30～50 m 的表土中，在含岩地层、严重漏浆地层和承压水水头较大的砂砾地层内不宜采用。混凝土帷幕法的工艺流程如图 12-12 所示。

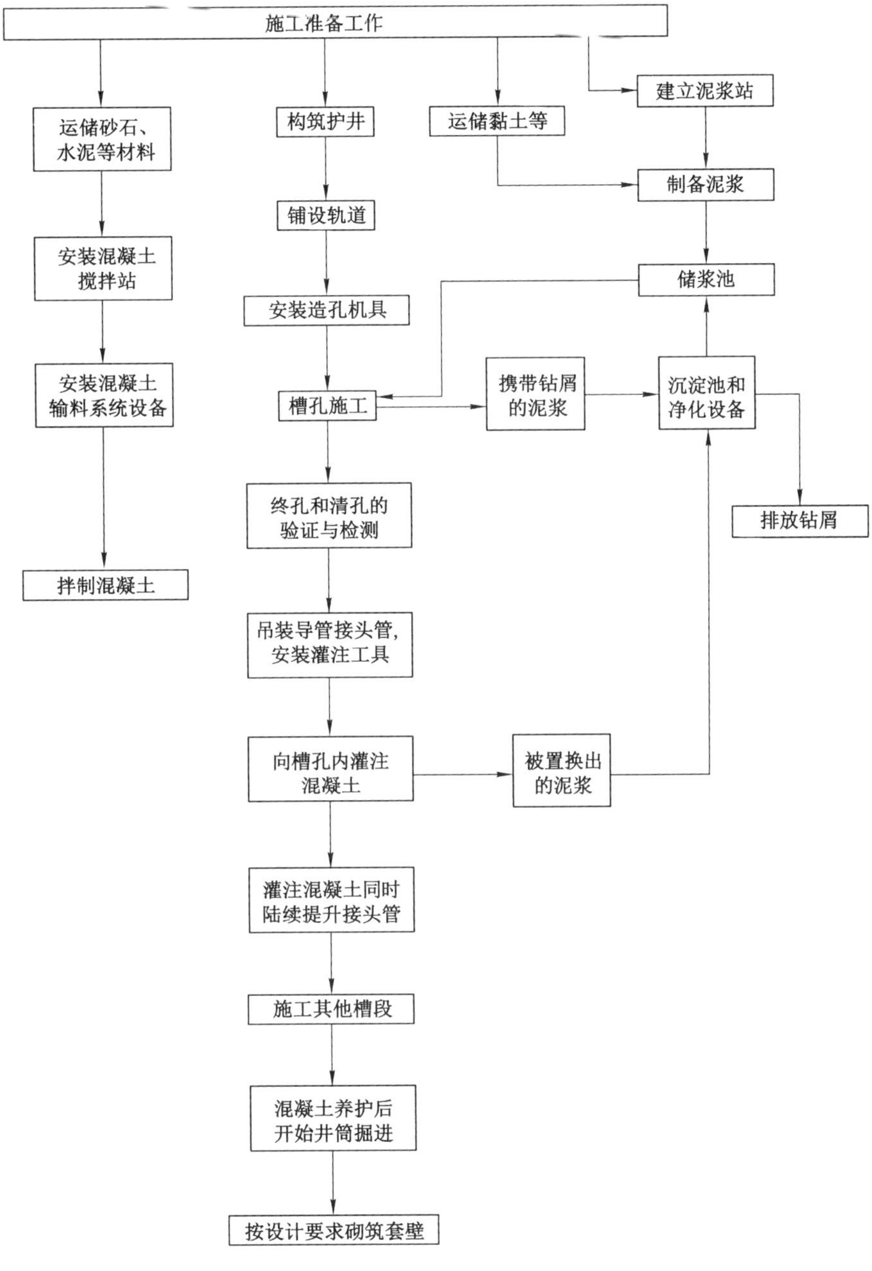

图 12-12 混凝土帷幕法工艺流程示意图

(1) 混凝土帷幕法适用条件和一般要求

混凝土帷幕法适用于冲积层中有流砂、淤泥、卵石、砂砾等含水不稳定地层。但对于承压水水头较高的砂砾层以及泥浆液严重漏失的极不稳定地层,目前尚不适用。另外,由于机具设备条件和施工技术水平的限制,深度一般不宜超过 50 m。

混凝土帷幕应满足下列要求。

① 混凝土帷幕的深度和厚度应符合设计要求。

② 混凝土帷幕应有良好的封闭性。为此，在井筒开挖前，应在井筒内布置一个水文观测孔，孔深比帷幕深度浅 3～5 m。用此孔进行抽水、压水试验，证明井筒内外确无水力联系再进行井筒凿砌工作。

③ 混凝土帷幕的直径应根据计算确定。

④ 混凝土帷幕的强度应能承受施工期间最大地压，当作为永久性支护时，应考虑井筒使用期所承受的最大载荷，并确保安全。

混凝土帷幕法具有以下特点。

① 施工准备、施工技术均较简单，无须复杂的机械设备，准备期短，投资少。

② 工艺技术较成熟，可同时使用多台设备，施工速度快，质量比较可靠。

③ 所需的钢材、木材耗量小，而所需的大宗材料，如水泥、砂、石等材料较易就地解决。

④ 帷幕嵌入稳定地层（或基岩）一定深度，井筒砌至下部不需要另作封底工作。

⑤ 选用适当的造孔机械，可做到无噪声、无振动。

用于井筒施工，混凝土帷幕法尚有以下不足之处。

① 立井帷幕较深时，对施工要求较高，尤其是接头部分。

② 表土深度较大或易漏浆、承压水头较高的极不稳定地层，使用该方法尚缺少经验。

③ 泥浆制备与处理系统占地面积较大。

（2）混凝土帷幕设计

混凝土帷幕设计的基本依据是井筒所通过地层的地质和水文资料，以及井筒的特征。混凝土帷幕的几何尺寸如图 12-13 所示。

① 帷幕深度的确定。根据地质及水文资料来确定帷幕的深度。

混凝土帷幕深度按式（12-2）确定。

$$H = h_1 + h \tag{12-2}$$

式中 H——设计混凝土帷幕深度，m；

h_1——含水冲积层厚度，m；

h——混凝土帷幕深入不透水稳定地层内的深度，根据施工经验，一般取 3～6 m。

② 帷幕厚度的确定。混凝土帷幕的有效厚度可按式（12-3）确定。

$$B = R\left(\sqrt{\frac{f_c}{f_c - v^2 p}} - 1\right) \tag{12-3}$$

式中 f_c——混凝土轴心受压强度设计值，N/mm^2；

v——载荷系数，当采用混凝土帷幕作为临时支护时，$v=1.7$，当采用混凝土帷幕作为永久支护时，$v=3.4$，混凝土强度等级一般取 C15～C20；

R——帷幕的净半径，m；

p——帷幕所承受的地压值，MPa。

③ 帷幕净半径可按式（12-4）计算。

$$R = R_0 + B_0 + 2iH \tag{12-4}$$

式中 R_0——设计井筒净半径，m；

B_0——设计套壁厚度，m；

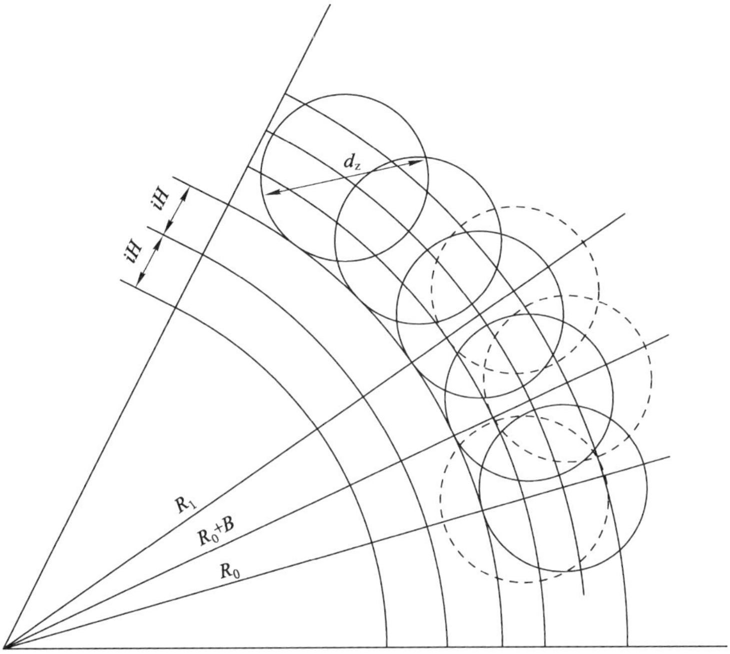

图 12-13　混凝土帷幕的几何尺寸

i——造孔允许最大偏斜率,%;

H——设计混凝土帷幕深度,m。

④ 帷幕中心线半径可按式(12-5)计算。

$$R_1 = R_0 + B_0 + \frac{1}{2}(d_z + 0.15) + 2iH \tag{12-5}$$

式中　R_1——帷幕中心线半径,m;

R_0——设计井筒净半径,m;

B_0——设计套壁厚度,m;

i——造孔允许最大偏斜率,%;

H——设计混凝土帷幕深度,m;

d_z——钻头直径,m;

0.15——钻进时的扩孔量,m。

第四节　立井基岩施工

立井井筒基岩段施工主要采用爆破施工工艺。施工工序包括钻眼爆破、排矸、井筒支护等。

一、钻眼爆破

在立井基岩施工中,钻眼爆破工作时间占整个掘进循环时间的20%~30%,钻眼爆破的效果直接影响其他工作进行及井筒施工速度和成本。

（一）钻眼设备

在立井掘进中使用的钻眼设备多为气动凿岩机，如 YT-23 轻型凿岩机和 YGZ-70 导轨式重型凿岩机，前者由人工手持钻眼，后者配备伞形钻架钻眼。用伞形钻架钻眼深度为 3～4 m，伞形钻架具有机械化程度高、劳动强度低、钻眼速度快和工作安全等优点。FJD-6 型伞形钻架的结构如图 12-14 所示，FJD-6 型和 FJD-9 型伞形钻架主要技术特征见表 12-3。钻眼前用提升设备将钻架从地面下放到掘进工作面，利用支撑臂、调高器和底座将其固定在工作面上。钻眼时用动臂将滑轨连同凿岩机送到钻眼位置，用活顶尖定位。全部钻眼工作结束后，将钻架收拢提到地面。

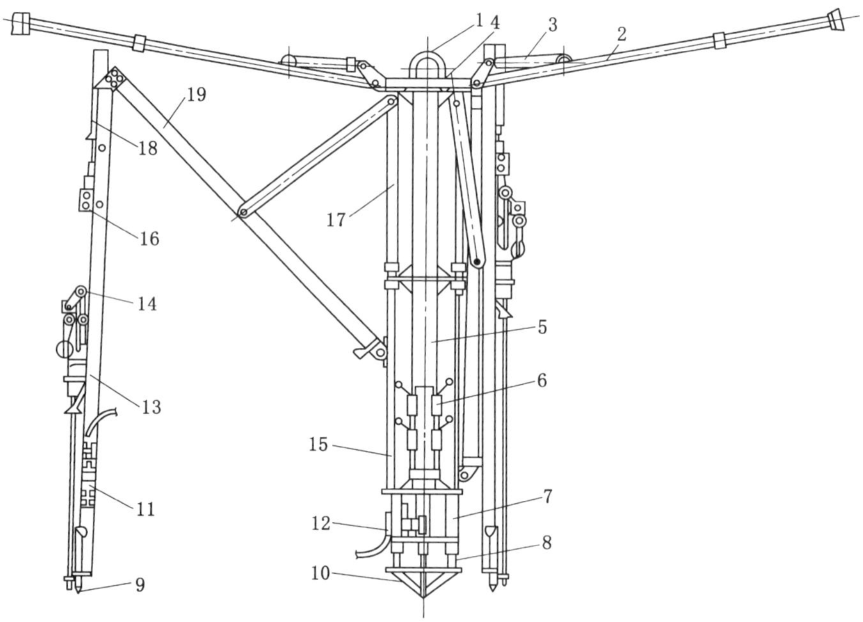

1—吊环；2—支撑臂；3—升降液压缸；4—顶盘；5—立柱钢管；6—液压阀；7—调高器；8—调高器液压缸；9—活顶尖；10—底座；11—操纵阀组；12—风马达及液压缸；13—滑轨；14—凿岩机；15—滑道；16—推进风马达；17—动臂液压缸；18—升降液压缸；19—动臂。

图 12-14 FJD-6 型伞形钻架结构示意图

表 12-3 伞形钻架主要技术特征

参数	型号	
	FJD-6	FJD-9
收拢外形尺寸(高度×外接圆直径)/(m×m)	4.5×1.5	5.0×1.6
垂直炮眼(最小圆直径×最大圆直径)/(m×m)	1.2×5.8	1.54×8.60
适用井筒直径/m	5～6	5～8
推进行程/m	3.0	4.0
配用凿岩机台数/台	6	9

表 12-3(续)

参数	型号	
	FJD-6	FJD-9
使用风压/MPa	0.5～0.6	0.5～0.7
使用水压/MPa	0.4～0.8	0.3～0.5
总耗风量/(m^3/min)	50	100
总质量/t	5.0	8.5

（二）爆破

（1）爆破器材

在立井施工中，工作面常有积水，要求采用抗水炸药。常用的抗水炸药有抗水岩石硝酸铵类炸药、水胶炸药和硝化甘油类炸药，其中水胶炸药使用比较广泛。

雷管通常采用国产毫秒延期电雷管和导爆索。在有瓦斯或煤尘爆炸危险的井筒内进行爆破，必须采用煤矿许用炸药和延期时间不超过 130 ms 的毫秒延期电雷管。爆破电源多采用交流电源，其电压不得超过 380 V。

（2）爆破参数的确定

① 一次爆破深度。一次爆破深度由岩石性质、凿岩和爆破器材的性能，以及循环工作组织的要求等决定。确定一次爆破深度时应综合考虑上述影响因素，也可参考月进度计划。合理的深度应能满足爆破效果好、掘进速度快、材料消耗少、有利于施工组织与管理等要求。一般地，当采用人工手持气动凿岩机钻眼时，一次爆破深度以 1.5～2.0 m 为宜；当采用伞形钻架钻眼时，以3.0～4.0 m 为宜。

② 炮眼间距和数目及炸药和雷管消耗量。炮眼间距和数目及炸药和雷管消耗量均与岩石性质、井筒断面大小和炸药性能等因素有关。合理的炮眼间距和数目应在保证最优爆破效果下使炸药和雷管消耗量最少。

炸药消耗量可采用工程类比法确定或由表 12-4 选取，表 12-4 中所用炸药为水胶炸药。

表 12-14　立井掘进炸药及雷管消耗量定额(每立方米消耗量)

井筒净直径/m	浅孔爆破								中深孔爆破			
	$f<3$		$f<6$		$f<10$		$f>10$		$f<6$		$f<10$	
	炸药/kg	雷管/个	炸药/kg	雷管/个	炸药/kg	雷管/个	炸药/kg	雷管/个	炸药/kg	雷管/个	炸药/kg	雷管/个
4.0	0.81	2.06	1.32	2.33	2.05	2.97	2.68	3.62				
4.5	0.77	1.91	1.24	2.21	1.90	2.77	2.59	3.45				
5.0	0.73	1.87	1.21	2.17	1.84	2.69	2.53	3.36	2.10	1.09	2.83	1.24
5.5	0.70	1.68	1.14	2.06	1.79	2.60	2.43	3.17	2.05	1.07	2.74	1.20
6.0	0.67	1.62	1.12	2.05	1.75	2.53	2.37	3.08	2.01	1.01	2.64	1.14
6.5	0.65	1.55	1.08	1.96	1.68	2.44	2.28	2.93	1.94	0.97	2.55	1.10
7.0	0.64	1.53	1.00	1.01	1.62	2.34	2.17	2.78	1.89	0.93	2.53	1.09
7.5	0.63	1.49	1.04	1.88	1.57	2.27	2.09	2.66	1.85	0.90	2.47	1.06
8.0	0.61	1.43	1.00	1.84	1.56	2.23	2.06	2.60	1.78	0.86	2.40	1.02

炮眼数目应结合炮眼布置最后确定。对圆形断面井筒,炮眼多采用同心圆布置,即将炮眼布置在与井筒同心、半径不同的若干个圆周上,如图 12-15 所示。掏槽眼圈径为 1.2～2.2 m,周边眼与设计井帮距离为 0.2 m,相邻同心圆间距为 0.7～1.0 m,掏槽眼间距为 0.6～0.8 m,崩落眼间距为 0.8～1.0 m,周边眼间距为 0.4～0.6 m。掏槽方式可采用直眼掏槽或锥形掏槽,当炮眼较浅时多采用锥形掏槽,掏槽效果比较好;当炮眼比较深时,为了钻眼方便和防止崩坏井内设备多采用直眼掏槽。

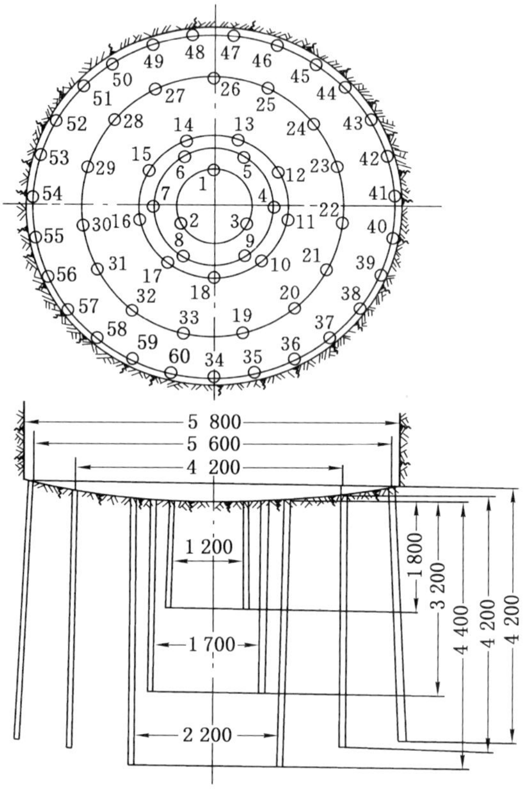

1～18—掏槽眼;19～33—辅助眼;34～60—周边眼。

图 12-15　圆形断面立井爆破炮眼布置图

装药方式一般都采用柱状连续装药,为了达到光面爆破的目的,周边眼可以采用不耦合装药或间隔装药。联线方式一般都采用并联,若一次起爆的雷管数目较多,并联不能满足准爆电流要求时,可以采用串并联方式。

爆破前,所有人员必须升井离开井棚,打开井盖门。爆破应由专职爆破员进行。爆破后,必须将炮烟排出并经过检查认为安全时,才允许作业人员下井。

二、排矸

在立井基岩施工中,矸石被直接排到地面,排矸由装岩、提升和卸矸三个环节组成。排矸时间占整个掘进工作循环时间的 50%～60%,因此排矸速度直接影响和决定着立井施工的速度。

（一）装岩

目前立井施工已普遍采用抓岩机装岩，实现了装岩机械化。我国生产的抓岩机有NZQ2-0.11型抓岩机、长绳悬吊抓岩机（HS型）、靠壁式抓岩机（HK型）、环行轨道式抓岩机（HH型）、中心回转式抓岩机（HZ型）等，各型号和主要技术特征见表12-5。煤矿立井施工多采用中心回转式抓岩机。

表 12-5　抓岩机各型号和主要技术特征

抓岩机类型		抓斗容积/m^3	抓斗直径/mm		技术生产率/(m^3/h)	适用井筒直径/m	压风压力/MPa	总耗风量/(m^3/min)	质量/kg
			闭合	张开					
人力推拉式	NZQ2-0.11	0.11	1 000	1 305	12	不限	0.5～0.7	4～5	655
	HS	0.6	1 770	2 130	50	5～8	0.5～0.7	2	10 296
中心回转式	HZ-4	0.4	1 296	1 965	30	4～6	0.5～0.7	17	7 577
	HZ-5	0.6	1 600	2 130	50	4～6	0.5～0.7	17	8 077
环行轨道式	HZ-6	0.6	1 600	2 130	50	5～8	0.5～0.7	15	8 680
	2HH-6	0.6	1 600	2 130	80～100	6.5～8	0.5～0.7	30	13 636
靠壁式	HK-4	0.4	1 296	1 965	30	4～6.6	0.5～0.7	20	5 450
	HK-6	0.6	1 600	2 130	50	5～6.5	0.5～0.7	40	7 340

中心回转式抓岩机被固定在吊盘的下层盘或稳绳盘上使用，其结构如图12-16所示。抓斗通过变幅机构做径向运动，通过回转机构做圆周运动，通过提升机构做上下运动。抓斗抓岩由司机在司机室内操作，司机室距工作面不超过15 m。

中心回转式抓岩机一般适用于直径为4～6 m，深度为400～600 m的井筒施工，与FJD-6型伞形钻架和2～3 m^3吊桶配套使用。环行轨道式抓岩机一般适用于深度大于500 m的大断面井筒施工，与FJD-9型伞形钻架和3～4 m^3大吊桶配套使用。当井径为5.0～6.5 m时，选用HH-6型单斗抓岩机；当井径大于7 m时，选用2HH-6型双斗抓岩机。

提高装岩生产率是缩短装岩提升时间、提高掘进速度的重要途径。为获得较高的装岩生产率应注意以下几点。

① 注意抓岩机的维修保养，使之始终处于良好的工作状态。

② 加大一次爆破深度和提高爆破效果，以加快抓岩速度和减少清底时间。

③ 提高操作技术，使抓斗抓取矸石和向吊桶投放动作准确。

④ 吊桶直径应与抓斗张开直径相适应，并力争使提升能力与抓岩能力相匹配。

（二）提升

凿井时的提升任务除排矸外，还包括升降人员和设备、下放材料等，通常采用混合提升。提升系统一般由提升容器及其附属装置、提升钢丝绳、提升机和提升系统辅助设施（包括天轮、导向轮、提升容器的导向稳绳和滑架等）组成。可采用单钩或双钩提升方式。根据井筒断面大小和提升需要，在井筒内可布置1套单钩系统，或2套单钩系统，或1套单钩系统加1套双钩系统。

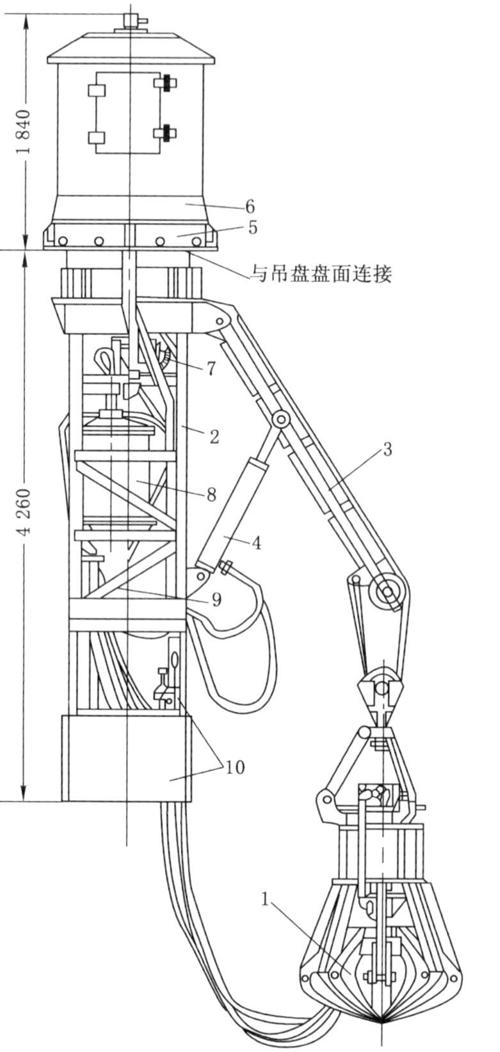

1—抓斗;2—机架;3—臂杆;4—变幅液压缸;5—回转机构;6—提升绞车;
7—回转动力机;8—变幅气缸;9—增压液压缸;10—操作阀和司机室。

图 12-16 中心回转式抓岩机结构

(1) 提升容器及其附属装置

提升容器都采用吊桶。吊桶有矸石吊桶和材料吊桶两种。矸石吊桶底部和四周焊接在一起,主要用于提矸及升降人员和物料,在涌水量小于 6 m^3/h 的井筒内也用于排水。材料吊桶采用底卸式结构,主要用于砌壁时下放混凝土材料。常用吊桶的型号及主要技术特征见表 12-6。选择矸石吊桶时应考虑井深、井筒直径、提升绞车型号和能力、抓岩机型号和能力等因素,应尽量做到相互匹配,以有利于提高排矸生产率和掘进速度。吊桶与抓斗的容积配套可参照表 12-7 进行。

表 12-6 常用吊桶类型及主要技术特征

吊桶类型	容积/m^3	全高/mm	桶身高/mm	桶身直径/mm	桶口直径/mm	外缘最大尺寸/mm	质量/kg
矸石吊桶	0.5	1 680	1 100	810	730	820	188
	1.0	1 865	1 120	1 112	1 000	1 150	344
	1.5	2 140	1 260	1 280	1 160	1 320	482
	2.0	2 270	1 300	1 447	1 332	1 600	607
	3.0	2 660	1 600	1 600	1 460	1 680	866
材料吊桶	0.5	1 558	1 100	810	800	965	225
	0.75	1 725	1 200	912	900	1 064	302
	1.0	1 853	1 275	1 012	1 000	1 178	383

表 12-7 吊桶与抓斗的容积配套

吊桶容积/m^3	1.0	1.5	2.0	3.0	4.0～5.0
抓斗容积/m^3	0.11	0.11,0.4	0.4,0.6	0.6	0.6～1.0

在进行井筒内施工设备布置时，首先应确定吊桶的位置。吊桶的位置应满足井筒掘进、砌壁和安装的要求，同时也要兼顾井筒向平巷过渡时改装工作的需要。确定吊桶位置时应考虑以下因素。

① 吊桶在井筒断面上的位置应离开井筒中心一定距离，以避免卸矸台占用井口面积过大和影响井筒中心测量工作，同时应离开井帮一定距离以避免影响砌壁和装岩工作；采用双吊桶提升时吊桶最好布置在井筒一侧；吊桶应尽量布置在永久提升间内，且其提升方位和提升中心线最好与临时罐笼出车方向和提升中心线相一致和吻合，以便于井筒提升设备改装和井筒安装工作。

② 所选吊桶位置和提升方位应有利于在地面安装提升机和建提升机房，且提升机房的位置应不影响永久建筑物施工；提升机和吊桶施加于井架的力应有利于井架稳定，并尽可能与其他力平衡。

③ 吊桶与井壁及其他设备之间的间隙应满足《煤矿安全规程》和《煤矿井巷工程质量验收规范》(GB 50213—2010)(2022 年版)的有关规定。

在确定吊桶位置时，若难以同时满足上述要求，应以满足掘砌工作要求为主。

吊桶附属装置包括钩头及其连接装置、缓冲器、滑架等，一般根据吊桶的特征进行选择。

(2) 提升钢丝绳

立井提升机采用的钢丝绳一般为多层股不旋转圆形钢丝绳。其规格可根据提升的终端载荷、钢丝绳的最大悬挂长度、钢丝绳安全系数和钢丝强度进行计算选择。钢丝绳的安全系数应符合《煤矿安全规程》规定，与提升绞车和提升容器类型及提升对象有关。对于单绳缠绕式提升装置，钢丝绳的安全系数应符合以下规定：① 专为升降人员时应不小于 9；② 专为升降物料时应不小于 6.5；③ 升降人员和物料，当按只升降人员计算时应不小于 9，当按混合提升计算时应不小于 9，当按只升降物料计算时应不小于 7.5。

(3) 提升机

立井井筒施工中使用的提升机主要是单绳缠绕式提升机，由卷筒、主轴及轴承、减速器、电动机、制动装置、深度指示器、配电及控制系统、润滑系统等组成。选择时应考虑凿井、车场巷道施工和井筒安装时的提升要求。对于拟服务于车场巷道施工的井筒，提升机的选择还应考虑配置双卷筒，以便改装临时罐笼时使用。我国矿山立井井筒施工中，凿井专用提升机的主要技术性能参数见表 12-8。

表 12-8　凿井专用提升机主要技术性能参数

提升机型号	2JKZ-3.0/15.5	JKZ-2.8/15.5
滚筒数量/个	2	1
滚筒尺寸(直径×宽)/(mm×mm)	3 000×1 800	2 800×2 200
钢丝绳最大净张力/kN	166.6	147
钢丝绳最大净张力差/kN	137.2	
最大提升高度/m	1 150	1 295
钢丝绳的速度/(m/s)	4.88,5.88	4.54,5.48
电动机最大功率/kW	785,786	786,950
两滚筒中心距/mm	1 936	
滚筒中心高/mm	1 000	1 000

(4) 提升辅助设施

井筒提升辅助设施包括提升天轮、支持提升容器运行的导向稳绳、稳绳天轮、悬吊稳绳的凿井绞车等。

井筒提升系统的提升能力应大于抓岩机的能力，以充分发挥抓岩机的效能和提高井筒掘进速度。

(三) 卸矸

装满矸石的吊桶由提升机提到地面卸矸台以后，靠人工或安设在井架卸矸台上的自动翻矸机构翻转吊桶，将矸石卸入溜槽，溜入地面的矿车(或汽车)中，排入排矸场。

三、井筒支护

(一) 临时支护

在立井井筒施工中，若掘进后井筒围岩空帮高度小，空帮时间短，在进行永久支护之前不会片帮时，可不采用临时支护。否则，为了防止井筒破坏和确保施工安全，都需要进行临时支护。临时支护有井圈背板临时支护和锚喷临时支护两种结构。井圈背板临时支护既可用于表土层(或不稳定岩层)施工，也可用于基岩施工；而锚喷临时支护只能用于基岩施工。井圈背板临时支护由于材料消耗量大、拆装费工费时，目前主要用于表土层(或不稳定岩层)施工；而锚喷临时支护由于能对井帮及时封闭和有效支护，可防止围岩风化和片帮，适用于大段高施工，目前已发展成为井筒基岩施工中的主要临时支护方式。用锚喷支护作临时支护的施工方法与其作永久支护时的施工方法相同。

(二) 永久支护

立井井筒永久支护可采用料石砌筑井壁、混凝土(或钢筋混凝土)整体井壁、锚喷支护等结构。料石砌筑井壁由于砌筑劳动强度大，不易实现机械化施工，井壁的整体性和封水性很差，而且要求井筒涌水量不大、料石可就地取材，目前仅在一些小矿井使用。在围岩条件较好、涌水量较小、井筒较浅、断面较小等情况下，可采用锚喷支护作永久支护。在其他情况下，采用混凝土（或钢筋混凝土）整体井壁结构作永久支护。

混凝土整体井壁的浇筑过程为：在地面混凝土搅拌站搅拌好的混凝土，经输料管输送（或用吊桶下放）到井下并注入模板中。用于浇注井壁的混凝土的配合比和强度必须进行试验检查。

浇注混凝土井壁的模板有多种，应视具体情况选用。当采用长段掘砌单行作业和平行作业时，多采用液压滑升模板或装配式金属模板；当采用掘砌混合作业时，采用金属整体移动式模板。随着掘砌混合作业方式在立井施工中被广泛应用，金属整体移动式模板的研制也得到了较快发展。

金属整体移动式模板有门轴式、门扉式和伸缩式三种。实践表明，伸缩式金属整体移动式模板具有受力合理、结构刚度大、支模速度快、脱模方便、支脱模易于实现机械化等优点，目前已在立井井筒施工中得到广泛应用。伸缩式模板根据伸缩缝的数量分为单缝式、双缝式和三缝式三种。目前使用最为普遍的伸缩式金属整体移动式模板是 YJM 型模板，其结构如图 12-17 所示，其脱模装置为液压同步增力装置（也可采用正反扣螺旋伸缩装置作为脱模装置）。这种金属整体移动式模板用钢丝绳悬吊在井筒中，使用时将其升（降）到预定位置，用伸缩装置撑开到设计尺寸即完成支模。使用结束后，用脱模装置收缩模板即完成脱模。其特点为：模结构整体性好、几何变形小、径向收缩量均匀，采用同步增力单缝式脱模机构，使脱膜、支模非常容易。采用这种金属模板，混凝土由浇注口注入，浇注和振捣操作在折叠式脚手架上进行，脚手架距浇注口 1.0～1.2 m。当混凝土基本凝固时，先进行预脱模，当混凝土的强度达到 0.05～0.25 MPa 时，再进行脱模。金属整体移动式模板的高度由井筒围岩的稳定性决定，用于稳定岩层时，模板的高度可达 3～4 m。

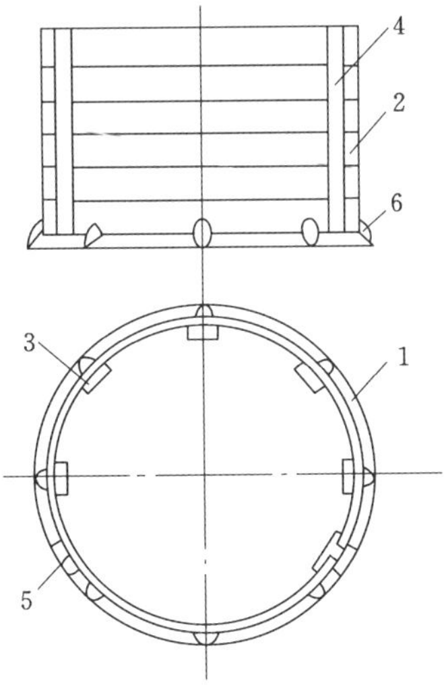

1—刃脚；2—筒体；3—折叠式脚手架；4—伸缩缝；5—伸缩装置；6—浇注口预制盒。

图 12-17　伸缩式金属整体移动式模板结构

近年来，有些矿井采用锚喷支护作为井筒永久支护，使施工大为简化，施工机械化程度也大为提高，并且减少了井筒掘进工程量。实践表明，在中硬以上稳定的岩层中，当涌水量小于 5 m^3/h 时，可以考虑采用锚喷支护作为井筒永久支护。采用锚喷支护时，喷射混凝土井壁施工如图 12-18 所示。施工过程为：混凝土材料在地面搅拌好，用管道输送到井口或吊盘上的喷射机中，在喷射平台上进行喷射。当喷射机设在井口时，应注意防止堵管。

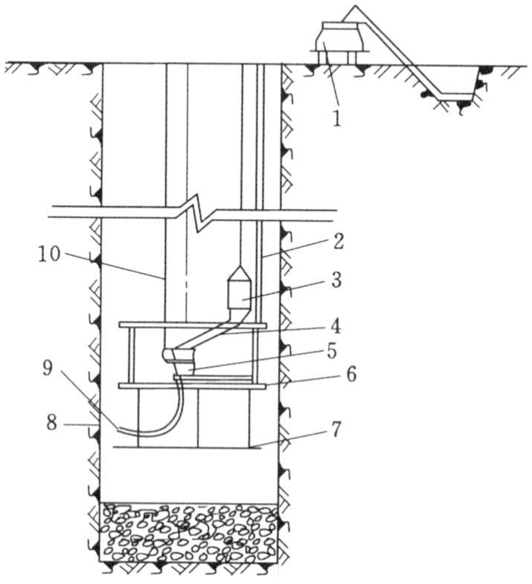

1—搅拌机；2—压气管；3—吊桶；4—溜槽；5—喷射机；
6—吊盘；7—喷射平台；8—井壁；9—喷嘴；10—供水管。

图 12-18　喷射混凝土井壁施工

第五节　立井井筒施工作业方式

在立井井筒基岩段施工和在表土段采用普通施工法施工时，一般采用爆破（人工）破岩（土），混凝土整体井壁支护。其作业方式有掘砌单行作业、掘砌平行作业、掘砌混合作业和掘砌安一次成井等。

一、掘砌单行作业

将井筒分成若干段、由上而下逐段施工，在同一段内先自上而下掘进，掘完后再自下而上进行永久支护，即为掘砌单行作业（简称为单行作业），如图 12-19 所示。单行作业根据分段长度可分为短段单行作业和长段单行作业。采用短段单行作业时，掘进后不进行临时支护，直接进行永久支护；而采用长段单行作业时，一般边掘进边进行临时支护。

分段高度是根据井筒穿过的岩层性质、井筒涌水量、施工方案及临时支护方式、对井筒施工速度的要求等确定的，直接影响施工速度、施工安全和井壁质量。分段高度应根据施工条件，综合考虑上述因素后确定。

对于短段单行作业，分段高度为 2～4 m，分段高度应与模板高度一致。为了方便作业（支模、浇注混凝土），爆破后在工作面留一定厚度矸石，待砌壁结束后再清除。

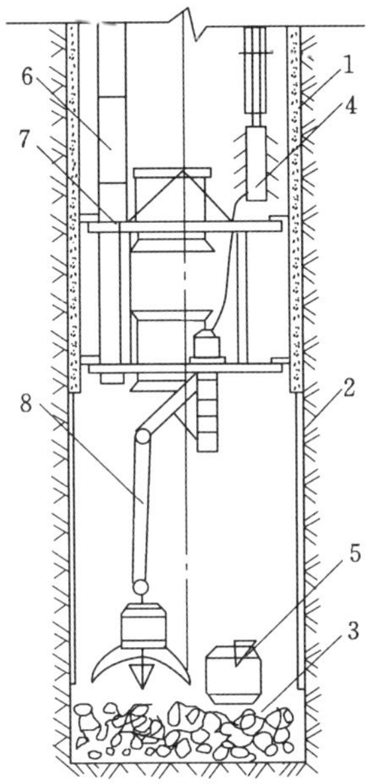

1—永久井壁；2—临时支护；3—工作面；4—分风器；5—吊桶；
6—风筒；7—吊盘；8—抓岩机。
图 12-19　掘砌单行作业施工示意图

对于长段单行作业，分段高度与临时支护方式有关。采用井圈背板临时支护时，分段高度以 30～40 m 为宜，最大不应超过 60 m，支护时间不得超过 1 个月。采用锚喷临时支护时，分段高度往往从成本核算和施工管理角度考虑根据月进尺确定。锚喷支护参数可视围岩条件确定。掘进与喷射混凝土临时支护间的配合可采用短段掘喷单行作业方式。短段掘喷单行作业与短段掘砌单行作业基本相同，分段高度为 2 m 左右。

当采用锚喷支护作为永久支护时，短段掘砌单行作业即变为短段掘锚单行作业，二者相近。湖南省涟邵矿务局桥头河煤矿在立井施工中曾采用这种作业方式，月成井 174.82 m。

掘砌单行作业方案的优点是：占用凿井设备少，工作面安全，施工组织简单；主要缺点是：掘进和永久支护工作依次进行，施工速度受到限制。单行作业是立井施工中最常用的一种方案。在井筒断面不大（净直径小于 6 m）或井筒深度不超过 500 m 时，多采用单行作业施工方案。徐州矿务集团有限公司权台煤矿主井施工采用单行作业方案，曾创造了月成井 160.92 m 的纪录。

二、掘砌平行作业

掘砌平行作业有长段掘砌平行作业和短段掘砌平行作业之分。将井筒分成若干段，在每一段内采用掘砌单行作业，但上下相邻两段同时施工，即在上段自下而上砌筑永久支护的同时在下段自上而下进行掘进，这种作业方式称为长段掘砌平行作业（简称为长段平行作业）。如图 12-20 所示，下段在工作面上进行掘进和临时支护，同时上段在吊盘上自下而上进行砌壁。

短段掘砌平行作业的掘砌工作都自上而下进行，下段在工作面掘进和进行锚喷临时支

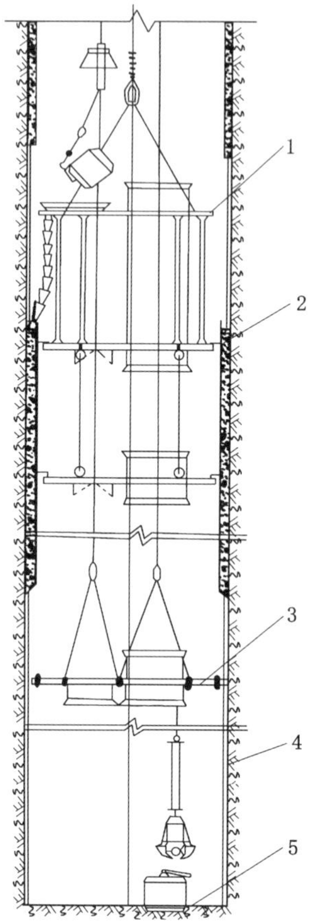

1—砌壁吊盘;2—井壁;3—稳绳盘;4—锚喷临时支护;5—掘进工作面。

图 12-20　井筒长段掘砌平行作业施工

护(若采用掩护筒保护工作面时可不进行临时支护),同时上段在多层吊盘上砌壁,如图 12-21 所示。每浇注完一段井壁后,将砌壁托盘向下移动一个段高后进行下一段井壁浇注。对于钢筋混凝土永久井壁,可采用吊挂井壁短段掘砌,即将下段井壁钢筋吊挂在已施工好的上段井壁的钢筋上,进行支模浇筑,这种施工方式比较麻烦。

采用平行作业方案时,为了保证掘进和永久支护工作同时进行,在井筒内需要安设的设备较多,如稳绳盘、砌壁吊盘,以及专门用于砌壁的提升设备等,因此,要求井筒净直径一般不小于 6 m。另外,平行作业只适用于基岩段施工,且在第一段和最末一段不能采用,因此只有在井筒较深时采用平行作业方案才有价值。掘砌平行作业方案的优点是:掘砌工作在不同空间同时进行,能有效地利用空间和时间,为提高成井速度提供了可能性;缺点是:需要的设备多,掘砌工作相互干扰,施工组织复杂,作业安全性差。

三、掘砌混合作业

井筒掘砌工序中的部分工作同时进行为掘砌混合作业(简称为混合作业)。混合作业采用短段作业、边掘边砌,即浇注混凝土的后半段工作(浇注混凝土高度到 1 m 左右以后的

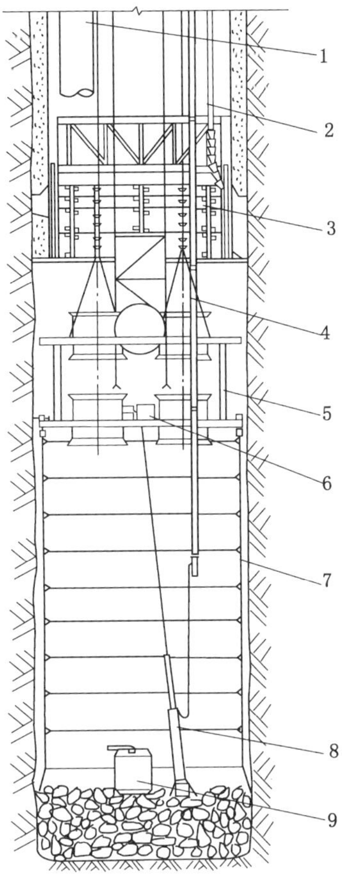

1—风筒；2—混凝土输送管；3—模板；4—压风管；5—吊盘；6—气动绞车；

7—金属掩护网；8—抓岩机；9—吊桶。

图 12-21 井筒短段掘砌平行作业施工

继续浇注工作）和出渣的前半段工作同时进行，如图 12-22 所示。这种作业方式能比较充分地利用空间和时间，有利于提高成井速度和施工效率。

四、掘砌安一次成井

掘砌安一次成井即将掘进、砌壁、井筒内永久装备（罐梁、罐道、梯子间等）的安装工作统一安排，一次完成。根据掘、砌、安三项工序安排不同，掘砌安一次成井有掘、砌、安顺序作业一次成井；掘、砌，掘、安平行作业一次成井和掘、砌、安平行作业一次成井三种不同施工方案。

掘、砌、安顺序作业一次成井是在一个大循环内，掘、砌、安三项工序顺序进行。掘、砌，掘、安平行作业一次成井是在两段井筒内同时进行施工，在下段掘进，在上段先自下而上砌壁后自上而下安装，段高为 30～40 m。掘、砌、安平行作业一次成井采用短段平行作业，即在工作面进行掘进、在双层吊盘的下层进行砌壁、在上层进行安装，掘、砌、安在不同段内同时进行。

掘砌安一次成井的优点是可利用安装好的罐道梁固定施工管路和设备，减轻了井架负

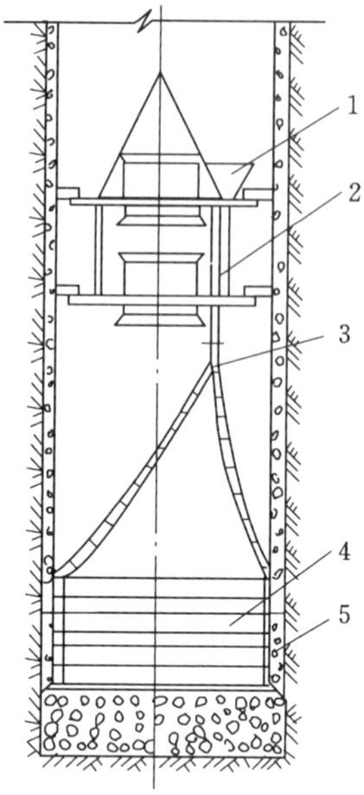

1—分灰器；2—吊盘；3—输料管；4—金属活动模板；5—混凝土井壁。

图 12-22 井筒掘砌混合作业施工

担和减少了凿井绞车的数量。特别是掘、砌，掘、安平行作业一次成井和掘、砌、安平行作业一次成井能保持掘进不停，砌壁和安装同时进行，可充分利用时间和空间，有利于提高成井速度和施工效率，用于深井工程能获得良好的效果。其缺点是施工组织复杂，各工序间相互干扰大。尤其是平行作业时井内施工设备多、布置复杂，施工组织更复杂，多工序平行作业对施工安全要求更高。

我国曾在鹤壁矿区某副井施工中采用掘、砌，掘、安平行作业一次成井，月成井 97.33 m。

上述立井井筒施工作业方式是四种基本方式。在生产实践中具体的作业方式主要由施工工作的进行方式和采用的施工装备决定，同时受井筒的地质和水文地质条件、井筒直径和深度、施工队伍的技术和施工组织管理水平等因素影响，可根据情况灵活安排。合理的施工作业方式应该满足技术先进、经济合理、成井速度快、安全可靠的要求。目前我国在立井井筒施工中主要采用掘砌单行作业和混合作业，而且混合作业有取代单行作业的趋势。平行作业和掘砌安一次成井作业目前在我国应用很少，应用效果也不够理想，主要原因是受施工管理水平影响。相信随着施工管理水平的提高，这些作业方式在深井施工中将受到重视，也会获得很好的效果。

第六节 立井井筒施工辅助工作

一、立井井筒涌水处理

（一）工作面排水

在立井井筒施工中，工作面排水方法有用吊桶排水和用吊泵排水两种。

将工作面积水用风动潜水泵抽入吊桶(空吊桶或装满矸石的吊桶)内,再由提升设备提到地面后排出的方法为吊桶排水。吊桶排水为间断排水,其排水能力(与吊桶装水容积和每小时提升次数有关)有限,因此一般用于工作面涌水量不超过 8 m^3/h 的井筒施工中。

将工作面积水由吊泵直接排到地面,或当井深超过水泵扬程时先由吊泵排到中间水仓或水箱内,再由卧泵排到地面的方法为吊泵排水。利用吊泵排水,一般安设 1 台吊泵,适用于工作面涌水量不超过 40 m^3/h 的情况。当工作面涌水量大,需要多台吊泵同时工作时,在井筒内安设吊泵会占用较大的井筒空间,从而严重影响井筒施工。

有时为了减少吊泵对掘进的影响,也可以采用吊泵与风动潜水泵配套排水,即用潜水泵将水从工作面排到吊盘上的水箱内,再用吊泵排到地面。采用这种方式,吊泵处在吊盘上方,不影响中心回转式抓岩机和环行轨道式抓岩机抓岩。

我国生产的吊泵有 NBD 型和高扬程 80DGL 型两类,其主要技术特征见表 12-9。

表 12-9 国产吊泵主要技术特征

吊泵型号	排水量/(m^3/h)	扬程/m	电动机功率/kW	转速/(r/min)	吸水高度/m	外形尺寸/mm			质量/kg
						长	宽	高	
80DGL50×15	50	750	250	2 980	6.5	890	985	6 421	4 000
80DGL50×10	50	500	250	2 980	6.5	840	925	6 503	2 400
NBD50/250	50	250	75	1 450	5.0	1 020	950	6 940	3 000
NBD30/250	30	250	45	1 450	5.0	990	950	7 250	3 100

当井壁淋水比较大时,为了减少工作面的积水以改善施工条件和保证井壁质量,应在工作面上方的井帮上采取截、排水措施。通常的做法是,在含水层以下的井帮上设置截水槽,安装导水管、水箱、水泵和排水管,将沿井壁向下流的淋水截住并排到地面。其系统如图 12-23 所示。

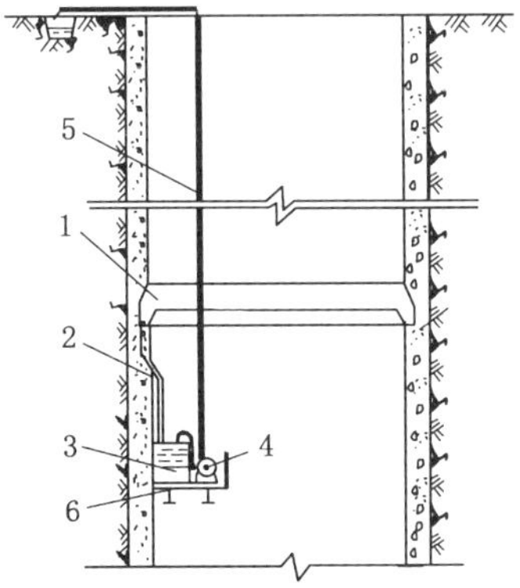

1—截水槽;2—导水管;3—水箱;4—水泵;5—排水管;6—半边固定盘。

图 12-23 井壁上设置的截、排水系统

（二）注浆堵水

用注浆泵将堵水浆液经注浆孔注入含水岩层的裂隙中，随堵水浆液凝结硬化堵住地下水流向井筒的通路，达到减小井筒涌水量和避免井壁渗水的目的，即为注浆堵水。

1. 注浆堵水方法

注浆堵水方法有两种：一种是在井筒掘进前向围岩含水层注浆堵水，即预注浆堵水；另一种是在井筒掘砌完后向含水层段的井壁背后注浆堵水，即壁后注浆堵水。预注浆堵水的目的主要是"打干井"，而壁后注浆堵水的目的则主要在于防止井壁渗水影响下部井筒施工及井筒正常使用。

(1) 预注浆

预注浆有地面预注浆和工作面预注浆两种。

① 地面预注浆。采用地面预注浆，钻注浆孔和注浆工作都在建井准备期内在地面进行。当含水层距地表较浅时，采用地面预注浆较为合适。地面预注浆钻孔一般沿与井筒同心，直径大于井筒掘进直径 1～3 m 的圆周布置，如图 12-24 所示。注浆孔的间距一般为 3～6 m，注浆孔的数目可用式(12-6)计算。

$$N = \frac{\pi(d_1 + 2A)}{L} \tag{12-6}$$

式中 N——注浆孔数目；

L——注浆孔间距，m；

d_1——井筒掘进直径，m；

A——注浆孔到井筒掘进边界的距离，一般为 0.5～1.5 m。

有时注浆孔也可以布置在井筒掘进直径范围以内。开滦（集团）有限责任公司荆各庄矿业分公司副井施工曾采用这种布置方式，取得了良好的注浆效果。

注浆时，若含水层厚度较小，可一次注完全深，若含水层厚度较大，则应分段注浆。在分段注浆中，每个注浆段的高度应视含水层裂隙发育程度而定，裂隙越发育，段高应越小，段高为 15～30 m。

分段注浆有两种方式：一种是自上而下分段钻注浆孔，分段注浆；另一种是将注浆孔一次钻到底（钻至含水层以下 3～4 m），再自下向上借助止浆塞分段注浆。前者注浆效果好，但注浆孔复钻工程量大；后者无须复钻注浆孔，但注浆效果不如前者，尤其不宜在垂直裂隙发育的含水岩层内采用。

② 工作面预注浆。当含水岩层埋藏较深时，采用工作面预注浆比较经济实用。当井筒掘进到距含水岩层一定距离时停止掘进，在工作面构筑用于防止向工作面冒水跑浆的混凝土止水垫（当含水层上方岩层比较坚固致密时，可不做止水垫，留一定厚度的岩层代替止水垫），再由工作面向下钻孔注浆。工作面预注浆的注浆孔布置如图 12-25 所示。注浆孔间距取决于浆液在含水岩层内的扩散半径，一般为 1.0～2.0 m。当含水岩层裂隙连通性较好、浆液扩散半径较大时，可以增大注浆孔间距，减少注浆孔数目。

(2) 壁后注浆

井筒掘砌完后，往往存在井壁渗水现象，影响井内装备和井筒支护的使用寿命及井筒内环境，增加矿井涌水量和排水费用，所以必须进行壁后注浆加固封水。壁后注浆一般自

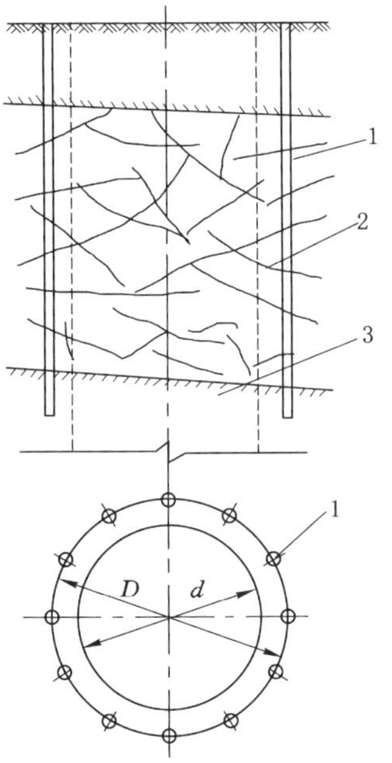

1—钻孔；2—含水岩层；3—隔水层；
d—井筒掘进直径；D—注浆孔布置圈径。

图 12-24　地面预注浆钻孔布置

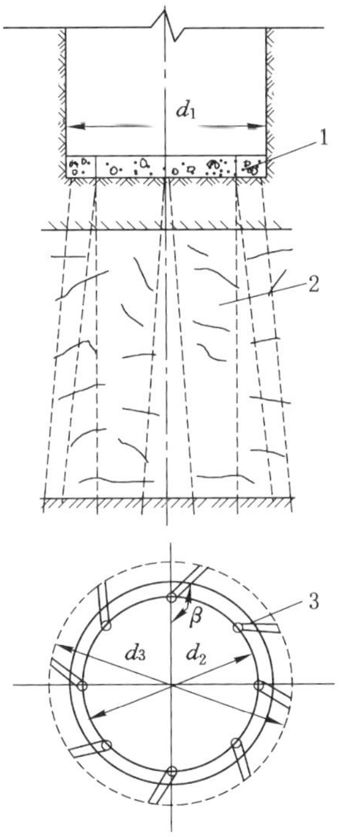

1—止水垫；2—含水岩层；3—注浆钻孔；
d_1—井筒掘进直径；d_2—注浆孔孔口圈径；d_3—注浆孔孔底圈径；
β—钻孔布置螺旋角(120°～180°)。

图 12-25　工作面预注浆注浆孔布置

上而下分段进行。注浆段高视含水层赋存条件和具体出水点位置而定，通常为15～25 m。在井筒围岩裂隙较大、出水较多的区段，应在砌壁时预埋注浆管。在没有预埋注浆管而砌壁后井壁出现裂缝漏水的区段，可视具体情况采取相应措施：若在基岩段，可用凿岩机钻眼埋设注浆管，注浆孔的深度应穿透井壁进入含水岩层 100～200 mm；若在表土层内，为了避免透水涌砂，钻孔不能穿透井壁，由钻孔只能向井壁注浆以充填井壁中的裂隙，达到加固井壁和封水的目的，这种方法实际上属于壁内注浆。

2. 注浆浆液

注浆浆液的封水性和工艺性能是决定注浆封水效果的关键。对注浆浆液的要求为：所用材料来源广、价格低廉，封水性好，注浆工艺简单，人员作业安全，凝胶时间短而且易于控制。目前应用的注浆浆液主要有水泥浆液、水泥-水玻璃浆液和 MG-646 浆液等。

(1) 水泥浆液

水泥浆液由水和水泥以 0.5∶1～4∶1 的比例调制而成，是一种广泛应用的基本浆液。水泥浆液具有材料来源广、结石强度高、注浆工艺简单、成本低、工作安全无毒等优点。其缺点是：水泥颗粒较粗，水泥浆液易离析、稳定性差、凝固时间较长。因此，水泥浆液通常用于裂隙宽度大于 0.15 mm 的含水岩层中。

(2) 水泥-水玻璃浆液

水泥-水玻璃浆液是由水泥浆和水玻璃的水溶液在注浆孔口或孔内混合而成的一种浆

液。这种浆液结石率高，堵水效果好，凝结时间可以控制在几秒到几十分钟内，并且可注性较水泥浆液好。但是利用水泥-水玻璃浆液注浆是双液注浆，注浆工艺比较复杂。这种浆液适用于堵塞基岩中有一定流速的地下水流。

(3) MG-646 浆液

MG-646 浆液是以丙烯酰胺为主剂，与其他药剂配制成的水溶液，属于化学浆液。这种浆液在注入含水岩层后发生聚合反应，形成具有弹性、不溶于水的聚合物。其凝结时间可以控制，可注性、封水性和耐久性均较好。用它加固砂层时，其强度可达到 0.7～0.8 MPa。但是，MG-646 浆液价格较贵，且材料来源不如水泥浆液和水泥-水玻璃浆液广泛。

二、立井井筒施工通风

立井井筒施工通风都采用局部通风机通风。由于在立井中污风垂直向上流动，采用压入式通风对排瓦斯有利，但受重力影响对排烟尘不利，而且井筒越深影响越大。从排烟尘角度考虑，采用抽出式通风方式较压入式好。因此，通常只有在井筒深度小于 400 m 时采用压入式通风，当井筒较深时采用抽出式通风，在深井施工中则多采用以抽出式为主、压入式为辅的混合式通风。

目前在立井施工中使用的通风机主要是 BKJ 系列轴流式局部通风机，有些也采用离心式通风机。根据实际情况，一般安装两台不同能力的通风机，其中能力较大的一台用于爆破后抽出式通风，另一台用于平时通风。采用压入式通风时选用胶皮风筒，采用抽出式通风时选用铁风筒或玻璃钢风筒。风筒的直径为 0.5～1.0 m。局部通风机安装在地面，风筒一般用钢丝绳悬吊或者固定在井壁上，随井筒的向下掘进不断加长和下放。

三、立井井筒施工其他辅助工作

（一）压风和供水

在立井井筒施工中，工作面风动机具（凿岩机、装载机、混凝土喷射机）所需的压风和水分别由压风系统和供水系统供给。在地面设压风机和高位水池，来自压风机的压风和来自地面高位水池的水分别通过并列吊挂在井内的压风管（ϕ150 mm 钢管）和供水管（ϕ50 mm 钢管）由地面送至吊盘上方，经三通、高压软管、分风器（分水器）和胶皮软管将风、水分别供给各风动机具。井内压风管和供水管可分别用钢丝绳悬挂在设在地面的凿井绞车上，随井筒掘进而下放；也可直接固定在井壁上，随井筒掘进向下延伸。高压软管、分风（水）器和胶皮软管均用钢丝绳悬吊在吊盘上，爆破时随吊盘一起提至安全高度。

（二）照明与信号

在立井井筒施工中，良好的照明有利于提高施工的质量和效率，减少事故。因此，在井口、井内各有人操作的台盘和工作面，均应安装照明设施，所选灯具应具有良好的防水性能并满足防爆要求。在装药联线时，必须切断井下一切电源，采用矿灯照明。

在立井井筒施工中，必须建立以井口为中心的全井信号系统。在工作面、吊盘、泵房与井口信号房之间应建立各自独立的信号联系。同时，井口信号房又可向卸矸台、提升机房及凿井绞车房发送信号。设置的信号应简单可靠，目前使用最普遍的是声、光兼备的电气信号。

（三）测量工作

为了确保井筒的规格和质量，在井筒施工过程中必须做好测量工作。井筒断面中心点是进行工作面施工放线的坐标原点，放好井筒中心线和定好中心点是井筒施工测量的关键，对保证井筒的规格和质量至关重要。一般采用激光指向仪投点来确定井筒中心点，但应定期用垂球测量检验。激光指向仪通常安装在专设的支架上，其位置在井口封口盘以下4～8 m，固定盘以上 1 m 处。激光指向仪应定期校正。当井筒深度大，普通激光指向仪不能满足精度要求时，可采用千米激光指向仪，或随井筒掘进将激光指向仪移设在井筒深部。

（四）安全梯

为了保证在井筒停电或工作面发生突发事件的情况下，工作面作业人员能迅速撤离工作面，在井筒内应设置安全梯。安全梯用角钢制作，由若干节拼装而成。安全梯的高度应能使井下全部人员在紧急状态下都能登上梯子，然后升至地面。安全梯必须采用专用凿井绞车悬吊。

第七节　立井井筒安装工作

立井井筒安装主要指罐道梁、罐道、各种管道、各种电缆、梯子间和井底金属支撑结构等的安设。

井筒安装工作可与掘砌施工统一安排、同时进行，即采用掘砌安一次成井，也可在井筒掘砌结束后再进行。目前采用较多的是后一种安排方式。当主、副两个井筒同时施工时，一般在两个井筒贯通后再交替进行井筒安装工作。对于采用刚性罐道的井筒，各种安装工作可分次进行，也可一次进行。

一、分次安装

分次安装井筒装备的方式如图 12-26 所示。先在吊盘上从井口自上而下安装罐道梁、梯子间和电缆卡子等，然后再在吊架上自下而上安装罐道，最后从井底向上安装管道。安装罐道梁的吊盘一般为双层吊盘，在下层盘上挖梁窝或打树脂锚杆眼，在上层盘上安装罐道梁等装备。安装罐道的吊架由梯子和多层可收放的作业平台组成，作业时打开作业平台，升降时收起作业平台。

分次安装井筒装备的组织管理比较简单。但是安装用的设备需要进行二次改装，从而延长了井筒安装工期。

二、一次安装

一次安装井筒装备的方式如图 12-27 所示。一次安装由井底向上利用多层吊盘或带吊架的吊盘，一次将罐道梁、罐道、梯子间、所有管道和电缆等全部安装完。在吊盘上层盘上挖梁窝或打锚杆眼，在下层盘上安装罐道梁和管道等，在吊架上安装罐道。这种作业方式具有工时利用率高、施工速度快、有利于提高工程质量等优点。但是，施工组织管理复杂，需要的施工设备较多。

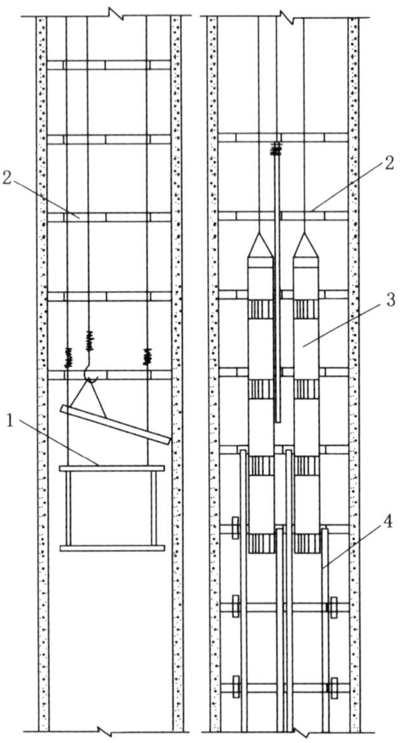

1—双层吊盘;2—罐道梁;3—吊架;4—罐道。

图 12-26 分次安装示意图

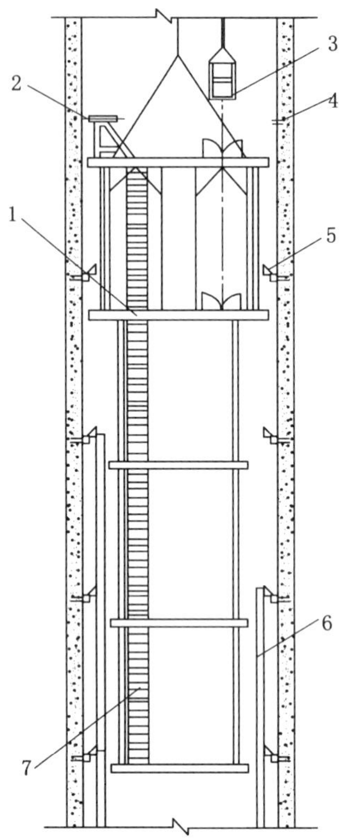

1—多层吊盘;2—钻锚杆眼;3—吊笼;4—安装锚杆;
5—安装托架和罐道梁;6—罐道;7—梯子。

图 12-27 一次安装示意图

第八节 斜井表土施工

在稳定表土层内开挖斜井时,其施工方式与井口所处地形有关。当斜井井口处在较陡的坡脚时,表土施工比较简单,只需将井口位置的浮土和风化碎石清除干净即可开口掘进,井口支护需要采用混凝土或石材砌筑。当斜井井口处地表平坦且表土层较厚时,直接开口掘进,顶板不易维护,因此通常先开挖一段明槽至一定深度,再开口掘进斜井井筒。

一、明槽布置

明槽布置如图 12-28 所示,其几何参数可根据图中几何关系求出。

① 明槽斜深 H 按式(12-7)计算。

$$H=\frac{h+h_1}{\sin(\alpha_1+\alpha)}+\frac{h_2}{\sin(\alpha_1-\alpha_2)} \tag{12-7}$$

式中 h——井筒掘进高度,m;

h_1——顶板安全厚度,一般取 2～4 m;

h_2——耕作层或堆积层厚度,平坦地形可取 0.5 m;

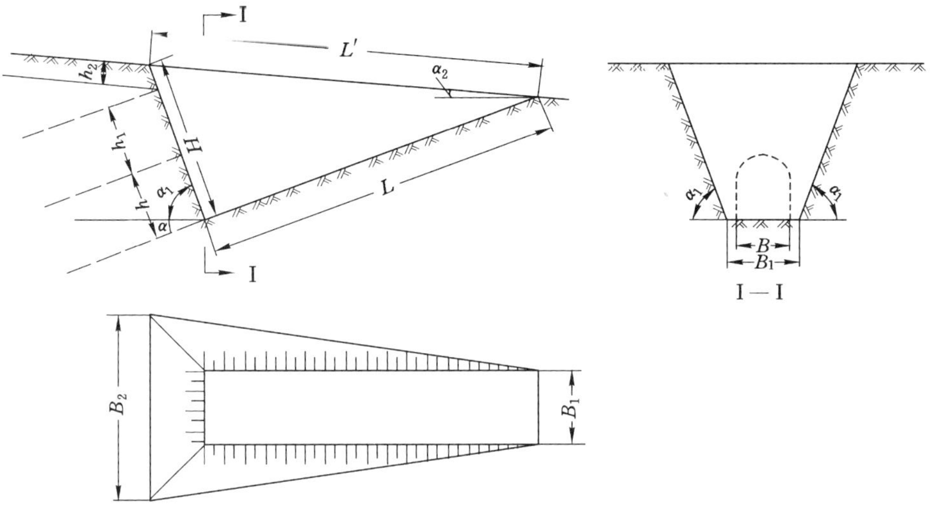

图 12-28　明槽布置示意图

α——斜井倾角,(°);

α_1——明槽边坡安息角,为 45°～80°;

α_2——井口地面自然坡度,(°)。

② 明槽底斜长 L 按式(12-8)计算。

$$L = \frac{H\sin(\alpha_1 - \alpha_2)}{\sin(\alpha + \alpha_2)} \tag{12-8}$$

③ 明槽上口长度 L' 按式(12-9)计算。

$$L' = \frac{H\sin(\alpha + \alpha_1)}{\sin(\alpha + \alpha_2)} \tag{12-9}$$

④ 明槽底宽 B_1 可以取与斜井掘进宽度 B 相等,为了施工方便也可比斜井掘进宽度宽 0.6～1.0 m。

⑤ 明槽上口宽度 B_2 按式(12-10)计算。

$$B_2 = B_1 + 2H\cos\alpha_1 \tag{12-10}$$

明槽底部坡度应与斜井的倾角一致。为了减少开挖土方工程量,可将明槽掘成直立槽壁,但需用横撑或斜撑加固槽壁以保证施工安全。

二、斜井表土施工方法

斜井表土施工应尽量避开雨季。施工前应在斜井井口四周修好排水沟,将水排至场外。明槽应尽量采用机械挖掘以缩短明槽边坡暴露时间。明槽挖完后,井口上部的边坡要支撑好以防片帮滑坡,如图 12-29 所示。对于明槽部分的井筒,若明槽边坡稳定情况较好,可待井筒从明槽向下掘 5～10 m 后再自下而上砌筑永久支护直到井口。明槽永久支护的外部应做防水层或夯填三合土,然后及时用土回填以防积水危及井筒正常施工。

斜井开口后的表土施工方法,多采用短段掘砌施工方法,段长为 2～4 m。随掘进及时进行临时支护,后拆除该段临时支护进行永久支护。临时支护多采用拱形金属支架。

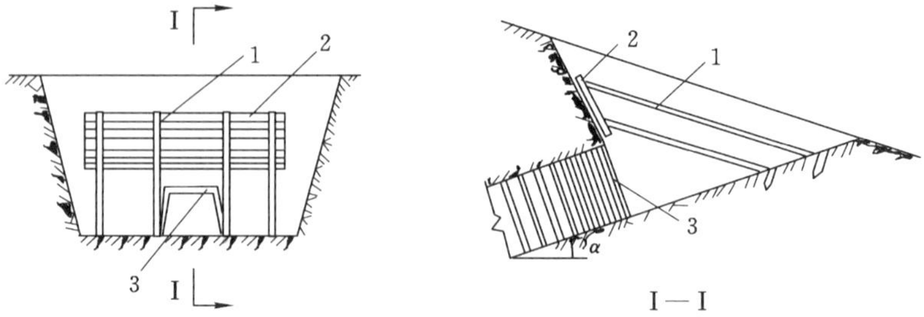

1—斜撑;2—挡板;3—斜井井口段密集棚。

图 12-29　明槽边坡支护

在不稳定表土层中掘进斜井非常困难。当不稳定表土层较薄或距地表较浅时可用挖明槽方法施工,也可采用降低水位法和冻结法等特殊方法施工。

习　　题

1. 矿井主井和副井的功能及所用装备分别有哪些?试举例。
2. 立井表土施工方法有哪些?试简述。
3. 立井基岩施工方法有哪些?试简述。
4. 试述立井井筒施工作业方式及优缺点。
5. 立井井筒施工中的辅助工作有什么作用?

参考文献

[1] 柏建彪,曾宪桃,周英.井巷设计优化与施工新技术[M].徐州:中国矿业大学出版社,2008.
[2] 董方庭.井巷设计与施工[M].徐州:中国矿业大学出版社,2005.

第十三章　井 筒 延 深

导学思考题

1. 什么是井筒延深？
2. 井筒延深有哪些方法？

井筒延深是采用多水平开拓的矿井中最为重要的环节之一，是决定矿井开采总体战略部署的关键。井筒延深，就是将已有的井筒沿原轴线由生产水平开凿至下一水平，是新水平建设中的一项主要工程，必须在生产水平开采结束以前开工，以保证上、下水平工作的正常接续。井筒延深施工与新建矿井的井筒施工同等重要，施工方法也基本相同，但两者因施工条件的不同，在施工方法的选择上略有差异。井筒延深施工与矿井生产同时进行，受生产水平的生产系统的限制和矿井生产的影响，施工难度较大、施工组织管理也比较复杂。选择合理的井筒延深施工方案是井筒延深的关键。选择井筒延深方案，除保证建设和生产安全外还应考虑以下两个因素：一是尽量减小和避免井筒延深对矿井生产的影响，在必须停产延深时尽量缩短停产时间；二是尽量利用已有的井巷和设施为延深工作服务，以减少临时工程量、缩短准备工期和减少投资。目前通常采用的立井井筒延深方案有利用反井延深、利用辅助水平延深和利用延深间延深等。

第一节　利用反井延深井筒

当主井或副井已经延深到新水平，并形成了上、下生产水平运输系统，可利用反井延深法施工另一个井筒，如图 13-1 所示。利用反井延深井筒的施工方法有普通反井施工法、吊罐反井施工法和反井钻机钻进施工法等。本节仅介绍普通反井施工法和吊罐反井施工法两种施工方法。

一、普通反井施工法

普通反井施工法先自下而上开凿一个小反井，贯通后再自上而下刷大断面至井筒的设计尺寸。该方法可用于立井井筒的延深，还可用于暗立井、溜井和煤仓的施工，见图 13-2。

1. 施工设施及工作间

(1) 临时支护木框架

在反井施工中，临时支护多采用木框架，其形状多为矩形或方形。在施工过程中，木

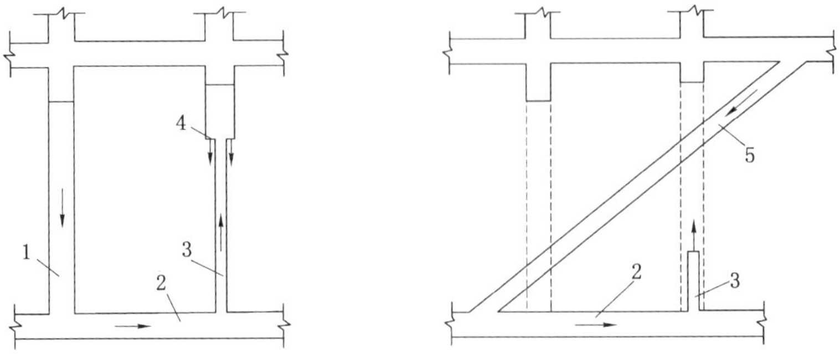

1—已延深好的井筒；2—新水平车场巷道；3—反井；4—刷大井筒断面；5—通往新水平的下山。

图 13-1　利用反井延深井筒

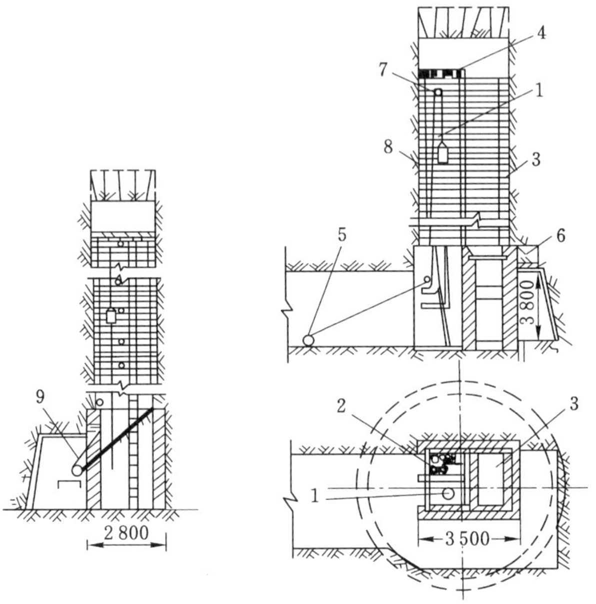

1—吊桶提升间；2—梯子间；3—矸石间；4—临时工作平台；5—提升绞车；

6—反井基础；7—定滑轮；8—木井框；9—溜矸槽。

图 13-2　普通反井施工法施工布置示意图

框架应位于井筒断面的中部，但以防反井出现偏斜和便于井筒刷砌，安装时应避开井筒测量中心线（一般将井筒中心放在提升间的一角，且井筒中心线距木框架的间隙应不小于 200 mm）。

（2）吊桶

吊桶用于提升材料和矸石，安装在提升间内，悬吊于定滑轮上，定滑轮安装在工作面附近并随工作面推进而移动。吊桶不设稳绳，与井壁的间隙应适当大些。在提升间内还设有脚手台，用于从吊桶中卸料。

（3）管线敷设

压风管、供水管、风筒和电缆等敷设在梯子间内，为便于上下人员、接长管线和检修设备，需在梯子间内安设梯子。梯子间断面规格为 1.20 m×0.85 m，梯子采用分段顺列式布置，每 5 m 左右为一段，设一个梯子平台。

(4) 凿井工作台

在反井内靠近工作面设凿井工作台，工作台搭在最上层的井框上，用于施工作业。

(5) 小绞车

为了不妨碍运输和提升等工作，提升吊桶的小绞车应布置在距反井 10～15 m 以外的巷道内。

(6) 工作间

工作间包括矸石间、提升间和梯子间。其中，矸石间用于排放爆破下来的矸石，其下端设有溜矸槽以便装车。为了防止大块矸石堵塞矸石间，矸石间断面积一般应不小于 2 m^2。矸石间内应存放一定量的矸石，存放量以保证下一循环矸石落入矸石间后不会堵塞由梯子间进入矸石间的通道为准。梯子间敷设了压风管、供水管、风筒和电缆等管线。

2. 反井施工

(1) 炮眼布置及爆破

掘进的初始段(1～2 m)，一般采用浅眼小炮，之后正常掘进，一般炮眼深度为 1～1.5 m，炮眼密度为 2.5～3.5 个/m^2，采用直眼或半楔形掏槽。在钻炮眼作业期间，为保证安全应将矸石间、梯子间和提升间上口封盖严，爆破前应打开矸石间上口的盖板以便爆破时矸石能自动落入矸石间。每次爆破后需将矸石间内矸石放出一部分。

(2) 通风

通风一般采用局部通风机，局部通风机布置在井底附近，采用压入式通风。爆破后需通风 0.5～1.0 h，之后人员经梯子间到达盖板下检查，确定无炮烟后再经矸石间进入工作面检查。

(3) 支护

临时支护一般采用直径为 200 mm 的原木或 150 mm×180 mm 的方木亲口搭接而成的木框架，并用扒钉固定。木框架的密度一般为 1～3 个/m，应视围岩条件决定。对于软岩，在木框架后要用背板背严。对于破碎岩石，在工作面还应架设木棚。永久支护与井筒基岩段施工一样，本章不再赘述。

3. 刷大断面与砌壁

待反井与延深辅助水平贯通后，井筒刷大断面与砌壁工作自上而下进行，其方法与井筒基岩段施工基本相同。

普通反井施工法的优点是延深辅助工程量小，需要的施工设备少；缺点是施工反井时人员上下梯子困难、材料运输不方便、木材消耗量大、通风条件差、工作面易积聚瓦斯，当地质和水文地质条件较差时还应特别注意施工安全问题。

二、吊罐反井施工法

吊罐反井施工法将吊罐提升机安装在辅助水平上，吊罐安放在新水平上，吊罐提升机钢丝绳通过钻孔下放至新水平后与吊罐相连接，工作人员站在吊罐上施工。施工过程为：

自下而上施工反井，与延深辅助水平贯通后再自上而下分段刷大井筒和进行永久支护，最后进行井筒安装和收尾工作。吊罐反井施工法如图 13-3 所示。

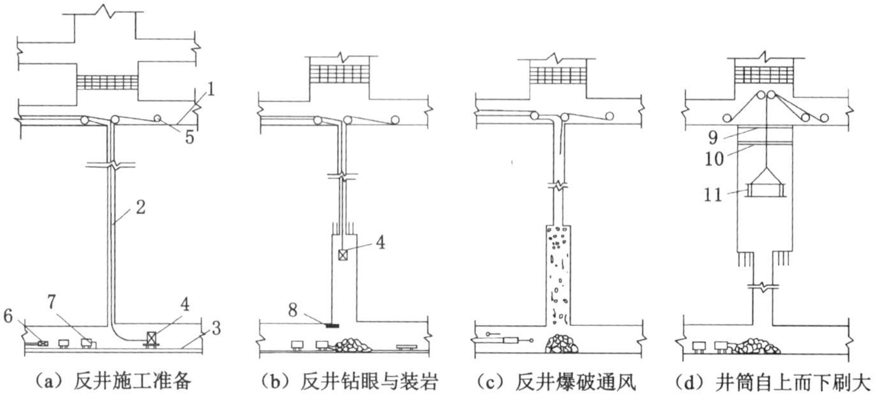

1—延深辅助水平；2—中心钻孔；3—新水平；4—吊罐；5—吊罐提升机；6—通风机；
7—装载机；8—保护盖板；9—封口盘；10—固定盘；11—双层吊盘。

图 13-3 吊罐反井施工法施工系统布置及施工过程示意图

先钻一全高中心孔，孔径为 100～110 mm，在上一水平安装卷扬设备，风(水)软管、信号电缆和钢绳穿过中心孔与吊罐挂接。凿岩爆破工具、炸药和雷管等放入吊罐；作业人员乘吊罐到达工作位置。利用支撑装置将吊罐稳定，检查和处理工作面上方的浮石后，展开工作台，再进行钻眼、装药和连线等工作。施工结束后将吊罐下放到新水平并平移到安全地点，拆下吊罐提升钢丝绳及其他管线并将提升钢丝绳提到绳孔内安全位置(为了便于下一循环空载钢丝绳顺利下放，在钢丝绳绳端要挂上重物)，待人员和设备安全撤离后进行爆破、通风，后下放钢丝绳与吊罐连接进行下一循环作业。装岩工作在反井下端巷道内进行，与在吊罐上钻眼、装药平行作业。为保证装岩安全，在反井下端必须设置保护盖板，装岩时保护盖板必须盖好。

吊罐升降时，由吊罐内的信号工直接与提升绞车司机联系。

反井掘进通风多采用混合式通风。在新水平和辅助水平上分别布置一台局部通风机，一台采用抽出式通风，一台采用压入式通风，以加速排出反井工作面的炮烟。反井掘进通风也可以在辅助水平安设一台局部通风机，沿绳孔进行抽出式通风，这种通风方式效果良好。

当反井通过含瓦斯煤层时，应加强瓦斯检查工作，确保吊罐反井施工的安全。由于吊罐反井的特殊作业条件，应特别注意杂散电流引爆雷管和装药，加强安全管理。为了保证吊罐上下运行安全和准确停车，应设可靠的信号系统和过卷保护装置。

与普通反井施工法相比，吊罐反井施工法具有工效高、速度快、劳动强度低、施工安全、经济等优点。采用吊罐反井施工法一般不架设临时支护，所以适合在比较稳定的岩层中采用。

第二节　利用辅助水平延深井筒

在立井井筒延深工程中，为了不干扰现有生产水平的正常生产秩序，通常在生产水平标高下 30～50 m 开凿一个辅助水平，在辅助水平布置延深用的巷道、硐室和安设延深施工设备，然后从延深辅助水平自上向下进行井筒的掘砌施工。此方案特点是对矿井的正常生产影响小，但建设延深辅助水平工程量大、延深准备工期长、准备工程投资大、延深占用设备比较多。

利用辅助水平延深井筒，施工人员、材料和设备由生产水平经暗井到达辅助水平，再由吊桶下放至工作面；矸石用吊桶从工作面提升到辅助水平后经暗井提至生产水平，再由生产水平的运输系统运至地面。其施工系统布置如图 13-4 所示。

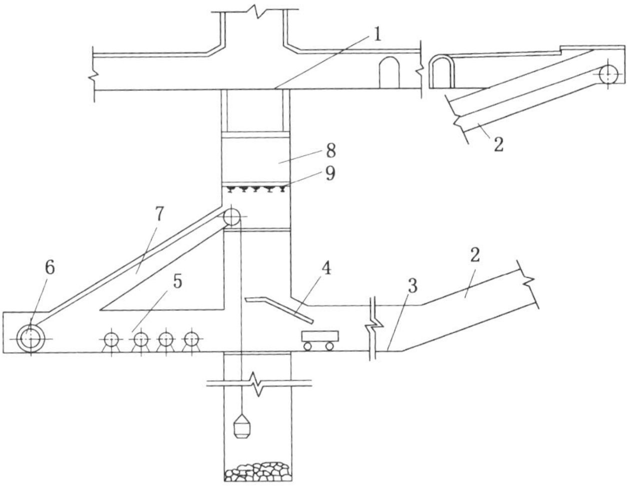

1—生产水平；2—辅助暗斜井；3—延深辅助水平；4—卸矸台；5—凿井绞车硐室；6—施工提升机硐室；7—绳道；8—保护岩柱；9—护顶盘。

图 13-4　利用辅助水平延深井筒施工系统布置

一、延深辅助水平高度的确定

延深辅助水平的高度由生产水平的井底水窝深度、保护设施的厚度和提升翻矸所需要的高度决定，根据图 13-5 按式(13-1)计算。

$$h = h_1 + h_2 + h_3 + h_4 + h_5 \tag{13-1}$$

式中　h——延深辅助水平底板至生产水平底板的高度，m；

h_1——延深辅助水平至翻矸台的高度，一般为 4.0 m；

h_2——翻矸台至提升天轮中心的高度，为保证提升安全，一般为 10.0～12.0 m；

h_3——提升天轮中心至保护设施底部的高度，一般为 2.5～3.0 m；

h_4——保护设施的厚度，当采用保护岩柱时，为 6.0～8.0 m，当采用人工保护盘时，为 2.5～3.0 m；

h_5——保护设施顶部至生产水平的高度，通常为井底水窝的深度，m。

在保证安全的前提下，延深辅助水平至生产水平的高度应尽量小，以减少井筒延深的辅助工程量、缩短工期和降低成本。

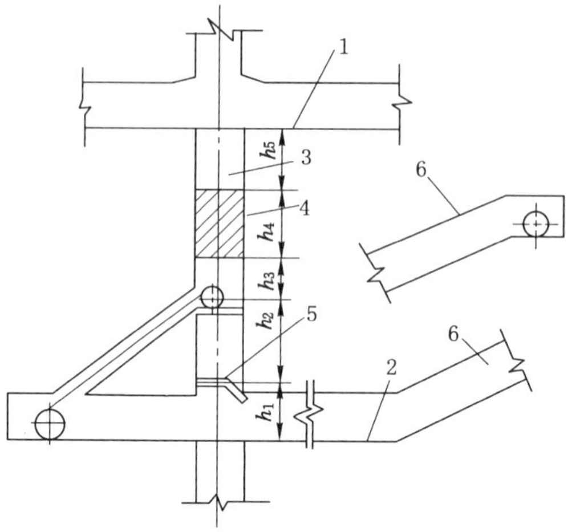

1—生产水平；2—延深辅助水平；3—井底水窝；4—保护设施；5—翻矸台；6—暗斜井。

图 13-5　延深辅助水平与生产水平之间的垂直距离计算

二、暗井形式和位置

生产水平到延深辅助水平的通道可采用暗斜井或暗立井。暗立井施工工程量较小，但施工较复杂、人员上下不方便，而暗斜井施工简单、人员上下也比较方便，故多采用暗斜井。

暗斜井的位置应不影响上水平的生产运输与提升工作，且满足运输、通风、下管线的要求。上部车场应距离井筒较近，与生产水平的环形井底车场的绕道线相连接。图 13-6 为徐州大黄山矿一号井二水平延深时暗斜井及辅助水平布置图，上部车场采用双巷布置使延深用的材料车、空车及矸石车与生产水平生产用的材料车、空车及矸石车在井底车场内沿同向运行，进出车方便，生产与延深相互影响小，但是增大了工程量。

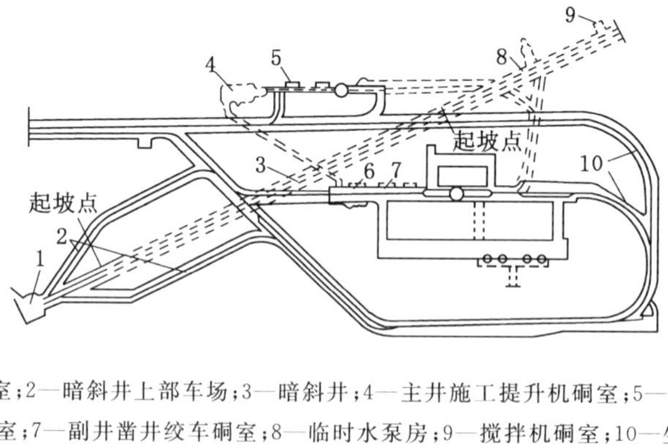

1—暗斜井提升绞车硐室；2—暗斜井上部车场；3—暗斜井；4—主井施工提升机硐室；5—主井凿井绞车硐室；6—副井施工提升机硐室；7—副井凿井绞车硐室；8—临时水泵房；9—搅拌机硐室；10—生产水平井底车场。

图 13-6　徐州大黄山矿一号井二水平延深时暗斜井及辅助水平布置图

三、辅助水平的设置

延深的主、副井因深度不同，延深后对应的辅助水平标高也不同，因此辅助水平的设置有两种情况。

1. 主、副井筒分别设置辅助水平

延深的主、副井筒分别设置两个辅助水平，其标高按照式(13-1)计算。暗斜井服务两个辅助水平，主、副井出矸分别经各辅助水平由暗斜井提升至上部车场，材料和设备由暗斜井分别运至各辅助水平，如图13-7所示。这种布置方式的优点是副井辅助水平距生产水平较近，副井辅助水平形成后可先进行副井延深，有利于缩短工期。其缺点是需要分别设主、副井辅助水平，掘进量大，辅助工程量大，生产不集中，运输管理复杂，两个井筒的施工材料不便于相互调配。

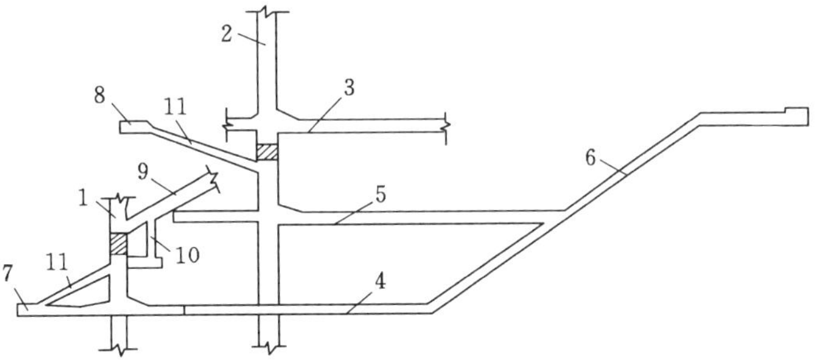

1—主井；2—副井；3—生产水平；4—主井辅助水平；5—副井辅助水平；6—暗斜井；7—主井施工提升机硐室；8—副井施工提升机硐室；9—清理斜巷；10—通风暗井；11—绳道。

图13-7　主、副井各设一个辅助水平的施工辅助巷道布置图

2. 主、副井筒共用一个辅助水平

该方式是主、副两个井筒共用一个辅助水平，如图13-8所示。这种布置方式的优点为：硐室少，掘进量和辅助工程量小，使用的材料和设备少，管理集中。其缺点为：对副井而言辅助水平距保护岩柱或人工保护盘底的一段井筒过长，施工比较困难，不利于缩短施工总工期。

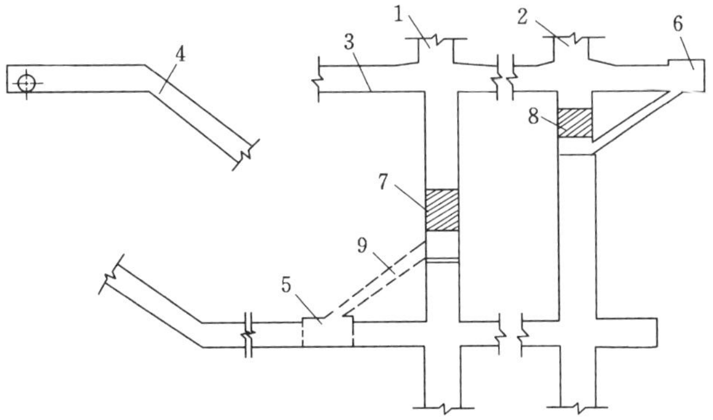

1—主井；2—副井；3—生产水平；4—延深暗斜井；5—主井施工提升机硐室；6—副井施工提升机硐室；7—主井保护岩柱；8—副井保护岩柱；9—绳道。

图13-8　主、副井共用一个辅助水平的施工辅助巷道布置图

四、井筒延深施工

井筒延深施工主要有硐室施工、井筒延深、设备安装等施工工序。具体包括辅助水平施工、提升间施工、井筒安装和马头门施工。

(1) 辅助水平施工

暗斜井掘进到达辅助水平标高后，再掘进辅助水平巷道和硐室，巷道和硐室施工前面章节已介绍，此处不再赘述。

(2) 提升间施工

提升间一般采用普通反井法施工，施工过程为：从辅助水平自下而上先掘进小断面(直径为 2.0～3.0 m)反井，后由上而下扩大断面至设计断面。掘进反井时应注意与绳道贯通。扩井施工方法同普通反井法的井身施工。提升间施工应施工至辅助水平以下约 2 m 处。

(3) 井筒安装

当辅助水平生产系统形成后，开始自上而下进行井筒延深施工，钻眼爆破、装岩提升、井筒支护以及通风、排水等工作与新井建设中基岩施工相同，此处不再赘述。

(4) 马头门施工

当井筒施工至设计深度后，进行马头门施工和井筒装备安装工作。施工过程同新井建设。

第三节　利用延深间延深井筒

利用延深间延深井筒，是利用上水平井筒预留的延深间或梯子间布置延深施工的主要设备，井筒穿过保护岩柱(或盘)，在岩柱的保护下进行新水平井筒延深的方法。由于上水平井筒仍在正常生产提升，留给延深用的井筒断面比较狭小，很难布置全部施工设施，故将部分管线及设备悬吊布置在生产水平或生产水平之下，为此，需在生产水平之下开凿少量的硐室，有时，还要另开暗斜井(或下山)与生产水平贯通。由于提升机、部分凿井绞车以及卸矸台可布置在地面，利用延深间延深法比利用辅助水平延深法大大减少了井下辅助工程量。

利用延深间延深法除井筒施工的提绞设备布置有所不同外，井筒掘砌施工方法与普通井筒基岩段施工基本相同。

黑龙江东隆煤炭有限公司兴安煤矿(以下简称兴安煤矿)主井井筒延深的深度为 190 m，延深提升总高度为 400 m，井筒净直径为6.5 m，原设计井筒内布置一对 9 t 底卸式箕斗和一个带有平衡锤的 3 t 矿车普通单罐笼，其中箕斗间和罐笼间各约占井筒断面的一半，如图 13-9 所示。在一水平移交生产时，平衡锤、罐笼及罐道均未安装，在永久井架上的罐笼用天轮平台和平衡锤用天轮平台也均未使用。

根据上述条件，兴安煤矿主井延深时井筒布置断面图和剖面图分别如图 13-10 和图 13-11 所示。在井筒原设计的罐笼间内布置 2 个容量为 1 m^3 的吊桶用于延深时提升，2 台吊桶提升机和吊桶稳绳绞车均布置在地面上，吊桶提升天轮布置在永久井架原设计罐笼用天轮平台上，稳绳绞车天轮布置在永久井架原设计平衡锤用天轮平台上，悬吊吊盘和各种管线的凿井绞车布置在辅助水平的硐室内。这样布置既节省了临时井架，又减少了开凿延深辅助巷道的工程量。

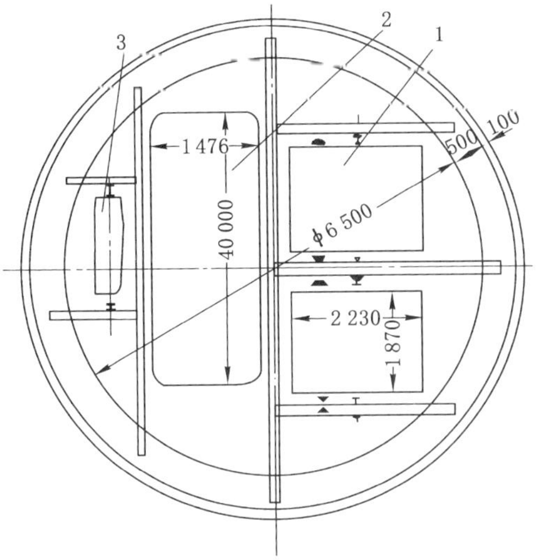

1—箕斗;2—罐笼;3—平衡锤。

图 13-9 兴安煤矿主井原设计断面布置图

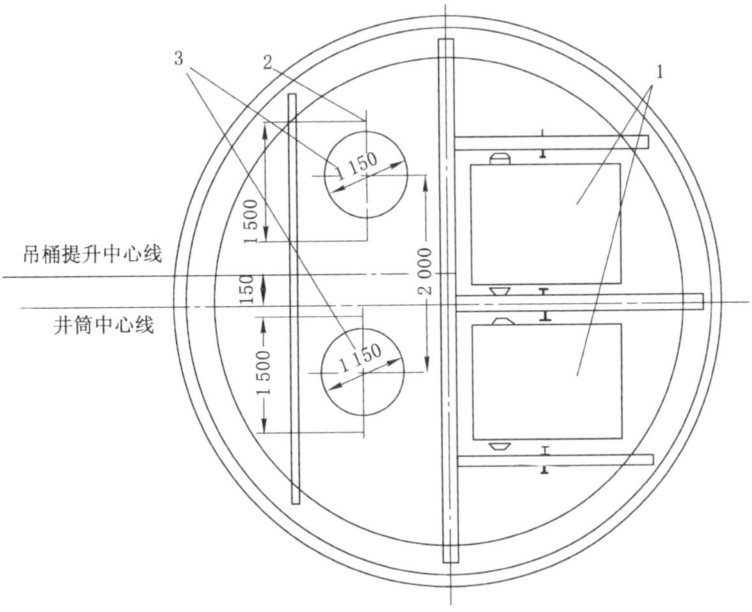

1—箕斗;2—稳绳;3—吊桶。

图 13-10 兴安煤矿主井延深时井筒布置断面图

利用延深间延深立井井筒的掘砌工作,其工作内容和方法与利用辅助水平延深井筒相同,当井筒和马头门掘砌完毕和井筒安装工作结束后便开始施工保护岩柱段井筒。该段井筒的施工方法是沿延深间自上向下刷大至设计断面,然后再进行永久支护和永久安装工作。施工保护岩柱期间必须停止生产提升工作。

利用延深间延深井筒的方法,具有延深辅助工程量小和延深准备工期短等优点;其缺

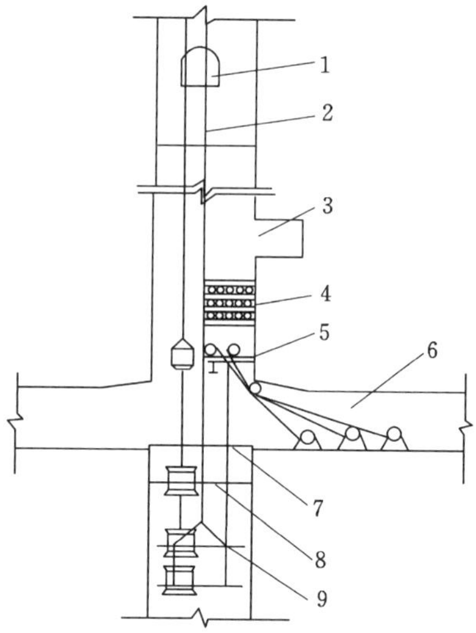

1—生产水平通道；2—挡板；3—箕斗装载硐室下室；4—人工保护盘；
5—天轮平台；6—凿井绞车硐室；7—封口盘；8—固定盘；9—吊盘。
图 13-11 兴安煤矿主井延深时井筒布置剖面图

点是提升吊桶容积小、提升一次时间较长，井筒延深施工速度较慢。特别是延深提升高度超过 500 m 时，其提升能力很难满足延深施工要求。

第四节 延深井筒的保护设施

立井井筒延深在生产水平正常生产的前提下进行施工。为了保证作业人员的安全，在生产水平下方必须设置安全保护设施，将生产水平与延深井筒工作面隔开。延深井筒的保护设施有保护岩柱和人工保护盘两种。延深立井时，井筒内必须设有在提升设备发生故障时专供人员出井的安全设施。

一、保护岩柱

当岩石比较坚固致密时，可在生产水平井窝的下面留一段岩柱作为安全保护设施。根据井筒延深方法不同，保护岩柱可能占井筒全部断面或只占井筒部分断面。保护岩柱的厚度视岩层的坚固性和井筒断面大小而定，通常为 6～8 m。为了防止保护岩柱下端的岩石冒落危及井筒延深工作安全，在岩柱下面必须架设护顶盘。护顶盘由钢梁和木背板构成。钢梁贴近保护岩柱下面，其两端固定在井壁内，钢梁与保护岩柱之间用木板背严。

保护岩柱的优点是简单可靠，可节省构筑人工保护盘的钢材和木材。缺点是拆除保护岩柱工作较复杂。

二、人工保护盘

人工保护盘为人工构筑的保护设施，按结构分为水平保护盘和楔形保护盘两类。人工保护盘需用材料较多，但不受岩石条件限制，拆除容易。人工保护盘必须具有足够的强度和缓冲能力，同时也应起到隔水和封闭作用。在满足上述要求的基础上，人工保护盘的结构应尽量简单以便于构筑和拆除。

(1) 水平保护盘

水平保护盘由盘梁、隔水层和缓冲层构成，如图 13-12 所示。盘梁是人工保护盘的受力构件，承受保护盘的自重和坠落物的冲击力。盘梁的布置方式与井筒延深方案有关，采用延深间延深井筒时保护盘上必须留有通过吊桶的隔间(因矸石需要直接提到地面或提到生产水平)，利用其他方法延深井筒时保护盘应将延深井筒全断面封闭。隔水层由方木、钢板、黏土层、砂浆层或混凝土层组成，其作用是防止上段井筒中的泥水流入延深段井筒。缓冲层由木垛或柴捆等物构成，其作用是吸收坠落物的冲击能量，减缓作用在盘梁上的冲击力，缓冲层越厚缓冲效果越好，但是由于受井筒空间限制，缓冲层也不能太厚。水平保护盘的优点是结构简单，安装和拆除方便，占用空间较小，适用范围较广。其缺点是抗坠落物的冲击能力较小。

(2) 楔形保护盘

楔形保护盘由底盘、楔形盘体和缓冲塞构成，如图 13-13 所示。底盘由水平的钢梁和铺设在钢梁上的方木、木板和隔水层等组成。楔形盘体构筑在底盘之上，处于生产提升容器下方，盘体通常用砖砌成，两个斜面用型钢铺成，斜面与铅垂线的夹角为 18°～25°。缓冲塞由方木或其他弹性物组成，并用扁钢捆紧成一整体，其作用是将坠落物的冲击力缓冲后经楔形盘体传给井帮。缓冲塞的缓冲作用是由其本身压缩变形和加大制动行程实现的。

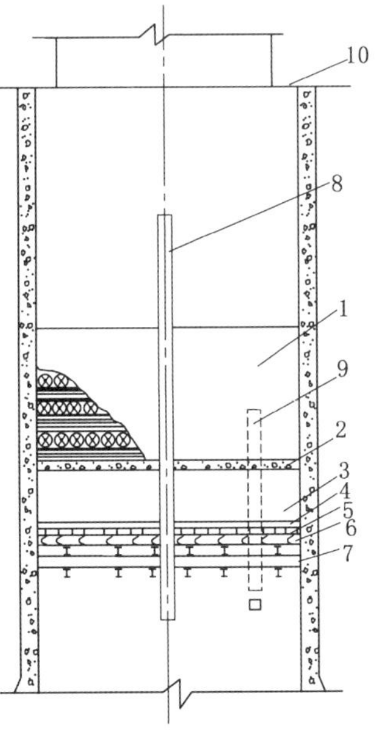

1—缓冲层；2—砂浆层；3—黏土层；4—钢板；5—木板；6—方木；7—工字钢盘梁；8—井筒中心线放线管；9—放水管；10—生产水平。

图 13-12　水平保护盘结构示意图

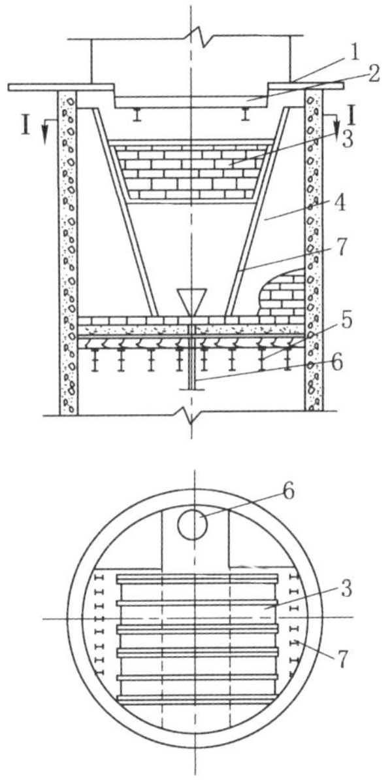

1—生产水平；2—托罐梁；3—缓冲塞；4—楔形盘体；5—钢梁；6—放水管；7—钢轨。

图 13-13　楔形保护盘结构示意图

楔形保护盘的优点是坠落物的主要冲击能量不是作用在底盘水平梁上的，而是传给了井帮，因此承受冲击能力大。但是楔形保护盘高度较大，其使用往往受到井底空间的限制，且其结构也较复杂。

第五节　井筒延深方案的选择

立井井筒延深工程是矿井新水平开拓的关键工程，其施工条件差、工程量大、工期长、涉及面广，与生产关系密切。因此，在井筒延深施工前要充分调查研究、掌握全面资料，进行详细的方案比较，最后确定合理的延深方案。

一、延深方案的影响因素

1. 地质条件

矿山地质条件包括井筒所穿过岩层的力学性质、涌水量以及含瓦斯情况。

自上而下的利用辅助水平延深和利用延深间延深的延深方式几乎适用于任何岩层条件。对于自下而上的反井延深法，由于掘进工作面在上方，必须采取相关措施以确保安全，方可考虑通过稳定性较差的岩层。另外，自下而上延深法在淋水情况下向上钻眼比较困难，应对上部地层涌水进行疏干。当工作面有瓦斯时，采用吊罐反井延深方法有利于瓦斯从钻孔中上排，而普通反井延深法则容易使工作面产生瓦斯积聚，且难于冲淡，因此不得采用。

2. 井筒施工技术条件

(1) 井筒延深深度

井筒延深深度是选择延深方式的重要影响因素，它包括延深提升高度和延深施工高度两个含义。由于提升机和卸矸装置可分别设于地面、生产水平和延深辅助水平等不同标高处，延深提升高度常常相差很大，要求提升机的提升能力也不相同。对于利用延深间延深井筒的方法，往往受延深提升总高度和提升设备限制，或因井内只能布置小吊桶而使施工速度大幅度下降。而利用辅助水平延深井筒的方法，不论延深提升高度还是延深施工高度均不受影响。自下向上反井施工时，用普通反井延深法由于施工效率低，随延深高度的增加工人劳动强度加大，通风困难，所以反井高度一般不宜超过 80～100 m。利用吊罐反井延深，只要钻机钻孔偏斜率在允许范围以内，反井高度可加大，一般可达 150～200 m 左右。当井筒附近有通往新水平的立井或中央下山时，还可以采用多段反井施工方法，以适应更大延深高度的井筒延深。

(2) 延深辅助工程量

不论哪种延深方法，在井下均要有一些安设施工设备和提升运输的巷道和硐室。除了充分利用生产矿井已有的富余空间外，不同延深方法新开凿的辅助工程量相差较大。工程量的大小，不但影响整个延深工程的总工期，而且直接关系工程的经济效果。其中，利用辅助水平延深法辅助工程量最大；利用延深间延深法将卸矸台设于地面时，辅助工程量较少。利用自下向上反井延深法，辅助工程量一般与利用延深间地面卸矸施工的工程量差不多，其中吊罐反井和反井钻机比普通反井方便、速度快，而辅助工程量差别并不大。

二、井筒延深方案的选择

由于井筒延深方法较多，影响因素也较广泛，选取时应根据生产条件、地质因素和施工设备等具体情况综合考虑，在保证技术合理可行的基础上进行多方案比较，选出最优方案。根据施工经验，有下列几条选择要点：① 当具有通往延深新水平井筒位置的条件时，应优先考虑自下向上的延深方法。② 在各种反井施工方法中，普通反井法是最简陋的一种方法，它劳动强度大，速度慢、安全性差，但其辅助工程量小，施工容易掌握，适用于围岩破碎，延深深度在 50 m 以内的井筒。该方法目前已逐步被其他方法所代替，只在中小型矿井仍有采用。③ 吊罐反井法比普通反井法速度快、效率高、成本低，适用于较坚固的岩层。由于要钻孔，若产生偏斜会使吊罐运行困难，因此，该方法适用于反井高度不大于 100 m 的立井井筒。④ 随着深孔反井钻机的推广使用，利用反井延深立井井筒可减轻工人劳动强度且速度快，广泛适用于中硬岩石、深度大于 60 m 的井筒延深施工。⑤ 当井筒断面和井口位置具有布置延深施工设备条件且延深提升高度在提升机提升能力范围之内时，应优先采用延深间延深方法。如不具备上述条件或为保证矿井生产不受或少受影响，才采用辅助水平延深法。

习　题

1. 井筒延深有哪些作用？在什么情况下需要进行井筒延深？
2. 井筒延深的方法有哪些？各有什么优缺点？
3. 分别阐述延深井筒的保护措施及其优缺点。
4. 如何选择井筒延深方案？需要考虑哪些因素？

参考文献

[1] 陆士良，汤雷，杨新安. 锚杆锚固力及锚固技术[M]. 北京：煤炭工业出版社，1998.
[2] 马念杰，潘玮，李新元. 煤巷支护技术与机械化掘进[M]. 徐州：中国矿业大学出版社，2008.
[3] 钱鸣高，石平五. 矿山压力与岩层控制[M]. 徐州：中国矿业大学出版社，2004.
[4] 宋宏伟，刘刚. 井巷工程[M]. 北京：煤炭工业出版社，2007.

第十四章　特殊条件下的巷道施工

导学思考题

1. 哪些情况下属于特殊条件？
2. 各种特殊条件下对巷道的施工有哪些影响？

特殊条件指围岩松软、地压异常、受煤与瓦斯突出及突水威胁大等条件。受这些条件影响的巷道，施工时不仅需要特别注意安全，而且需要采用特殊的施工方法和支护结构与参数。

第一节　松软岩层巷道施工

松软岩层指具有松、散、软、弱等属性的岩层。其中"松"，指岩石结构疏松，密度小，孔隙率大；"散"，指岩石胶结程度很差或呈未胶结的颗粒状；"软"，指岩石强度很低，塑性大，或岩石为黏土矿物质，易膨胀；"弱"，指岩石受地质构造破坏，在其中形成了许多弱面（如节理、片理、裂隙等），岩块单轴抗压强度虽较高，但岩石极破碎，不稳定，易滑移冒落。松软岩层工程表现的主要特点为：巷道围岩变形大且持续时间长，变形难以稳定；巷道围岩破碎，易冒落，难以维护。这种现象不仅与岩石的结构与构造有关，还受地压条件影响。普通岩石在特殊的地压条件下也会转变为"松软岩层"。

松软岩层主要存在于两类矿井中：一类是开采古近系、新近系褐煤的矿井（如我国的舒兰、辽源、沈兆和龙口等矿区的矿井），这类矿井中存在大量的黏土质松软岩层，处于其中的巷道地压很大，维护极为困难；另一类是深矿井和存在构造应力的矿井，在这类矿井中，巷道地压大且分布特殊，巷道维护困难，很多巷道竣工不久就出现严重变形破坏，在使用期间需要经常翻修，严重影响矿井建设和正常生产。

在松软岩层中施工巷道，破岩比较容易，但维护围岩稳定却很困难。为了维护松软岩层巷道稳定以保证施工安全和满足在服务期内安全、正常使用的要求，需要采用与普通巷道不同的施工方法、支护结构形式和参数等。不同的松软岩层，其组成、结构和性质差异很大，处于不同松软岩层中的巷道的施工方法、支护结构形式和参数也各不相同。目前，我国还没有完全解决针对各种不同的松软岩层巷道的施工技术问题，但通过不断实践和探究，已经探索出解决松软岩层巷道施工问题的基本途径，并积累了丰富的实践经验。

一、解决松软岩层巷道施工问题的基本途径

（1）选择合理的巷道位置

将巷道布置在相对稳定的岩层中，并使其尽量处于有利的受力状态下，是解决松软岩层巷道施工问题的战略性对策。选择巷道位置的原则如下。

① 应尽量将巷道布置在遇水膨胀量小、质地均匀、较坚硬的岩层内。同一巷道所处围岩性质的微小差异，可能导致巷道压力显现的明显不同。例如，沈阳煤业集团前屯煤矿有限责任公司（简称为前屯煤矿）二井－200 m水平岩石大巷的两个交岔点，一个处于比较完整的以紫红色为主的杂色凝灰岩中，其围岩比较稳定；另一个处于相对比较破碎的以灰绿色为主的凝灰岩中，其围岩破裂比较严重。辽源矿业（集团）有限责任公司梅河煤矿三井－180 m水平运输大巷，原布置在具有膨胀流变性质的古近系、新近系泥灰质页岩内，采用圆形断面，料石碹全封闭支护，收敛量达620 mm，施工60 d后碹体逐渐破坏。将大巷平移70 m，开掘在白垩系赤色砂岩中之后，巷道地压显现大为减弱，围岩变形量仅有2 mm。

② 应尽量避免将巷道布置在受采场动压和固定支承压力影响的区域。前屯煤矿的实践证明，采场动压是造成煤层底板岩石大巷破坏的主要原因。煤层开采以后，处于煤层底板中的岩石大巷的压力随即有明显增加。采动对煤层底板大巷的影响与落煤方式和大巷距煤层底板的距离有关。用风镐落煤时，距煤层底板20～30 m的大巷基本不受采动影响；用爆破落煤时，距煤层底板40 m以外的大巷仍然遭到破坏。避开受采场固定支承压力影响的途径是将巷道布置在采场周围应力降低区或原岩应力区。前屯煤矿的做法是，将巷道布置在以煤柱与底板的交点为顶点，从水平线向下45°角的范围内，且巷道顶板与煤层底板的距离为20～30 m处，如图14-1所示。这样布置，巷道处于应力降低区，受压较小，较好维护。

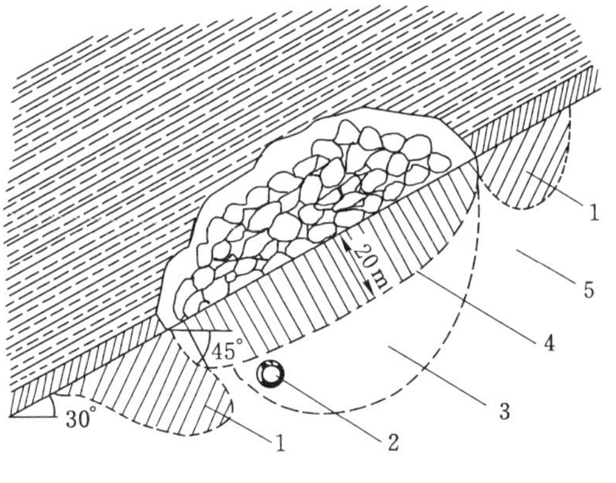

1—固定支承压力影响区；2—煤层底板巷道；3—应力降低区；

4—移动支承压力有害影响区；5—原岩应力区。

图14-1　煤层底板巷道的合理位置

（2）选择合适的巷道断面形状

松软岩层巷道的受力非常复杂，除受岩石重力作用外，有时会存在构造应力，有时还会受到很大的膨胀压力作用。因此在松软岩层中巷道受力常常会出现水平压力数倍大于垂

直压力的情况。对于这种受力状态，若采用常规的直墙半圆拱形或三心拱形断面，往往会造成巷道的破坏和失稳，因此选择合适的断面形状有利于巷道的稳定。

选择巷道断面形状，主要应考虑地压的大小和方向。若地压较小，宜选用直墙半圆拱形断面；若巷道周围均受到很大的压力，宜选用圆形断面；若垂直压力特别大而水平压力较小，宜选用直立椭圆形（或近似椭圆形）断面；若水平压力特别大而垂直压力较小时，宜选用高跨比小于1的曲墙（或矮墙）半圆拱形＋圆弧底拱断面，或平卧椭圆形断面。

（3）采用对围岩影响较小的破岩方法

在松软岩层中掘进巷道，最好采用不破坏或少破坏巷道围岩的破岩方法。若采用钻眼爆破破岩，应采用光面爆破。原淮南矿务局潘一矿在软岩中采用光面爆破施工，用超声波对围岩松动范围的测定结果为：两帮大约为1.0 m，拱顶为1.3～1.5 m，表明爆破对围岩有一定的破坏作用。原龙口矿务局北皂煤矿（简称为北皂煤矿）在软岩中采用光面爆破的效果不好，后改用先放开心炮、再用风镐或手镐刷大成形的方法掘进，对围岩稳定影响较小。前屯煤矿基本不采用钻眼爆破，全部采用风镐掘进，取得了很好的效果。原舒兰矿务局丰广矿五井用煤巷掘进机掘进，巷道几乎没有变形。

（4）采用合理的支护方式和支护结构

在松软岩层中，巷道一经掘出就要立即支护，否则围岩变形发展很快，甚至在围岩深处产生不同程度的位移，继而可能出现围岩碎裂、流变乃至垮落。如果架设普通的梯形支架，将会出现断梁、折腿等现象；即使采用拱形料石或混凝土整体支护，亦常因巨大的不均匀地压作用而导致巷道失稳和破坏。对松软岩层巷道支护的长期实践和研究表明，对松软岩层巷道，一般需要进行两次支护，一次支护应具有较好的柔性，二次支护应具有一定的刚性。

采用柔性支架（或可缩性支架）作为初始支架进行及时支护，一方面能依靠支架的变形在一定程度上发挥围岩的自承能力，另一方面又能依靠支架的支撑力限制围岩发生过大的变形移动，符合围岩与支架共同作用原理。锚喷支护具有这种特性，因此是一种比较理想的初始支护结构；U型钢可缩支架也基本符合上述要求，也可用做初始支架。

二次支护的作用在于控制围岩的最终变形，保证巷道安全、正常使用，因此应采用刚度较大、支护力满足要求的支护结构。若初始支护采用锚喷支护，二次支护可采用锚喷支护，也可采用砌碹；在重要工程或地压特别大的地段，可采用锚网梁喷联合支护结构。进行二次支护时，锚喷支护总厚度以150～200 mm为宜，锚杆长度一般根据开巷后的塑性区范围确定。在软岩巷道中，塑性区范围一般为2～3 m，有时可能达到3～5 m。锚杆以采用长短结合为宜，长锚杆用于抑制塑性区的发展，其长度应大于1.8 m；短锚杆用于加固松动圈的围岩使其形成稳定的承载环，其长度以1 m左右为宜。在锚杆的长距比（长度与间距之比）相同的情况下，一般采用短锚杆比采用长锚杆的效果好。

合理确定二次支护的时间对保证二次支护的效果至关重要。二次支护应在围岩地压得到释放，初始支护与围岩组成的支护系统基本稳定之后进行。初始支护的变形量和围岩与支护系统基本稳定的时间，不仅取决于岩层的物理力学性质，而且与初始支护结构的刚度和柔性密切相关。通常二次支护的时间根据围岩位移速度和累计位移量的观测结果确定。巷道围岩表面位移速度和累计位移量观测结果如图14-2所示，取两条曲线峰值后的时间 t_0 作为二次支护时间比较稳妥可靠。

应该指出，各矿区松软岩层的地质条件千差万别，必须从实际出发选用适合本矿区岩

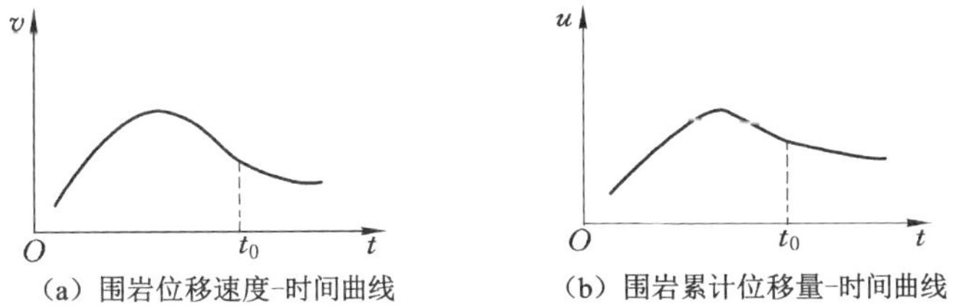

图 14-2　围岩表面位移速度和累计位移量随时间变化曲线

层特点的支护形式。例如，对流变很突出的岩石，开巷后必须立即封闭，以防围岩流动。在这种情况下，只要选用合适的、具有一定的可缩量和支护强度、能有效抵御变形地压的支护结构，进行一次支护就能使巷道稳定，可不进行二次支护。而对围岩变形长期不能稳定的巷道，常常需要等到巷道基本稳定之后才能进行最后一次支护(即所谓二次支护)。

(5) 加强巷道底板管理

软岩巷道变形大、变形难以控制，尤其是底鼓严重，对底鼓的防治效果有限。究其原因，客观上是由软岩巷道地压特点造成的，而主观上则与实际采用的支护结构存在缺陷密切相关。当支护结构不能有效控制围岩变形时，围岩受到的应力会从支护结构的最弱处释放。目前，采用的多数支架对底板不具备有效的控制能力，这是软岩巷道底鼓严重、底鼓防治困难、甚至导致巷道整体支护失效的主要原因。安设底拱，加强对底板的控制，在巷道断面周围形成具有均衡支护强度的完整的封闭支护结构是软岩巷道围岩控制的重要举措。

应根据底鼓的类型确定巷道底拱的结构类型以及底鼓防治方法。常见的巷道底鼓有以下几种类型。

① 挤压流动型底鼓。产生的机理是巷道底板为软弱岩层，受挤压后由底板“流入”巷内。

② 底板岩层挠曲型底鼓。产生的机理是巷道底板为薄层状岩体，在平行层理面的压力作用下在巷道内向上挠曲。

③ 遇水膨胀型底鼓。产生的机理是巷道底板为遇水膨胀型岩体，巷道底板遇水后向巷内膨胀。

④ 剪切错动型底鼓。产生的机理是巷道底板为完整岩层，且其厚度大于 1/7 巷道宽度，在较高应力作用下产生剪切破坏，并沿破坏面发生相对错动，产生楔效应，导致底板向巷内隆起。

目前，我国预防底鼓采用的底拱一般是用砌块砌筑的圆弧碹，个别的用锚杆加固。锚杆加固效果不好，一旦发生底鼓，锚杆会翘起，很难处理。底拱的施工时间应视巷道支护方式而定。若用圆形碹或近似圆形碹作二次支护，应按先砌底拱、再砌墙、最后砌拱的顺序施工，一次完成。若用锚喷支护作初始支护，则可在初始支护完成一段时间，底板应力得到充分释放后再砌筑底拱，底拱最好与二次支护同时完成。不论采用何种底拱结构，都必须使底拱两端压在墙下，与墙连为一个整体。

此外，对于工作面有水的巷道，施工时要及时排水，尽量减少水与岩石的接触，防止岩石遇水膨胀。

(6) 重视围岩变形监测

当松软岩层巷道采用锚喷支护时,一定要进行围岩变形监测。监测的重点是巷道围岩的收敛变形。围岩表面收敛变形可用收敛计直接测量,巷道顶板下沉量和底鼓量可用水准仪测量,岩层内不同深度的位移可用多点位移计测量。由不同的收敛变形和所经历的时间可计算出相应的位移速度。监测得到的累计收敛值和计算得到的位移速度,是判断初次支护的效果和围岩的稳定状况、评价支护设计的合理性、修改支护设计以及确定二次支护时间的主要依据。若监测结果表明初次支护的效果良好,说明支护设计合理,可按原设计继续进行施工;否则,说明支护设计不合理,应对设计进行修改,必要时应进行补充支护。若监测结果表明围岩已基本稳定,可适时进行二次支护。

用锚杆拉力计测量锚杆的锚固力,以掌握锚杆的施工质量。用测力锚杆测定锚杆的受力状态,以掌握围岩应力重新分布情况,从而对锚杆参数进行调整。

对于重要工程的大断面巷道,还要进行喷层与围岩表面接触应力的测量(可采用电阻应变砖和钢弦压力盒等测试元件测量),以了解喷层的受力状态,测量结果可作为喷射混凝土厚度设计的依据。

对地应力特别大的矿区,需要进行构造应力场实测,以便合理布置巷道,以减轻构造应力的影响。

(7) 按照新奥法的技术思想指导施工

新奥法(new Austrian tunnelling method,NATM)是由奥地利学者拉布西维兹(L. V. Rabcewicz)教授于 1964 年根据本国多年隧道施工经验总结提出的一套完整的隧道施工方法。更确切地说,这是一套适用于断面面积为 50～150 m^2 的隧道及地下工程的设计、掘进、支护、测试密切结合的完整的新概念。主要适用于软岩工程,重点在支护方面。

新奥法的理论基础是围岩与支架共同作用基本原理,其主要理念是在控制围岩变形、防止围岩松动的前提下,充分发挥围岩自身的承载能力,以达到施工隧道的最大安全度和最好经济效果。

新奥法认为,普通支架不能密贴围岩,自身刚度大而缺乏让压性,材料消耗量多而支护效果差。而喷射混凝土则能与围岩紧密相贴,且具有较好的让压性,用其作为软岩巷道的初次支护能充分利用围岩自身强度。喷层开裂并非坏事,是其让压的结果。为了防止喷层开裂,必要时初次支护可加入锚杆或少量钢拱支架。初次支护后,应对支护受力、围岩应力、隧道表面位移及内部位移等进行实时监测。二次支护设计(包括支护材料的选择、支护结构及参数的确定)应根据实测资料及理论分析结果进行。二次支护应在隧道围岩位移速度稳定或减缓至一定程度时进行。二次支护应能抵抗残余围岩变形能,以保证最终断面符合设计要求。应重视对隧道底板的处理,因为底板不稳会牵动整体不稳,封底在二次支护中具有关键作用。二次支护后,仍应继续监测支护压力及围岩位移,必要时应对支护进行调整。

新奥法的基本思想和方法不仅适用于大断面隧道工程,同样也适用于断面较小的煤矿软岩巷道。在下面介绍的煤矿工程实例中,有许多做法和新奥法的思想一致,而有的工程在设计、施工、监测紧密结合方面,与新奥法的思想还有很大差距。

二、松软岩层巷道施工实例

(1) 北皂煤矿软岩巷道施工

北皂煤矿位于山东龙口矿区黄县煤田的西北部，含煤地层属于古近系、新近系，煤系地层中主要岩石有碳质泥岩、油页岩、含油泥岩、砂质页岩和黏土岩等。岩石的强度都很低，岩石坚固性系数 $f=0.6\sim2.8$。其中在 1 号煤层顶板碳质泥岩、2 号煤层顶板含油泥岩和 3 号煤层底板黏土岩中，均含有黏土质矿物——蒙脱石，开巷后易风化脱水，再遇水后产生膨胀。尤其是 2 号煤层顶板含油泥岩中蒙脱石含量较多，而且层厚较大，在其中开巷后，膨胀压力较为严重。而 1 号煤层顶板碳质泥岩和 3 号煤层底板黏土岩因强度略大，厚度略小，膨胀压力显现较小。

借鉴邻近煤矿经验，北皂煤矿没有采用常规的支护方式（棚式支架和料石砌碹），而是在各种岩层中较多地使用了锚喷支护。

该矿实践证明，在相对稳定的岩层中，如在 1 号煤层顶板的砂质页岩及各煤层中，采用常规光爆锚喷方法就可有效地维护巷道。当通过稳定性较差的泥岩或黏土岩时，即使巷道断面较小，也需要加铺金属网（用 $\phi4$ mm 冷拔钢丝编成，网格尺寸为 150 mm×150 mm），铺好网后再喷一层混凝土，形成锚网喷结构。在二、三采区上山，部分回风巷和运输巷中均采用这种支护形式。当围岩条件更差，巷道断面较大时，则采用 $\phi12$ mm 或 $\phi16$ mm 钢筋编成的网格尺寸为 250 mm×250 mm 的钢筋网代替上述金属网。如果受压后变形严重，可补打锚杆以校正钢筋网，最后再复喷混凝土。

在巷道必须通过本矿区膨胀性比较大的碳质泥岩和含油泥岩时，一般需要采用锚网架喷联合支护。为了防止由于巷道围岩变形而影响巷道断面尺寸，在巷道两帮比设计宽度各增加了 200 mm，顶、底也各外扩了 200 mm，每日两掘一喷，班进尺1.0～1.2 m，日进尺 2.0～2.4 m。巷道掘出后，立即站在矸石堆上打顶部锚杆，并及时扎装钢筋网。采用金属倒楔式锚杆，锚杆长 1.8～2.0 m，间距为 600～700 mm，均按巷道轮廓法线方向布置，如图 14-3 所示。为了有效地控制围岩变形，每隔 500 mm 架设一架 16 号槽钢金属骨架，然后再喷混凝土，厚度为 100～150 mm。由于受膨胀压力的影响，经过一段时间如有局部喷层和钢骨架被压坏，需要重新修整，进行二次喷射混凝土，总厚度一般为200 mm。进行二次支护的时间一般在 3 个月以后，最好在 6 个月以后，此时巷道围岩基本稳定。

龙口矿区在软岩中掘进巷道，一般都会发生底鼓现象，特别是在具有膨胀性的含油泥岩中，底鼓比较严重。为防止底鼓，通常需设底拱。由于锚喷底拱养护条件差，在底鼓较严重的东大巷没有采用，而采用毛料石砌筑的底拱。底拱施工不宜过早，最好待围岩应力得以充分释放后和二次支护一起施工。铺设底拱一定要与墙基紧密结合，复喷成巷。

(2) 舒兰矿区松软岩层巷道施工

吉林舒兰矿区含煤地层属于新近系中新统。构成含煤地层的岩石均属松软岩石，以未胶结的疏松含水砂岩为主，其次为半胶结的粉砂岩、半坚硬的砂页岩以及黏土质页岩。其中半胶结和未胶结的砂岩质地疏松，开挖后易溃砂；半胶结的粉砂岩遇水后呈片状崩解；黏土质页岩具有塑性膨胀的特点。地压随开采深度增加明显增大。以舒兰矿业（集团）有限责任公司三矿（原吉舒三井）为例，当巷道距地表小于 100 m 时，巷道容易维护，碹体的破坏率仅为 12.6%；当巷道距地表 100～150 m 时，碹体的破坏率达 31.2%；而当巷道距地表大于 150 m 时，巷道维护特别困难，碹体的破坏率达 90%以上。在遇水膨胀的围岩中，底鼓现象很严重，一般巷道底鼓速度为 60～100 mm/月。采场动压对相邻巷道的影响也很严重，动压波及范围远大于一般矿井，片盘斜井一侧的保护煤柱宽度达 60～70 m，仍能受到采动

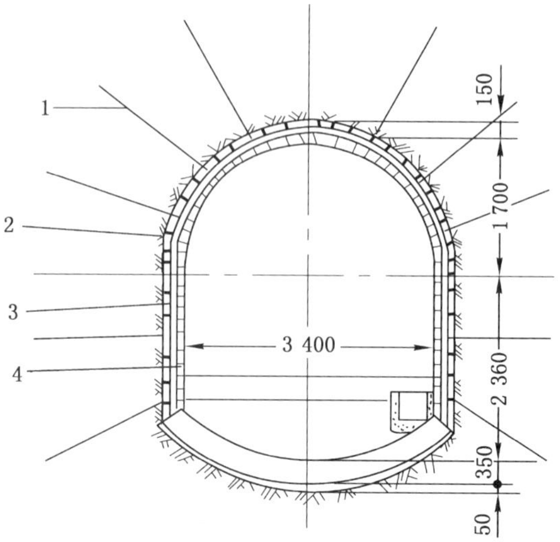

1—锚杆；2—钢筋网；3—金属骨架；4—混凝土喷射层。

图 14-3　北皂煤矿东大巷施工图

压力的影响。

丰广四井是舒兰矿区开采最深的矿井之一。丰广四井带式输送机暗斜井全长 357 m，其中标高＋40 m 以上部分已经被压垮，经过翻修更新后使用，永久支护为 U 型钢支架；标高＋40 m 以下部分为新掘斜井。为了克服以往采用的直墙半圆拱形断面局部受力不均匀的缺点，新掘暗斜井井筒断面选用曲墙半圆拱加底拱，形成近似圆形断面，如图 14-4 所示。

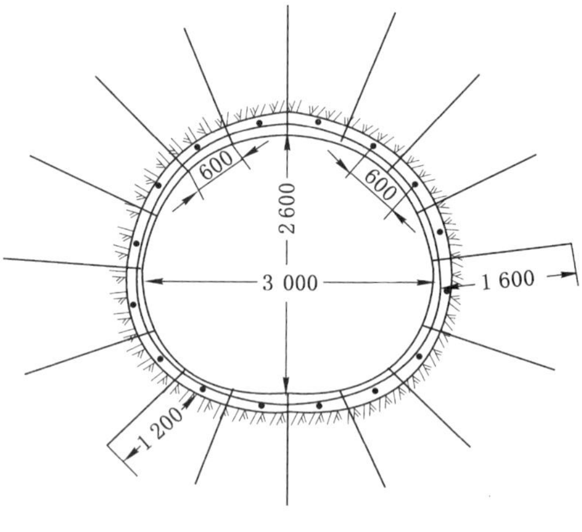

图 14-4　丰广四井暗斜井断面示意图

带式输送机暗斜井采用钻眼爆破法破岩，临时支护采用木棚，掘完一段并待围岩得到充分卸压（1～2 个月）后，拆除临时木棚，刷帮挑顶，接着钻锚杆眼，安装倒楔式锚杆，注入砂浆，然后挂网，上垫板，最后喷射混凝土，一次喷射厚度为 150 mm。支护参数见表 14-1。

表 14-1　带式输送机暗斜井支护参数

项目	巷道断面面积/m^2	锚杆长/m		锚杆间距/mm	锚杆排距/mm	锚杆材料	垫板规格/mm	网格尺寸/mm	混凝土强度/MPa	锚固力/kN	直接成本/(元/m)
		底	顶、帮								
参数	7.8	1.2	1.8	600	600	ϕ14 mm 钢筋砂浆锚杆	120×12 铸铁	600×500	8.366	35	205

该暗斜井在成井后 43 个月内，经受了 3 号煤层的支承压力、5 号煤层的采动压力以及右侧反石门和溜煤眼掘进的动压影响，虽然局部巷道发生开裂和剥落，但围岩没有松脱和冒落，经 2 次补喷和局部地段用 U 型钢支架补强后，仍然能正常使用。

在舒兰矿区吉舒一井副井六路半处还曾试用过"条带碹"代替常用的料石碹，起到了良好的效果。所谓条带碹，即在一条巷道里，砌一段碹，空一段，碹、空相间，如图 14-5 所示。图中 1～5 是砌碹条带，每个条带宽 1.6 m。两个条带间的空段是卸压通道，每个通道宽 0.6 m。假如该试验巷道在设计和施工时考虑铺设底拱，其结构将会更加合理。条带碹是一种支、让结合的支护方式，围岩变形可以向未砌碹的空间转移，从而减小围岩对碹体的压力。条带碹适用于塑性流变大、有黏土膨胀性矿物成分的松软岩层平巷或坡度较小的斜巷。对受采动影响的巷道也有较大的适应性。此外，条带碹还具有成本低、施工速度快、便于返修等优点。

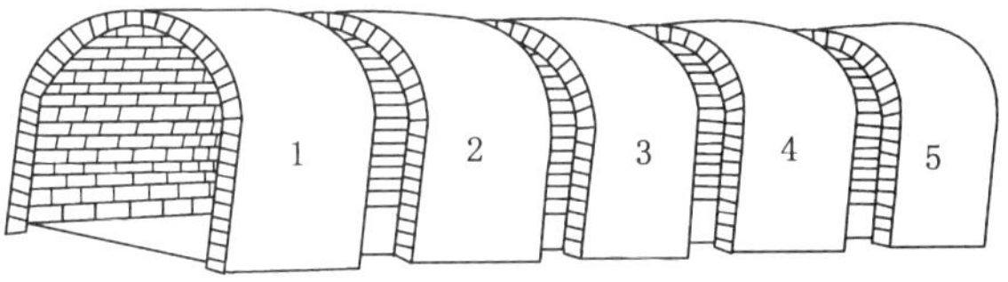

图 14-5　条带碹示意图

(3) 金川二矿区松散围岩巷道施工

甘肃金川矿区为震旦系古老结晶变质岩系，历次构造运动给本区留下了以断裂为主的构造形迹，大小断层、裂隙纵横交错，岩石整体性差，地应力大，巷道开掘后围岩严重松散和内向挤压，围岩变形量大，具有明显的流变性，给巷道维护带来极大的困难，严重影响矿区建设速度。

为解决金川矿区松散岩层的巷道支护问题，先后有几个科研单位对该矿区的工程地质构造、地应力场、地压活动规律和巷道支护形式等进行了长期的观测研究。根据研究结果和过去的施工经验，在二矿区 4 个地点组织了二次支护的综合试验和推广运用。

试验巷道全长 32 m，掘进断面宽 6 m，高 4.5 m。为满足承受较大水平应力、易于施工和有效面积较大等要求，选用矮墙半圆拱加底拱的巷道断面，如图 14-6 所示。

施工时，采用控制爆破，以减轻对围岩的破坏，保证巷道有较规则的断面形状。巷道支护由初始支护和二次支护组成。初始支护采用锚喷网(钢筋网)结构。喷、锚作业紧跟掘进工作面，爆破后立即喷一层 30～50 mm 厚的混凝土，然后安锚杆，绑紧钢筋，再喷射混凝土至设计初始支护厚度(100～150 mm)。试验巷道的支护参数见表 14-2。

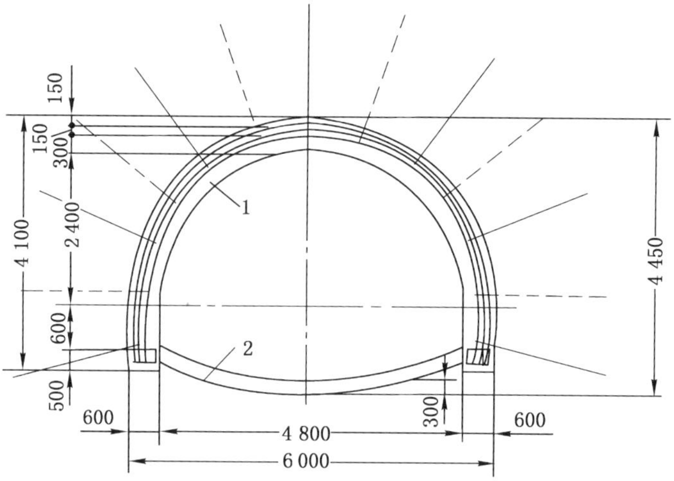

1—预留 300 mm 混凝土衬砌;2—混凝土块砌筑的底拱。

图 14-6 金川矿区松散岩石试验巷道施工图

表 14-2 试验巷道的支护参数

段别	初始支护			二次支护	
	喷射混凝土厚度/mm	钢筋网	锚杆	喷射混凝土厚度/mm	钢筋网
第一试验段	100～150	主筋为 ϕ12 mm 或 ϕ14 mm,副筋为 ϕ6 mm,网距为 250 mm	ϕ20 mm;长度:顶拱部为 1.8 m,侧壁为 2.5 m;间距为 1.0 m	150	主筋为 ϕ12 mm 或 ϕ14 mm,副筋为 ϕ6 mm,网距为 250 mm
第二试验段	100～150	主筋为 ϕ12 mm 或 ϕ14 mm,副筋为 ϕ6 mm,网距为 250 mm	ϕ20 mm,长度为 2.5 m,间距为 1.0 m	150	主筋为 ϕ12 mm 或 ϕ14 mm,副筋为 ϕ6 mm,网距为 250 mm

为了及时掌握巷道开掘后围岩变化情况和支护结构状态、监视施工的安全程度、确定和调整支护参数,以及为二次支护合理施工提供可靠信息,在每一试验段均安设多种监测装置。测量项目包括巷道变形测量(用钢卷尺和测杆)、围岩位移测量(用 B-1 型机械式多点位移计)、锚杆应力测量(用电阻片和电阻应变仪)、喷层径向和切向应变测量(用压磁元件和电感应力计)等。

初始支护后,当巷道变形仍处于等速发展时,应考虑用锚杆补强,调整初始支护参数。当变形速率明显减小或月收敛量为几毫米时,再进行二次支护。在金川矿区的地质条件下,二次支护的时间大约在 120 d 以后。

第二节　揭开煤与瓦斯突出煤层的施工方法

一、煤与瓦斯突出概述

煤与瓦斯突出是在煤矿井下采掘过程中发生的一种岩石动力现象，以煤、岩和瓦斯突然向采掘空间喷出为特征，多发生在煤层及其底(顶)板岩层中。煤与瓦斯突出一旦发生，经常会造成严重的灾害。为了防止煤与瓦斯突出，确保安全生产，在有煤与瓦斯突出危险的矿井进行采掘生产时，必须采取相应的技术措施，并应严格遵守《煤矿安全规程》有关规定。

煤与瓦斯突出主要是地质构造应力及矿山压力、瓦斯含量及瓦斯压力、岩石及煤的物理机械性质等三方面因素作用的结果。

根据我国经验，煤与瓦斯突出发生具有以下特点。

① 煤与瓦斯突出往往发生在地质变化比较剧烈、地应力较大的地区，例如褶皱的轴部和断层破碎带。

② 当煤质松软、干燥且瓦斯含量多、压力高时，容易发生突出。

③ 开采深度越大，煤层越厚，倾角越大，突出的次数就越多，强度也越大。

④ 煤体受到外力震动、冲击时，也容易发生突出。

预防煤与瓦斯突出的措施有区域性预防措施和局部预防措施两类。区域性预防措施主要是开采保护层。这是目前被认为最有效的一种预防措施，其预防的机理为：通过开采保护层，使被保护层(突出煤层)中的地应力降低，煤(岩)层发生移动，煤体及其围岩发生膨胀，孔隙率和透气性增高，瓦斯得到排放，瓦斯含量减少，压力降低，从而解除了煤与瓦斯突出的危险。当保护层开采后，在其影响范围内进行采掘活动时受煤与瓦斯突出的威胁将会明显减小。

局部预防措施很多，这里只介绍在巷道施工中采用的几种局部预防措施。

二、石门揭开突出煤层的施工方法

我国在有煤与瓦斯突出的矿井中，为了安全揭开突出煤层，曾根据各地区不同条件，采用过震动爆破(单独使用或配合其他措施使用)、安设金属骨架、钻孔排放和水力冲孔等措施，都取得了一定的效果。

《煤矿安全规程》规定，在工作面距煤层法向距离 10 m(地质构造复杂、岩石破碎的区域为 20 m)之外，至少施工 2 个前探钻孔，掌握煤层赋存条件、地质构造、瓦斯情况等；从工作面距煤层法向距离大于 5 m 处开始，直至揭穿煤层全过程都应当采取局部综合防突措施。在石门揭煤时，工作面与煤层之间的岩柱尺寸应根据防止突出措施要求、岩石岩性、煤层倾角等确定。工作面距煤层法向距离的最小值为：抽采或排放钻孔为 3 m，金属骨架为 2 m，水力冲孔为 5 m，震动爆破揭穿(开)急倾斜、缓倾斜煤层为 2 m，揭穿(开)倾斜、缓倾斜煤层为1.5 m。如岩石松软、破碎，则还应适当加大法向距离。

1. 震动爆破

震动爆破的实质就是在掘进工作面上多钻眼，多装药，全断面一次爆破，在揭开煤层的同时利用爆破所产生的强烈震动诱发煤与瓦斯突出，以保证作业的安全。即使震动爆破未能诱发突出，强大的震动力也会使煤体破裂，从而削弱围岩强度和应力，加快瓦斯排放，也能起到防止突出的作用。

在震动爆破以前，必须使煤层瓦斯压力小于 1 MPa。如果压力超过 1 MPa，可采用钻孔排放瓦斯的措施将压力降至该值以下，然后用震动爆破法揭开煤层。

进行震动爆破揭开煤层作业时，工作面与煤层之间的岩柱厚度过大会影响揭煤效果，过小则无法保证施工安全，实际中应根据具体情况按规定值选取。对于急倾斜煤层，巷道底部和顶部岩柱的厚度基本相等，比较容易做到一次破除岩柱。但对倾角较小的煤层，为了一次破除岩柱，在石门接近安全岩柱后应尽量把工作面刷成和煤层倾角相近的斜面或台阶，如图 14-7 所示。

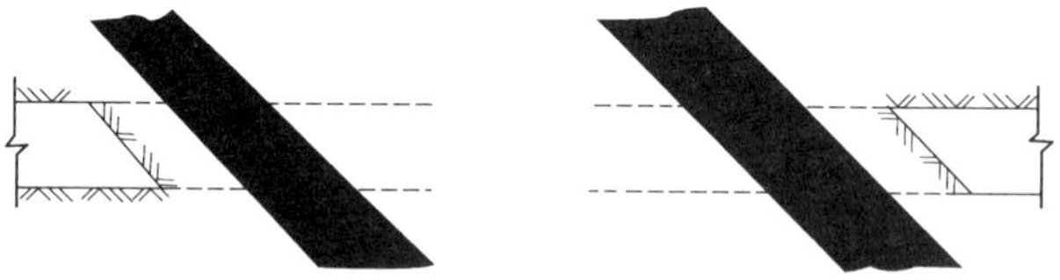

图 14-7　刷斜工作面示意图

石门揭煤震动爆破的炮眼布置特点为：炮眼个数较一般爆破略多一些，具体应视岩柱情况而定。煤眼和岩眼交错相间排列，顺序爆破。总炮眼中煤眼和岩眼的比例大致为 1∶2。巷道顶部的炮眼密度一般小于底部的，周边眼的密度一般较大。透煤炮眼深度应超过煤层，如煤层厚度大应进入煤层 2～3 m。石门周边眼应适当密一些，以保证爆破后石门周边轮廓整齐，避免在修整周边时发生突出。岩眼眼底应距煤层 100～200 mm，不应见煤（如已见煤，则应停止钻进，并在眼底填塞 100～200 mm 长的炮泥）。

图 14-8 为在急倾斜岩层中一次穿透岩柱及煤层的炮眼布置图。

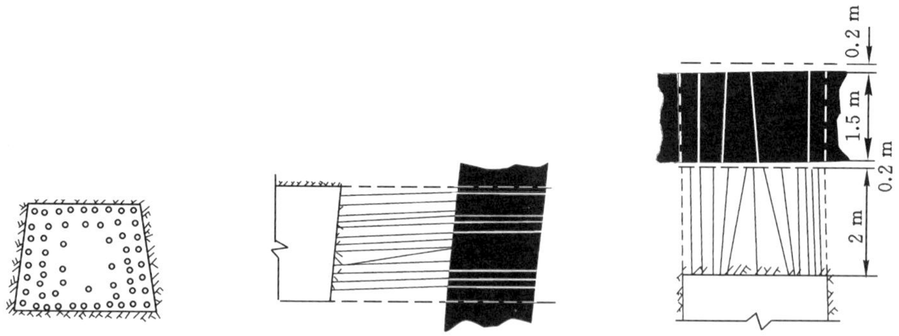

图 14-8　在急倾斜岩层中一次穿透岩柱及煤层的炮眼布置图

震动爆破的炮眼数目，可根据经验确定，也可按经验式(14-1)估算。

$$N = 5\sqrt{S}\ \sqrt[3]{f^2} \tag{14-1}$$

式中　N——炮眼总数，个；

S——掘进巷道断面面积，m^2；

f——岩柱的岩石坚固性系数。

根据我国一些矿井的统计，爆破的装药量，采用毫秒延期电雷管时岩石单位炸药消耗量为 2～3 kg/m^3，采用瞬发电雷管时为 3～4.5 kg/m^3。

采用震动爆破应注意以下问题。

① 震动爆破所有炮眼必须一次起爆，炸开石门的全断面岩柱和煤层的全厚；如果第一次震动爆破没有全断面揭开煤层，第二次爆破工作仍应按震动爆破的有关规定进行，直到全部揭开煤层并进入煤层数米后为止。

② 当发现工作面的岩层特别破碎，岩柱崩落和压出，地压加大，瓦斯涌出量剧增，温度迅速下降以及产生震动声响等异常现象时，应立即停止作业，将人员撤离至安全地区。

③ 当煤层的厚度在 1 m 以下时，必须全部随岩柱一次崩开；当煤层沿水平方向厚度在 1 m 以上时，至少应有 1 m 厚的煤层随岩柱揭出。

④ 在缓倾斜、倾斜煤层中沿煤层底板或顶板揭煤时，有时岩柱可能一次没有全部揭开，留有“门槛”或“门帘”，在处理时要特别小心，如需钻眼应密切注意突出预兆，爆破时也要按震动爆破的规定进行。

⑤ 每次震动爆破都应对岩柱性质、厚度、眼数、眼深、眼位、装药量、联线方式、起爆顺序、爆破效果等做详细记录，以便总结经验和分析。

⑥ 震动爆破只准使用带食盐被筒的煤矿许用炸药；雷管事先要严格检查和分组；使用毫秒延期电雷管时，其总延期时间不得超过 130 ms；装药后全部炮眼必须填满炮泥；爆破网路必须周密设计，保证不发生拒爆或早爆等现象。

⑦ 震动爆破工作面必须有独立、可靠、畅通的回风系统，在其进风侧的巷道中必须设置两道坚固的反向风门，与通风系统相连的风门、密闭、风桥等通风设施必须坚固可靠，防止突出后的瓦斯涌入其他区域。

⑧ 为了限制突出规模，降低突出强度，可在距工作面 4～5 m 的地方构筑木垛或金属栅栏。

⑨ 人员撤离范围应根据突出的危险程度和通风系统明确规定。在有严重突出危险的石门揭煤时，爆破工作应在地面进行，要有专人统一指挥，井口附近也要撤离人员、切断电源和火源。爆破至少半小时后，由救护队员进入工作面检查，根据检查结果确定恢复送电、通风等工作。

2. 安设金属骨架

石门揭穿煤层前，通过钻孔穿过煤层安装金属骨架作为超前支架，以预防突出。金属骨架的布置如图 14-9 所示(图中单位为 m)。当石门掘进至距离煤层 2 m 时停止掘进，在工作面顶部和两帮打 1 排(或 2 排)直径为 70～100 mm、间距为 200～300 mm 的钻孔。钻孔穿透煤层并进入煤层顶板 300～500 mm，在钻孔内插入直径为 50～70 mm 的钢管(或相应规格的钢轨)。钢管(或钢轨)的尾部固定在用锚杆支撑的钢轨环上(或其他专门支架上)，然后一次揭开煤层。

金属骨架防突的原理为：一方面金属骨架承担了部分地压及煤体的重力，增加了煤体的稳定性；另一方面安装金属骨架的钻孔起到排放瓦斯的作用，使瓦斯压力得到释放。

用金属骨架时，一般配合震动爆破，一次揭开煤层。

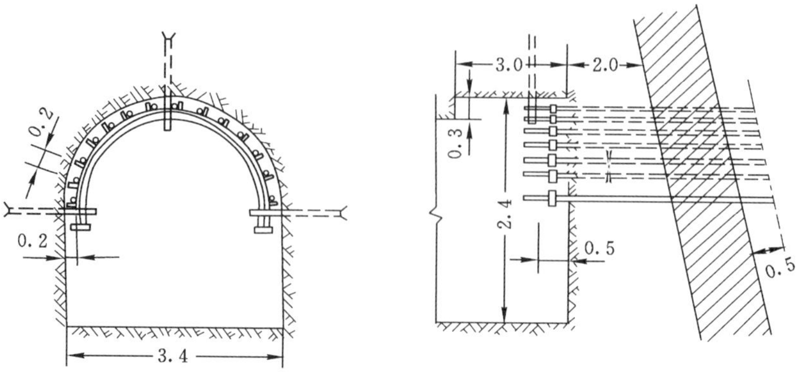

图 14-9　金属骨架布置图

根据经验，在地压和瓦斯压力不太大的急倾斜薄煤层和中厚煤层中，金属骨架的应用效果比较好；在倾斜厚煤层中，因骨架长度过大，易于挠曲，不能有效阻止煤体的位移，预防突出效果不好。

3. 钻孔排放

钻孔排放就是当石门工作面到达距煤层适当距离时停止掘进，向煤层打一定数量的排放瓦斯的钻孔，通过钻孔对应力的释放和对瓦斯的排放在煤体中形成一个卸压带，从而达到防止煤与瓦斯突出的目的。这一方法适用于煤层松软、透气性较好的中厚煤层。

排放瓦斯钻孔数量与排放钻孔直径、瓦斯排放半径和需要排放瓦斯的范围等有关，按式(14-2)计算。

$$N = K\frac{S_1}{S_2} \tag{14-2}$$

式中　N——石门全断面排放瓦斯钻孔的总数，个；

K——系数，视煤层的危险程度而定，一般取 1.2；

S_1——应排放瓦斯的面积(包括石门周围 1.5 m 的范围)，m^2；

S_2——每个钻孔可排放瓦斯面积，m^2/个。

S_2 与排放钻孔的直径密切相关。加大排放钻孔的直径，可增大瓦斯排放的半径，减少排放钻孔数。

实践表明，突出的主要危险来自石门断面的顶部和两帮煤体。某煤矿排放钻孔布置如图 14-10 所示，第一圈 10～14 个钻孔均匀地打在巷道的顶部及两帮，然后退钻机 3～5 m 再同样地打第二圈，有必要时再打第三圈。钻孔在石门断面以外的煤层内形成沿走向长 10～20 m，沿倾斜长 8～10 m 的瓦斯排放区，其排放范围为石门断面的 15 倍左右，钻孔数一般为 20～40 个(孔径为 75 mm)。该矿南北井曾用这种方法安全地揭开了数十个石门，其中有一半石门在打钻中有煤与瓦斯喷出，说明有突出危险，但都有效地防止了突出事故发生。

钻孔排放瓦斯的结束时间以煤层瓦斯压力下降到 1 MPa 以下为止，然后结合震动爆破揭穿煤层。

当煤层具有强度较大的突出时，最好不要单独采用震动爆破的方法诱发突出，因为发生特大突出将会给以后清除煤岩和巷道支护工作带来很大麻烦，对全矿井的安全也有很大

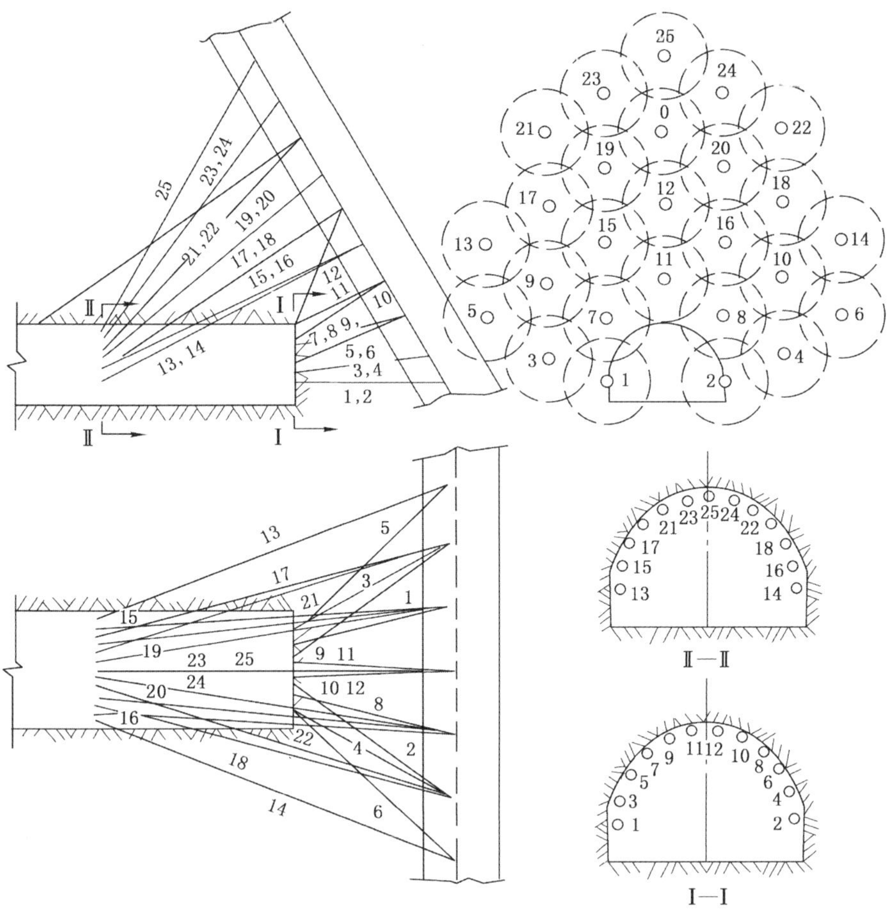

0 号孔—测压孔；1～25 号孔—排放瓦斯孔。

图 14-10　某煤矿排放瓦斯钻孔布置图

的威胁。

4. 水力冲孔

水力冲孔的防突原理为：在石门揭煤前，利用通过钻孔射入的高压水诱导煤与瓦斯从排煤管中小突出，从而在孔洞周围形成卸压带，消除煤与瓦斯突出的危险。这种方法用于揭开具有自喷现象的软煤层，比较安全可靠。

水力冲孔工艺系统如图 14-11 所示。其工艺过程为：当石门掘进接近煤层的顶板或底板时，保留 3～5 m 宽的岩柱作安全屏障，用钻机（红旗 150 型，或 TXV-75 型）在岩石中打直径为 108 mm、深为 0.8～1.0 m 的钻孔，然后换上直径为 90 mm 的钻头一直打到煤层冲孔点，然后将岩芯管退出，在钻孔内安装直径为 108 mm 的套管，在套管外端接上三通，并连接排煤软管、射流泵和输煤管道，输煤管道的另一端通到 400～500 m 以外的煤、水、瓦斯分离沉淀池中。完成上述工作后，将钻机上直径为 42 mm 的钻头及钻杆通过安全密封卡头，沿钻孔送到煤层冲孔点，连接高压供水管，使水的射流经过钻杆冲击煤体，诱导小突出。冲过的水及喷出的煤和瓦斯经过钻杆和套管间的空隙进入三通，经排煤软管吸入射流泵，再通过输煤管道送入沉淀池。钻杆反复冲洗,不断前进,直至达到预定深度和冲出的煤量合乎要求为止。

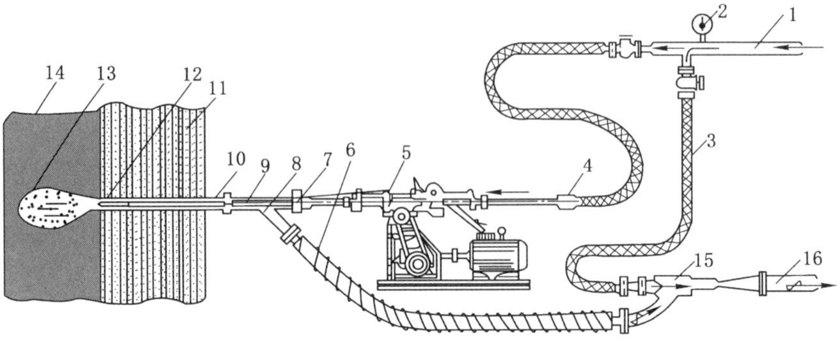

1—高压供水管;2—压力表;3—胶管;4—水管接头;5—钻机;6—排煤软管;7—安全密闭卡头;8—三通;9—钻杆;10—套管;11—安全岩柱;12—逆止钻头;13—冲孔;14—煤层;15—射流泵;16—输煤管道。

图 14-11 水力冲孔工艺系统

三、沿突出煤层掘进平巷的技术措施

在我国煤巷掘进中也发生过煤与瓦斯突出,但突出强度一般较小,主要是因为煤巷在煤体内暴露面积大,地应力得到某种程度的缓和,同时也给瓦斯释放创造了有利的条件。

预防煤巷掘进中的煤与瓦斯突出的最有效的办法是开采保护层,在保护层的作用范围内掘进煤巷是安全的。但在有些情况下,仍需在未开采保护层地区进行煤巷掘进。在未开采保护层地区沿突出煤层掘进平巷的主要技术措施如下。

1. 震动爆破和松动爆破

对于煤质较坚硬、透气性较差、顶板良好的煤层,其突出原因主要是地压的作用,掘进这种煤巷时可以采用震动爆破措施。震动爆破的作用主要是在工作面前方造成一个较长的卸压带,以消除工作面附近煤体中的应力集中,其次是诱导突出。震动爆破炮眼深度一般为 2.5～3.0 m,装药量为每米炮眼不超过 0.5 kg,应采用总延期时间不超过 130 ms 的毫秒延期电雷管起爆。急倾斜薄煤层和缓倾斜厚煤层中震动爆破的炮眼布置如图 14-12 所示。

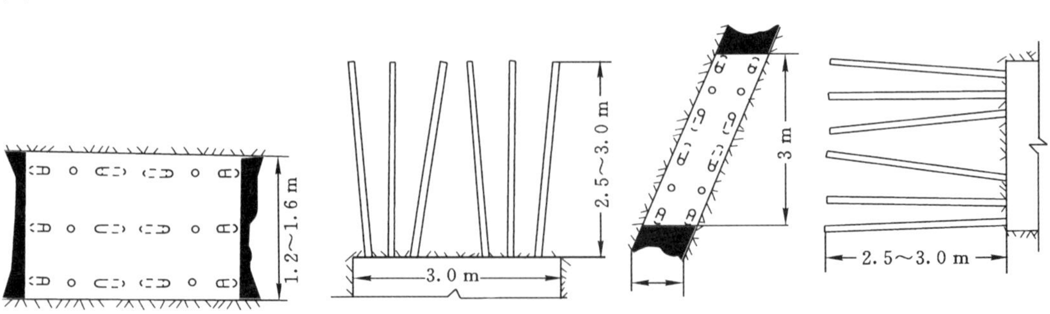

图 14-12 急倾斜薄煤层和缓倾斜厚煤层中震动爆破的炮眼布置图

煤层松动爆破的做法是在震动爆破的基础上，布置几个长炮眼到达煤体深部的应力集中带内，通过爆破破坏煤体前方应力集中带内的岩石，在工作面前方形成较长的卸压带，从而达到预防突出的目的。该方法也属于一种诱导突出的措施。此外，深孔爆破在炮眼周围形成的破碎圈和松动圈（图 14-13）具有缓和煤体应力和排放瓦斯的作用，对防止突出也有显著的效果。根据《煤矿安全规程》规定，采用松动爆破时，超前掘进工作面的距离不得小于 5 m。

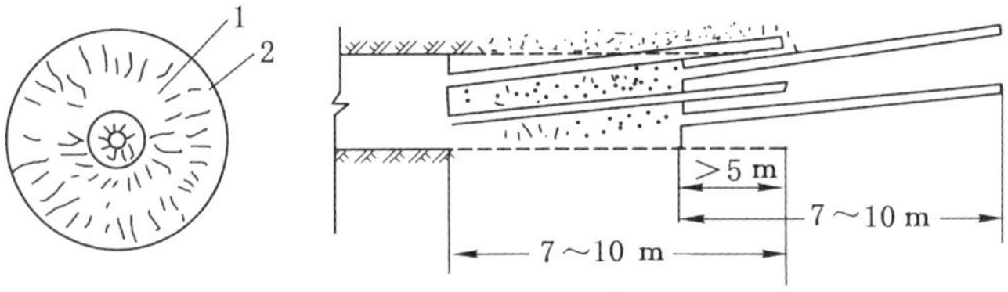

1—破碎圈；2—松动圈。

图 14-13　松动爆破炮眼布置图

采用震动爆破和松动爆破时，要切实做好安全工作。应有救护队员值班，要检查瓦斯和爆破情况；爆破之前，人员必须撤离到安全地区，撤离的距离应根据煤层的突出危险程度而定；爆破后，瓦斯涌出量较大，往往使采区回风巷瓦斯超限，所以爆破工作应选择在下班时进行；交接班后，应及时进行支护，以免造成冒顶。

2. 超前支架

为了防止因工作面顶部松软煤层的垮落而诱发瓦斯突出，在工作面前方巷道顶部通过钻孔预先打上一排超前支架，如图 14-14 所示。超前支架的最小超前距离应不小于 1.0 m，以保证掘进工作始终在超前支架保护下进行，从而避免因巷道顶部煤体的垮落而引起突出。超前支架多用于有突出危险的急倾斜煤层和缓倾斜厚煤层的煤巷掘进。

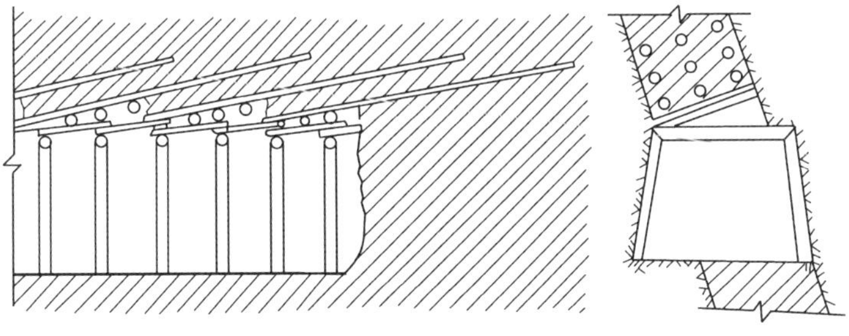

图 14-14　超前支架布置图

3. 大直径超前钻孔

在有突出危险煤层中掘进巷道时，可每掘进一段距离，在工作面向前掘进若干个大直径超前钻孔（超前钻孔的数量和超前工作面的距离应足够），通过这些钻孔消除突出的危险性。钻孔的主要作用为：① 卸压作用，在每个钻孔周围形成一个卸压带；② 转移应力集中带的作用，一组钻孔能改变煤体的应力分布，将巷道前方应力集中带向煤体深部转移；③ 排放瓦斯作用，通过钻孔排放周围煤体内的瓦斯，降低瓦斯压力。

大直径超前钻孔的布置如图 14-15 所示。钻孔主要参数为：孔径一般为 120～300 mm，孔数为 3～5 个，孔深为 10～15 m，最小超前距离为 5 m。每个钻孔的排放半径与煤的物理力学性质有关，一般为 0.5～1.0 m。

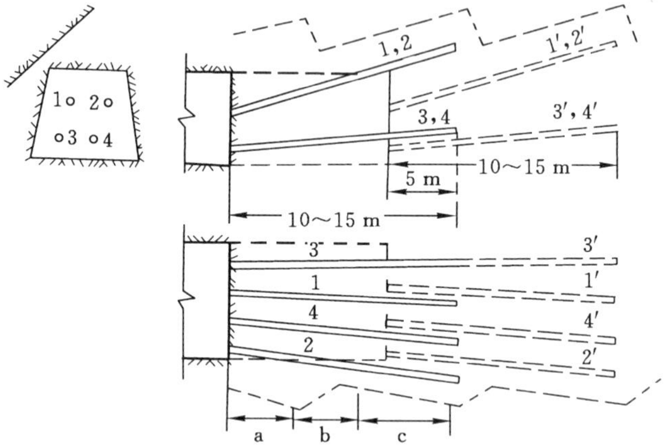

a—卸压带；b—集中应力带；c—常压带。

图 14-15　大直径超前钻孔布置图

大直径超前钻孔适用于煤层较厚、煤质较软、透气性较好的突出煤层，而在瓦斯排放半径小于 0.5 m 的煤层，不宜采用。一般在采用大直径超前钻孔措施后进行巷道掘进时不会发生突出。但也有少数打了超前钻孔后仍发生了突出的实例，分析其原因，或者是钻孔超前距离不够（小于 5 m），或者是钻孔数不够。可见，要保证这一措施取得预期效果，必须保证足够的钻孔数和超前距离。

4. 水力冲孔

在突出煤层中掘进煤巷采用水力冲孔效果很好，它的作用原理与石门揭煤水力冲孔完全相同，其钻孔布置如图 14-16 所示。《煤矿安全规程》规定，进行水力冲孔时，工作面前方应保持不小于 5 m 宽的安全煤柱。按此要求，每个循环的掘进进尺要根据本层冲孔的最可靠的范围确定。

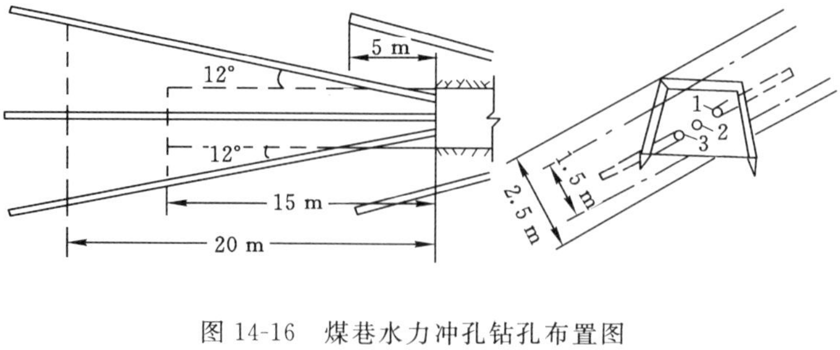

图 14-16　煤巷水力冲孔钻孔布置图

习　题

1. 特殊条件岩层有哪些？区分标准是什么？
2. 如何在松软岩层进行巷道施工？有哪些方法？
3. 煤与瓦斯突出煤层如何进行施工？安全措施有哪些？

参考文献

[1] 柏建彪，曾宪桃，周英. 井巷设计优化与施工新技术[M]. 徐州：中国矿业大学出版社，2008.
[2] 东兆星，吴士良. 井巷工程[M]. 徐州：中国矿业大学出版社，2004.
[3] 董方庭. 井巷设计与施工[M]. 徐州：中国矿业大学出版社，2005.
[4] 陆士良，汤雷，杨新安. 锚杆锚固力及锚固技术[M]. 北京：煤炭工业出版社，1998.
[5] 马念杰，潘玮，李新元. 煤巷支护技术与机械化掘进[M]. 徐州：中国矿业大学出版社，2008.
[6] 钱鸣高，石平五. 矿山压力与岩层控制[M]. 徐州：中国矿业大学出版社，2004.
[7] 宋宏伟，刘刚. 井巷工程[M]. 北京：煤炭工业出版社，2007.
[8] 王安. 现代化亿吨矿区生产技术[M]. 北京：煤炭工业出版社，2005.
[9] 中国矿业大学. 井巷工程[M]. 2 版(修订本). 北京：煤炭工业出版社，1991.
[10] 周英. 采煤概论[M]. 北京：煤炭工业出版社，2006.